伦佐·皮亚诺全集

（1966—2016年）

[意] 伦佐·皮亚诺建筑工作室　著

袁承志　等译

中国建筑工业出版社

中文版赠言

Quello dell'architetto è un mestiere molto complesso. L'architetto come formalizzatore oggi è un personaggio patetico; un personaggio d'altri tempi. In questo senso ho detto di temere il tramonto della professione dell'architetto. Naturalmente si tratta di una provocazione, perché dell'architettura ci sarà sempre bisogno. Ciò che temo è l'incompetenza, la presunzione, il poco amore per questo mestiere. Che è un mestiere di servizio, perché l'architettura è servizio. L'architettura è un mestiere complesso perché il momento espressivo formale è un momento di sintesi che è fecondato da tutto ciò che sta dietro l'architettura: la storia, la società, il mondo reale delle persone, le loro emozioni, le speranze e le attese; la geografia e l'antropologia, il clima, la cultura di ogni paese dove vai a lavorare: e ancora la scienza e l'arte. Perché l'architettura è mestiere d'arte, anche se al tempo stesso è mestiere di scienza.

Io penso che l'architetto, prima di tutto, debba disegnarsi i propri strumenti di lavoro, la propria attrezzatura tecnica e disciplinare. L'architetto deve sperimentare. Nell'antichità progettare voleva dire anche inventare le macchine necessarie per realizzare l'opera.

Tutti i miei progetti hanno una storia di sperimentazione alle spalle. Devi sperimentare. E' cambiato troppo perché uno resti ancorato a vecchie tecnologie. Nel momento in cui sei d'accordo che un'architettura è lo specchio di una società, devi riconoscere anche che è lo specchio di un momento di una cultura; non si capisce perché, mentre tutto è cambiato, i comportamenti della gente, della società, gli strumenti a disposizione, tu resti immobile. Per forza devi cambiare, per forza sei costretto a inventare.

Sono convinto che queste considerazioni e i valori che esprimono siano validi per la professione dell'architetto in qualsiasi parte del mondo, e sono perciò particolarmente lieto di vedere il mio Logbook pubblicato in Cina.

Renzo Piano

建筑师是一个非常复杂的职业。今天，建筑师作为形式主义者，是一个可悲的角色、一个来自古老时代的角色。从这个意义上讲，我害怕建筑业的衰落。当然，这是一个煽动，因为建筑总是被需要的。我害怕的是无能、自负，对这份职业缺乏热爱，这是一个服务型职业，因为建筑就是为人服务的。建筑是一个复杂的行业，因为形式表现的片段是一个综合的片段，它由建筑背后的一切要素所构成：历史、社会、现实世界的人，他们的情感、愿望和期待，地理学与人类学，气候，每一个你为之工作的国家的文化，还有科学和艺术。因为建筑是一门艺术，同时也是一门科学。

我认为，建筑师首先应该设计出为自己工作的装备、技术和规则。建筑师必须做试验。在远古时代，设计还意味着发明完成这项工作所需的机器。

我所有项目的背后都有试验的历史，你必须尝试。技术变化太快了，一个人不能墨守成规。当你认同建筑是社会的一面镜子时，你也必须认识到它是文化的一面镜子。一切都变了：人们的行为、社会的模式、可用的手段，我不明白你为什么却一动不动？你必须改变，你必须创新！

我坚信，上述的思考和潜在的价值适用于世界任何地方的建筑艺术和实践，因此，我非常高兴自己的作品全集也能在中国出版。

伦佐 · 皮亚诺

目 录

序

肯尼思·弗兰姆普敦

也许伦佐·皮亚诺创作的最超乎寻常之处是其作品极为广泛，大量的建筑作品拓展了广阔的类型学谱系，构建了非常丰富的形态、材质和结构。因此，在过去的 20 年时间里，从关西航站楼（1988~1994 年）（Kansai Air Terminal）的超级结构到勒·柯布西耶朗香教堂边修道院（2006—2011 年）（Le Corbusier's Ronchamp Chapel）的迷你尺度，从新喀里多尼亚（New Caledonia）的让 - 马里·吉巴乌文化中心（1991—1998 年）（Jean-Marie Tjibaou Cultural Centre）到伦敦的碎片大厦（摘星塔）（2000—2012 年）（the Shard），世界各地连续不断的建成作品展示出伦佐·皮亚诺建筑工作室的全球影响力。

皮亚诺交替使用薄膜和影像来表现建筑，涉及各种构件和材料。前面所提到的作品，从建造在人工岛上的细长不锈钢壳体到现场浇筑的钢筋混凝土工程；从层压的伊罗科木、可以让人联想起卡纳克（Kanak）人小屋的印第安人百叶窗式的圆形会堂形态到自然通风的双层全玻璃幕墙，都是这样做的。位于努美阿（Nouméa）的让 - 马里·吉巴乌文化中心的幕墙被构想为双层三维的篮子状网壳，似乎讲述了卡纳克人的起源和传统。

继乔治·蓬皮杜中心（Centre Georges Pompidou）之后，在过去的几十年，设计和建成的各种不同尺度的作品比以往任何委托的其他项目为工作室赢得的声誉都要多。所有这些作品中，位于美国得克萨斯州休斯敦（Houston）的梅尼尔（Menil）收藏博物馆（1981 年—1986 年）似乎在提升实践水平方面扮演了一个决定性的角色，主要是因为在场地的地形特征和建造方式之间发生了显而易见的变化。在场所形态和产品形态之间产生的这个微妙对立关系从理论上讲应该是能够解决的，但是这一对立确实在梅尼尔收藏博物馆发生了。

纵观皮亚诺的整个职业生涯，除了保留有关本土制作的神话外，他一直在寻求一种没有神话的建筑；也就是说，由于他的家族起源于地中海，地中海的航海工艺文化使得造物主天生的创造世界的动力在皮亚诺的建筑设计中有着相当特殊的意义。他骨子里如此强烈的反学院主义是前文艺复兴时期的基本精神，这无疑是源于他职业生涯中的某些冲突：一方面，他借鉴了培根（Baconian）的经验科学，也就是盎格鲁 - 撒克逊人（Anglo-Saxon）的实用主义传统；另一方面，他又欣赏意大利人的手工艺品，对于这些手工技术，只有通过当学徒才能掌握。

在职业政治方面，皮亚诺开辟了一条独立的道路，同时保留了忠于团队合作的批判伦理（也许当今的从业者还没有哪一个对他的合作者表达足够的认同），并且他也认可在建筑艺术领域没有单一作者这一无法回避的事实。与晚期现代世界形成鲜明对照的是，晚期现代建筑以一种怪异的企图不断地过度超越自我，以声张它显然应当被看作一门新型艺术门类的诉求，而皮亚诺坚持要求的是建筑师在整个建造过程中对各个环节保持控制权。对于皮亚诺及其建筑工作室而言，该行业的未来必须转向其在最大程度上提高解决建设任务中不断增加的复杂性问题的能力。无论是否会导致一种建筑风格将明显地成为人文主义传统的一部分，但就皮亚诺而言，这都是一个公开抛出的问题。

前　言

伦佐・皮亚诺

在本书中，你将会看到整整 50 年间的建设项目：从我称之为“史前”时期的 20 世纪 60 年代的项目开始，到那些才刚刚开放或在未来几个月即将开放的建筑。

本书不仅是简单的再版：我试图带着同样的好奇心和对未来同样的关注度审视过去。这是一段漫长冒险旅程的日志，记录了我孤身一人启程，与其他数百人展开合作，包括其中的沧海桑田、磨难以及前所未有的挑战。本书献给我所有的合作者。

这些年来，我们的研究不断深入和拓展。我们一直在应对那些我们已经熟悉的主题：层出不穷的城市环境问题、大都市正在发生的变化，以及我们思考（建构）它的方式；激发城市疗伤并修复失去联系的合理疗程；自然与技术之间的关系；对地球的脆弱性越来越清晰的认识。我们努力增强自身的技能，拓宽我们的视野，以开辟新的领域。新版必须把这些方面都考虑进去。

上一个版本出版的时候，有些项目仍在建设中，现在有了实物：亚特兰大高级艺术馆、纽约时报大楼、纽约摩根图书馆，伦敦碎片大厦“摘星塔”。同时你将会发现很多新项目，建设地点从旧金山、沃思堡（Fort Worth）、芝加哥到朗香教堂和拉奎拉（L’Aquila）。

我们按照时间顺序编排了这些项目，我们没有任何刻意的安排，却发现这些作品在讲述着一个故事：这个故事的主线在过去半个多世纪以来逐渐改变了我对建筑的认知，这条把小型实验项目和巨型建筑联系在一起的主线就是“建筑的艺术和技术”——这是我希望通过本书能够表达的一个思想。

祝您阅读（和冒险）愉快！

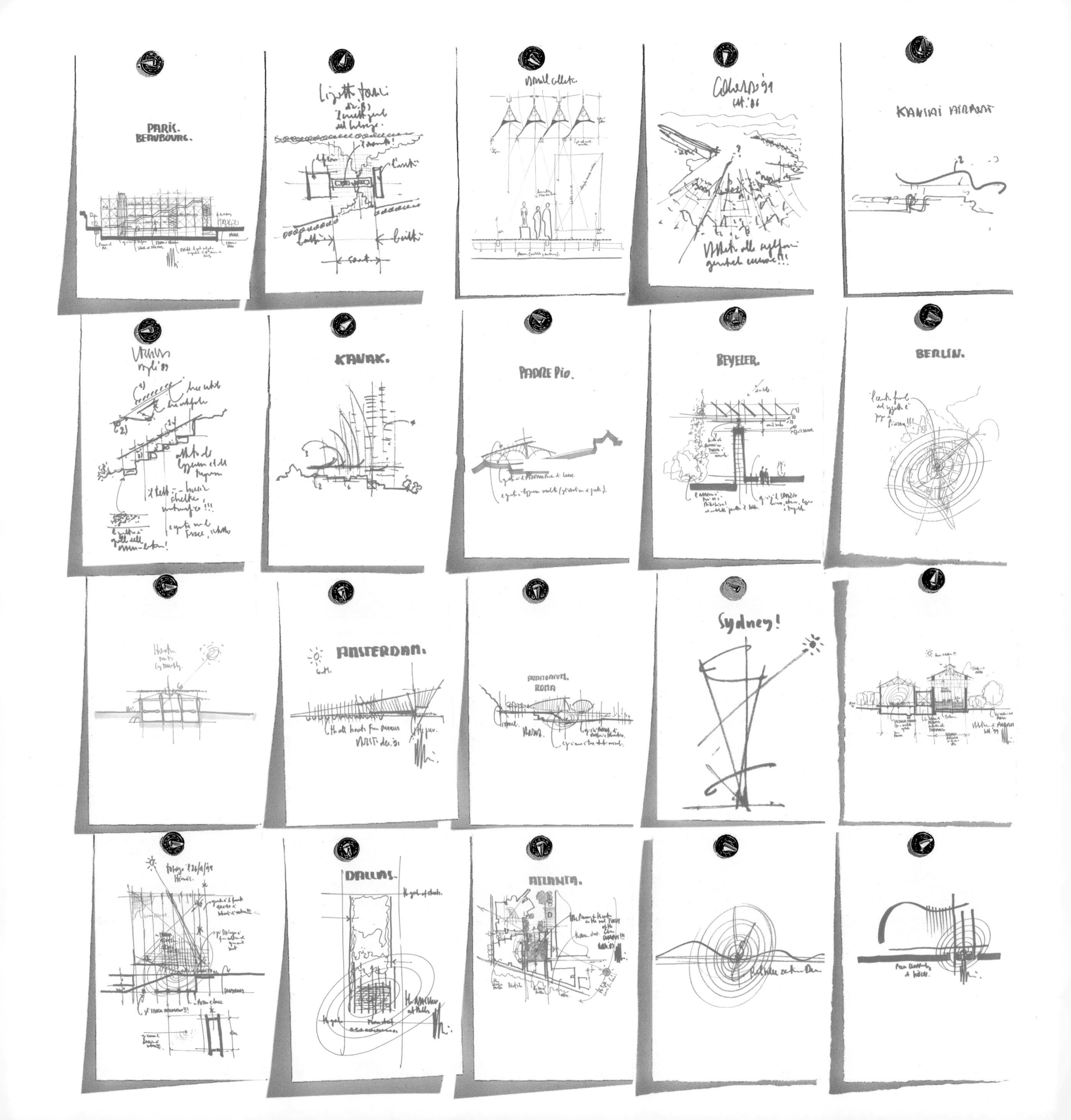

PARIS.
BEAUBOURG.
KANAK.
PADRE PIO.
BEYELER.
BERLIN.
AMSTERDAM.
Sydney!
DALLAS.
ATLANTA.

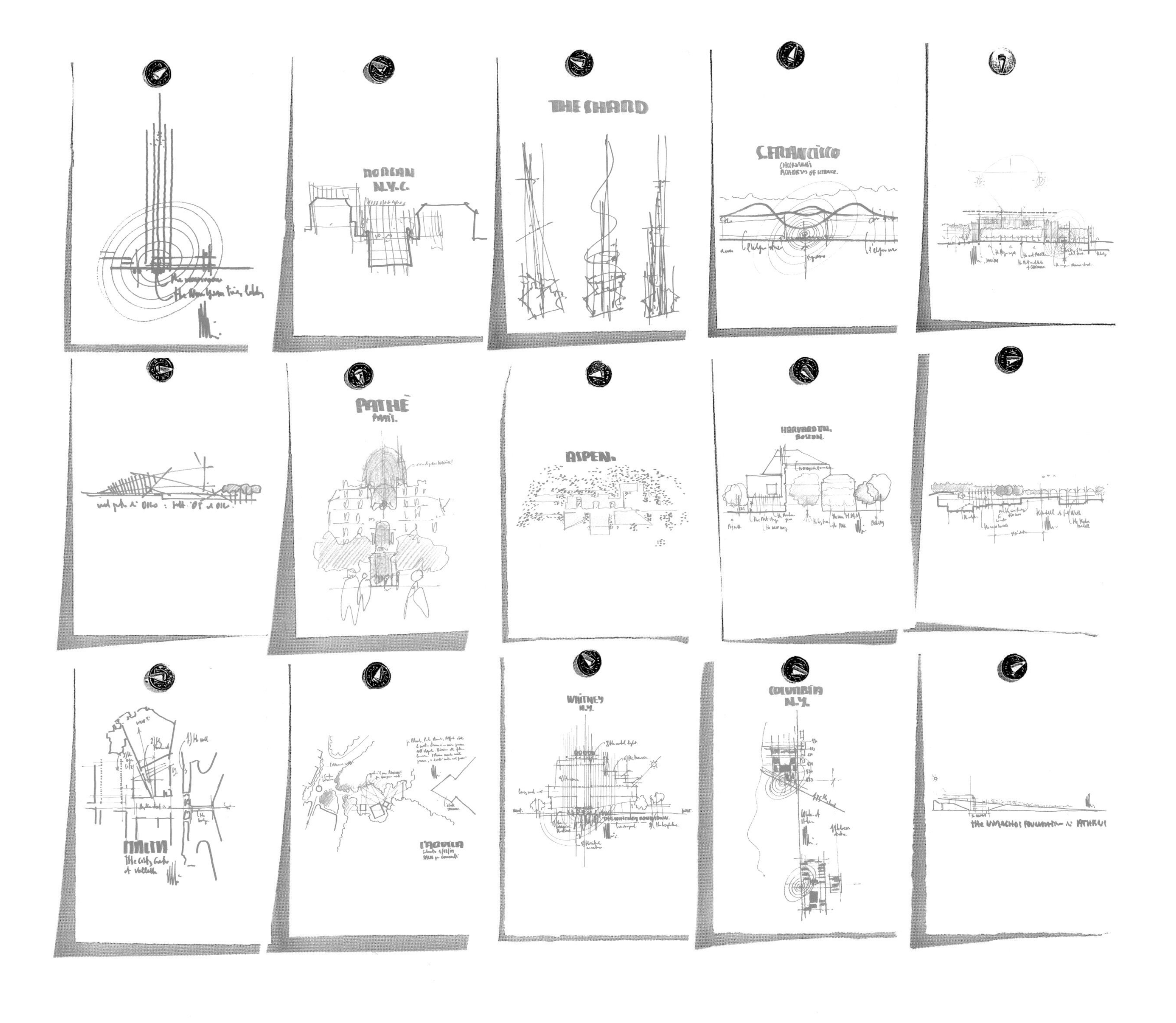

attenzione, questi sono solo semplici schizzi

1966 年　早期作品

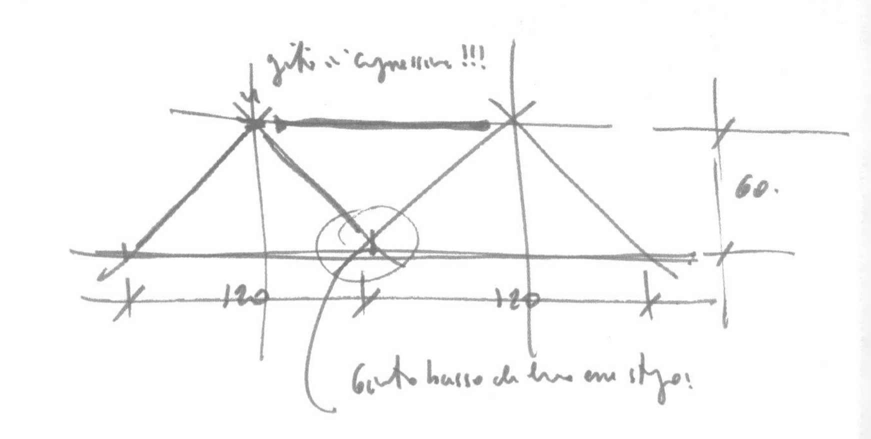

抽取硫磺的移动工厂，波梅齐亚（Pomezia）；“第 14 届米兰三年展”的展馆；办公室和工作室，热那亚；意大利工业展馆，大阪世博会。早期几年是研究时期，而不是真的做项目：轻盈、灵活、易于施工是主要研究的课题。

一般年轻的建筑师总是试图从风格开始。相反，我是从“做”一些东西的角度出发：从建筑场地，从材料研究，从学习具体的施工模式开始。我从技术的直接性开始我的旅行，然后转向建筑的复杂性，比如空间、表现和形态。

在我大学毕业的头几年，1964—1968 年（被我称为史前时期），是一个玩耍和试验的时段。那是非常重要的几年：一个反反复复做试验的时段，这让我远离了学院主义的风险。我出生在一个建筑商家庭，我的爷爷、父亲和兄弟都是承包商，我本来应该做同样的事情，但是我决定成为一名建筑师。我父亲宣称这是进化过程中的一个小变异：父亲作为一个建筑商，没有学位，梦想着他的儿子成为有学位的建筑商，也就是工程师，从某种意义上说，这个选择成了我后来离经叛道的样板。

我记得第一次接触建筑时，是和父亲一起。对于一个 8 或 10 岁的男孩来讲，建筑基地就是一个奇迹：某天你看到一堆沙和砖，接下来你就看到耸立起一堵墙，最终变成一栋高大坚固的建筑，人能够在里面居住。在我的记忆里，我一直铭记着父亲的另一个形象，我和这个沉默寡言的男人的关系一直非常稳固。他 80 多岁时，我带他到我的一个建筑工地，我们正在制作拉膜结构，不断地在做测试。他安静地抽着烟管，看着我们，我和他回家以后，我问：“您认为怎样？”“嗯，”他回答道，又补充说：“谁知道能不能扛得住？”他显然是在思考这个膜结构是不是太脆弱！

从我最早期的作品来看，作为建筑师的职业生涯，我一直就是一个异端的故事：数十年来，我一直是被孤立的一类，被学院、俱乐部和研究院拒之门外。然而，我和大家一样，也有老师，我将以一种随意的方式把他们列举出来：皮埃尔 · 鲁基 · 奈尔维（Pier Luigi Nervi），他教我建造东西而不只是设计东西的学习方法；让 · 普罗维埃（Jean Prouvé），他教我尽力拒绝类型化的设计思维（他是一名工程师、建筑师，还是建筑工人？）；巴克明斯特 · 富勒（Buckminster Fuller），因为他以一种不墨守成规的方式提出了建筑的重大问题（我们将何处去？建造是什么意思？）。弗兰克 · 阿比尼

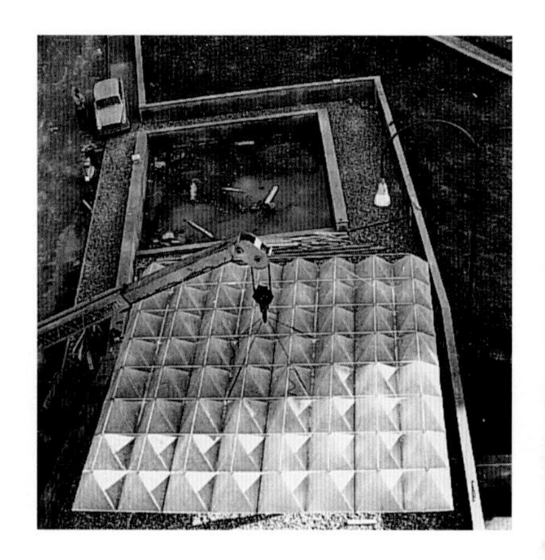

热那亚，1964—1965 年：由增强聚酯金字塔构成的空间结构

每片结构重 12 公斤，便于操作

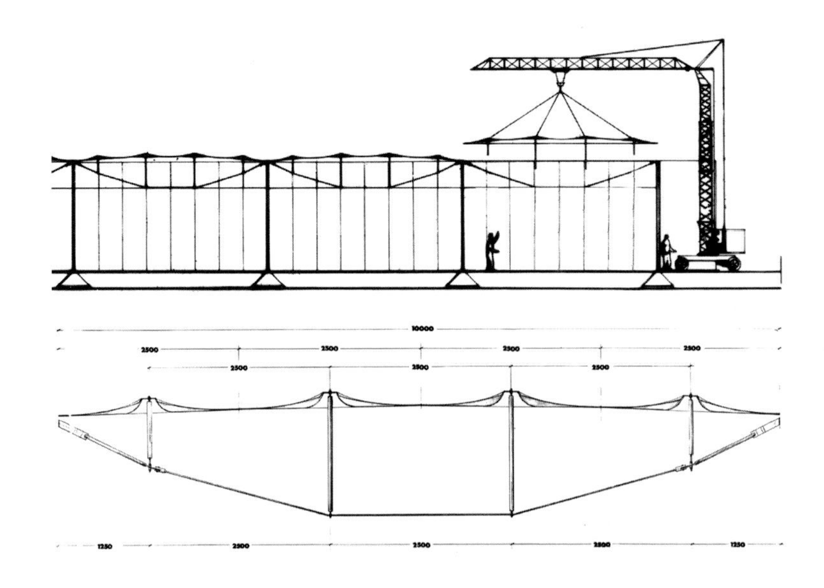

（Franco Albini），确切地说，他是我的老师，因为我在他的米兰工作室工作过；实际上，我花了比在大学更多的时间和阿尔比尼一起工作。我从马可・扎努索（Marco Zanuso）那里学到了很多关于形态和材料关系的知识；我在米兰理工大学（Milan Polytechnic）给他做了两年的助教。在空间结构方面，教我最多的人是伦敦的 Z. S. 马科夫斯基（Z. S. Makowski）。

后来，在 20 世纪 60 年代末，我有机会和路易斯・康（Louis Kahn）一起在宾夕法尼亚州哈里斯堡（Harrisburg）的奥利维蒂 - 安德伍德工厂（Olivetti-Underwood）工作，当然我们的建筑观念没有什么共同点，但是康传授了我很多关于生活和品格方面的知识，我发现他有一个在我们的职业领域特别重要的品质：那就是耐心决策。回顾过去，我的早期作品存在一种乌托邦式的理想元素，我一直在寻找一个没有形态的空间、没有重量的结构组成的纯粹的东西，也许从根本上讲，我是一直在寻找一种没有建筑的高雅。

为了最大限度地利用非物质元素，我以一种幼稚的（也许是相当原始的）方式从轻盈的角度开启我的设计。一开始，这是一场游戏，更准确地说：是一条在很大程度上基于直觉的研究路线。但在那段时期的作品中，已经有了一个关于结构和功能之间关系的细致研究。1966 年，当他们委托我们做一座硫磺提炼工厂建筑的时候，我很快发现所有的采矿成本都是因材料运输而产生的，所以我决定换一个角度思考问题：不移动材料，而是移动建筑。这个工厂是一个隧道形状的结构：当原料被挖掘出来的时候，隧道的后部就被移动到了前部。这一设想得以实现，不仅是因为模块化结构，还因为元素的轻盈。

热那亚，1966 年：增强聚酯预张拉结构和预应力钢结构

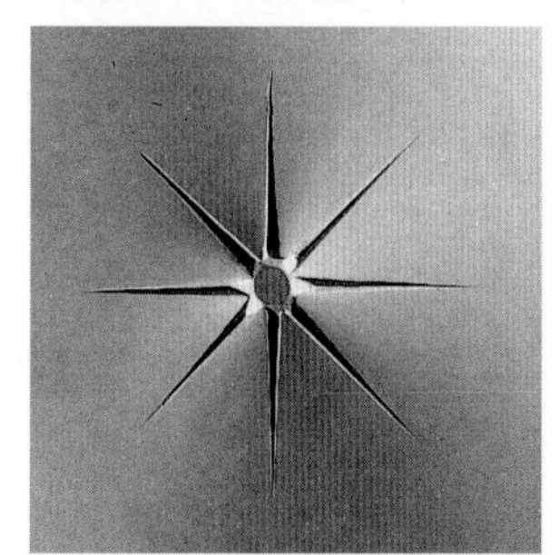

波梅齐亚，1966 年：移动的
硫磺提炼工厂

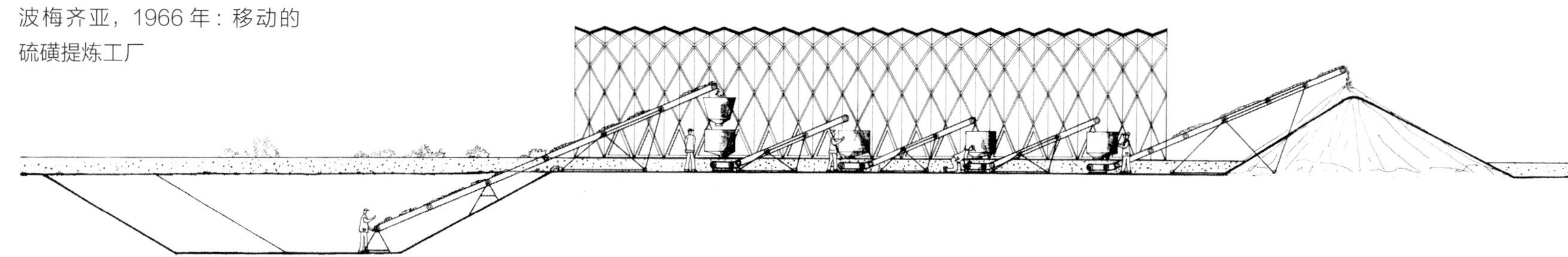

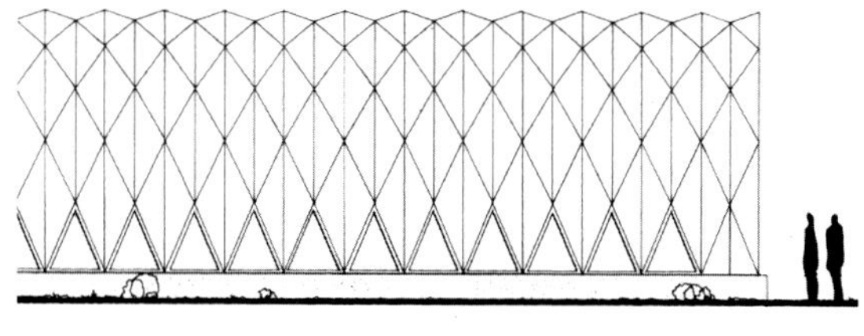

热那亚，1966 年：木工车间

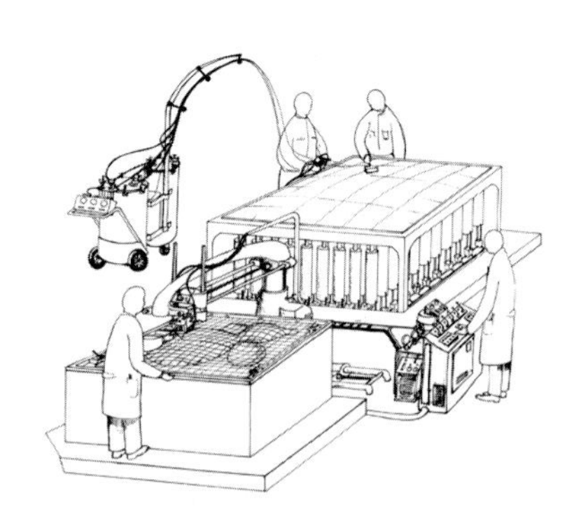

这个例子反映了两件事。第一，我们过去一直关注的不仅是设计的优雅，还有生产成本；第二，我们采用颇有几分任性的方式完成了任务，这依然让我们颠覆了现今公认的解决方案，改变了游戏规则。从字面上看，我从采矿主题开始了我的职业生涯，但实际上细细想来，这第一批作品的采矿项目只是我全部作品里的一种。在我们的童年、青年时期以及我们职业生涯的早期阶段，所有人为了梦想都能彰显出巨大的潜力，而当时用技术的、文化的、经济的手段却无法实现。当我们长大后，有更多的手段供我们利用，也许就有必要重拾梦想了。

我们那时所做的研究，部分原因是由壳体特性的好奇心所激发，壳体的特性就是，只需要用很薄的材料就可以达到很高的硬度。这些项目中最有趣的一个项目是，为“第 14 届米兰三年展”所做的展馆。当时已经和我一起工作的弗拉维奥·马拉诺（Flavio Marano）是帮助设计这些结构的工程师。从结构计算的角度来看，大家感兴趣的是，通过同样的设计、计算和施工过程可以获得多种多样的功能形态。

一旦壳体优化的概念问题得到了解决，铸件本身的生产就是相对简单的。 这让我们发

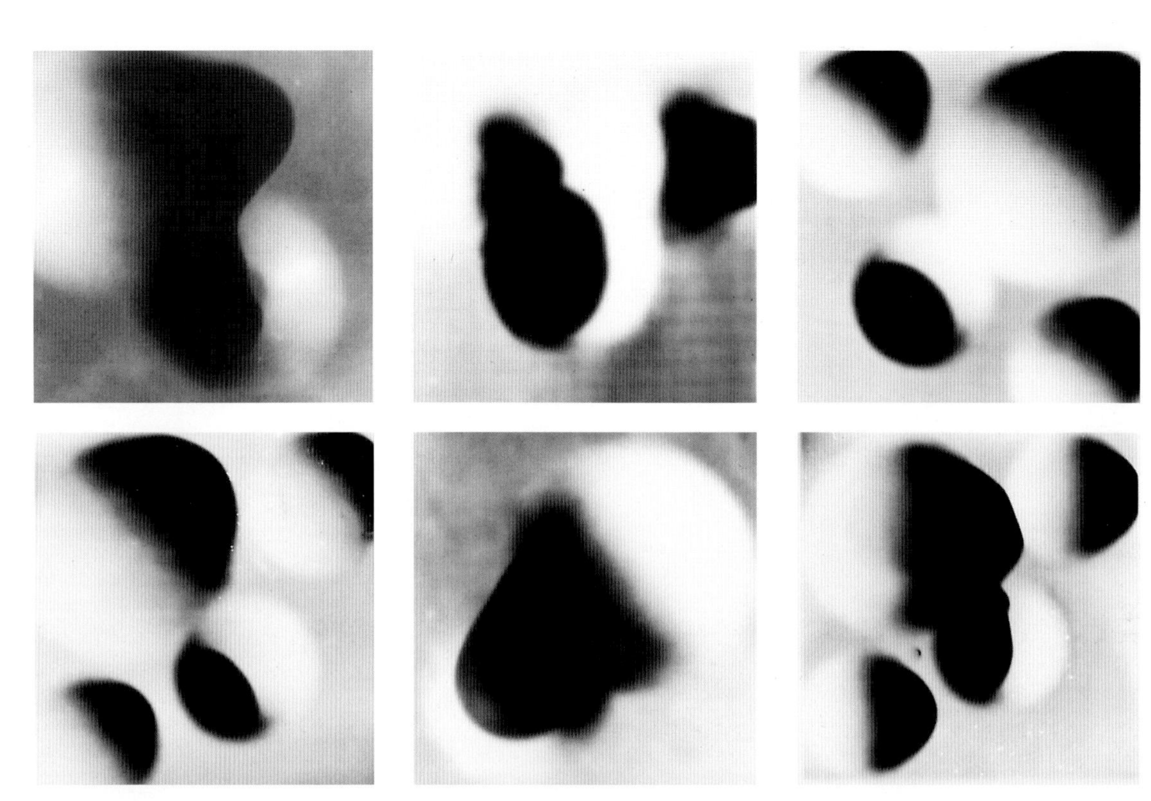

1967 年：“第 14 届米兰三年展”，展馆壳体结构体系

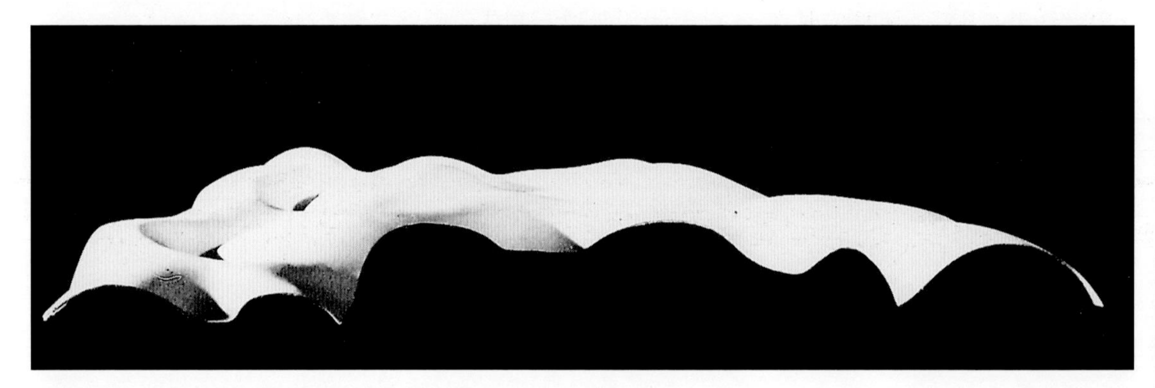

把膜的形态从模型转换成可修改的模具的系统

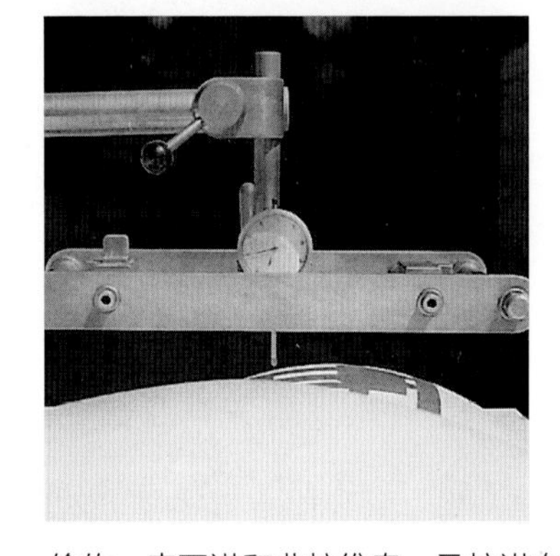

伦佐·皮亚诺和弗拉维奥·马拉诺在工作中测试一个结构模型。他们的合作时间很长，从 20 世纪 60 年代末开始直到今天

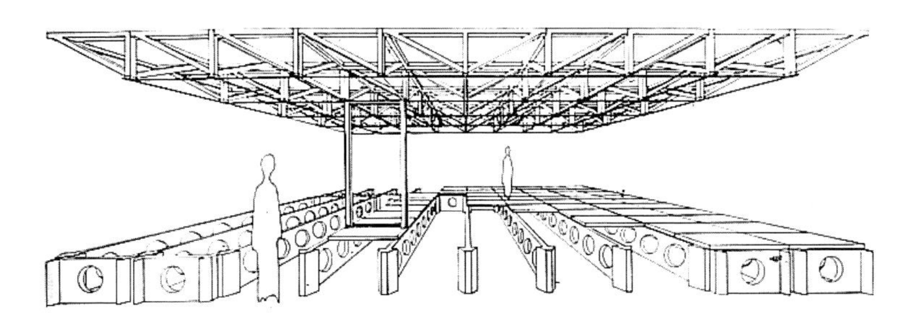

加龙河，1969 年：开放式平面住宅。屋顶的空间结构：通过压缩形成的构件，由木头构成，把这些构件连接在一起的是钢材

明了一个奇怪的设备：一种受电弓，它能在橡胶薄膜上驱动一组活塞。当形状让我们看起来满意的时候，薄膜就用来当作模具生产最终的铸件了。在这种薄膜壳体结构中，不单寻求模糊的机体优美，还采用了一种连续的空间模型，它是通过对其表皮的压缩、延展、变轻开发出来的，这就是透明度。

1968 年，在热那亚，成立了我的第一个办公室，第一次处理了两个对我很重要的主题：开放式平面空间和从顶上采光。工作室由一个 20 米 × 20 米的单一空间构成，边上没有开口，我们唯一能够获得光线的方向是从顶上来的。于是我们创造了一个结构，这个结构由重量非常轻的金字塔形钢材框架和透明聚酯框架面板构成（我们甚至为这些面板申请了专利，称它们为微型棚架）。这些面板的侧面是连续波纹形状，朝北是透明的，朝南是不透明的，在透光的同时，还能防止阳光的直射而过热。

热那亚，1968—1969 年：伦佐 · 皮亚诺的第一个工作室

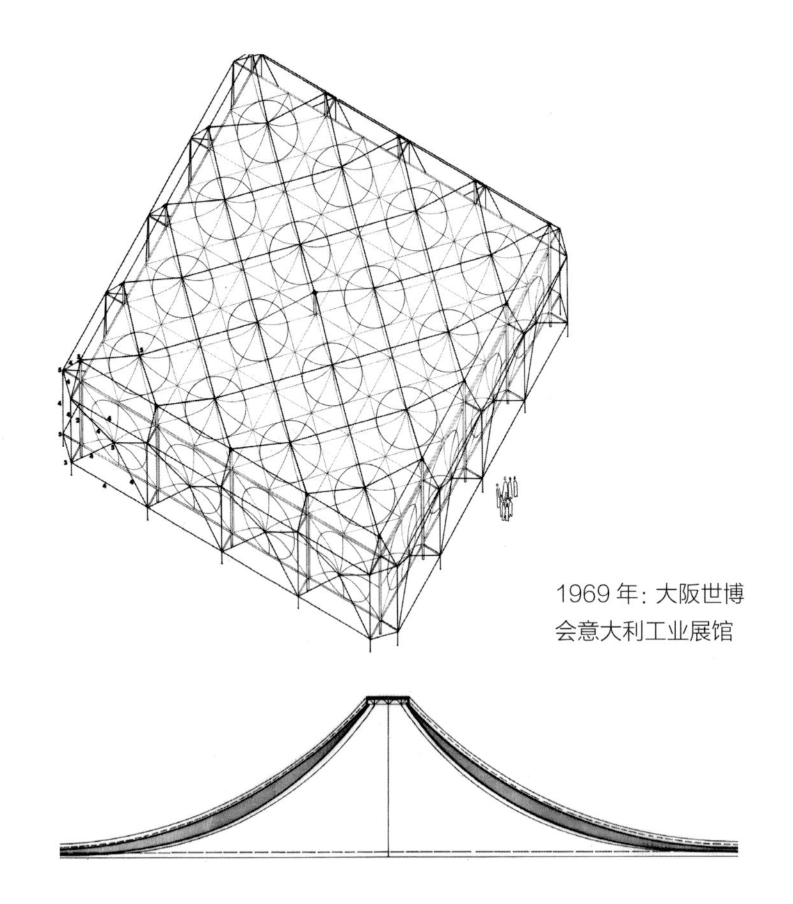

1969年：大阪世博会意大利工业展馆

同时，另外一个重要的观念显现出来了：这就是开放式平面，建筑是一个遵循进化论的有机体。它是不完美的，未完成的：它必须有能力适应不同的用途和功能。不确定性不是一个缺点，相反是能够作出改变的开放性。空间是一个体量，更是一个机遇。

模块化空间的概念，其功能不是固定的，大阪意大利工业馆就更进一步地运用了这个概念。这个展馆不得不在意大利组装、拆卸，再运输到日本。这引出了三个有趣的问题：轻盈、易运输、抗大气腐蚀。这些在限制条件下产生的建筑从空间上讲非常的简洁：本质上就是一个立方体，由双层聚酯薄膜和一组非常坚硬的钢筋组成，抵抗住拉力，支撑住结构，以确保它的坚固。

用透明塑料和玻璃进行创作，是我的一个反复出现的主题，这里面有一个迷惑的（几乎是无意识的）对优雅的探寻，这在后来就转变成一个信念：轻盈是一种手段，透明是一种诗意。当人们在谈论轻盈，努力把重量降下来的时候，在脑袋里面浮现的往往倾向于完全是美学类型的研究。而事实并非如此，1970年夏天在大阪，处于张力和轻盈之间的这种奇妙平衡，证明能够经受住时速高达150公里的狂风袭击。

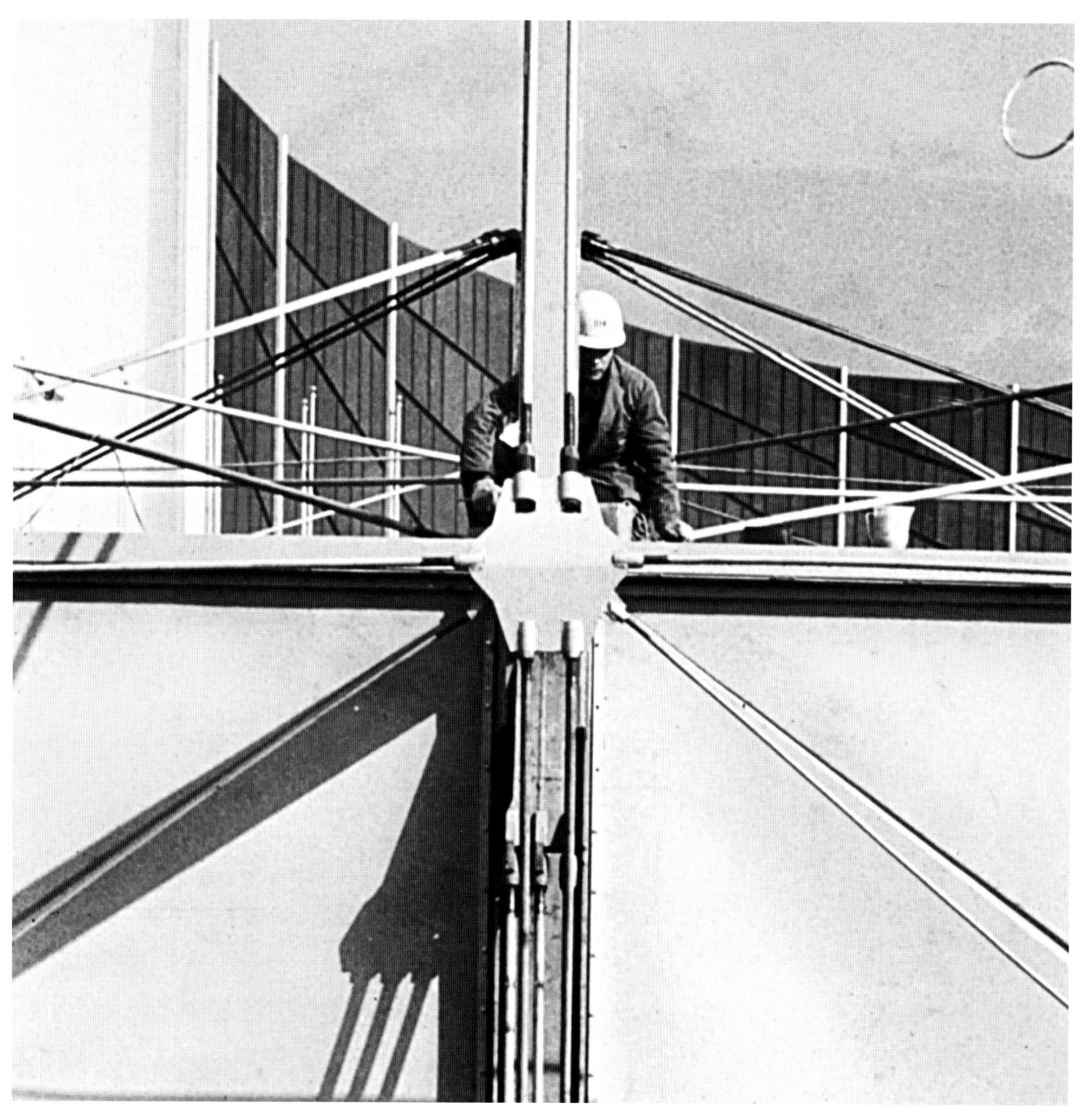

1970 年 美国华盛顿特区
乡村医疗救援协会
标准化的医院单元

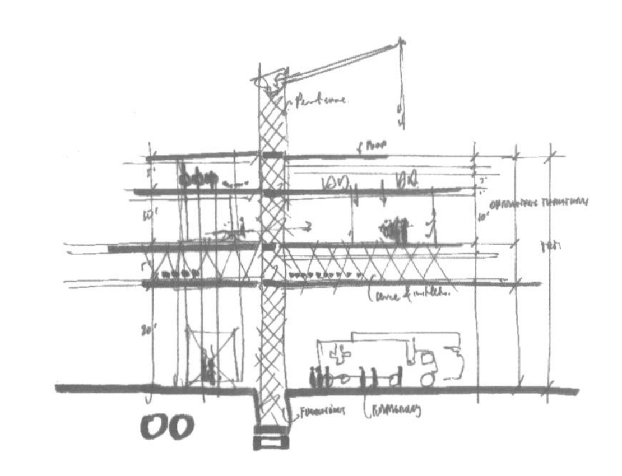

这是一个为大规模生产而设计的医疗模块，包括最先进的医疗设备。主要面向发展中国家，既能用在城市，也能用在乡村地区。

这个项目的主题是移动医院单元的创新，它能被轻松快速地搬运（ARAM，Association for Rural Aid in Medicine，代表乡村医疗救援协会）。它契合了我们对开放式平面空间的研究，因为它实现了使功能和空间组织都具有灵活性的目标。它也反映出一个有趣的医疗观念，试图通过与当地社区建立一种新型关系，使保健机构更加贴近病人。这一方式把医院看作一个医疗工具，能适应场地和情况的特定要求。

该设计是在两个不同平面上进行的。一边是核心硬件，包含了更加先进的诊断和治疗设备，由合适的模块构成；另外一边是包含床的模块（附带有所有照料病人的设备）准备就绪，随时使用，还能安放在不同的地方。这个乡村医疗救援协会的模块被最大限度地简化：它的整个结构是基于一个紧凑的核心，易于运输，甚至包括安装建筑群必需的起重机。高标准化的组件和基本耦合的系统，使一群非专业的志愿者在几位专家的指导下就能组装这些模块。我们创造的这些实验模块提供了 200 张床位，其中 30 张（用来重症监护的床位）与模块本身相连。这是我们认定的和相关社区进行有效互动的最大数字，任何比这个更大的数字都会导致这个超级结构瘫痪。

乡村医疗救援协会模块能大规模生产。由于医疗和护理人员覆盖所有专业领域（除非特别紧急的事件），一个单一模块就能够满足大约 10 万人区域的保健需求。这个项目由世界银行资助，计划在发展中国家使用。

这个经历有助于提醒我们，建筑首先是一种服务：每当我们的学科在时尚、风格、潮流的迂回曲折中迷失自我的时候，我们都必须清醒地牢记这一教训。

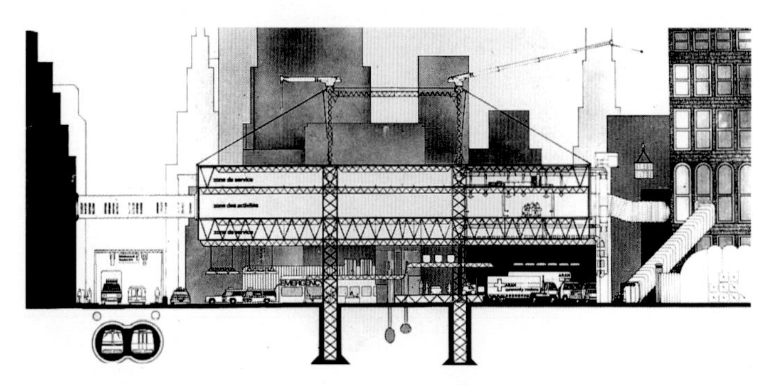

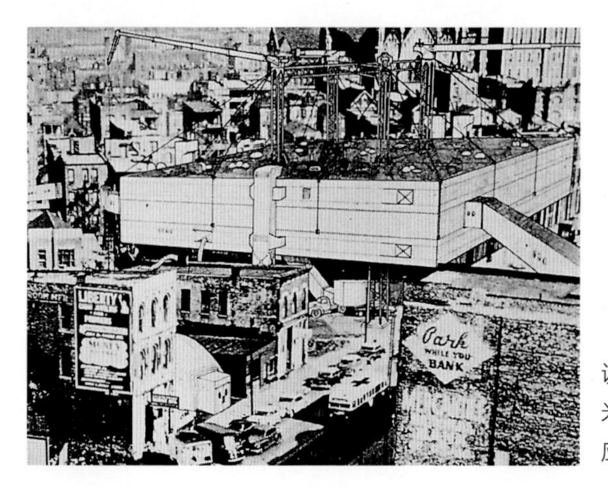

设计这个 2500 平方米的单元，是为了适应不同的环境条件

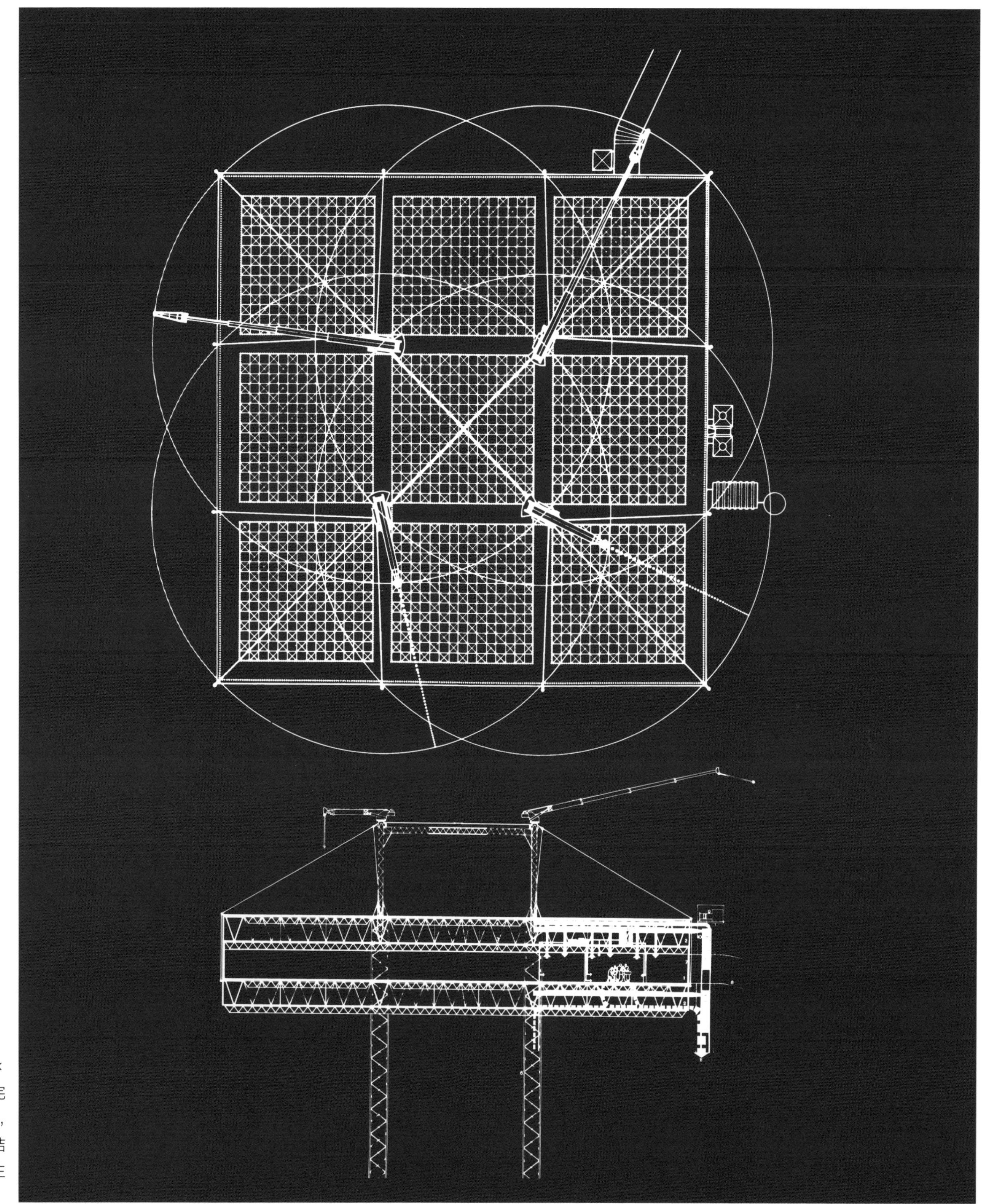

这个建筑单元有一个 50米 × 50米的正方形平面，左侧完全开放。中心是它的“核心”，拐角处有地面支撑的垂直结构，所有这些系统都位于主要结构的空隙之中

1970 年　意大利库萨戈（米兰）开放式平面的住宅

这四个独立的住宅在外观上是一样的，但是它们的室内设计留给用户来完成，这是一个开放且灵活的建筑模式。

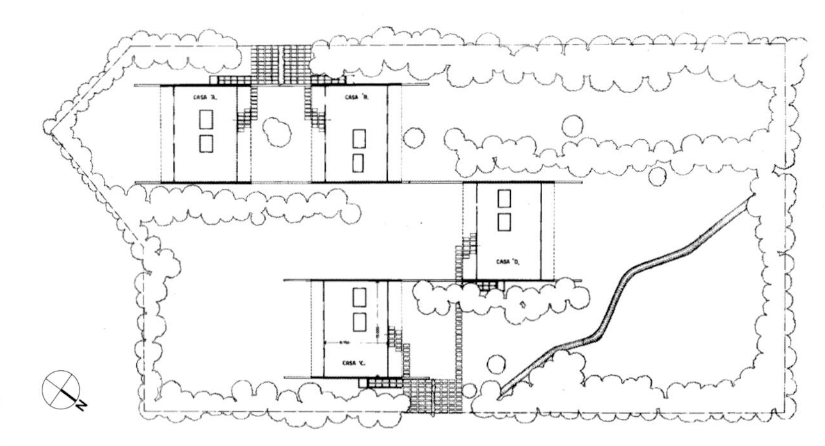

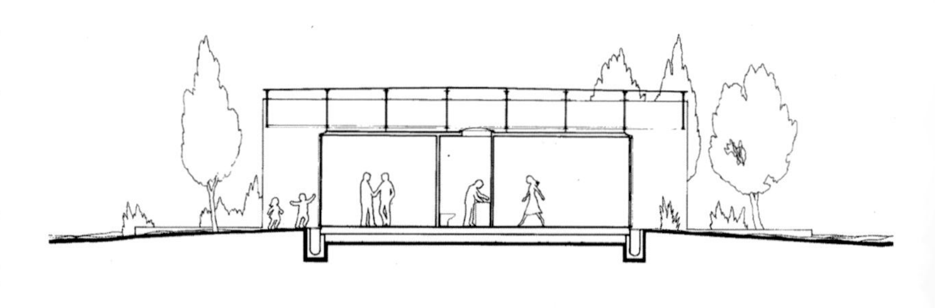

这个开放式平面的主题最引人注目的特点是四个独立住宅，这四个住宅建在米兰附近的库萨戈（Cusago）。我们想恢复住房基本功能的纯粹性，让住户（个人）负责对内部空间的功能和美学进行定义。不管怎样说，这个空间必须开放；为实现这个目标，我们用一个钢桁架梁加固了屋顶结构，以便能创造一个没有结构阻挡的内部空间，这个钢桁架梁与建筑的前立面为一个宽度（15 米）。

最古老的隔热方法是利用热惯性的物理原理，这一原理被用在旧农舍存储谷物的阁楼上。在我们建设的房顶上覆盖一层土：暴露在阳光下的建筑表面，不管是加热还是释放已经存储的热量，都花了更长的时间。在库萨戈的房子里，屋顶和顶棚之间空间的自然通风，都是用于实现隔热这一相同的目标。今天，我们试图描述这种通过使用古老的建筑方案抗热抗冷的方法，它之所以“环保”，不是因为“尊重”自然和温度变化，而是因为用一种减少能量消耗的方法解决了隔热问题。建筑是自然的第二种形式，置放于真实自然之上。建筑师“重新创造”了环境，因为对于这个星球上大多数人来讲，在一年中的大部分时间里，要么太冷，要么太热。从这个角度讲，自然是建筑师的对手。我们改变这个世界，让它变得对人类舒适、愉悦，如果“尊重环境”意味着穿上拖鞋在草地上走，那我就不感兴趣了。

相反，更恰当的说法是建筑的可持续性，这是完全不同的概念。它意味着尊重动植物群体，合理安置建筑和结构，利用采光和通风，与环境建立一个聪明的关系，这（像所有聪明关系一样）也有可能在构筑物和自然之间造成某种程度的紧张。

设计
1970—1972 年
施工
1972—1974 年
住房数量
4 栋
每栋住宅屋顶覆盖面积
15 米 × 15 米
每栋住宅内部面积
15 米 × 10.7 米
建筑高度
4.5 米（3.5 米 +1 米屋顶厚度）
建筑层数
地上 1 层

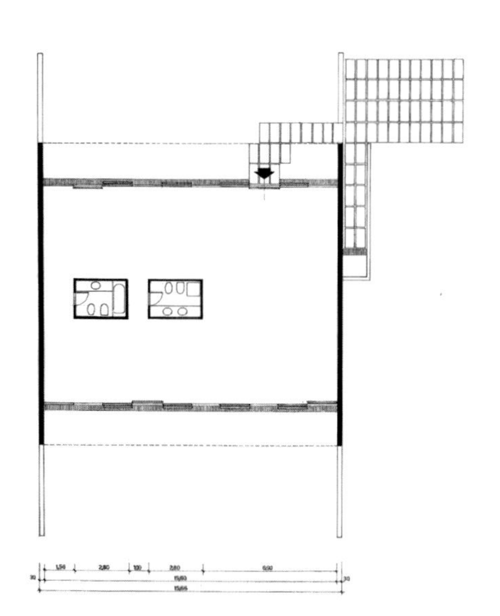

1971 年　意大利诺弗德拉特（科莫）B&B 意大利办事处

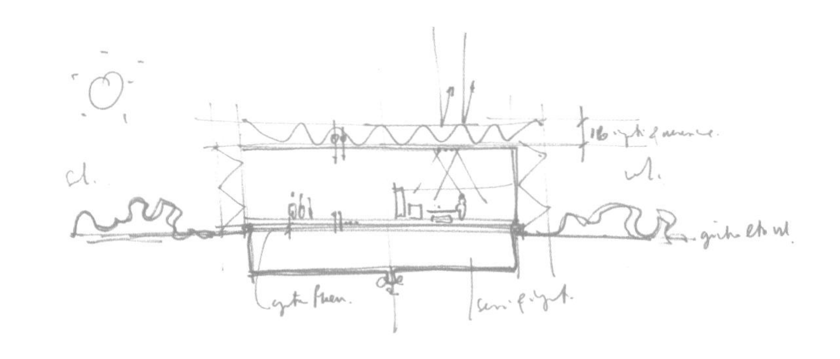

这栋建筑为一家重要的家具制造厂提供办公室，位于其工厂入口处。它有一个完全开放式的平面，带有模块化的结构，允许轻松扩展，与自然紧密联系。

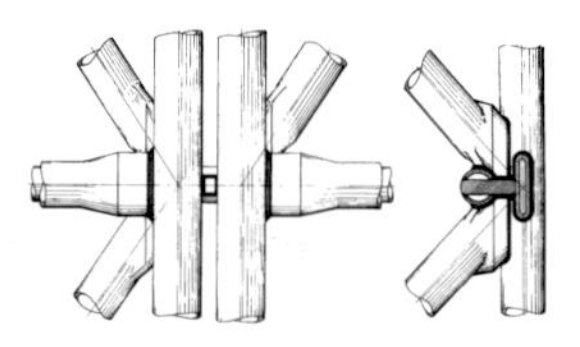

各种钢筋之间接头的细部，组成了门廊的金属结构

设计
1971 年
施工
1971—1973 年
总建筑面积
1230 平方米
建筑高度
6.5 米
建筑层数
地上 1 层 + 地下 1 层

B&B 是一个与博堡（Beaubourg，当地人称呼“蓬皮杜中心”在时间上部分重叠的作品。显然更大的项目覆盖了更长的时间跨度，在某种程度上，从头至尾贯穿了本书。我这样说，是为自己在时间上前后跳跃的次数找借口。在这种情况下，年代顺序是很重要的，在 1971 年，皮耶罗・布斯内利（Piero Busnelli）、意大利 B&B 公司的老板看到为博堡所做的计划（这个下面再讨论），认为我们肯定有些疯狂，看上去他好像也有些疯狂，决定和我们一起工作。

我们在巴黎和热那亚之间进行了这个项目，这个项目受博堡的影响，同时也对博堡产生了影响。在很多方面，它都是对博堡的一个小规模的彩排：广泛使用颜色、宽广的跨度、开放并且灵活的区域。另一方面，针对 B&B，试图用非常小的元素，也即分割尺度的办法，建造带有大跨度的主要结构。我记得我们说过，作为一种挑战：“那里不应该有任何直径大于 8 厘米的元素”。

B&B 大楼位于诺弗德拉特（Novedrate），接近布里安扎（Brianza），当然比博堡小得多，但是仍然相当大。我们的想法是把所用的东西缩小到一个非常细长的结构、一种金银细丝：一次关于风格和雕塑研究的尝试通过用金属支撑结构部件成功地完成了。

任何人都能建造一个坚固的结构：你只是不得不浪费材料而已。如果你制造 1 米厚的墙，显然它将会立得坚挺，然而，从物体上减轻重量，就能教会你制造管用的形态，理解构件强度的极限，用弹性代替刚性。减轻重量是一个挑战、一个游戏。当你成功去除很多东西后，你就知道什么是真正必须的。然后，皇帝就一丝不挂，因为你知道所有剩下的都是多余的。

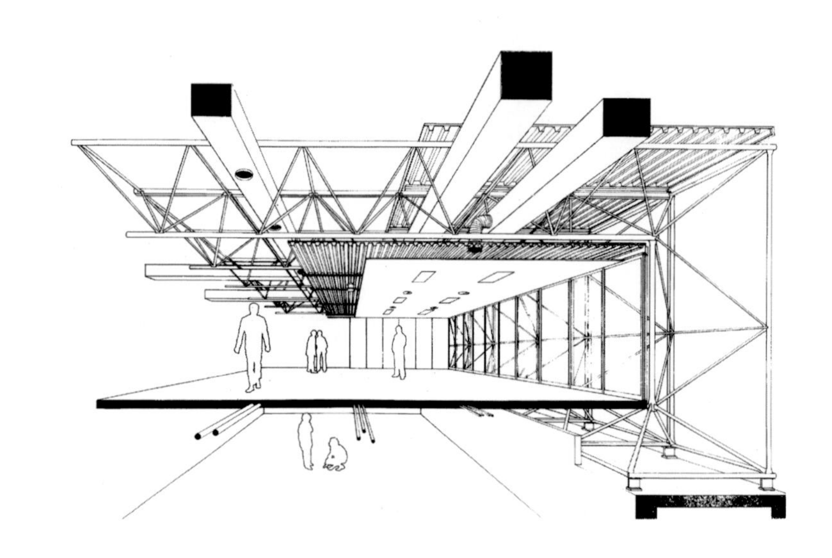

这一挑战是 B&B 办公室的关键：40 米跨度，由非常轻的自支撑元素构成。作为一项工作，它要求有极大的耐心，也需要一些巧妙的办法。用玻璃窗格填满这个格架，在屋顶的阴影下稍微往后退一点，你就会看到这栋楼如此透明，以至于它和周围的自然形成了一种对立的对话。近年来，B&B 设计已经适应了今天的需求，没有失去任何新鲜感。它所允许的建筑和自然之间的关系仍然完全能够跟得上时代潮流。

1971 年　法国巴黎
乔治·蓬皮杜中心

这座位于巴黎核心地带的巨型建筑致力于展示美术、音乐、工业设计和文学。它反映了最初的设计竞赛设定的计划，即希望让文化受到更少的制度和传统的约束。伴随着对技术的拙劣模仿，最特别的是伴随着公共空间的巨大扩张，该扩张主要表现在广场上，蓬皮杜中心已经变成了城市和社会功能的积极工具。

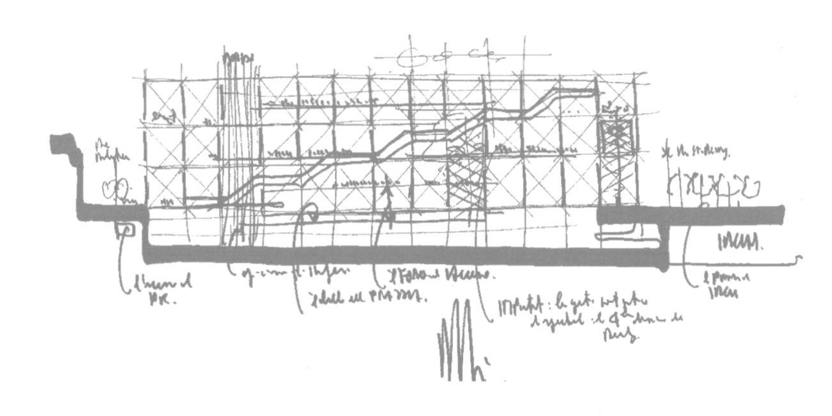

竞标
1969—1971 年
施工
1972—1977 年
翻新
1996—2000 年
用地面积
2 公顷
总建筑面积
103305 平方米
每层面积
166 米 ×45 米（开放平面）
建筑高度
博堡街一侧 42 米
广场一侧 45.5 米
建筑层数
地上 7 层 + 地下 1 层

博堡是一个欢乐的城市机器。你到达位于巴黎中心的玛莱区（Le Marais），你会发现一种人造物，它也许出自儒勒·凡尔纳的书。过去 20 年间，这个建筑的设计思想一直被描述为诸如搞笑的或者不得体的、粗鲁的或者迷人的。同样在这 20 年间，有 1.5 亿人参观了蓬皮杜中心。这迫使我们在新世纪的前夕进行一场新的、相当重大的干预，但那是另外一个故事，我们将于以后再谈。

正如我不止一次地说过，博堡是一个挑衅。这是一个对自我感觉的恰当描述，但是就设计的质量和背后的缘由而言，没有任何负面的含义。在 20 世纪的最后几年，博物馆经历了一个真实的复兴。少的、老的，居民和游客，现在每一个人都排队看毕加索，从雕塑家布朗库斯（Brancusi）打磨得光亮的石雕中寻找诗意。但是在 20 世纪 70 年代初构思博堡的时候，很少有人去博物馆，它们是沉闷枯燥、缺少活力、深奥难懂的机构，被认为政治上不正确。它们有一个吓倒母亲、吓走孩童的形象，博堡对人无礼的腔调就是在这样的情形下产生的。然而恰恰相反，博物馆并不缺乏神圣的神秘感。我记得当时设计竞赛的要求是，建议远离图书馆和博物馆的典型边界。他们谈到了文化，还谈到了多功能性；谈到了艺术，也谈到了信息；谈到了音乐，还谈到了工业设计。这种路径里面已经有一些非常规的东西，我们需要做的就是把这些非常规的东西呈现出来，把它推向极致，给它一个明确的解释。在提交的 681 个设计方案中，最明确的解释是那个不负责任的、不守规矩的文化机器，该机器由几个 30 多岁的、有点粗鲁的年轻家伙构想出来。

那时，我和理查德·罗杰斯（Richard Rogers）在伦敦有一个工作

与罗伯特·博达斯、理查德·罗杰斯在一起

皮亚诺及罗杰斯工作室团队在现场

设计竞赛图纸：东立面

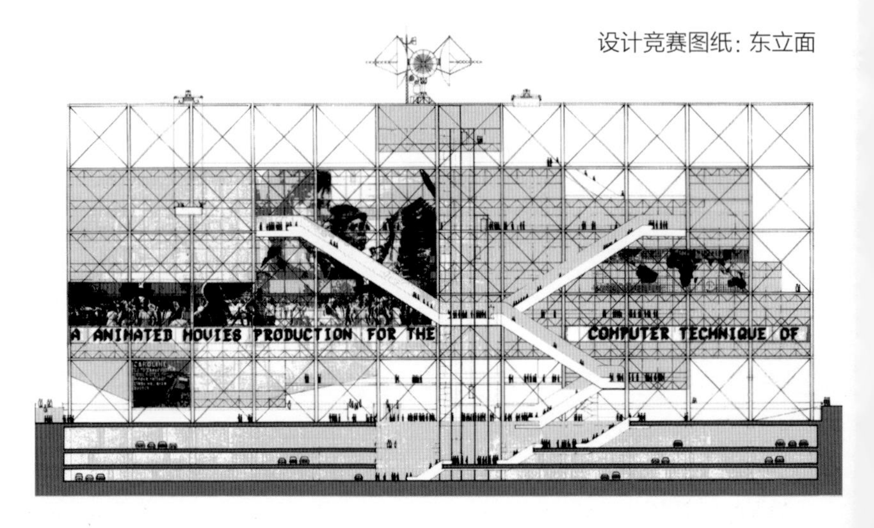

室：实际上，工作室名为皮亚诺及罗杰斯（Piano & Rogers）。正是工程公司奥雅纳（Ove Arup）建议我们参加了这个设计竞赛。一天，泰德·哈普洛德（Ted Happold）和彼得·莱斯（Peter Rice）（从那时起他一直担任我们的工程师，直到 1992 年不幸去世）到艾布鲁克街（Aybrook）来看我们，他们甚至承诺包揽我们一些费用，这也派上了用场。

与理查德·罗杰斯和彼得·莱斯在现场

这是一个公开的竞赛，我们知道竞争会很激烈，于是决定竭尽所能。我们对固定模式的漠视，结合必须的理性和组织，推出了博堡。这个计划是非常开放、高度创新的，但是我认为他们不会预料到会有如此激进的反应。博堡是一种双重挑衅：对学院主义竖起中指，还有对我们这个时代技术意象的拙劣模仿竖起中指。把它看作高技派的胜利，这是一个误解。蓬皮杜中心是一个“学士机器”（bachelor machine），其中鲜亮金属和透明管道的炫耀，服务的是城市的象征和表现功能，而不是一个技术功能。

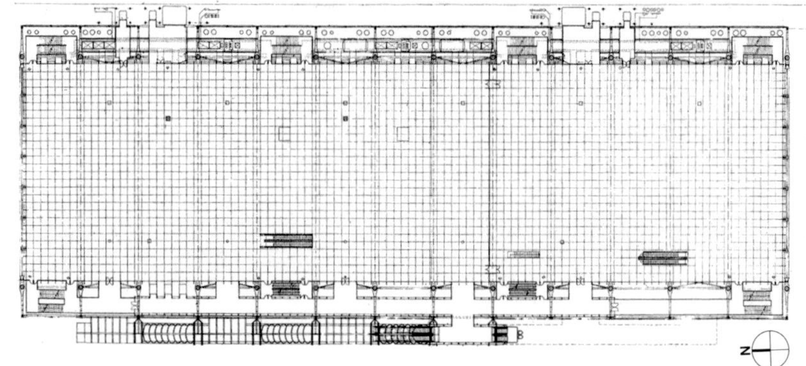

每层由一个 166 米 ×45 米的开放平面空间组成。结构由 14 个展厅组成，带有 13 个隔间，每间跨度 48 米，轴线间距 12.8 米

博堡与工业城市的技术模式完全相反。它是一个中世纪的村庄，有 2.5 万人（每日游客的平均数）。不同之处是它向上延伸：序列是垂直的，而不是水平的，因此，城市广场是按照一个放在另一个之上的方式设置的，街道呈十字交叉状。就像一个中世纪的村庄，它本质上就是一个集会和交流的地方：一个四处溜达的地方、一个追逐意外邂逅的地方、一个寻求惊讶和好奇的地方。在前面它有一个巨大的广场，这是用来举行重大集会的场所。

如果建造一艘这种横渡大西洋的邮轮是合情合理的话，那是因为它把艺术定位于服务城市社会生活的原因，反过来也是一样的道理。因此，把博堡建在城市中心也是对的。那时有这样的反对意见：“盖起来可以，但是要在巴黎郊外”。但是这个观点是错误的：在郊区建一个博堡毫无意义。一个 10 万平方米的建筑——正如计划中所要求的那样——永远不可能被伪装，或者（如通常所说）不可能让它“融入”玛莱区的住宅中间。但是，我们清楚地意识到需要创造一种与环境的联系，然后选择用城市化的平面以及这个平面的表现和形式实现这种联系。比如自动扶梯的透明度一直被看作高技术的体现，但实际上它不是技术，只是一个与技术玩耍的游戏。当坐上这个自动扶梯，你在大楼里面，也在大楼外面，参与着那里的生活。当你慢慢上升，得到一个广场的视野，接着是一个区域，继而是整座城市。这无疑是博堡的启示之一。

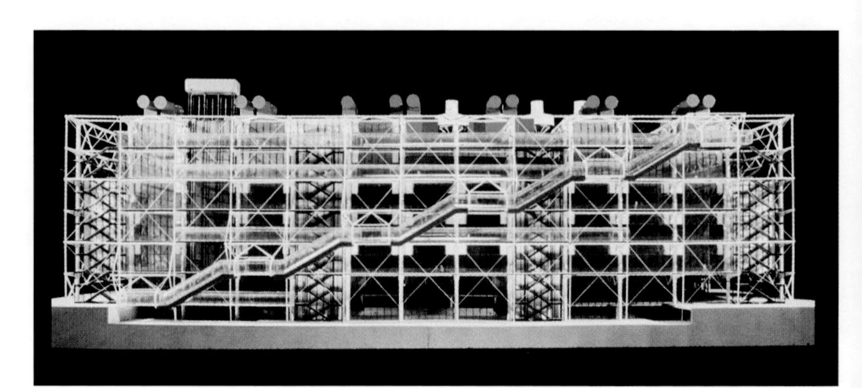

广场代表了双重调解：一方面，在博堡及其街区之间；另一方面，在官方文化和街道文化之间。在广场上表演的哑剧演员、杂技演员和街头艺人是在正确地诠释它的含义：广场是一个非正规的、非制度化的艺术场

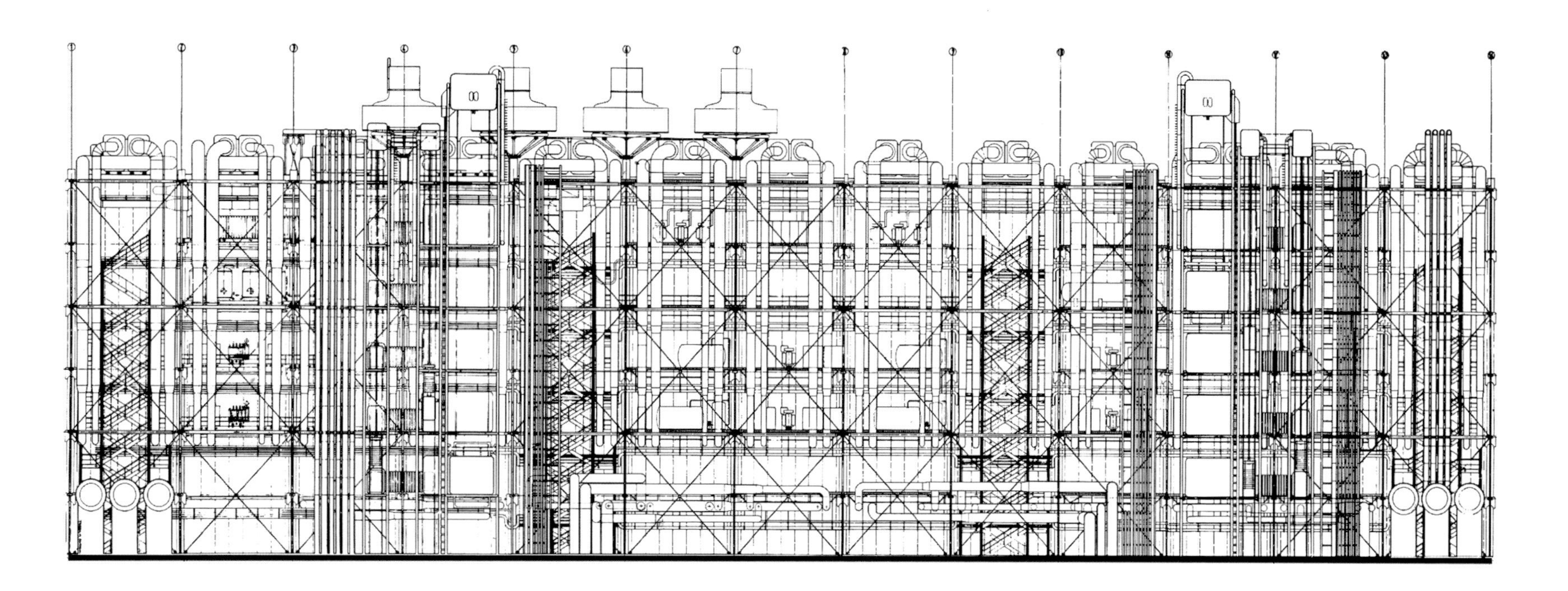

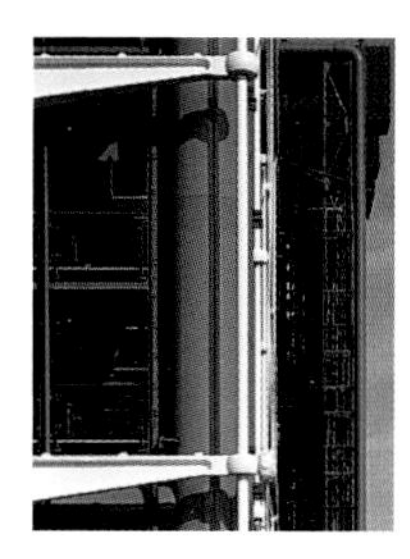
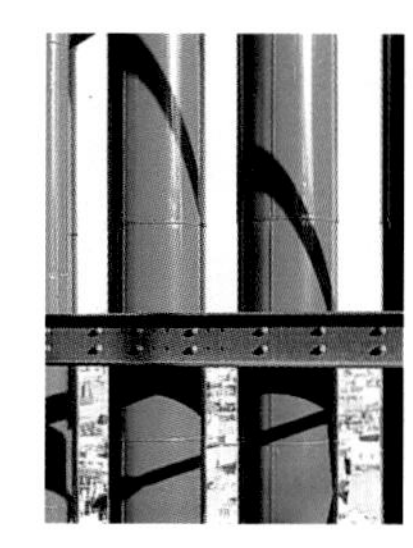
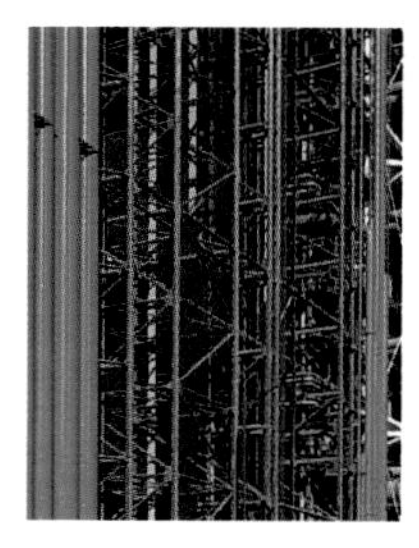

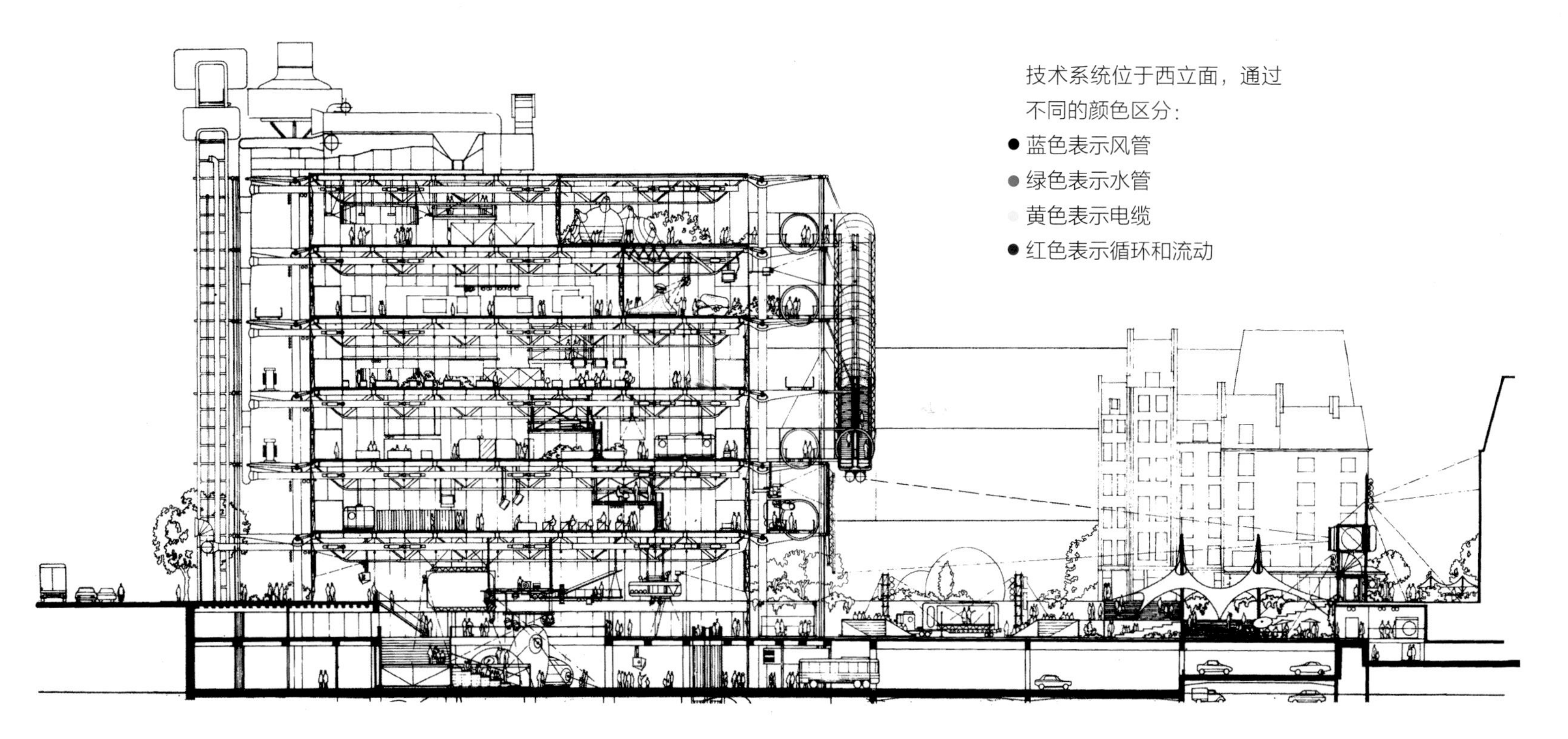

技术系统位于西立面，通过不同的颜色区分：

- 蓝色表示风管
- 绿色表示水管
- 黄色表示电缆
- 红色表示循环和流动

所。当一切都尘埃落定之后，博堡创造的不仅是呈现文化，而是在生产文化。也许一种乌托邦的境界并不是总能达到，但仍然是值得为之奋斗的。在博堡，我们认识到建筑不仅是一次心灵的冒险：它也意味着在风暴中航行，真正的风暴。

当然，关于博堡不缺乏争议：引发过 6 个诉讼，试图用最奇葩的理由阻止建设。其中一个理由是，评委会主席让・普罗维埃（Jean Prouvé）没有建筑学位：普罗维埃是勒・柯布西耶最后的继承人、伟大的法国设计大师，他如此远离学术圈，却丝毫没有受到困扰。这让我想起一个关于他的精彩故事，多年以后，我和其他一些朋友决定，是时候给他颁发一个荣誉学位了，当把这个提议告诉他时，他犹豫了很长时间，然后在一天晚上对我说："伦佐，感谢你！感谢你们所有人！你们一直非常友好，但是我不想要这个学位，让我无知地死去吧"。他想作为一个圈外人结束自己的一生，就像他以前那样。

在喧闹声中，幸好也有一点幽默感。一家报纸发布了一个知识分子反对博堡的宣言。这不是一个恶作剧，只是最初由巴黎知识分子起草用来反对埃菲尔铁塔的文稿，被逐字逐句地抄下来，但是更改了签名，用"博堡"代替了"埃菲尔铁塔"。这个笑话之所以看上去非常可信，是因为压力集团确实是为了反对我们才成立的，还给自己取了一个自大的名字"建筑姿态委员会"（Comité pour le Geste Architectural）。

这个设计的某些方面特别不受欢迎，这就是我称作"耳朵"的部分，通风系统的进风口在广场上都能看到。那时巴黎还没有市长，但仍然有一个长官。当通风口开始施工的时候，这个巴黎的长官告诉我们："太多了，太过分了"，并禁止安装。于是我们去找该中心主任罗伯特・博达斯（Robert Bordaz），可他却说："把它们放进仓库吧"。

三个月后，我们又试了一次，长官立即发来了消息："这是什么，你在开我的玩笑吗？"事情像这样持续了将近一年，直到我们收到不幸的消息，长官去见他的造物主了，通风口第二天就装上了。翁贝托・埃科（Umberto Eco）写道，那些耳朵是地狱人口和外界交流的工具。也许他是对的，对我们驿站马车的攻击是持续不断的，但是即使在建筑领域，骑兵队通常也会赶到。[①]

① 出自电影《关山飞渡》的情节。——译者注

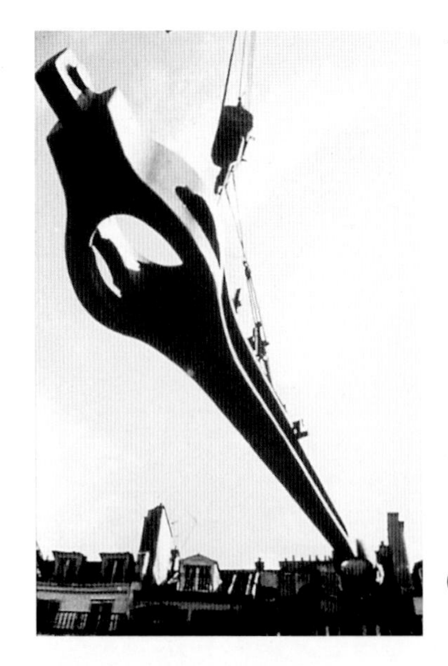

安装预制横梁，48 米长、110 吨重

安装耶贝尔（Gerber）横梁的头部，这个横梁后来被称为戈贝尔（Gerberette）：单条 8 米长的钢铁铸件，重 10 吨

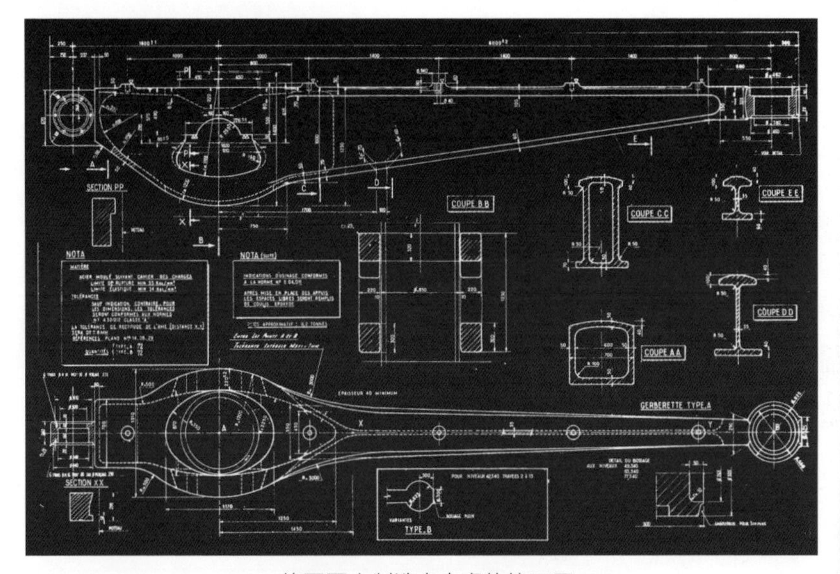

德国军火制造商克虏伯的工厂

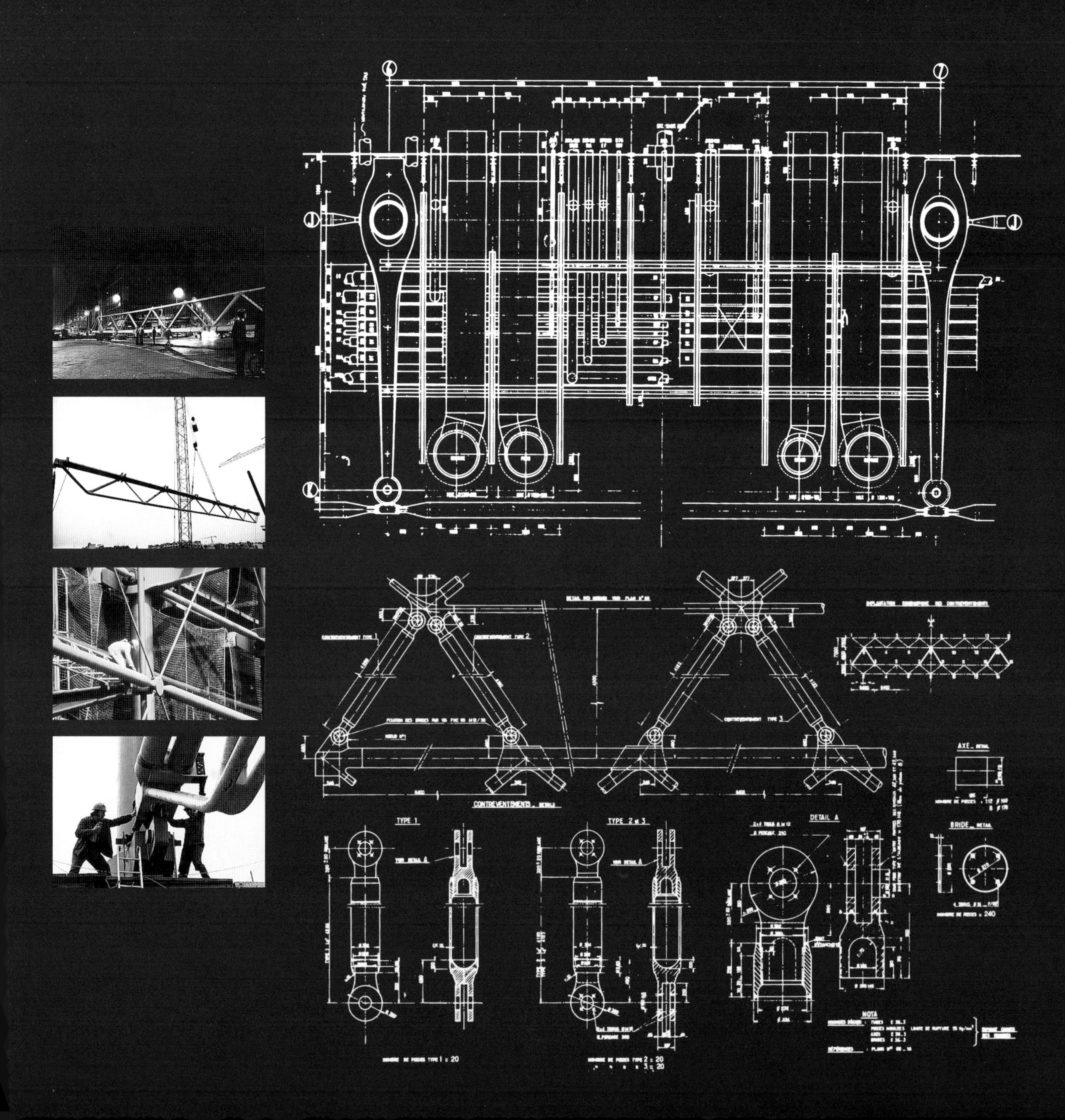
CONTREVENTEMENT TYPE 1
CONTREVENTEMENT TYPE 2
CONTREVENTEMENT TYPE 3
CONTREVENTEMENTS DETAIL
TYPE 1
TYPE 2 et 3
DETAIL A
AXE DETAIL
BRIDE DETAIL
NOMBRE DE PIECES : 240
NOTA
NOMBRE DE PIECES TYPE 1 : 20
NOMBRE DE PIECES TYPE 2 : 20
3 : 20

在博堡，“骑兵队”总是由中心主任罗伯特·博达斯带领。在一次新闻发布会上，我们一直在议论很显眼的管状结构，媒体用西红柿攻击我们这一点，主任严肃地说，这些管道是对圣梅里（Saint-Merri）教堂结构的竖向构件的一个明确借鉴，圣梅里是该地区一个漂亮的哥特式教堂。罗伯特·博达斯是一位天才，他究竟怎样想到这个主意的，我仍然不清楚，我们尴尬得脸都变红了，但是他仍然设法让所有媒体闭嘴了。

还是罗伯特·博达斯解决了主要结构的问题，它们由很多片金属铸件组成，这件事曝光后，整个法国钢铁行业都奋起反对，直截了当地拒绝了，说结构根本立不住。但是，我们却对此胸有成竹，这是一个技术不反对表现的典型案例，实际上，技术还帮我们保护了表现，我们对结构的理解使我们能够捍卫我们的艺术选择。当然，从政治层面上讲，这没有让事情变得更加简单，在法国钢铁行业把我们拒之门外之后，我们向德国的军火制造商克虏伯（Krupp）下了订单，博达斯承担了责任：他直接去找了法国总统乔治·蓬皮杜，并且得到了授权。后来我们发现在蓬皮杜家族，还有一个重要的盟友——他的妻子克劳德·蓬皮杜夫人（Madame Claude Pompidou）：我们的友谊持续了很多年。

显然，公共舆论和媒体仍然是个问题，我们不得不小心，不能让太多的人发现这个问题，否则将会有私人绞刑。你是否曾经尽力隐藏110吨重、48米长的钢铁大梁？你应该这样做，把它们带上专列，在凌晨3—5点车最少的时候，运过巴黎。当然，你需要一辆巨大的卡车，更精确地说是两辆（一辆负责钢梁前部，一辆负责钢梁后部）。在车队通过前，你派另一辆卡车，用4厘米厚的钢板保护所有沿线的井盖，钢板必须首先铺设好，然后用一块巨大的磁铁举起。当钢梁到达目的地后，你必须立即将它安装起来，否则会导致整个建筑工地陷入停顿，在某种程度上就这么简单。

对于我来讲，博堡是一所人生学校，与其说是因为它的规模（建筑的法则，无论建筑是小是大，还是特别巨大，基本都是一样的，当我还是一个男孩的时候，我就知道了这些法则），不如说是因为，直到介入蓬皮杜那一刻为止，我一直都以一种相当亲密的方式工作。可以说，在住宅领域，我实现了我大多数的试验，但是在蓬皮杜中心，我发现了冒险。

一位建筑师有这个世界上最好的工作。在这个很小的星球上，像哥伦布（Columbus）、麦哲伦（Magellan）、詹姆斯·库克（James Cook）、阿蒙森（Amundsen）这些人已经发现了需要发现的每一样东

西，但是，设计仍然是最伟大的冒险之一。在博堡我才真正理解到这一切，部分原因是我足够幸运；在那次冒险中有一批杰出的同事。我至今仍和他们中的许多人一起工作，与他们的友谊让我感到很荣幸，比如，威利·桑德伯格（Willy Sandberg），他是斯特德利克博物馆（Stedelijk Museum）的伟大创建者，后来又担任耶路撒冷以色列博物馆的主任：他还把艺术总监庞图斯·胡尔特（Pontus Hultén）介绍给了蓬皮杜主任博达斯，庞图斯和我成了很好的朋友。他是一位优雅的、对文化敏感的人，但是看上去却像一只北方荒原迷路的棕熊。还有菲利普·约翰逊（Philip Johnson），一位天才，虽然已经是个老头子了，但是头脑仍然非常清晰。

我们组建了一支外籍军团；我们当时正在建设法国最大的纪念碑，我们是意大利人、英国人、瑞典人、美国人、日本人等。正是为了建设博堡，我开始与伯纳德·普拉特纳（Bernard Plattner）和石田顺治（Shunji Ishida）一起合作：1971年，顺治偶然路过热那亚，可是他至今仍和我一起工作。然而，平衡被博达斯的团队（这个团队成员都

是法国人，由优秀的管理员构成）和总承包商 GTM 团队（他们也都是法国人）修复了。也许，那些年在巴黎和彼得·莱斯建立的关系是最重要的伙伴关系，彼得所属的奥雅纳（Ove Arup）工作室从这次冒险开始就支持我们：当我们赢得竞赛时，彼得被安排主管博堡的结构工程师团队。博堡巨大的结构是由成千上万个几乎手工制作的小片部件组装而成，是模块化的，几乎可以无限制扩展：这就是所谓的原型。结构计算不足以获得这样的效果，还需要把创造力运用到结构上，就是彼得·莱斯对我的意义，也是他在我所有最重要的作品中的意义。汤姆·巴克（Tom Barker）——奥雅纳工厂工程师，是另外一位伟大的合作伙伴，我们的合作关系持续了 25 年，直到罗马的德尔帕科（Auditorium del Parco）礼堂设计竞赛结束为止。

IRCAM，声学与音乐研究和调试研究院，该建筑于 1973 年在地下建成，紧邻蓬皮杜中心，扩建于 1988 年

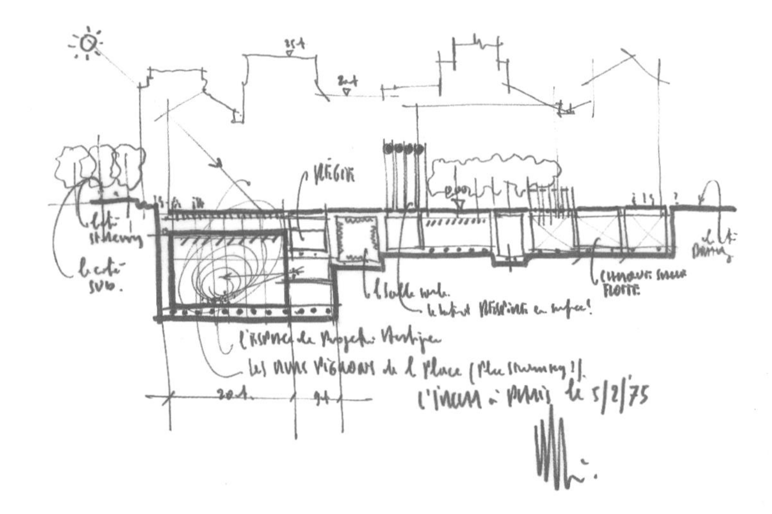

另一段可以追溯到这一时期的是与皮埃尔·布列兹（Pierre Boulez）和卢西亚诺·贝里奥（Luciano Berio）的友谊，这是源于做 IRCAM 项目发展起来的友谊。IRCAM 是研究与协调声学和音乐的学院，是博堡的一个分支，从物理的角度看也是如此，就位于邻近的圣梅里教堂附近。从城市的角度看，它是一个非场所，因为除了塔楼外，完全位于地下，这个将在以后讨论。考虑到它用于声学领域的研究，由 IRCAM 提出的第一个问题是隔声。最初，它本该安置在地上，代替一个相当丑陋的学校，该学校计划被拆除。但是，当清理出来这个场地后，我们意识到用圣梅里哥特式教堂作为背景偶然创造的广场，对保持场所比例是必要的。在那里再建设一些东西已经变得不可想象。地下的设计解决方案相当于做到了两件不可能做到的事情：一方面，它帮助我们设计了一个声学上的中性结构；另一方面，它恢复了教堂的全部尊严，该教堂以前一直让人窒息。所有这些都发生在位于地面上的斯特拉温斯基广场（Place Stravinsky），它是一个点缀着 IRCAM 天窗的步行广场。

对于我来讲，与布列兹和贝里奥偶遇，意味着我进入了音乐世界，不是我以前不喜欢音乐，只是我和音乐的关系是一种善意的无知。非常重要的是，我和艺术的关系再一次来自技巧：这个关系不是诞生于斯卡拉歌剧院（La Scala），而是诞生于 IRCAM，一个音乐工厂。这给我在跨学科的敏感性方面上了重要一课，就是在这里，我开始理解不同表达形式之间的边界是多么的随意。音乐是最非物质的艺术，然而建筑是最物质的艺术。但是，它们两个都遵循相似的逻辑：在结构组织方面，在严格秩序方

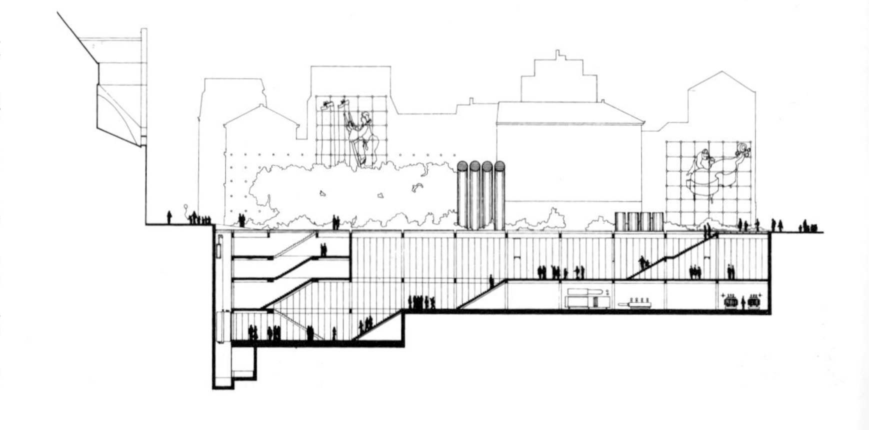

面（被打破规则的可能性有所减弱），在细节、振动、颜色方面。卢西亚诺·贝里奥和我有同感：我们都以同样的方式看待我们的工作，我们两个都打破了规则，但都是有条不紊的。我们两个都是叛逆的，但都是严谨的，这标志着我们深厚个人友谊的开始。卢西亚诺是一位真正的探险家，他引导了音乐进入科学和数学世界，但是他对过去有深入的理解，也感激过去：包括历史、民俗和大众传统。这是在我自己的领域所分享的一种态度。

第四个为设计 IRCAM 和我们一起工作的人是维克多·佩茨（Victor Peutz），一个荷兰人，他负责声学试验：我们在一起形成了一个真实意义上的跨学科团队。从佩茨那里我学习到，某些情况下在建筑设计中采用科学的方法是多么重要，我们使用类比模型和声学模型，因为我们不像其他很多人那样建设音乐厅，而是在建造一个真正的乐器，我们是乐器的制造者，也是演奏者。除此之外，我们为试验开辟了一个房间，房子里面的声学响应能从 0.6 秒变化到 6 秒。它实际是一台机器：一个 20 米宽的地下立方体，带有可变的音响效果和可移动的顶棚和墙壁。这个平庸的物体从几何学的角度看实际是一个丰富的物体，因为声音变成了空间的一部分，转变成了一个非物质但不可或缺的组成部分。

设计活动不是一个线性的体验，不是你有一个想法，把它写在纸上，然后付诸实施这么简单。设计是一个循环的过程：你的想法被描绘出来，试验，重新考虑，重新加工，一遍又一遍地回到相同的点。作为一个方法，它似乎是非常经验主义的，但是如果你环顾四周，你将会发现这在许多学科中都是非常典型的，比如音乐、物理学和天体物理学。我曾经有一次与图里奥·雷吉（Tullio Regge）和卢西亚诺·贝里奥讨论过这个问题，它们之间的类比是很清晰的。一次又一次的尝试，不仅是纠正错误的方式，还是搞清项目质量，或者材料、采光、声音的一种方法。

你和你的作品保持一种难以分离的关系，它们是你的创造物，从某种程度上讲你永远不会忘记他们。比如蓬皮杜中心，20 年前，我在它的 100 米外组建了工作室：这个工作室至今仍然在那里。现在我感觉有点像卡西莫多（Quasimodo）——塔楼的守护者，博堡从来不会丢下我不管。有一次，一位日本女士来到我的办公室，要我们的设计方案，“把它们卖给我”，她说，“我将在东京再建一座”。“很不幸，它们属于法国，夫人，

1997 年 10 月，蓬皮杜中心闭馆维修 27 个月
2000 年 1 月 1 日又重新向公众开放

Tickets
Billetterie

您得问问他们”，我回答道。

该建筑完全符合我的观念，无止境的建造、未完成的工作。实际上，每隔一段时间我都会回到那里，执行一次新的干预。首选是对 IRCAM 的设施，然后是 IRCAM 的塔楼，接着是布朗库西工作室（Atelier Brancusi）。最近（到目前为止）是准备蓬皮杜中心纪念 2000 年的活动项目。对我而言，这个工作就像回到犯罪现场，或者更确切地说是，证明我从未离开过这个犯罪现场。

蓬皮杜中心设计得很灵活，它可以应对任何新的要求。当罗杰斯和我谈论一个功能模块化的，而不只是美学模块化的“文化生产机器”的时候，这正是我们的意图。每一座建筑都有它自己动态变化的过程，即使那些旨在实现最可预测、最好定义用途的建筑也不例外：想象一下，当建筑致力于文化这种难以界定、带有无限潜力的神秘材料时，会发生什么。对于博堡，材料的磨损是一个问题，也许我们可以称之为成功的代价。该项目是基于预测一天 5000—6000 名游客开发的，但实际数量是这个数字的 5 倍。在一年中最繁忙的时候，每日游客超过 5 万人并不罕见，20 多年来，已经有超过 1.5 亿人参观过它。

我们能说什么呢？我们的创作值得放缓一下。更重要的是，它确实需要维修和一些改进。于是，蓬皮杜中心在让 - 雅克·艾拉贡（Jean-Jacques Aillagon）的指导下决定把博堡园区关闭几年，同时加强与世界其他地方大型博物馆的合作，目标是在 2000 年 1 月 1 日上午 11 点重新开放，整修准备迎接第三个千禧年。

这是一个明智的选择，这样的场所对它所属的社区负有责任，必须始终符合城市的角色，不只是从美学的角度，还要有从功能的角度，甚至从象征意义的角度。这里有一个想法：让我们通过一个法令，强制每隔 25 年对博堡进行一次“暂停思考”，在 2025 年，中心应该再暂停一次，好好想想问题。

建筑就是一种鱼汤，是一种现实和感觉的混杂。但是，就像一位俄罗斯智者曾经说过的那样，现实是这个世界上最难对付的事情。在 1997 年，现实是这样的：基于同样的建筑体量，蓬皮杜中心需要更大的建筑面积，为博物馆增加更多的空间，为图书馆开通更多的通道，用新的方法组织游客的人流，这就是提交给我们的计划。我们立刻就清楚，这不是一个常规的维护工作，需要进行彻底的干预。我们想要一栋与时俱进的建筑吗？是

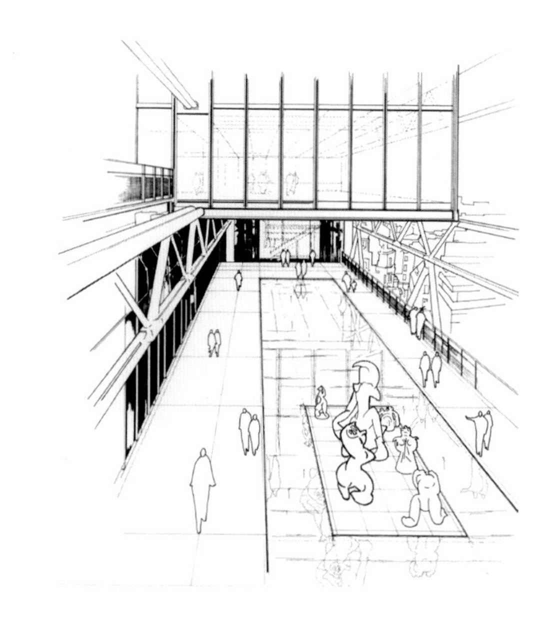

重新设计了建筑的露台，创造了大面积的水域，水的上面展出了一些艺术作品

展示其灵活性的时候了，甚至要以牺牲一点它的（我们的）目中无人的天真为代价了。

谈到这个项目，批评家保罗·戈德伯格（Paul Goldberger）想知道：青春期能持续超过一代人吗？没有理由否认：博堡的修复工作，我感觉自己像一个父亲把房子的钥匙交给他的孩子。但是，我们的创作已经 20 岁了，不能拒绝成长，部分原因是进化的潜力本来就潜藏在最初的设计中。当罗杰斯和我在构想这个巨大的城市机器的时候，我们就知道，它的体量、它的魄力和（让我们承认这个）它的傲慢将会消化任何改变，这座建筑能迎接挑战。

让我感到非常惊讶的是，当我发现在学术界当了 20 年的搅屎棍和眼中钉之后，博堡也变成了一个遗迹。 我们一提交我们的项目，冒犯君主的指控就会冒出来。有些人说，这个建筑已经“被官僚化”了，其他人声称，修缮否定了最初设计的原则。但是，最初设计的原则到底是什么？我能给你做出解释，因为我一直就在那里。从许多方面看，博堡就是一种非暴力反抗的形式。一方面，它代表了一种深思熟虑的拒绝，拒绝在已经充满了荣耀和记忆的城市里再增加另外一栋机构化的建筑；另外一方面，它是一个故意的嘲笑，既嘲笑高技派的夸张，也嘲笑保守派的一本正经。它是一个不成比例的物体，维度和外观都让人不安，对巴黎的影响就像一首穿过威尼斯朱代卡（Giudecca）运河的邮轮，它被描述为一个无耻的噱头，一艘降落在城市中心的外星飞船、一个卡通版的工厂，我还可以继续列举。

在这两个年轻的建筑师导演的大学恶作剧背后有些严肃的东西吗？是的，这里有三件非常重要的事情。第一，博堡是真诚的：它不隐藏它的结构元素，排水管道、通风管道、电线管道，建筑的内脏是裸露给每个人的；第二，博堡是当代的：它以编写建筑程序的方式拒绝复制以前的大博物馆，提供了一个展示和欣赏当下及未来文化的模式；第三，博堡是模块化的：它的设计适应性强，不断变化以满足公众的需求，从这些互不分离、仍然绝对关联的特征出发，我们开始了重新设计的工作。闭馆修缮 27 个月，首次开放 23 年之后，博堡在建设现场重新呈现出来了，与新世纪的到来一样准时。

在那 27 个月里到底发生了什么？首先我们重新组织了博物馆的通道和环境。因为有必要在博物馆的一层设置一个入口，我们提供了入口：现在广场延伸进了建筑。我们增设了一个透明的天篷，为游客等待的时候提供庇护——这是从外面能看到翻新的唯一标志。论坛空间也改造了：一个宽大的开口和主入口直线对齐，连接了三个地下层（电影院所在位置）、一层（售票处和问讯处）和两个公共夹层（专卖店和咖啡厅）。

计划书要求我们在不改变建筑体量的情况下增加建筑面积。为了实现这个魔法，我们诉诸某些小技巧。首先，为了给博物馆的基本活动创造更多的房间，我们将管理办公室移到附近的一栋大楼。但这还不够，于是我们清除了一些两倍层高的空间，把展览区域合理化。在这样做的过程中，我们把一些建筑的结构元素带回了视野，这些元素在早期干预的时候被隐藏了。对我们来讲，排水管道和通风管道看上去没有比用来遮盖这些管道的腰带更丢人。隔断意味着放弃绝对开放的空间哲学，绝对开放是老博堡的显著特征，但是从用户的角度看是一个优势。新画廊的比例更适合在博物馆展出的现代艺术作品，它们大多数是中小尺寸的。

作为游客人流重组的一部分，已为第二、第三、第四层的公共图书馆提供独立通道。这也是对可用空间的合理化：随之而来的结果是，图书馆现有 370 个多媒体站点和 2000 张阅读桌（以前只有 1800 张）。该区域由法国建筑师让 - 弗朗索瓦·博丹（Jean-François Bodin）设计，博物馆和图书馆之间的分离差点导致我和老朋友理查德·罗杰斯（Richard Rogers）争吵起来。他说博堡过去一直是个文化中心，但是现在它竟变成了一套部门。原则上讲，他是对的，但是，现实世界中，不同功能空间的用户是不一样的，他们有不同的需求。寻求安静祥和的人们在里面阅读和研究，想免遭嘈杂游客涌入的干扰：因此他们喜欢独立的入口，即便这在政治上是不正确的。这就是建筑师的职业模棱两可的一个案例，在理论的精华领域中错误的东西，能够变成在实践混乱中的一个好的解决方案。

“博堡是一个有着自己语言和强大表现力的建筑：如果你不能和它同样强有力的话，你就不能继续改造它”。这不是我说的，而是该项目建筑工作室的经理乔治·比安奇（Giorgio Bianchi）的话。我们所有人一开始就一致同意：一个温柔的解决方案是不可想象的。我们不得不继续攻击蓬皮杜已经被公认取得成功的领域：神圣和世俗的混合、物质文化对纯粹文化殿堂的入侵。在艺术与娱乐之间没有矛盾；在第六层乔治餐厅展示的《玛歌庄园 1995》（*Château Margaux 1995*）绘画和在第五层接受赞美的马蒂斯（Matisse）的绘画，二者之间没有什么不一致。

我们给餐厅和表演设施赋予了一个重要的角色，延长了建筑的使用时间。我们居住在一个昼夜不停地运转的世界，在商业和娱乐方面都是如此，博堡也必须渐渐适应它。新餐厅位于顶层，内部空间用于临时展览（3500 平方米，划分为三个明晰的区域）。餐厅安置在四个巨大的铝制“吊舱”里面，它们中的每一个都有不同的功能：接待、餐厅、厨房、浴厕。拉罗谢尔（La Rochelle）造船厂铸造了非对称的外壳，同时通过对橡胶里衬的建模，内部也实现了相同的可塑性。我们把项目的这一部分归功于建筑师多米尼克・雅各布（Dominique Jakob）和布伦丹・麦克法兰（Brendan MacFarlane）。

最后，著名的外部自动扶梯再次变成了一个麻烦的来源。20 年前，因为美学原因，它导致了一个丑闻，这一次是因为经济原因。对空间新的组织意味着，自动扶梯只对那些支付了门票的人开放，这就招致了大量的批评。显然，这是对设计的一个约束，我不会对此负责任，但却让我思考了很长时间，而且很痛苦。一方面，我对让公众付费乘坐“我的”自动扶梯的这个想法并不高兴；但是另一方面，我考虑到维持博堡的成本，想知道这些费用全部由纳税人承担是不是对的。最终，我不得不承认，入口费似乎没有造成任何根本性的歧视，以前上去排队，现在同样排队，等待与价格无关，而是与欲望有关。

1978 年　意大利都灵
VSS，实验交通工具　飞毯

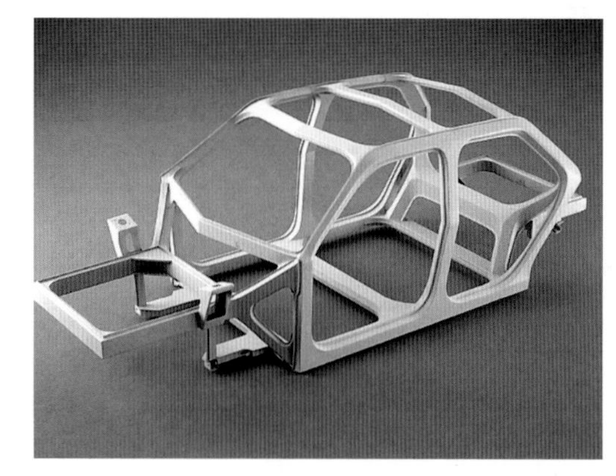

VSS 是一个基于支撑结构和外壳分离的实验车辆所做的设计。减轻了结构的重量，以便节约燃料，还有万一发生意外事故时能减少能源带来的影响。飞毯（Flying Carpet）是一个带有钢筋混凝土底盘的交通工具，匹配了发动机和变速器。它是为发展中国家设计的。

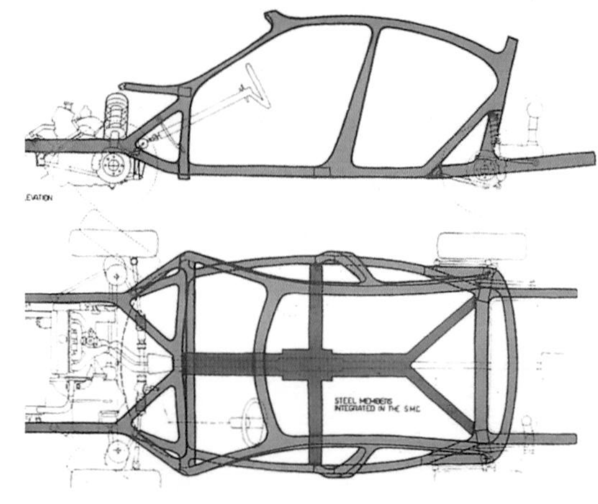

VSS 是 20 世纪 70 年代末菲亚特汽车（Fiat Auto）的 CEO 尼古拉·塔法雷利（Nicola Tufarelli）为了实验车辆委托的一个项目。他让我以应用到住房主题那样的开放思想来思考一下汽车的未来。该项目的基本原则是节能，事实上为我们设立了减少车体重量 20% 的目标。

为了开发这个项目，彼得·莱斯、佛朗哥·曼泰加扎（Franco Mantegazza）和我在都灵建立了 IDEA 研究院。我们的研究方向立即变得清晰起来：我们决定把汽车的承载功能从车身转移到底盘。如果底盘提供了物理和机械特性，并且在撞击中负责吸能，那么车身在应对流线型与风格化需求时就能制造得更轻、可互换、更灵活。这导致了我们与有史以来最伟大的汽车设计师之一的丹特·贾科萨（Dante Giacosa）之间产生了正面冲突，正是他把车身承载体思想引入了菲亚特。吉奥科萨对我们是非常有价值的，因为他能清晰地把我们的注意力集中到我们运行假设的缺陷上面。总之，该项目是一个极好的训练场，VSS 是一个结构研究，不会带来真车的生产，但是这个研究结果仍然会对现今汽车设计中使用的标准产生影响。

与彼得·莱斯一起工作，测试一个结构模型

飞毯项目起源于同一时期。我们被要求对在北非销售的主要汽车零部件的问题提出一个解决方案：发动机、变速器、离合器、刹车、转向器、变速箱、电器系统。当我们把这些构件画在一张图纸上的时候，它们形成了一个没有车身或底盘的完美的汽车。于是，我们有了一个想法，构造一个钢筋混凝土的底座，把这些组件安装上去，这就变成了名字“飞毯”的来源。

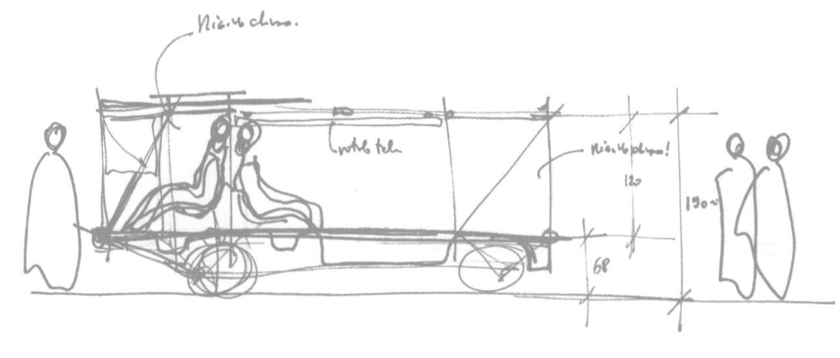

这个想法很简明，也有它自己的逻辑：很明显，对于一辆面向北非的汽车来讲，廉价和多功能比保护其免遭恶劣天气的影响更重要。可是它仍然不起作用，因为我们没有考虑到心理与文化预期的力量。我们的汽车是全新的，便宜又高效，但是看上去根本不像一辆车。

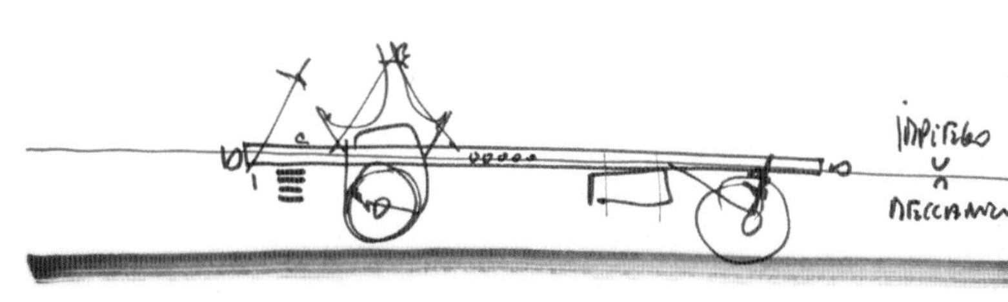

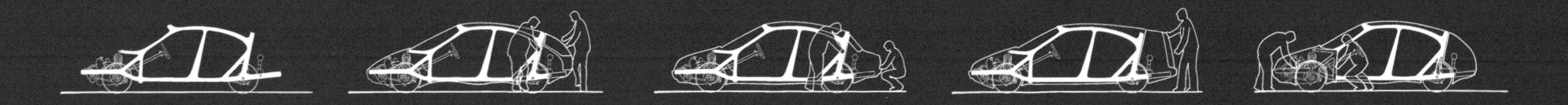

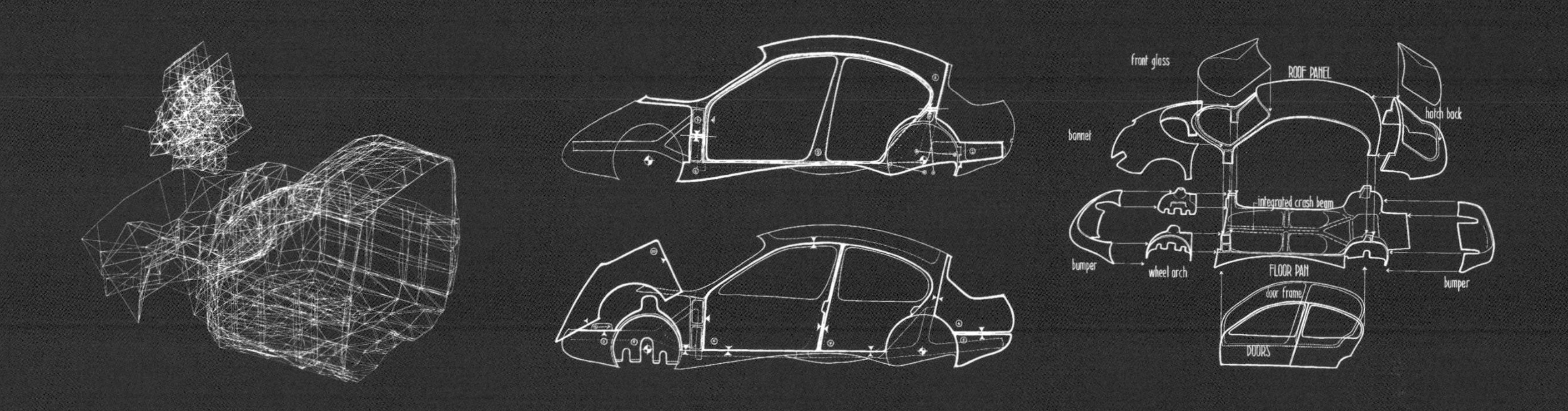

front glass
ROOF PANEL
hatch back
bonnet
integrated crash beam
bumper
wheel arch
FLOOR PAN
bumper
door frame
DOORS

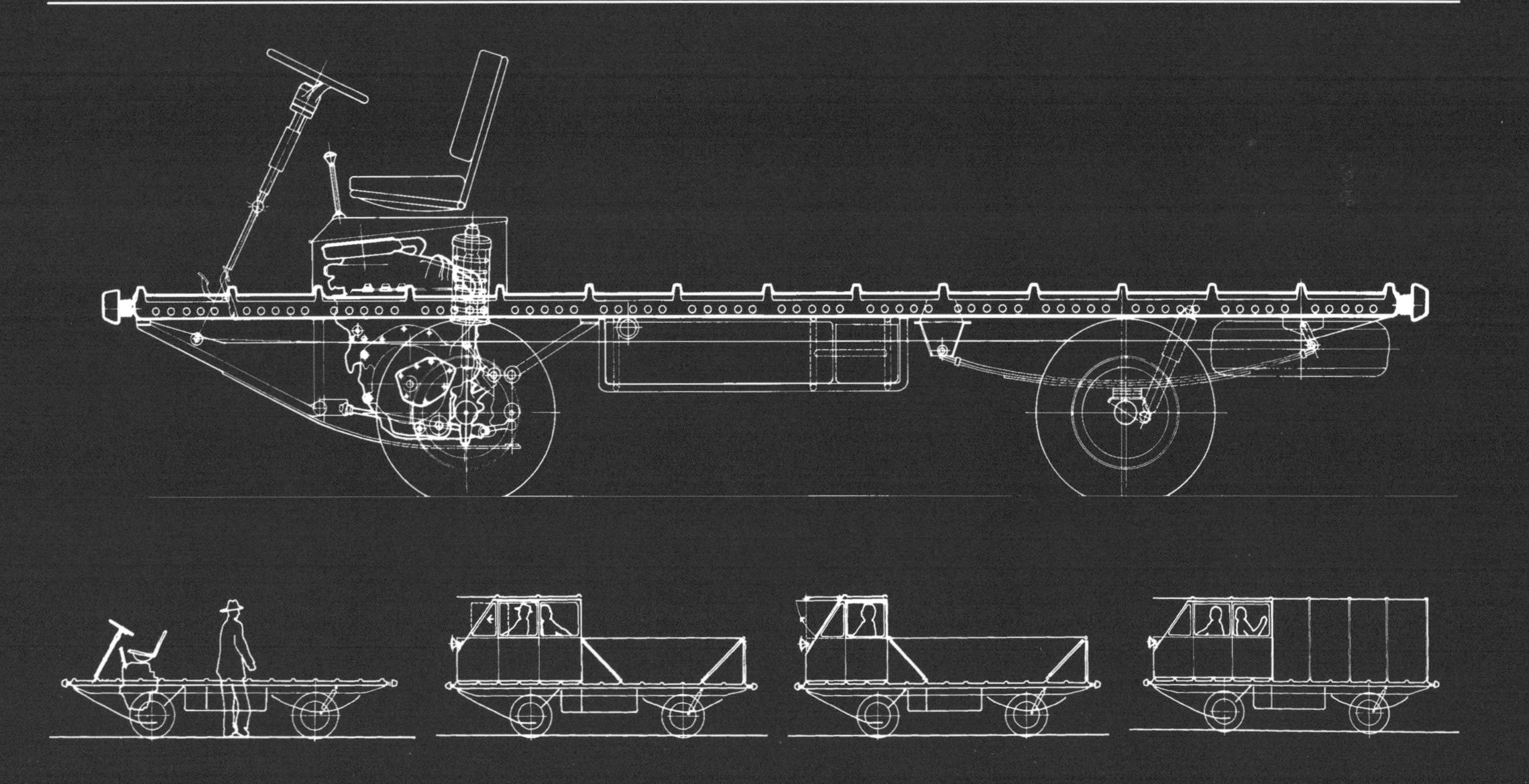

1978 年　塞内加尔达喀尔 联合国教科文组织 移动建构单元

这些小型移动工厂是用新的植物纤维为民居制造屋顶元素而设计，用新纤维代替传统材料是因为土壤条件的改变，这种传统材料已经消失了。但是，新的植物纤维导致了传统与现代性愿望的冲突。

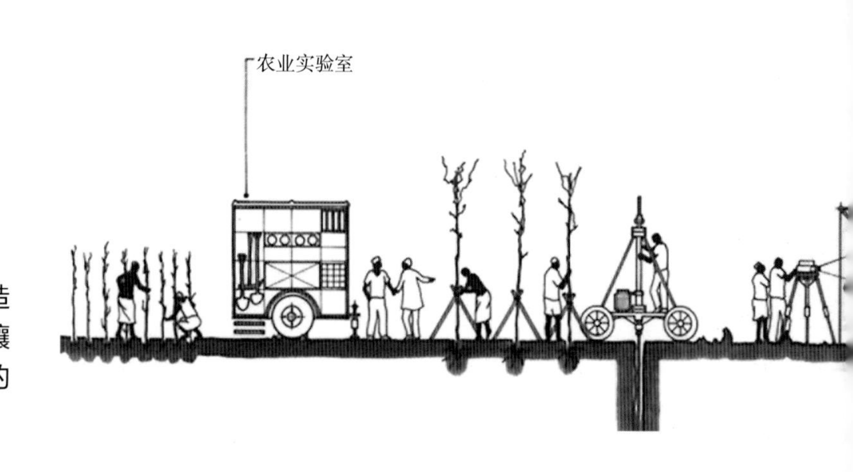

飞毯给我们好好上了一课。我们有自己的文化模式、自己的价值尺度，有时候我们会忘记我们这个星球上人口众多，我们不是都按照同一种方式思维。愿景问题（我们对现代性的感知所创造的需求）被塞内加尔项目以类似的方式提出来。我们发现了一个聪明的解决方案、一个完美满足这些需求的方案，它能大幅度减少该国的贸易赤字，但是不具有所需的象征价值。

塞内加尔项目是联合国教科文组织通过在达喀尔的区域办公室所开发。那时的塞内加尔总统是列奥波尔德·塞达·桑戈尔（Léopold S. Senghor），一位诗人、作家、有伟大品格和广博学识的人，我们迅速与他达成了共识，目的是什么？就是找到一个让人们保持住自己栖息地和家园的方法，该地区再也不能获取传统建筑材料。

达喀尔周围整个地区是非常低洼的，涨潮时，塞内加尔河甚至会倒流数十公里。15 年前，达喀尔市建成了一个沟渠，水位得以下降了半米。结果，面包树倒下了，它们的根水平延伸，大风刮过就完蛋了，像摔倒的大象趴在地上。同样的悲剧也发生在所有的长条木纹树上，这些材料过去一直用来修建木屋。因此，有必要用当地其他材料代替它们，至少总统桑戈尔是这么想的，我们也是。

该项目构想了一片种植区、一个移动图书馆、一所培训学校、一个稳定建设用泥土和地表的车间

我们的项目设想使用移动单元，能从他们国内的一个村庄移动到另一个村庄，用在当地找到的新植物纤维制造屋顶构件。与此同时，某些地区将开始种植适合新环境条件的农作物。购买必须的简单机械比进口成品部件花费更少，这对于该国脆弱的经济非常重要。

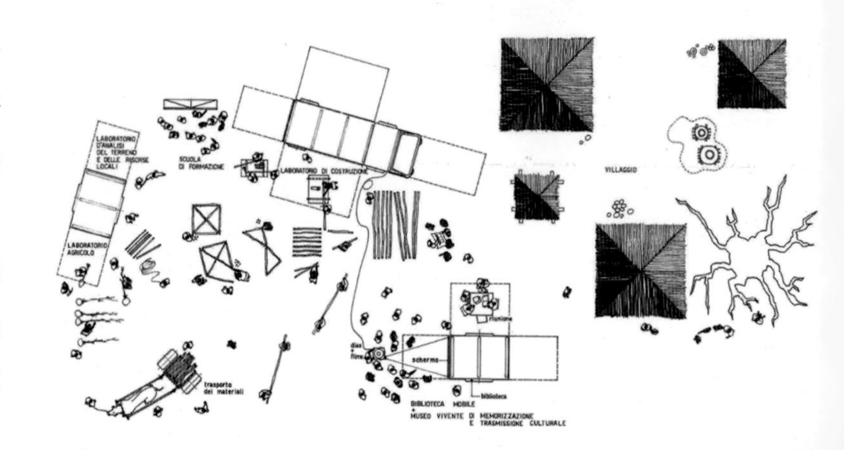

如果一开始移动单元接受了我们的建议，他们就可以变得自给自足了。但是现实情况却大相径庭，整个地区母系社会占据统治地位。当地的年轻人长大后迁移到达喀尔，开始挣点小钱。住在城里的儿子就会带回一堆很好的波形钢板，为母亲修缮小屋房顶，这个屋顶变成了儿子成功与关爱的确凿证据。

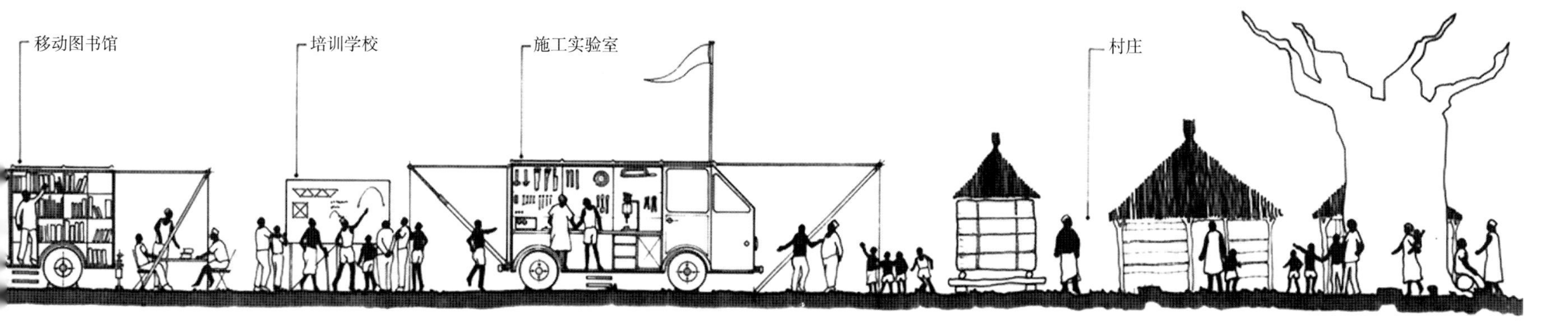

由植物纤维构成的屋顶可以很自然地抵御高温和潮湿，相比之下，带有波纹钢板屋顶的小屋就是一个地狱：夏天炎热，下雨的时候噪声很大。更糟糕的是，由于没有自然蒸发，木屋从下面开始腐烂。经过一段时间，所有保留下来的都是金属片材，但是这些金属片材最初很闪亮，不久就生锈，对该地区的人民来讲，这已经变成了现代化和进步的象征。

建筑从定义上讲，是当地的：从词源学意义上讲，当地的就是把场所、地形、地域连接起来的意思。但是它包含了美学价值，发展了超越场所的模式，这个模式是超国家的，被不同国家分享。这也许更好，也许更坏。

在那几年里，我开始与保罗-亨利·乔姆巴特·德劳威（Paul-Henry Chombart de Lauwe）——一位巴黎学派的社会学家一起合作，他帮助我更好地理解了这个机制。你也许觉得这个问题并不真实，但如果它是社区愿景的一部分，你就不得不把它当作真实的对待。然而，我不想把它当作对发展中国家持愤世嫉俗态度的理由，因为同样的事情在我的家乡也有发生。

我们在威尼斯附近的布拉诺（Burano）岛上再一次为联合国教科文组织启动了一个项目，那里过去一直有每年用漂亮颜色重刷房子的传统。但是，我们发现传统的石灰抹灰已经由水泥抹灰所取代，合成油漆取代了石灰基漆。当然，这意味着颜色更鲜亮，更“现代”，不必每年都重刷一次。但是，墙不能再呼吸，毛细作用使潮气上升，盐分导致墙壁更加吸湿。到了一定程度只能推倒重建，别无选择。正像在塞内加尔，真实的原因与技术或构造无关，而是与梦想的复杂世界有关。

布拉诺岛，下图是典型的抹灰，是为联合国教科文组织所做的研究主题

在热那亚，我们还对历史悠久的老城中心区莫洛·韦奇奥（Molo Vecchio）进行了修复研究。错综复杂的屋顶和露台、迷宫般的小巷笼罩在半黑暗之中，挤压在高楼大厦之间。改进的办法是，分层使用，让居民搬到顶层，那里有空气和阳光。该项目设想更新四个街区，建设一个音乐中心，建成一个幼儿园。其目的是在一定程度上表明，在没有疏散居民，没有拆除的建筑情况下，修复进程是可能的。

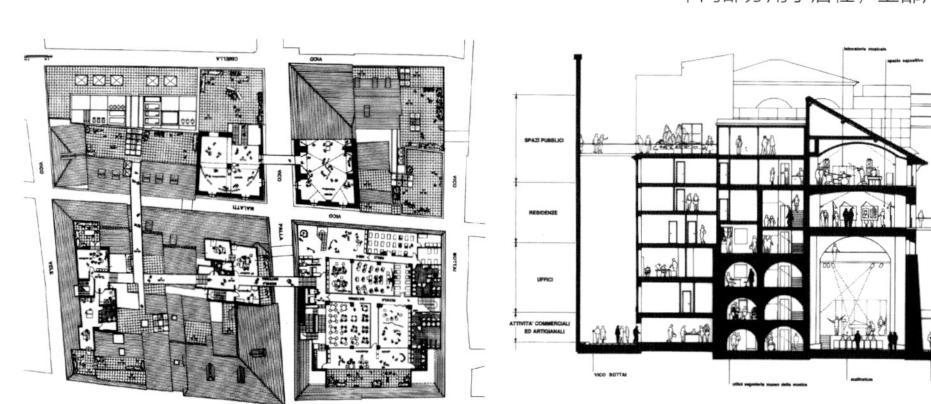

莫洛·韦奇奥：试点街区的平面图和剖面图，用于实验建设工程。一层和二层留出来用于商业和服务活动，中间部分用于居住，上部用于公共服务

1978 年　意大利科西亚诺（佩鲁贾）EH，进化的住宅

这些标准住宅单元，宽 6 米，高 6 米，提供的建筑面积在 50—120 平方米之间，它们把用于工业制造的室外主要空间和留给用户居住的室内次要空间结合在了一起。

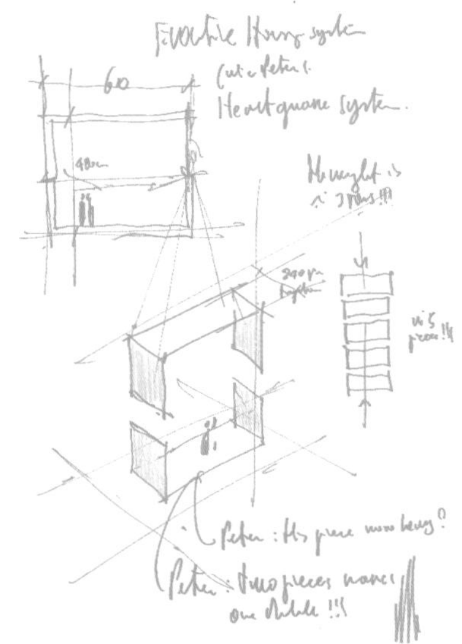

设计
1978 —1980 年
施工
1980—1982 年
用地面积
47500 平方米
总建筑面积
10500 平方米（24 套）
模块内部面积
可变化，在 50—120 平方米之间
模块高度
6 米

EH，进化的住宅（Evolutive Housing），是一个我不再喜欢的名字，但是作为一个项目，我仍然非常喜欢。也许称呼它为科西亚诺（Corciano）可能更好一点，以我们建造了原型的场所命名。

进化的空间概念我们一开始就有了。在这个和维布罗斯托・佩鲁贾（Vibrocemento Perugia）一起合作开发的项目中，我们把这个概念应用到低成本产品中，容易组装，高度灵活。我们想把工业的再现性引入我们的实验中，这个想法是：工业制造建筑外壳，你用你想要的方式完成建筑室内。

一个居住空间要变成一个"家"，必须有超越尺寸和墙壁的特性。它必须提供保护感和舒适感，必须为居住者创造一种亲切感，显然没有排除外部世界、自然、城市、人群。然而，首先它必须能随着时间的推移而改变：住宅是一个活的有机体，它应该未完结，尚可修改。

我和彼得・莱斯一起做了两个层面的工作：组件的模块化和室内的模块化。但最有趣的要素是，结构方面和制造方面重叠的方式，以及类型学方面和空间方面重叠的方式。

抗震外壳由 C 形混凝土构件组成：2 个 C 形构件把一个装配在另一个上面，形成地板、顶棚和侧墙，在前后两面玻璃墙之间完成了施工。由此产生的空间是一个正立方体，每边长 6 米，该空间能在水平方向上分割成两层，考虑到中间楼板的厚度，层高 2.7 米。各种布局推敲产生了 50~120 平方米不等的建筑面积。构成中间楼板和内墙的面板由钢材框架的木板构成，因此非常轻。两扇窗户，每扇 6 米 ×6 米，确保了良好的采光。

模块的标准化允许居住者在设计自己的空间方面有很大的自由：每个人都可以用自己的方式定制房间。你知道那些不可触摸的地方，烟灰缸都必须放回桌上同一个位置，否则室内装饰的构图就遭到破坏吗？然而，这里的自由空间就完全相反。

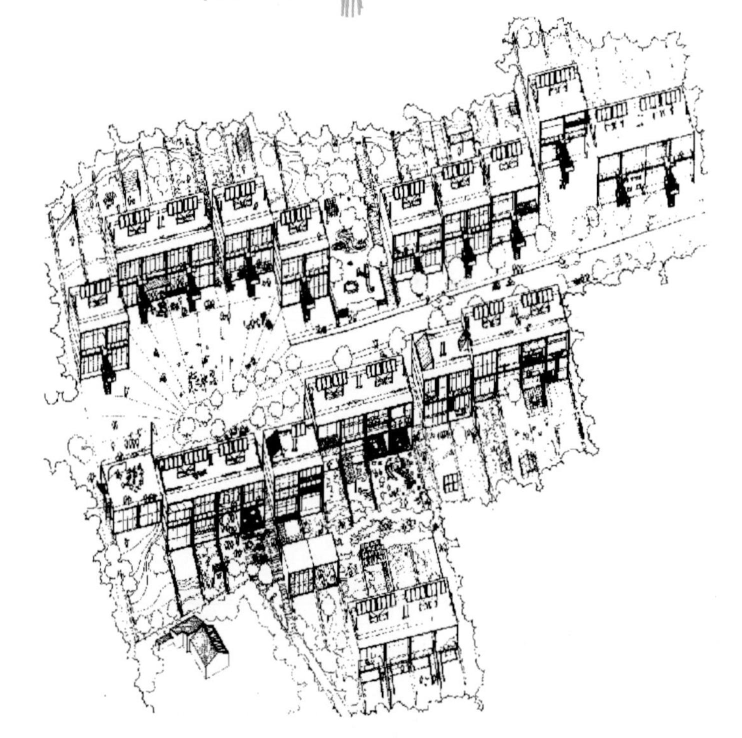

把中间楼板铺在轻质梁上，
使加设第二层成为可能

1979年 意大利奥特兰托 联合国教科文组织地区工作室

这是一项联合国教科文组织支持的修复历史中心的计划。它由一个单元构成，能用卡车运输，能安置在城市历史区域的中间，它被组织成四个片段，分别对应到立方体的四个面：分析和诊断、信息和教育、开放项目、工作和建设。这是一种参与的新模式。

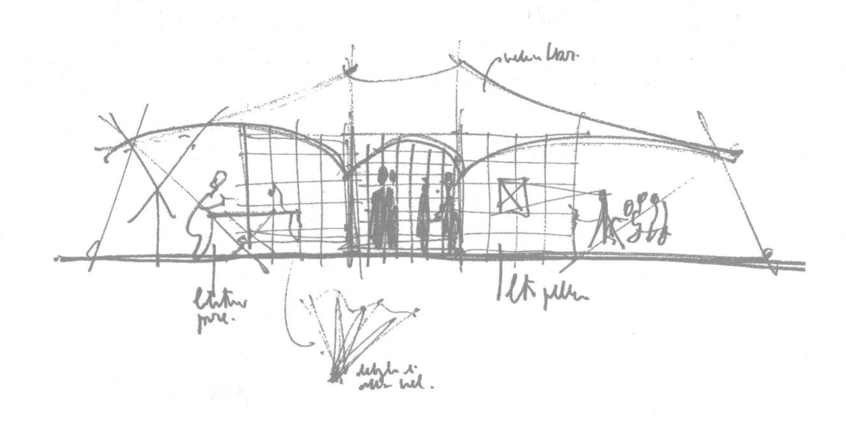

施工
1979年
“工作室”立方体的面积
2.4米 × 2.4米

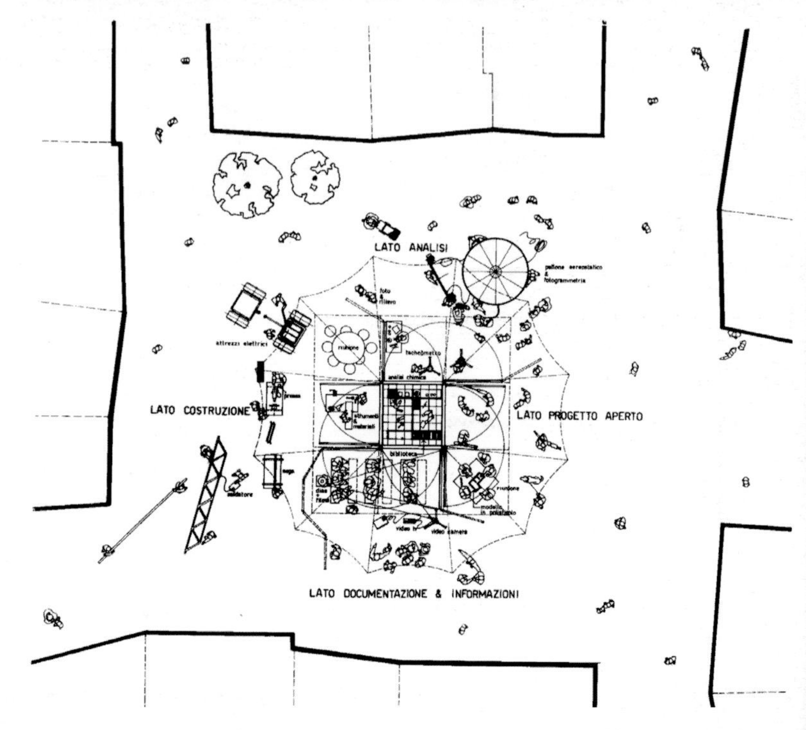

博堡是一位建筑师在35岁时梦寐以求的作品：高大、声誉卓越、引人注目。但是，博堡随后经历了一段真正的疲劳期，这段疲劳体验持续了6年：6年完全沉浸在一个项目和一个城市里，这个城市给我们留下了深刻的印象，因为它带给理查德和我团队合作的丰富经验。

我和庞图斯·胡尔滕（Pontus Hultén）、皮埃尔·博雷斯（Pierre Boulez）和卢西亚诺·贝里奥的关系，让我发现了很多在我大学训练期间从未遭遇到的，在我早期的职业生涯也没遭遇到的维度和学科。这是一门关于人类思想境界的伟大课程，它一直激励着我，唤起了我的好奇心。我曾经发现通过学习他人经验可以开启的巨大可能性。博堡过去一直是个大教堂建筑，直接与文化和政治接触，带着大写字母C和P（Culture and Politics）。后来，我想回归与日常生活事实更加直接的关系，再次把自己沉浸在不那么庞大的事业现实中。我不知道它是否是对我热那亚过去的一种强烈的怀旧感觉，但自相矛盾的是，在巴黎度过的6年间，错过的一件事是我和老城的关系。因此，当联合国教科文组织的沃尔夫·托克特曼（Wolf Tochtermann）提出在奥特兰托开展一个项目的可能性时，似乎是做得完全正确的事情，它将把我带回到继续做我最喜欢的主题之一：历史中心的当下状态。

建筑是一个古老的职业，与打猎、钓鱼、耕种、探险一样古老。这些是基本的人类活动，所有的其他人类活动都是由这些活动衍生出来的。搜寻食物之后，紧接着就是找寻庇护处。当人类不再满足于自然提供的庇护所的时候，他们就变成了建筑师，在部落里，建筑师扮演了一个为社区服

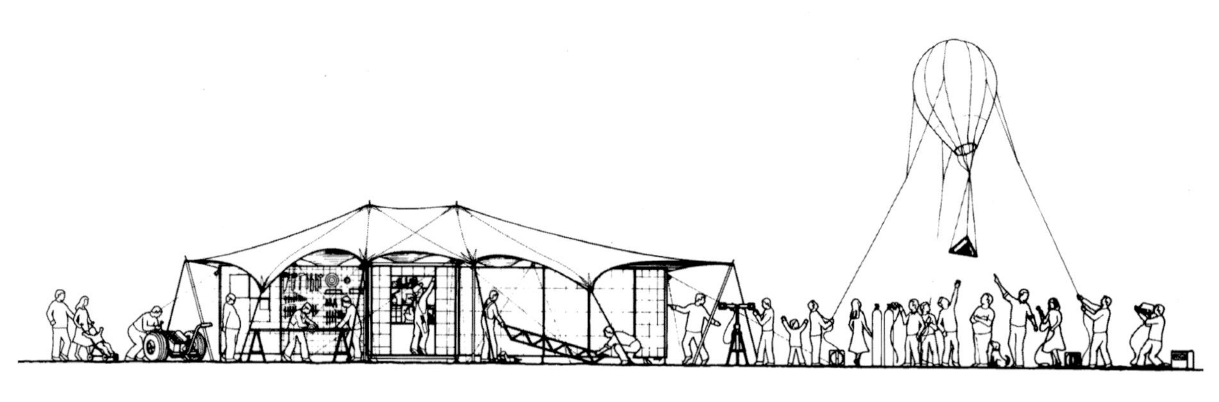

务的角色。然而，请注意：建设活动不（也不可能）仅仅是一个技艺问题，因为它还承载了象征的意义。

从某种意义上说，奥特兰托把我们带回到建筑师角色的根源，这个根源就是社区参与的技术行为与建筑的象征价值。事实上，我们开发了一个基于和居民全面合作的“地区工作室”，我们一起完成了这个项目：我们一起做选择，调整计划，甚至试验介入的方式。我们一起把工作开展起来。我们的想法是，以一位好医生对待病人健康的方式，对这个地区“动手术”：采取一种对病历而不只是对症状理解的综合方法。在某种程度上，我们创造了“本土建筑师”的形象，扮演了与家庭医生类似的角色。我们的方式旨在把干扰控制到最小，允许我们在该地区展开工作，而居民不必搬走。

使用非破坏性的诊断技术在某些情况下借鉴了医学，我们首先以一种尽力确定介入是否真正必要的方式开启工作，而不是粉碎一切。理由是：如果墙并非不安全，为什么要把它推倒？这似乎是很明显的，但它完全违背了先前对历史中心改造的做法。我记得哲学家詹尼·瓦蒂莫（Gianni Vattimo）所做的观察报告，他撰写了一篇文章，把我们在奥特兰托的经历描述为“用一个轻轻触摸”完成的工作。

这项试验激发出了超越其物质意义的兴趣，部分原因是一些顶尖人物的参与。负责这项工作的建筑公司是由吉安弗兰科·迪奥瓜迪（Gianfranco Dioguardi）经营的；记者马里奥·法齐奥（Mario Fazio）帮助我们开发了参与流程的方法；主任朱利奥·麦基（Giulio Macchi）负责收集了口述历史；摄影师詹尼·贝伦戈·加丁（Gianni Berengo Gardin）记录了这个项目的各个阶段；还有马格达·阿杜诺（Magda

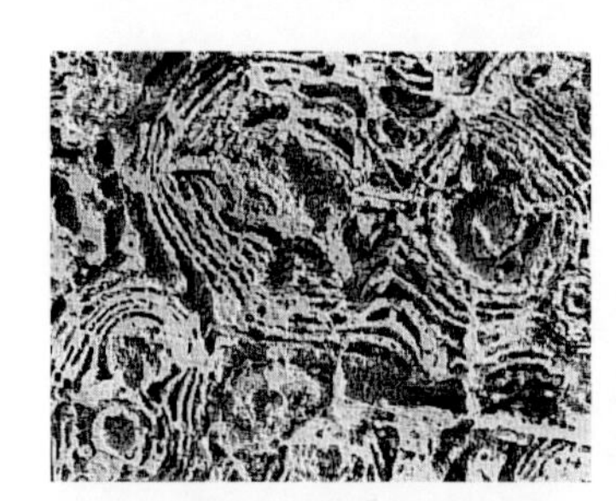

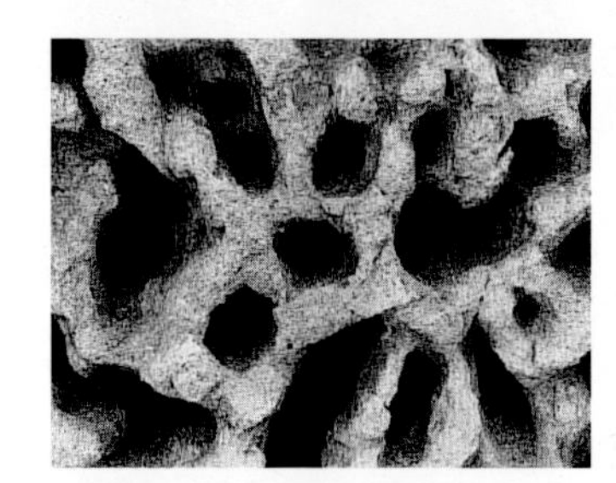

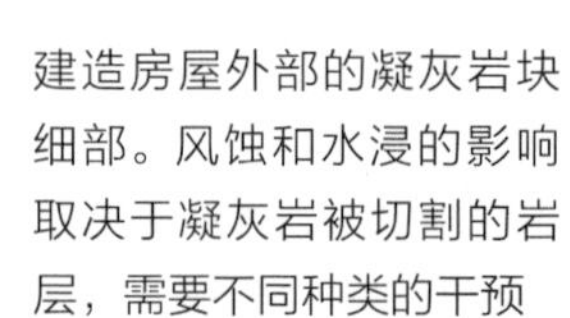

建造房屋外部的凝灰岩块细部。风蚀和水浸的影响取决于凝灰岩被切割的岩层，需要不同种类的干预

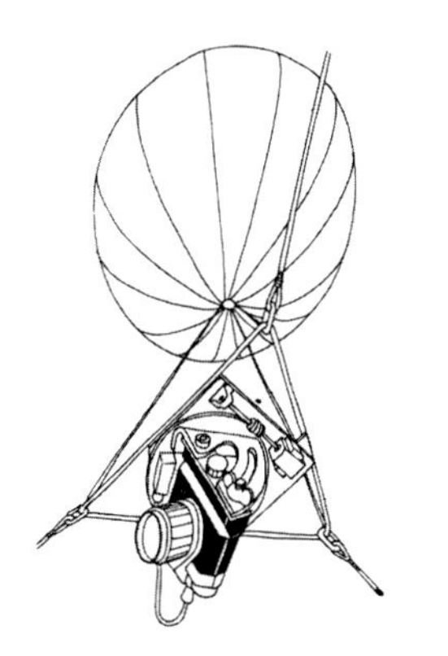

空中拍摄系统：相机被安装在了氦气球上

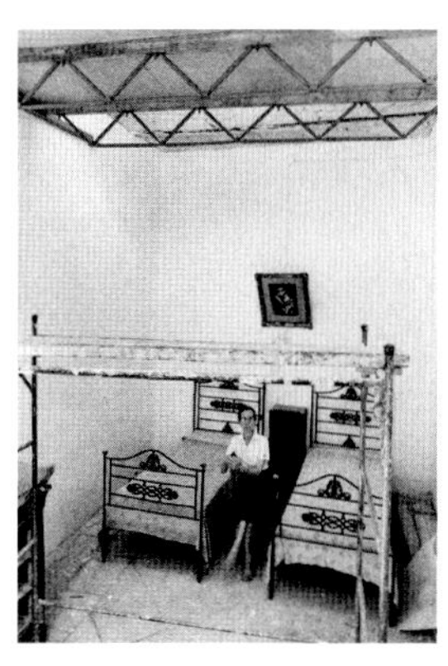

轻型结构的修复：在居民不必搬离的条件下，替换内部梁

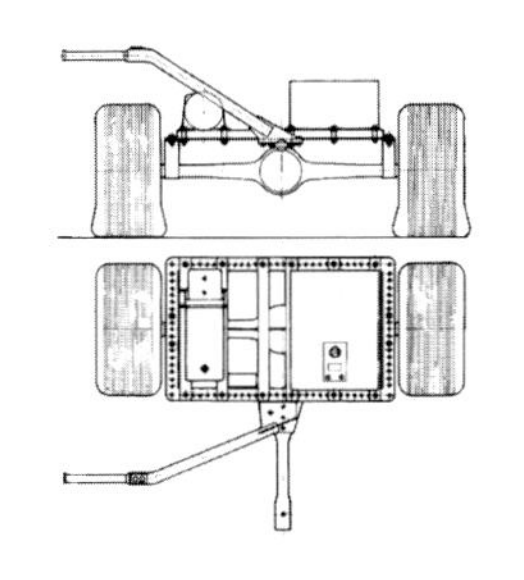

用于通过历史中心的小巷和阶梯运输材料的电动汽车

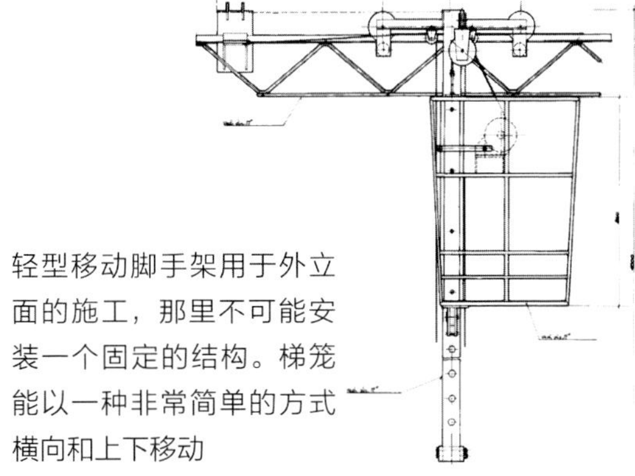

轻型移动脚手架用于外立面的施工，那里不可能安装一个固定的结构。梯笼能以一种非常简单的方式横向和上下移动

Arduino）——我的第一任妻子，撰写了电影剧本。这次介入被划分为四个阶段，每一个阶段覆盖一个不同的部门：诊断、规划、操作研讨会、记录。当地居民参与了所有活动。

在地区工作室，参与和交流的每一方面都强有力地发挥了作用。对我们来讲，这是一个我称作“倾听艺术”的沉浸。当安东尼奥·巴索利诺（Antonio Bassolino）是那不勒斯市长的时候，他给我做了一个非常精辟的评论：参与过程主要是为了唤醒人们在老城生活的自豪感。从这个意义上讲，我对奥特兰托有着非常美好的记忆，我们有些试验很吸引人，比如用来进行空中勘察的相机，我们把相机悬挂在充满氦气的气球上，每一次发射微型航天器再回收到广场时，就会变成街头派对。除此之外，当然还会与当地人举行集会：很多个夜晚，数百名感兴趣的有心人聚集在我们的帐篷周围，谈论历史、材料和建筑。

1979 年 《栖息地》
电视广播
RAI——意大利广播电视公司

《栖息地》(*Habitat*) 是一个由意大利国家电视网 (RAI) 推出的教育类节目，其目的是为了通过对过往经验和文化差异的考察，致力于让建筑技术变得更加易于理解和利用。

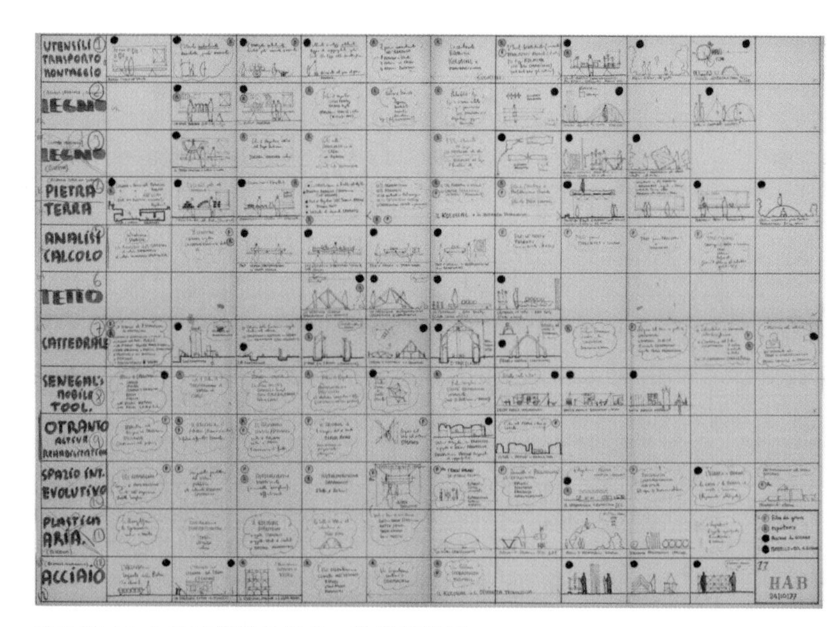

该系列 10 个片段的整体组合。教堂的建筑空间序列展示了该建筑在施工过程和工具研究方面的程序步骤

在过去，建筑师是一个相对冒险的职业。在旧西部 (Old West)，拓荒者们在他们的运货马车中装满了带有编号的木板、钉子和锤子，自己组装创造了一种基本的 (功能不齐全，只满足基本需求的) 预制房屋。他们就是最早的建筑师。

另一个例子是哥特式大教堂 (Gothic cathedrals)。当然，建筑师会先尝试在地上组装横梁。但是，如果他们想在建筑物建成的那天将它们成功组装，就需要相同的湿度水平。为了实现这个梦想，他需要一个由数百名工匠组成的跨学科团队。这种组织工作的方式对社会有着重大意义：大教堂成为现代劳动力市场的第一个例子。工匠们直接为主建造师提供自己的技能并议定自己的工资。基于这一现象出现了很多高级工匠，准确地说是更接近世界艺术大师级别的工匠。比如文艺复兴时期最典型的例子莱昂纳多·达·芬奇 (Leonardo da Vinci)。这种关于“技术与艺术属于不同世界”的主张在过去和当下一样有害。

《栖息地》是意大利广播电视公司第二频道 (RAI2) 在 1979 年设计制作的，由朱利奥·马奇 (Giulio Macchi) 编辑，玛格达·阿杜诺 (Magda Arduino) 担任编剧，它让我们有机会向公众展示不同的建筑理念。在某些方面，这就像是在屏幕上重复着奥特兰托 (Otranto) 的经历一般。因为这款节目从来不是针对专业人士制作的，而是便于公众理解：它传达了关于建筑建造的基本原则，或是对结构和材料进行简单实验。也许最有意思的方面是，我们把所有这些与建筑的社会历史串联了起来，运用了一些来自其他文化的例子，比如蒙古包 (Mongol)，也就是马可·波罗 (Marco Polo) 所描述的蒙古帐篷。

我也试图传达一个小信息：不要被建筑吓到！现如今我们创造了一些令

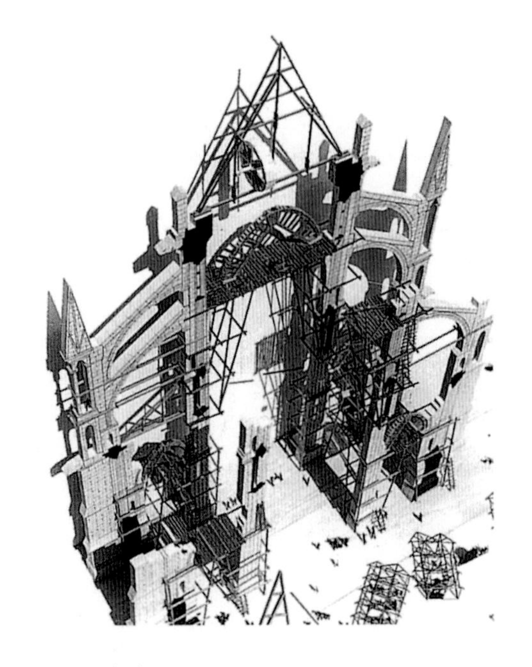

10 个片段：

——大教堂 1	——大教堂 2
——大教堂 3	——屋顶
——地面	——木材 1
——木材 2	——钢 1
——钢 2	——不断变化的空间

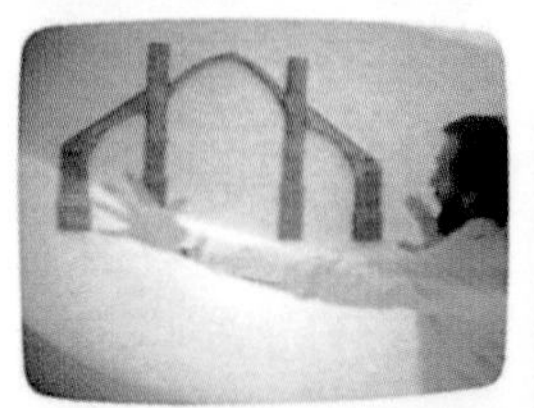

石田顺治，1971 年开始与伦佐·皮亚诺公司合作

与日本建筑师冈部宪明（Noriaki Okabe）和石田顺治合作

石田昭子（Sugako Ishida）在拍摄蒙古包的建造期间

写剧本的马格达·阿杜诺（左图）和编辑朱利奥·马奇（右）

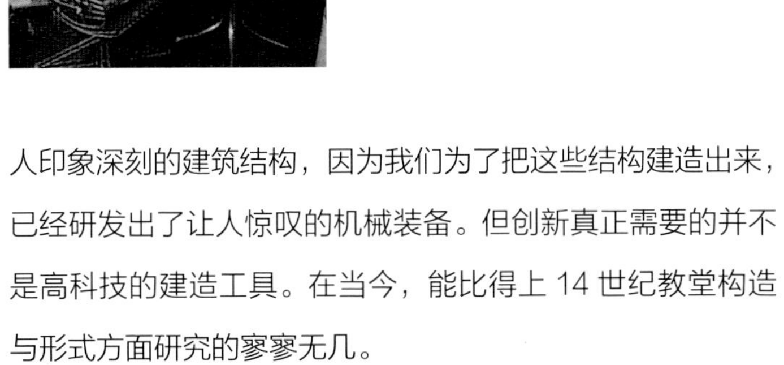

人印象深刻的建筑结构，因为我们为了把这些结构建造出来，已经研发出了让人惊叹的机械装备。但创新真正需要的并不是高科技的建造工具。在当今，能比得上 14 世纪教堂构造与形式方面研究的寥寥无几。

1981 年　法国蒙鲁日（巴黎）斯伦贝谢改造

将位于巴黎郊区斯伦贝谢（Schlumberger）工厂的一部分改造成办公室和实验室。在拆除旧厂房的空地上建造了一个大型公园，其停车空间最多可以容纳 1000 台车辆。这项工程在新与旧、人造与自然之间建立了一种微妙的联系。

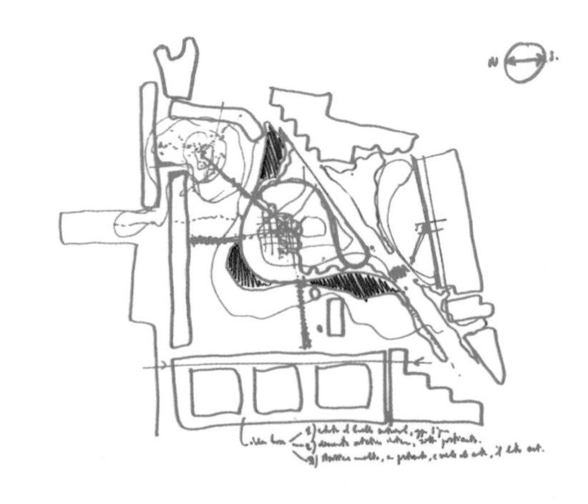

设计
1981—1982 年
施工
1983—1984 年
用地面积
79000 平方米
总建筑面积
85000 平方米
公园面积
0.8 公顷
建筑高度
最高 25.2 米
建筑层数
地上 5 层 + 地下 3 层
荣誉
提名“银角尺奖”

历史中心也是一个城市的核心。在一个工业城市（这是所有欧洲大都市曾经的样子），还有另一个更近期的历史：关于制造业设施的历史。这也导致了其他一些具有历史意义的中心的崛起，它们由工厂组成，而不是贵族联排的别墅；它们基于工业物流而建立，而不是住宅规划。这段历史同样值得尊敬，首先因为它是我们城市文明的一部分，再者其中一些建筑确实建造得非常好。

位于巴黎郊区蒙鲁日（Montrouge）的斯伦贝谢是我们进行工业区建筑改造和再利用系列项目中的第一个项目。我把美学和功能的再开发放在同一个层面上，如同一个硬币的两个方面：如果不重新考虑废弃的场地的功能、用途和社会目的，重新设计是不可想象的。

斯伦贝谢是一家专门从事测量系统，尤其是流体测量系统的机电工程公司：通过水表探测地下石油的存在正逐步成为该公司的核心业务。在那段时间，作为公司文化政策背后推动力量的吉恩·里布（Jean Riboud）要求我们对其进行干预，而当时的斯伦贝谢正在经历一场彻底的转型：它所制造的机械系统正逐渐被电子系统所取代。这不光是场所的大小问题，也是质量问题：电子元件的组装，需要一个非常整洁安全的环境，以及高比例的研发团队。

这家公司决定以保持场地的长期存在为基础重组原有的工厂，而不是建设一个全新的工厂。这个以两个 5 层高的建筑群为分界线的直角三角形场地将被翻新，另一方面，位于中部的工作坊将被拆除。

有个小细节在这里值得一提：这类项目除了意大利之外，都是要招标的。我不想给人这样的错误印象：客户给我们打电话，问我们是否愿意与他们合作。斯伦贝谢咨询了 20 多家建筑工作室，然后逐渐将数量减少到三家，提交给吉恩·里布。吉恩出生于一个杰出的家庭：他是摄影家马克里布和达能（Danone）首席执行官安托万里布（Antoine Riboud）的兄

吉恩·里布

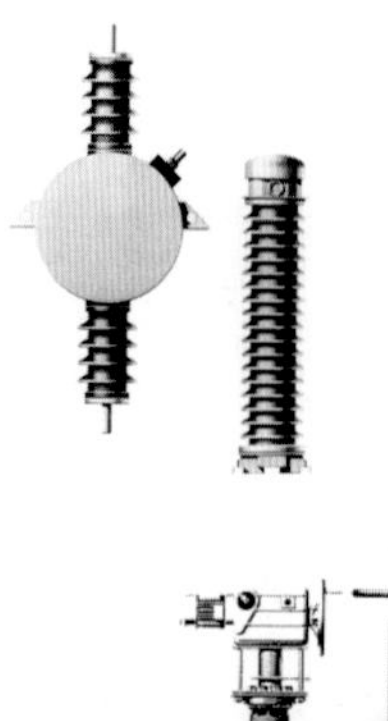

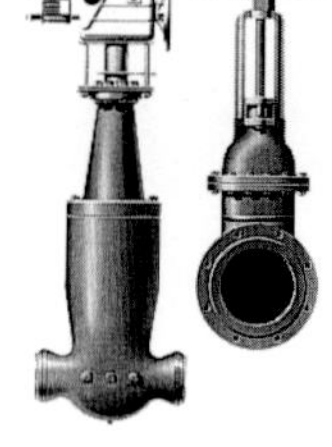

斯伦贝谢制作的煤气水表测量装置

弟，他是一个很棒的学术权威人士。有一天，他打电话让我参加一个会议，然后说道：“好，就是你了。但是我不理解为什么你会选择我，你以往都是选择非常新奇的项目，为什么现在会对一个老旧废弃的工厂感兴趣呢？”

我解释了（或者尝试解释了）许多事情：我相信过去与现在的联系，相信工业历史的活力，相信城市的改造——简言之，我相信上面提到的各类事情。但我还做了另一项我坚信的观察：在建筑学领域，让你瘫痪的是白纸一张，而不是环境强加的限制条件。文脉是一种资源，是一个可借鉴的材料，是一个可以解释的乐谱。他热忱地看着我说：“没错，说实话，就在刚才我还没有决定是否给你这份工作，但现在我决定了。”

于是，我们开始着手工作。当时，监督该项目的工作委托给了阿兰·文森特（Alain Vincent），他随后离开了斯伦贝谢，加入了我的工作室，现如今他仍然是我的顾问。这个项目不寻常的一面是，人们在装修过程中继续工作，工厂并没有关闭：其中一部分仍在运营中——人们称之为新斯伦贝谢活动的“孵化器”，即托儿所。

这家公司在创新领域非常活跃：它最近获得了几项新专利，并成立了三到四家公司开发和利用这些专利（我记得其中一家专门生产停车计时器）。这些子公司在获得自己的设施和完全自主权之前都位于孵化器中：在一两年内，他们进行了测试，进行了试生产，并在客户的经营场所安装了他们研发的机器。

在某种程度上，这就像重建一个有人居住的城市，就像在一所房子里工作而不把居住者赶走——这是我们在与联合国教科文组织（UNESCO）合作时已经经历的一种情况。周边的高楼大厦以其雄伟、简朴的特点与该地区的历史特征保持着密切的联系。因此，我们决定保留它们原来的外观，将主要干预措施限制在室内，室内需要进行许多修改，以使设施达到要求的标准。

在拆除车间后清理出的中央空间上，我们决定与亚历山大·切梅托夫（Alexandre Chemetoff）合作创建一个公园。植物的选择是为了在不同的季节提供变换的景色和各异的颜色：自然的循环与技术的循环并置。此外，我们决定以一种侵入性的方式使用绿色植物。通往斯伦贝谢的道路是沿着穿过花园的小路铺设的。从那里，一座桥延伸到中央核的一楼。玻璃墙下面和楼梯底部都有一个湖。观赏植物和匍匐植物使楼梯本身、走廊、楼梯平台生机勃勃，甚至使办公室也充满生机。没有明确的界限，也没有明显需要停止的地方。甚至称为“论坛”的服务区域（餐厅、酒吧、银行、旅行社、健身房、会议厅）也有一部分被一座人工小山覆盖，有一条小路

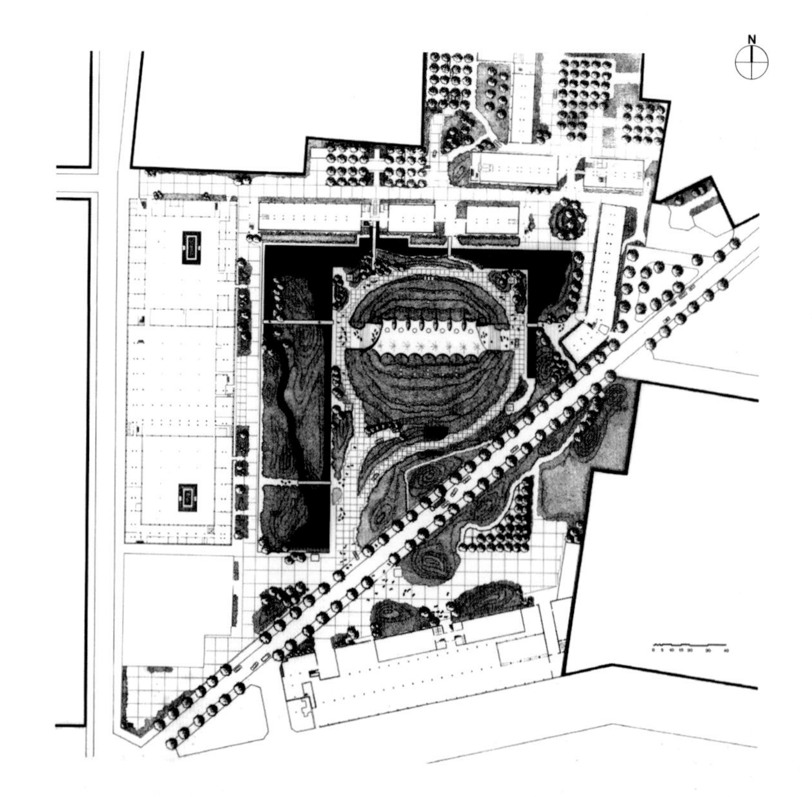

供行人穿过。一个由特氟隆（Teflon）制成的拉伸结构保护这个地区不受雨水和阳光的影响。

除了平衡周围古老建筑的雄伟特征外，公园还为斯伦贝谢员工和吉恩·杰尔斯（Jean-Jaurès）大道上的过路人提供了宜人的风景，这是其第三层面上的意义。这片绿洲有助于改善该地区的生活质量和工厂与城市结构间的关系。

将自然作为建筑的决策当然不是首创，但在这个背景下它具有一个新的价值。我们谈到“植被接管”建筑并非偶然。但这也不意味着自然会对其进行报复，因为斯伦贝谢仍然存在，许多人每天都去那里工作。自然已经完完全全渗透到工业的脉络之中，恢复了先前高度重视技术的价值平衡。我想把斯伦贝谢看作技术与环境、资源利用与资源保护之间新的合作关系的隐喻。

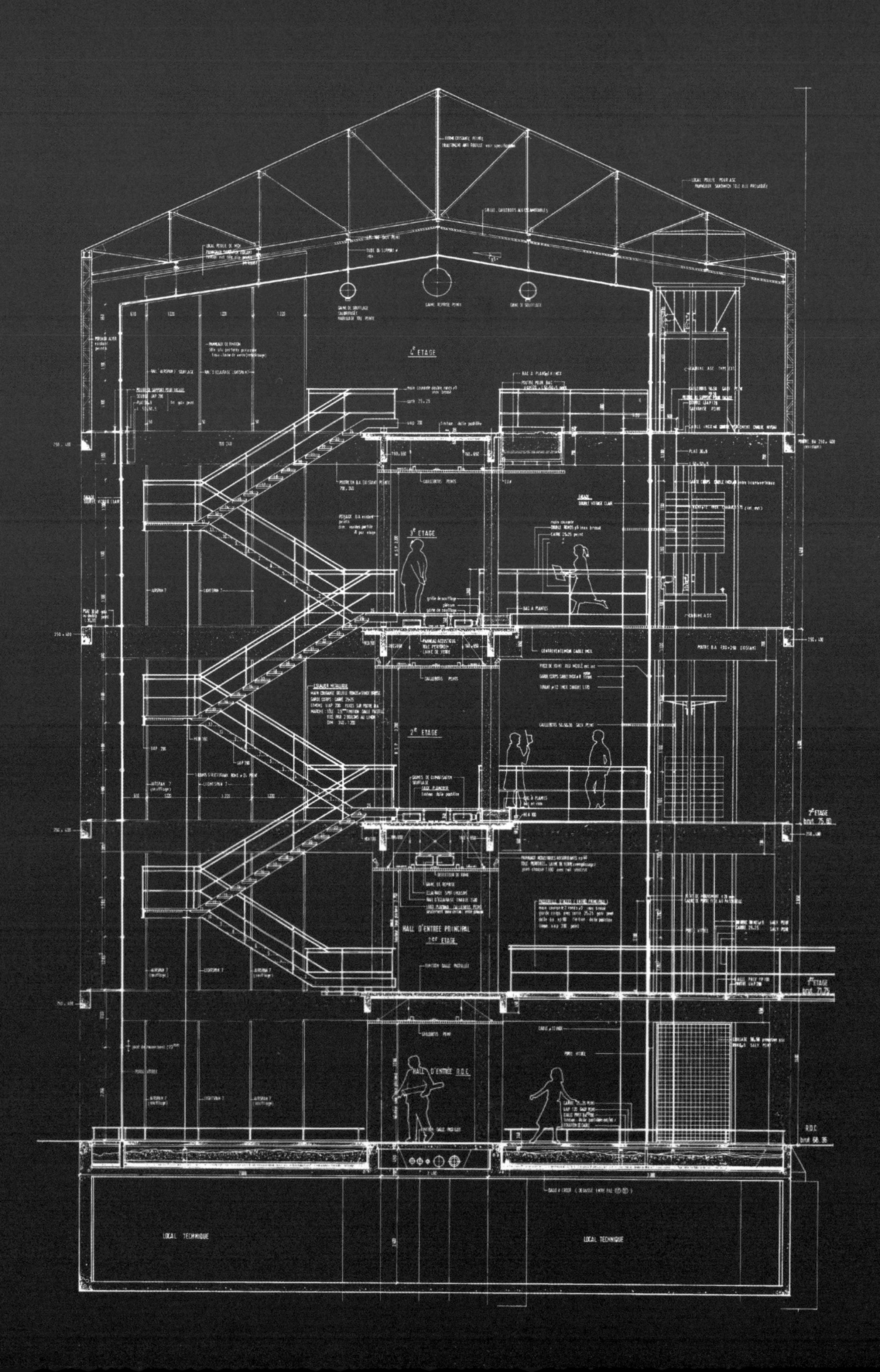
4e ETAGE
3e ETAGE
2e ETAGE
HALL D'ENTREE PRINCIPAL
1er ETAGE
HALL D'ENTREE R.D.C.
LOCAL TECHNIQUE
LOCAL TECHNIQUE

1981 年　美国得克萨斯州休斯敦梅尼尔收藏博物馆

这个博物馆收藏了梅尼尔超过 10000 件原始和现代艺术作品，在任何时间，只有部分作品轮流展出（在主要由自然光照明的环境中），其余的存储于真正的“藏宝阁”之中，这是一个复杂的空间，被多重展示平面和自然景观丰富，同样体现了“博物馆村落”的理念。

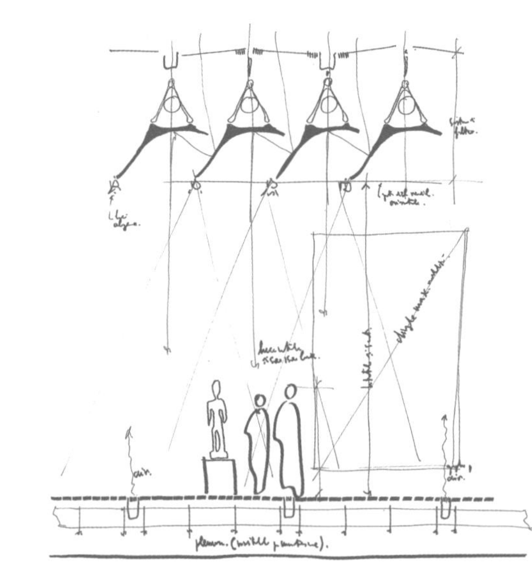

设计
1981—1984 年
施工
1984—1987 年
用地面积
19100 平方米
总建筑面积
10900 平方米
建筑高度
13.4 米
建筑层数
地上 2 层 + 地下 1 层

当我见到多米尼克·梅尼尔（Dominique de Menil）的时候，她已经是一个 80 岁的老人了，非常活泼，对艺术有着极大的热情，多米尼克和她的丈夫约翰·梅尼尔（John de Menil）已经成为休斯敦艺术界最伟大的赞助人，另外还收集一批重要的私人藏品。

梅尼尔夫人在心里酝酿建造一个可以陈列 10000 件收藏品博物馆的想法已经很多年了。有一天，她带着非常清晰的关于她的作品应该采取的形式的想法找到我们。她不想与休斯敦华丽的现代风格有任何瓜葛，她想要的是一个试验性的博物馆，其功能可以集合复原中心、展览场地和村落为一体。她非常热爱光明，也希望我们以自然光照为主题。

光不仅有强度也有振动，能够使光滑的材料粗糙化，从而赋予平坦表面三维特性。在我用光的作品中，有一种逻辑和诗意的连续性，这是正在进行的对轻盈和透明的调研的一部分。

自然光是我设计的建筑中不变的主题。此外，最受关注的一方面是从工艺技术的视角出发保护艺术作品。我们采取了跨学科的方式，一些保护科学领域的权威专家给我们提供了必要的支持，我们和他们一起研究了相对湿度、温度和光线方面的问题。每一个空间的储藏区都有一个不可越过的临界值，一旦超过，就会导致作品的外露损坏。

可以确定的一点就是，照明问题与另外一个挑战纠缠在一起：展品的绝对数量。因为有时会发生的两个问题的重叠为我们提供了解决方案（负负得正）。

藏品的数量非常庞大，因此想同时给每一件收藏品分配应有的展示空间是很困难的。这就让梅尼尔夫人产生了“藏宝阁”的想法。梅尼尔说，为什么不创造一个与游客参观区分开的、既安全受保护又温度可控的、可以在短期内轮流展出作品的空间呢？藏宝阁把不可能的事变为现实。作品

多米尼克·梅尼尔

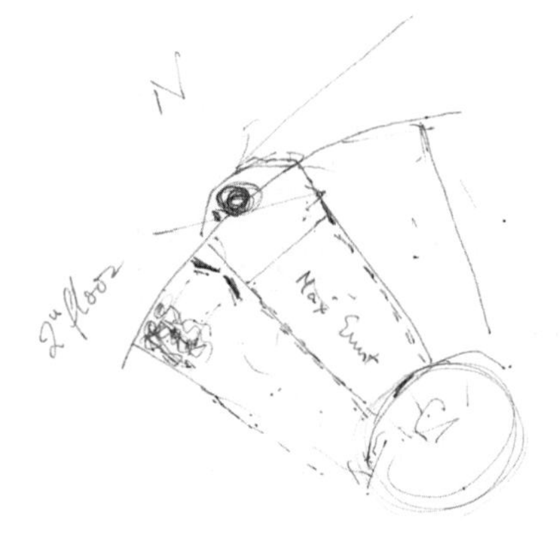

委托方最初的草图，展示了“藏宝阁”的想法

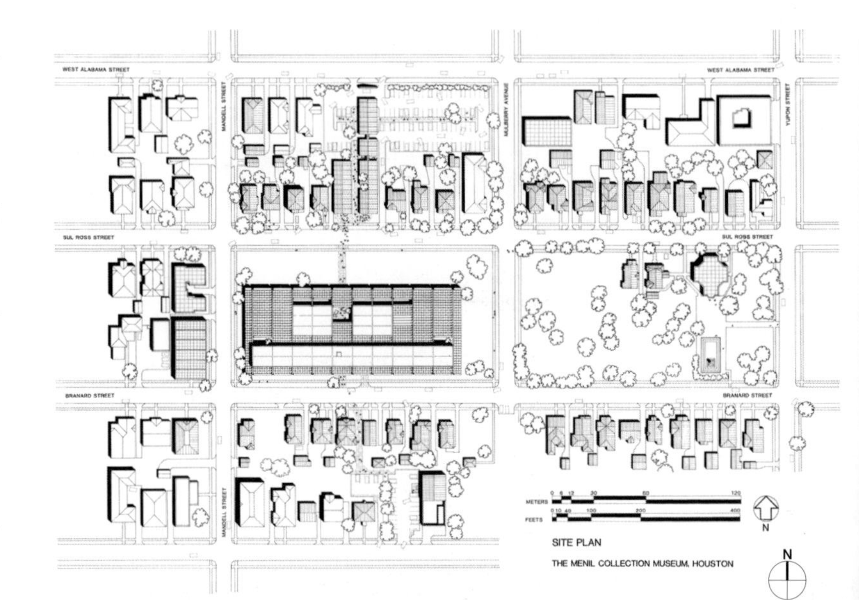

现场模型。对自然光的研究导致根据模块化元件重复建造的屋顶的产生，戏称为“叶片”

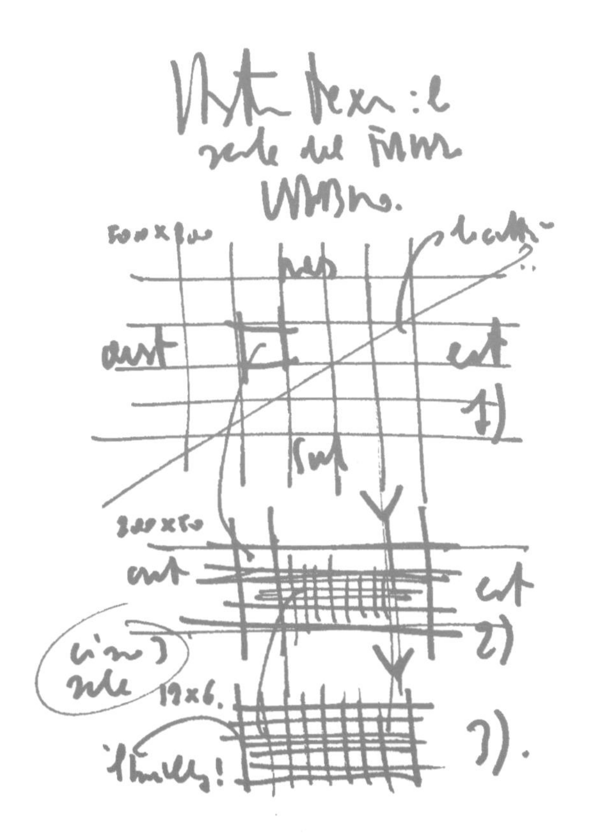

在强烈光线下公开展示时，拥有最佳的观赏条件，这样的光照强度实际上远超它们的承受范围，但展品之所以不受破坏，是因为短期内它们就会被移动到安全的地方。

自然光是很常见的，但照片不能暴露在紫外线下。所以我们需要学习不同的可实现消除紫外线的方式，试着找到控光和微震的最佳方法。庞图斯·胡尔滕提议让我去与休斯敦纬度相差无几的以色列，我在特拉维夫的艺术博物馆里发现了基于双重反射的完美照明系统，但也许这个靠近伽利略海的基布兹（kibbutz）小博物馆是最有用的一个案例，光线穿透方形的天窗倾洒在四个主要采光点上。

在热那亚，我们制作了一个模拟休斯敦太阳位置的小机器（我们夸张地称其为“太阳机器”）。我们同时在花园里布置了 1 ： 10 的模型研究光线的散射情况。所有在这座工作室完成的项目都有着与此案例如出一辙的实验性故事，我相信实验是创造过程的一部分。

这个项目的核心是基于重复模块元素建立的展览空间的屋顶。子单元由非常薄的钢筋混凝土与钢格栅梁集合而成，我们直接称之为“叶”。这些为屋顶赋予功能的叶片重量很轻，是一种控制通风和光线的高效方式。其剖面柔和且自然的曲线用高度复杂的数学模型计量构成，为了得到

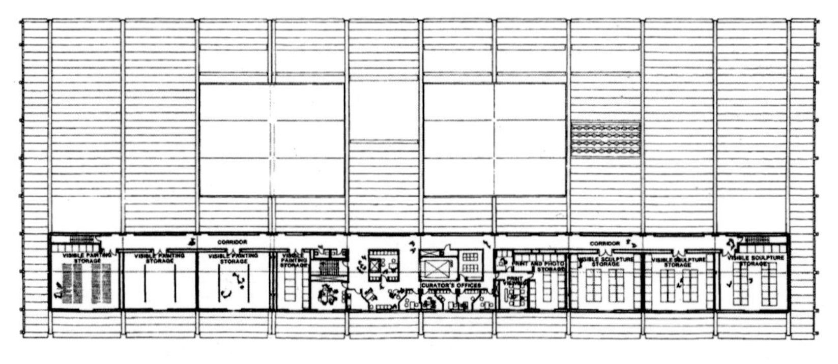

二层平面图：“藏宝阁”

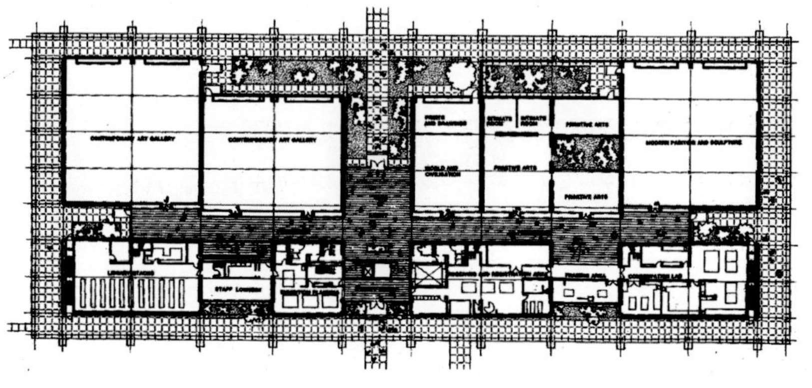

一层平面图：展览会场与服务空间

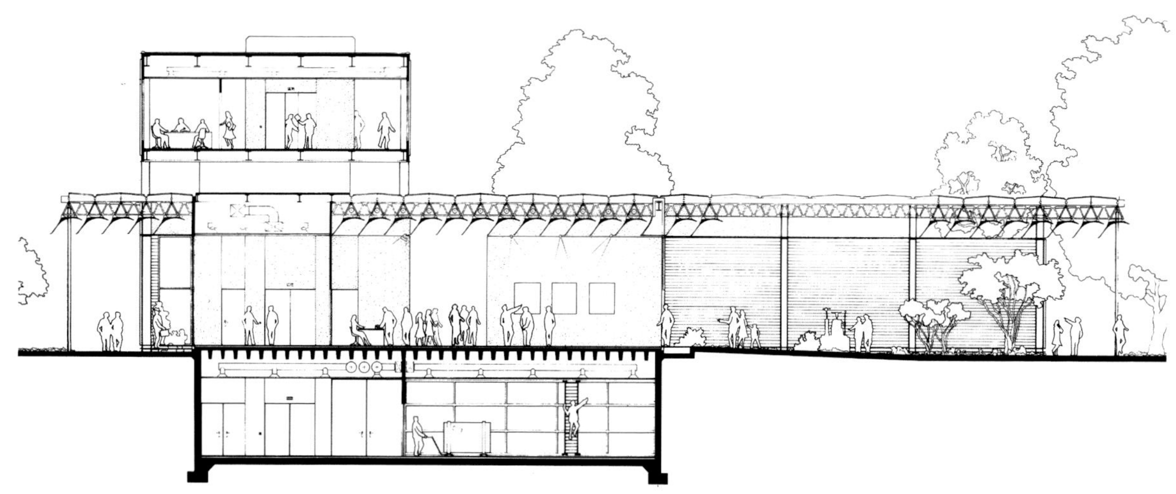

室内 1000 勒克斯的照明水平，我们从室外 80000 勒克斯（即类比春日的天空）的照明水平，开始进行模拟，以确定叶片的最终形态。

彼得·赖斯（Peter Rice）对这一工作进程做出了重大贡献，彼得不仅是我的结构工程师，也是我的旅游伙伴。我们一同研究有关叶片的概念，并对其进行了细化，最后用计算机系统确定了它们的呈现形态。我们都认为叶片同样具有结构功能，可以成为屋顶框架的一部分。在这项设计完成时，我们在靠近达拉斯沙漠的一个研究中心建造了这种屋顶的一个片段。然后我们开始用毁灭式的模拟灾难破坏它，但是叶片结构通过了所有测试。

梅尼尔的收藏室坐落在休斯敦市中心的一个花园里。旁边耸立着传统美国建筑的典范：是一个以木质材料和充气结构组成的，类似于先驱者们搭建的木屋。相对于周遭的摩天大厦而言，它们更能代表当地的建

“藏宝阁”内景

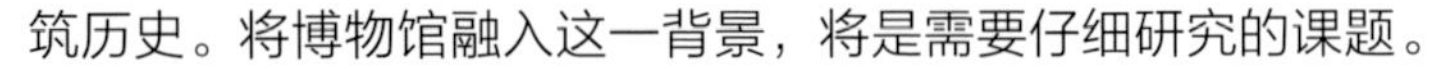

筑历史。将博物馆融入这一背景，将是需要仔细研究的课题。

我们决定使用这个区域的典型构造材料和技术：其墙体建造是在金属框架上加固柏木模板。这座建筑虽然庞大，但并不宏伟，也不比附近的房子耸立更高。

该博物馆由建筑群组成，类似于一个“博物馆村”。正因为这种类似公园植被一般的强力联系，才没有打破周围正交的城市网络。这种与周围环境的同质性让该博物馆在休斯敦这座没有历史中心的城市填补了某些缺失的环节。博堡（Beaubourg，即蓬皮杜中心）无论是对其不堪重负的过去还是对巴黎的名胜古迹，都持有一种论战不休的态度。而梅尼尔系列收藏的诞生完全源自一种相反的需求。对于休斯敦这个相对较年轻的城市来说，问题的关键在于如何为博物馆赋予某种神圣的意义。

同样是博物馆，博堡寻求的是一种城市广场的社会氛围，而这里的重点在于对冥想场所的仪式感塑造。最后我们得到一个拥有不可思议的，能够带来和平、宁静且引人深思的氛围场所。当光线透过顶部的叶片照射进来，为其室内空间赋予了一种独特的魅力。雷纳·班纳姆（Reyner Banham）在他的一篇文章中，将其描述为“一个让魔法回归功能主义”的场所。

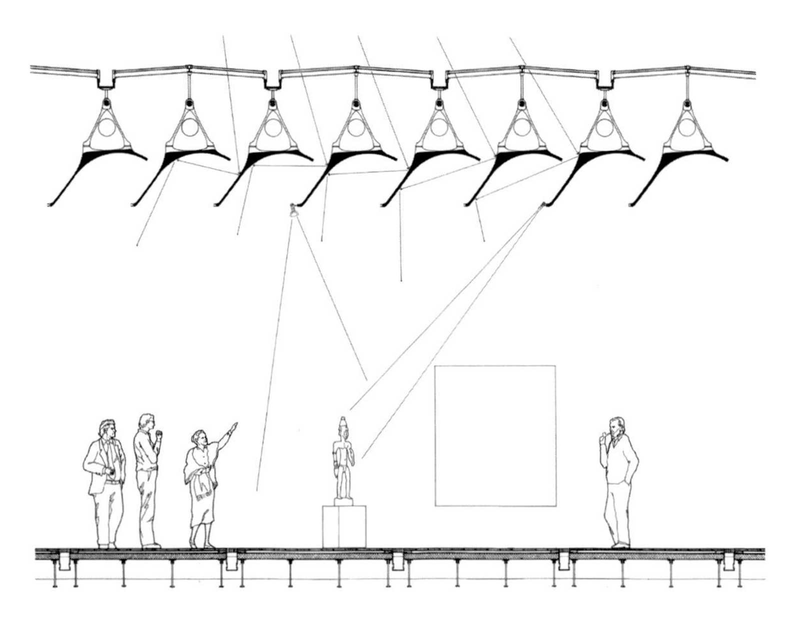

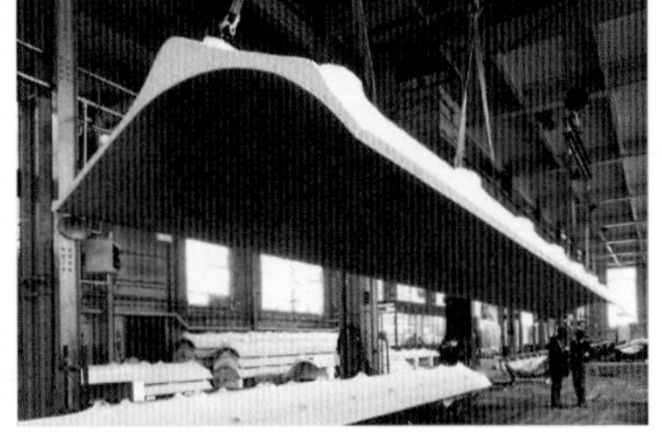

与石田顺治、彼得・赖斯、保罗・凯利和汤姆・巴克在一起

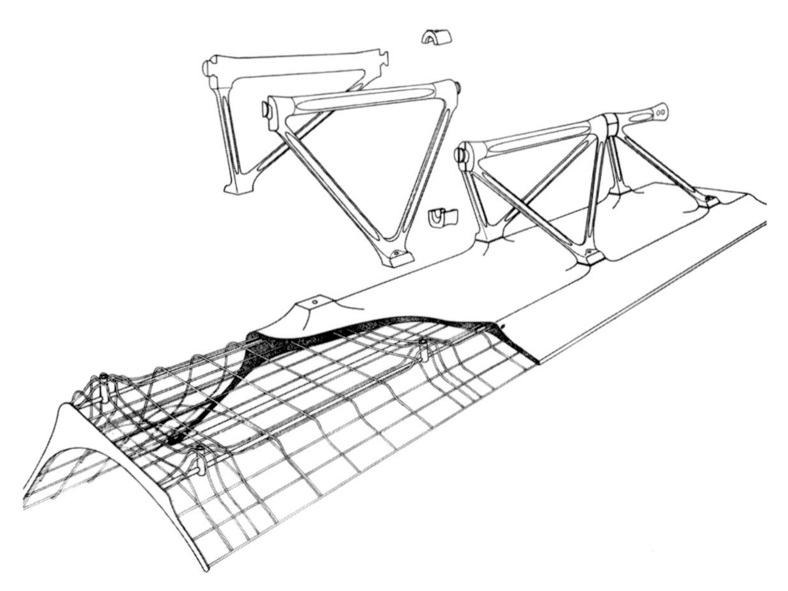

修复工作室，室外和
室内场景

1983 年　意大利都灵
亚历山大·考尔德回顾展

该项目的核心是，使用都灵的维拉宫（Palazzo a Vela）作为一个为亚历山大·考尔德（Alexander Calder）布置回顾展的大型空间。展览是关于光、空间和艺术作品的定位。

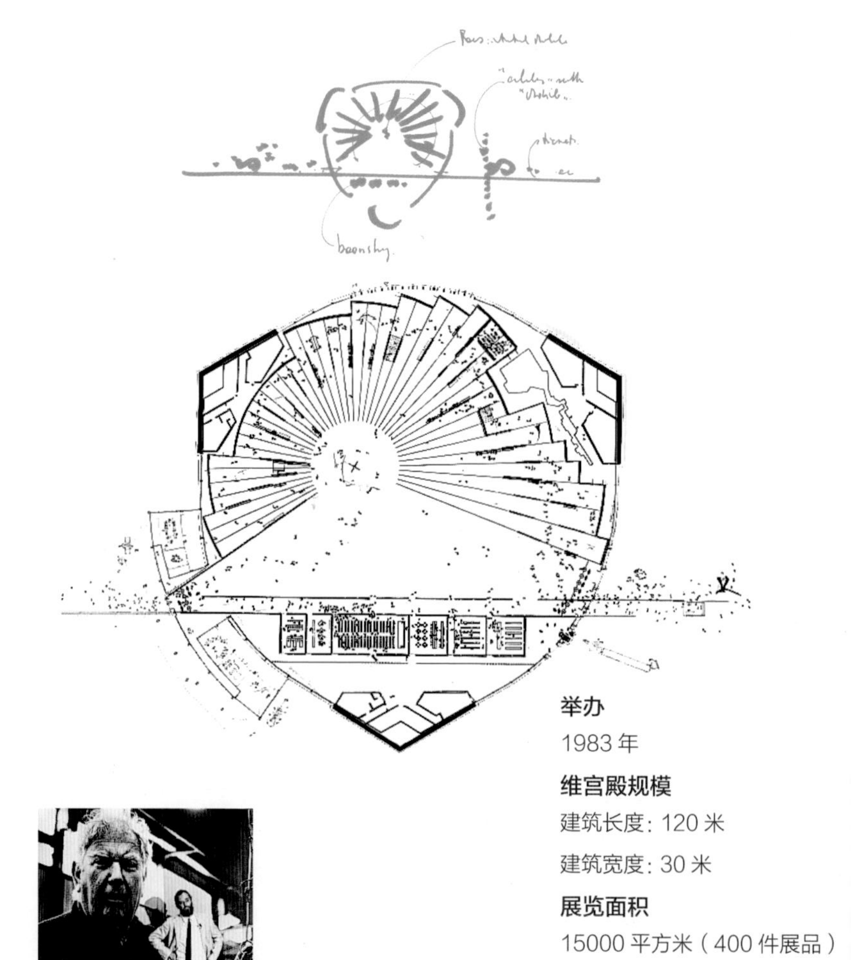

举办
1983 年
维宫殿规模
建筑长度：120 米
建筑宽度：30 米
展览面积
15000 平方米（400 件展品）

亚历山大·考尔德

1982 年的一天，评论家乔瓦尼·卡兰登特（Giovanni Carandente）推荐我在都灵为亚历山大·考尔德设计展览，这将是他有史以来规模最大的一个展览。考尔德的动态雕塑是一种将讽刺意味与高超技艺相结合的尝试：一方面，它巧妙运用了重量、形态、空间关系和动作；另一方面，它也是一个以力学定律为规则的游戏。这就产生了一些艺术与技术连接的有趣之物。将这些动态雕塑进行展览不是一件简单的事。如果按照传统博物馆的方式布置，它们也许会失去原有的质量。所以我们没有借鉴任何一家博物馆。我们在维拉宫找到了它，它坐落在意大利一个承办了 61 年展览的公园里：一个内部空间 15000 平方米的帆状钢筋混凝土建筑，两侧只有三个支撑点。这个开放式的场所给了我们足够的自由，但它并不是为了举办这类活动而建的，所以我们需要重建它，一个给项目增加趣味点的建筑学倾向。

我们决定在非物质方面做文章，比如灯光、温度和颜色：这些与空间形式相互作用的元素（或许是某些空间形式的结果），但也并不能简单地归结于此。在这里，照明引导着主旋律，所以，我们以反射铝板代替了 7000 平方米的玻璃，并将铝板内部漆成了深蓝色。在填满黑暗的整个大厅里，参观者的视线可以被光线更好地引导到指定作品上。

接下来我们将注意力转向了温度，不光是为了保护展品不受到损坏，也是为了营造一个更有利于冥想的凉爽的黑暗环境（如同大教堂的建筑师所想）。展览在夏天举办，而都灵的夏天如同一只烤箱。但通过对通风系统的改善，让水从屋顶流过，我们大约可将室内温度降低 6℃。

因此，我们创造了一个超乎寻常的、与艺术家的个人视角相关联的微观世界，即考尔德展览中心的物化。这些雕塑以不同的高度排放在一个暴晒的中心点的四周。焦点的位置稍稍偏离坐标轴的中心，有助于增强流动感。

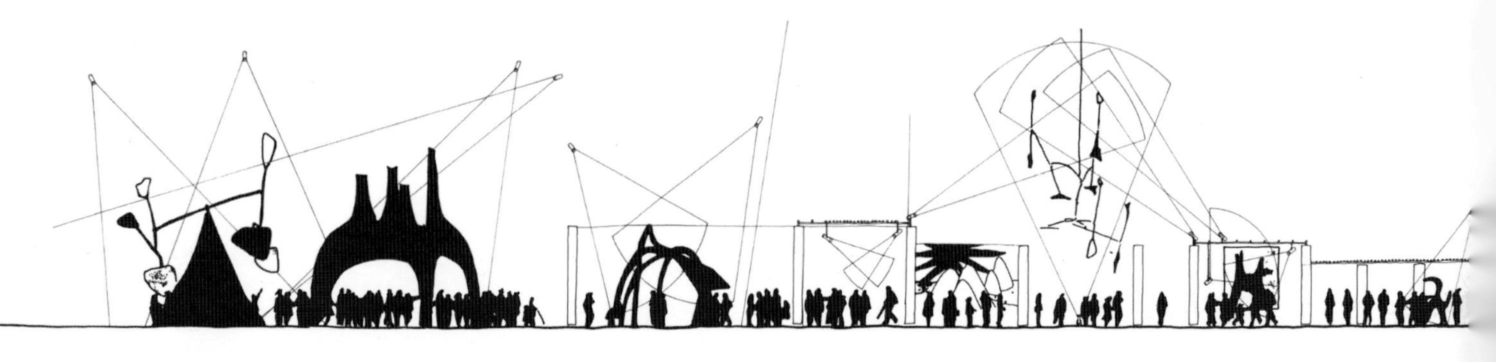

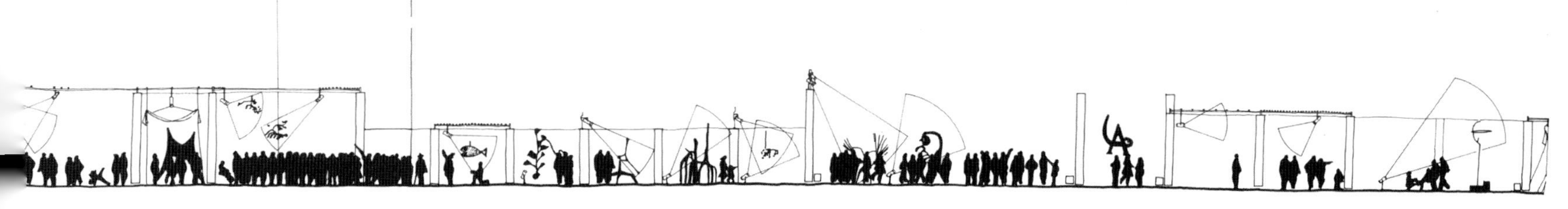

1983 年　意大利威尼斯和米兰 普罗米修斯的音乐空间

为了可同时容纳乐队和 400 名观众，这个木质结构可以被拆组。同时，乐器和船体的龙骨和框架由胶合板构成，胶合板具有金属的二级结构。空间由此孕育而生。

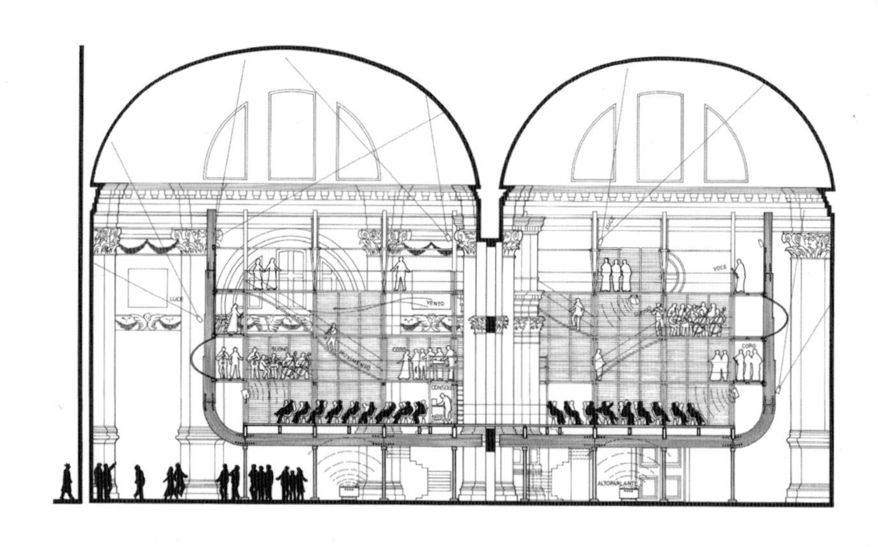

普罗米修斯（Prometeo）音乐厅是我第二次涉足音乐建筑领域。为了发展这个想法，我和一群优秀的人一起工作——你可以称他们为一群疯子，他们是路易吉·诺诺（Luigi Nono）、克劳迪奥·阿巴多（Claudio Abbado）、马西莫·卡恰里（Massimo Cacciari）和埃米利奥·维多瓦（Emilio Vedova）等。我和诺诺在巴黎见过很多次，他邀请我为他正在创作的一部名为《普罗米修斯，耳听悲剧》（*Prometheus: a Tragedy about Listening*）的书设计一个空间。世界首演将与双年展一同在威尼斯的圣洛伦佐（San Lorenzo）教堂举行，组织方为米兰的拉斯卡拉歌剧院（La Scala in Milan）。

这个想法将把音乐厅的传统布局彻底改变，观众将被安坐在中间，观众四周的音乐家被安排在不同的高度。音乐应当与空间存在的互动不断地从变化的角度中体现出来。在某种程度上可以通过电子手法实现这种效果，但这也是演奏过程中音乐家们在楼梯和走道上变换位置时体现出来的。这个方案很吸引人，但同时也是极其复杂的。实际上，它意味着去设计一个集舞台、布景、乐池、音箱为一体的东西。

在一个这样构想的空间里，我们需要考虑指挥的问题：想让乐队的全部 80 名成员，连同唱诗班都看到阿巴多是十分困难的。通过与他的合作，我们设计出了一个可以让他通过有计划地放置显示器实现指挥的系统。卡恰里研究了这些方案，维多瓦非常绅士地放弃了他原本设计的一场关于彩灯与图像展览的想法，转而把精力放在了一些灯光的变化上。他不希望干扰到作品中真正的主角——音乐，这种罕见而谦逊的情感进一步巩固了我们的友谊。

整个场景设计得如同一个巨型乐器，我们汇集了仪器制造商和造船商的专业知识，因为只有航海技术才具备关于这种规模的层压木材建造物所需的专业技术。普罗米修斯音乐厅是一次非凡的设计体验，它生来就是作品且为作品而生，这个建筑本身就是创作过程的一部分。

与路易吉·诺诺、马西莫·卡恰里在一起

设计
1983 年
施工
1984 年
建筑面积
915 平方米
建筑高度
14.5 米
座位
400 个

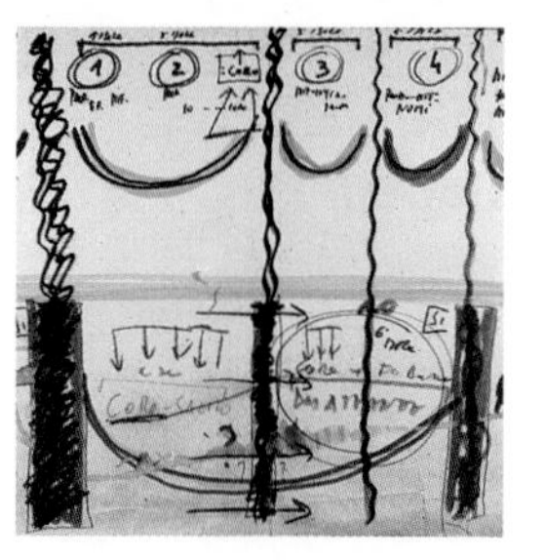

路易吉·诺诺作的《普罗米修斯》总谱中的几页

每个“龙骨”都是由一系列水平构件（基本模块长度为 3.6 米）、连接梁两端的弯曲构件、垂直构件（曲率半径 1.6 米）和插入曲线上的悬臂垂直“桅杆”组成的

1983年　美国国际商用机器公司（IBM）旅行馆

这是为一个以促进计算机通信技术的进步为目的，在欧洲多个城市公园举行的巡回展览而设计的临时建筑。它有 34 个拱门，每个拱门由 12 个金字塔形状的聚碳酸酯元素组成。其他材料为层压木材和铸铝，展馆透明无形，与自然融为一体。

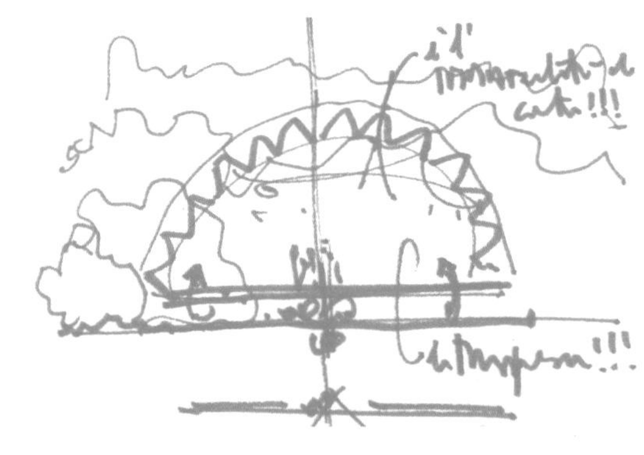

设计
1983—1984 年
施工
1984—1986 年
展馆面积
576 平方米
建筑长度：48 米
建筑宽度：12 米
建筑高度
7 米
建筑层数
地上 1 层

伦敦

约克

罗马
对页图：米兰

“高技术，高情感”是 20 世纪末的科学创新口号。随着批量化生产时代的到来，基于人力、物力、机器的经济，将在无形的信息流中找到新的动力。如果说重复和批量化是工业文明的鲜明象征，那么交流的非物质性将会是信息文明的象征。

国际商用机器公司（IBM）的这次巡回展览，是为展示来自欧洲 20 个城市未来技术的变化而进行的。展览的主题非常有趣，因为它传达了一些基本信息：电子通信消除了距离的问题，让工作场所摆脱物理位置的限制。事实上，它对该领域的组织产生了重大的影响，让一直以来引导着我们城市商业和金融服务发展的传统“中心”概念成为过去式。

为了保持这种方式，展览不是在现有的建筑中举办，而是每一次都会在城市公园中组装和拆卸我们已经设计好的这一临时建筑物，另外为了方便操作，作品和展馆都是像马戏团的帐篷一样通过集装箱运输。从我们最早期的作品开始，就对临时性建筑有着浓厚的兴趣。这些临时性结构消除了许多限制，允许和支持尝试更多更广的可能性。

我们决定使用一种前所未有的新旧材料混合的形式搭建 IBM 展馆：用于横梁的层压木材、用于接头的铸铝件和用于金字塔形元件的聚碳酸酯（一种非常清透的物质）。这些独立可自支撑的结构连接在一起，组成了展馆的结构拱。

我记得去 IBM 在巴黎的办公室——参加一个由詹路易吉・特里西塔（Gianluigi Trischitta）召集的会议，他是该项目的发起者和协调者——带上了一个该项目的金字塔模型和一个大锤子，以消除任何多余的疑虑。会议进行到一半时，就开始有人质疑它的抗击能力，我当着所有人的面，狠狠地用大锤砸向金字塔，塔身甚至连一个划痕都没有出现。不知是因为

这个试验，还是我惊人的举动，委托方当天就批准了这个项目。

永远不要将你的梦想尘封，它们值得你冒险去实现。我讨厌人们说自己的好想法，因为客户的不理解而未被实现。当你真正笃信一个好的设计时，你一定会实现它，因为你拥有再次提出它、开发它、改进它的勇气。

我们设计的金字塔的秘密是什么呢？我们发现了一些可以让不同的材料部件拥有惊人附着力的胶粘剂。化学手段对今天的建筑师来说，和焊接手段对过去的建筑师一样具有创新价值，这是一场伟大的革命！这种具有非凡性能的树脂得以用于航空工业绝非偶然。

我们要跟随科技的步伐，研究并激发材料的新用途和新形式：我相信这是对欧洲传统建筑表达尊重的最佳方式。你可以将科技看作一辆公交车，如果它可以将你带到你想去的地方，你就搭乘它，若不能，你便不上车。如同你听音乐，在 CD 上听或是在手摇留声机上听，都不会影响它诗意的品质。

我们的项目造就了一个近乎纯粹的非物质展馆，有人将其描述为“信息化处理温室”：新一代从微电子硬件到人工智能软件的技术容器，它从远处看就像一间温室。在公园里，它几乎是先进技术与自然的完美结合。在透明度上，在其分割方式上，它拥有成千上万的细节，如此轻盈，可以适应它所到达的城市的每一个地方，展馆与地方的联系是基于公园的自然环境达成的。

这是一项巨大的成功，展览成功吸引了 150 万人观看。在这里，参观者可以了解到远古人类对于非物质性理想的追求。

阿姆斯特丹（右图）和约克（下图）

此结构由 34 个独立支撑的拱组合而成，每个拱形结构独立，由 12 个聚碳酸酯金字塔组成

1983 年　意大利热那亚地铁站

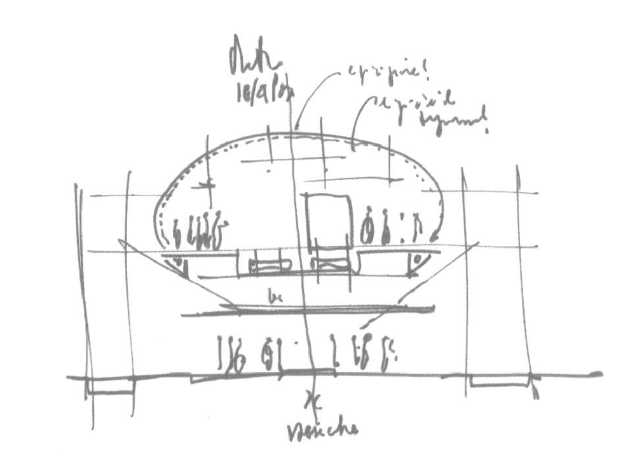

五个地铁站都设计得非常符合周围环境，但是在其预先设立的组件套件之中，也具有可识别性的标识。用这种方法可以生产出成本合理、质量良好和数量充足的元件。

只要是去过热那亚（Genoa）的人都知道，这是一个地域狭长的城市。所有的交通线路（高速公路、铁路等）都挤在山脉和海洋之间的狭长地带上，它们大多或走地下，或以抬升的方式穿梭于城市之中，这种对空间的争夺意味着需要充分有效地利用所有现存的结构。其实在 20 世纪初，为有轨电车修建的隧道就被再次用于地铁。

事物复杂性的叠加并不是一种束缚，而是一双指引我们方向的手。它让我们感受到来自各地技术和历史的刺激与影响。地铁站设计委员会通过地铁总承包商安萨尔多（Ansaldo）找到我们。在五个建成的地铁站中，布林（Brin）实验室是唯一一个建立在地面之上的原型。不同的建筑结构意味着建筑临街面之中结构联系的不同。另外，一个为让车站外观和站台设计保持一致的通道、组件和标识系统设计应运而生。

在布林的案例中，车站的主体车身被封闭在一个能保护站台不受天气影响，周围房屋不受火车噪声影响的透明覆盖物的地下通道之中。布林实验室是一个置立于轨道上方的大型实验室。将它“放置”于此的意义是，它和城市的联系一如火车与城市的联系：这是一个独立且真实的主体，没有任何伪装性质。

世界上所有的城市都以地下通道的形式修建地铁。说实话，我不理解这种将地铁伪装隐藏的行为。在该案例中，我们实际采用了相反的表现手法。意识到车站与周边环境的不相融性，我们与项目经理毛里齐奥·瓦拉塔（Maurizio Varratta）一同尝试，在火车和站台之间创造一种可识别性。这让它们内外相投，透过透明覆盖物可以看见布林站中特有的流体和空气动力学结构：半椭圆和彩色条纹。布林的火车比城市多，迪内格罗（Dinegro）、普林西比（Principe）、达塞纳（Darsena）和圣乔治（San Giorgio）的火车站也都在 1990 年至 2003 年间开放。

设计
1983—1986 年
施工
1986—2003 年
运营第一年
1990 年（布林—迪内格罗部分）
地铁站
布林地面；
迪内格罗、普林西比、达塞纳和圣乔治地铁
线路总长
7 公里
路段长度
布林—迪内格罗：2.5 公里线路
迪内格罗—普林西比：0.5 公里
普林西普—达塞纳：0.6 公里
达塞纳—圣乔治：0.7 公里
乘客
每年 1100 万人

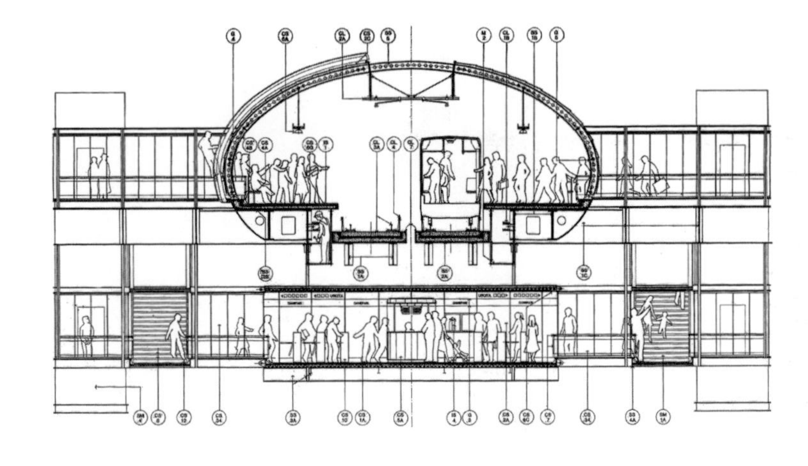

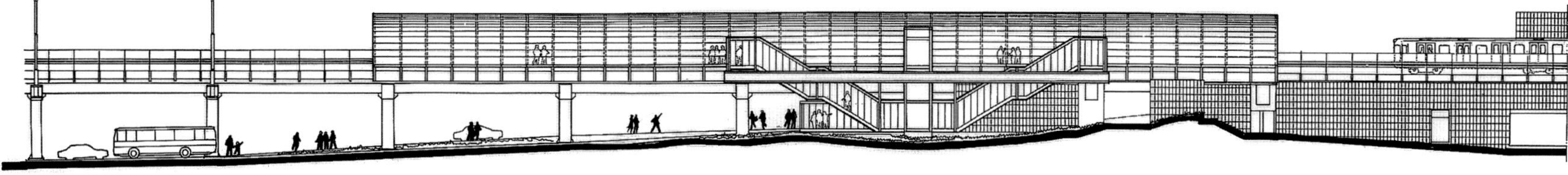

圣乔治

布林

迪内格罗

普林西比

达塞纳

1983 年　意大利都灵林戈托工厂改建

该改造项目：从汽车制造厂到多功能中心（包括交易会、会议、办公室、礼堂、酒店、商店）。该改造项目是这个城市真实的一部分，其建筑面积包含公共区域在内，约为 246000 平方米。项目的难点是，在保留汽车制造厂给人们留下“纪念碑”式记忆的同时，创造并赋予其各种新功能。奇特的花园、气泡一样的圆顶建筑、礼堂和乔凡尼（Giovannie）与玛蕾拉·阿涅利（Marella Agnelli）美术馆“是意外的客人”，都给这座纪念性的建筑带来了出乎意料的惊喜感。

林戈托（Lingotto）工厂的外形特征非常明显：该建筑 5 层楼高，建筑总长 500 米，并且屋顶上有一条测试轨道。该工厂是第一个使用柱、梁、地板为重复模块的钢筋混凝土结构建筑。在 20 世纪 20 年代，当林戈托建成时，它保持着另外两项纪录：不仅是欧洲最大规模的生产工厂，还是意大利第一个拥有完全集成汽车装配线的工厂。

在 20 世纪 20 年代，有一位记者这样描述它：“你会发现林戈托工厂看起来像从码头边缘看到的巨大轮船的侧面。你会站在码头上，抬着头静静地看着它”同时期出版的勒·柯布西耶的《走向新建筑》（*Towards An Architecture*）一书中描述道，林戈托工厂的改造“无疑是工业背景下的最令人印象深刻的景观之一”。我确信，林戈托工厂的改造是制造业纪念碑式的改造项目，它与任何伟大的建筑一样具有同等的历史地位。

林戈托是意大利都灵的一个地区，我们的改造项目就坐落于此。一战结束时，菲亚特对这家公司寄予了厚望。负责该工厂设计的工程师吉亚科莫·马特—特鲁科（Giacomo Mattè - Trucco）从北美工业建筑中汲取灵感，借鉴了两个概念：装配线的垂直布局——也就是一层之上再一层，还有就是基本构件的简洁模块化。20 世纪 80 年代初，在经历了 60 年的经营后，林戈托工厂被迫退休，留给菲亚特和都灵巨大机遇（或者说是重大问题）的是，如何处置林戈托工厂的 246000 平方米。

林戈托是我们第一次以系统方式处理城市空间的项目。曾经的工业生产建筑面积庞大，这是改造旧工厂必须面对的事实问题。但林戈托改造项

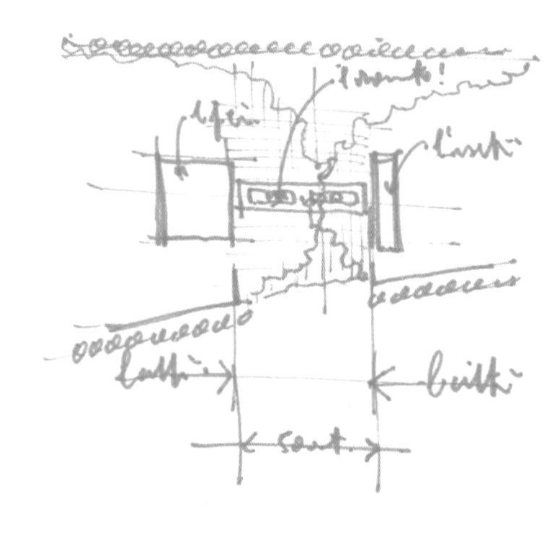

咨询
1983 年
施工
1988—2003 年
总建筑面积
246000 平方米
第一阶段：1988—1992 年
展览中心：48111 平方米
第二阶段：1993—1995 年
会议中心：18000 平方米（12 个房间，总容量 3500 人，包括一个拥有 2000 个座位的礼堂）
商业画廊：20914 平方米
办公室：40596 平方米
商务中心：2537 平方米
行政办公室：15796 平方米
艾美酒店，现为 NH：12780 平方米
“气泡”：使用面积 110 平方米，最大直径 13.7 米，高 8.4 米
直升机场：使用面积 450 平方米，最大直径 27.6 米
第三阶段：1999—2003 年
研究中心：14668 平方米
住客区：9250 平方米
理工学院：12214 平方米
多厅电影院：3414 平方米（11 个屏幕，137—702 个座位）
林戈托酒店：使用面积 13628.53 平方米
画廊：2800 平方米，6 层露台、斯克里尼奥 450 平方米
外部面积
13500 平方米
建筑长度
500 米
建筑宽度
80 米
建筑高度
画廊 34 米（45.3 米）
建筑层数
地上 5 层

屋顶上的测试轨道和通往屋顶的钢筋混凝土螺旋坡道

目的问题不止于此。在决定如何处理这些墙之前，我们必须重建一种符合这座城市期望的身份、关系和形象。这场关于林戈托工厂改造的国际性讨论邀请了全球 20 位建筑师参与，并且将讨论成果在林戈托工厂展出，这次展览受到了大众热烈的欢迎。

我们的项目设想是，向林戈托分置一些多功能设施，比如技术中心和贸易博览会、商店和大学、公园和礼堂。从规模和对当地的影响和经济作用而言，林戈托在某种意义上是一座复杂而微妙“城市”。它的改造不能简单地被花园、公寓楼或办公室所取代，都灵人民期待着林戈托带动城市的就业和经济增长。

都灵是一座集科学、技术、工业于一体的城市。也就是说都灵有一种“做”的文化（从这个意义上说，我与这座城市有一种似曾相识的亲近感）。在以前“做”意味着“制造”，但在今天其意义已经不止如此。我们必须鼓励从生产文化到交流文化的过渡。都灵的声誉不能只建立在汽车或其他物质产品生产的基础上，而是必须扩展到它所包含的非物质产品中去：知识。林戈托工厂已经逐渐放弃制造业的单一功能，转而向多功能方向发展。

起初，我们试图像斯伦贝谢改造项目一样，让自然“接管”林戈托工厂。在项目的最初草案中，“自然改造”这一概念是主要方案。我们计划在主楼前增加一片绿化带，由假山赋予其自然生气。然而另一种方法占了上风：选择接受而不是反对林戈托的城市景观的力量。

林戈托的诞生并非易事。我记得在科索・马可尼（Corso Marconi）的办公室与詹尼・阿涅利（Gianni Agnelli）、塞萨尔・罗米蒂（Cesare Romiti）（当时担任菲亚特总裁）以及阿尔贝托・佐尔达诺（Alberto Giordano）（后者曾是林戈托公司的总裁）进行了长时间的会谈。当天就做出了许多决定，其中之一就是赋予其主厅礼堂和会议厅的双重功能，但是这种热情必须不断地与困惑作斗争。到都灵市也批准开工的时候，距原定于林戈托 1992 年汽车展的上新路线活动也只剩下几个月了，这是一场与时间的赛跑。我们最终确定了项目方案着手开始重组工作，并创纪录地赶上了展会，完成了第一批改造。这给所有相关人员都带来了巨大的压力，但有助于测试和融合莫里齐奥・瓦拉塔（Maurizio Varratta）、苏珊娜・斯卡拉比奇（Susanna Scarabicchi）以及后来的多梅尼科・马格纳诺（Domenico Magnano）领导的团队。

这些年来，展览中心的内核增加了，包括二层的拱廊和长达 1 公里的商业活动区、酒店、一个拥有 2600 个座位的多功能电影院和一所大学这五项功能在同一区域内翻修了曾经被称为“宫殿”（palazzina）的独立建筑。20 世纪 20 年代，这里就是菲亚特的办公室，多年来一直是母公司的总部。

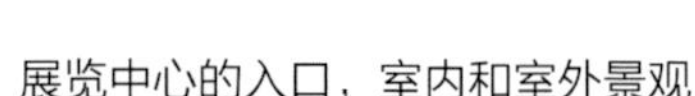

展览中心的入口，室内和室外景观

马特－特拉克（Mattè-Trucco）非常清楚，需要赋予如此严谨的结构一些常理之外的事情，所以他选择将坡道设计成一个非常精致的形状。这种对形式特征的关注度与项目的普遍性元素相联系：在保持对其原始精神信心的同时，林戈托必须传达强烈的变革信号。我希望这是一个让人愉悦的信号。这个地方的功能一直以来都让人们认为，它有一种严厉和略带惩罚性的态度，而我们想要赋予这个地方的是一种愉悦感。

为了实现这个目标，我们决定借鉴马特－特拉克的做法，在建筑主体中加入一些“意外的客人”。第一个“意料之外”是四个内部庭院之一——遮阴花园。这项工程由我哥哥埃尔曼诺的儿子，也

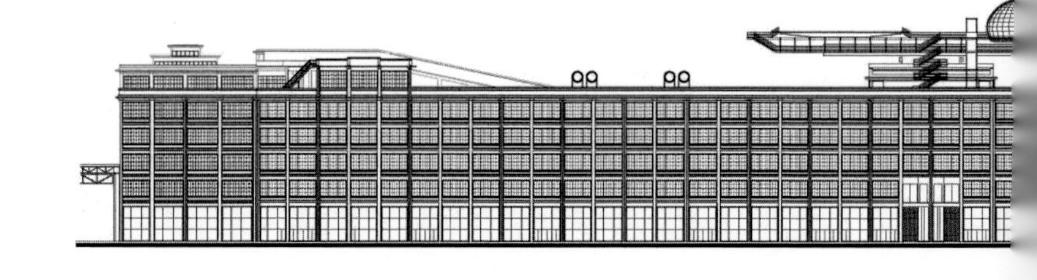

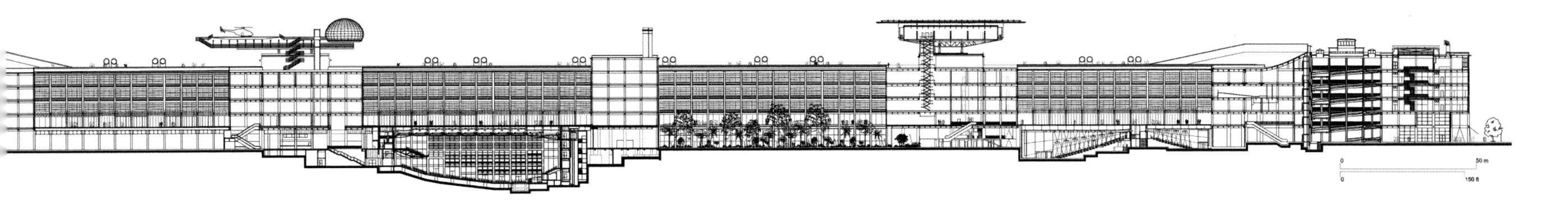

改造保持了林戈托的建筑特色，同时融入了一些公共和私人功能

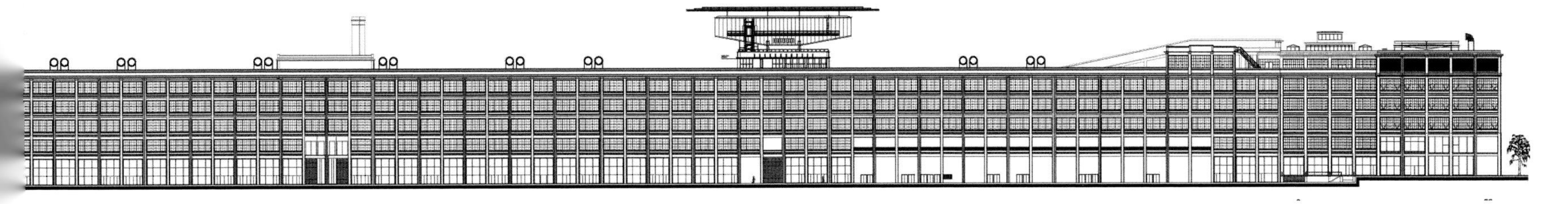

就是我侄子丹尼尔·皮亚诺（Daniele Piano）完成。前院广场缺少的绿色植物在建筑内部以小型植物园的形式得到弥补。这里种植的植被并不是都灵地区的典型植被，而是都灵人熟悉的外来植物——这是对地中海和利古里亚里维埃拉（Mediterranean and the Ligurian Riviera）表达的一种敬意。

第二个“意外的客人”是屋顶上的“气泡”建筑，其实这是一间会议室。在阳光明媚的日子里，这个完全透明的结构可以欣赏到北部和西部的阿尔卑斯山，以及南部和东部的都灵的山丘。从远处就可以看到波拉山（Bolla），因此也成为林戈托的地标建筑。

第三个“意料之外”是礼堂。当意识到都灵没有大型的音乐厅时，我们决定将礼堂建造成一个楔入第二个内庭的木质外壳，这与林戈托的建筑形式完全无关。尽管如此，我们最后也认为它符合林戈托严格的建筑形式逻辑，缺乏与外界环境的一致性，并不能掩盖礼堂的美感、技术和声学品质。

音乐厅的设计有一个具有挑战性的著名参考：柏林爱乐乐团（Berlin Philharmonic）。事实上，管弦乐队原计划为礼堂举行落成典礼。我在普罗米特奥音乐厅的设计工作中认识了克劳迪奥·阿巴多，那时他刚刚被任命为普罗米特奥音乐厅的指挥，我们之间至此便展开了密切的合作。在我的团队带着音乐厅的模型前往柏林解释其特点时，阿巴多便建议我们请赫尔穆特·穆勒—布吕尔（Helmut Müller-Brühl）帮助我们研究该建筑的声学效果（这是由奥雅纳声学公司发起的）。毫无疑问，我早期与贝里奥、布列兹和诺诺的合作经历是无价的。音乐厅的优点之一是它的可变音响效果，它可以用来演奏不同类型的音乐，也可以用作会议厅。

最后，第四个“意外的客人”到来：一个与“气泡”会议室相同高度的钢块建筑，这里收藏着乔凡尼（Giovannie）和玛蕾拉·阿涅利（Marella Agnelli）的永久藏品。两个悬浮的建筑在远处无声地相对，似乎给了新林戈托一种神秘的平衡感。

2002年9月20日，当局举行典礼以纪念建筑物落成。当天，意大利共和国总统卡洛阿泽利奥·钱皮（Carlo Azeglio Ciampi）开启了这个宏大项目的最后两个扩建部分：向这座建筑过去致敬的都灵理工大学（Turin Polytechnic）汽车工程系和代表着未来新曙光的美术馆。

菲亚特的总裁乔瓦尼·阿涅利（Giovanni Agnelli）花费数十年时间，怀着好奇、热情和喜悦之情一步一步地进行着这项改造工作。他和林戈托工厂的岁数几乎一样大；那栋楼从童年起就是他的家。我一直认为林戈托就像卡尔维诺（Calvino）的一座隐形城市：“你喜欢一个城市的原因可能是它对你问题的回答，而不是它已有的7个或70个奇观”。阿涅利被亲切地称为阿夫瓦拉托（L'Avvocato），对他来说，最后一个问题（他病得很重，几个月后就去世了）就是美术馆。

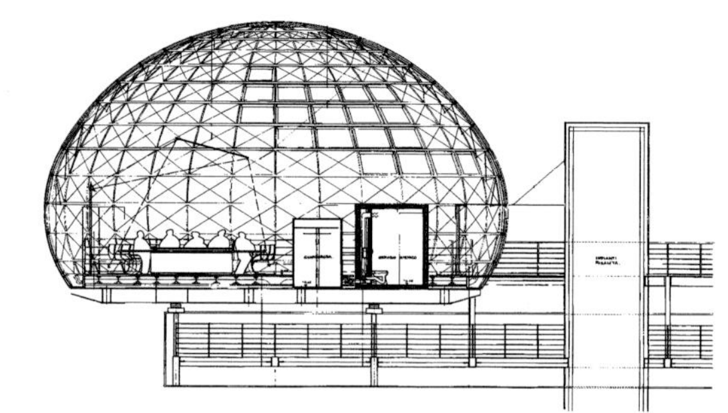

“气泡”直径13.7米，高度8.4米，用作会议室
克劳迪奥·阿巴多

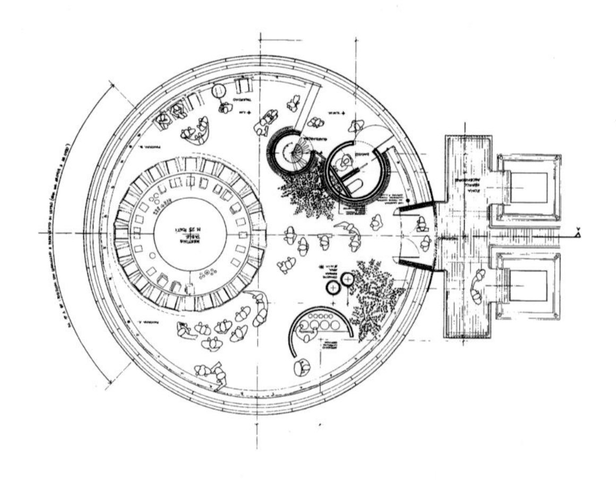

这个画廊仅用一年半的时间就建成了，但它的故事在许多年前就由保罗·维提（Paolo Viti）和保罗·葛拉（Paolo Grassi）开始共谋了。阿涅利一直在考虑为他的非凡艺术收藏品——尤其是一些他特别喜欢的照片等提供一个永久的、面向公众的“家”，他觉得是时候向公众展示自己的杰作了。

尽管我们在整个林戈托项目中关系非常密切，但阿涅利从来没有对我提出过这个愿望。而是默默地参观了我设计过的所有博物馆：

克劳迪奥・阿巴多

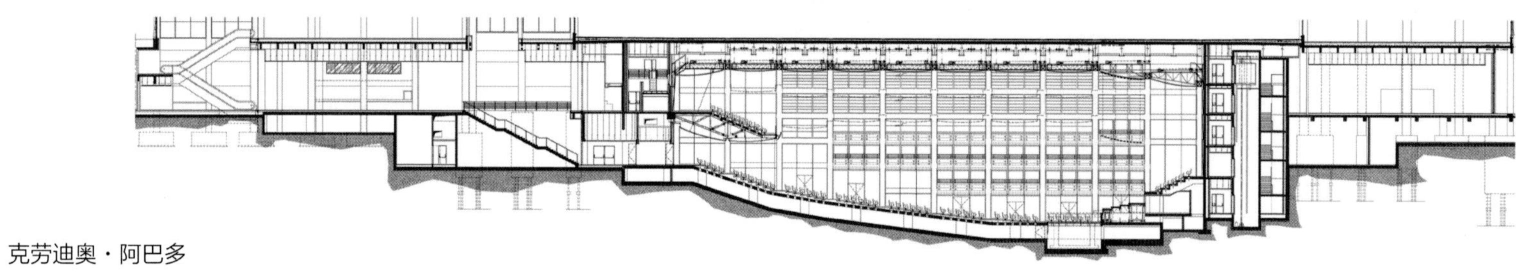

梅尼尔（Menil）收藏博物馆、贝耶勒基金会（Beyeler Foundation）、塞・托姆布雷（Cy Twombly）展馆、布兰卡西工作室（Atelier Brancusi）……谨慎是他的典型特征，他决定自己亲自去看、去感知。阿涅利是一个拥有强烈好奇心并且对各种文化持包容态度的人，和他在一起时，前一分钟你们会谈论船，片刻后，又会谈论卡诺瓦（Canova）石膏模型上的肢体动作，关于卡纳莱托（Canaletto）的美丽，关于支撑某一块钢板所需要的螺栓的直径。他有对一件事物尽善尽美的能力，他非常喜欢林戈托，所以选择把它作为“他的”画廊的家。

美术馆是垂直延伸的 6 层建筑，总面积约 2800 平方米。博物馆的书店和售票处位于“8 号展厅”（8 Gallery），即二楼的购物中心顶层。再往上走是办公室和艺术教育中心。在测试轨道和它下面的一层，有一个临时展览的空间，最高的一层是用来存放永久收藏品的，所有楼层均设有开放式楼梯和两部全景电梯。

位于北塔内的前 5 层与林戈托大楼是一个整体，但第六层在材料和结构的运用上都是与大楼不相关的新元素：如同从天空落于屋顶的钢铁。我们称它为斯克里尼奥（Scrigno），或“匣子”（ Casket）。60 年来，

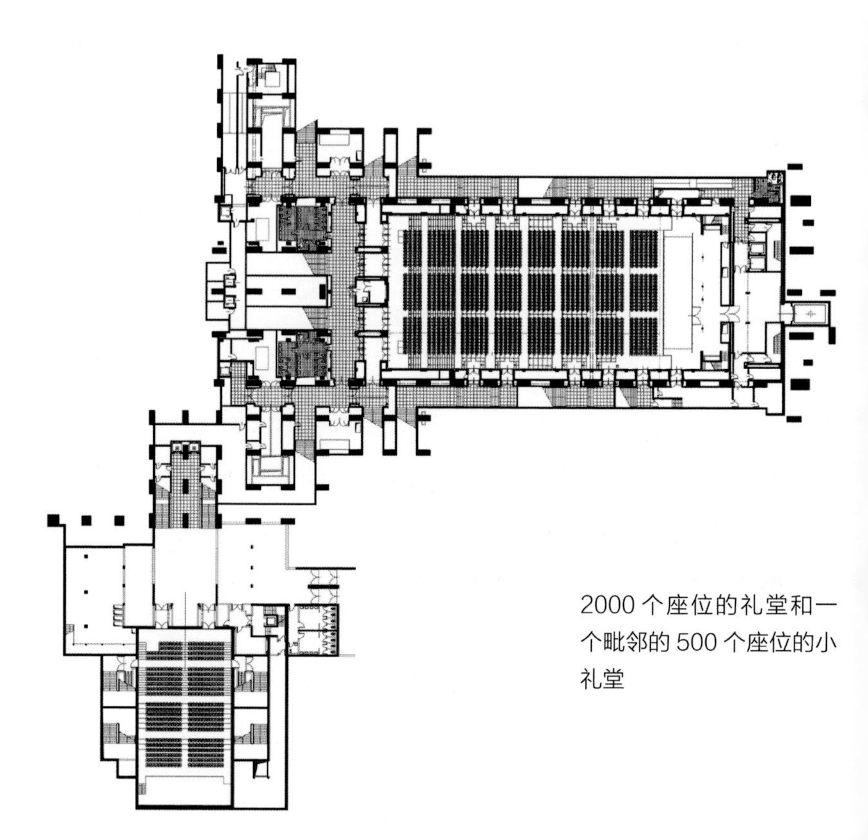

2000 个座位的礼堂和一个毗邻的 500 个座位的小礼堂

林戈托是一家以汽车形式生产金属的工厂。所以在设计这个美术馆时我很自然地想到金属结构。一个厚 1.3 厘米的铁匣子下隐藏着占地 450 平方米的展览空间。

皮纳科蒂卡（Pinacoteca）博物馆因为收藏了 25 件非同寻常的作品而成为欧洲最富有的小型博物馆之一，其中包括了卡纳莱托、毕加索（Picasso）、莫迪利亚尼（Modigliani）、马蒂斯、马奈（Manet）和雷诺阿（Renoir）等艺术家的作品。我们再次提出了“光”的主题，美术馆屋顶的设计借鉴了梅尼尔收藏博物馆。该建筑顶部的玻璃表层可以让自然光通过，可活动的铝板条起到了衰减光线的作用；其次是夜间使用的人工照明系统，最后是用特殊合成纤维制成的保护罩。

为在“斯克里尼奥”（Scrigno）上方突出四个立面，我们设计了一个由 4 层结构钢和 1600 片薄玻璃叶片组成的 1000 平方米的顶棚，顶棚的面积是大于本体建筑的。这样的设计让顶棚看似漂浮在空间，因此也赢得了“飞毯”的绰号。实际上，顶棚是由钢立柱支撑使其悬浮在画廊上方 1 米左右的位置。这样设计有一个功能性原因：藏品不能直接暴露在阳光下，所以顶棚需要过滤来自上方的太阳光，而不产生阴影。从建筑的角度来看，它同样有着非比寻常的意义：顶棚悬浮在美术馆之上，白天采光，晚上漂浮，看上去就像失去了所有重量一样。

透明度除了具有审美价值之外，也同样具有一种形而上的情感价值。你可能会问，我们为什么选择在钢结构中寻求轻盈和透明？这是一个概念性的动机：自古以来，保护珍宝的概念就与力量联系在一起。还有一个更官方的动机：在我近期的作品中，我试图从较少的元素和材料的组合中得到最好的质量。但这其实也有着一点愚蠢。

其实，建筑师一生都在挑战万有引力。在这个项目中这项挑战尤其艰巨，我们需要一个足够大的箱型建筑才能增设顶篷，我愿意认为我们之所以成功，是因为斯克里尼奥有着所有材料中最空灵的部分：艺术。

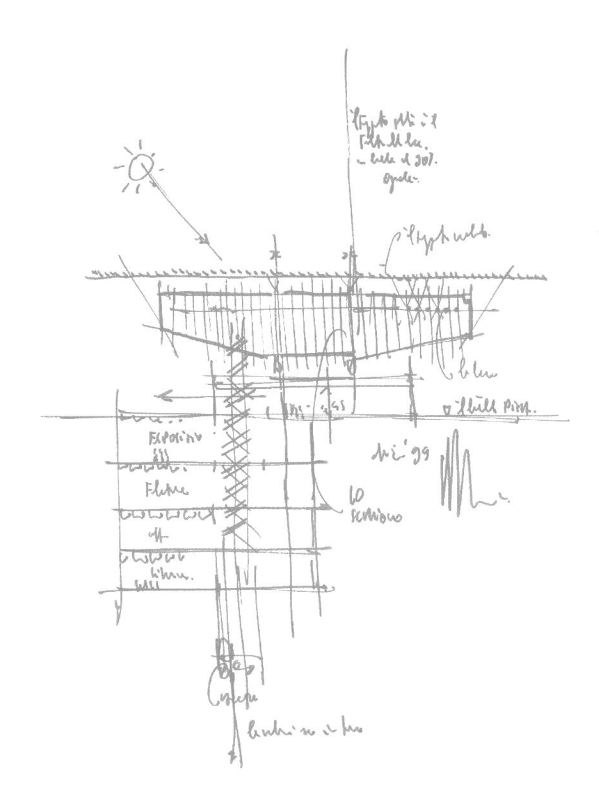

乔凡尼（Giovannie）和玛蕾拉·阿涅利（Marella Agnelli）画廊，建筑面积 2800 平方米，共 6 层

1984年　意大利蒙泰基奥·马焦雷（维琴察）洛瓦拉工作室

设计
1984年
施工
1984—1985年
用地面积
8176.1平方米
总建筑面积
2853平方米
办公室建筑面积
2070平方米
建筑高度
8.6米
建筑层数
地上1层

该建筑坐落在现有工厂的前面，原工厂围绕一条长150米、宽15米的直线进行组织生产机电组件。这座建筑有一个高出地面2.4—8.6米高度的，大型悬链线屋顶产生的恒定截面，是一个连续的由体积的压缩和膨胀组成的开放空间。

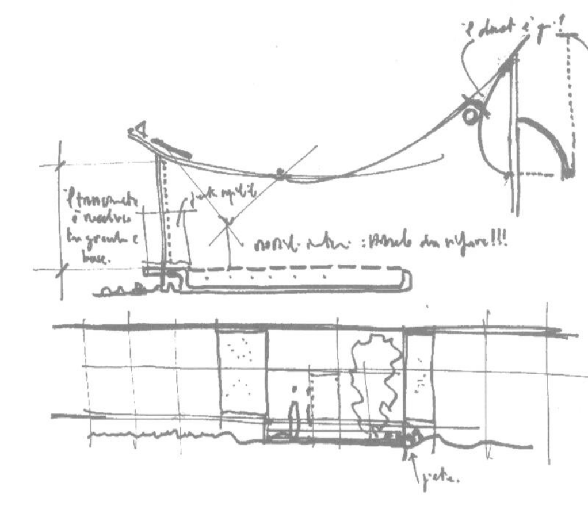

洛瓦拉（Lowara）公司在蒙特奇奥·马乔里（Montecchio Maggiore）设立办公室，是需要勇气的。来自维琴扎的工业家伦佐·吉奥托（Renzo Ghiotto）打来电话，让我为他的公司设计一栋大楼。我必须承认，他说话的方式让我很快对他产生了好感。他解释说他虽然有钱，但不喜欢在功能性的建筑上过多地进行装饰。“我会觉得自己像个势利小人，但我不是。”他这样说。这时他鼓起勇气问我：“我可以随机给一些老建筑师打电话，让他为我建造2000平方米的办公空间，之后你能以同样的价格给我建吗？”

一方面，我觉得我应该拒绝一份预算如此紧张的项目；另一方面，我又对这个挑战充满好奇。我认为客户是对的，预算决定建筑质量，但让我困扰的是，他为什么要花两倍的时间去验证本该如此的施工质量？我再一次发现，约束比一张空白支票更能激励我。结果证明这位客户具有敏锐的判断力，并且专击痛点，因此我接受了挑战。

我和莫里齐奥·米兰（Maurizio Milan）一起，发明了一种用轻金属制成的像帆一样紧绷的简单结构。船帆的曲线并非是纯粹的个人审美结果，而是一种结构计算，这使我们能够以一种柔和的方式使用典型工业棚的四块金属墙板。

回想起来，如果当时吉奥托对我说，“做你想做的事情，随意支配预算，只要能给我一个让人满意的办公大楼”，我认为我会被吓到。因为在建筑建成之后，作为一个建筑师，你需要问自己的高价投资是否有意义。这样对吗？更多的钱真的能让你做得更好吗？

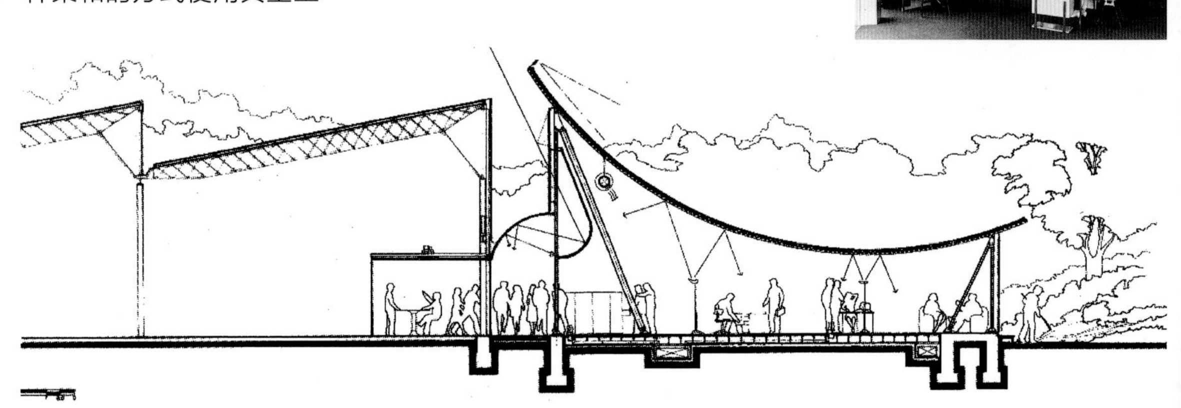

1986 年　希腊罗德岛 联合国教科文组织 古护城河的改造

本项目是由联合国教科文组织和希腊政府起草，项目中提议利用城市护城河创建一个包含岛上所有植被的人造花园，这里也可以举行露天（Open-air）文化活动。

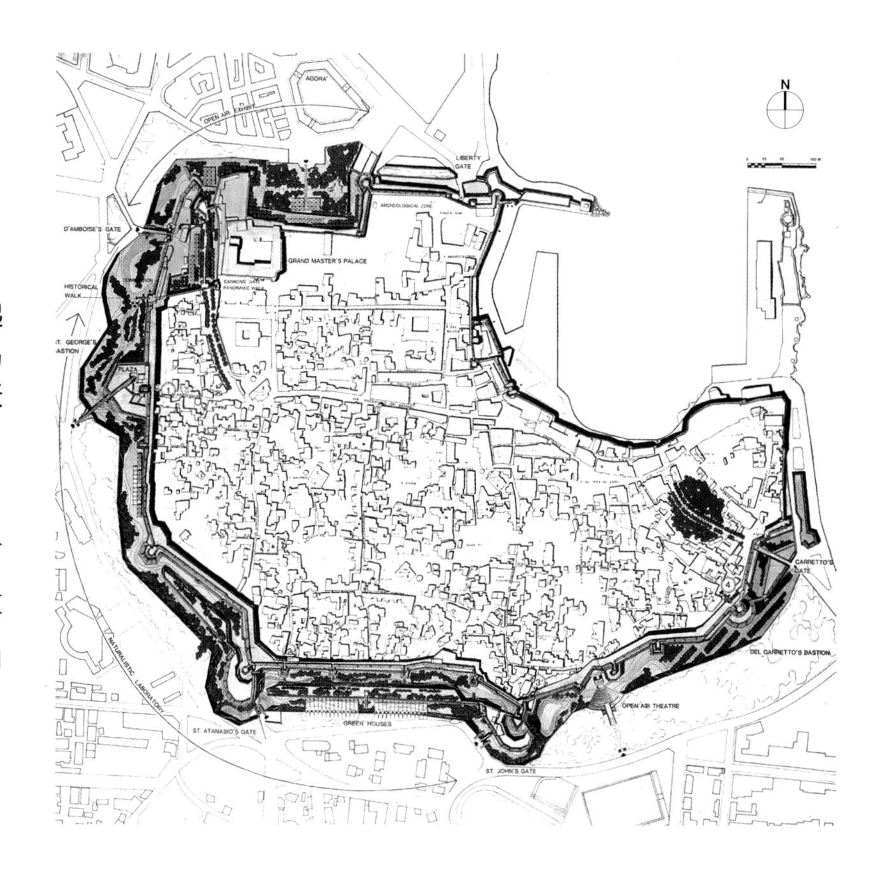

尽管罗德岛（Rhodes）是一个有趣的项目，但它因为将重估历史价值和环境修复结合在了一起，因此从未结出硕果。该项目将代表联合国教科文组织开展，其目的是收回历史名城罗德岛周围的护城河。该项目是由时任希腊文化和青年部长梅丽娜（Melina）与市长达成协议后宣布的。

环绕古罗德岛的城墙长约 2.5 公里，两侧有护城河。几个世纪以来，护城河里满是有待移走的碎石。如何处理遗留下的环形长廊般的护城河，成为我们的下一步的突破点。

通过对遗址的研究，我们发现罗德岛幸免于历史上许多动植物界的大瘟疫。比如 19 世纪末，叶枯病席卷欧洲，摧毁了大部分葡萄园，但在罗德岛上葡萄树依旧存活。因此，在这个岛上创建一个地中海原始动植物的自然公园是存在可能的，也是合法的。护城河有着完美的圆形曲线，但也正因如此，会将它所有的基本特点展露无遗，这些特点有光影在不同时间提供的微妙氛围，此外在朝南的部分，城墙起到了热交换的作用，使得这片动植物园在夜间也可以保持温暖。

随着调研的深入，建造自然公园这一想法更加坚决。这是因为铺有砖石构造的护城河为声音的混响提供了极好的条件，因此这个空间还可以用来创建听觉点。这为护城河进行一系列的文化活动提供了可能性，包括音乐会、戏剧表演、演出和街头音乐，这些活动都将在温和的地中海气候中进行，周围环绕着可以追溯到几个世纪以前的丰茂植物，在世界上其他任何地方都找不到。

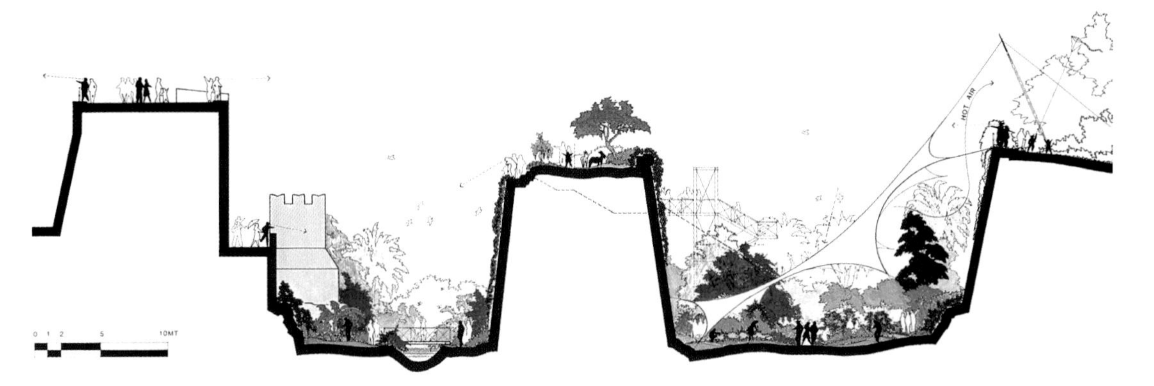

1985 年　意大利热那亚旧港改造

热那亚旧港口的城市改造包括若干建筑的重建和恢复：19 世纪的棉花仓库、17 世纪的保税仓库和另一个年代较新的仓库。随着时间的推移，这项改造增添了新的建筑：水族馆（意大利最受欢迎的景点之一）、港务局和一个象征哥伦布庆祝活动的名为比戈（Bigo）的巨大井架，现在它成为提醒人们回到这个古老港口最有力的标志性建筑。这里还有结构设计中最伟大的一项实践——一个可以容纳世界上最大的蕨类植物群之一的轻透生物圈。

有些时刻和场景总会浮现在人们的脑海中，我把它们称作“来自过去的明信片”。总有一些“过去的明信片”把我和我的家乡热那亚紧密地联系在一起。对于来自阿斯蒂（Asti）的歌手保罗·孔蒂（Paolo Conte）来说，热那亚是“挡风玻璃上的一缕阳光”，是“即使在夜间也永不静止的大海”。对我来说，港口就是光与海的结合。港口是一个由不断变化的、巨大而短暂的元素组成的景观。有水面的倒影、悬挂的货物、旋转的起重机，以及来来往往的船只景观。谁会知晓船从哪里来，又要驶向何方呢？在我的记忆中，一个孩子的想象力可以放大一切事物。许多年前，艺术评论家乔瓦尼·卡兰登特向我指出，博堡从某种程度上来说是在致敬这个港口，我以前从未这么想过，但这可能是真的。

另一张明信片是热那亚的历史中心。我出生和成长于城外的佩格里（Pegli），我母亲时常带我去热那亚，这是很好的机会。其实就是到那个古老而幽暗的城市中心，散发着绿豆粉的气味。由于母亲的保护，我看到的城市与港口是完全相反的。在我的印象中，港口是短暂的，而城市的中心却是固定的、永久的、永恒的。

这也解释了当我接受邀请，为该城市的复兴作贡献时的感受。1992 年，热那亚市政府组织了一次重大的国际庆祝活动，纪念克里斯托弗·哥伦布（Christopher Columbus）发现美洲 500 周年，我们也受邀参加了。一场伟大的文化或体育赛事可能最终会对主办城市造成损害，这主要是因为宝贵的资源转移到短期价值较高的项目上了（意大利到处是鬼城、未

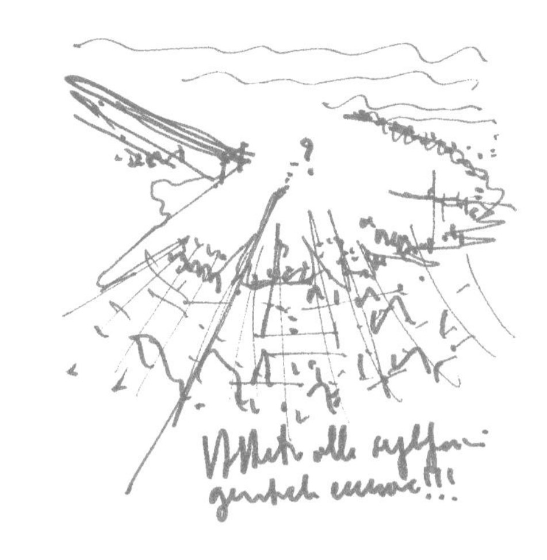

大理石露台：建于 1835 年的仓库，位于城市和港口之间

设计
1985—1988 年
施工
1988—2001 年
用地面积
116500 平方米
总建筑面积
90000 平方米
现有建筑
棉花仓库：
建筑面积：42770 平方米
建筑长度：391 米
底层 + 3 层 + 1 技术层
建筑高度：21 米
会议中心：1480 个席位
米罗仓库：
建筑面积：8570 平方米
4 层
海关仓库：
建筑面积：
约 6740 平方米
建筑高度：
最高 21.15 米，3 层
西伯利亚港：
使用面积：570 平方米
最高高度：15.9 米
新结构
水族馆：
建筑面积：13000 平方米
建筑高度：最高 24.2 米，3 层
比戈和节日广场
建筑面积：3500 平方米
服务区：
覆盖面积：5160 平方米，3 层
曼德拉西奥建筑：
建筑面积：2840 平方米
电影院：
建筑面积：6934 平方米
建筑高度：最高 17.9 米，
地上 2 层 + 1 个技术层
屏幕 1（284 个席位）
屏幕 2 和屏幕 3（124 个席位）
屏幕 4（106 个席位）
屏幕 5（115 个席位）
屏幕 6（253 个席位）
屏幕 7（436 个席位）
生物圈：
使用面积：215 平方米
建筑高度：最高 15.2 米

被充分利用的体育设施和摇摇欲坠的建筑）。但这同时可以代表一个前所未有的机会，只要努力，就可以在短时间内让通常需要几十年的干预成为可能。

在哥伦布庆典中，我的项目是基于一个非常简单的哲学——表达了传统的热那亚人对浪费的厌恶：我们采取了庆祝活动结束很久之后仍然有效的干预措施，这是对城市具有永久价值的工作，也是对热那亚面临的危机做出正确而适当的反应。为哥伦布庆祝活动提供的资金，是将这座历史悠久的城市从衰败中拯救出来的大好机会，因此有必要充分利用它。但有关尊重的问题同样存在，热那亚本身就如此美丽，为什么要给游客展示一张假面孔呢？为什么要在城市结构之外建造注定会过时的娱乐设施呢？为什么不向游客介绍这座城市本身、它的纪念碑和它的历史呢？所以我们建议用旧港口地区进行的长期改造来体现展览短暂的特点。

在这个想法出现之前，就有一个非常重要和关键的案例。早在 1981 年，应市政当局的要求，我拟订了一个重建热那亚最古老地区之一的莫洛·维奇奥（Molo Vecchio）的项目。莫罗·维奇奥这个“老码头”的空间匮乏，这座历史悠久的城市几乎和热那亚面临的问题一模一样。人们不得不在几个世纪内建造越来越高的建筑——高达 7~8 层。这使得分隔建筑物的街道非常狭窄，没有光线，空气也不流通。潮湿和停滞的环境在 17 世纪就已经被认为是不健康的了。

我们的项目符合一个微妙的干预逻辑，在这里我们用分层而非拆除的方式重组城市空间。可移动的人行天桥连接着高度各异的建筑体，也供不同楼层间的行人通行。这个项目的趣味点之一是转上层为公共层的想法。升降系统满足居民回家途中上行路线，而非下行路线的需求。电梯服务于地方，而非个人，这可能会减少电梯的数量（我们计划在试点项目选择的区域中安装不超过 3 个）。低层照明和通风不良的问题可以通过当地居民多年来一直使用的“软”方法来解决：反射屏、太阳能烟囱等。我通常会被这种现代装置与古老城市环境之间朴实无华的结合所吸引。该项目虽未实施，但在当时我们可以利用自己的研究成果助威哥伦布庆典，这也是非常有意义的一件事。

在热那亚的工作时光如同代表我过去的一张明信片，它是一场复杂的开胸手术——心脏来自热那亚。这个项目与林戈托、奥特兰多（Otranto）以及布拉诺的项目有一个共同的主线，即一种关于分析和介入城市方法论

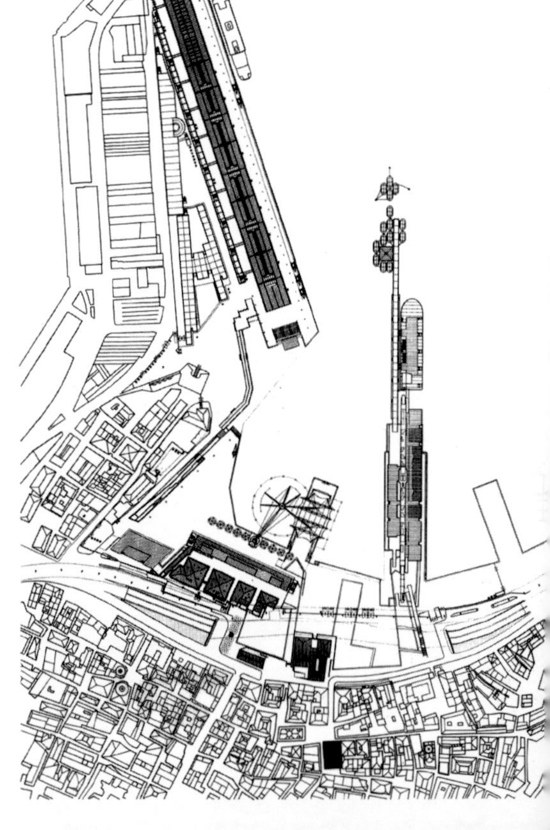

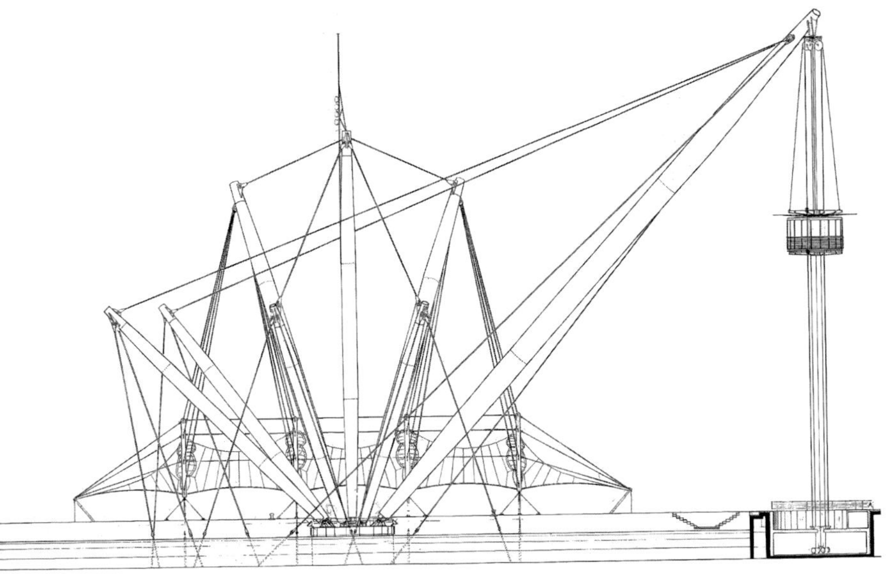

大吊车（Bigo）：支持观景电梯的吊杆系统，下图是“观庆广场”的拉膜结构

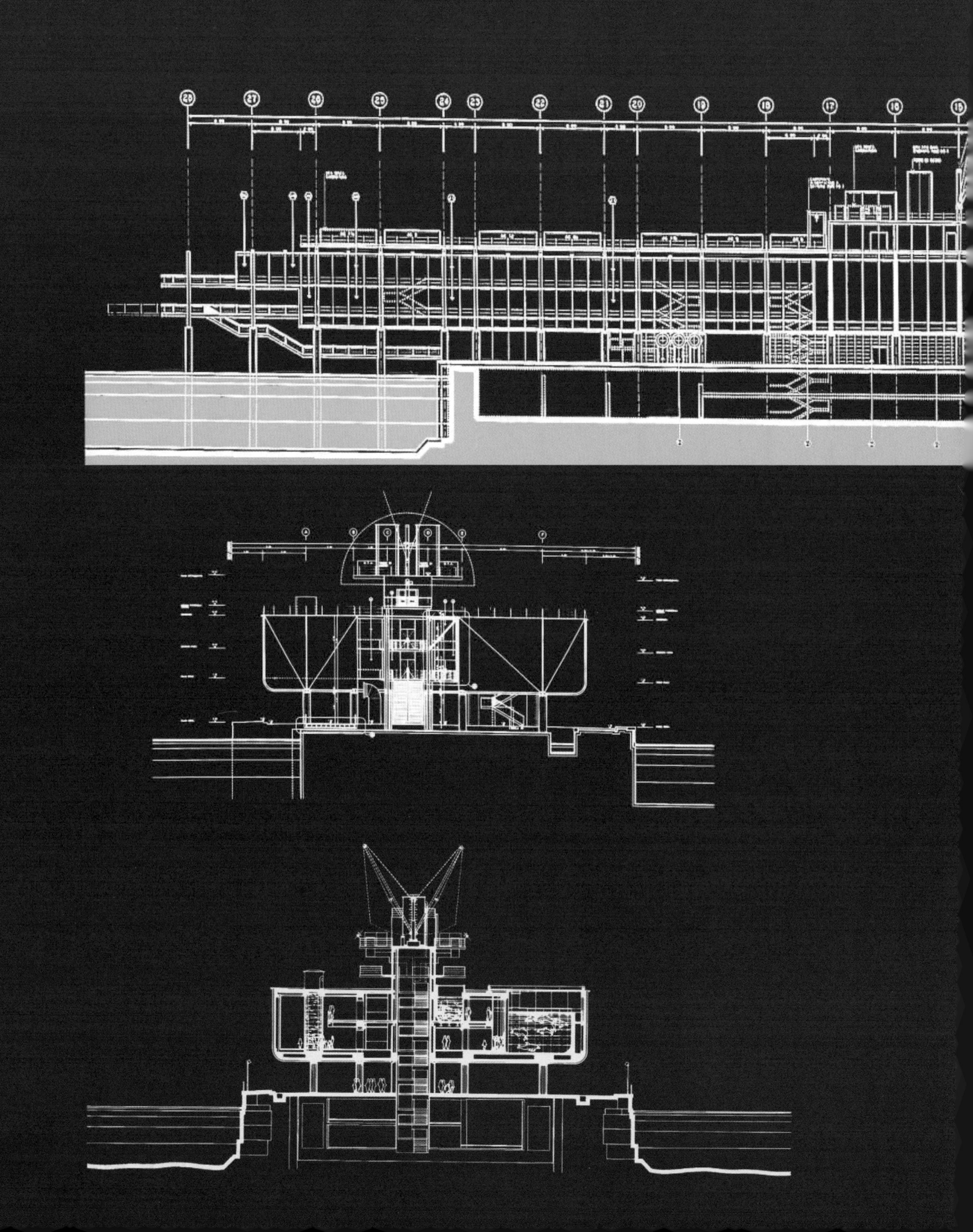

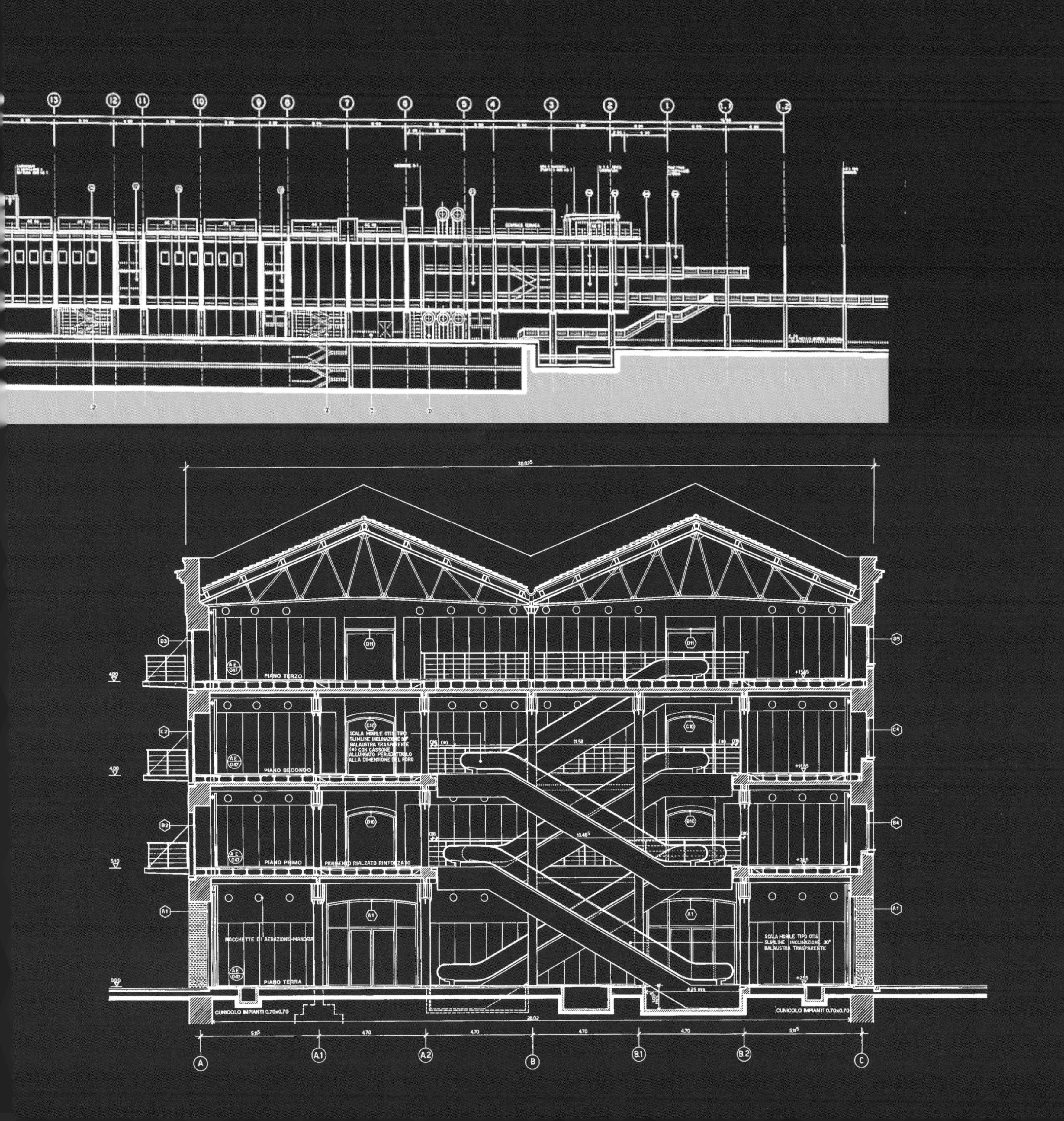
30.02
PIANO TERZO
PIANO SECONDO
PIANO PRIMO
PAVIMENTO RIALZATO RINFORZATO
PIANO TERRA
SCALA MOBILE OTIS TIPO
SLIMLINE INCLINAZIONE 30°
BALAUSTRA TRASPARENTE
(*) CON CASSONE
ALLUNGATO PER ADATTARLO
ALLA DIMENSIONE DEL FORO
BOCCHETTE DI AERAZIONE-MANDATA
SCALA MOBILE TIPO OTIS
SLIMLINE INCLINAZIONE 30°
BALAUSTRA TRASPARENTE
CUNICOLO IMPIANTI 0.70x0.70
28.02
4.70
A
A1
A2
B
B1
B2
C

的发展。

总的来说，旧港是一个类似于林戈托的废弃工厂。其不同之处在于，它并非五六年建成的，而是花费了百倍于此的时间。我们用不断延伸码头的长度防止其被废弃，现在离海岸最近码头的建立时间可以追溯到 19 世纪，里帕（Ripa）附近的码头则要再早半个世纪。如果没有更早期的发现，那可能是因为码头是木制的，随时间流逝，木材没有得以保存。所以我们处理的问题，比任何其他再利用方案都要复杂得多——关于样式、技术以及意义的复杂性都需要考虑。港口是一个跨越时空的工厂，周围矗立着的都是这座城市最重要的古迹，比如里帕和圣乔治宫（Palazzo San Giorgio）。尤其是圣乔治宫，它是第一个国际金融“城市”，标志着现代意义上银行机构的诞生。

1835 年，由于在圣乔治宫前修建了海关和仓库等基础设施，（这些设施后来被拆除，以便给第一条铁路线腾出空间），该市与其港口之间的直接道路被切断。1965 年，一条至今仍在运行的高架公路沿着同一路段开始修建，公路下方是一条繁华的城市街道。这是一段无关项目的题外话

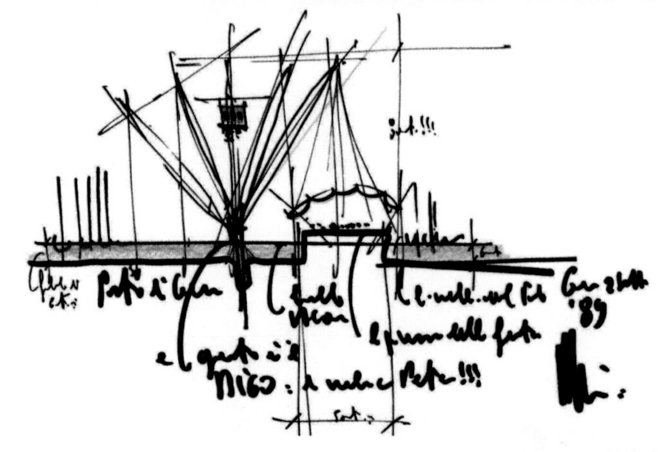

码头上有九座日本艺术家新宫晋的雕塑。船帆装在高高的钢杆上，在风中摆动

老码头（Molo Vecchio）上的棉花仓库（The Magazzini del Cotone），有一个会议中心，容量为 1480 人

了，但可以解释重新连接旧城和它的港口是多么的重要、直接和自然。这是我们项目的基础。

理想情况下，我们本想以一个水下隧道运行的港口来摆脱高架道路。但由于所涉及的费用，这一想法遭到了拒绝。然而在港口信托基金的建议下，我们拟定了一项在圣乔治宫前将部分道路系统移至地下的计划。尽管困难重重，我们还是做到了。

加勒比广场（Piazza Caricamento）坐落于隧道的上方。这里曾是船只装卸货物的地方（Caricamento，“加勒比”的意思是“装载”，广场名字由此得来），证券交易所就在不远处。金融和贸易是热那亚公共生活的焦点，还有城市的工厂。新的加勒比广场从里帕的门廊延伸到海滨，并通向在海边建造的新建筑，这是连接海港和市区的第一步。

哥伦布庆典活动使码头上的几座宏伟的历史建筑得以恢复和复兴，比如马加齐尼・德尔・科托内（Magazzini del Cotone）。它们是在 19 世纪由英国设计师建造的，具有英国典型工业建筑特征的建筑。展览空间是在保留铸铁柱的情况下，在原有核心结构中创建。在最靠近海岸线的建筑物尽头，我们建造了一个会议中心，包含两个完全相同的镜面大厅，可以容纳 700 人左右。

另一个建筑是价值较低的大型仓库“米罗”（Millo）。为了使其不会占据整个空间，我们决定把它的体积缩小。在我们拆除 2 层楼，将第三层的前面部分往回收之后，形成了一个大型平台。

在米罗仓库的后面，是与之地理位置平行的四个 17 世纪的海关仓库（Magazzini Doganali）或保税仓库，这可能是历史上最早的自由港。不论是建筑本身，还是精美的内部配件以及立面上的错视壁画，都被我们小心翼翼地修复。

被选为庆祝活动象征的“大比戈”（Grande Bigo），也许是最具特色的新建筑。“比戈”（ Bigo）是意大利海军对起重机的称呼，它是从海平面的一个普通底座上伸出来的一个中空的钢臂结构。在这个例子中，主臂支撑着全景升降机，它在轴上缓慢地旋转，提供城市与港口的完整视图。另外两个手臂支撑着一个用于覆盖娱乐区的拉伸结构：“节日广场”。在哥伦布庆典期间，赫尔曼・梅尔维尔（Herman Melville）的《白鲸记》在这里上演，由维托里奥・加斯曼（Vittorio Gassman）担任主角，我们合作的布景设计是乔治・比安奇（Giorgio Bianchi）的作品。

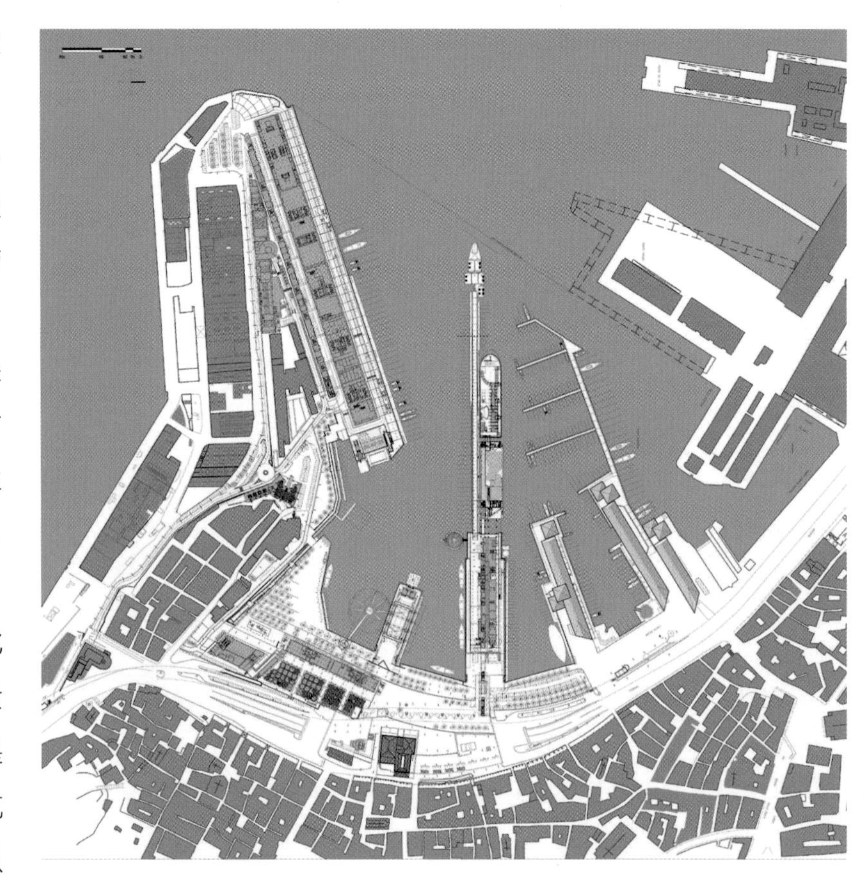

鲸类馆，2013 年加入水族馆

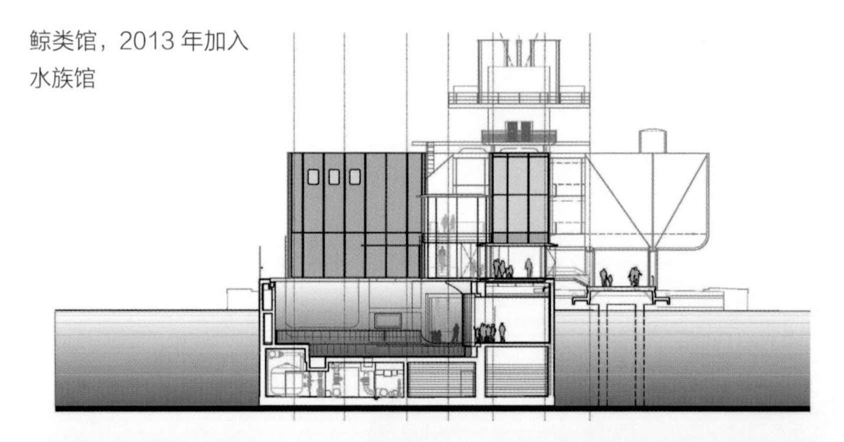

SNACK BAR LIGURE

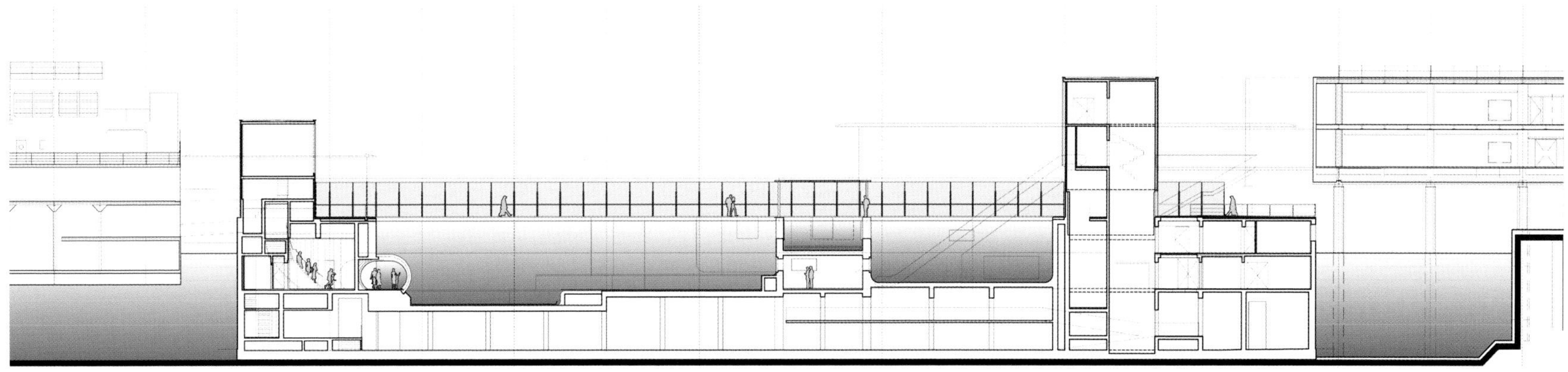

在港口的大环境下，广场上的大帐篷多少会让人想起帆船。水族馆的形式在一定程度上也暗示了海洋：事实上，它看起来就像是一艘停在干船坞里的船。水族馆漂浮在旧码头上方的圆形混凝土柱上，这个奇怪的结构特征似乎在努力地使鱼远离水。主水箱的布置方式是以让游客能从两个不同的高度看到它们。最佳的观赏效果是自然光穿过透明屋顶造成的水下或水表的样子。

在这个双层结构的下面，“蓬特斯皮诺拉”（Ponte Spinola）码头已经变成了一个服务于热那亚的有遮挡的行人区。在技术与管理方面，我们向美国专门设计水族馆的剑桥七人工作室寻求建议。工厂工程由意大利人负责，由马克·卡罗尔（Mark Carroll）代表监督。哥伦布庆典上的工作涉及了许多建筑工作室的建筑师：石田顺治、奥拉夫·德努耶（Olaf de Nooyer）（比戈）、乔治·格兰迪（Giorgio Grandi）（海关仓库等）、唐纳德·哈特（Donald Hart）（会议中心）、埃马努埃拉·巴格利托（Emanuela Baglietto）（意大利馆）和克劳迪奥·曼弗雷德（Claudio Manfreddo）（曼德拉和港务局）。

鲸豚馆（Cetaceans Pavilion）在2013年开放。这个混凝土平行墙长94米，宽28米，有7层楼高，虽然体积庞大，但它的视觉冲击力非常弱。从外立面看，它如同一个商店的橱窗。这四个距离海岸线5公里的水箱全部露天，其中有480万升水直接取自大海。然而最重要的是，它是建筑师、设计师和兽医之间长期合作，为动物的健康而设计的成果。

寻求到正确的平衡是困难的，许多我们想做的事情都被证明无法实现。在结构工作的挖掘过程中，整个港口区域都有极为重要的考古发现。我们的日程安排使我们无法利用这些考古资源，只能将其又一次托付给地球，直到更合适的时机来临。后来，应热那亚市的要求，我们与负责保护古迹的部门合作制定了这一地区的项目计划，由凡纳齐奥·特鲁弗利（Venanzio Truffell）与丹尼尔·皮亚诺（Daniele Piano）以及维托里奥·图卢（Vittorio Tolu）合作完成。如果这些材料公之于众，热那亚将成为欧洲最重要的海洋考古公园。

在哥伦布庆典的几年后，也就是2004年，热那亚当选欧洲文化之都，并在某种程度上再次启动了同样的机制。热那亚是一个选择隐藏而非暴露自己实力的谦逊之地。但是如果被告知你是文化之都，那么你就必须向人们展示一些东西。由此，在与市长的一次非正式会议上，展示蕨类植物的

生物圈：球形结构由32条经络和11条平行线组成，共有330个铸造接头。它的体积超过4000立方米，重量只有14吨。展览一次可容纳100人

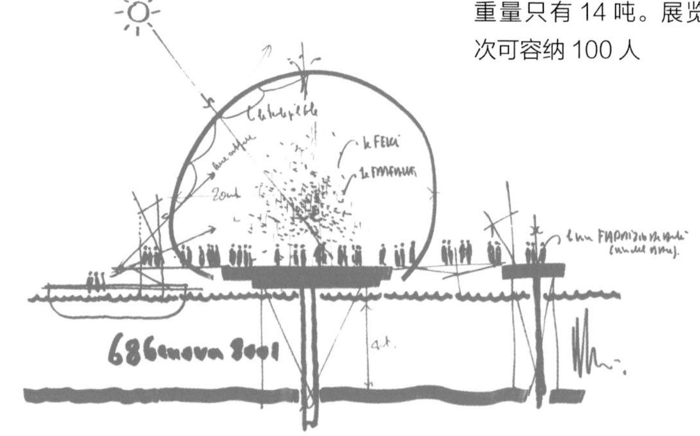

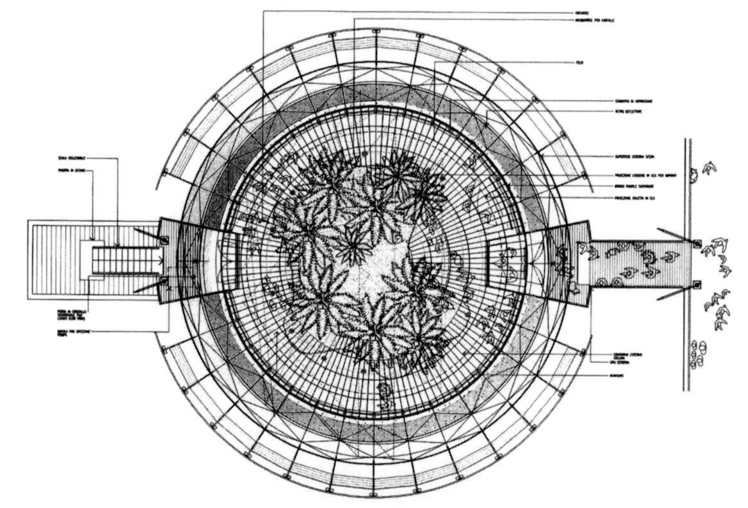

想法便诞生了。

热那亚拥有现存最好的蕨类植物群之一，这些植物是真正的活化石。它们在恐龙时期就已经存在于地球上，并且在我们灭绝之后，它们也定将长期存在。热那亚在穷人旅馆（Albergo dei Poveri）正后方的市立苗圃中专门开辟了一小块地方，以保存这些珍贵的文物，这显然既不是正确的地方，也不是开发独特文化资源的最佳方式。

蕨类植物需要一个新家，一个可以与其他森林植物、小动物一起展示其自然栖息地的地方。我们决定建立一个生物圈：即在旧港口建造一个直径 20 米的新奇的透明物体。在 2001 年 7 月的 G8 峰会上，生物圈的创建被视为热那亚的象征，为此特意在水族馆前的一个浮动平台上为它留出了一个旧港中心的重要位置。就像所有类似案例的命运一样，一旦引发它的原始事件告一段落，就必须要寻找其他存在的意义。它在把自己转变成生物圈，为蕨类植物创造适宜的小气候的过程中实现了自身价值。如今的生物圈（Biosphere）不仅作为一个相当受欢迎的旅游景点，还为学校和研究人员所使用。

技术要点：生物圈是一个轻盈的庞然大物，是我们星球的象征，设计它的结构是一个很好的锻炼。其实生物圈的建造多亏了一个重 14 吨、体积 4000 立方米的高效能骨架。骨架由 32 条经络和 11 条平行线组成，共有 330 个铸造接头。它的绝对建造精度要求每个元素的长度和倾斜度精确到毫米，因为即使是最小的误差也会使生物圈失控，出于同种原因无法进行现场焊接。该结构的设计是作为一个工具包运输并在港口现场组装。生物圈的外壳是用螺柱固定好的等曲率薄层玻璃制成，板材间的所有接缝都用硅胶密封。

铺有抛光石板的展览层一次最多可容纳 100 人。我们在其内部安装了大屏幕，用来保持温度和光照在合适的水平，以及避免植物被过度光照，结果出人意料地富有诗意。或许你不认为自然历史博物馆是一个消磨时间的有趣之处，但人们却一次次前来参观。空气中弥漫着一种古老的气息，在参天大树和热带蕨类植物的包围之中，你仿佛置身于一个没有时间的世界。

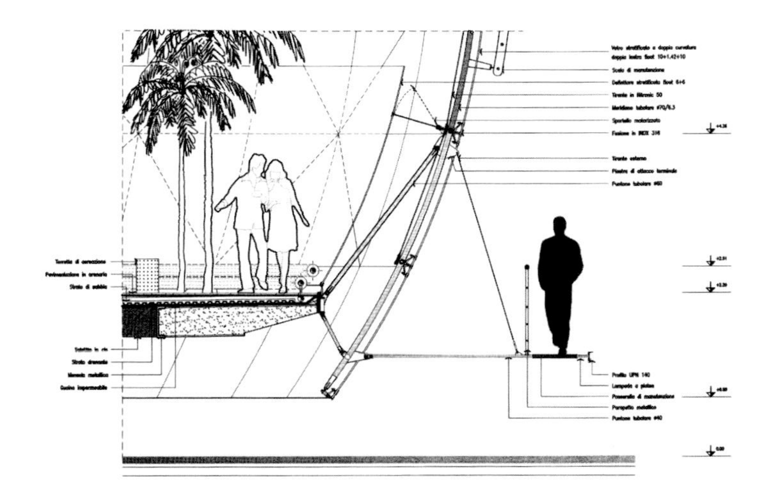

1987 年　意大利庞贝（那不勒斯）干预考古城市

这项计划改善了进入路线，使参观考古遗址更加轻松愉悦，在保护古遗址的同时让人们分享挖掘的魅力。

公元 79 年的火山爆发和其堪称典范的保存过程，使得庞贝（Pompeii）古城永垂不朽。首先，火山喷发出的火山石碎片形成了一层可以使内部的物体保持完全干燥的空气循环层；然后，一层厚厚的火山灰与雨水发生反应，形成了不透水的外壳。如果不是因为两个世纪前人们发现这座城市并解除了咒语，上述条件足以保护庞贝免遭任何形式的永久腐蚀。

在法西斯时代，有一位不负责任的挖掘主任一直不明白为什么要花这么长时间完成这项工作。他为国家的低效率感到羞愧，于是决定表现出一种优良的效率效能。他将推土机开进了因苏莱河中央。他打破一切固有理论，证明在很短的时间内处理许多事情是可行的。

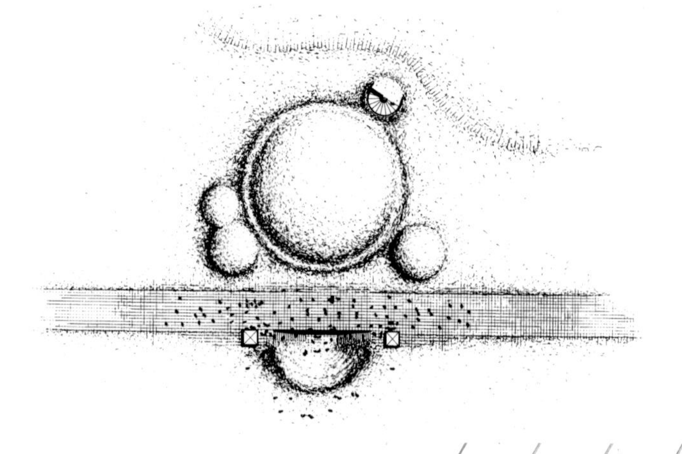

庞贝古城项目由费德里科·泽里（Federico Zeri）和翁贝托·艾柯（Umberto Eco）合作完成，这项合作一开始有着相反的意图：干得非常慢。考古是挖掘，是搜寻。当你挖出一个物体时，搜寻过程就结束了，技术问题就开始了——保护、修复、解释。对待这些东西，细心的专家需要静下心来，用大量的时间做工作。

为了尽可能长时间地欣赏这一奇观，我们的想法是将有待挖掘的空间分割成 50 个遗址，每一个遗址都要在 20 年的时间里进行调查，所以庞贝古城的发掘工作被延长到了 1000 年，这样可以让后代参与庞贝古城的发掘和保护工作。在进行挖掘工作时，每个工地都会覆盖透明面板。这不仅能遮蔽雨水和紫外线，还能让游客看到施工过程。最后或许会得到一个足以配合周围挖掘工作的移动博物馆。

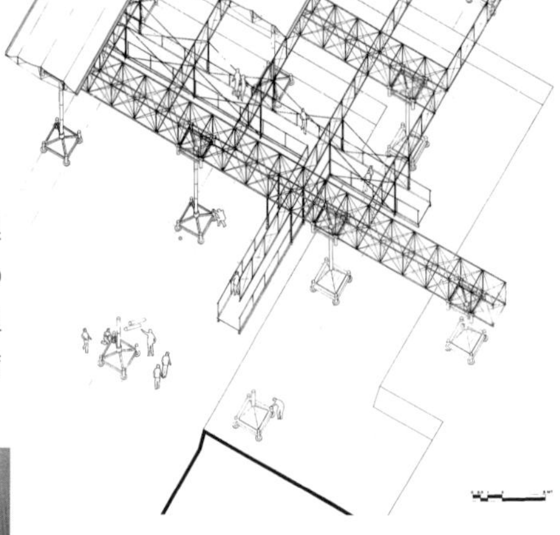

这个想法遭到了许多专业团体、导游和盗墓者的反对。他们有着不同的动机，但是我相信，他们都是坚决反对的。不用说，我们的想法注定无果。

“宝藏岛”：与伦佐·皮亚诺、奥古斯托·格拉齐亚尼（Augusto Graziani）、翁贝托·艾柯和费德里科·泽里举行圆桌会议；中间是主席卡罗·贝尔泰利（Carlo Bertelli）

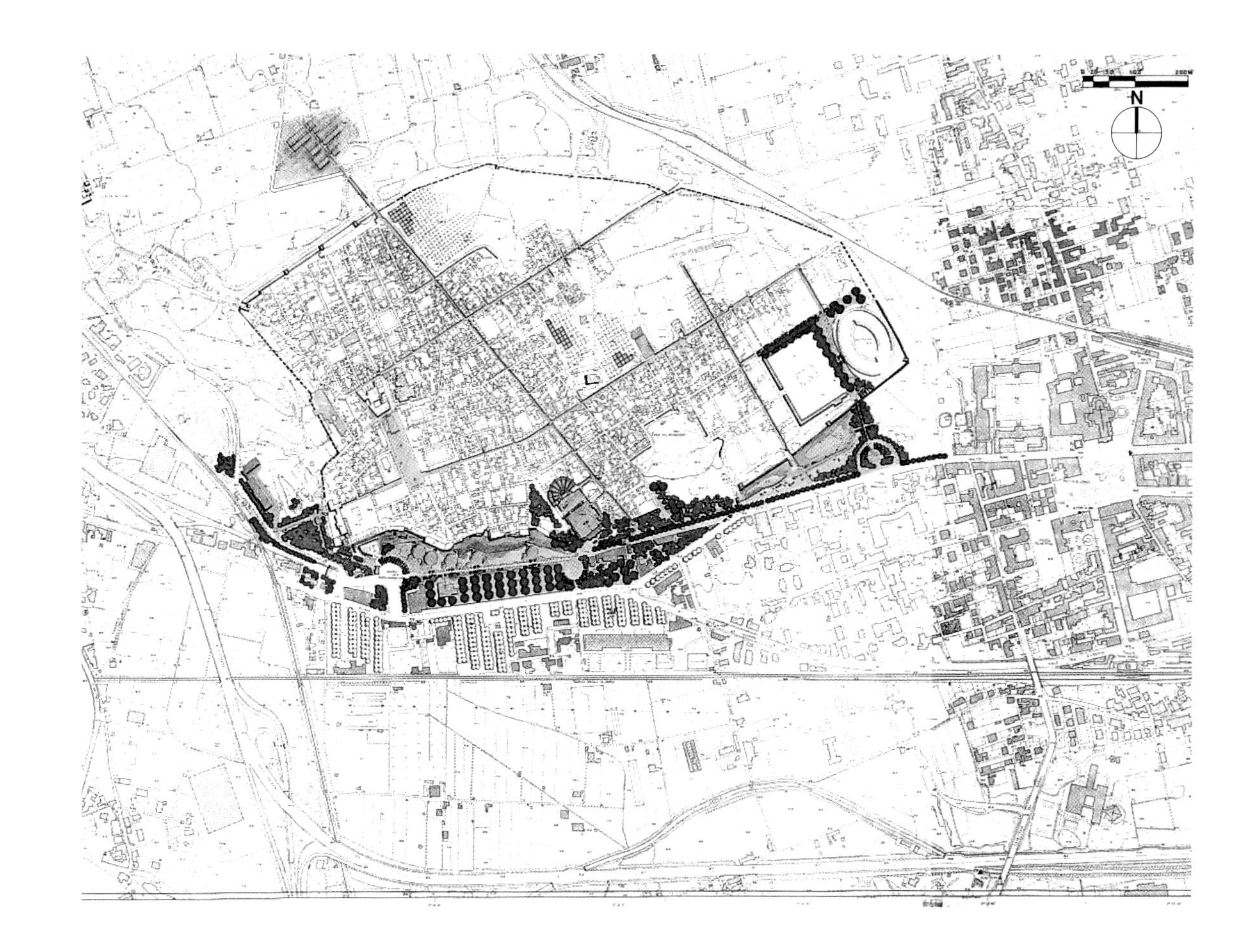

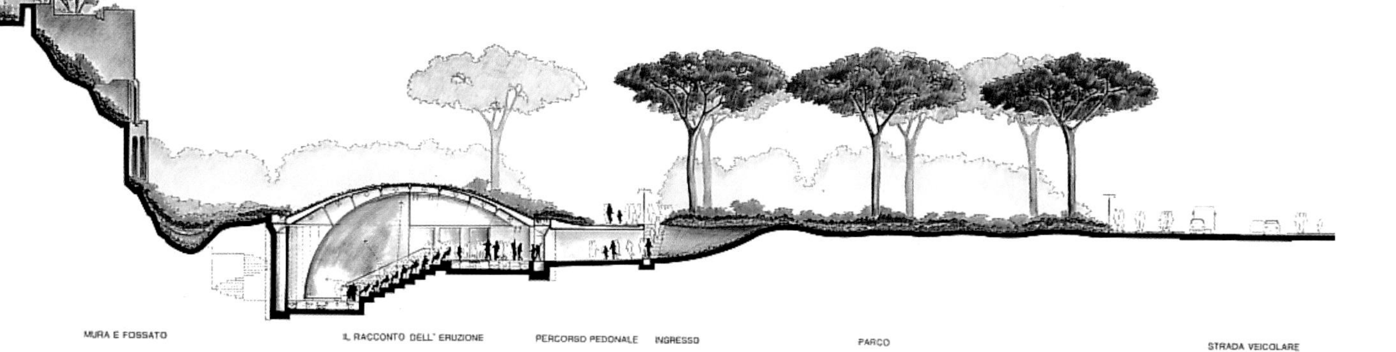

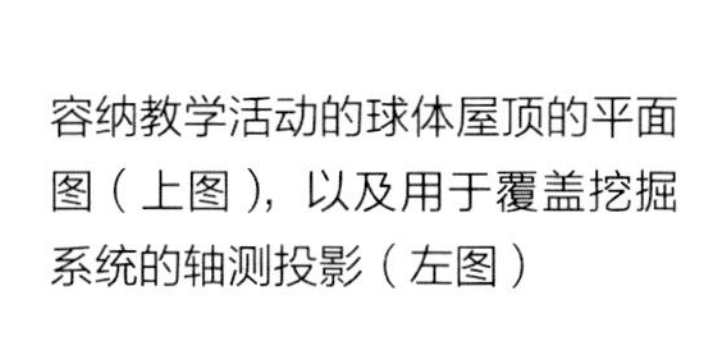

容纳教学活动的球体屋顶的平面图（上图），以及用于覆盖挖掘系统的轴测投影（左图）

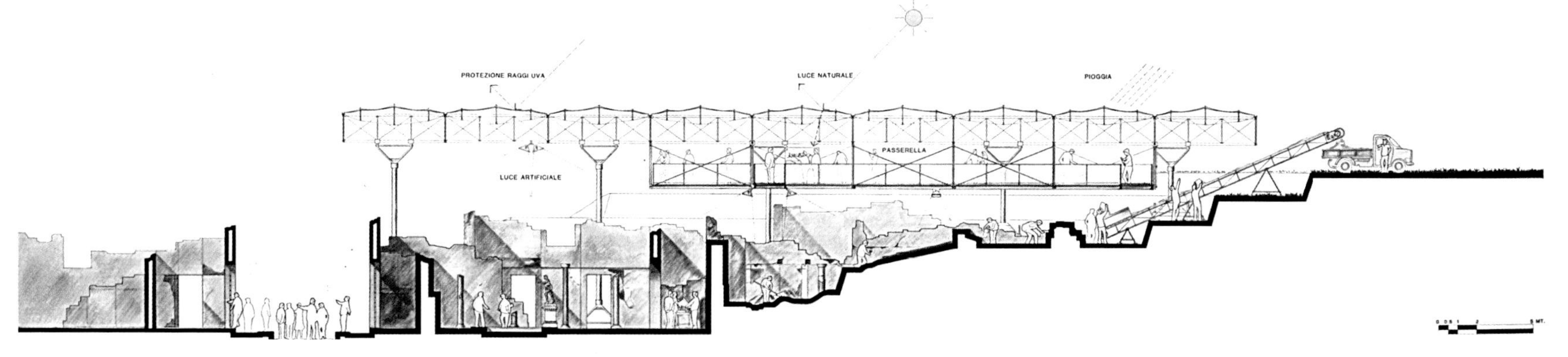

1987 年　意大利马泰拉对萨西窑洞的改造

此项目的基本构想是以研讨会的形式处理关于改造的问题，同时提供住宿、餐馆、酒吧和公共聚会场所等基础服务。该计划旨在复兴古代技术，同时营造一种参与感。

对于我们现在的大多数人来说，“穴居”这种想法似乎很荒谬。但位于意大利南部马泰拉（Matera）的萨西居民就是这样做的，甚至直到几年前都还是如此。有着数百年历史的萨西窑洞延伸至格拉维纳河（Gravina river）上方的山坡上，是洞穴系统的表层。它们修建在远古时期穴居人所居住的区域，据说这片区域已经被人类居住了上千年。动物，食物和水都储备在窑洞中，以此维持着相对繁荣的农业经济。由于其良好的自然通风和采光条件，窑洞中的生活环境是很健康的。

在 19 世纪时，当地农业的衰退使大量的农民家庭陷入贫困，被逼无奈的他们来到了萨西窑洞避难。但洞室中没有足够的光线和空气，再加上过度拥挤，从而引发了严重的健康问题。使用窑洞作为住宅并不适合他们，而且破坏了原本运作良好的生态系统。

当我们加入萨西窑洞的改造项目时，当地居民已经被转移到更为舒适的住房中去了。然而，也有一小部分的人开始返回窑洞。该项目要求我们研究出修复该区域的解决方案，这具有不可估量的历史价值。但问题显然是严峻的——这里连服务设施、卫生设施和通信系统都没有。

我们在奥特兰托的经历是影响决策的一个重要因素。在马泰拉也必须重现这个地方的历史，以便了解让萨西窑洞运作几百年的要素。在萨西窑洞，同样也要尽可能地使用温和的，更重要的是保守的技术进行干预，同样也必须融入当地的社会。

我们的方式在很大程度上是基于教育的，并将年轻人的广泛参与列入设想中。这是一个振奋人心的主题，对我们来说也似乎是一个很好的计划。然而，接下来的一切都就此打住。我该怎么说好呢？我逐渐意识到这样的干预手段是所有方法中最为困难的，它不仅需要大量的精力，还要细致入微，但最重要的是时间——并且是大量的时间。与顺势疗法相比，这是一种与动手术有着更多相似之处的治疗方法，一个城市的政府机构很少有足够的耐心去看其中的过程。

设计
1987 年
进行干预的区域面积
17185 平方米
萨西实验室的面积
研讨室：787 平方米
地下空间：1000 平方米
开放空间：666 平方米

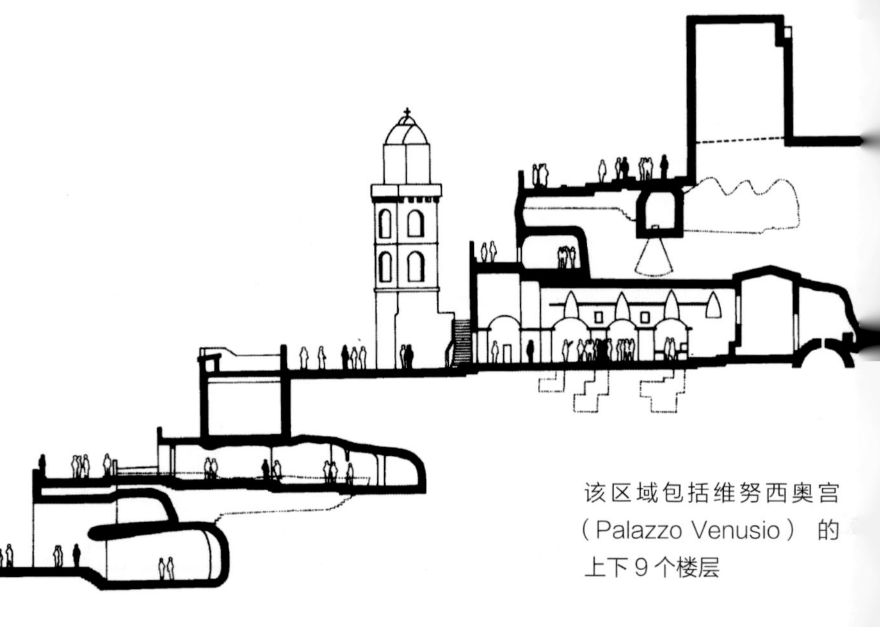

该区域包括维努西奥宫（Palazzo Venusio）的上下 9 个楼层

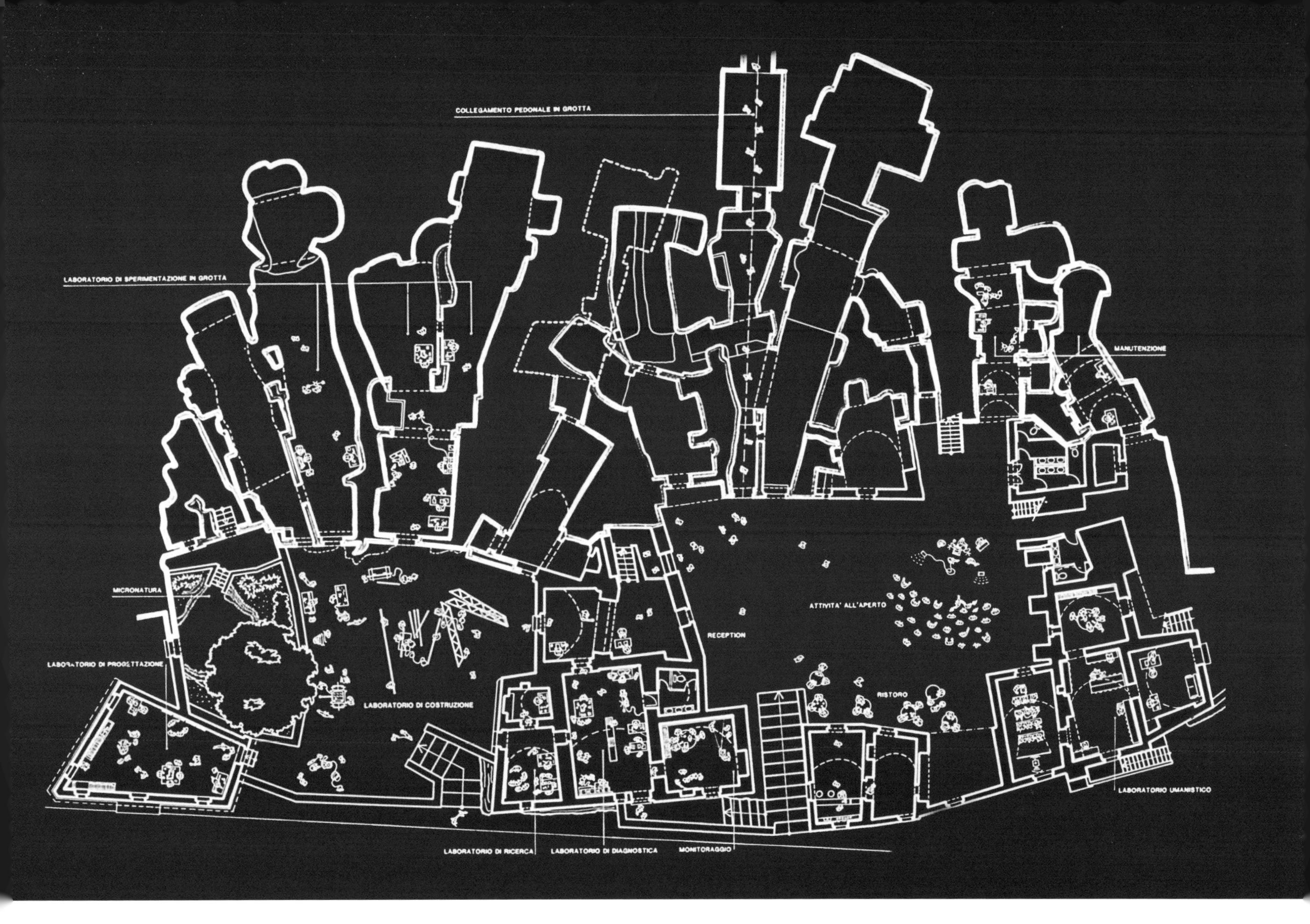
COLLEGAMENTO PEDONALE IN GROTTA
LABORATORIO DI SPERIMENTAZIONE IN GROTTA
MANUTENZIONE
MICRONATURA
LABORATORIO DI PROGETTAZIONE
ATTIVITA' ALL'APERTO
RECEPTION
LABORATORIO DI COSTRUZIONE
RISTORO
LABORATORIO UMANISTICO
LABORATORIO DI RICERCA
LABORATORIO DI DIAGNOSTICA
MONITORAGGIO

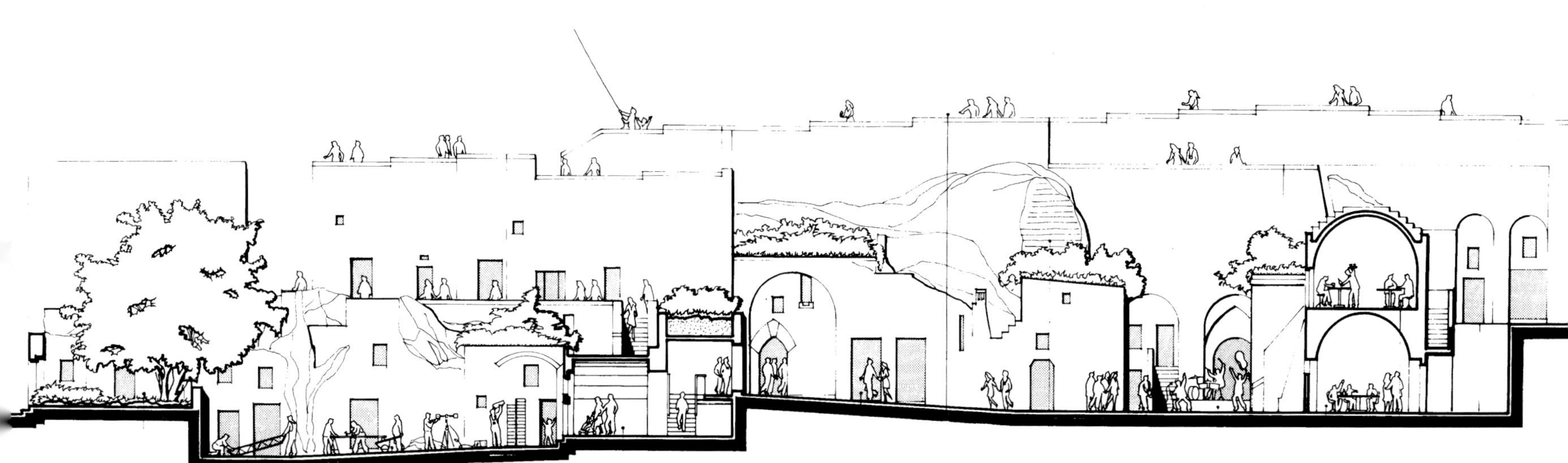

1987 年 意大利巴里圣尼克拉球场

该体育场的座位层由 310 个预制混凝土构件组成，可容纳 60000 人。出于安全考虑，上排座位分为 26 个“花瓣”。其灵感来源于蒙特利堡（Castel del Monte），轻巧和使用单一材料是该项目的核心主题。

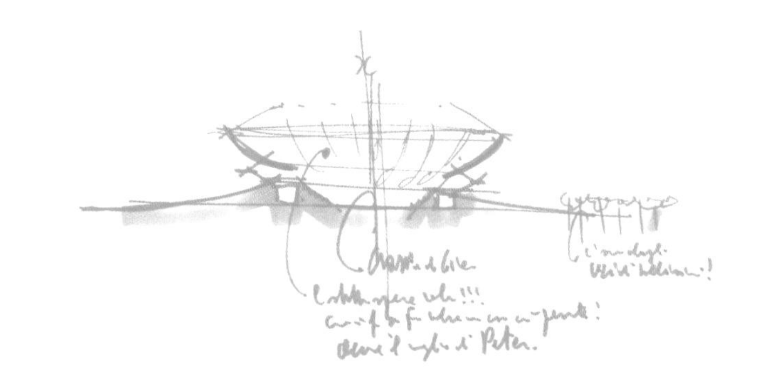

我并不是一个超级足球迷。当被请去巴里修建足球场时，我曾试着回忆最后一次参加球赛的情景，那大概是 30 多年前了。相反，彼得・莱斯对足球充满了热情。他多年来一直梦想着设计一个球场，并由衷地希望我们一起完成。在整个项目中，我的超脱感不得不考虑到他的热情，反之亦然。这种辩证法在极大程度上为这个项目添彩。作为一个非球迷可以帮助你从更广的角度考虑以前从未尝试过的方法——这就是我所扮演的角色。作为这个项目的长期支持者，彼得协助我拟出了一个可以满足所有观众的参与感和安全方面要求的方案。他曾在英格兰球场的一侧观看了女王公园巡游者（Queens Park Rangers）球队的比赛，所以对这些方面了解得十分透彻。

体育场被定义成一个容器：用来容纳体育活动与其观看者的空间。所以巴里的体育场以城市守护神尼古拉斯（Nicholas）的名字命名，是一个空间要素占主导的项目。可以从两个层面理解：一是实体和空隙之间的张力，二是结构形式和场地形式之间的张力。一方面，本项目是对架空层表现特性的研究。该体育场的特点就是削减、压缩和扩建，让空间要素发挥主导作用。

另一个极其重要的议题是结构形式和场地形式之间的关系、建筑的不可预见性（以及它举办体育赛事的不可预见性）和地形的永久性之间的关系。这个体育场位于一个人造坑的中心，这不禁让人想到火山口。球场是一个切口，甚至从物理角度来说：就像古希腊剧院的传统一样，竞技场是沉入地下的（比赛是在低于地面 2 米处进行的）。看台的上部像皇冠一样稳稳地立在这个大坑之中。从远处看，整体上是一个由顶部的扇形区域和半透明的屋顶组成的凸起结构。

巴里的体育场是为 1990 年的世界杯建造的。就在此前的几年里，足球史上发生了一些重大事故，因此人们非常关注安全问题。“安全”是设

设计
1987—1988 年
施工
1988—1990 年
用地面积
600000 平方米
建筑高度
43.5 米
容纳人数
60000 人

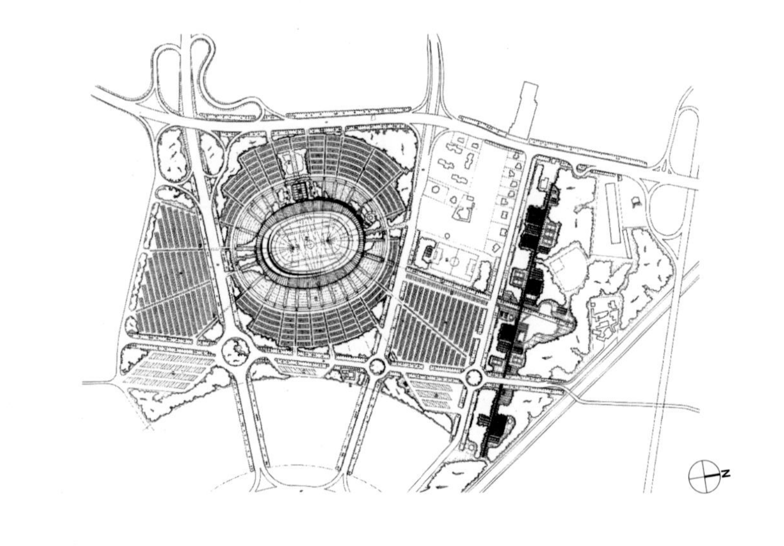

计必须考虑的主要因素之一。这再一次证明，将局外人的直觉和粉丝的经验结合起来对设计工作是有帮助的。深思熟虑之后，彼得和我开始相信最危险的并不是过分的流氓球迷，而是他们所引起的群众恐慌。因此，我们列出了一些可能被称为“恐慌工效学”的一般原则。

ROMANIA!

第一条原则：绝对不要把太多的人集中在一个区域。第二条原则：每块区域都应该有自己的逃生路线。第三条原则：在这些逃生路线上不应有可能妨碍人群通行的障碍物。第四条原则：能见度越高，引发人群情绪恐慌的危险性越小。将这些原则应用于体育设施意味着要考虑到观众席巨大的容量，此项目的核定人数为 6 万人。这就需要创造性的努力，最终为建筑美学作出贡献。

大多数体育场都是由重叠的圆环组成的，而水平分区（即分隔两队球迷的屏障）则由危险的格栅组成。在我们的设计中，上半部分与下半部分分开，并向上和向外突出，就像花的花瓣一样。在“花瓣”与“花瓣”之间有一条 8 米宽的空隙，通至入口方向的、像吊桥一样垂下的下行阶梯。因此，每个区域都有其独立的逃生路线。

这个用来将球迷划分成可管理规模的组群（上下环之间的垂直间隔、扇形 / 花瓣之间的水平间隔）的设备赋予了结构一种开放性和轻盈感。致力于安全的研究也修成了正果。观众离场时经过的区域——从楼梯底部到停车场是完全敞亮的，并且是略微向下倾斜的。

该体育场实际上是用一种材料建造的——混凝土，这与由维托内兄弟（Vitone brothers）经营的位于巴里的工程工作室的贡献有着至关重要的关系。其看台和横梁的形状清楚地显示了结构的模块化。场馆的整个椭圆形由 26 个“花瓣”组成，每个“花瓣”由 310 个新月形的混凝土构件现场拼装而成。在“花瓣”下，每个部分仅由四根支柱支撑。虽然这些支撑物很坚固，但这些部件的弧度使整体结构形成了高耸的线条，使“花瓣”看起来像是悬浮在半空中。

椭圆形的座位层由 26 个“花瓣”组成，并且是用 310 个新月形的预制混凝土构件现场拼装而成的

在“火山口”边缘的最高处（直到较低层的环形后方和支撑“花瓣”的柱子下方）形成了一条宽敞的通道，连接了所有的人群交通流线。这是人们进出体育场或使用厕所设施时会经过的区域，也是比赛期间设立食品饮料售卖亭的地方。站在这里可以看到运动场、天空和周边的乡村，正是在这一点上，开放感达到了极致。

光线和景色通过“花瓣”之间的空隙透进体育场，赋予层次间的一种活泼感。这样的凹形结构容易引发幽闭恐惧症，特别是当人群拥挤时。我相信垂直切割所带来的通透感会缓解这种情况。空间的轻盈有助于环境的宁静，在这样的环境下，也许能使观众更放松地享受体育赛事。

顶棚是一个由特氟龙和钢材制成的张力结构，它可以保护公众免受普利亚大区（Puglia）的烈日、雨水和风的侵袭。这个顶棚也覆盖了花瓣之间的缝隙，从而重新确立了整体的统一性。从看台顶部延伸出的钢结构元件的末端装有用于夜间比赛照明的泛光灯，从而无需再安装额外的桅杆。

普利亚大区以平地和缓坡的丘陵山地为主。在这柔和的景色中，还伫立着另一个“入侵者”、另一艘“宇宙飞船”：蒙特利堡—— 霍亨斯陶芬王室的弗雷德里克二世（Frederick II of the House of Hohenstaufen）的狩猎小屋。不可思议的是，我们也从这一绝妙的建筑中获得了灵感。

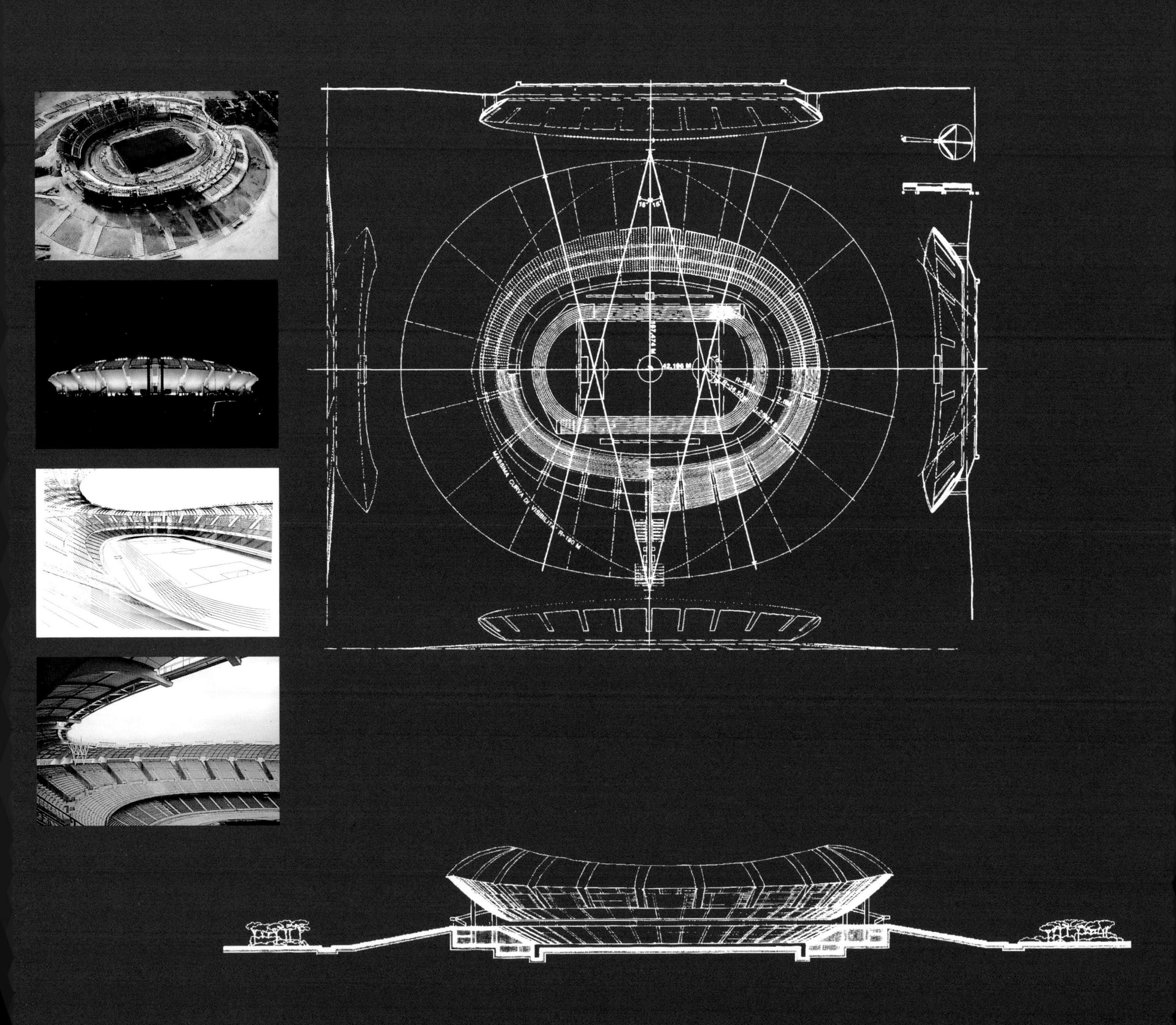
15° 15°
187,474 M
42,195 M
MASSIMA CURVA DI VISIBILITÀ R=190 M

1987 年　法国沙朗通勒蓬（巴黎）贝西第二购物中心

该购物中心的建筑形式源于它所处的地理位置——高速公路交叉口。其屋顶由 34 种不同尺寸的总计 27000 块不锈钢穿孔板制成。该项目运用了新的施工方法。

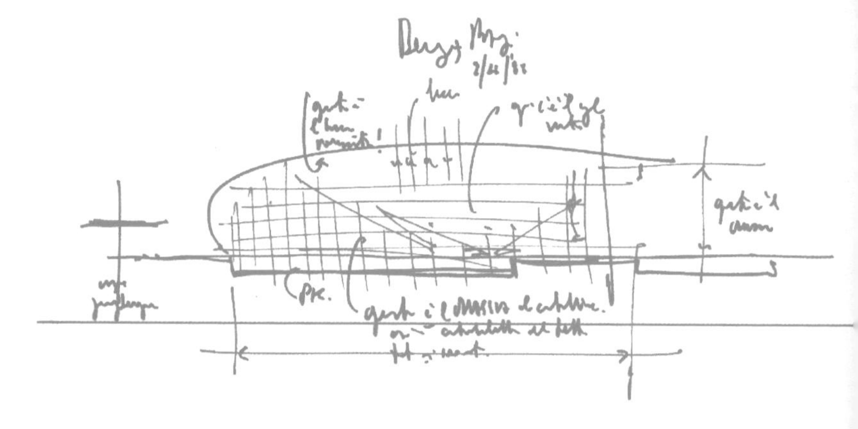

建筑设计不能忽视历史、传统和环境。即便是想打破这一切规则，但也不得不将其纳入考虑因素。因此我们在整个项目的初始阶段就对其场地进行了深度了解——我称之为与“场所精神”（genius loci）的邂逅。我倾向于把它想象成一种良性精神，但事实并非总是如此。

俯瞰位于巴黎东南部的沙朗通勒蓬，就像是一团混乱的意大利面。贝西第二购物中心就在环城大道和 A4 高速公路的交叉口，每天都有成千上万的人开车经过这里。我们想吸引他们的注意力并激发他们的兴趣。

这项工作并没有取得一个良好的开端。我们是从另一家建筑公司那里接手的，甲方认为之前的屋顶设计过于普通。然而到了屋顶的设计阶段，我们发现结构柱网、通道、服务设施和停车设施的位置等基础形式都已经成为定局。所有的一切都已与当地政府达成协议，因此受制于该地区的城市发展计划。我们接受这些限制，就像你会接受一个地方有着房屋、道路或工厂一样——这是人类以往经验的遗产。根本就没有一张白纸这样的东西，遵循环境的限制是建筑设计的本质。

甲方心里已有明确的目标，就始终是个好的开始。“贝西”是一个购物中心，因此必须要吸引眼球。它不能被城市背景吞没，而需要吸引潜在消费者的注意。所以在这个设计中，某种程度的大胆与放肆是需要的，甚至是必需的。

尽管贝西第二购物中心有着未来主义的外观，但它却是一个相当传统的建筑，是我们与销售部门的专家进行艰苦讨论的结果。购物中心的空间和路线布局都有矩可循，它们受到最大的尊重，甚至可能比万有引力法更受尊重。因此在这方面的创造力是有限的，我们主要研究的是建筑的外部形式和装饰面的外观。

在沙朗通，自驾旅行就是这里的“场所精神”，我认为以运动和速度为主题，十分贴合这样的地方。因此，我们以绕城公路的曲线为原型设计

设计
1987 年
施工
1987—1990 年
用地面积
12 公顷
总建筑面积
建筑面积：104740 平方米
使用面积（不含停车场）：47000 平方米
商业区面积：34000 平方米
建筑高度
25.2 米
建筑层数
地上 4 层 + 地下 2 层

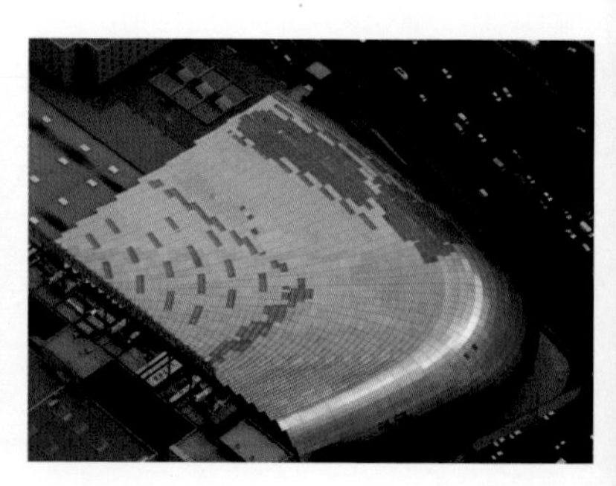

Carrefour

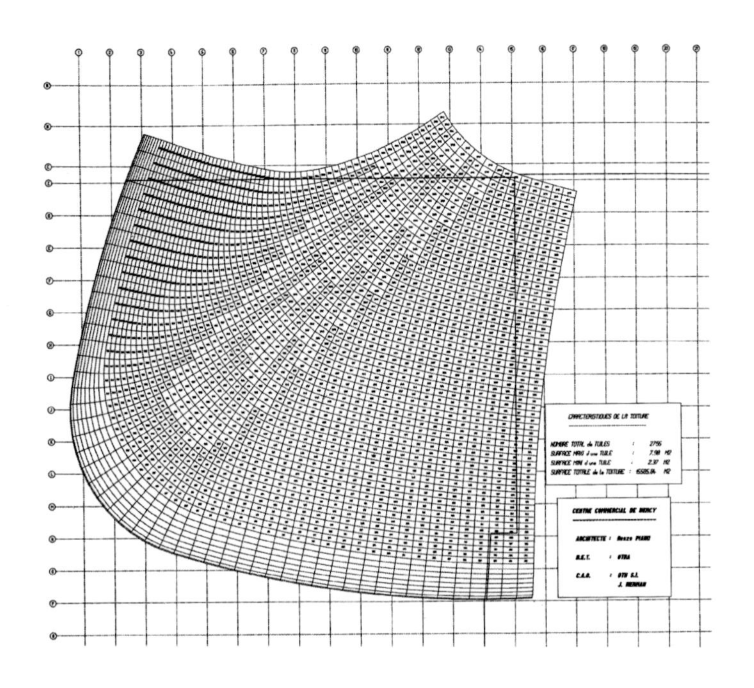

34 种不同尺寸的 27000 块穿孔不锈钢板的编号和排列

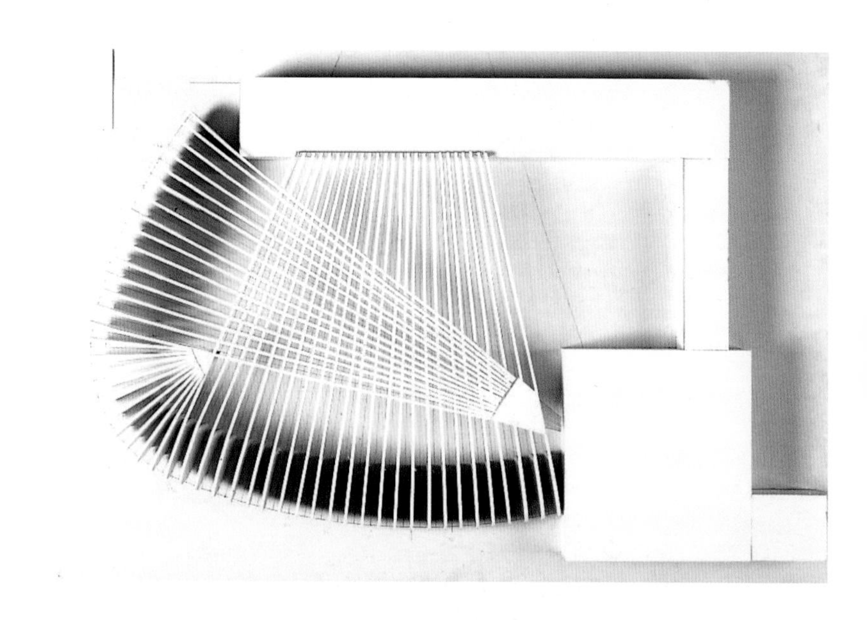

了这座建筑，就像我们在设计国际城时由里昂弯曲的河道激发了灵感。这座建筑也是由作用于场地上的力产生的，与无端的形态完全相反。

在这些起源的基础上，建筑变得更加柔和，更加圆润，直到突然看起来像一颗巨大的陨石。从技术角度来看，项目变得越来越有趣。它涉及在支撑结构和复杂的三维轮廓之间建立连接，最重要的是屋顶设计要与这种形式保持一致。

最简单的解决办法是使用常见于巴黎屋顶的锌板，但最后我们选择了更为耐用的不锈钢。使用薄金属板的优势是它们可以当场制作成任何形状。但是彼得・赖斯打断了我："为什么不使用预制部件呢？"这是一个有趣的挑战，因为它预设了整体的几何形状、零部件的几何形状和制造方法的研究三者之间的紧密联系，也许在这一点上我看到了与我早期作品的相似之处。事实是，我决定尝试一下。

当确定了预制部件的几何规则后，我们建了一个数学模型计算屋顶板的最佳形状。模块化的金属饰面使贝西第二购物中心看起来像是一艘被高速公路匝道环绕着的闪闪发光的飞船，这也是对整个地区未来风格的另一种致敬。

通过对屋顶的设计，我们想到了"双层幕墙"（double skin）的理念。其原理与在里昂设计的酒店有着异曲同工之处，都是创造一个可减缓与外界进行热交换的空气层。在里昂应用于墙壁，而在这里则应用到一个表面积几乎达到 2 平方公里的屋顶。因此，选择不锈钢材质的屋顶构件不仅具有装饰性，还能有效地反射阳光，有助于保持室内的凉爽。所有的不锈钢板均采用缎面处理，导致其清晰度根据位置和光线而变化。这就赋予了建筑外壳一个丰富的外观，与枯燥乏味的工业化标准部件形成鲜明的对比。

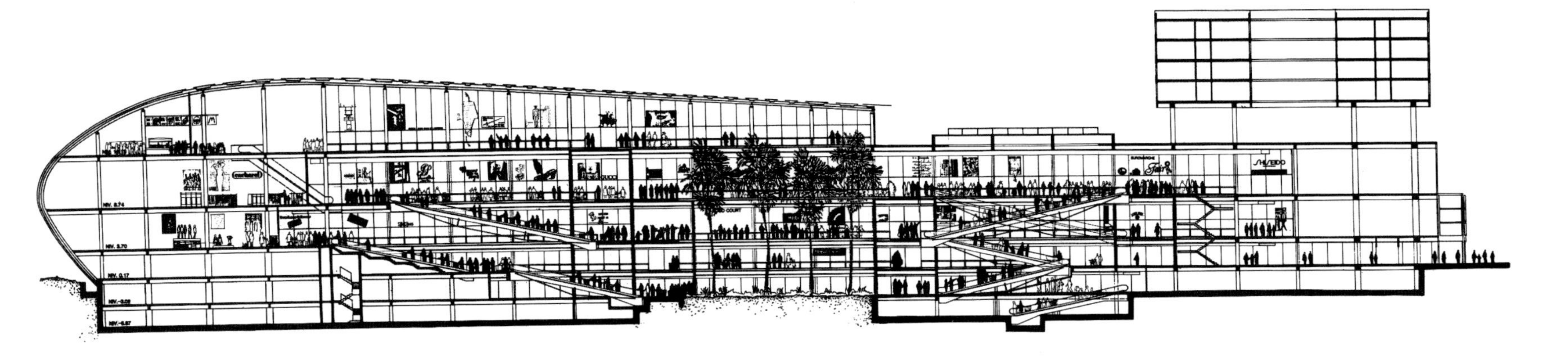

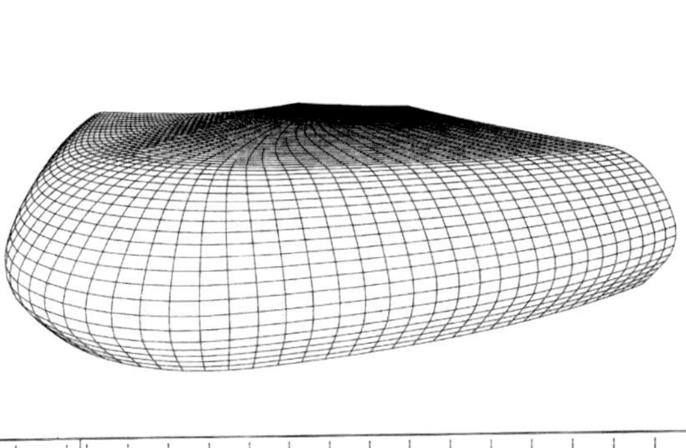

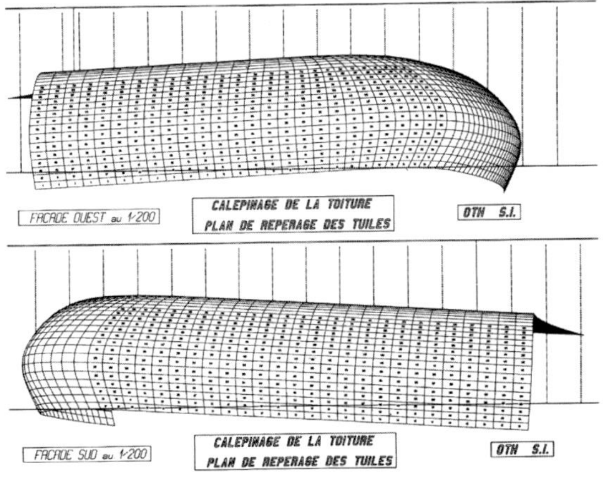
FACADE OUEST au 1/200
CALEPINAGE DE LA TOITURE
PLAN DE REPERAGE DES TUILES
OTH S.I.
FACADE SUD au 1/200
CALEPINAGE DE LA TOITURE
PLAN DE REPERAGE DES TUILES
OTH S.I.

OTIS
SORTIE

1987 年　法国巴黎
鲁伊·德梅奥街十九区住宅

这座建筑群由 220 套廉价公寓组成，位于人口密集的巴黎市中心第十九区。内部的庭院是整套建筑的核心元素，由它可通往所有的公寓。此次项目将“双层幕墙”原理和陶瓦运用于其中。庭院里自然的安宁与清净与整座城市之间似乎存在着某种联系。建筑空间的非物质化是整个项目的核心。

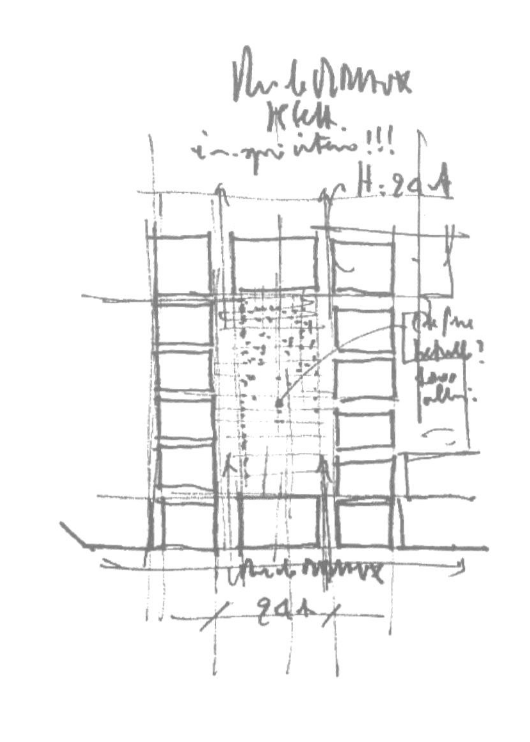

设计
1987—1988 年
施工
1988—1991 年
用地面积
7200 平方米
总建筑面积
建筑面积：31000 平方米
居住面积：15600 平方米
庭院大小
24.6 米 × 65 米
建筑长度
最长 122.6 米（西南方前侧）
建筑宽度
最宽 67.5 米（西北方前侧，鲁伊·德梅奥街）
建筑高度
临街一侧最高 16.85 米，临庭院一侧最高 20.3 米
建筑层数
地上 7 层 + 地下 2 层
荣誉
莫尼特建筑奖（Prix d'architecture du Moniteur）；
1991 年第十届法国建筑银角尺奖（prix de 1Equerre d'argent'）

我前面谈到了拉瓦让办公室，以及我们以工业成本建造这个办公室时相当自负的热情。在巴黎十九区，我们建造廉价住宅时也这么试过，其根本动机都是一样的。我的观点是，建筑的质量不仅取决于成本。当有人要求我证明这一观点时，我觉得有必要接受这个挑战。

现代城市的丑陋并不是因为缺乏资源，而是对资源的使用不当。造成城市生活贫困的原因几乎总是在建筑师控制之外——过度拥挤、交通堵塞、缺乏服务设施。但是建筑师不得不承担这样的责任，资源的滥用在大街小巷都可以看到，无论是对周遭环境的漠不关心，还是缺乏品味且以次充好。但在巴黎鲁伊·德梅奥（Rue de Meaux）街十九区深深吸引我的是超越“住房、舒适和实用空间”的想法：我想表明即使可用于公共建设项目的资金有限，也足以建造充满阳光、绿植且庄重优雅的住宅。

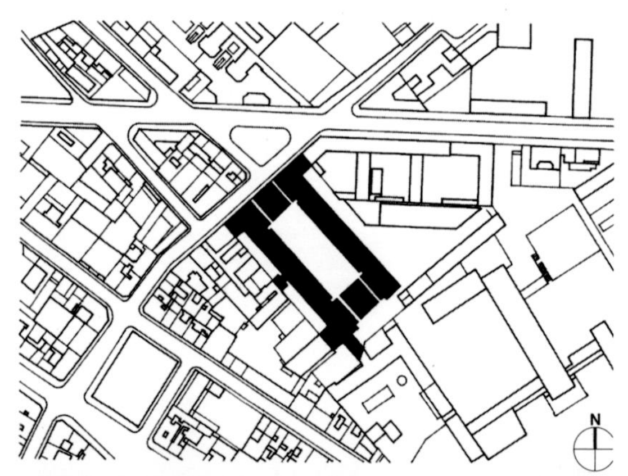

鲁伊·德梅奥街十九区住宅位于巴黎北部的一个工人阶级区。该项目的甲方是市政府，或者更确切地说是 RIVP 巴黎公共住房机构（Régie Immobilière de la Ville de Paris）。其目标是建造一个配备 220 套公寓的廉价住宅区。

最初，该项目曾设想修建一条贯穿场地中部的公共道路。但我们提出了一种不同的解决方案，一个更加尊重住户隐私的方案：将住宅楼安置在一个种植有树木的矩形庭院的边缘。矩形的每条短边都被两个垂直切口打断，将立面分成三个大小与周围建筑物成比例的长条，这些切口是进入建筑内部的通道。马路上的喧嚣声与庭院中的寂静形成的鲜明对比令人十分惊喜。庭院里布置了两个大花坛，我们用青草、矮灌木和银桦树填满了它们。当你走近时，从正面的缺口处隐约可见桦树的叶子。进出所有的公寓都会穿过这个中央庭院。

住房单元有两个朝向：一侧面向庭院，另一侧面向城市，其大小根据位置的不同而有所变化。标准单元有一个相当大的南北朝向的起居室，两侧各有一个阳台和一个休息区。在高层，我们将前侧的外墙推后，以此为修建露台腾出空间。和底楼的形式一样，在这层也有一些公寓是复式的。靠街道的一侧的低楼层设有商业活动场所。

服务车辆的通道和地下停车场的入口一直延伸到这片区域的下方，行经临街公寓楼的尽头。

所有建筑的形式都很简单。低价住房计划的限制条件并不妨碍建筑师做好工作，它们只是使集中资源成为必要。我们决定与本项目一名耐心的工匠——伯纳德·普拉特纳（Bernard Plattner）一起投身于建筑外立面的修建和装饰，而不是研究更加复杂的结构。我们认为这些装饰元素对改善城市环境将做出最大的贡献。

这就意味着在修建巴黎鲁伊·德梅奥街十九区住宅时，采用了一种我们之前已经用过几次的解决方案——即建筑外墙的“双层幕墙”原理。内立面的可见部件是一块边长约 30 厘米的正方形面板，安装在距离墙壁 30 厘米的地方。两个面之间形成的间隙确保了墙壁的通风。这个面板并不覆盖整面墙，在开放的组件背后，是设有白色框架和黄色幕墙、由承重网格的铁丝支撑着的传统窗户。在庭院的长边上，同样的幕墙可用来为阳台露天的部分提供遮阳。

材料的光泽、颜色和质地是我们工作室议题的一部分，它以建筑尊严为中心，同时需要耐心的工作。我认为建筑必须回归其丰富性，它应

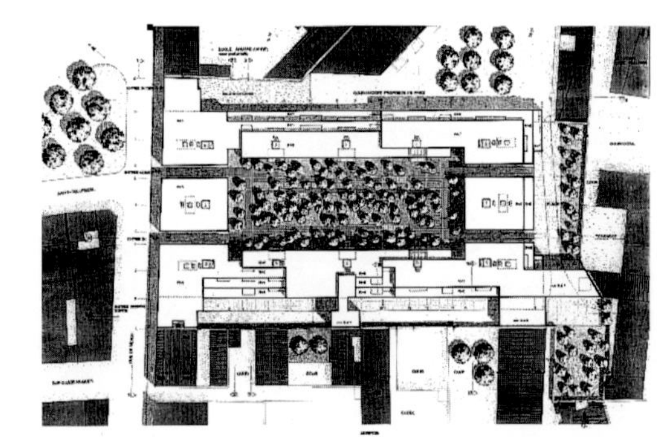

规划总平面图

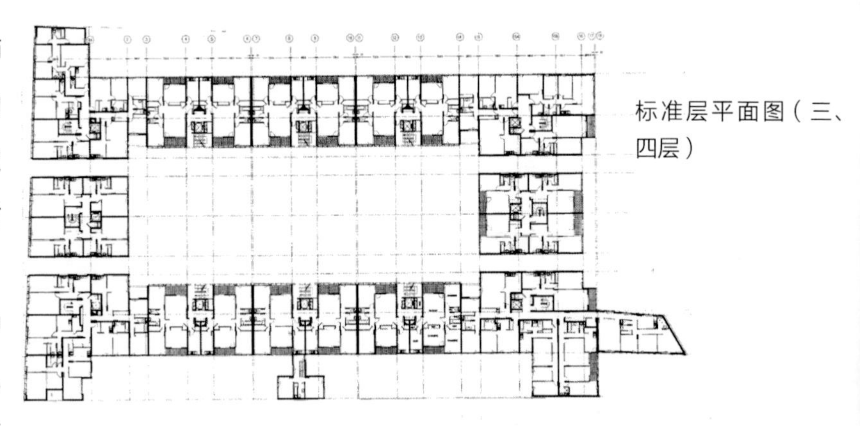
标准层平面图（三、四层）

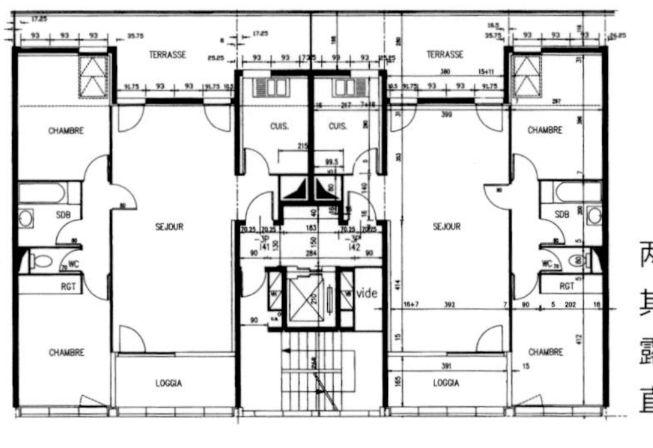

两间两居室的公寓，其客厅的两端分别是露台和凉廊，位于垂直环流中心的两侧

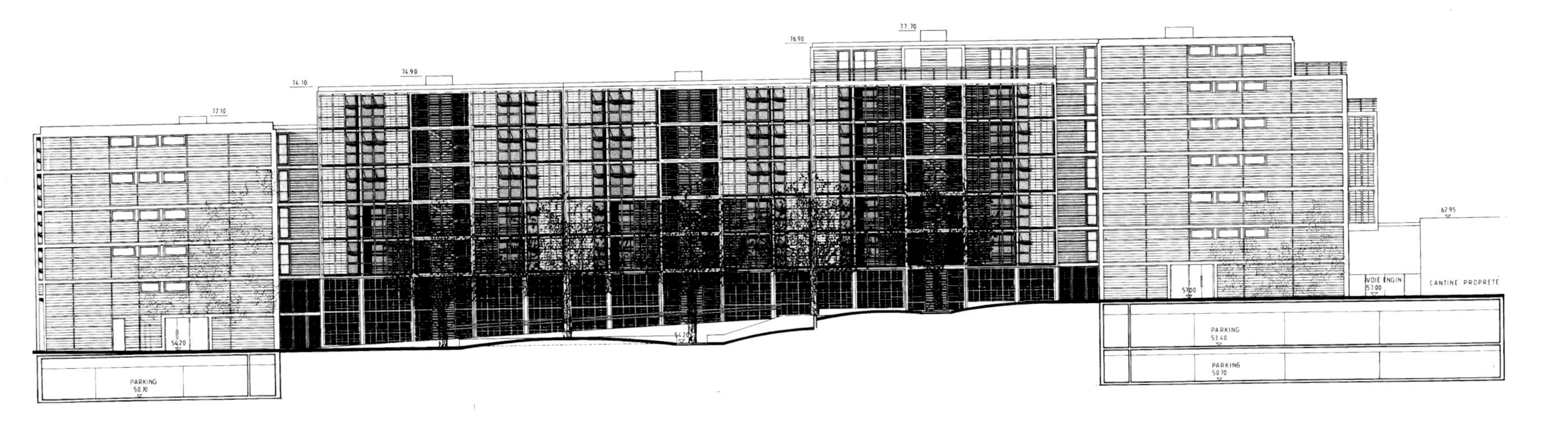

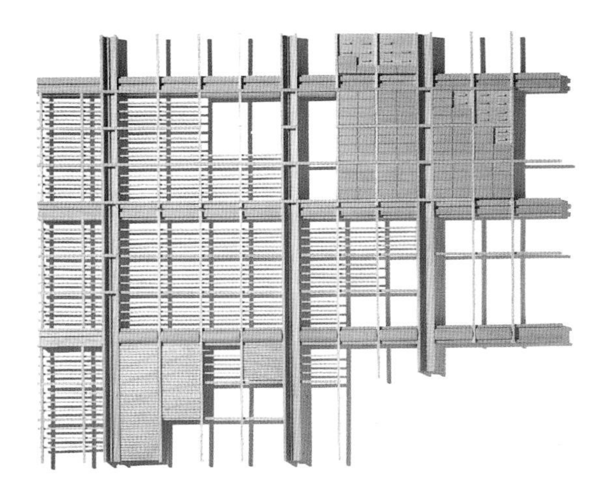

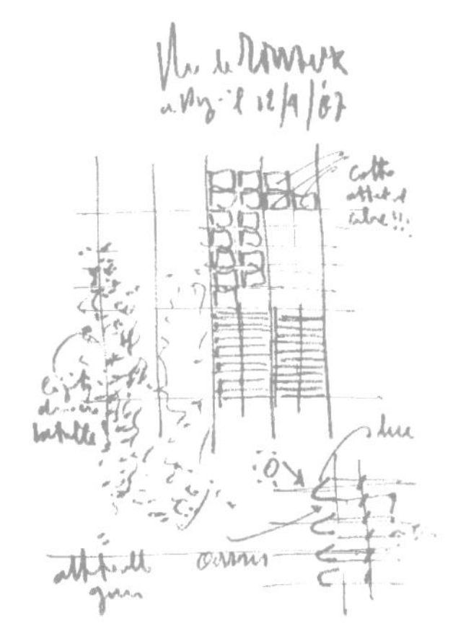

朝向庭院一侧的外墙由 90 厘米 ×90 厘米的突出的格栅组成，格栅 30 厘米深，5 厘米厚，由预制混凝土构件制成并用玻璃纤维加固。这些格栅和墙壁之间留有空间可以通风。格栅内填充的是被陶土砖（规格为 20 厘米 ×42 厘米）覆盖的不透明隔热件，或是用玻璃纤维加固的混凝土隔板

该显示出建造者的标志性特点——彼得·赖斯曾经称之为“手的痕迹”（trace of the hand）。建筑的质量部分体现在细节的质量上。

对于巴黎鲁伊·德梅奥街十九区住宅，对细节的关注往往与对材料的研究重叠在一起。现代材料与传统材料的结合（但以创新的方式使用）是我们工作中的共性。大自然也是城市肌理中至关重要的装饰元素，它与周围建筑存在着微妙的关系。在这里，桦树柔软、翠绿的枝叶与混凝土的灰色和陶土的红色形成鲜明的对比。这种色彩对比、材料的质地和外立面的比例都是为引起轻微光学振动而设计的。就情况而言，十九区住宅的结构是非常简单、基础的。

同时，一进入庭院，空间上的变化是非常直接的。这是一个与外界截然不同的维度。这感觉就像是你离开了城市，进入了一个安静、隐蔽、有安全感的地方。

1988 年 法国巴黎 IRCAM 的扩建

这是皮埃尔·布列兹（Pierre Boulez）的“声学和音乐研究与协作学院”（Institut de Recherche et de Coordination Acoustique/Musique）办公室迁入的大楼，它与蓬皮杜中心密切相连。建筑总层数为 10 层，其中地上 8 层，由于它仅占两栋现有建筑之间的空间，所以平面图很小，赤陶砖被用于配合整体环境。

设计
1988 年
施工
1989—1990 年
用地面积
2985 平方米
总建筑面积
1093 平方米
建筑高度
24 米
建筑层数
地上 8 层 + 地下 2 层

由于需要尽可能的隔声，IRCAM 在巴黎的地下为自己开凿了一个受保护的空间。但是该研究所的办公室和研究机构也需要一个公众形象，让隐藏于地下的建筑在地面上也能有一个视觉上的存在，所以增设了一座塔楼。以前，IRCAM 向外界展示的只是一副玻璃顶棚和一些通风系统的设备。而如今，它成为一个显眼的城市地标建筑，能够清晰地定位到博堡广场和斯特拉文斯基广场的角落。

扩建的部分由 10 层楼组成，其中 8 层在地上。我们决定往高处建楼的原因有三个：第一，可用面积有限；第二，IRCAM 是蓬皮杜中心的一部分，因此需要强调与其的联系；第三，期望突出研究所在圣梅里广场隐藏多年的角色和形象。

我们修建的塔楼比周边建筑物都要高。塔楼由一个不透明的和两个透明的（一排纵向连接的窗户和一个电梯井）垂直部分组成，使它看上去更高挑。它的出现受到了极大的关注。IRCAM 在博堡广场的反响热烈不仅是因为其高度，还有电梯井顶部的外露钢结构和窗户及外层的铝制格栅。

标示着广场一角的不透明部分与周边建筑一样都是红色。但这种红并不是那种未抹墙灰的砖色，而是赤陶饰面砖的颜色。将赤陶砖悬挂在暗杆上，并由唯一可见的铝制支撑框架隔开。

外立面的部分是突出来的，但在质地和颜色上与砖相似。通过在其中进行水平切割使其看起来像砖块的大小，于是这种效果更加突出。这个关注细节的小例子使之与环境建立了更密切的关系。

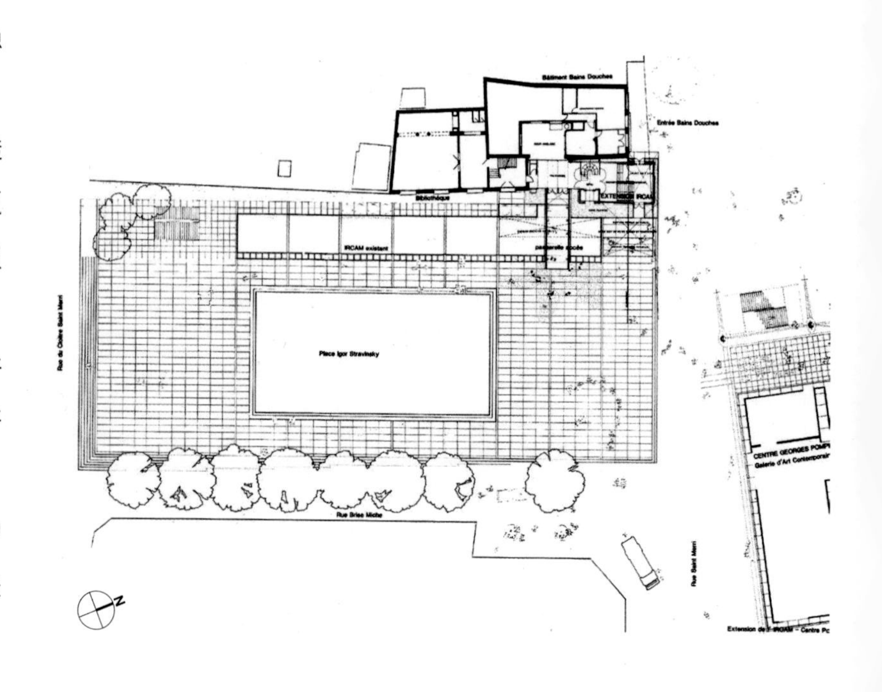

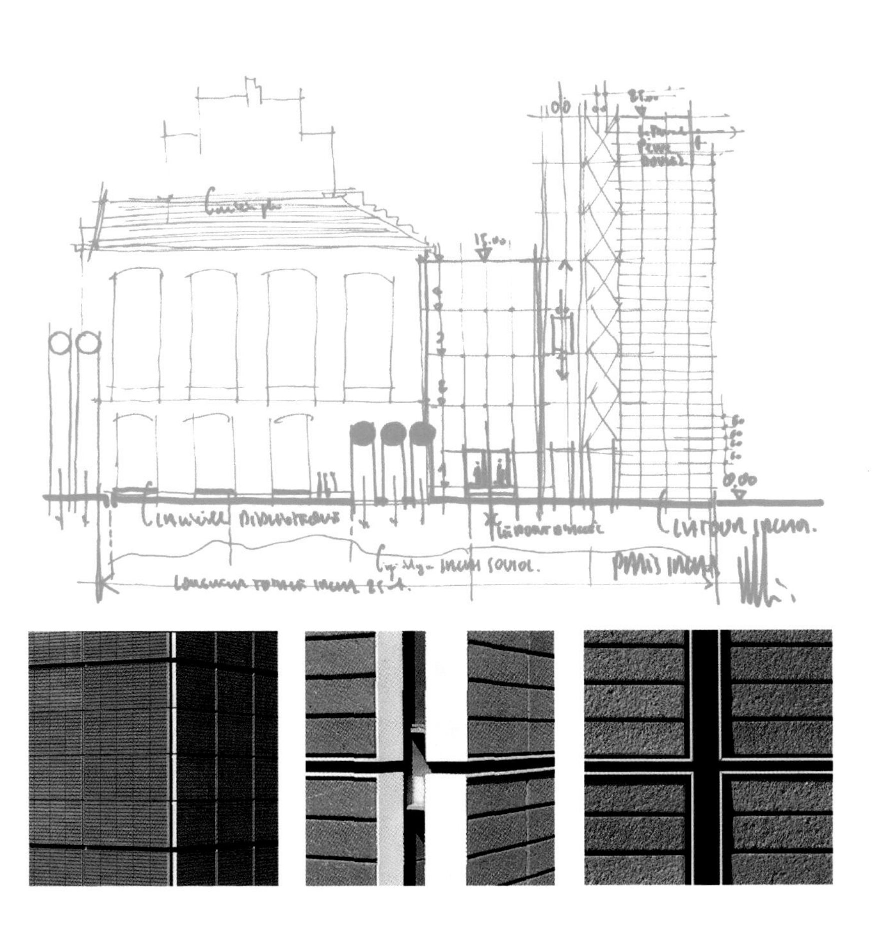

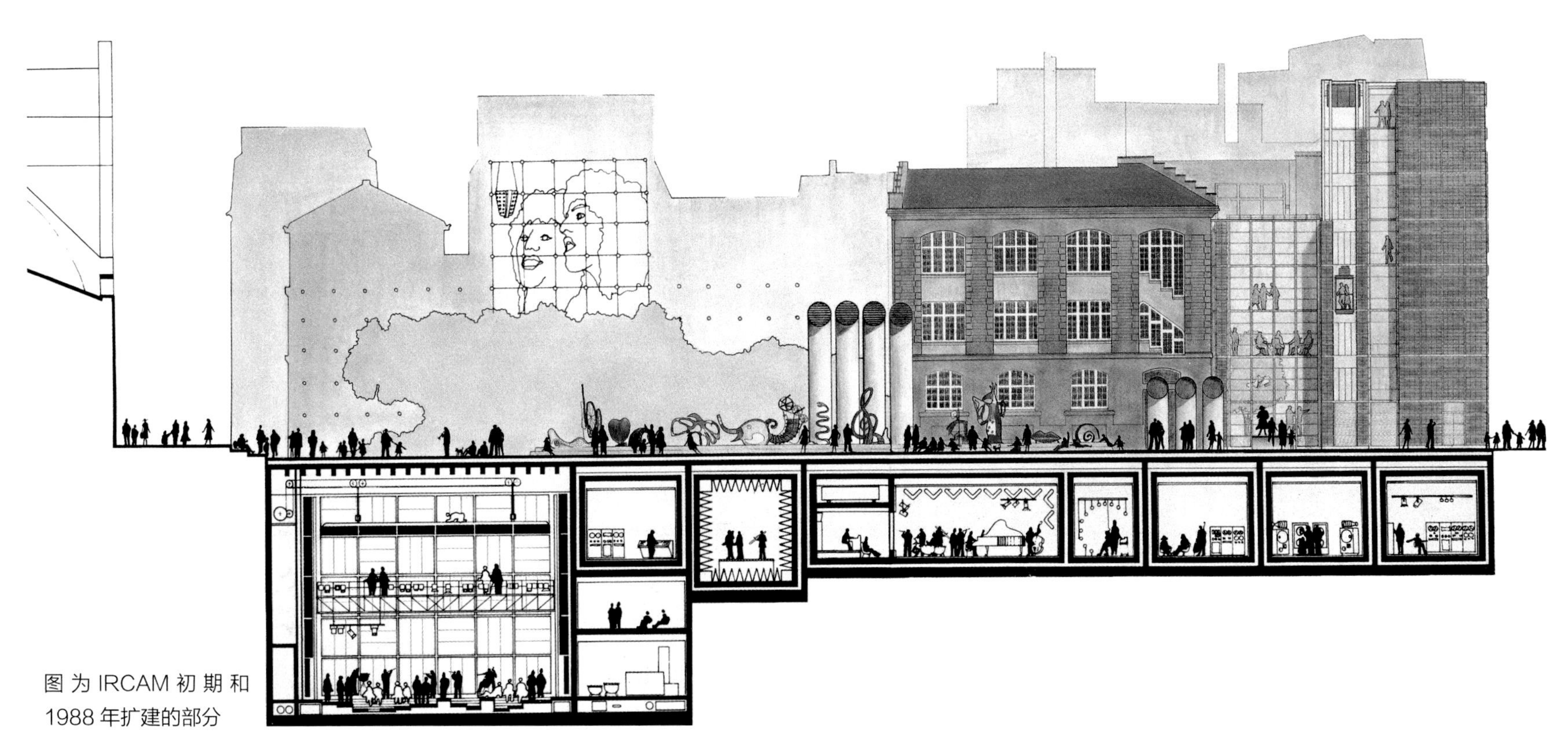

图为 IRCAM 初期和 1988 年扩建的部分

1988 年 日本大阪
关西国际机场航站楼

此航站楼建在一个人工岛上。它长达 1734 米，每天可接待 10 万名乘客。屋顶由 82000 块相同的不锈钢板组成。它的建筑形式是根据内部气流和一个能承受地震的环形结构设计的。如果真的发生地震，建筑也不会受到损坏。

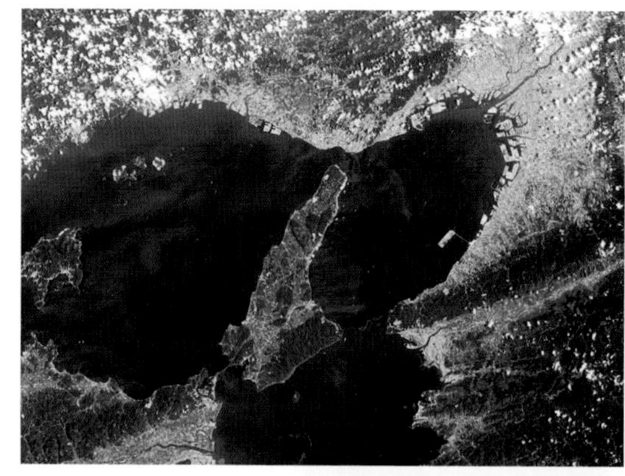

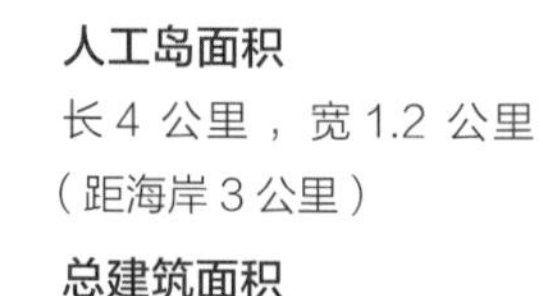

竞标
1988 年
施工
1991—1994 年
人工岛面积
长 4 公里，宽 1.2 公里（距海岸 3 公里）
总建筑面积
113—879 平方米
建筑长度
1734 米
建筑高度
主楼最高 38 米，侧翼最高 28 米
建筑层数
地上 4 层

建筑的文脉必须去理解、吸收和诠释，这一直都是建造冒险般的开始。有时它能像老城区一样给我们很多提示，但有时又像一大片玉米地一样什么也给不了。又或者像关西机场那样，只有风和海，但仍可以为我们提供一些非常有利的参考依据。在参加关西机场的设计竞赛之前，我向负责人提出实地考察的要求（以前这种情况我都会这么做）。但尴尬的是，并没有场地。

日本是一个非常拥挤的国家，大阪并没有空地用来修建新机场，因此有关部门决定在海上建一个。这个人工岛就是专门为此而建造的，它并非我之前听说的一个“漂浮”着的平台，而是一个由打入海床深处的桩牢牢固定的人工岛。这座岛在令人惊讶的短时间内修建完成。确切地说，这段时间是如此短暂，以至于在前一刻它还不存在。

但日本人的礼节是无止境的。他们带着我们三个人——彼得·莱斯、诺丽·奥卡贝（Nori Okabe）和我乘船游玩了整整一个下午。“机场要建在哪里？”当时负责我大阪工作室的诺里问道。“在这里，”我们的向导回答。此时我们正在茫茫大海中。

建筑师是陆地上的生物，他们并不会飞，用以创作的材料也都在陆地上。建筑师本质上属于沉重的物质世界。从这个意义上说，我觉得自己并非典型，其中一部分原因可能是我年轻时对港口、临时建筑、悬挂在起重机上的货物的热爱。我们在那艘船上试图以空气和水为方向进行思考，而不是陆地。空气和风是一种纤长、轻盈的形式，在设计意义上可抵挡该地区易发生的地震。水、海和潮汐都是运动着的、充满能量的、涌动着的液体形式。

也许是时候回到陆地上去了，我们找到了我在植物和环境工程问题方面的长期合作者汤姆·巴克（Tom Barker）。我和他一起对喷射气流展开了一项漫长又让人沉迷的研究，使航站楼屋顶的形式有了雏形。从诗意的直觉出发（让我们被空气引导），我们投入工匠做的细心活中。

67

从横截面看，屋顶是一个不规则的拱形（实际上是一系列不同半径的拱形）。这样的形状不需封闭的管道就可以实现从候机室到飞机坪的空气流通。类似于桨叶的导流板，不设在管道中，而是开放可见的，它引导气流沿顶棚流动并反射来自上方的光线。这样一来所有会阻挡人们看到建筑的因素都被消除了。我们通过打造一个符合空气动力学的顶棚来调节空气的流动，但我们采用的是围绕内部气流而不是外部气流这样“错误”的方式。我们把计算工作交给优秀的设计师和计算机完成，这为我们提供了项目所需的速度和精度。

我们建筑师的职业之美在于它游走于技术和艺术的刀刃之间，而我认为它应该保持这样的状态。关西机场像是一具精准的仪器，是数学与科技的结晶。它成为一个强大且有辨识度的地标性建筑，大方地展示自己清晰而简单的建筑形式。但同时它也是一种超凡的空间体验。一位建筑评论家曾评价：“关西国际机场航站楼设计的成功之处在于其现代性，而不是幼稚的未来主义。”我认为这是一个很好的赞美。

它是一座不对称的波浪状线条的建筑，但裸露的桁架都重复着规则的细丝图案。航站楼分为几层，在中部意外地形成了一个巨大的中庭。这样的建造形式就像植物从外面穿进来涌入乘客到达的区域，欢迎他们第一次来到日本。

整座机场就像是一架滑翔机那样典型的飞行器，在岛上伸展开来。在没有其他束缚的情况下，唯一影响机场整体的因素是飞机所占的空间及其部署。飞机决定了机场的形式、功能和扩充，它们才是这座岛上真正的主人。出发区设有 42 座载客桥且长达 1734 米，以此表达我们对地方神灵的敬意。这是有史以来我们建造的最大建筑物之一——相当于三个林戈托工厂。

在平面图中可清晰地看出“滑翔机”的形状。入口通道勾勒出两个大尾翼，主楼就是机身，候机室是侧翼，延伸在岛上并象征性地扣在一起。

这里说一件关于这些侧翼如何差点被去掉的趣闻。20 世纪 90 年代初，日本遭受了严重的经济衰退，导致包括我们项目在内的所有国家预算的严重削减，所以我们受到新的预算开支限制。这是一个严峻的问题，因为该项目正处于后期阶段，移除某个部件而又不扰乱整体的平衡是不可能做到的。所以算是一种挑衅，我们决定“断肢”——去掉这些侧翼。这显然是一个荒谬的提议，但我们虚张声势的做法达到了预期的效果。在工作开始的 6 个月后，预算得以恢复，侧翼也重新回到图纸上。

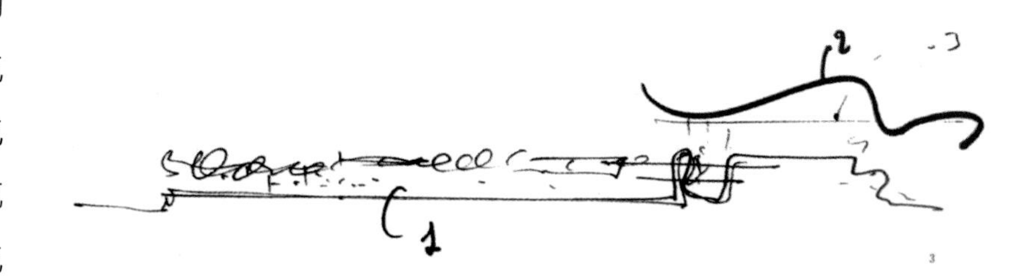

3

与冈部宪明在一起

与机场负责人武藤义雄（Yoshio Takeuchi）在一起

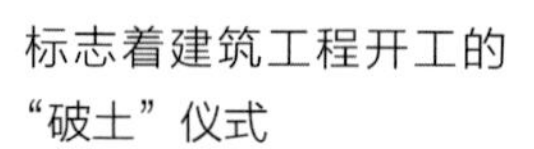

标志着建筑工程开工的“破土”仪式

支撑屋顶的巨大三维桁架长度超过 80 米。它们不对称的外形却来自相同的计算结果，使得它们能够引导无形的气流。

这些结构研究启发我们寻找一个能够最大限度地实现组件标准化的数学模型。结果是非常惊人的。贝西第二购物中心使用的 27000 块饰面板必须做成 34 种不同的尺寸，这已经是一个很不错的比例了。而在关西机场，组成屋面的 82000 块不锈钢板都是相同的规格。

甚至侧翼的渐缩曲线都是基于环形几何学，是严格计算规则应用的结果。从概念上讲，侧翼代表的是 16800 米的环形上部，

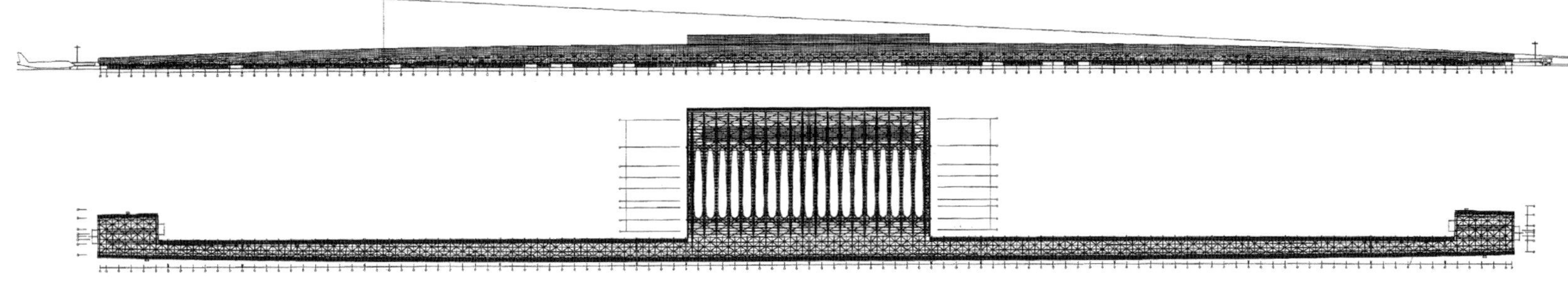

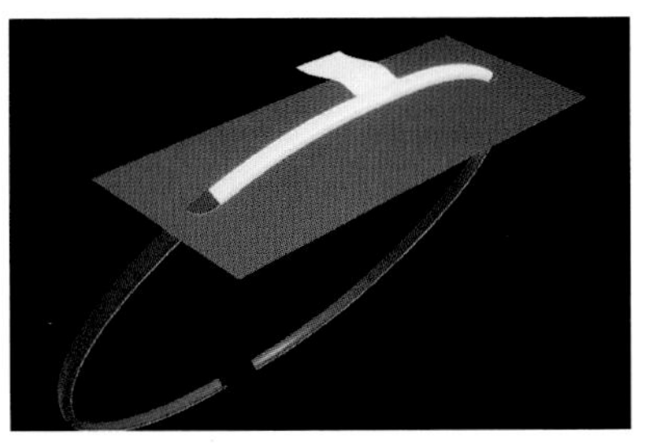

主曲率由一个半径为16800米、与水平面成68°角的圆得出，呈一个环形。每侧由101根钢梁组成，每根梁都不尽相同

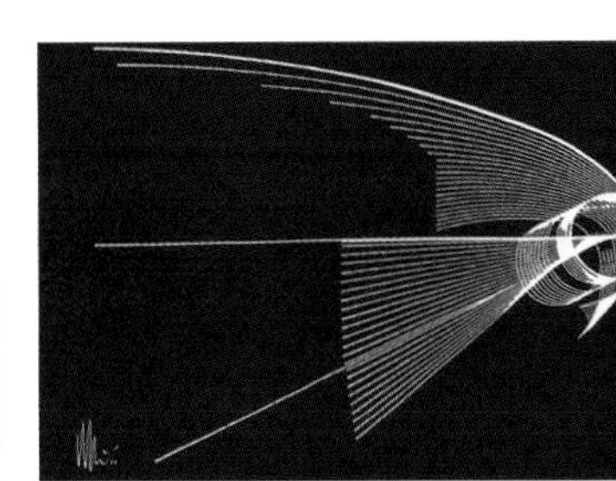

航站楼屋顶的支撑结构由150米长的桁架组成，相距14.4米

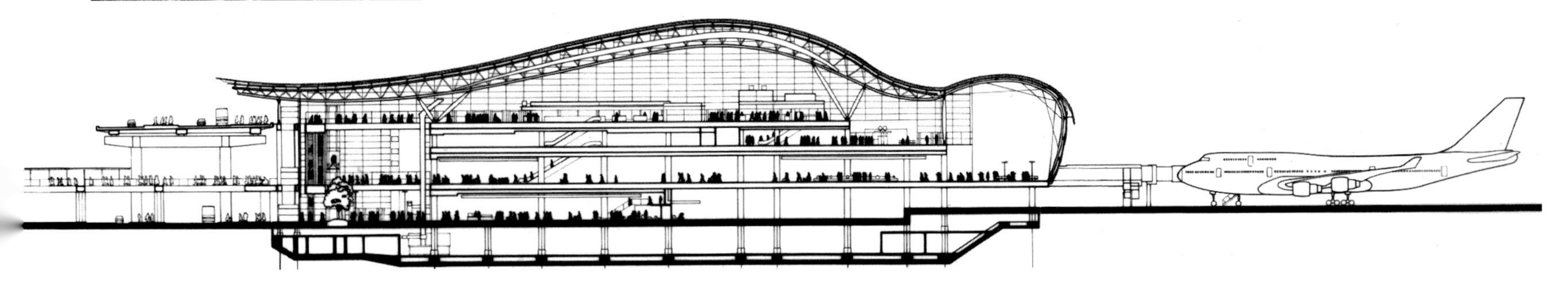

其半径与地平线成 68° 角倾斜，穿过地面并凸显在岛屿上。其实这个曲率小到几乎察觉不到，但是为了提高指挥塔台的横向能见度，还是必要的。

机场是我和彼得·莱斯合作的最后一个项目，可惜他最终也没有欣慰地目睹这个机场的落成。所有的建筑杰作都是出自他的努力。关西国际机场是我们合作成果中最让人心情复杂的。

关西机场的建设也是一次伟大的冒险。耗时 38 个月，有 6000 人参与其中，甚至在有些时候最高达到过 10000 人。我记得在开始一天工作前的黎明时分，一群人在当时荒凉的人工岛上一起做早操。岛上一开始只有一片巨大的砾石，但随着它日复一日地逐渐成形，最终变成了我们在图纸中所描绘的样子。在关西机场，我领悟到了“让沙漠开花”这句话的含义。

如今，我依旧和小时候一样喜欢建筑工地。它们是种奇妙的地方，一切都处于流动状态，每天都有不一样的景象。它们像是人类的一场赌博，让我为自己是伟大冒险的一分子而感到骄傲。施工也是如此，最重要的是人的问题。在日本，做每件事都有礼节，即便是和工人交谈——建筑师必须表明他最关心的是他们的安全。使用的套话也非常中听：“我曾梦到过这个建筑。谢谢你让我美梦成真。注意安全，小心点。”建筑师是艺术家，他会规划需要做什么，但不会亲自动手。所以他会让工人们不要冒风险，并告诉他们他不希望他们受伤。不发生什么事故，也没有伤亡，咒语就算奏效了。

地图上并没有这个岛，但更确切地说是之前的地图没有。正如机场负责人武藤义雄所指出的，当关西机场这块场地被开发出来时，日本的土地面积增加了 15 平方公里。他腼腆地补充道，所有有关日本地理的书籍都应该以他的说法再版。

关西机场还是个曾经“消失”过一天的岛屿。这是一个有趣的故事，但在讲述之前我必须先解释几个技术问题。我前面已经说过这座人造岛是一项庞大的土木工程，它由 1000 多根桩支撑，这些桩穿过 20 米深的海水和 20 米深的泥层，并牢牢地打入 40 米的海底岩石中。第一个问题是：软土地基沉降量大；第二个问题即是：不均匀沉降。再过 10 年，液压千斤顶将达到极限跨距。

在项目早期阶段，这一现象就在相当大的范围内出现了：1992—1996 年间，该岛沉降了 50 厘米。记者们乐此不疲，时不时就会有新闻报道这一过程。直到有一天，权威性报刊《日本时报》(*Japan Times*) 刊登了一则戏剧性的新闻：“关西机场已经完全沉没了”。这引起了巨大的轰动，

部分原因是该报道也被其他新闻社转载了。但并不是每个人都注意到日期：1990 年 4 月 1 日——那是个愚人节！

最后我要说几句无关痛痒的话。在汇报阶段，我们与甲方代表就建筑防震问题进行了长时间的讨论，他们都很冷静、镇定，甚至听天由命。1995 年 1 月，当我听说神户发生地震时，我想起了他们。在那一刻，我明白了人类与地震灾害共存意味着什么。关西机场与神户的震中距完全相同。然而我们极具非物质性且看上去脆弱不堪的成果，却能够抵抗这次地震。建筑没有任何损坏，甚至连一块玻璃都没有破损。狂暴的地震能震倒橡树，但它不会折断轻盈柔软的芦苇。

施工持续了长达38个月，多达10000名工人参与其中

与米莉·罗萨托·皮亚诺（Milly Rossato Piano）在一起

屋面由82000个相同规格的不锈钢板组成（180厘米×60厘米，厚1毫米，重10公斤）

1988 年　法国里昂国际城

这是一个模块化项目，允许分阶段地建造整个建筑群。办公楼和住宅楼、会展中心、酒店、赌场、多屏影院和当代艺术博物馆都已建成。这个国际城位于有着百年历史的公园与罗讷河（Rhône river）之间。内设 3114 座的会议厅引进了最先进的扩声技术，并采用全金属外壳。会堂的设计与城市文脉相互交融。

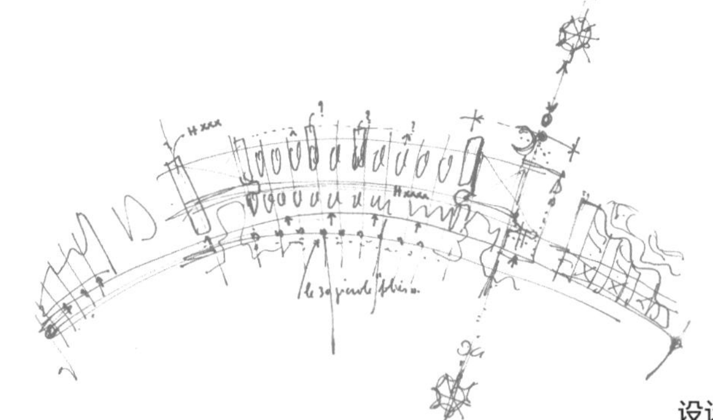

设计
1988—1991 年
施工
1992—2006 年
用地面积
22 公顷
总建筑面积
183000 平方米
一期面积：66000 平方米
会议中心：16000 平方米
写字楼：16000 平方米
当代艺术博物馆：6000 平方米
电影院：7000 平方米
酒店和赌场：21000 平方米
二期面积：51000 平方米
住宅楼：35000 平方米
办公楼和服务处：16000 平方米
三期面积：66000 平方米
办公楼：27000 平方米
酒店：8000 平方米
公寓式酒店：7000 平方米
“3000 室”圆形会场（会展中心的扩建）：24000 平方米（可容纳 3114 人）
停车位
4000 个
建筑高度
31.5 米
建筑层数
地上 8 层（地下层数不确定
荣誉
2007 年“MIPIM”大奖（商业中心类）

里昂是仅次于巴黎和马赛的法国第三大城市，在里昂乘 TGV 高铁均可直达巴黎和马赛。它位于法国乃至欧洲的中心，优越的地理位置自然使之成为贸易博览会和会议中心择址的首选。1996 年召开的七国首脑会议（G7）是对新国际城建筑群的洗礼，但这个项目建设的历史可以追溯到 10 年前。

1985 年，里昂市举办了一场里昂国际会展中心的翻修设计大赛。这是一个占地 22 公顷大型场地，位于罗讷河和金头公园（Tête d’Or park）之间。方案中规划了未来会展中心的多种用途，不仅限于贸易展览会，因此改名为“国际城”。

城市干预的意义以及河流与公园关系的重要性从一开始就显而易见了。因此，我们与景观设计师米歇尔·克拉儒（Michel Corajoud）一起合作起草了这个设计方案，并在大赛中胜出。

在里昂，我曾试图提出我多年来一直研究的“人性化”城市模式，我一般将它应用于共享空间。1918 年建成的会展中心大楼沿着罗讷河的河湾，坐落于公园和沿河道路之间的一个扇形区域。只可惜这些建筑朝向不佳，楼对着楼，并不能欣赏到公园或河流的美景。通过成本效益分析，最终只得出消极的结果——其建筑位置严重削弱了商业吸引力，即使进行深度改造也不足以扭转局势。于是我们决定拆除这些建筑，只保留入口亭阁，即中庭。

但老会展中心最重要的遗产是那条穿过场地的沿河特色道路，它是建筑群的引导要素，是必须遵循的“场所精神”。

国际城的新建筑成对矗立在道路两侧，这条路曾是该地区的边界线。它们的方向位置与之前的建筑成直角，为建筑使用者提供了可欣赏周边自然景色的宽广视野。此外，这些大楼的布局能确保不会打断公园和河流之

间的联系，建筑物之间的巷道垂直于道路主轴线。

由于这条道路本身已经变成了步行街，所以它不再是一个障碍，而是一条连接金头公园的纽带。这条大街与罗讷河以及外部主干道有着相同的曲率半径，因此突出了这片场地的地理独特性。这样一来，国际城呈现出其双重中心——从建筑的角度来看，它是该区域的支柱；从城市作用角度来看，它是一个对整座城市的社交生活都至关重要的集会、交流和互动的场所。

这条大街长达 750 米，是一座货真价实的城市。它在绿植的环抱下具有私密性和隐蔽性；与交通道路隔绝，因此非常清静和舒适。丘吉尔桥（Churchill bridge）和庞加莱桥（Poincaré bridge）之间沿基地的外侧路段已经采取相关措施缓解交通拥堵现象：车辆必须遵守交通信号灯，以方便行人过路。这是负责该项目的建筑师保罗·文森特（Paul Vincent）的妙举，是他说服了地方议会改变城市规划和道路系统。

首先建成的是旧拱廊以东的五个街区。之前的门廊已经变成了一个当代艺术博物馆，在它的前面还建了一个多屏电影院。四星级酒店、赌场、办公楼和会议中心都建在这片区域。这些建筑的布局都是成双成对的，每一栋楼都是与对面的“孪生兄弟”同一时期修建的。在某种意义上，一对建筑之间就是一个街区。会议中心和酒店都横跨中心道路。会议中心最大的厅是在地下，向相邻街区方向的地下进行了横向扩展。

国际城毗邻金头公园——这是一个栽满高大树木且有着数百年历史的公园。米歇尔·克拉儒将大街与河流之间的整片区域进行了景观美化。不仅营造了迷人的自然景观，植物也有助于在现有公园和河流之间建立紧密的联系。外部道路边上种植了各种各样的树和灌木。譬如，茂密的柳树从丘吉尔桥的一侧一直蔓延至罗讷河岸。

在这里，“场所精神”并不是由人塑造的，而是建筑师顺应了自然。主干道、绿树成荫的大街和公园的边界都与河流的曲线相映成趣。在这里浅浮雕并不是用来塑造墙面的，它本身就是墙面。就像道路顺应河弯一样，建筑也遵循这一规则。这是一个轻量级创作，它只是基于公园而不是去改变、破坏。我会将它比作“温室”。

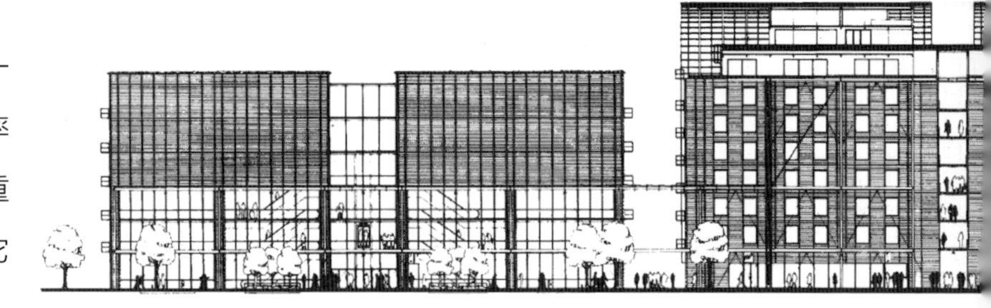

这个比喻也适用于我们通过应用“双层幕墙”调节光和热的自然机制。陶土屋面砖为建筑提供了保护层，同时也能很好地适应了当地的气候条件，赋予建筑温暖的颜色和精致的纹理。这些陶板是由一种特殊的陶土制成的，其灵感来源于里昂建筑的屋顶颜色。与法国众多城市的建筑屋顶不同，里昂建筑的屋顶都覆盖着红瓦。建筑立面的外层由玻璃板构成。其中一些面板能够打开，就像天窗一样转动枢轴。这加强了建筑内部与外部之间的联系。在建筑内外两个表面之间形成了一块空间作为换

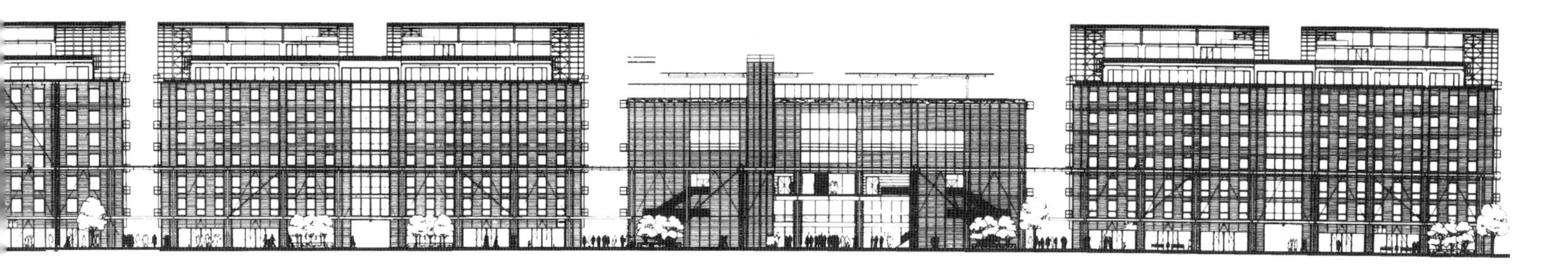

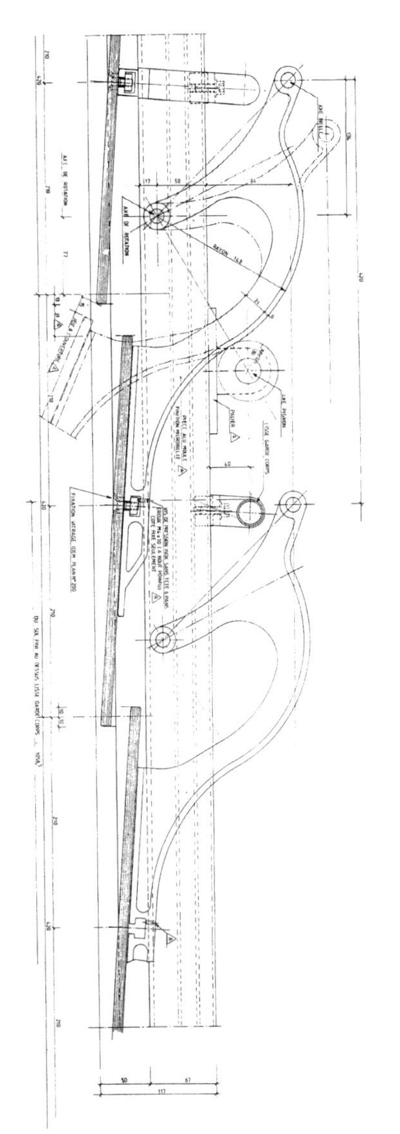

“双层幕墙”：开放式结构的模型与细节（左图与上图）和建筑外立面（右图）

热器，降低能耗。

这个建筑群中的建筑无论其功能和大小，外立面都一致采用这种材料，使国际城具有整体性。请注意，不是完全一致，而是和而不同。要使一个地方具有鲜明个性，这是必需的。与林戈托工厂一样，国际城也是一个施工持续了很长时间的城市项目。

曾经有着商业中心、办公楼、酒店和文化娱乐设施的主干道，如今是一个 750 米长的大型户外会议中心，是一个见证重要事件的“机器”。修建这一切耗时长达 15 年，但如果你想到是花 15 年建了一座城市，就不算什么了。

要让一个地方成为会议、交流和文化的中心，需要多长时间？为取得坚实的符号价值，必须安装多少个标牌？“城市不会泄露自己的过去，只会把它像手纹一样藏起来，它被写在街巷的角落，窗格的护栏，楼梯的扶手……”——伊塔罗·卡尔维诺（Italo Calvino）。

建筑工地上总是来来去去。2003 年 3 月 3 日，我和里昂城市社区主席兼市长热拉尔·科隆（Gérard Collomb）一起出席了会议，他象征性地奠基了新多功能会议中心——它是欧洲最大的建筑之一，而且从技术角度来看，或许也是最现代的。

新的门厅合并了穿过金头公园且与罗讷河平行的道路北侧，完善了城市布局和国际城的会议机制。

在进一步开发这个建筑群的过程中，我们还是不想掉入同样的陷阱。风格一致并不意味着单调。会展中心与大街上的陶土和玻璃建筑完全不同，它是一个倒映在人工湖中，完全由金属覆盖的半球体。从铁路上可以清楚地看到它仿佛在向每一个乘客播报：“这里就是里昂的起点。”

这个可容纳 3000 人的圆形会场已经成为一个真正的“会议体育场”。它也是一个能够吸引大量观众的戏剧和音乐表演的剧场。这种灵活性使里昂能够在举办重大赛事时与柏林和巴塞罗那等城市展开竞争。

这个项目再次将我们的注意力集中在一个问题上，这个问题自罗马音乐厅以来一直没有得到解决。我们现在听的所有音乐几乎都依靠扩声系统。不仅是音频录制，现场演奏如果也没有电子设备的帮助，简直无法想象。另一方面，专为古典乐设计的原声音箱可以强化原声乐器细腻音质，但却很难应付一个摇滚乐队的扩音器音量。

于是我们决定修建一个在这个世界上独具规模的，集剧院、体育馆和运动场的优点为一体的音乐厅，它是一个为举办大型商业会议以及戏剧和舞蹈表演而设计的建筑。这种多功能性是通过一组强大的建筑网格、可移动的座间通道、舞台下方区域以及可固定可移动的表演台实现的。

“体育场式”的艺术活动场馆的想法从何而来呢？从某种意义上讲，它的原型就是福维埃古罗马剧院（Gallo-Roman theatre of Fourvi ère）。我们设计的宗旨是拉近观众和舞台之间的距离。我们采取了一个古老但仍然有效的解决方案——圆形剧场。

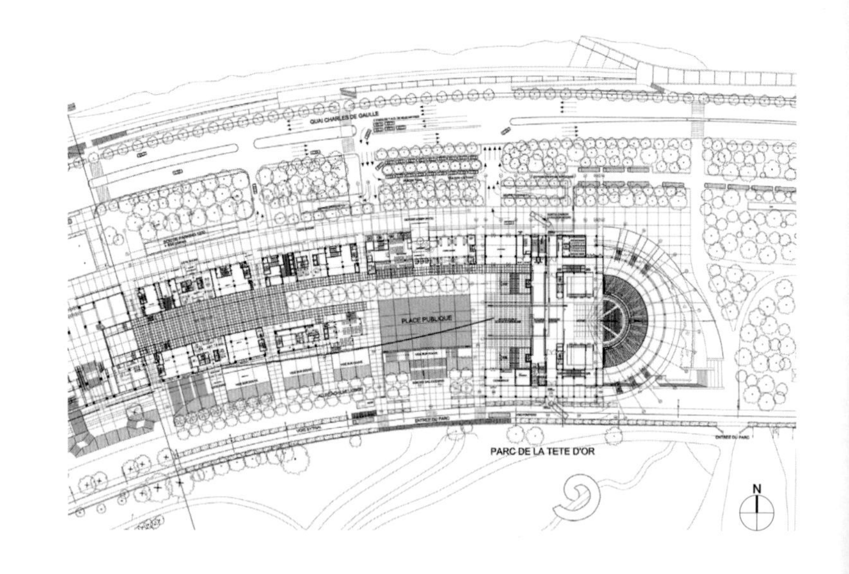

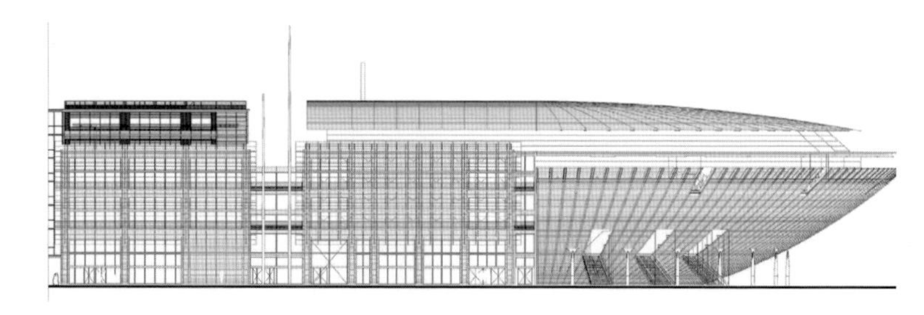

“Salle 3000”：这个多功能建筑具有灵活的再配置能力，最多可容纳 3114 人

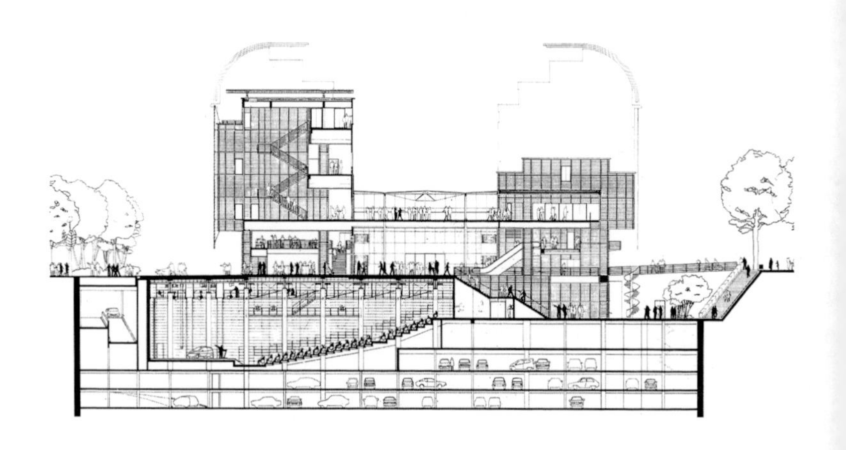

我们还决定在场馆与铁路之间建造一个略低于地面的人工湖，巧妙地将半球形建筑倒映在湖面上。尽管体积很大，但它看上去像是漂浮在公园上，沉浸于若隐若现的倒影中。如果要我用一种比喻形容它，我会说它让人联想到平静海面上一艘轻轻滑行的龙骨船。

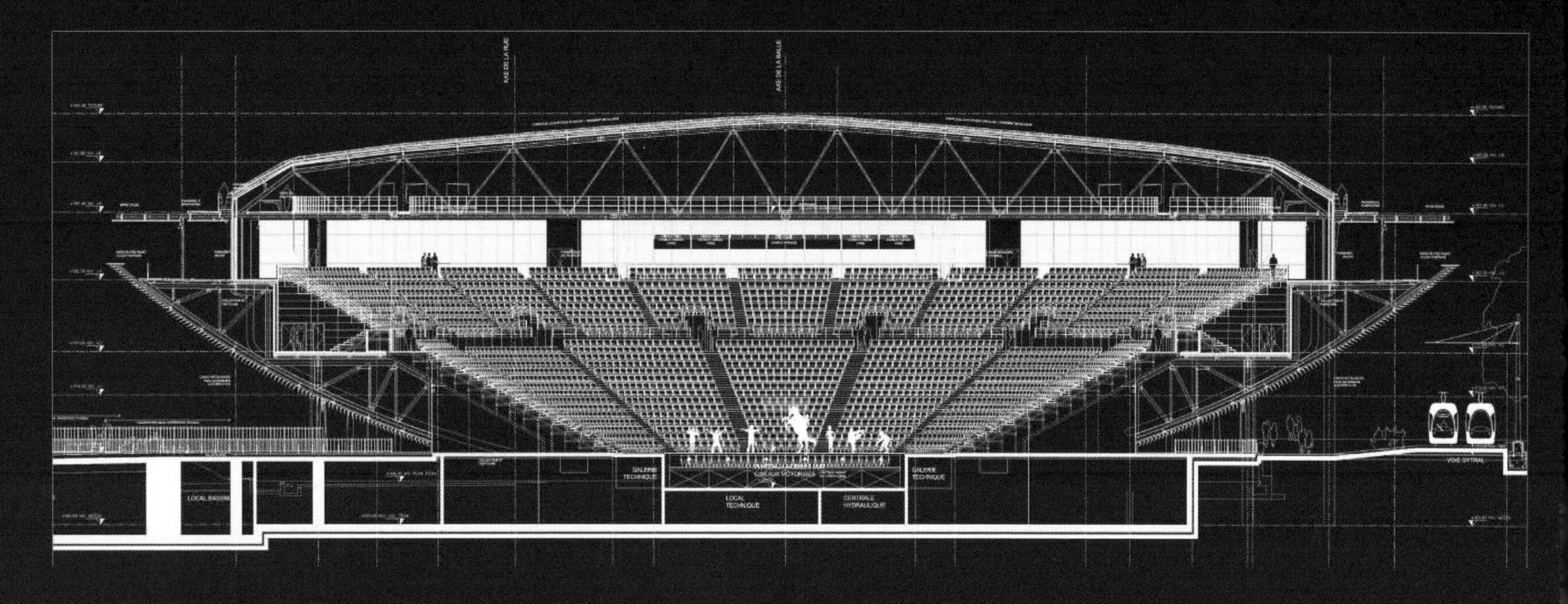
AXE DE LA RUE
AXE DE LA SALLE
GALERIE TECHNIQUE
LOCAL TECHNIQUE
CENTRALE HYDRAULIQUE
GALERIE TECHNIQUE
LOCAL BASSIN
VOIE SYTRAL

1989年　意大利蓬塔纳维（热那亚）伦佐·皮亚诺建筑工作室

这个建筑工作室坐落于利古里亚（Ligurian）沿海地区的传统梯田上，完全由玻璃搭建而成，屋顶使用木质层压板。20年后，这座玻璃屋与纳维别墅（Villa Nave）相连。纳维别墅是一个已翻新的热那亚古民居，现在是皮亚诺基金会所在地。

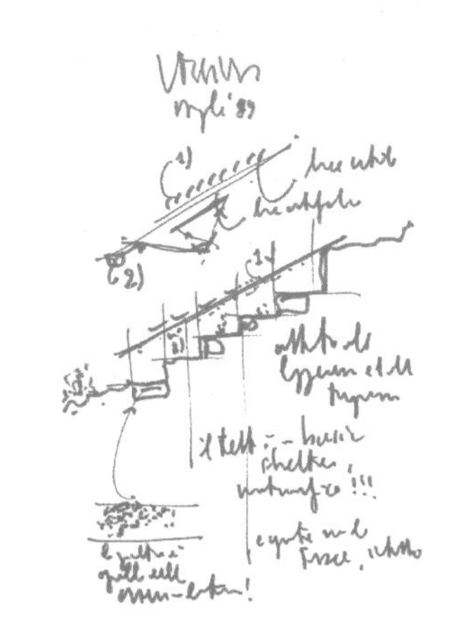

作为一名建筑师，我相信一个地方可以影响每一个人的感知、情感和活动。于是我不禁问自己：理想的工作室应该是什么样的？创作是困难的，但让自己处于最佳状态去创作更加困难。你需要平静但不失张力，沉稳但不失活力，时间与效率兼顾。设计师在这些问题上如履薄冰，正如豪尔赫·路易斯·博尔赫斯（Jorge Luis Borges）所说的："悬在记忆和遗忘之间"。我就想要一个那样的地方。

于是乎，伦佐·皮亚诺建筑工作室就这么诞生了。它位于热那亚西部的利古里亚海岸、沃尔特里（Voltri）和阿伦萨诺（Arenzano）之间，坐落在岩石之上，被大海、岩石和船只环绕着。在这里我们得以平静、沉默和专注——这些品质是我自己和建筑工作室在工作过程中必须具备的。

我不想被人误解，但这间办公室并不是一个与世隔绝的地方。不仅是因为有很多人在里面工作，还因为它能与全世界实时通信。工作室可以在这里，也可以在美国和中国。

我相信，人类一直都希望可以同时在几个不同的地方，在某种意义上，我们现在已经实现了。只是我们的普遍性不是物理上的，而是虚拟的高科技。这是一个我们的先辈无法得到的机会，不过对我来说，这就是一个馈赠。

项目是在一个特定的国家产生的，无论是在美国、德国还是中国，都是出于这个地方委托人的需要。但是这些项目方案通过网络已经"环游"一半的世界了，其中一些方案是在英国、法国和意大利完成的，通过空运或海运带到了需要的地方。一般来说，一个方案的组成部分来自五六个不同的国家。假如我们在神户工作，而美国有一种特殊的焊接技术，那我们为什么不利用呢？

这个道理反过来也一样奏效。有些人不得不在地球的另一边，比如新

伦佐·皮亚诺基金会总部——纳维别墅，与伦佐·皮亚诺建筑工作室一同坐落于山坡上

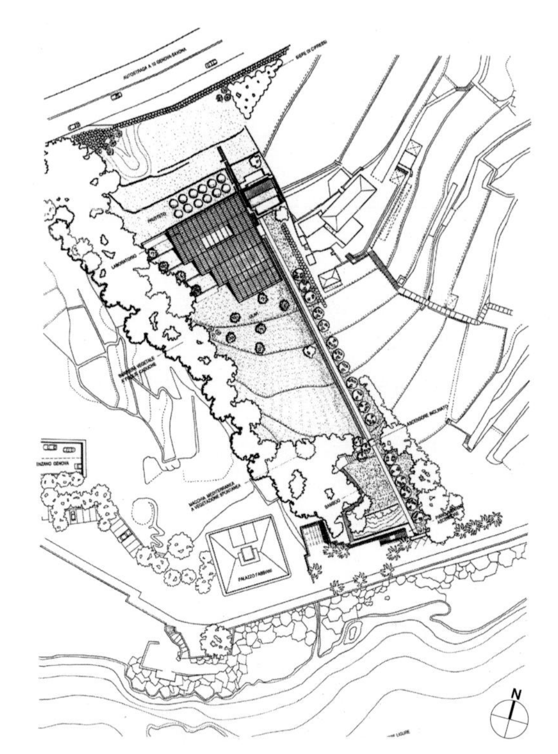

设计
1989年
施工
1989—1991年
用地面积
8350平方米
总建筑面积
790平方米
建筑高度
9米
建筑层数
地上6层

喀里多尼亚或是悉尼建造一座建筑，但他们可能会在热那亚的山腰上的蓬塔纳维（Punta Nave）找到他们需要的建筑师。

康斯坦丁·布朗库西（Constantin Brancusi）把他的工作室看作“一个容纳作品和创作作品的室内空间”。蓬塔纳维的工作室是我对这一观点的个人诠释，它是一个供人们工作的室内空间。我把它比作一个港口：人们来，人们去，但东西留下来。这些有着历史的东西（例如努美阿的竹子、林格托的灯管、柏林的陶瓦、伦敦的玻璃碎片）一起讲述着故事——我们的故事。

布兰库西认为他的工作室和他的作品是一体的，他认为早期作品可以启发和引导新作品的创作。对此我也有同样的感觉。当我在桌子边走来走去，看看新的设计，看看那些已经建成的项目照片和图纸时，我就能看见世界。

巴黎是一个在向心性、社会性和信息化方面都达到了最高程度的城市，有时甚至已经超过了这个程度。我爱巴黎，我也爱我在玛莱区（Le Marais）的工作室。我喜欢在星期天的早晨漫步穿过城区——这是一个你徒步探索的，可以结识人脉，可以向面包师和卖报摊主打招呼的地方。

蓬塔纳维的工作室是反思，甚至是孤独。不论是个人角度还是工作层面，这两者我都需要。社交生活、结识他人和交流观点是必要的，但有时候也需要一个庇护所，即便只是短时间的。这有点像一大片马赛克：你必须近距离工作，因为每片镶嵌块都必须安装到正确的位置；但每一次你都必须后退一步，才能看清完整的图案。玛莱区的工作室是一个混乱而又丰富的特写镜头，而蓬塔纳维的工作室是一个可以让我俯瞰下方的热气球。

伦佐·皮亚诺工作室是我对故乡的一个明显的致敬。它能够透进阳光和来自热那亚湾的反射。看起来就像一个温室，是众多散布在里维埃拉（Riviera）的这片土地上的其中一个，就像我们利古里亚人一样，稳稳地矗立在山与海之间。它坐落在一个梯田斜坡上，遵循了这片人工塑造的地形特点，甚至它的室内也顺应着同样的跌落式的阶梯结构。

这个工作室是由我的兄弟——埃尔曼诺的建筑公司建造的。这是自我最早期的项目开始，也是自我年轻时对临时建筑的研究开始，我们的第一次合作。建筑师和建筑商，这两个来自同一家庭的人在这次合作中得到了重聚。在蓬塔纳维，绿化是这个空间的重要组成部分。它的形态来源于耕作的需要：为了充分发挥这个特殊地形的优势，这块山坡已经被农民耐心地开垦成梯田。当地的植被，加上梯田，为我们提供了地方形态。

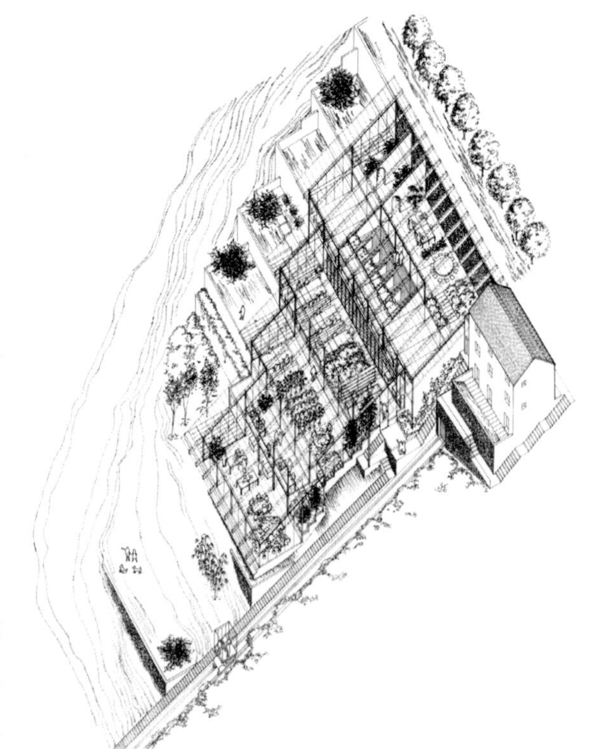

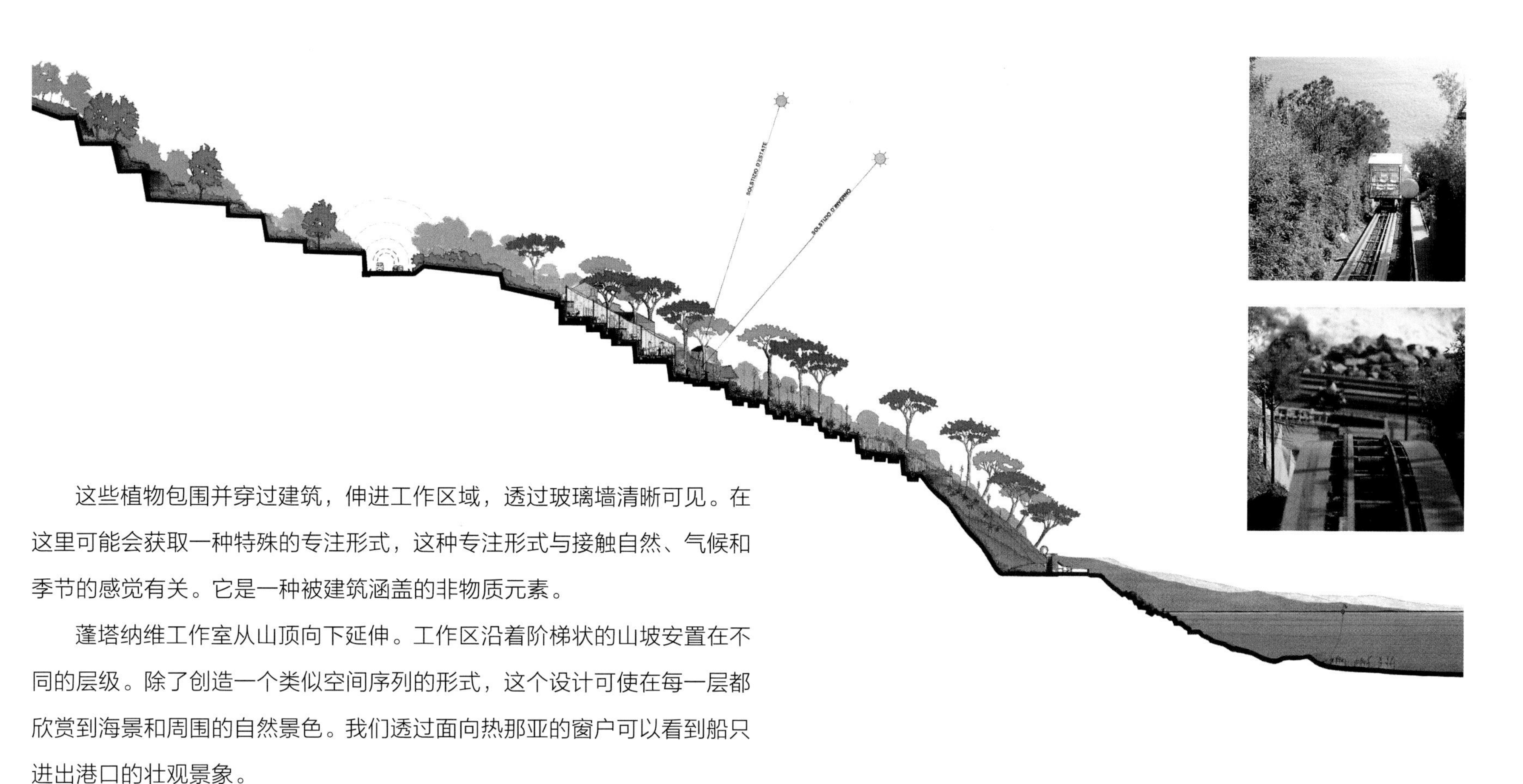

这些植物包围并穿过建筑，伸进工作区域，透过玻璃墙清晰可见。在这里可能会获取一种特殊的专注形式，这种专注形式与接触自然、气候和季节的感觉有关。它是一种被建筑涵盖的非物质元素。

蓬塔纳维工作室从山顶向下延伸。工作区沿着阶梯状的山坡安置在不同的层级。除了创造一个类似空间序列的形式，这个设计可使在每一层都欣赏到海景和周围的自然景色。我们透过面向热那亚的窗户可以看到船只进出港口的壮观景象。

阳光穿过倾斜的屋顶照亮了这些“台阶”，我们全天都在由屋顶百叶窗调节的自然光下工作。一盏灯，即便是最漂亮的灯，也会带给事物一种没有时间感的阴冷。我们这里的光是一部天然的时钟，它能随着一天中小时和天气的变化而变化，赋予墙壁、工作台和图纸不同的颜色。屋顶上的百叶窗投下条纹状的阴影，给所有物体表面都增添了可变的纹理。

在透明的建筑中，内部和外部的概念都发生了变化，它们之间没有严格的区分。我们与世界之间没有不透明的墙，只有一层无形的隔膜。透明建筑应该就是这样的。局限在传统建筑形式里的建筑师——他们采用商标，开发标签，生产一成不变的产品，往往都会走向衰落。

这个工作室有一条绝美的通道。在海平面上的是蓬塔纳维别墅和基金会的总部，这一点我稍后会来讲解。从马路到这个“温室”工作室所在梯田的这段上坡路有一部透明的观光索道，它在开阔的天空下沿着一根非常陡峭的缆绳运行，这根缆绳就像是附在山坡轮廓的沟壑。大约在半山腰处，地形迫使缆绳的倾角发生突变，于是就产生了坐“过山车”的效果。孩子们真的很喜欢坐这个索道，而且不只他们，很多人都喜欢。

当你乘坐索道爬升越过植被时，海景逐渐开阔，直至进入整个地平线。这时我们的“温室”出现了：整座建筑就像蝴蝶的单边翅膀一样伸展开来。索道缆绳一侧是直边的，在这一边，沿着玻璃墙的内侧有一组楼梯连接着所有的楼层。建筑的另一边是由上至下逐渐变窄的阶梯状，可以欣赏到广阔的海洋和植被。

主导结构的可见元素显然是由木板层叠而成的木梁构成的骨架屋顶。整个屋顶结构由细长的钢柱支撑，耦合元件也是由钢制成。另外，墙壁清一色全由无框玻璃板构成，并且仅由以相同玻璃材质制成的薄舌片固定。

建筑外墙朝外的一侧选用毛石作为饰面，朝内的一侧涂抹的是当地建筑最典型。

光线的调节依靠一个百叶窗自动控制系统。装有太阳能电池的传感器使叶片在外部光线增强时关闭，黄昏时分再使灯亮起来。这些从玻璃墙照射进来的光线投射到顶棚上的反光屏，即使是人工照明，光线也能这样投射。

建筑师一生都在建造房屋、工厂和工作室，以满足他人的需要。这次我们也量身定做一件“服装”满足自己的需要。我之前说过，蓬塔纳维工作室是一个庇护所，是对过量信息的一种应对。它和与城市隔绝没有任何

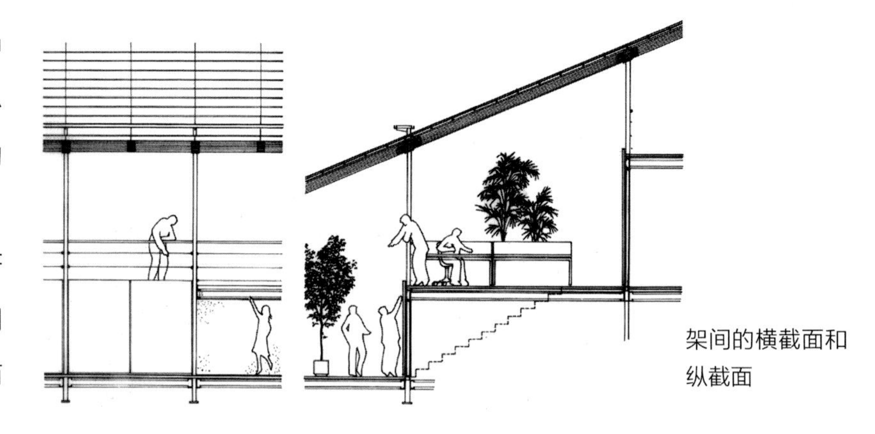

架间的横截面和纵截面

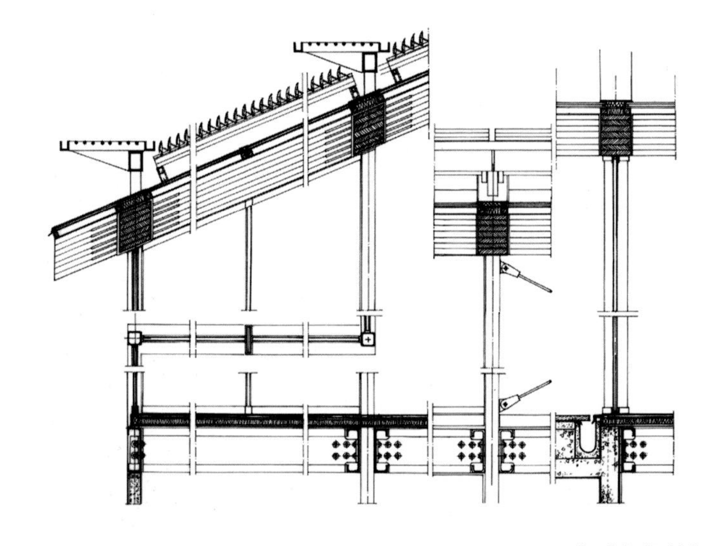

标准架间的细部

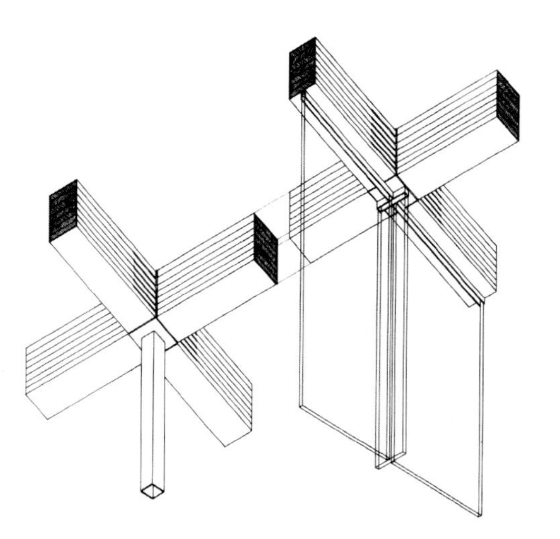

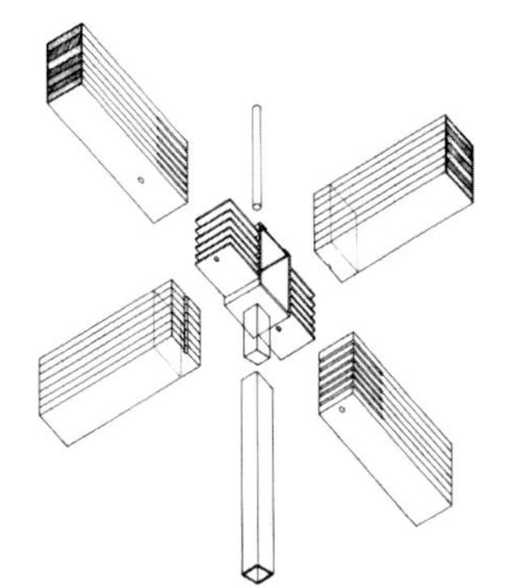

梁和钢柱的等距视图（左上图）；梁、玻璃肋和玻璃幕墙的等距视图（右上图）

梁与支柱顶部接合处构件的等距分解图

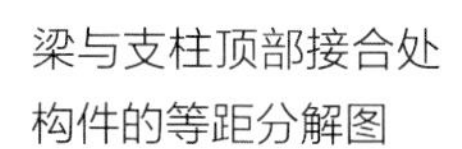

关系，与城市隔绝是一种我既不宣扬也不会采用的态度。相反，我喜欢把这个地方看作一个后城市的工作室。

我的工作室是由空间、阳光和大自然组成的，符合勒·柯布西耶的理论，但它是通过实时通信与整个世界相连的。在这个方面很大程度上归功于雷纳·班纳姆对“良好环境”的研究。实际上，它是把科技用在为人类服务的地方，而不是反之。

蓬塔纳维工作室的建筑形式其实就是我的工作方式——参与与反思、技术与思想、对传统的热爱和对新事物的不断探索。但它也是一座体现我和我们的道德准则的建筑。建造它所用的机器不会破坏大自然，而是帮助我们更好地与自然共存。这个空间没有层次体系，但设计的目的是为每个人提供同样舒适的、没有障碍的工作环境。建筑师、研究人员、客户、技术人员都聚集在同一个倾斜的屋顶下，在这座建筑的各层都彼此可见。

在工作室下方，是经我们翻新过后的一座面朝大海的别墅，是伦佐·皮亚诺基金会所在地。我对它非常在意，因为它代表了我教学和传授知识的方式。它被称为纳维别墅（Villa Nave），于 2008 年开放。它包括了原建筑的保留部分、供教学的教室和档案室，但它并不是博物

维勒别墅“活生生”的档案室以及教室，在那里会举办研讨会和会议

伦佐·皮亚诺基金会的档案室

馆。相反，我喜欢把它想象成“阿里巴巴的洞穴”，因为在这里你可以进行创作，一次又一次努力尝试，一次又一次的成功和失败；是一个既显示已完成的项目，又显示正在进行项目的“活生生”的档案室，在项目完成之前它可能是千变万化的。

基金会的日常活动是对青年建筑师进行培训和教育，包括学术研究、出版图书和举办展览。我称它为“手工工厂”（bottega），这是一个起源古老而崇高的概念。

每年我们都会在热那亚和巴黎的伦佐・皮亚诺建筑工作室（RPBW）为即将毕业的 15 名学生提供实习机会。我们挑选出来的这些学生来自与我们有协议关系的建筑系，他们是来自墨西哥、中国、乌干达、印度等国的年轻人。我们的工作室里至少有 15 个不同的民族在同一个屋檐下工作，似乎在大学中选拔人才也应该考虑到这种民族的多样性。

所有的一切都是基于一个非常简单的宗旨——“在实践中学习”，以文艺复兴时期的工作室“手工工厂”为参考原型。知识可以通过信息传授，也可以通过实例和参与传授。我们则选用第二种方法，创办了一所实践性的学校。但实际上既没有课程也不会上课，更没有预先安排好的教学计划。在这一年中，都会有建筑师中的学生与项目领导者并肩工作，参与到团队工作的每一个阶段，包括会议、共同评审、与客户协商和参观施工现场。他们是这个群体中不可或缺的一分子。

这个主意是我在一次日本之行时想到的，当时我和妻子米莉正参观伊势神宫（Ise Shrine），它被认为是神道教最神圣的地方。伊势神宫每 20 年就会被拆毁和重建一次。这种传统始于公元 7 世纪，一直延续至如今。神宫上一次重建是在 2013 年。

这大概就是它的规律：年轻人在 20 岁时去伊势学习如何修建神社，然后在 40 岁时修建神社，最后在 60 岁时教授即将取代他们的接班人。在每 20 年以完全相同的方式重建一座神社的想法似乎很奇怪，但也有一些深刻的意义。

在某种意义上，伊势神宫是对生活的隐喻。也是从中产生了这些年关于“手工工厂”式基金会的想法。

1989 年 日本熊本县 牛深大桥

这座 883 米长的桥梁选用 150 米的连续梁架，其曲率顺应了曲线路径。尊重环境的意向和风况决定了设计走向。

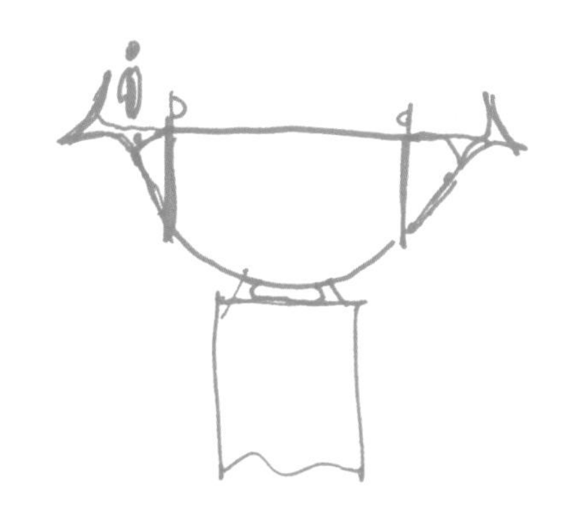

设计
1989 年
施工
1989—1996 年
大桥长度
883 米
大桥宽度
16 米
地基标高
34.8 米（150 米长的连续梁设在水面以上 19 米处）
横梁高度
4.8 米

另一个与大海关系密切的项目是牛深大桥（Ushibuka Bridge），它连接了天草群岛（Amakusa Archipelago）的三个岛屿。它长约 900 米，是为了加强港口和城市南部地区之间的联系。

牛深位于日本南部的熊本县，以渔业资源为主。我们受该地区的总管森喜朗小川（Hosokawa Morihiro）的委托建造了这座桥。他是当地贵族家庭的后裔，有着强大的文化背景，曾短暂担任过日本首相。

该项目的要求基本表现在两个问题上：一是我们希望保持优美的自然环境；二是我们必须确保人们的安全，尤其是强风下的行人和骑自行车的人。

为了不干扰海湾的形式平衡，我们认为对环境的响应必须非常清晰，非常几何化。于是我们用一条弯曲的路径将三个岬角连接在一起。它是一个弓形的坚实的标志，而不是仅由若干直线段组成那样的松散。出于同种原因，我们使用长度为 150 米的连续梁架，将辅助墩的数量控制到最少。

我们采取了两种措施应付风力。桥的下表面是弯曲的，以降低气压；风洞试验中的特制挡板放置在道路两侧，以保护步行或骑自行车的人。这两个部分产生了一种不寻常的视错觉：曲形的下部甚至似乎都没有接触到辅助墩，这营造了一种非常轻盈的感觉；通过挡板的反射，还突出了装饰在梁架上的光影图案。

在某种程度上，日本所有的桥梁都使用这种技术。通过对结构进行处理，他们避开了大体积的劣势，缩小了结构的规模，并让这个桥梁呈现出优雅的形态。

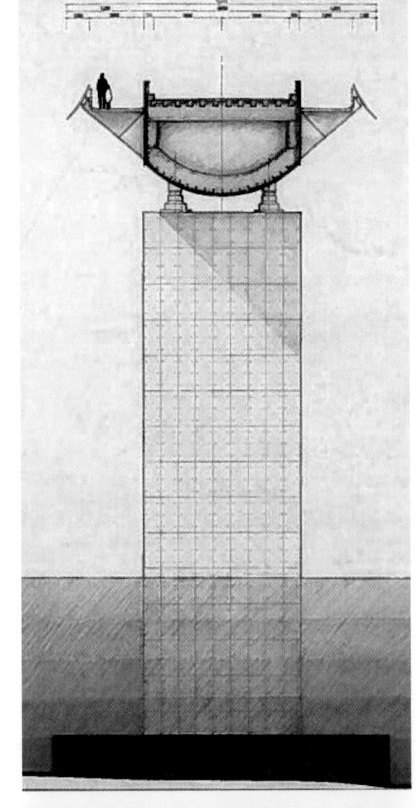

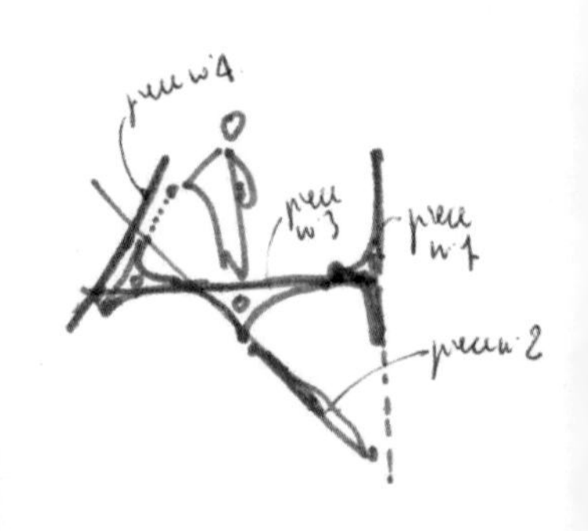

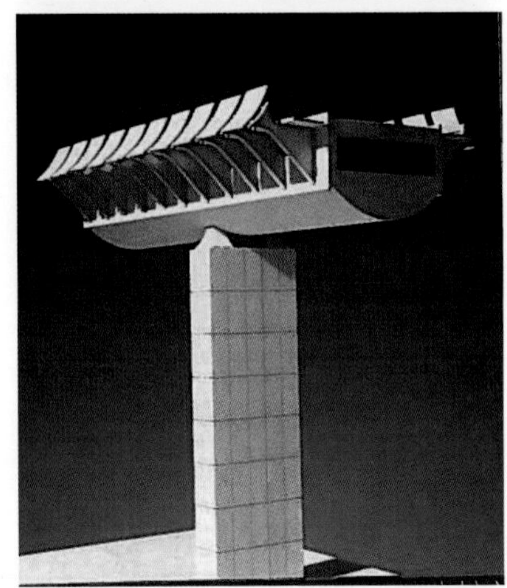

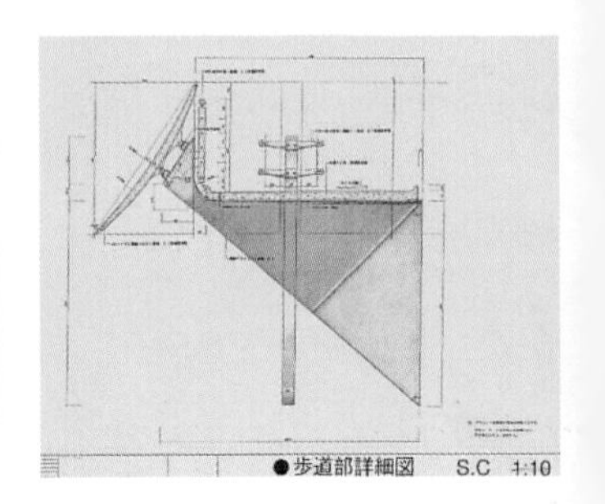

N

1991 年　新喀里多尼亚努美阿 让 - 马里 · 吉巴乌文化中心

该文化中心由 10 座大小不同、功能各异的“房子”组成，用作卡纳克文化（Kanak Culture）的研究基地。这是一个真正意义上的村落，有着自己的道路、绿化和公共活动场所等，虽坐落于岸上却与海洋紧密相连。设计上着重考虑利用空气的自然流动，以及使用现代设计手法表达太平洋传统文化。

竞标
1991 年
设计
1991—1993 年
施工
1993—1998 年
用地面积
8 公顷
总建筑面积
7650 平方米
（共 10 座建筑，分三种不同尺寸：其中四座 63 平方米，直径 8 米；三座 95 平方米，直径 11 米；其余三座 140 平方米，直径 13.5 米）
建筑高度
20 米；22 米；28 米
建筑层数
地上 1 层 + 地下层数各有不同
礼堂
400 个席位

卡纳克人遍布太平洋，特别集中在新喀里多尼亚（New Caledonia）。以努美阿（Nouméa）为首都的群岛是法国的海外领土，如今正朝着独立的和平进程发展。在谈判过程中，地方当局要求巴黎政府资助一个颂扬卡纳克文化的项目，并且他们同意出资了。

该中心以 1989 年遇刺的前卡纳克领导人让 - 马里 · 吉巴乌（Jean-Marie Tjibaou）的名字命名。项目的规划范围广泛，举办的是永久性展览，展示的是这个地区的传统和重新赋予其生命力的事件。比如，舞蹈在卡纳克文化中占据重要地位。在某种意义上，这个中心是传统与现代之间，也是卡纳克人的过去与未来之间的桥梁。

被选定的建筑公司应邀进行项目竞标。我们在新喀里多尼亚的冒险就是这样开始的。

当谈到“文化”时，我们满脑子都是自己的文化——一碗由莱昂纳多 · 达芬奇和弗洛伊德、康德和达尔文、路易十四和堂吉诃德混合而成的“杂烩汤”。然而在太平洋地区，不仅烹饪方式不同，食材也不同。我们可以以超然态度接触太平洋文化，坚持自己的看法。或许我们也可以试着去了解它是如何产生的，为什么它会朝着某些方向发展，是什么样的人生哲学塑造了它。

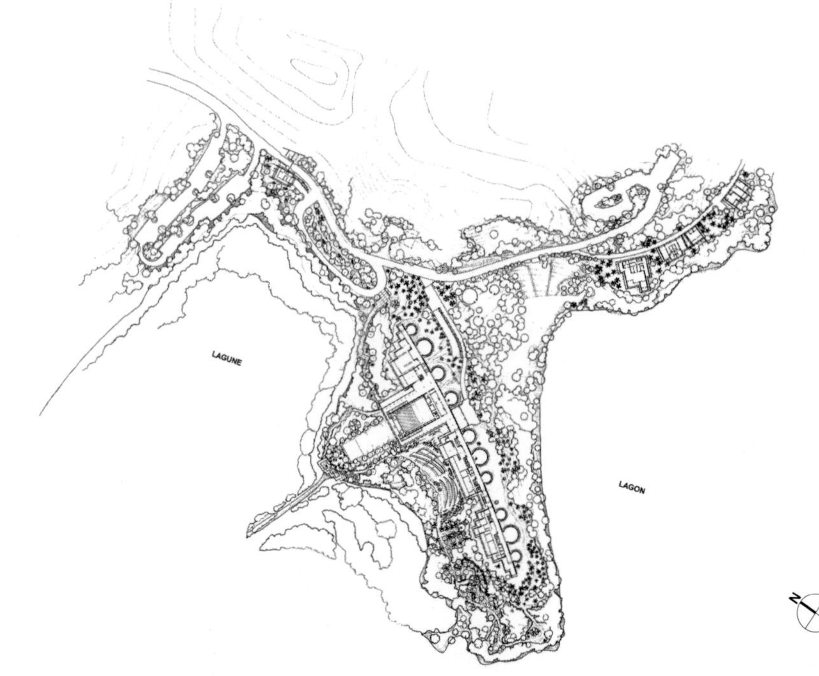

我们决定只将建筑工作室在创造空间和建筑方面的专业知识带去。建筑师是懂得如何为他人建造房屋的人：他们知道要使用什么样的材料和结构；他们研究风向和潮位；他们控制生产过程和必须使用的工具。换句话说，他们知道如何建造以及为什么建造房屋、桥梁和城市。所以我告诉自己，作为一个建筑师，我可以带着能工巧匠的骄傲接手这个项目。但我却只有这些。至于地方、环境、传统以及人们的期望等其他方面，我只是一

个学徒。在这里一切都必须学习。

我们不得不在地球的另一端，与直到几个月前我们才了解的伟大的民族一同工作。我们不是被要求打造一个旅游胜地，而是创造一种象征意义——一个歌颂卡纳克文明的文化中心、一个向外界介绍卡纳克人并将他们的记忆传给后代的地方。其他任何要求都不可能承载如此具有象征意义的期望。

对这个方案的应对要满怀勇气并保持谦逊。这意味着要摒弃欧洲建筑师的思维模式，让我们自己沉浸在太平洋人民的世界中。和人类学家聊天可能看上去很轻松，但是在卡纳克的宴会上，如果试着用你自己的话表达同样的概念，所有的一切都会变得很生硬——包括语言、礼仪、吃的食物，还有吃东西的方式。

太平洋精神是短暂的，卡纳克传统的建筑也不例外。它们是为与自然和谐相处而生的，使用的是天然的易腐材料。因此，村落在时间上的延续性不是基于单个建筑的保持时间，而是基于对拓扑结构和施工方案的维护。

我们在起草项目方案时，致力于两个层面。首先，我们寻求与该地区建立强有力的联系，将项目选址嵌入该岛的中心地理位置；其次，我们从当地文化中提取了动态元素，即将建筑与居民生活联系起来的张力。这可能就是我们中标的原因。我们的方案是通过采纳卡纳克的思维方式而诞生的。

让－马里・吉巴乌文化中心坐落在努美阿东部的岬角上，自然环境十分优美。它表达的是一个与自然和谐相处的古老传统，这个中心不是（也不能）被封闭在一个纪念馆内。实际上，它不是一座单体建筑，而是一个种植着树木、有着功能分区和路线，且有虚有实的村落与开放空间的集合体。

这里三面环海，植被茂密。人行小径从绿化带中蜿蜒而过，通向村落。这个村落是与环境紧密相连的建筑群，其半圆形的设计形成了开放的公共空间。这些空间用于展示卡纳克人生活的方方面面，并定期重现其古代的仪式。

沿着岬角的山脊有一条略微呈弧形的线性道路连接着这个建筑群中的建筑。这些建筑与传统卡纳克村落之间的视觉联系非常明确，不仅因为是建筑物的布局，也因为它们的形式。它们实际是由木制托梁和桶状肋骨构成的富有古代特色的棚屋结构，其内部具备应用现代技术的所有可能性。这 10 个大空间都有自己的主题，并意外地通向穿过中心的道路，由此提供了一个从压缩空间到开阔及不可预知空间的、充满戏剧性的通道。

外表面的棱宽度不同且间隔不均匀。这就产生了视觉上的轻微震动，增强了与被风吹动的植被之间的亲和力。材料选用几乎不需要维护的伊罗

让－马里・吉巴乌

与马里－克劳德・吉巴乌（Marie-Claude Tjibaou）和阿尔班・本萨（Alban Bensa）在一起

与主管此项目的伦佐・皮亚诺建筑工作室（RPBW）合作伙伴保罗・文森特（Paul Vincent）在一起

科木，并且我们使用它的方式让人想到了缠绕植物纤维的当地建筑。

该项目的特点之一就是我们对材料质地的关注。事实上，我们使用了胶合层板和天然木材、混凝土和珊瑚礁岩石、铸铝和玻璃板、树皮和不锈钢。这都是为了追求细节的丰富性和复杂性。

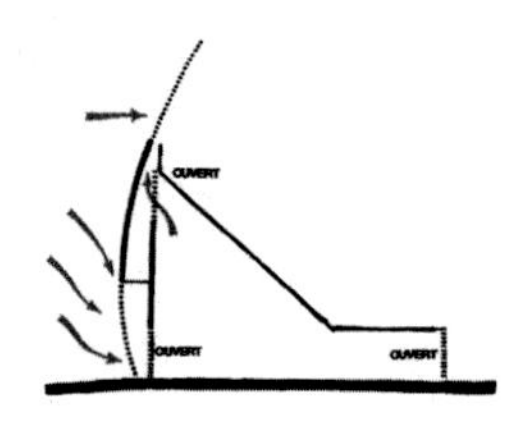

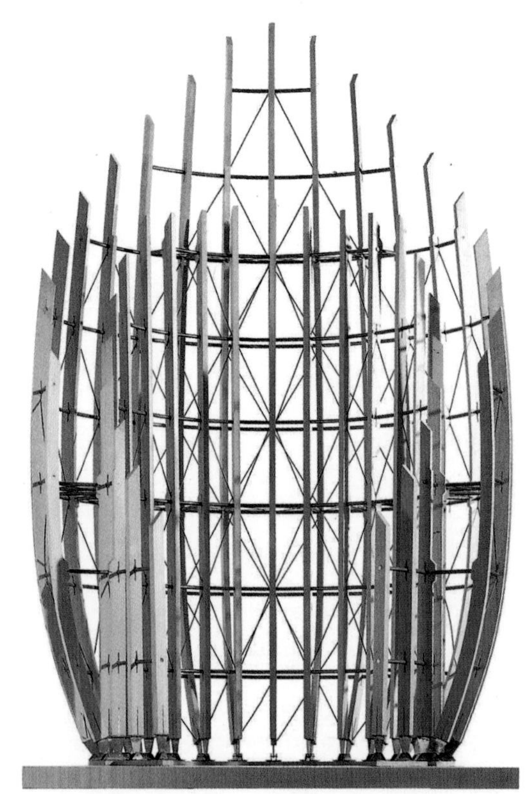

虽然基本模型是一致的，但内部空间可以有完全不同的特点。展览用的棚屋覆盖着白色内面的嵌板，而用作教室的棚屋则会放置书柜等物。如果功能需要，屋顶和侧面会是透明的，玻璃窗外部安装百叶窗。

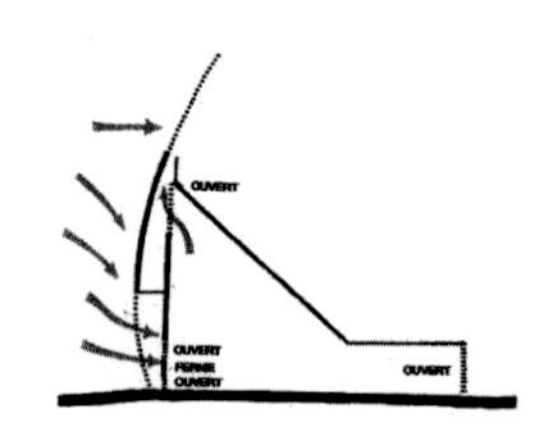

由于建筑群对传统植被和定居点强烈的形式影射，棚屋成为统一此项目的元素，同时也是主导因素：它们有 10 座，大小各异。有的相当小，而有的则与周围高大的树木差不多。最高的一座有 28 米高，相当于一栋 9 层楼的建筑，是一个清晰可见的地标。

这些建筑是典型的卡纳克文化与环境和谐共处的表现。这种和谐的关系不仅是审美上的，而且也是功能上的。根据新喀里多尼亚的气候特点，棚屋配备了高效的被动式通风系统。再次采用了“双层幕墙”，使空气在板条层之间自由循环。外壳上的小孔设计能够控制来自海洋的信风并诱导所需的对流。

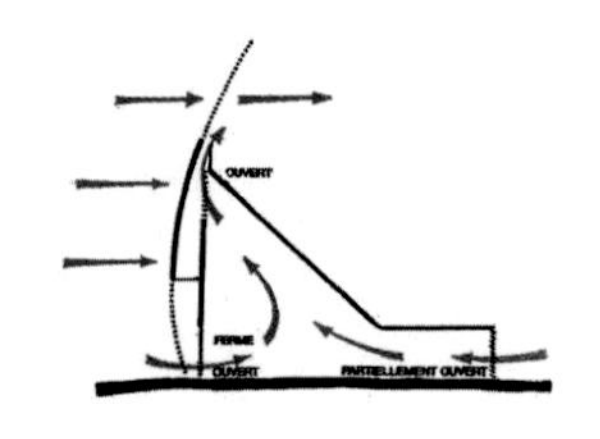

空气的流动由可调百叶窗调节，微风可使百叶窗打开，以达到通风效果。随着风力的增强，它们会从底部开始逐渐关闭。该系统由计算机辅助设计，并在风洞中进行了仿真模型试验。这个通风系统也带给棚屋一种“声音”，它们一起发出独特的声音，是卡纳克村落或森林的声音。再或者，假如你是一名水手，这就是大风天海港的声音。

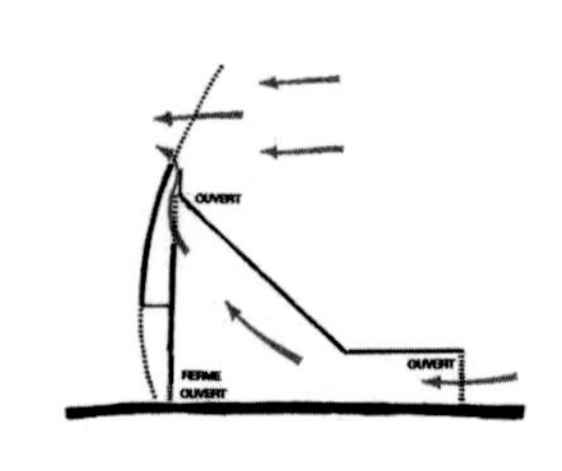

通过一条沿着海岸蜿蜒的步道进入让 - 马里・吉巴乌文化中心，标志着一种维度的变化。从停车场开始，这条道穿过茂密的植被，到达岬角上的楼梯，最后到达通往文化中心入口处即接待处所在的庭院。

该文化中心分为三个村落。第一组村落致力于展现卡纳克特色和展览卡纳克与南太平洋的艺术收藏品。在靠近入口的棚屋里，是一个向游客介绍卡纳克文化的永久性展览。歌颂卡纳克社会历史和岛上自然环境的建筑位于更深处，不远处有一块用于临时展览的场地。这个村落还有一个可容纳 400 人的部分下沉的礼堂，礼堂前面有供露天表演的圆形剧场。

自然通风系统功能图及风洞试验

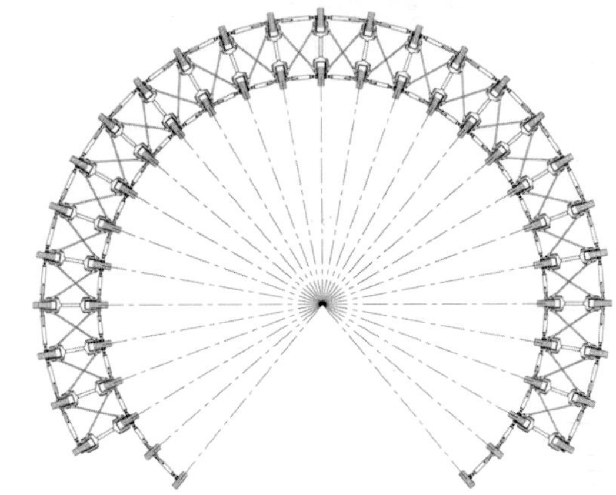

第二组村落是该文化中心的办公室，供历史学家和研究人员、展览馆策展人和行政人员使用。这里同时也是多媒体图书馆的所在地、一个致力于当代艺术的空间。在较低层的一组梯田上种植了该群岛传统的作物样本。

支撑结构的细节：肋架的连接钢筋和锚定在地面的元件

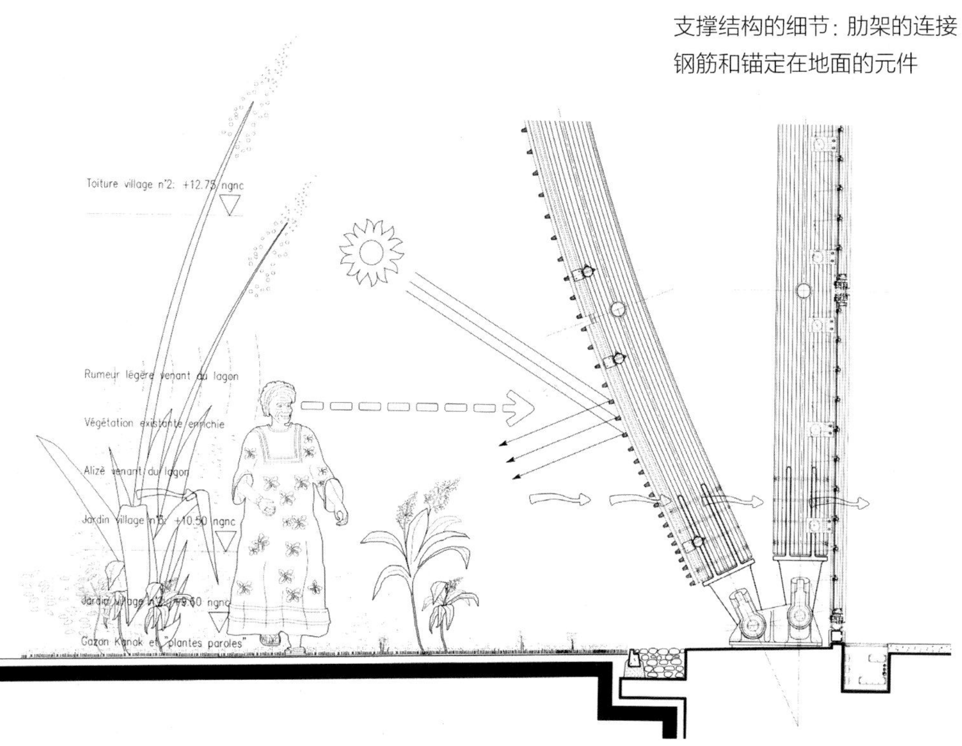

第三组村落位于客流量较少的地方，这里有一个诉说着让－马里·吉巴乌一生的展厅和会议室。这里有舞蹈、绘画、雕塑和音乐工作室。可以说这是一所学校，在这里孩子们可以了解太平洋艺术的形式和语言。

另一条道路铺设在濒海湖的边缘和岬角的顶端之间。这一次的主题是在人类学家阿尔班·本萨的帮助下构思完成的，他从头到尾都参与到我们的项目工作中。这条路被称

为“历史之路”，以卡纳克式的表达方式，引用来自自然界的隐喻演绎了人类的进化历程；将创造比喻成一朵被开花的树木包围的睡莲，农业的象征是岛上那个种植了红薯和其他食用植物的典型梯田，环境、死亡和重生等主题也以同样的方式表达。

让 - 马里·吉巴乌文化中心的项目方案我是与保罗·文森特一起在工作室完成的，这是极具探索性的一刻，也是一次伟大的人类和建筑专业的经历。在我们涉足的其他领域的众多项目中，这次也许是最大胆的。

在整个项目中，我们不断地被一种恐惧所困扰，即害怕陷入对民俗的模仿，害怕误入庸俗和如画的领域。在某一点上，我们决定淡化对当地民俗的过于直白的引用，缩短垂直元素的长度，并给予建筑外壳一个更开放的形式。实际上的最终效果正如我们最初计划的那样，棱条并不在顶部汇集。风洞试验证明我这样做是对的，这使它产生了更为有效的动态通风效果。

一路上我们得到了很多支持和理解。岛上的居民认为这些棚屋是有诚意的一种尝试，是为了融入太平洋精神，向当地文明致敬。卡纳克人相信这个项目有着巨大的价值，并帮助我们改进了它。让 - 马里·吉巴乌的遗孀——奥塔夫·托格纳（Octave Togna）也不知疲惫地与我们并肩作战。

除了善意、拒绝殖民主义和尊重其他文化之外，必须说的是，这里没有其他的选择了。基于我们自己模式的提议在努美阿根本行不通，一个普遍性的错误观念将导致我们把历史和进步的精神范畴应用到它们所属的环境之外，这将是一个严重的失误。建筑中真正的普遍性只能通过与文化根源的联系、对过去的感激和对“场所精神”的尊重来实现。

该中心分为三组村落：第一组致力于介绍卡纳克，展览卡纳克和南太平洋的艺术收藏品，外加接待台；第二组村落是多媒体图书馆和致力于当代艺术的空间；第三组致力于介绍让 - 马里·吉巴乌一生的展厅，还有会议室

1991年　瑞士巴塞尔 贝耶勒基金会博物馆

另外一个博物馆，这次是掩埋在巴塞尔郊区的植被中。进一步发展了顶上采光的理念，博物馆和场地的关系交给石头和植物种类来处理。

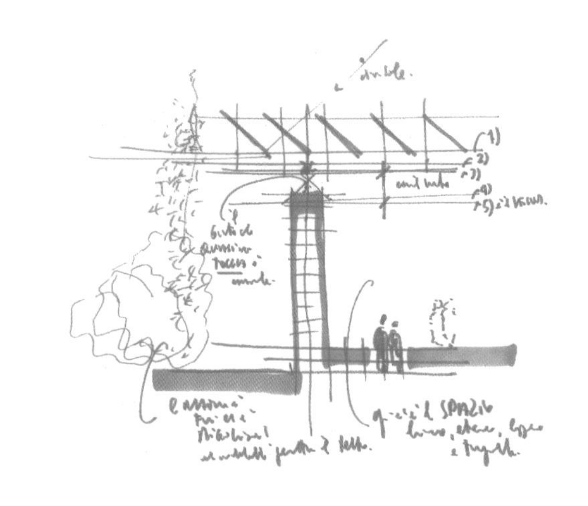

在梅尼尔（Menil）夫人之后，我有机会和另一位收藏家一起合作——厄恩斯特·贝耶勒（Ernst Beyeler）。这两个人在某些方面非常相似，他们也都使我领略了产生出现代艺术资助人的某些精神。

艺术家创作了一件作品，而收藏家则创作了一系列作品：这是他或她的艺术形式，一种对美表达赞美的方式。通过建立博物馆，收藏家为他们的作品提供了家，并保护它们永远不受外部世界的损坏，同时也给了它们第二个身份。一幅画将不仅作为毕加索或康定斯基的作品，而且还将作为贝耶勒的收藏品为人们所记住。

厄恩斯特·贝耶勒是一个要求很高的人，尤其对他自己。他是一个完美主义者并且不喜欢惊喜，所以在交予我们工作之前他会要求看我们所有的作品。作为一个委托人，他建立了密切的工作关系，总是保持警惕性并且消息灵通。我们必须非常谨慎地理解和阐释他的要求，同时也必须坚持我们的立场，以防止自己误入歧途。

贝耶勒基金会博物馆位于巴塞尔（Basel）附近的里亨（Riehen）。它矗立在古老的树木之间，19世纪这里曾经是伯沃别墅（Villa Berower）的私人公园。

在规划上，博物馆和它的委托人一样精确和严谨。四个南北方向且相同长度的主要墙体分别与边界墙体平行，展览画廊以直线形式穿过由此产生的空间。在这部分中，它更具动态性。这些墙体的高度各异，最东边的一条延伸到公园里，成为一堵引导游客进入入口的矮墙。

这座建筑有一个平坦透明的屋顶。我们做了很多次试验再次表明，顶上采光能够使展品呈现更柔和、更自然的颜色。这个屋顶在某种程度上独立于建筑，它由一个非常简单的金属结构支撑，屋顶大大超出了围墙所限定的范围。从下面的画廊看不出支撑结构，这便创造了一种明亮的感觉，与岩石般坚固的外墙形成了对比。

设计
1991—1994年
施工
1994—1997年
（1999—2000年延期）
用地面积
16808平方米
总建筑面积
4636平方米
总展览面积
3764平方米
收藏空间面积
2496平方米
临时展览面积
1268平方米
建筑高度
8.25米（内部4.8米展览高度画廊）
建筑层数
地上1层+地下1层

与伯纳德·普拉特纳（Bernard Plattner）（左）、伦佐皮亚诺建筑工作室负责该项目的合作伙伴，以及客户厄恩斯特·贝耶勒（中）在一起

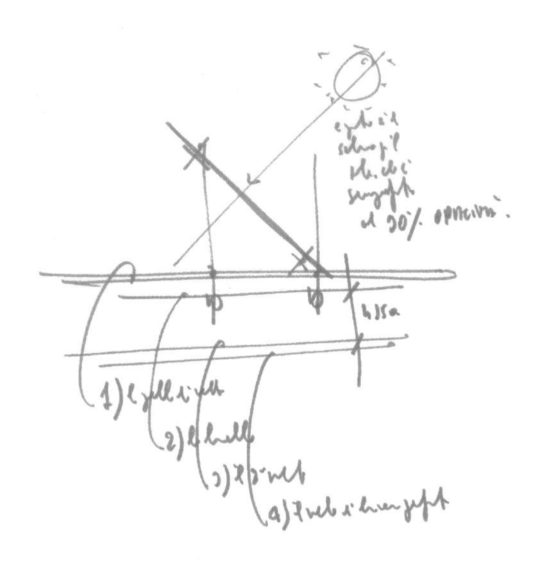

屋顶棚系统设计的第一个研究模型

所有的墙，也包括沿着公园边界的那堵墙，这些墙用一种石头所筑，这种石头效仿了来自世界另一边的巴塞尔红砂岩。红砂岩是我们用来向这个地方致敬的。事实上，这种石头本应该是为让建筑外观看起来像是当地岩石，而不幸的是它是一种很容易老化和剥落的石头，在这种情况下，它会持续带来维护的问题。

出生于瑞士的伯纳德·普拉特纳是一位有耐心的建筑师，同样也是一位有耐心的建造师，他不会轻易放弃。他在秘鲁马丘比丘（Machu Picchu）的山坡上也发现了类似的石头，我们便去看了一下，但恩斯特·贝耶勒还是不满意，最终我们在阿根廷找到了他想要的东西。我们还找到了一种将材料运往欧洲的方法：一艘俄罗斯货船，我们甚至不得不应对海员的罢工。正如我说过的，我们的职业充满了冒险。伯纳德能解决一切问题，我从来没有怀疑过他的能力。他和我们项目当地的工程师约尔格·伯克哈特（Jürg Burkhardt）都拥有战胜任何困难的杰出能力。

在西面突出的屋檐下，一堵玻璃墙划分出一个狭长的阳光房空间。它既是一个雕塑陈列馆，也是一个让游客从强烈的艺术情感和博物馆稀薄的光线中回过神来，可以适应公园的绿化、阳光，能宁静地享受自然的空间。我认为沉思如果要成为一种神圣的品格，就必须交替进行身体和精神上的休息，那么这个阳光房便代表了这个“互补”的方面。

空间由体量、高体量和低体量、压缩和扩张、平静和紧张、水平面和倾斜面构成：它们都是激发情感的元素，但并不是唯一的元素，我认为它是非常重要的无形空间要素。毕竟，这一研究方向是我们建筑的主流之一。哥特式大教堂用直插云霄的空间感动我们，但也通过把一缕缕阳光射入黑暗教堂的细长窗户和光滤过彩色玻璃的颜色激发我们的情感。我们必须通过创造戏剧性的空间、宁静的空间、参与性的空间、隐蔽的空间来回馈我们的职业，这种能力能够唤起情感，这种选择与设定的功能和用途相关联。

当你在创建一个博物馆时，完美的采光是不够的。你需要的不止

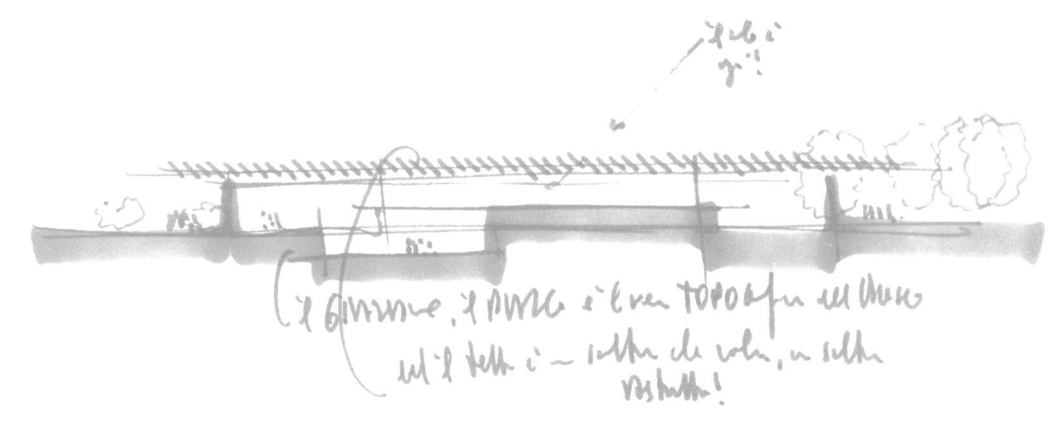

屋顶：透明屋顶是由一个轻型金属结构支撑，并一直延伸到红色斑岩墙的外围

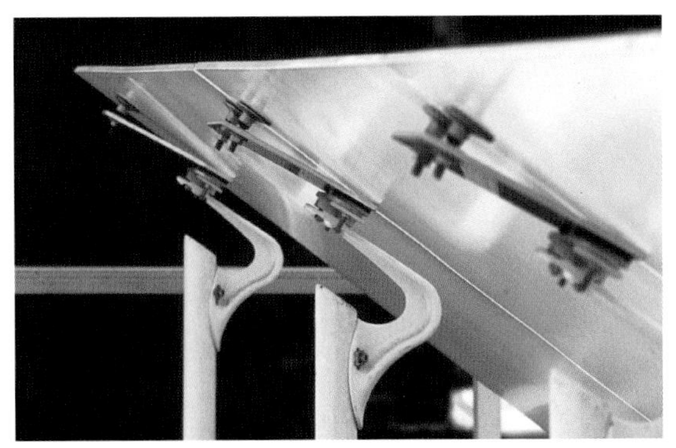

这些，你需要平静，需要静谧，需要具备一种与沉思艺术作品相关联的撩人的品质。这就是厄恩斯特·贝耶勒有一天在引用马蒂斯的《奢华、平静和性感》（*Matisse's Luxe*，*calme et volupté* ）时对我说的话。

最后一件轶事。建筑完工后，厄恩斯特·贝耶勒打来电话告诉我他想把博物馆加长 20 米。我问他是不是在开玩笑，但他向我保证他不是在开玩笑：他想扩大临时展览的空间。因此，在博物馆开馆几年后，我们扩建了这座建筑。你看不出建筑有哪些地方被改动过——因为材料和细节都和原来一样。

1991 年　意大利圣乔瓦尼·罗顿多（福贾）教士朝圣教堂

越来越多的朝圣者被伟大的信仰和一些神话故事所感动，涌向了这座比约神父（Padre Pio）曾经居住过的教堂。该项目所面临的挑战在于将当地的石头用作教堂的结构材料。

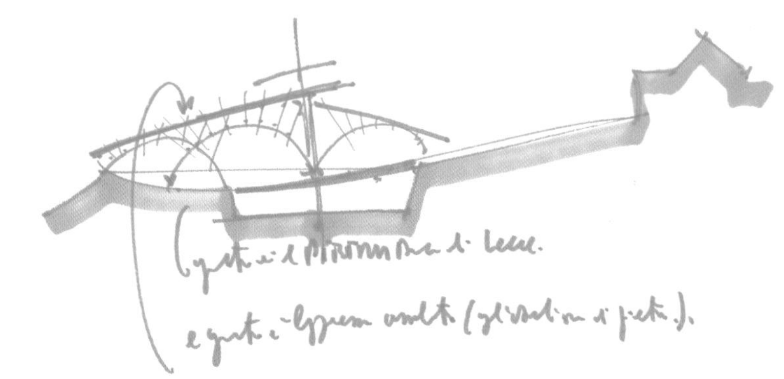

我常常把固执看作一种积极的品质。我并不认为固执是那些拒绝接受批评者的顽固态度，而是为了维护自己的内心而坚持自己的想法。在这种情况下，坚持是一种道德要求，更是一种使命。这让我想起了杰拉尔多神父（Padre Gerardo），他是该省的财务部长，拥有对圣乔瓦尼·罗顿多（San Giovanni Rotondo）的管辖权，归彼得雷尔西纳的比约神父（Padre Pio of Pietrelcina）维持治安。

一个世纪以来，这个位于普利亚（Puglia）区的小镇吸引了大批朝圣者。有一次他们来听比约神父的布道。比约神父一生被视为圣人，如今朝圣者来纪念他，庆祝他被封为圣徒。在 20 世纪 90 年代初，兄弟们决定建造一座更大的教堂，以便能给如此众多的信徒（每年几十万人）一个合适的接待。上帝的道路是无限的，于是我们永远无法知道是谁指引了杰拉尔多神父（Padre Gerardo）来到我的家，和后来监督这项工作的工程师朱塞佩·穆西亚夏（Giuseppe Muciaccia）一起来的。

杰拉尔多神父提出请求时非常客气：他询问我能否为他们设计一座寺庙，我犹豫了一下，然后拒绝了，因为我觉得这个想法太吓人了。我以为这就是事情的结局，但事实上，这仅仅是个开始。第二天早上，我收到一封不寻常的传真，这是来自杰拉尔多神父亲自的祝福。第二天、第三天、接下来的三个星期每个早上都会收到，直到我做出了妥协：“在你的忍耐中占有你的灵魂”（《路加福音》第 21 章第 19 节）。

如今这座为比约神父建造的教堂坐落于圣乔瓦尼·罗顿多山顶，离卡普钦（Capuchin）修道院和现有教堂都不远。这里有一条新修建的林荫大道，它的修建是为了引导大批朝圣者从城外到达这座圣所。就像阿西西（Assisi）一样，引导的道路旁建有一堵高墙，高墙上面挂着八个用来召唤朝圣者敬拜的大钟。这些钟声配合着远处巨大的石头十字架（近 40 米

比约神父到达时的修道院

设计
1991—1995 年
施工
1995—2004 年
用地面积
38000 平方米
总建筑面积
20400 平方米
教堂面积
6000 平方米
建筑高度
20 米（39.73 米，包括十字架）
建筑层数
地上 1 层 + 地下 1 层
容量
室内 6500 人，
室外 30000 人

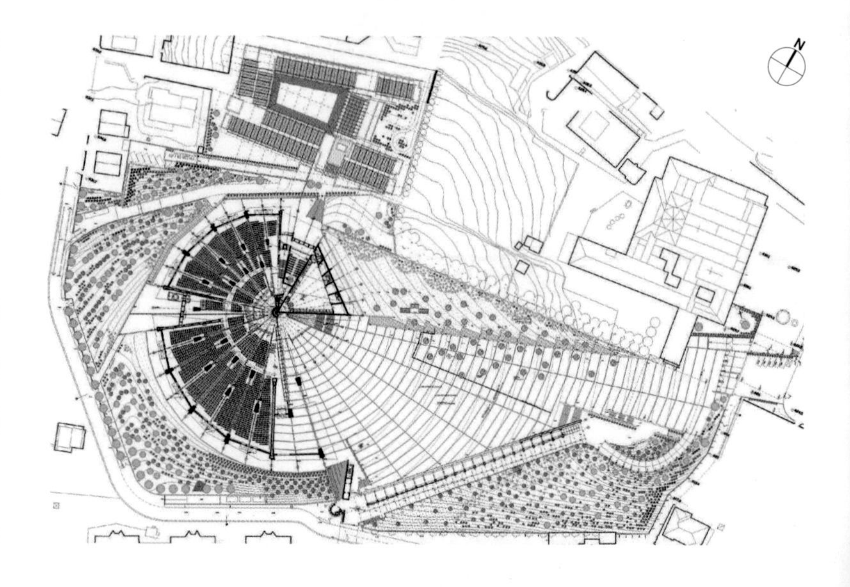

高），到前面的平原和到远处的大海都给人清晰的距离感受。游客只有在靠近教堂时才能看到教堂，因为教堂并不是很高，四周被树环绕。

这个三角形状并且轻微倾斜的广场引导着朝圣者们从修道院前往教堂。宗教节日期间，它可以容纳数万人。另外，它还可以容纳 6500 个座位供人们在这里做礼拜。

乔治・格兰迪（Giorgio Grandi）负责这个项目。其目的是建造一座开放式的教堂，既不能恐吓到朝圣者，又可以引导朝圣者进入的一座建筑。基于这个原因，建筑没有建造一个丰碑式的外观，而只是设计了一个简单的玻璃立面。掀开挂毯，透过玻璃墙，从广场上就可以看到教堂的里面。屋顶镀铜的翅膀以友好的姿态朝着广场的方向伸出。铺装延伸到教堂又能更好地融合“室外”和“室内”，强调教堂对所有人开放的理念。室内的铺地成凹形，营造出一种铺地与穹顶相呼应的效果。这座教堂是呈螺旋形结构的，它的最高点在教堂的前面，逐渐向下倾斜到另一边。

在梅尼尔藏馆（Menil Collection），光线被有意用于空间的非物质化，创造一种能让人专注于欣赏艺术作品的环境。在比约神父的教堂里，我们赋予光一种不同的角色。教堂里的照明是漫射的，同时，有一束光直接落在祭坛上。

这创造了一种戏剧性的效果，这种效果在宗教场所中很常见，能让人们把焦点集中在宗教仪式上。洗礼池分隔并连接了大型的空间，同样让光线穿过花园照到教堂也能产生这样的效果。

图像所扮演的角色也有非常重要的。许多艺术家被要求解释克里斯皮诺・瓦伦齐亚诺（Crispino Valenziano）拟订的图解方案。

正如彼得・莱斯所说，石拱呈放射状排列。多亏了新技术（用计算机和数控切割机进行结构计算），我们可以尝试全部使用最古老的建筑材料这种新方法。在皮亚诺所设计的教堂里，石头不仅用于地面铺装和屋顶，还用作结构材料。主跨度长 45 米，这可能是有史以来最长的用石头建造的支撑拱。

这种理念并非是为了满足自我崇拜式的创造最高纪录。我们只是想探索在哥特式大教堂建成近 1000 年后的今天，该如何处理这些石头。但是还有另一个因素，在圣乔瓦尼・罗顿多，教堂与山上的石头融为一体。墙壁、护墙板、拱门和大十字架都是用石头建造的。我们坚持使用单一的材料是为了使设计成为表达的关键，而不是技术，这是一种精确而正式的选择。建筑工作室又重新研究了陶土、木头和石头等在最古老的建筑作品中发现的元素，并试图以某种方式重塑它们的用途。有时候这些材料

教堂的内部空间由 22 个拱门构成，这些拱门完全由来自阿普里切纳（Apricena）的石头建造而成。教堂呈螺旋形的布局：它从广场高处开始逐渐向另一端倾斜。这些拱门围绕祭坛呈放射状排列，从结构的中心开始分为两行：一种内部的拱（所有的拱都有一个共同的中心柱）和一种外部的拱。它们交错 10°，并且跨度和高度逐渐减小。最宽的拱门是与广场相接的拱门，宽约 45 米，高 15 米以上

乔治・格兰迪伦佐・皮亚诺建筑工作室（RPBW）负责该项目的合作伙伴

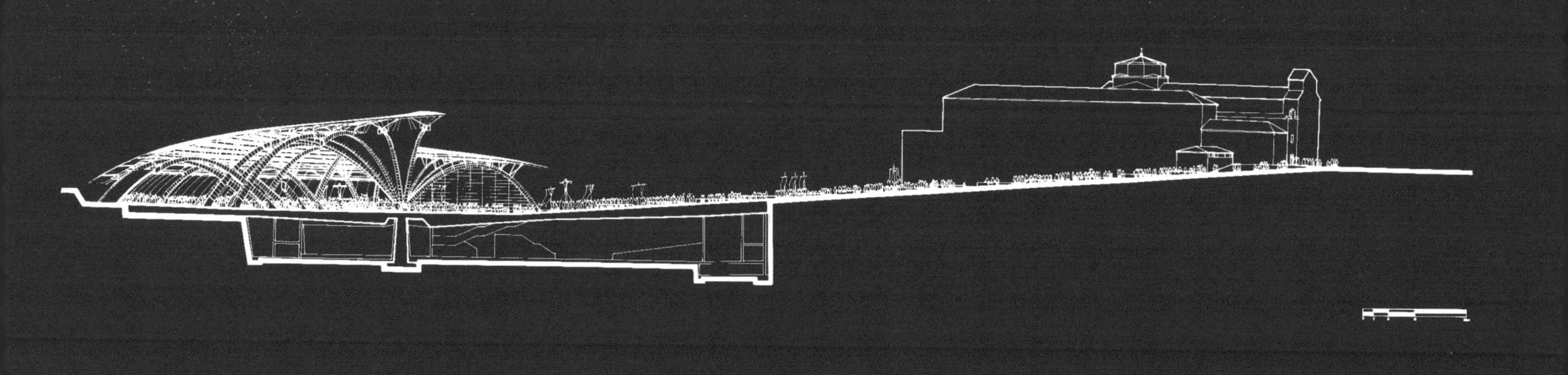

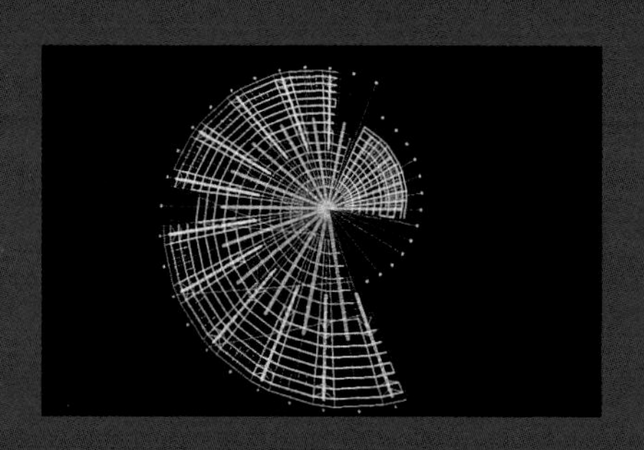

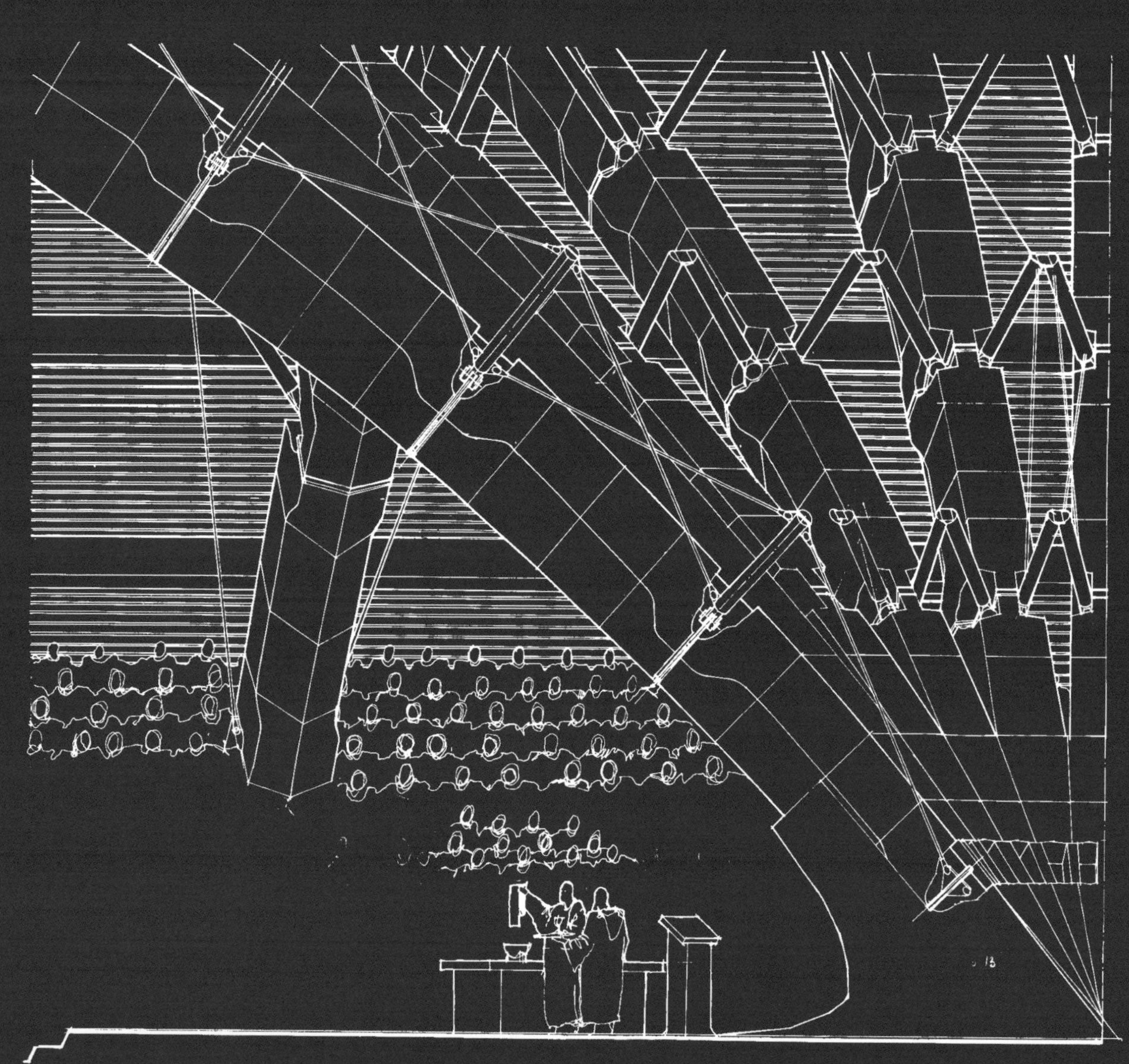

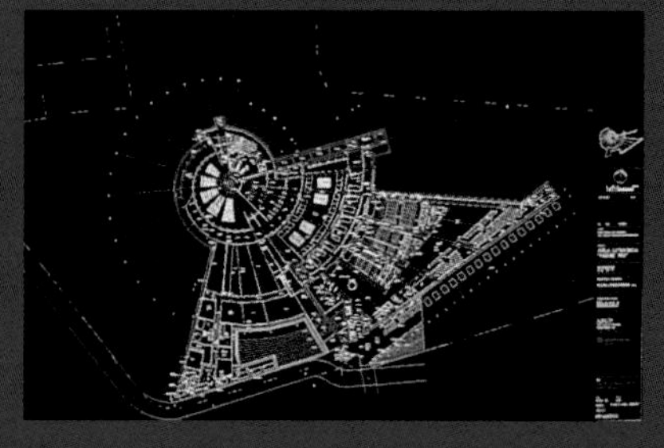

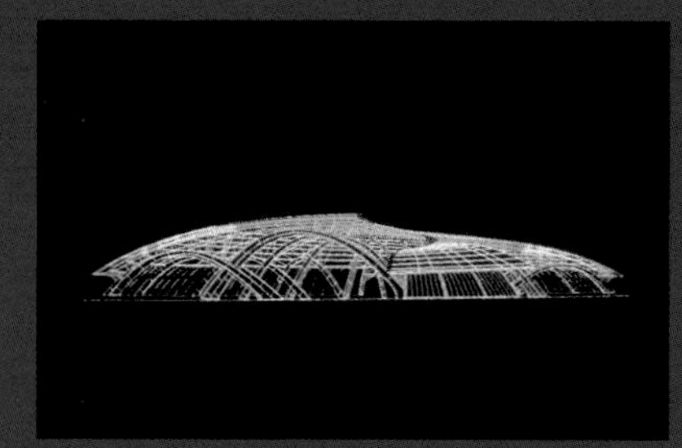

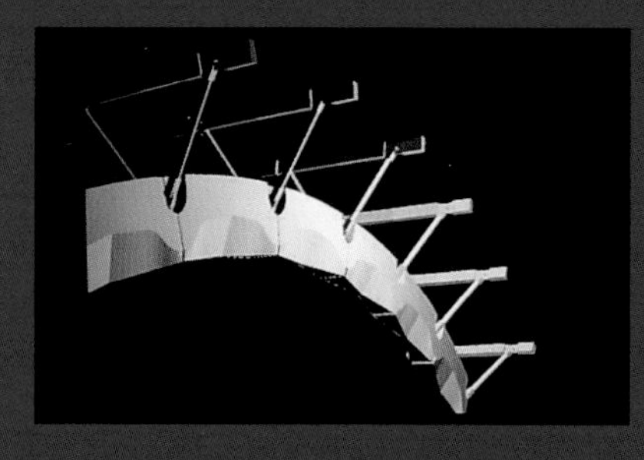

会用来支撑结构，比如在这种情况下的石拱。在其他时候，它们用作装饰面和点缀，比如，用于建造声学与音乐研究与协调研究所（IRCAM）塔楼的挤压陶瓦。在这两种情况下，都重新发现了它们的功能特性与它们对环境贴切的表达密切相关。使用自然的材料和形式常常会引起一种质疑，即我们在工作中模仿自然。这种质疑是不成立的。模仿自然是我们的天性，也是一种合乎情理的方式。建筑物的屋顶可能看起来像贝壳。贝壳是一种惊人的结构，是数百万年进化的成果。但是把屋顶看作贝壳的隐喻是错误的，它也并没有隐喻的意义。教堂就是教堂，贝壳就是贝壳。

所以，与其说是模仿，不如说是暗示。正如你所知道的，就像音乐中经常发生的那样。你意识到你听到了一段话或一个短语，但你不知道它是什么。在这里，我们再次发现结构、空间和感受之间的这种关系，这也是我们日常工作的中心。

1992 年　美国得克萨斯州休斯敦 塞·托姆布雷馆

这座位于梅尼尔藏品区的小型建筑是塞·托姆布雷（Cy Twombly）作品的永久性展览。和主博物馆一样，这里的主要光源是自然光，光会透过四层叠加屋顶照进建筑里。

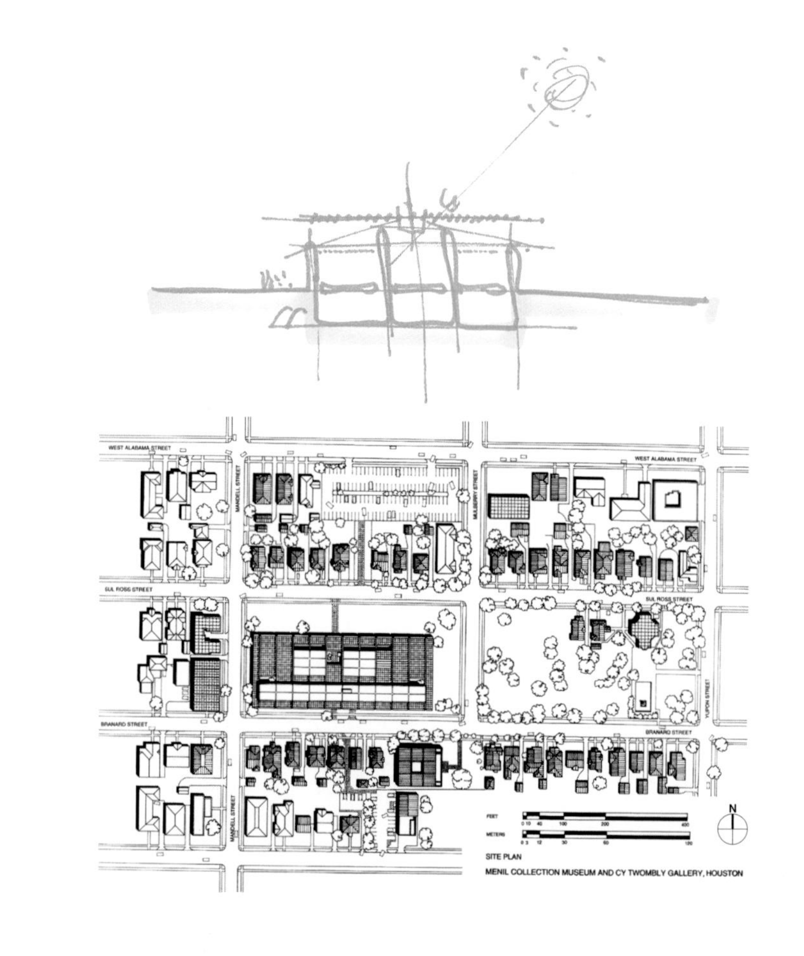

这一切都始于多米尼克·梅尼尔（Dominique de Menil）和保罗·温克勒（Paul Winkler）的一次拜访。他们想在梅尼尔藏品的旁边建立一个约 1000 平方米的小型博物馆，专门为塞·托姆布雷（Cy Twombly Pavilion）的作品举办永久性展览。展馆既是博物馆的一部分，但同时又有别于博物馆。塞·托姆布雷是梅尼尔夫人最喜欢的艺术家之一。他是一个腼腆而又保守的人，当被要求在不同的设计之间做出选择时，总是选择最低调的。有人提议用石头做外表面，但他更喜欢用原始的混凝土。在地板的选择上，他希望使用保持自然状态的美国橡木板，而不是像梅尼尔博物馆里的那种黑色颜料一样的地板。

新的美术馆坐落在构成“博物馆村”的平房中间。与梅尼尔收藏博物馆不同的是，新的美术馆的表面是木制的，由赭石色混凝土制成，产生了截然不同的两种效果。由于内部光线更稀薄，托姆布雷展厅给人一种更安静，更朴素的感受。

与博物馆不同的是，这座新建筑除了展览空间外什么也没有。这个房间是基于 1 米 ×1 米的结构网格而设计的，每边重复三次。

屋顶被设想成一系列叠加层，光线可以透过它照射进去。最上面是一个金属格栅，最下面由布料织物构成。在这两层之间设置太阳能导流板网格和用来固定天窗的玻璃表面。曾与我一起在梅尼尔收藏博物馆工作的石田顺治和马克·卡罗尔（Mark Carroll）以及迈克尔·帕莫尔（Michael Palmore），都为这个项目做出了宝贵的贡献。

在梅尼尔博物馆，作品往往是轮换着展出的。托姆布雷展馆设有永久展览，这意味着作品更容易被光线损坏。因此，光的强度需要减少到 300 勒克斯，而博物馆则为 1000 勒克斯。此外，地板由天然木材制成，可以反射更多光线，有助于增强光的漫射，避免光线直接并强烈照射到人眼。

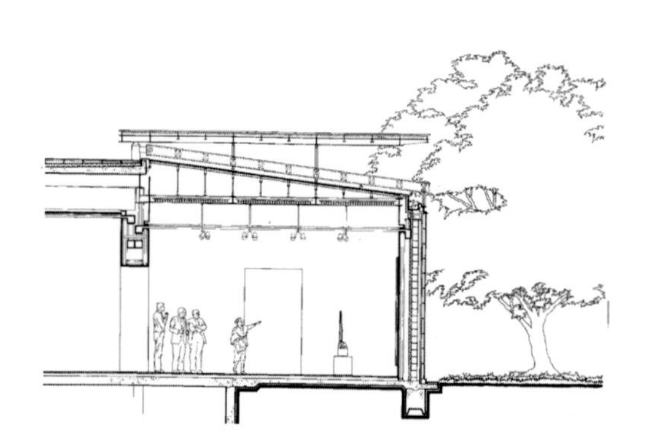

设计
1992—1993 年
施工
1993 年—1995 年
总建筑面积
864 平方米
建筑高度
7.3 米
建筑层数
地上 1 层 + 地下 1 层

在新馆开幕当天，我有机会与塞·托姆布雷进行深入交流。当天诗人奥克塔维奥·帕斯（Octavio Paz）也在那里，他谈到了托姆布雷的作品与小博物馆的气氛之间的关系。他们两人都对这一稀薄的光线印象深刻，因为它有助于使艺术家极其微妙的涂鸦更加生动和神秘。

与奥克塔维奥・帕斯和塞・托姆布雷在一起

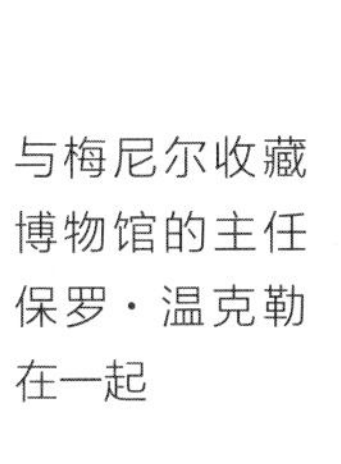

与梅尼尔收藏博物馆的主任保罗・温克勒在一起

1992年　法国巴黎
布兰库西工作室

该项目涉及需要重建位于银帕斯·龙桑（Impasse Ronsin）的康斯坦丁·布兰库西（Constantin Brancusi）工作室，该工作室位于蓬皮杜中心前，于20世纪50年代末拆除。这是一个忠实于原作精神的重建项目。

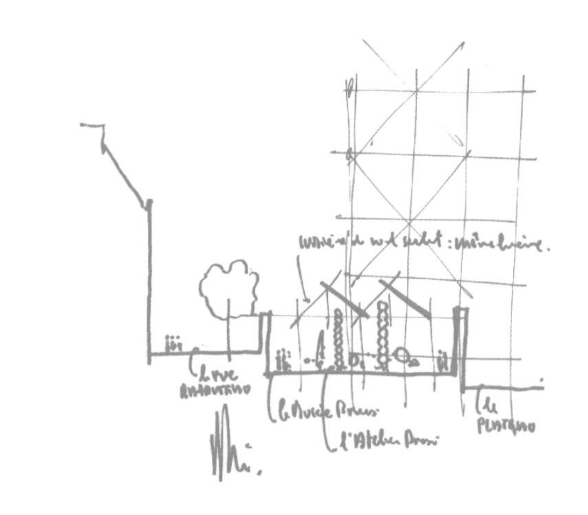

设计
1992—1994年
施工
1995—1997年
用地面积
650平方米
总建筑面积
530平方米
建筑高度
7.2米
建筑层数
地上1层

有时我对透明度的坚持被误解，甚至被视为对建筑“空间”迟钝。在我们的职业术语里，说一个人没有空间感是最致命的侮辱。我认为这是遗传的因素。当一切都尘埃落定后，轻盈与我们对建筑最深刻的感知相冲突。在我们的潜意识里，我们在“房子”“庇护所”“保护”与“坚固”之间所做的关联，是一个自然的关联。

我们会本能地在建筑物中寻求围合、界定。空间其实是不存在的，除非它被精确地（并且严格地）限定。我认为这样空间概念会使我感到恐慌。我对空间概念的理解比较轻松。认为建筑的空间只是一个缩影，是一个内在的景观。而我什么都没创造。让我们以布兰库西在银帕斯·龙桑的工作室为例：对他来说，这是一个带有隐喻的罗马尼亚森林。这个空间是一个整体，里面包含了雕塑、石块、树干等物体。其中有些已经是艺术品，另一些则是正在制作的艺术品。布兰库西看不出他们之间有什么区别。

布兰库西的工作室便是他最重要的艺术作品。他发明的机器、初级钻机虽然改变了他的工作，但因为旋转十分缓慢，以至于需要几分钟后我们才意识到它们在移动。这是一种需要缓慢改变的内在景观。这就是他的工作室所追求的精神。

在布兰库西去世前不久，政府决定彻底拆除银帕斯·龙桑地区[许多艺术家在那里工作，包括年轻的让·丁格利（Jean Tinguely）]。因此，布兰库西立下遗嘱，把他的所有作品——雕塑、素描、油画、照片都留给法国政府，条件是这些作品必须留在他自己的工作室里。他是想阻止推土机吗？或者他只是想把自己的作品从分散中拯救出来，以确保它们被创造出来的环境所保存？

当接到建造布兰库西博物馆的任务时，我们与认识布兰库西并与之

共度时光的人进行了长时间的交谈。庞图斯·胡尔滕是我们第一个咨询的人。我们试图搞明白忠实于艺术家的意志到底意味着什么。想要创建一个他的工作室精确副本的想法立刻被否定了。它到底有多完美？连墙上的裂缝和地板上的污点都一样完美吗？其重建的结果将会是一个毫无意义的蜡像博物馆，或者它最多能成为一个在人类学上重建艺术家生活的练习。我们必须做什么和我们已经做了什么，对伯纳德·普拉特纳来说，是为了重现被爆炸的艺术包围的感觉，这种感觉由不同阶段的许多作品组成。这项工作是由整体而不是部分组成的。它由艺术作品和其他可能成为艺术的作品所组成——也就是说，是过程而不是（表面的）最终结果，这就是布兰库西工作室的精髓所在。艺术是一个连续统一的整体，将内容与其载体不可分割地结合在了一起。

康斯坦丁·布兰库西在银帕斯·龙桑的工作室中拍摄的自画像

1992 年　荷兰阿姆斯特丹尼莫科学博物馆

这是尼莫科学博物馆的一座新建筑，用于互动科学和技术的展览。大的倾斜屋顶作为一个公共广场，可以俯瞰阿姆斯特丹。

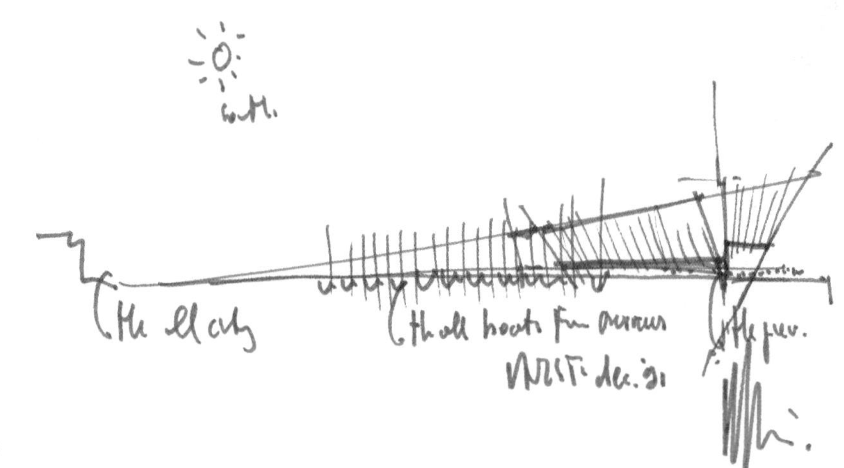

尼莫科学博物馆独自矗立在阿姆斯特丹港上，朝着大海的方向伸出。它位于水下公路隧道入口的正上方，该隧道在奥斯特多克（Oosterdok）下方，向北延伸。在一个不得不从海洋中夺取生存空间的城市——实际上是整个国家——还有什么地方比这里更适合建造一座科技纪念碑呢？荷兰是一个空间很紧张的国家，没有空余空间可以放置这样一个博物馆，但该位置允许建立这样一个与城市互不打扰的博物馆。

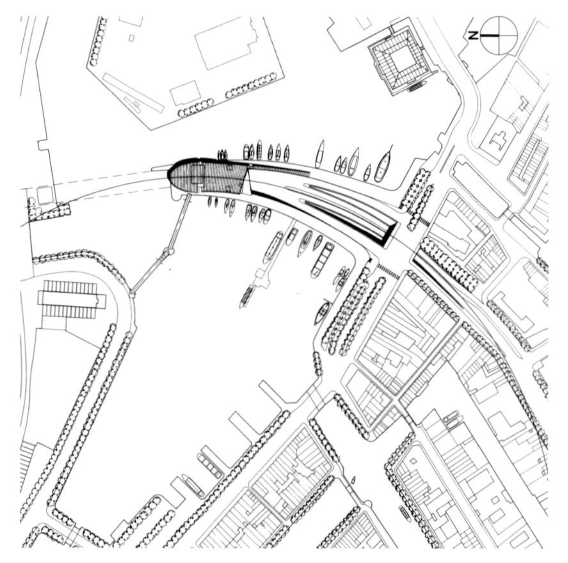

设计
1992—1994 年
施工
1994—1997 年
用地面积
10965 平方米
总建筑面积
11675 平方米
建筑高度
31.45 米
建筑层数
地上 5 层 + 屋顶广场

阿姆斯特丹以平坦的地形而著称，但它可能是欧洲为数不多的没有广场、城墙和露台等公共空间的城市之一。当然，你可以从房子的窗户看到城市的风景，但并不能从街上看到这些风景。在巴黎或罗马，你可以爬上楼梯，看到广阔的城市展现在你面前，但在阿姆斯特丹却不能这样看到城市美景。我们的屋顶也是一个广场，这可能是阿姆斯特丹唯一一个可以看到这座古老城市的高架公共场所。这也是城市中的一项规划特色。

那里存在着与现有场所的冲突，并且冲突还很激烈。传统主题不是这块场地的本性，而是 25 年前建造的一项工程作品。尼莫对其环境的反应是很清晰的，结构强调了它的三维性，然后出乎意料地形成了一种向上和向外投射的形式。

在尼莫的建筑底部，汽车可以下行穿过海底的隧道。在建筑物的一侧，我们设置了一个斜坡，用以引导行人向相反的方向走到斜坡屋顶，斜坡屋顶承担了一个广场的功能。广场是开放型的，是一个散步的好去处，可能是因为有充足的阳光（当有阳光照射时）。广场是为了安放互动式雕塑而建造的。例如，游客可以了解到太阳、风和水的情况，博物馆的前方三面朝海。

这座建筑公开地影射了这艘船：它不假装成为城市的一部分，而是属于港口的一部分。它不站立，而是“漂浮”在隧道入口上方。由水下桩结构支撑（当然，自然地下通道有其自身的地基）。用砖墙与城市相连，其余的建筑都是用铜包起来的。在这里又使用了一种常用的技术——用一些

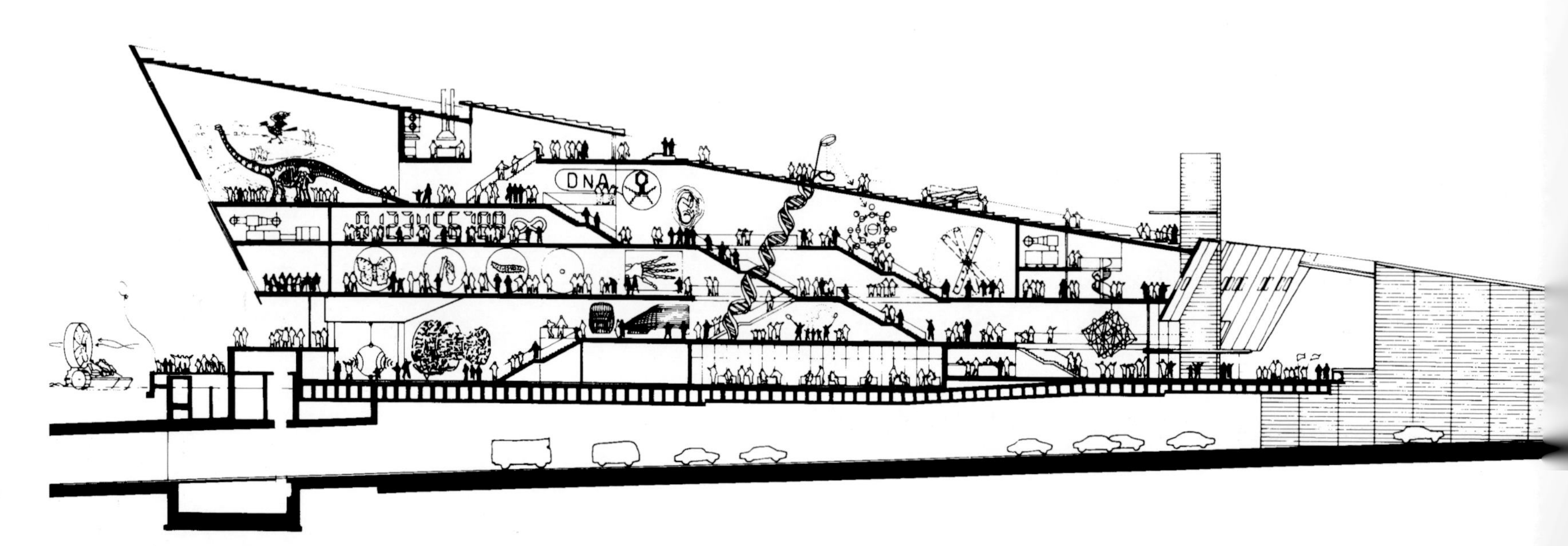
DNA

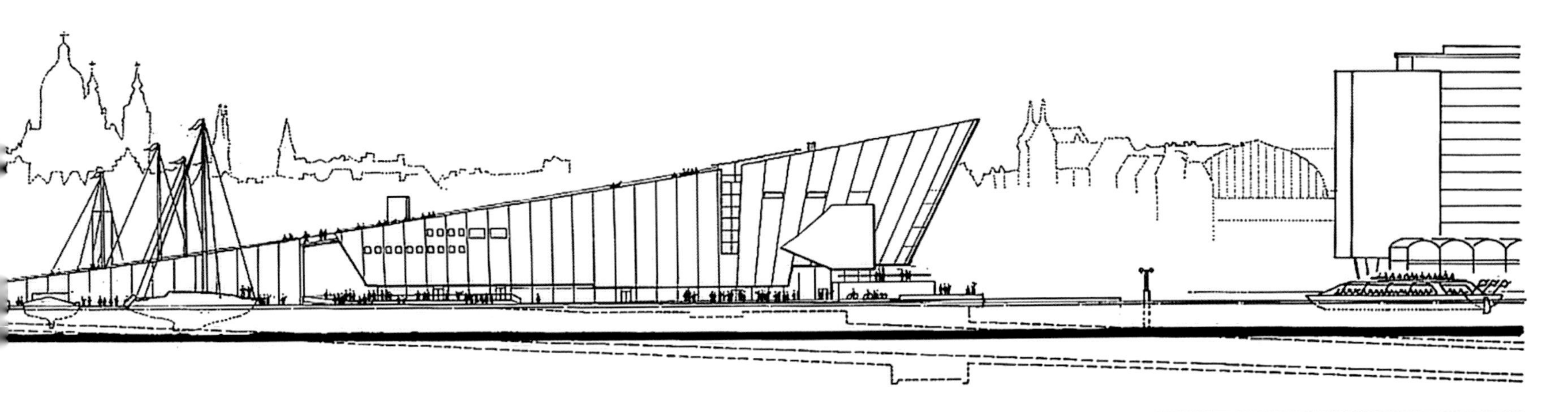

整齐的金属板覆盖复杂的曲线，暴露在空气中使它们变成绿色，浅浮雕与城市一样都是砖砌的。但是在阿姆斯特丹天际线的衬托下，看到的表面却是由金属制成的，这时，物体与地势有着强烈的对比。

在贝尔西（Bercy）和关西（Kansai），这种结构的形式是与其背景相呼应的，而不只是对内部空间的简单布置。内部是按不同层次组织起来的，它们都斜穿过建筑物，并通过大孔洞连接，其中光线的蔓延能够在视觉上连接展览的各个部分，入口处的景色覆盖了它所有的部分。这一空间序列的顶点是顶部的一个房间，围绕在弓形曲线中。楼上有一个全景餐厅，有一个小露台，可以通过另一个楼梯到达。

建筑的一层几乎全是玻璃，铜包层似乎在吃水线高度处断裂了一样。在这一层的尽头还设置了主入口，通向一个老城区的广场。在其旁边需要安置礼品店和尼莫工作室。就像在梅尼尔收藏博物馆中一样，人们可以看到它的“幕后”，一瞥将要展出的作品。

一楼的室内铺有瓷砖，并延伸到了室外。而在另一层楼，柔和的灯光从上面照射下来，并以一道倾斜的墙壁为界线，这种环境为科学展览提供了合适的展览空间。展览空间内有关于能源、通信和生物技术主题的永久性专题展览。从海上穿过一条从阿姆斯特丹中央车站延伸出来的长长的人行桥也可以通往这个博物馆。它再次说明了，这个博物馆与城市的关系是由港口融合的。

1992 年　德国柏林
波茨坦广场的重建

这个项目创造了一个“城市缩影”，从充满传奇色彩的波茨坦广场开始就被战争摧毁（也被城市规划师摧毁）。它包含了办公室、住宅、酒店、商店、餐馆、电影院和剧院。

这座城市把柏林事件的主题发展到极点并释放出极大的张力——在 20 世纪，柏林经历并体现了一个大都市所能承受的所有负荷。它是欧洲文化和社会生活的中心，也是受战争破坏最严重的城市；是将世界划分为几大板块的物理象征，也是 20 世纪末最疯狂的城市发展景象。

直到 1989 年，柏林还是一座被城墙分割着的城市。四面旗帜飘扬在这座城市的公共建筑上，它们象征着第二次世界大战的胜利力量——美国、苏联、法国和英国。然而并没有德国国旗，因为无论如何，德国最重要的机构都在别处。那几乎是一片无人区，曾经受人爱戴、尊重和帮助，但多少有点被遗忘了。

随着柏林恢复了其作为一个城市和首都的完整地位，疯狂的房地产开发浪潮也开始启动了。不仅是公共机构，德国的企业也在柏林“寻找一个家园”。人口和资本的大量涌入为城市提供了重新创造未来所需的资源，这是积极的一面。但它也造成了一个巨大的问题。城市之所以美好，是因为它们是随着时间的推移慢慢形成的。一座城市诞生于一片纪念碑与基础设施、文化与市场、民族历史与日常故事之中。创建一个城市需要 500 年，创建一个地区需要 50 年，而我们（我之所以说“我们”，是因为还有许多其他的建筑师参与其中）则被要求在五年内重建“一片柏林”。

波茨坦广场是第一个让比赛成为主题的地方，横跨了东柏林和西柏林，附近有国会大厦（Reichstag）。希特勒最后一天待的地堡就在勃兰登堡门（Brandenburg Gate）附近。这一项目设想的不单是该地区的城市改造，还规划了一大半建筑的重建工程。

重建工程的发起方是戴姆勒 - 奔驰，该公司打算建立一个新的总部作为重建工程的一部分。当时，该公司由埃德扎德・鲁特（Edzard Reuter）经营，他是战后柏林第一任市长的儿子。也许因为我们的项目

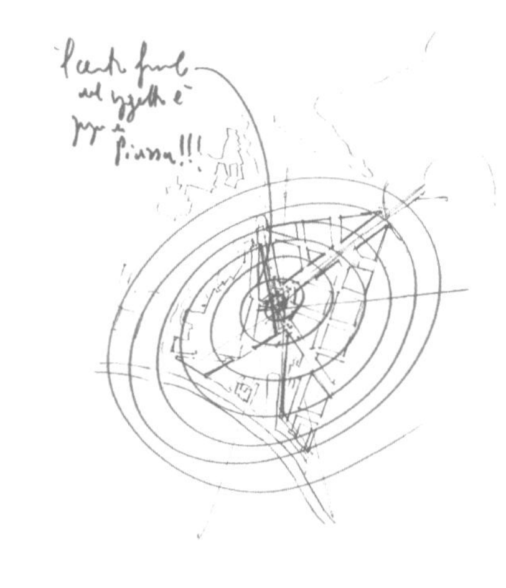

竞标
1992 年
设计
1993—1995 年
施工
1995—2000 元
用地面积
110200 平方米（总体规划）
48000 平方米（伦佐・皮亚诺建筑工作室负责的部分）
总建筑面积
135800 平方米（伦佐・皮亚诺建筑工作室设计的建筑）
建筑 B1：19800 平方米
建筑 B2：3900 平方米
建筑 B3：11200 平方米
建筑 B5：21700 平方米
建筑 B7：14900 平方米
（440 座的 IMAX 巨幕）
建筑 C1：46000 平方米
建筑 D1：5200 平方米
建筑 D2：13100 平方米
（1800 座的剧院）
建筑高度
建筑 B1：73.6 米
建筑 B2：28.4 米
建筑 B3：36 米
建筑 B5：最高 35.7 米
建筑 B7：42 米
建筑 B10：158 米
建筑 C1：最高 100 米，最低 29 米
建筑 D1-D2：40.1 米
建筑层数
建筑 B1：底层 + 地上 18 层
建筑 B2：底层 + 地上 4 层 + 屋顶
建筑 B3：底层 + 地上 8 层
建筑 B5：底层 + 地上 9 层
建筑 B7：底层 + 地上 6 层
建筑 C1：底层 + 地上 21 层
建筑 D1：底层 + 地上 2 层 + 地下 1 层
建筑 D2：底层 + 地上 6 层 + 地下 2 层

是最单一的，在被邀请参加的 15 名规划师中，我们赢得了这场竞争。我们从热那亚的莫罗开始，继续到都灵的林戈托和里昂的国际会议中心，在“城市缩影”中的经验使我们受益匪浅，也许我们已经学会认识新城市与其周围环境之间的重要城市连接。

重建工程的潜在宗旨是试图使柏林的历史建筑和街道恢复生机，重新诠释它们的形态，并将现在与历史建立起一座桥梁。这是城市首席建筑师汉斯・史迪曼（Hans Stimmann）制定的城市发展规划中的一个起始点。过去，说“过去”很容易。自相矛盾的是，柏林人民的确很崇敬他们的历史，但他们也喜欢抹去历史，建立一种（可理解的）对纯真的渴望。

想想波茨坦广场在 20 世纪 20 年代和 30 年代是什么样的，那是一个神秘的地方。柏林，实际上是欧洲社会和文化生活的中心——一个拥有一切的非凡综合体，并且它的确拥有了一切，包括贸易、商业、音乐、剧院、电影院……如果你要去那里寻找这些痕迹，你只会发现关于它们的回忆——战争造成的沙漠，战争摧毁了这座城市，城市规划者们甚至把碎片也一扫而光。

柏林的确受到盟军的轰炸并造成了严重的破坏。但有许多城市也是从废墟中崛起的，而柏林没有这样。政治家们想忘掉那个时代的柏林，而城市的规划者们则想得到他们的白板。于是他们联合起来，癫狂般地抹掉了历史。

我认为这种对纯真、对遗忘的追求已经以一种险恶的方式卷土重来了。以柏林墙为例：当然这不是一件漂亮的东西，而是一座在柏林历史上留下 28 年印记的纪念碑。1989 年之后，到了要把记忆抹去的时候了。因此，这堵墙便被清理、拆除，其中一些作为纪念品出售。

波茨坦广场区域是柏林文化广场（Kulturforum）的大综合体，由新国家美术馆（New National Gallery）（密斯・凡・德・罗）、柏林爱乐乐团（Berliner Philharmonie）和国家图书馆组成（都是汉斯・夏隆的作品）。夏隆的图书馆建于 1967 年，正值冷战的顶峰时期，当时人们都清楚柏林永远不会统一。在这座城市的两边以及两边所代表的两个政治体系之间，仍然存在着深深的敌意，夏隆把这种敌意变成了一座建筑。他的图书馆将这堵墙视为一个城市的界限，并将图书馆背向它，面向他所认为的西部城市中心。

如今，一座规模如此庞大却方向错误的建筑已成为不小的障碍。当然，称之为错误是不公平的，因为夏隆的愤怒远不止于此：它拥有一种非凡的

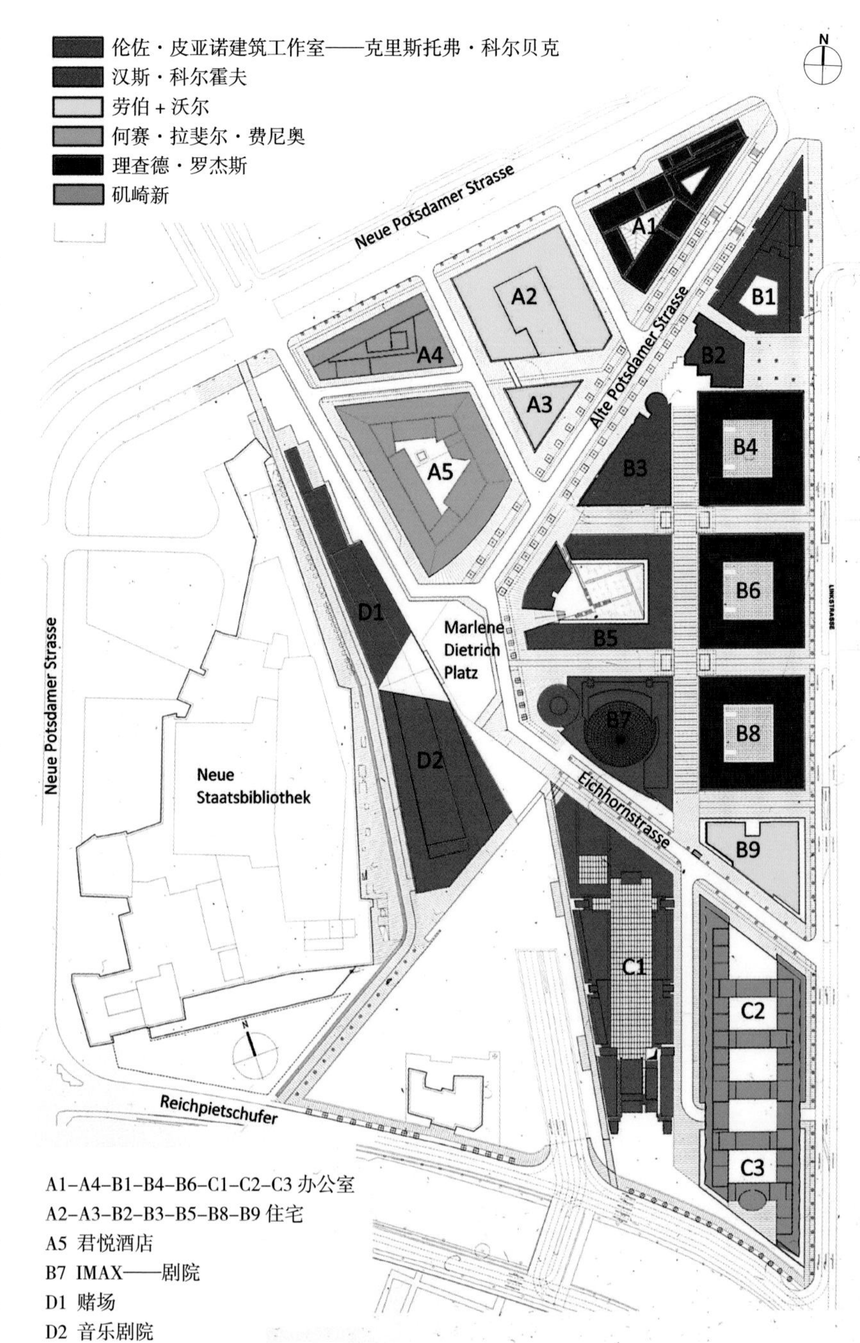

A1–A4–B1–B4–B6–C1–C2–C3 办公室
A2–A3–B2–B3–B5–B8–B9 住宅
A5 君悦酒店
B7 IMAX——剧院
D1 赌场
D2 音乐剧院

场地被改造后，用漂浮的挖泥船挖掘出巨大的水池。在这些水池周围，浇筑了厚度为 1.2 米、深度为 25 米的屏障墙。当柱子和下层板的基础已经浇筑并锚定在底部时，水就被抽走了

结构试验应用于海洋工程：整个综合设施的基础直接铺设在水中

内在能量，这种能量体现在图书馆复杂的、难以理解的结构中。所以我们必须谨慎，不要误读大师，也不要把他的作品放到所谓的“城市秩序”中。因此，我们在巨大的建筑旁边设置了同样不规则和不可预测的剧院和赌场，以及分隔和统一它们的有盖广场，仿佛是为了完善它。

自然界中的新角色是这个项目中最大胆和最迷人的元素。我们用植被和水代替人类造成的分裂关系，这些植物和水扮演了连接和铰链元素的作用。蒂尔加滕（Tiergarten）的森林从上往下延伸下来，侵入这个项目的区域。这种燕尾式建筑将柏林文化广场与旧柏林公园连接起来，从而使这个建筑群成为它的分支。

整个区域面积巨大，共60万平方米，有4万人在这个区域内生活和工作，集中在区内的公共、商业和文化活动吸引了众多人，并将人数提高到8万人之多。这个项目的规模实际上是一个小城市的规模。我们就是这样对待它的，试图重建一个城市的功能组合，并定义一个聚集中心：一个城市广场。该项目规划的新广场是旧波茨坦梅斯特拉斯（Alte Potsdamerstrasse）和柏林文化广场之间的枢纽，也是该重建项目的核心区。

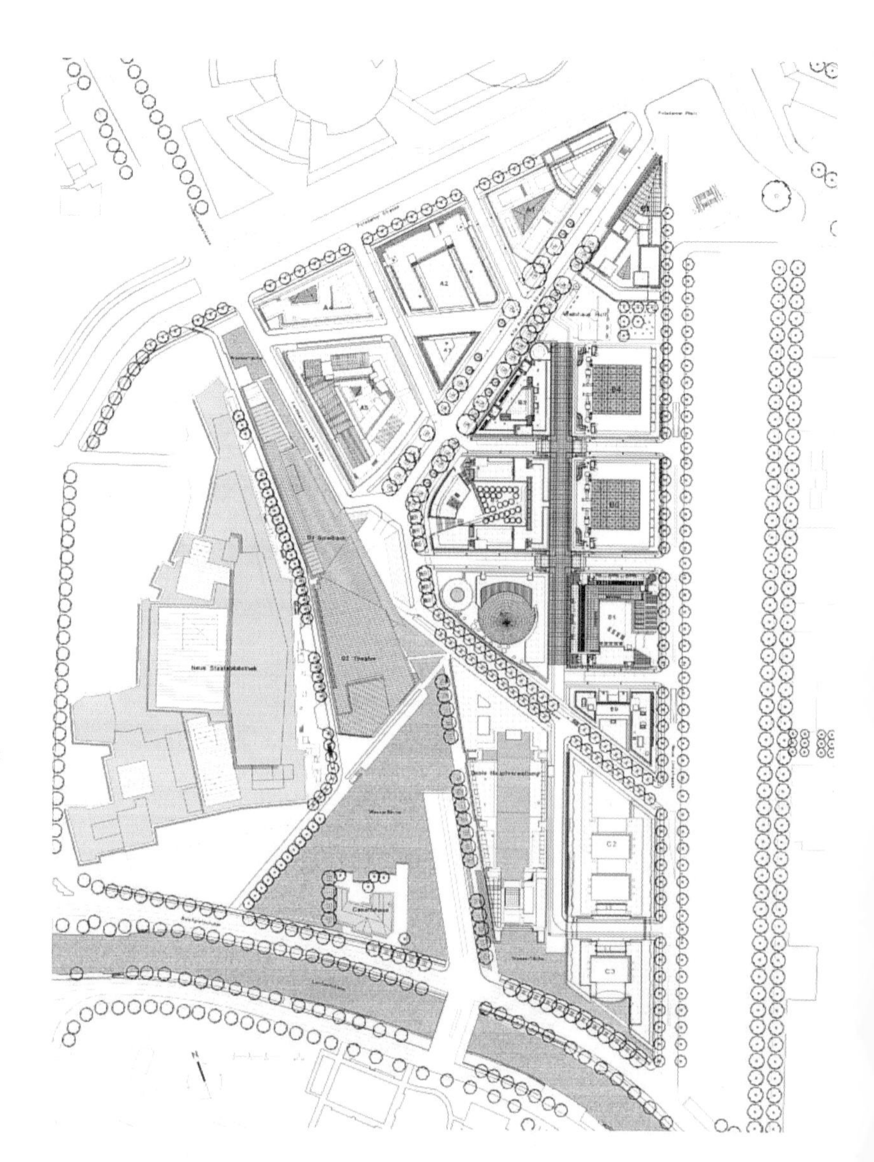

柏林是简朴的，通常是灰色的。我们的项目从另一个角度出发，要成为“城市的一部分”——建立一个更明亮、更具参与性的城市。为了使广场成为这座新柏林的生活中心，必须让它时刻充满活力。因此，我们决定为其配备城市发展规划设想的所有主要功能——各种商店、住宿（各种类型的住宅和酒店）、办公室和休闲设施（餐馆、剧院、赌场），不论神圣与世俗。

一系列新建筑沿着旧波茨坦梅斯特拉斯大街（Alte Potsdamerstrasse）一直延伸着，围绕着新广场的东侧，沿着运河弯曲排列。大约在一半的位置上有一家具备全景屏幕的大电影院，从外部看，这座巨大的球形电影院呈现出一种不同寻常的形式。它看起来像一个巨大的月亮从天空中落下来，降落在柏林市中心。

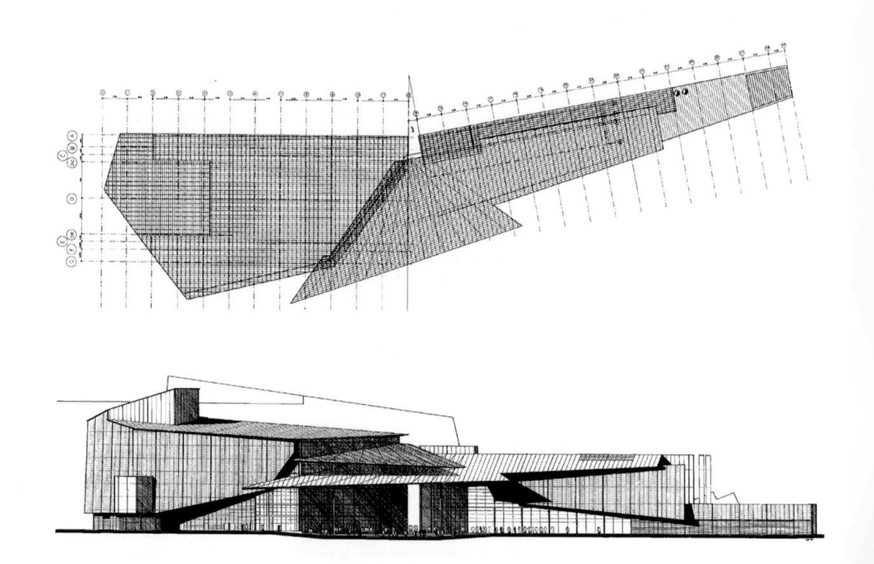

沿着旧波茨坦梅斯特拉斯的弧形建筑的尽头是一座塔楼，它为管理这一工程的公司提供了办公室（当时是戴姆勒－奔驰集团的一个子公司）。这座塔从那时起就被赋予了各种各样的名字，虽然与其他建筑结构融为一体，但它的高度和独特外观明确地表明着它的身份。后者由陶瓦制成，形成了一个双层表皮，在鲁伊·德梅奥街（Rue de Meaux）和巴黎的声学和音乐研究与协作学院（IRCAM）继续已经开始的研究路线。

陶瓦覆盖层也提供了与控制范围之外的其他区域的一个联系。事实

剧院和赌场构成了整个场地的焦点，与连在一起的拱廊和玛琳・迪特里希广场（Marlene Dietrich Platz）共同充当场地本身、国家图书馆和柏林文化广场（Kulturforum）之间的功能枢纽。剧院的礼堂可容纳 1800 人，形状紧凑，以优化可见度和音响效果，复杂的登台系统（塔高达 24 米）使其可以安装不同种类的表演。屋顶有着宽而不对称的浅镀金铝尖顶，统一了体量，在广场上方的 179 个建筑中突出了两栋建筑，创造了一个与门厅直接接触的隐蔽空间

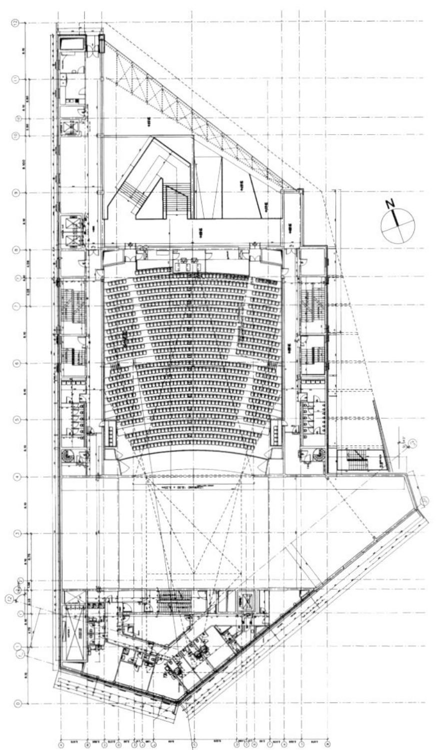

上，该材料已经作为城市发展计划的一部分被采用，并且是我们办公室（负责总体规划以及 8 栋建筑的设计）为该地区所有其他正在工作的建筑师制定导则中的一个关键要素：矶崎新（Arata Isozaki）、汉斯・科尔霍夫（Hans Kollhoff）、劳伯・沃尔（Lauber & Wöhr）、拉斐尔・莫内奥（Rafael Moneo）和理查德・罗杰斯（Richard Rogers）。

我习惯于在施工现场期待惊喜，但在柏林工程之前，我从来没有在旱地上使用过潜水员。当我们开始为塔楼挖掘地基时，情况发生了变化。该基地位于施普雷河（Spree River）和兰德韦尔运河（Landwehrkanal）之间，尽管地下水位只有几米深，但为了能继续这项工作，必须将水抽出来。可环保人士表示反对，他们认为，如此大规模的排水会降低地下水位，造成不可预测的后果，必须找到另一种解决方案。

如果水不能排干，我们也必须在里面工作，所以我们叫了潜水员。他们来自荷兰和乌克兰（主要是敖德萨），有 120 个人是海事方面的专家。他们需要沉入 15 米深并且完全黑暗的水下进行工作。

有一次，水面在冬天结冰了，但是我们的潜水员却很高兴，因为他们发现在这种状态下工作要容易得多。寒冷对他们来说并不是问题，因为他们的潜水服是热的，在前一班次的同

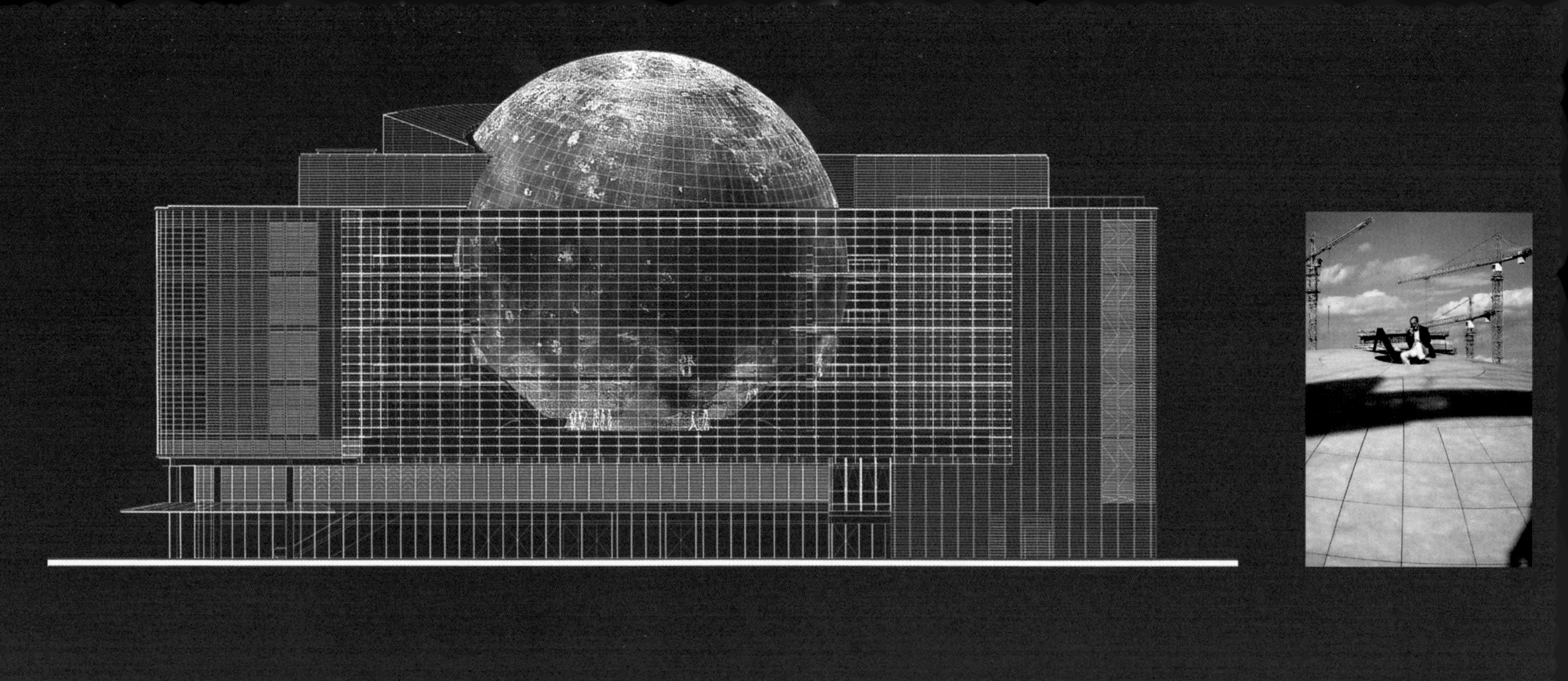

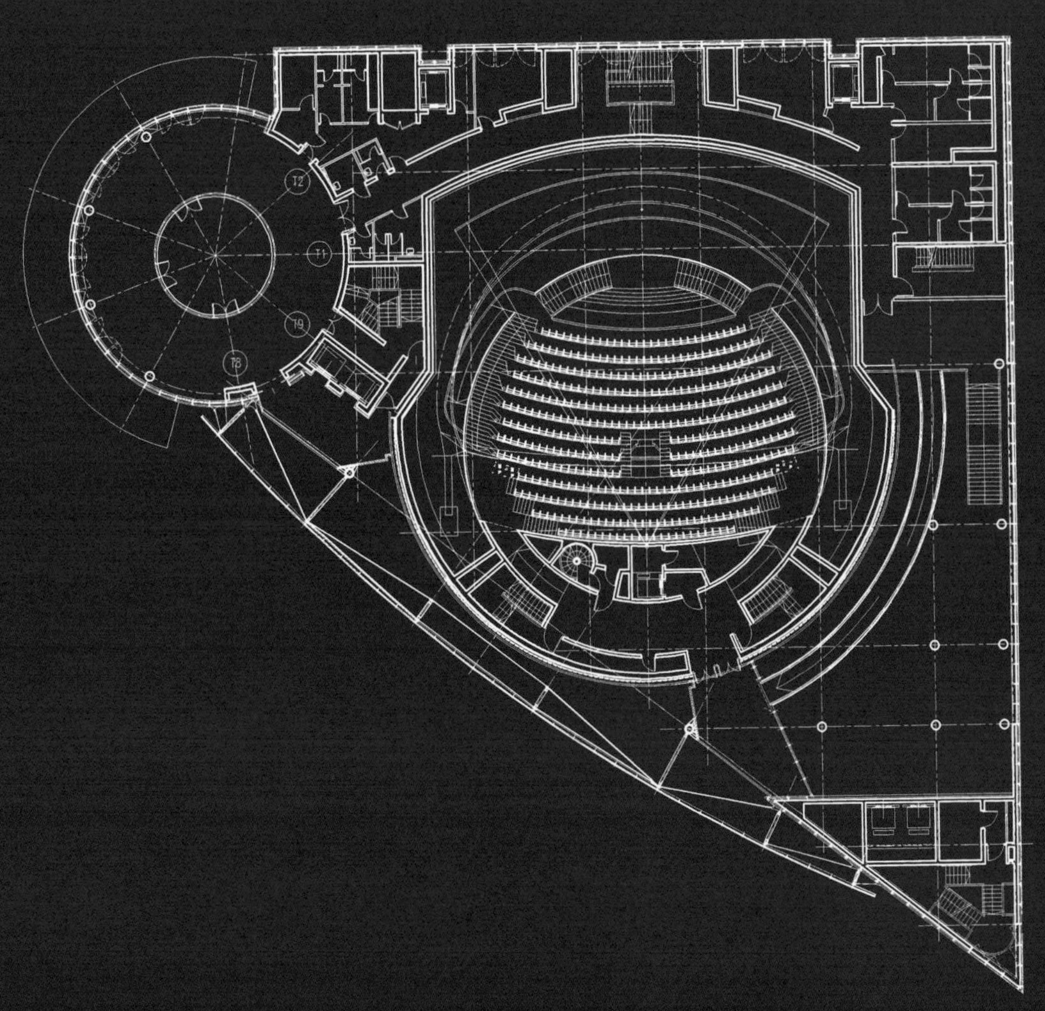

这座440座的IMAX影院是用一种新的建造方法建造的：将混凝土喷在一个直径为35米的巨大气球上，然后将气球放气并拆除

连续通风的正面，表面面积约2000平方米，覆盖着1730个陶瓷元件，开口接头（10毫米）固定在金属结构上

事离开时，他们更容易继续接替工作：他们所要做的就是让自己下潜到同一个冰洞里。

1998年10月4日，波茨坦广场“移交”到该市，并展开了一场盛大的官方仪式。但我认为真正的移交典礼是1996年10月在柏林举办的公众庆典。当时上演了一场空前绝后的演出：起重机的芭蕾舞。这不是一种鸟类——而是一种机械式起重机。丹尼尔·巴伦博伊姆（Daniel Barenboim）在一个高高的平台上指挥管弦乐队，以便起重机操作员能看到他。听到指令后，20台起重机（由20名操作员指导，他们至少会说四种语言）及时移动。这一奇观表达了建筑工地的全部能量——一种能够测量、精确并能够轻便移动的巨大力量。

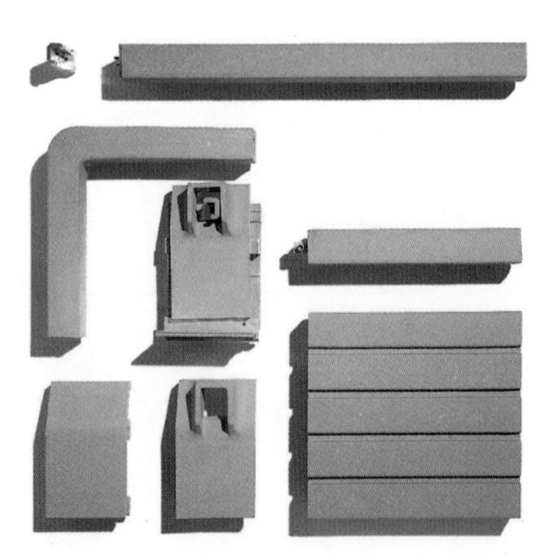

建筑物的正面覆盖着预制的铝、玻璃和钢板，在这些钢板中插入陶瓦元素以隐藏结构。已经使用了三种类型：厚实的墙片、方形截面的墙片和角形的墙片

1994 年 意大利罗马音乐公园礼堂厅

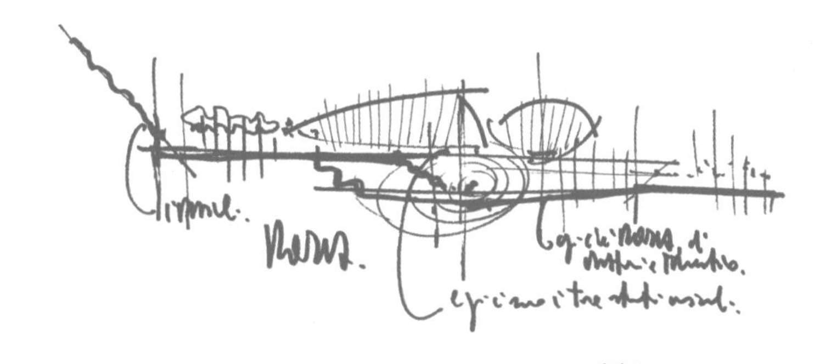

这个建筑群包括三个大小、音质都不同的大厅。三个大厅的半圆形设计使中心区域形成了第四个空间，这是一个可容纳 3000 人的露天圆形剧场。在此处发现了一座罗马别墅的遗迹，这说明了还可能与这个遗址相关联，围绕建筑物的植被也将成为格洛里别墅（Villa Glori）公园的一部分。

竞标
1994 年
施工
1996—2002 年
用地面积
56000 平方米
总建筑面积
55000 平方米
开放空间和花园
4 万平方米
建筑高度
34 米
建筑层数
地上 4 层
萨拉圣塞西莉亚
2800 个座位
萨拉西诺波利
1200 个座位
萨拉佩特拉西
750 个座位
圆形剧场
3000 个座位

当我和卢西亚诺·贝里奥在撒丁岛（Sardinia）的时候，有一艘船靠向了我们的船。船员们听到有人很急切地找我，想要告诉我一些消息。当时的罗马市长弗朗切斯科·卢泰利（Francesco Rutelli）想亲自来告诉我：我们赢得了新礼堂的国际比赛。

罗马还没有一个能与这座城市的重要地位和城市规模相适应的古典音乐场所。新的礼堂有一个可容纳 2800 人的主音乐厅，便填补了这一空白（如果我们要保持自然声学的质量，这个容量是我们可用的最大限度）。在历史悠久的罗马市中心，没有建设这样一个巨大建筑群的空间。但是，把它安置在中心外也是有意义的，这会为奥运村（为参加 1960 年奥运会的运动员所建），以及皮埃尔·路易吉·内尔维的罗马小体育馆（Pier Luigi Nervi's Palazzetto dello Sport）和弗拉米尼奥体育场（Flaminio Stadium）之间创建一个结构性区域，以应对大量的人流。

为了保证使用的最大灵活性和最佳的声学效果，在这个项目中我们引入了一个新的概念——这个概念在我们最初的竞标条款中没有约定：我们决定不再把三个大厅放在一个建筑物中，而是建成三个独立的结构。事实上，每个大厅都安放在一个类似巨型音箱的容器中，三个音箱在一个空旷的空间里呈基本对称的布置。三个大厅中心的空间就成了第四个礼堂——一个露天的音乐圆形剧场，这也是让我们意想不到的。

礼堂的各个部分都是以乐器为原型设计的，它的灵感来自木材的形式和对木材的使用，第二个类比是场地和建筑物的布置。这些异形建筑周围绿树成荫，从考古学角度看，它们可能位于皮拉内西（Piranesi）的遗迹中，这也是对古典文物的一个隐喻。但是，我们需要小心使用隐喻，因为隐喻的遗迹也会出现真实的隐喻。

与负责该项目的伦佐·皮亚罗建筑工作室的合伙人苏珊娜·斯卡拉比奇在一起

无论你在罗马的哪个地方挖掘，你都会发现这座城市过去的痕迹。但是，我们在这里的发现是一个重大的发现：2600 年前一座大型罗马别墅的地基。这一场所精神既慷慨又混乱：一方面它是一份珍贵的礼物（我对此表示感谢），但另一方面，它让礼堂的施工耽搁了一年。事实上，这不仅是“保护”地基的问题，更是人们情结的寄托。为此，必须与罗马考古部门的两位负责人欧金尼奥・拉・罗卡（Eugenio La Rocca）和阿德里亚诺・拉・雷吉纳（Adriano La Regina）合作 [以及安德烈・卡兰蒂尼（Andrea Carandini），他和他的一批学生一起指导挖掘工作]。发现这个遗址之后，重新规划了新礼堂的位置。这意味着我们必须大规模地调整项目，从而使整个团队面临着巨大的压力。然而，项目负责人苏珊娜・斯卡拉比奇（Susanna Scarabicchi）依然坚持对我们实行严格的时间期限 [由议员米莫・切奇尼（Mimmo Cecchini）代表罗马公社]。一些挖掘出来的物件在建筑物之间的空地上公开展出，这些地基本身在门厅内是可见的，所有的大厅都是可以进入的。

到这个时候，我们在音乐建筑领域的经验也非常丰富了，所以我知道到哪里寻求最好的建议。我们咨询了卢西亚诺・贝里奥和皮埃尔・博雷斯（Pierre Boulez），以及罗马的圣塞西莉亚国家学院（Accademia Nazionale di Santa Cecilia）。为了模拟各个大厅的特性，我们的声学顾问——老朋友赫尔穆特・米勒（Helmut Müller）建立了首个表面可反射的物理模型。通过发射激光和跟踪反射光的路径绘制了第一幅声响应图。将这些模型中获得的数据输入计算机，用来模拟声波的反射。最后一个阶段涉及模拟测试——使用真实的声音——这次是在大型模型上（有些模型大到一个房间规模）。通过这样的模型性实验，我们也明确了在实物建筑中会出现怎样的反应。这三个大厅各有不同的容量和特点。正如所料，它们的多功能性与其规模大小是成反比的。

拥有 750 个座位的萨拉佩特拉西大厅（Sala Petrassi）是一个多功能的空间，采用巴黎声学和音乐研究与协作学院大厅的一些解决方案：可活动式地板和顶棚，墙壁的特性也是可以改变的，这样设计是为了能够获得最佳声学效果。萨拉西诺波利（Sala Sinopoli）共有 1200 个座位，它也设有一些灵活性的元素，有一个可移动的舞台和可调节的顶棚，这些特点让人想起林戈托酒店的大厅，这些特点让它特别适合室内音乐和舞蹈表演。主厅——罗马音乐学院大厅可容纳 2800 人，是为交响音乐会设计的座位。

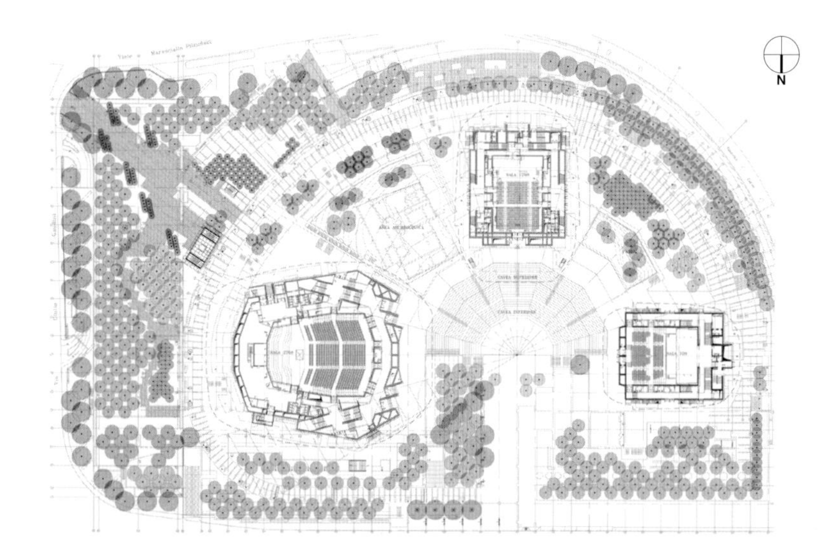

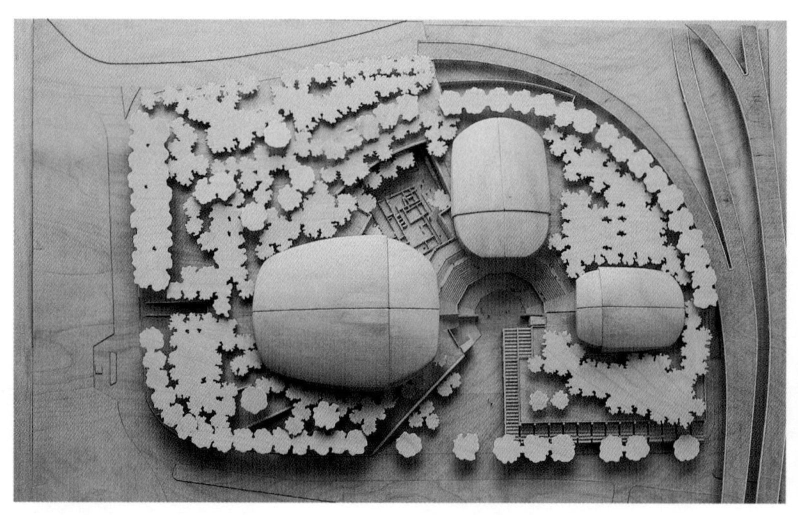

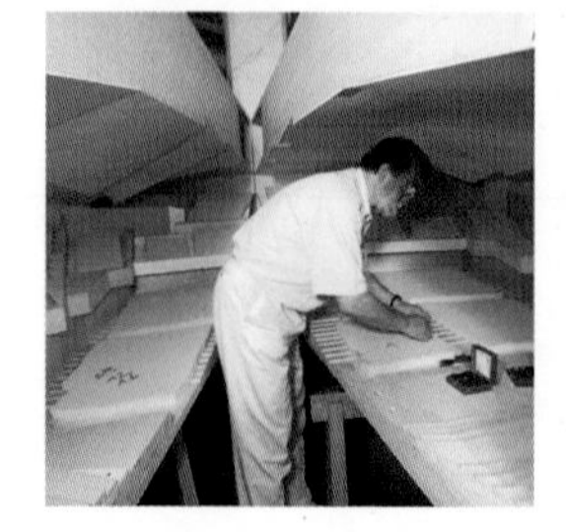

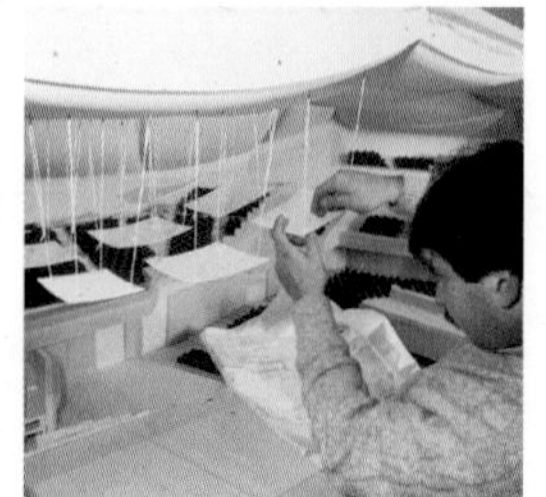

由穆勒-BBM 工作室的团队在萨拉圣塞西莉亚（Sala Santa Cecilia）的声学模型进行的计算机声学模拟

罗马音乐学院在许多方面都在向汉斯・夏隆的柏林爱乐乐团致敬。我认为只有对自己的设计坦诚才是唯一正确的做法。在我看来，不惜一切代价照抄原作是毫无意义的：这等于否认了建筑是建立在伟大的共同遗产之上的，也否定了建筑是在不断进化的。在罗马的大礼堂里，我们只是试图为夏隆非凡的音乐成就增添一点东西（在

从公元前6世纪开始，在一座罗曼（Roman）别墅的遗址上挖掘，在准备挖掘时发现了别墅的地基

音质、可见度和增强的参与感方面）。在柏林，舞台几乎处于中央位置，被夏隆所谓的“葡萄园”包围：座位设置在不同高度的露台上，一直延伸到管弦乐队周围。

圣塞西莉亚学院（Accademia di Santa Cecilia）的8000名季票持有者表明，礼堂在要求苛刻的观众心中赢得了一席之地。在很短的时间内，这个建筑综合体便有人参观、居住和生活了，最重要的是它已经成为城市人民生活的一部分。

有人说过，我们工作室的设计是具有识别度的。事实上，没有所谓的形式统一；在体量构成方面没有一个标准的特性。感谢上帝，我们办公室的可识别度并不依赖于一种特定的风格。我们根据不同的功能设计了不同的空间——教堂、博物馆、礼堂。

当风格被迫成为一个商标、一个签名、一个特征时，它就变成了一个牢笼。这种试图不论代价地被认可，贴上标签，就是扼杀了建筑师和他或她发展的自由。也许对我来说，对风格最准确的解释是一种建筑方法：这种挑战在于以一种直接而新颖的方式回应那些总是不同的需求和期望。

SALA 2700
SALA 1200
SALA 500
CAMERINI
CAMERINI
CENTRALI IMPIANTI
SERVIZI FOYER
GUARDAROBA
FOYER
CAVEA
FOYER
SERVIZI FOYER
CENTRALI IMPIANTI

萨拉佩特拉西有 750 个座位，是一个完全灵活的空间。舞台幕布是可移动的，而管弦乐队池可以降低，舞台可以扩展

萨拉西诺波利有 1200 个座位。它是长方形的，有一个可移动的顶棚和一个可调节的地板

萨拉圣塞西莉亚有一个“葡萄园”结构：舞台位于中央位置，2800 个座位设在不同级别的露台上，一直延伸到交响乐团周围

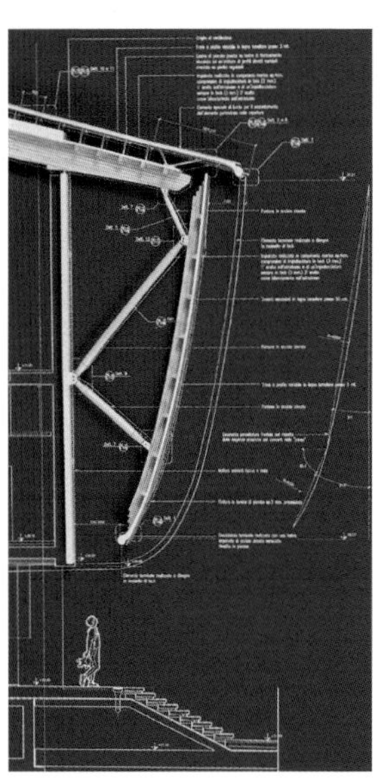

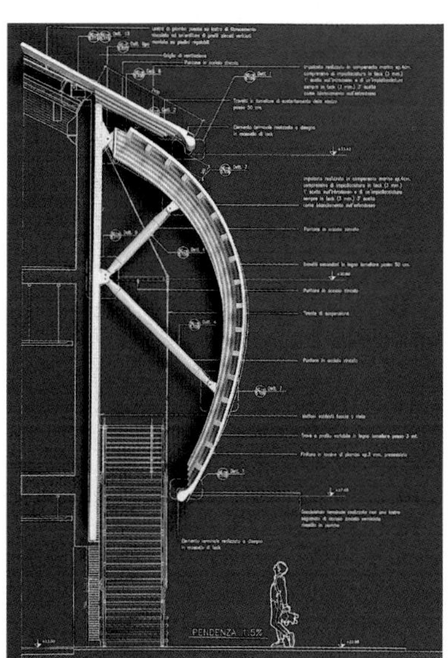

礼堂外壳部分被称为“卷发”，横向和纵向穿过建筑

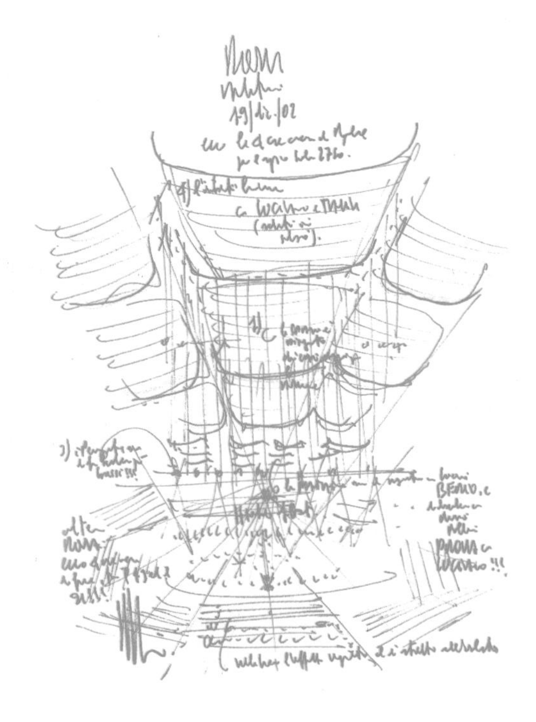

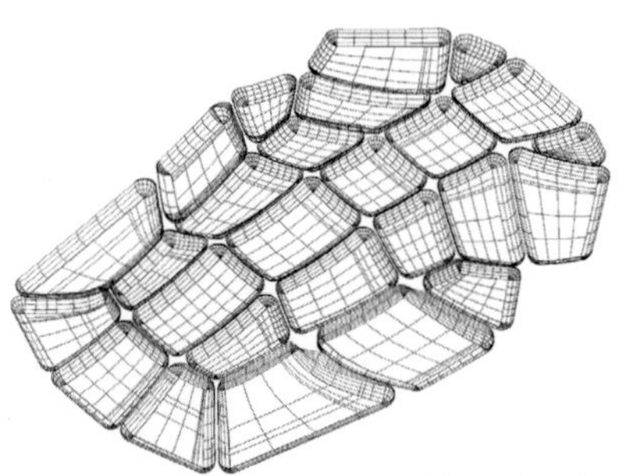

萨拉圣塞西莉亚的顶棚上覆盖着 26 个木制贝壳（美国樱桃），每个贝壳的面积约为 180 平方米

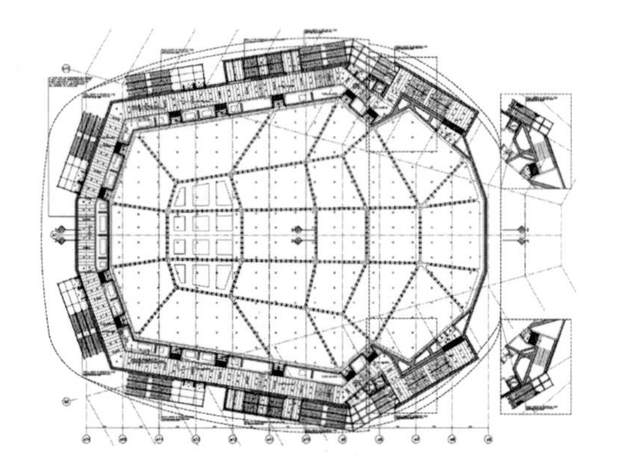

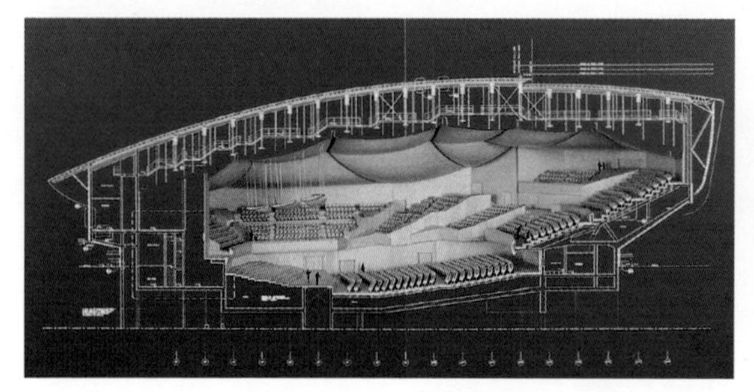

1996 年　意大利马拉内洛（摩德纳）法拉利风洞

这是一个公开宣称该建筑功能的设计，甚至美化它的设计——一台 80 米 ×70 米的巨大机器。

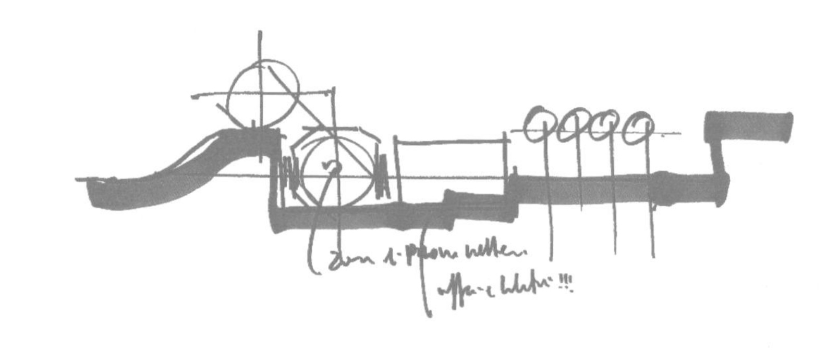

法拉利希望我们设计一个风洞，这是一个测试空气对赛车或其他物体影响的机器，为此（我们用一个风洞在努美阿测试建筑物）。毫无疑问，你为法拉利做的任何设计都必须与法拉利的传奇和传奇的创始人联系在一起：机械天才恩佐・法拉利（Enzo Ferrari）。他是一个富有激情的人，他喜欢快走，他非常喜欢汽油的味道和发动机的轰鸣声，以至于有一天，在一个没有造车历史的地方，那里很可能一直是一片土豆地，他开始建造他的汽车，非凡的汽车。竞标成功后，这就是我们获得灵感的地方，竞标是我和朋友“建筑哲学家”吉安弗兰科・迪奥瓜迪（Gianfranco Dioguardi）一起完成的，竞标是在当时法拉利总裁蒙特泽摩罗（Luca di Montezemolo）的要求下举行的。

建造风洞有两种方法。一种是把它装在盒子里；另一种就是我们所尝试的，把整个机械装置放在外面，将它的设备和功能展示出来。为了增强效果，我们把风洞安置在一个小山丘上。这是一个功能性堪称完美的解决方案，因为它可以以两种方式进入测试室。

关于它的一些尺寸：风洞长 80 米，宽 70 米。这显然是一台机器，的确，这是一个巨大的引擎。它与自然环境这种直接的关系在某种程度上也与恩佐・法拉利的技术奇迹和其乡村文化的背景相呼应。

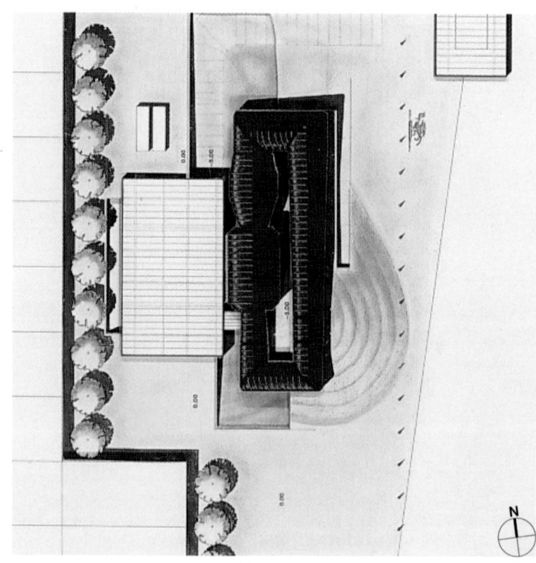

设计
1996 年
施工
1997—1998 年
用地面积
10500 平方米
总建筑面积
2520 平方米（其中 420 平方米办公室）
建筑高度
办公室最高：4.88 米
涡轮环：最高 11.52 米
试验大厅环：最高 9.64 米
山高：4.1 米
建筑层数
地上 1 层 + 地下 1 层

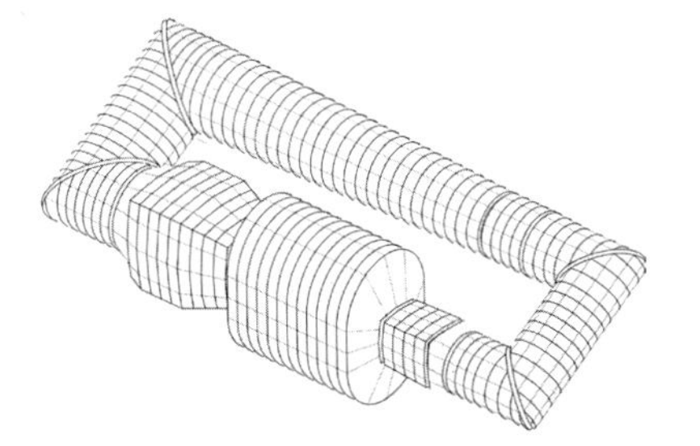

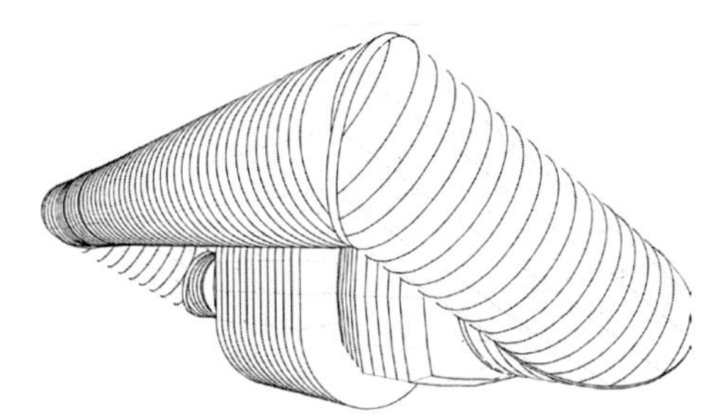

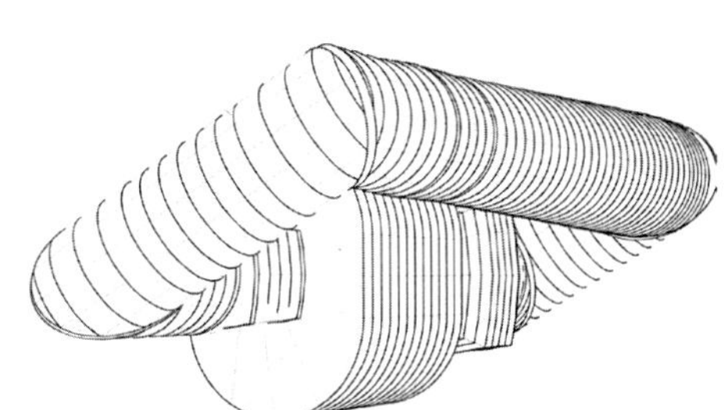

1996年　澳大利亚新南威尔士州悉尼奥罗拉广场办公楼和住宅楼

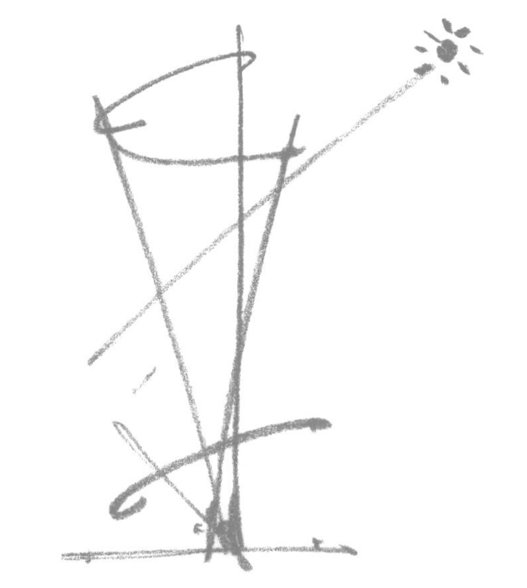

在与环境的关系上，有一个可持续性建筑的范例：这些建筑在微风中矗立着，与附近的皇家植物园和悉尼歌剧院相望。双覆盖层为建筑提供了轻盈和透明度，并发挥了温度调节器的作用，这也有助于节能。

我们受委托设计了一座办公塔楼和一座住宅楼，这两座楼都是在2000年悉尼奥运会之前建成的。澳大利亚最大的建筑承包商伦德·里思（Lend Lease）的目标是做一些值得纪念的事情。

我们一直是在和一个私人团体合作，所以当我抵达悉尼时，惊讶地发现一个欢迎委员会，其中包括悉尼市长、公共工程部长和新南威尔士州州长。这让我们非常受宠若惊，但回想起来，也并不觉得奇怪：尽管委托人是私人的，但奥运会在该市举办，这些建筑代表的是即将举办的奥运会。

第一次参观麦加利街（Macquarie Street）和菲利普街（Phillip Street）之间的遗址时，我正在与马克·卡罗尔和石田顺治在一起进行一次深入的勘测。从海湾中我们试图想象着塔的轮廓映在城市天际线上的画面。

我们回到演播室时，汤姆·巴克和奥雅纳团队也一起来到了蓬塔纳维（Punta Nave）。他们想知道风是什么样子的，怎样才能充分利用它。我们想利用海风提高空调系统的效率。

永远不要直接切入工作，这就是我们的工作方式，我们以文脉作为切入点。悉尼是一个虽然历史不长却很伟大的城市——它充满活力、地位重要并且非常漂亮。

麦加利街是一条历史悠久的大道，面朝着皇家植物园。也许“历史悠久”应该用引号：显然，以欧洲为历史的标准，澳大利亚是没有历史城市的。这一点和一些其他因素使我们想要寻找一种能与周围环境相呼应的正式语言。这座城市“年轻”但这并不意味着它没有可供参照的地方。例如，铁乌·特桑（Jørn Utzon）附近的悉尼歌剧院是不容忽视的。

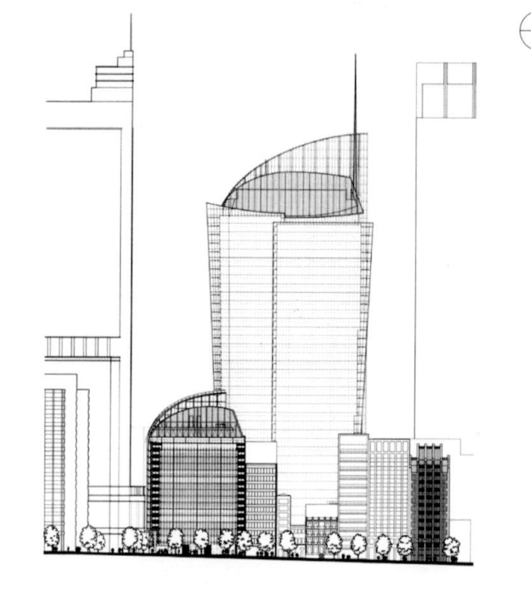

设计
1996—1997年
施工
1997—2000年
用地面积
4262平方米
总建筑面积
77600平方米（办公塔楼）
18397平方米（住宅塔楼，62套公寓）
建筑高度
224米（办公塔楼及其天线）
75米（住宅塔楼）
建筑层数
地上44层（办公塔楼）
地上18层（住宅塔楼）
荣誉
2002年澳大利亚房地产委员会骑手狩猎奖

但是悉尼也是一个自然存在的城市，因此，与环境的关系也是另一个需要考虑的重要方面。澳大利亚对待环境问题是十分敏感的。有一个小例子体现了它的敏感，因为皇家植物园的位置导致光线不充足，所以要求不可以遮盖附近的树木。

建筑的外层是由一块特殊丝网印刷的玻璃组成的，玻璃中含有陶瓷颗粒。玻璃表面反射阳光，可以从中获取热能；但最重要的是，它产生了我们想要的视觉效果——透明无形的白色外壳，从里面看是透明的，从外面看是不透明的。

在建筑的顶部，透明的天窗与天空融合在一起，创造一种若隐若现的感觉。我们的目的是让摩天大楼成为城市的一部分，延伸到天空中并融入环境中。因此，当解决了天空中的那部分之后，就有必要回归到地面上，在地面和领土上扎根。

当你将视线向下移动时，会发现塔楼的泥土气息更强烈了：温暖的陶瓷元素占据主导地位，与周围的建筑相呼应。在地面上，入口大厅和广场连在一起。用铺装材料的统一来连续两个空间：外部空间的花岗石延伸进塔楼，这样便象征着这座城市于建筑融为一体。

1996 年　意大利帕尔马 尼科洛·帕格尼尼礼堂

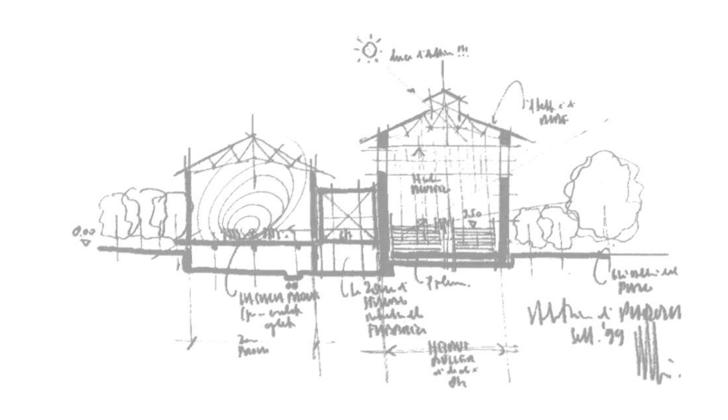

帕尔马市决定将位于市中心公园的前厄立达尼亚（Eridania）炼油厂改造成一个能容纳 780 人的音乐厅。这座建筑物的两端是完全透明的，这样的玻璃墙使观众可以沉浸在大自然中欣赏音乐。

当墙体在某个地方驻扎了很长时间后，它们也就化成了地形的一部分。这就是林戈托工厂的情况，也是以前厄立达尼亚糖厂的情况：这是一个建于 19 世纪的综合体，这里离市中心只有几步之遥，曾经也是帕尔马工业区的心脏地带，而如今这一工业区已经变成了城市的空旷地带。

在市议会的倡议下启动了新礼堂这一项目，对该地区进行重组和再利用，也是这一地区总体规划的一部分。事实上，就在这里还有巴里拉（Barilla）面食厂、公共屠宰场、农业合作社和各种服务基础设施。他们周围是一个郁郁葱葱的花园，那里有许多不同种类的树木。前炼油厂的砖墙虽然已经残败，但它仍然在人们的视觉和情感上占有重要位置。它们似乎与其周围的大树同属一个时期（事实上，它们可能更久远）。最重要的是，它是这个城市坚固的地标性存在，是帕尔马工业历史的遗产，我们不喜欢这种抹去记忆的想法。

这是一个需要将制糖厂改造成音响厂的问题。因为我与彼得罗·巴里拉（Pietro Barilla）长久以来的友谊，巴里拉家族资助了这次设计；市政当局提供了规划仪器和施工的资金。

因为炼油厂传统的功能配置，它呈现出一个大方盒子的形式：从那时便冒出了这样一个想法，把它建成一个完美的音乐方盒子，前面设有一个舞台。勘测了其比例后更为这样的想法增添了可能：完全的直线式布局刚好符合了礼堂所需的纯粹性空间。现存的公园也为音乐欣赏营造了一幅美妙的背景图，更有助于音乐礼堂的隔声工作。这一切似乎都符合了这一想法，一切信号都很清晰。

虽然我们对于砖的赠予是心存感激的，但也需要减轻砖的重量。我们不想忘记历史，但也不想被历史压垮，所以我们探索如何让贝壳变得轻盈，我们想要的效果不是那种暗室。我们所设计的礼堂必须是一座“亮室”，一个声效完美且透明的建筑，视觉和听觉融为一体的一种体验。

设计
1996—1999 年
施工（转换）
1999—2001 年
用地面积
73610 平方米
总建筑面积
7570 平方米
建筑长度
94 米
建筑高度
25 米
建筑层数
礼堂：门厅 + 地上 1 层
排练室：地上 3 层 + 地下 1 层
报告厅
780 个座位

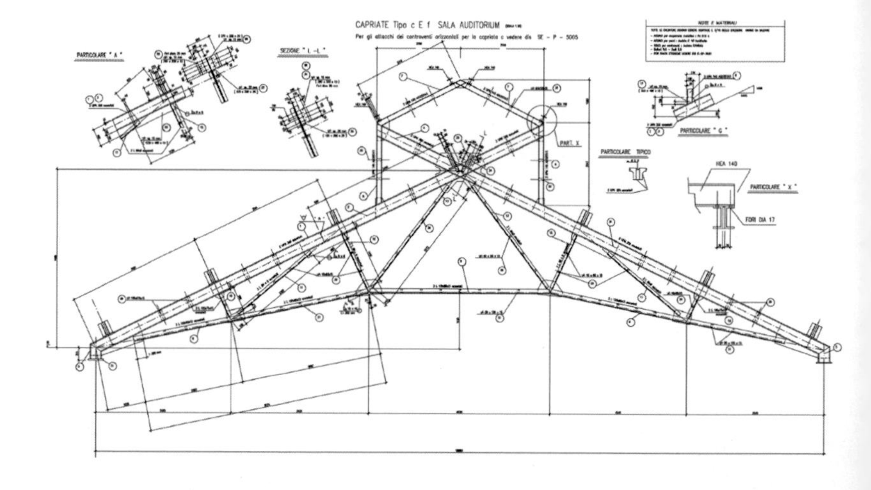

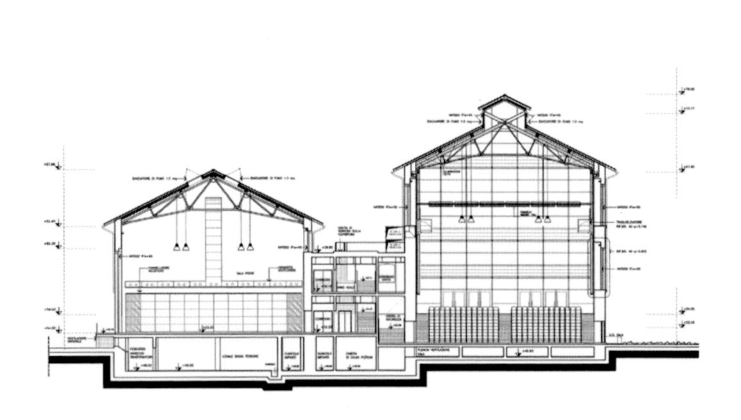

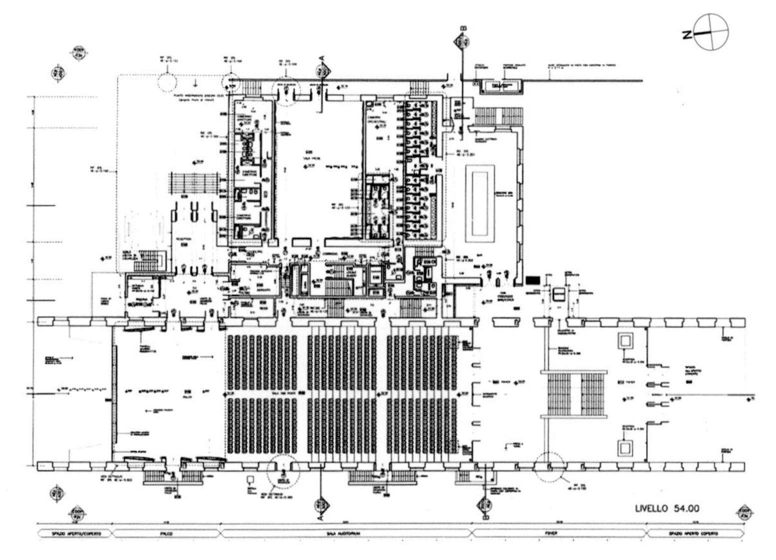

所以我们为了看清其内部构造，调查并绘制了工厂的结构。舍弃了主楼周围的二级建筑以达到更明晰的视觉效果（除了一个改造的排练室），前墙、后墙和建筑的隔墙也用玻璃墙替代。我们以一种看似极端的方式进行了一次艰难的艺术改造。但我们也没有抛弃任何有意义的东西；相反，我们重建了那些即将倒塌或已经倒塌的墙体。

在非物质化运动中，有一个安置了三面玻璃墙的魔盒，它的屋顶神奇地被侧墙支撑。舞台是活动式的地面，也是一个天然的音响。上部安置了用以反射声音的樱桃木材质的声学构件，它们可以通过分解声波将声音反射回礼堂。位于大厅末端的玻璃导流板和管弦乐队后方的木板也是控制声音的装置。我们担心窗户的壁龛会影响声音，但事实上，当它们不断地改变反射角度时，给了声音一个更均匀的特征。

但是，如果你要建造一个音乐厅，这些不足以使它拥有完美的音响

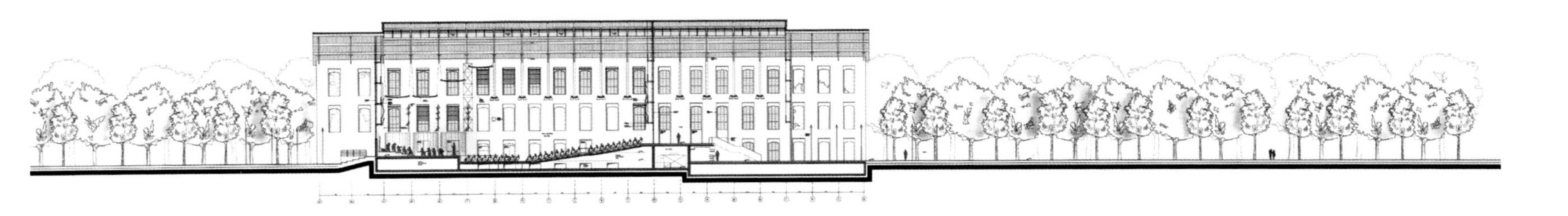

效果：还必须让在座的每个人参与进音乐中来。原因是在音乐会上，你会发现自己完全沉浸在一首交响曲中，但如果在家里用一个极好的高保真音响系统听音乐，却不会让你如此感动。这是因为你需要身处其中：指挥台上的指挥、正在演奏的管弦乐队，以及其他 10 人、100 人或 500 人在同一时刻感受着同样的情绪。在帕尔马，我们还将美丽的花园融入了这一神奇的组合中。

1998年 日本东京 爱马仕之家

该项目的目标是在东京市中心为爱马仕（Hermès）打造一个住宅区：在银座区占地6000平方米，这座纤细透明的建筑按照极其严格的抗震标准建造，像是一盏在夜间点亮的魔灯。

如何让你的建筑和品牌在众多的标识中脱颖而出？这就是爱马仕问自己的问题。爱马仕这家法国制造商选择了位于银座的哈鲁米多里（Harumidori）作为它在日本的总部，银座所处的街道是世界上最拥挤的地区之一，没有太多的空间，由于空间非常宝贵，所以这里的建筑都不得不建成摩天大楼。

从与客户的第一次会面开始，我们就清楚地知道这座大楼不能像其他许多公司大楼那样不透明、封闭和神秘。它必须看起来光彩照人，并对路人开放——这将是一个橱窗，它可以陈列展品并且能够展示正在工作的工匠们。这在形式表现与技术上都是一项很大的挑战。这个场地形状奇特：长45米，宽11米。一个15层的塔楼必须从地面上的这个区域拔地而起（事实上，这个比例让它看起来更高）。

这些并不是我们唯一面临的问题：在一个地震危险区，这栋建筑必须严格符合日本的建筑法规，该法规要求我们找到明智的解决方案，以抵消地震活动的风险。我们与奥雅纳的公司在这方面的设计上花了很长时间。我们面临的最大挑战是怎样规划在建筑物只有11米宽时应对横向冲击波。解决办法取决于各种综合因素。承重骨架由钢铁制成，在关键点处设有黏弹性减震器，在地震发生时允许一定的移动。整个建筑设计成均匀地承受冲击，每个部分都吸收地震的运动份额。

理想情况下，塔楼的平面可以分为两部分：楼梯、电梯和服务空间集中在一条长条状区域，约占建筑宽度的3米；剩下的8米用作开放式的商业空间，室内由丽娜·杜马斯（Rena Dumas）设计。纤细的柱子暴露在外面，只有20厘米厚，实际上确是支撑结构的连接梁，从中心悬臂。这座塔的顶部是一个屋顶花园，它是这座建筑最令人惊喜的地方，在某种意义上讲也是隐藏得最好的地方。

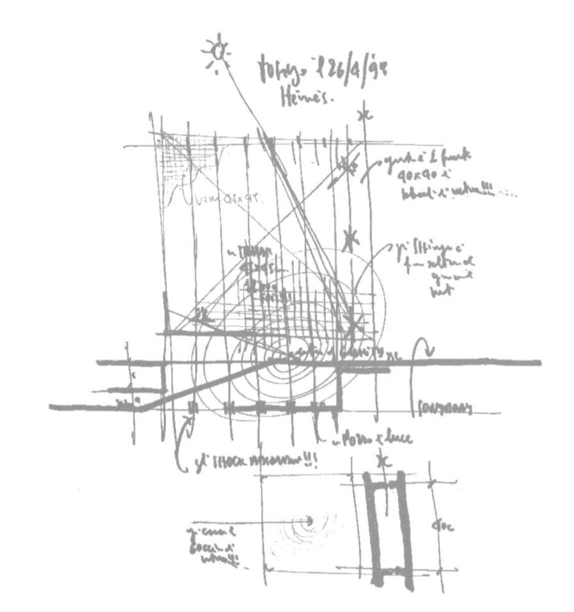

设计
第一阶段：1998—1999年
第二阶段：2002—2004年

施工
第一阶段：2000—2001年
第二阶段：2005—2006年

用地面积
第一阶段：1581平方米
第二阶段：2720平方米

总建筑面积
第一阶段：6071平方米
第二阶段：8543平方米

建筑长度
45米（2005—2006年扩建到56米）

建筑宽度
11米

建筑高度
44.55米

建筑层数
地上12层＋地下3层

与该项目的客户让-路易斯·杜马斯（Jean-Louis Dumas）合影

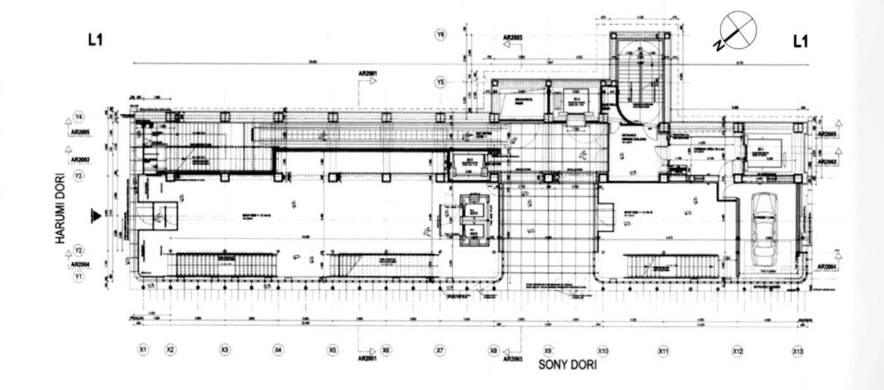

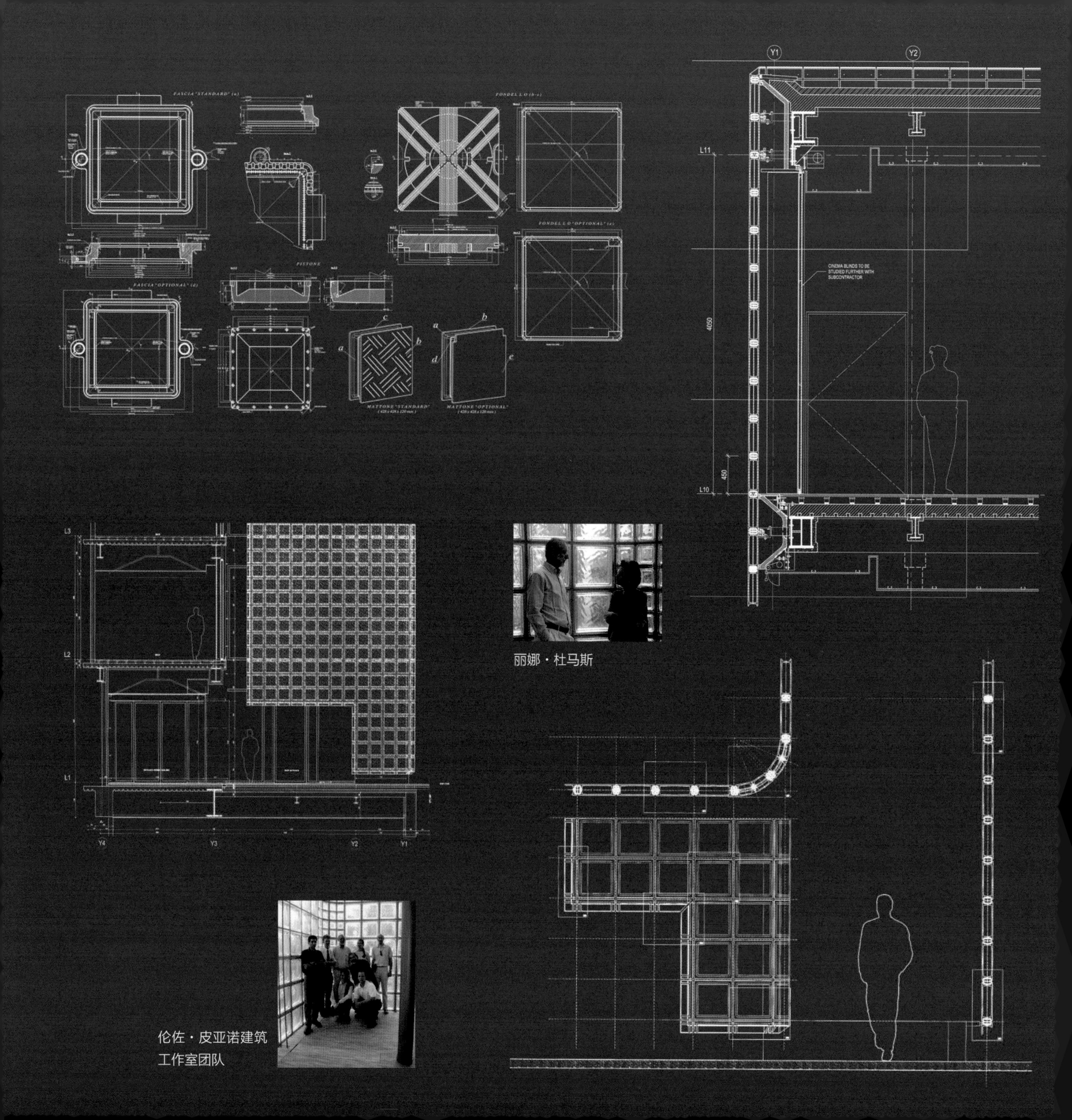

丽娜・杜马斯

伦佐・皮亚诺建筑
工作室团队

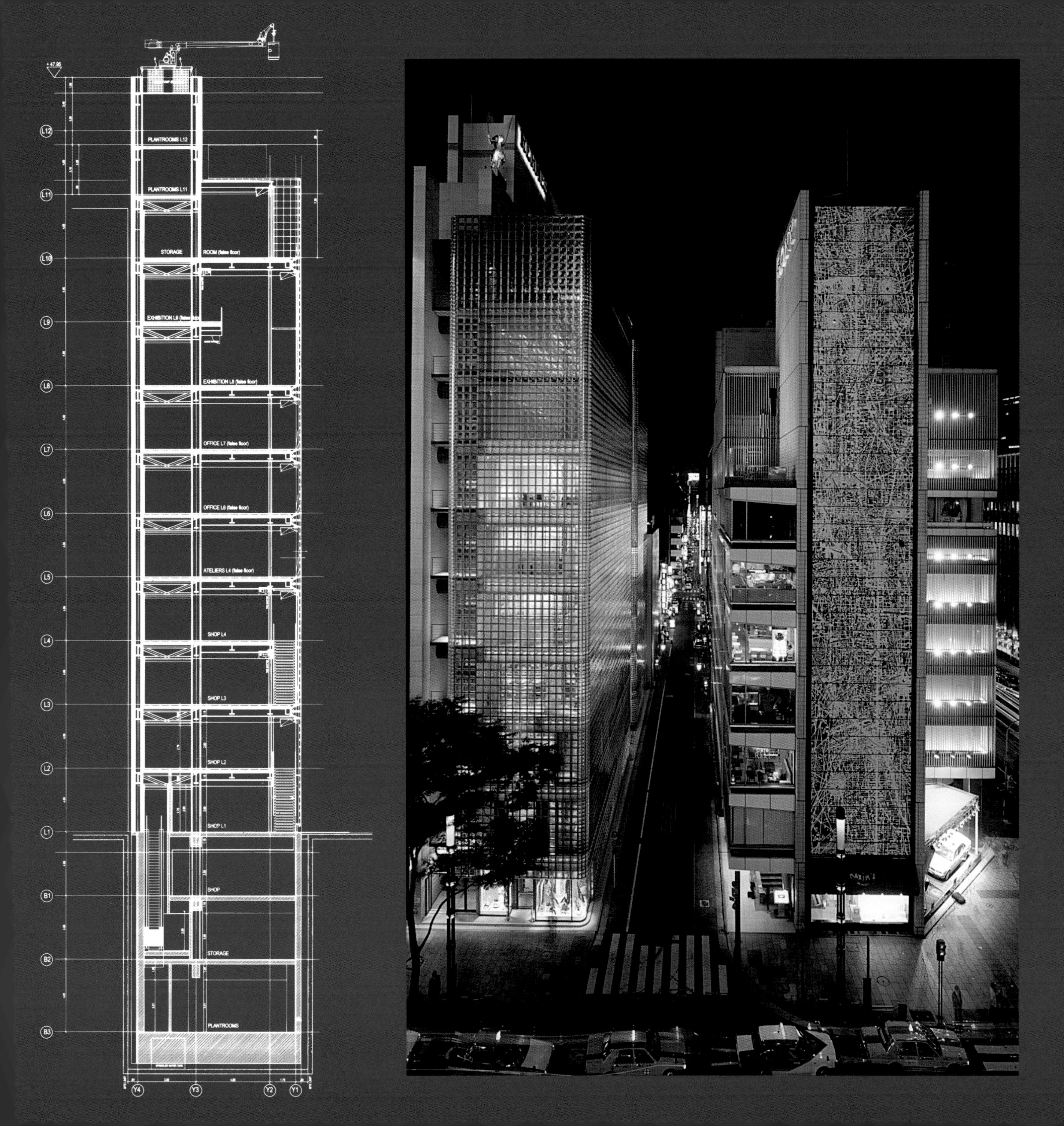

+47.95
L12
PLANTROOMS L12
PLANTROOMS L11
L11
STORAGE
ROOM (false floor)
L10
EXHIBITION L9 (false floor)
L9
EXHIBITION L8 (false floor)
L8
OFFICE L7 (false floor)
L7
OFFICE L6 (false floor)
L6
ATELIERS L4 (false floor)
L5
SHOP L4
L4
SHOP L3
L3
SHOP L2
L2
SHOP L1
L1
SHOP
B1
STORAGE
B2
PLANTROOMS
B3
Y4
Y3
Y2
Y1

在日本，夜晚在门前挂灯笼是一种传统。这也是建筑立面灵感的来源，它像一个由 13000 块玻璃砖组成的巨大灯笼。人们指出，这些砖块的大小与折叠的爱马仕围巾完全一样，这也成为这座城市的神话。它是对这家时装公司的一种赞美，但这不是真正的原因。实际上，每一块玻璃都对应着一滴熔化的玻璃，这是由材料表面张力所决定的一种精确的物理测量。熔化的玻璃在冷却前就被加工了，产生了跟任何两块都不一样的独特的波纹效果。这个重复性模块平静的节奏被苏木新谷（Susumu Shingu）的一个雕塑打破了，雕塑固定在入口之上，打破并活跃了周围的格局。

玻璃是地球上最坚硬的材料，其覆盖层与建筑的其他部分一样符合抗震标准。每块设置在一个框架中，允许它相对于相邻块移动 4 毫米。玻璃外壳像塔的其他部件一样，能够吸收冲击波。这是非常创新的，同时也是非常古老的。我们将最新的技术应用到已经使用了几个世纪的日本传统寺庙中。

将爱马仕之家（Maison Hermès）包裹在一种玻璃和服中，使它成为银座夜生活的主角。到了晚上，这座塔就映出城市的色彩，使它自身的色彩增加了 100 倍。通过这些方块，光线和形状被创造出来，就如同你透过移动的水观看，允许你瞥见但不能完全把握里面的形状和颜色。

巴黎圣吉劳姆街（Rue Saint-Guillaume）矗立着皮埃尔・夏罗的维尔公馆（Pierre Chareau’s Maison de Verre），我们在某种程度上就是在它的基础上绘图的。开始这个项目之前，我与丽娜・杜马斯和我的妻子米莉（Milly）第 10 次参观了这个“玻璃屋”。它是一种令人难以置信的灵感来源——是克制与光明的杰作。

1998 年　意大利米兰 24 小时太阳总部

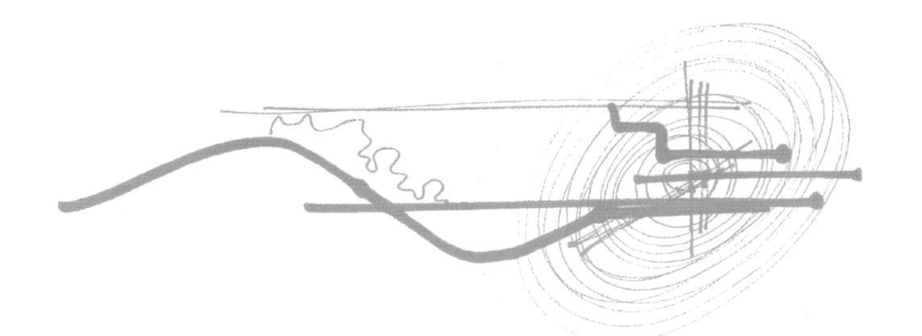

透明和不透明之间的平衡避免了封闭的效果，并将建筑向城市开放，位于项目中心的假山也是如此。这一设计表现了报社与周围环境的延伸和渗透关系。

在这个项目中，我们的任务是改造现有的建筑，该建筑建于 20 世纪 60 年代，位于米兰人口稠密的地区。被机械工程行业用于生产和管理的这四栋建筑占据了这个广阔的空间。不得不说的是，这个建筑体有一定的建筑价值，但是有些元素过于重复和封闭，所以我们必须改变这个空间的功能：这里将成为意大利领先商业报纸《24 小时太阳报》（*Il Sole 24 Ore*）的总部，我们需要设计一座与城市融为一体的建筑，而且最重要的是，创造一种新的为城市服务的城市结构。

考虑到这一点，我们通过减法的手段拆除现有建筑的一些元素，以此来减少体积，使建筑能够与外界相融。这种对透明度和自然环境的强调对于重建与周围地区的渗透感是很必要的。用部分拆除的方法打开向南方向的建筑综合体，从而最大化地利用阳光。市中心被清理干净，变成了一个面向周围城市开放、占地 1 万平方米的公园。这是整个设计的中心：地球上的韵律——种植高大的橡树和不同季节开花的灌木——它穿过中庭，上升到 13 米的高度，然后经过建筑下方，与蒙特 · 罗莎（Monte Rosa）的开放空间相连。这个院子构思成一个花园，被建筑的两翼包围着，好像与花园形成一种互动交流的关系。白天将绿色植物放入建筑中，晚上用其吸收光线，建筑的透明度使它成为城市中的一个发光点。这个项目不是一个简单的修复问题，而是对形式的改变，对材料和颜色等的一个更复杂的改造，以及建立一个与环境更紧密的联系。在人造土山的下面有 450 个停车位、一个自助餐厅、一个小礼堂和一个技术工厂。

明亮和透明的感觉是我们的指导原则，我们通过移除建筑现有的外观，改用一层一层的玻璃包裹建筑上层来实现。视觉上的透明度是象征性的，当夜幕降临时，整个建筑就像灯笼一样从内部发出光芒，反映出了报纸的本质，它从不睡觉，照亮周围全部的景色。赭色的石膏是典型的米兰特色，而兵马俑的使用也有助于与地区建立一个强大的联系。轻悬的屋顶类似于飞毯，覆盖了顶层和外部露台。它看起来像一个巨大的遮阳伞，既完整了整个建筑，也庇护和保护了建筑。

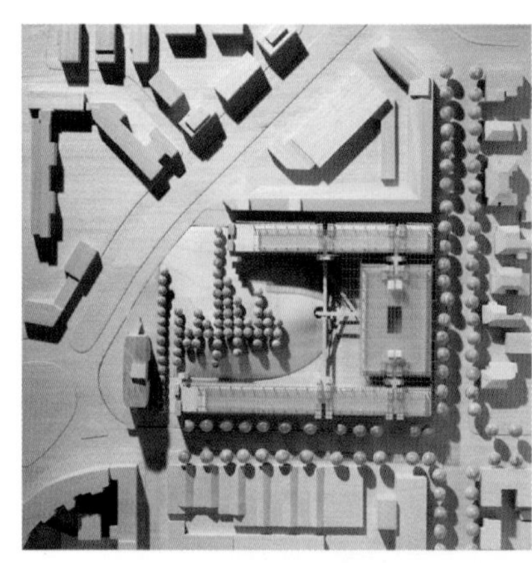
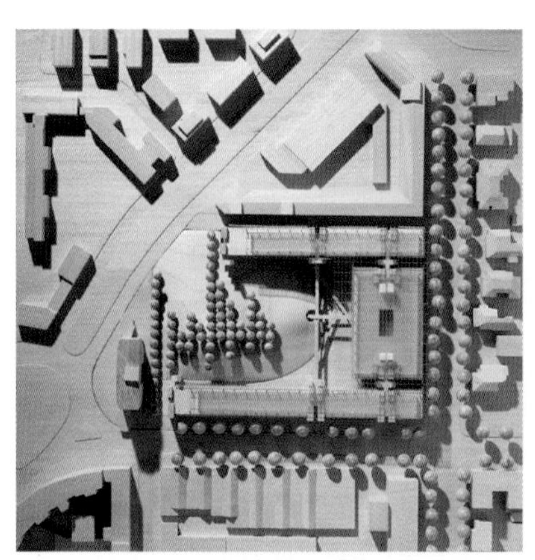

设计
1998—2001 年
施工
2002—2005 年
用地面积
23540 平方米
总建筑面积
100500 平方米
办公室总建筑面积
41108 平方米（除服务区外）
其中 8554 平方米是花园
绿色庭院
10000 平方米
建筑高度
21.66 米
建筑层数
地上 5 层 + 地下 3 层
礼堂
246 个座位

与伦佐 · 皮亚诺建筑工作室的负责人安托尼 · 查亚（Antoine Chaaya）一起

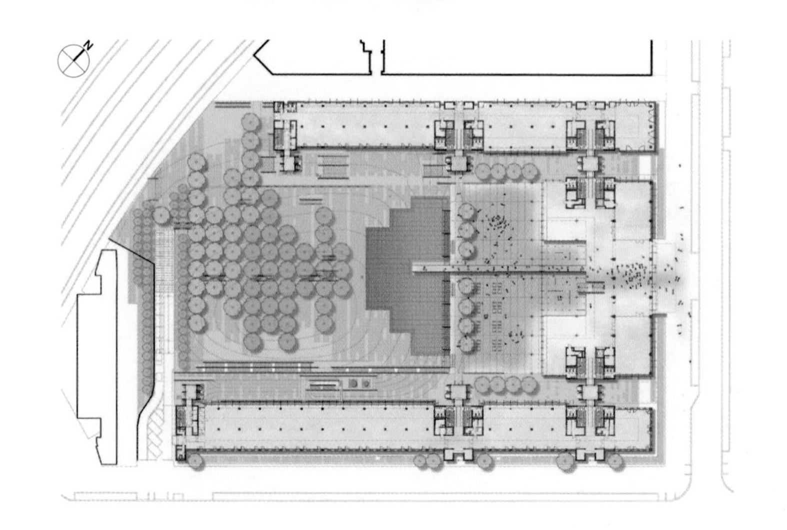

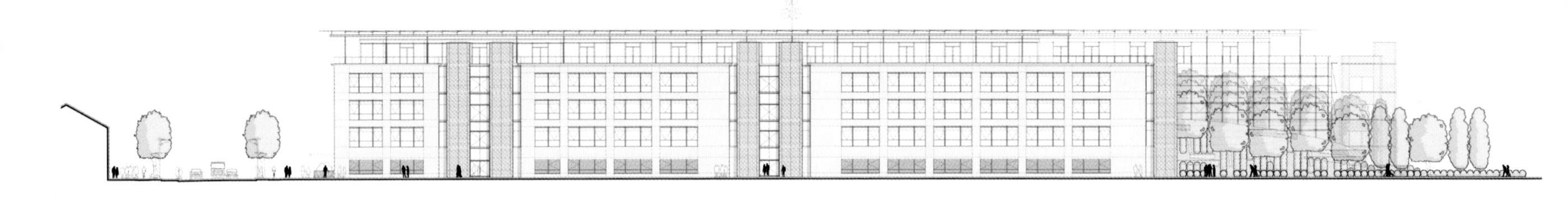

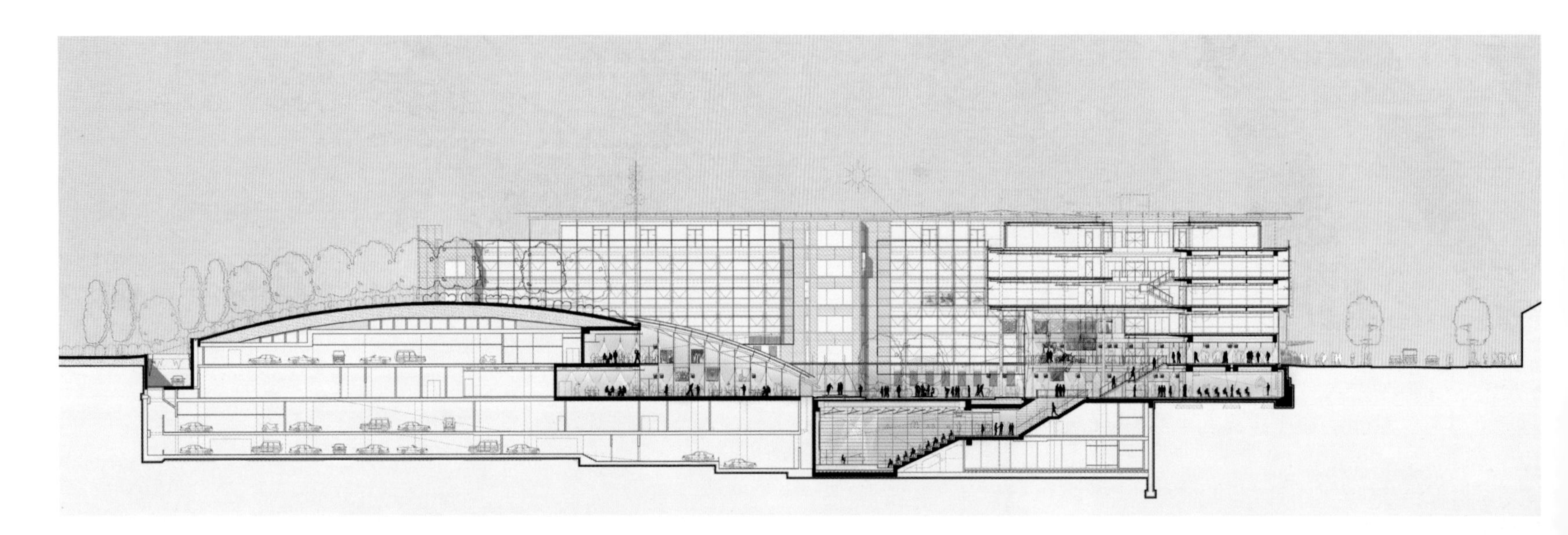

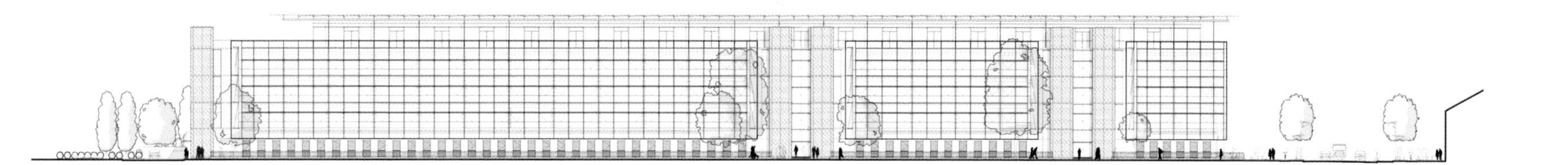

1999 年　美国得克萨斯州达拉斯纳西尔雕塑中心

这座明亮而严谨的建筑也是一个男人的文化杰作，想与他的团体分享他创造的小世外桃源。它容纳了一些最重要的现代和当代艺术作品，同时在城市中心提供了一片绿洲。

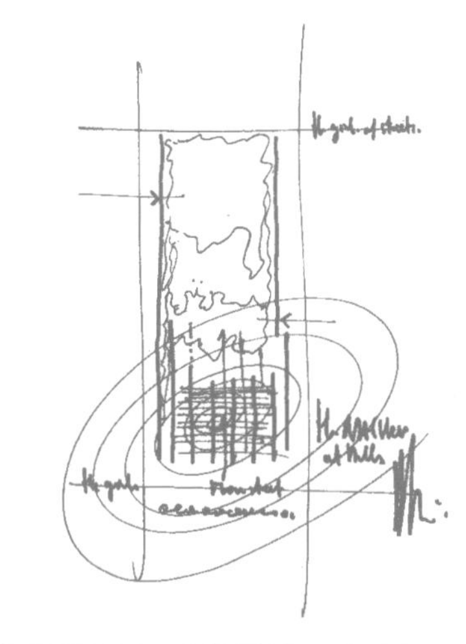

纳西尔雕塑中心（Nasher Sculpture Center）拥有一些世界上最著名的艺术家的现代和当代雕塑作品，包括让·阿尔普（Jean Arp）、博伊斯（Beuys）、布朗库西（Brancusi）、布拉克（Braque）、考尔德（Calder）、德古宁（de Kooning）、马克·迪·苏维洛（Mark di Suvero）、马克思·恩斯特（Max Ernst）、高更（Gauguin）、吉亚柯梅蒂（Giacometti）、贾斯帕·约翰斯（Jasper Johns）、利希滕斯坦（Lichtenstein）、马蒂斯、奥尔登堡公爵（Oldenburg）、米罗（Miró）、亨利·摩尔（Henry Moore）、毕加索、伊万·普尼（Ivan Puni ）和奥古斯特·罗丹（Auguste Rodin）。这些藏品都是世界上最珍贵的收藏品，是由雷·纳西尔先生和他的妻子帕特西（Patsy）在 50 年的时间里收集的。

许多文化机构会很高兴得到这些让人难以置信的藏品，但雷·纳西尔（Ray Nasher）决定捐赠给他的城市：达拉斯。他还想建造一个建筑安置这些作品。作为一个房地产开发商，他在市中心获得了一大片空地——这里曾经是停车场。这就是我们来的地方。从某种意义上说，“我们的”博物馆都是相关的，是一种激情连接着所有的收藏家。我第一次见到纳西尔是在瑞士的拜尔勒（Beyeler）基金会博物馆开幕式上。经过那天短暂的交流后，我们达成了互相尊重的共识。两年后，我们终于一起合作了，经过了几次初步商讨，纳什尔委托我们在 1999 年的夏天为他的雕塑创造一个家。

达拉斯和休斯敦一样，是一座相对较新的城市，它建于 19 世纪。我们这片空地是一个由四条笔直的道路环绕的停车场，夹在摩天大厦和下沉的高速公路之间，所以找到我们的场所并不容易。这一次我们必须改造它。我们决定在摩天大楼中间隐藏一个花园和一个艺术博物馆。

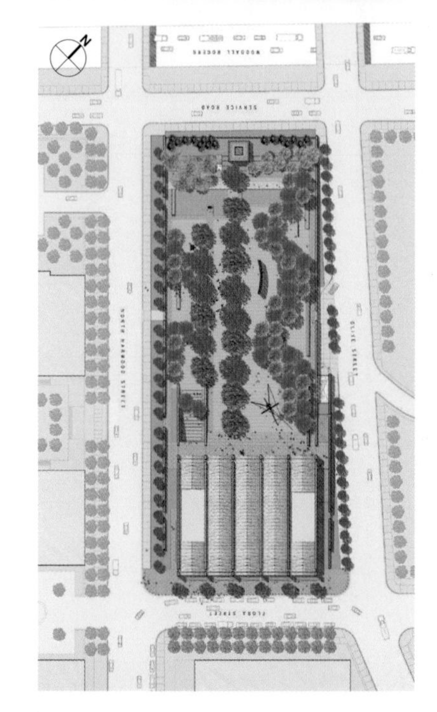

设计
1999—2001 年
施工
2001—2003 年
用地面积
9000 平方米
总建筑面积
5342 平方米
园区
6677 平方米
建筑高度
7.3 米
建筑层数
地上 1 层 + 地下 1 层
礼堂
里面 200 个座位，外面 120 个座位

与客户雷·纳西尔在一起

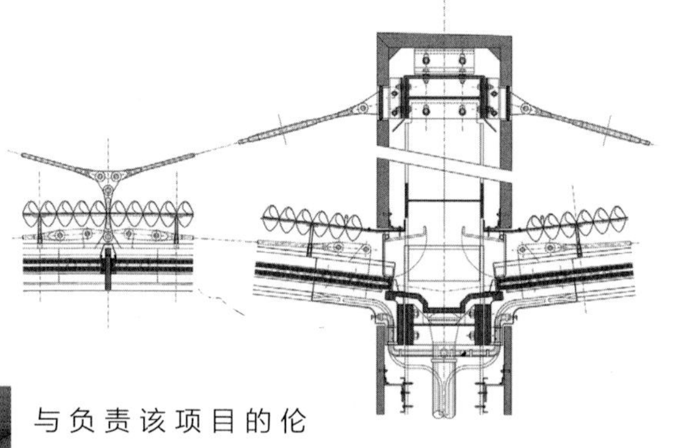

与负责该项目的伦佐·皮亚诺建筑工作室合作伙伴穆西·巴格里托（Musci Baglietto）在一起

收藏的艺术品安置在一个有屋顶的单层展区，这是一个与周围宏伟建筑截然不同的宁静空间。空间分成五个相同的矩形展馆，设计略微弯曲的屋顶引入光线。过度曝光会损坏艺术品，所以这对设计来说是个挑战。我们必须找到正确的平衡点。在这方面，我们有一个优势：雕塑对光线的敏感性不如绘画，而且我们已经从与德·梅尼尔夫人的作品中获得了一些得克萨斯阳光的经验。在纳西尔雕塑中心，我们想出了一个更简单的解决方案：玻璃顶棚上方漂浮着一层穿孔铝板。这种特殊的三维设计（获得了专利——雷想要独占权）只允许来自北面的光线进入。这样的设计也产生了光线会漫反射的效果，增强了雕塑的形态和纹理。承重墙由石灰华制成，由高压水流“冲洗”而成，是专门从意大利运来的，它看起来和摸起来都像古罗马的石头。

材料的选择和建筑的古典简约使纳西尔看起来像一个考古发现。在所有的具象艺术中，我们最常与永恒联系在一起的就是雕塑，我们给新的事物融入古老的感觉，试图创造一种永恒的艺术感。通过这个项目（我特别骄傲地说），我们说服达拉斯市政府创建了该市第一条步行街——以我们

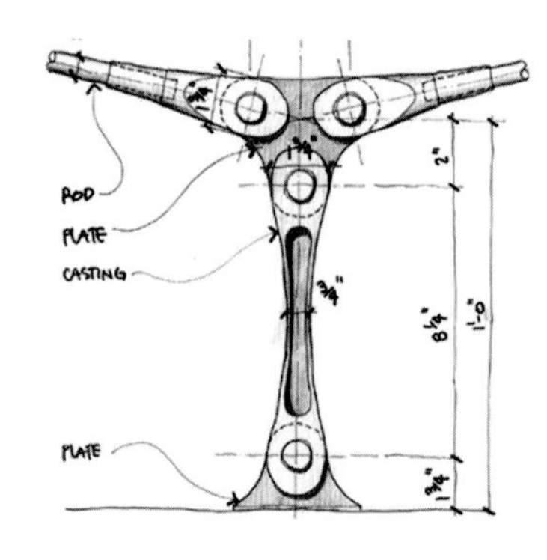

屋顶由五个玻璃拱顶组成，位于石灰华隔墙之间，悬挂在亭子上方。它们安装在由不锈钢拉杆支撑的细长钢梁上。玻璃顶棚上方漂浮着一个由铸铝板组成的屏蔽系统，这个三维元素重复了223020次

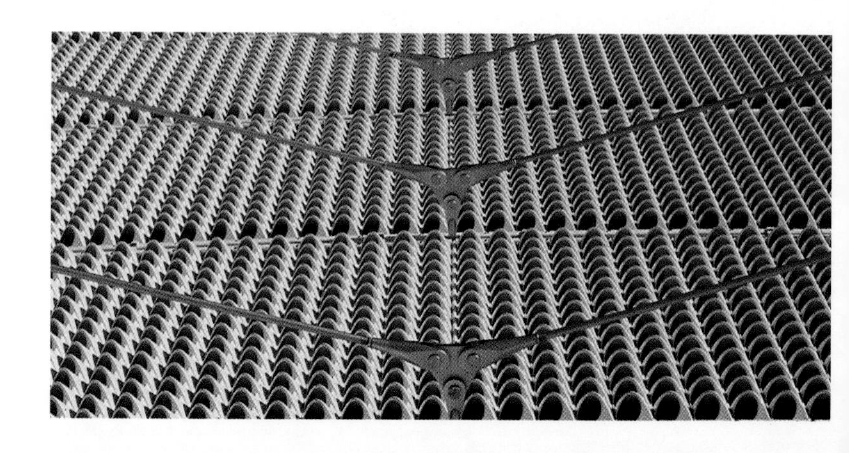

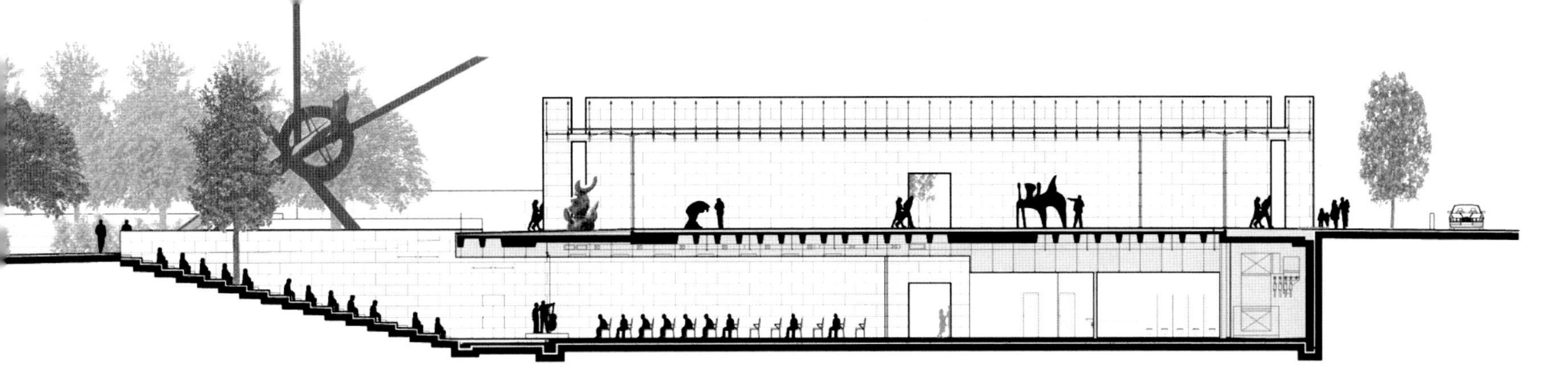

雷・纳西尔的团队和他的
女儿安德里亚（Andrea）

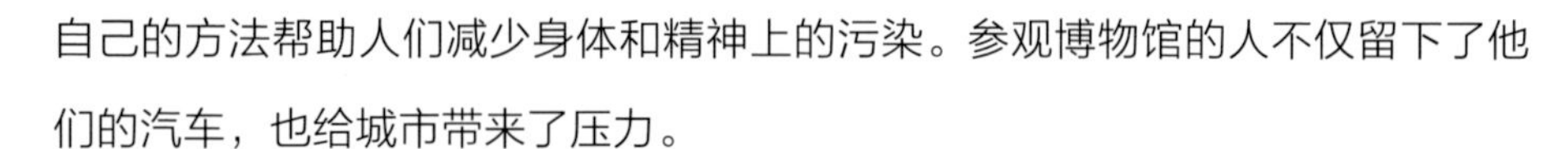

自己的方法帮助人们减少身体和精神上的污染。参观博物馆的人不仅留下了他们的汽车，也给城市带来了压力。

整个花园营造了一种考古现场的感觉，被石灰华墙包围。对于周围高耸入云的建筑，花园的高度水平略低于整个街道的水平，因此形成了一个鲜明的对比。除了铺好的小路、喷泉和小水池，这座花园还种了 170 多棵树，包括榆树、橡树、垂柳、木兰和竹子。在这个幽静而引人深思的环境中，陈列着很多艺术品。这个由彼得・沃克（Peter Walker）设计的花园是这个综合体的重要组成部分，不仅作为一个户外展览空间，而且还在达拉斯闹市区营造了片刻的空间来沉思，这是客户设计理念的一个基本方面。

我意识到，艺术史的线索是由雷和帕特西・纳西尔这样的人编织而成的，他们都是各自领域的专家，为了未来而发现、资助、收藏和保存。雷曾经告诉我，“帕特西和我从来没有买过一件雕塑，因为它不会让我们感觉到某种轻微的快感……一种奇特的感觉，就像蝴蝶一样”。这些是一个热爱自己工作、热爱自己作品的人说的话。

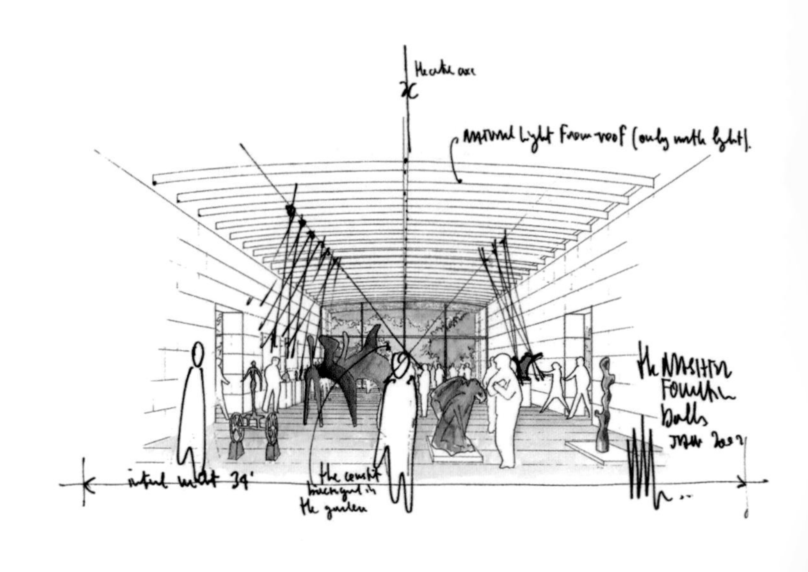

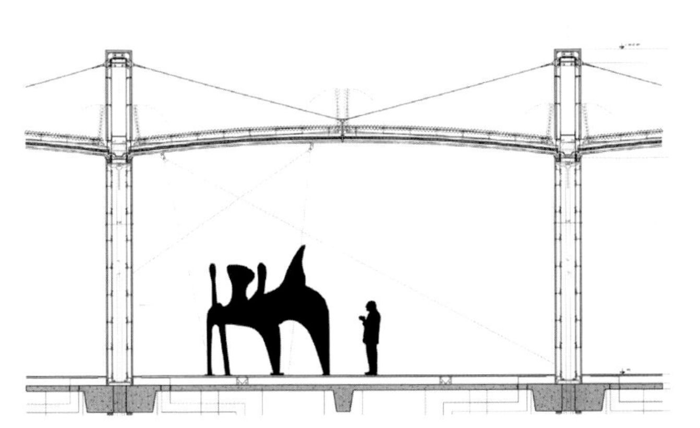

1999 年　美国佐治亚州亚特兰大高等艺术博物馆扩建

这是一个位于绿色城市中心的文化校园，展区有顶灯，花园郁郁葱葱：是一个消磨时间的好地方，这座花园在艺术和环境的结合上找到了一个恰当的平衡，能带给游客一种愉快的体验感。

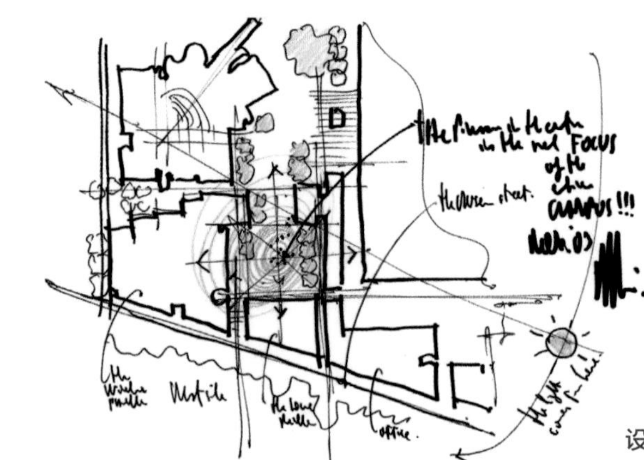

设计
1999—2003 年
施工
2003—2005 年
用地面积
33628 平方米
总建筑面积
16444 平方米（现有）
2899 平方米（扩建）
建筑高度
高等艺术博物馆：
29.6 米
亚特兰大艺术学院：
30.2 米
建筑层数
高等艺术博物馆：
地上 7 层 + 地下 1 层
亚特兰大艺术学院：
地上 8 层

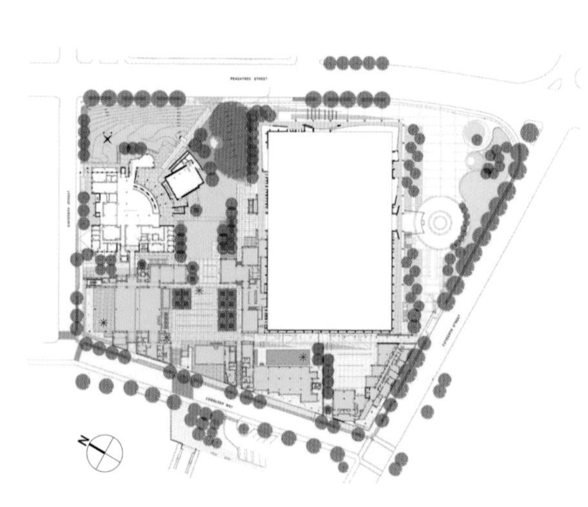

亚特兰大的高等艺术博物馆建于 1905 年，是美国最重要的博物馆之一。理查德·迈耶（Richard Meier）在 30 多年前设计了现在的这座建筑，它是一个大型综合体——伍德拉夫艺术中心（Woodruff Arts Center）的中心点，包括艺术学院、亚特兰大交响乐团和联盟剧院。整个地区今天被称为“艺术区”。

迈克尔·夏皮罗（Michael Shapiro）当了 20 年的高级博物馆馆长，谢尔顿·斯坦菲尔（Shelton Stanfill）当时是伍德拉夫艺术中心的主席，他们引导博物馆朝着更大的扩张方向发展，并与这座城市的其他文化功能融合在一起。其中一部分工作委托给了我们，扩建使现有博物馆的规模扩大了一倍多，为日益增多的藏品创造了急需的额外空间。这些年来，收藏品的数量增长如此之快，以至于只有一小部分可以展示给公众。我们正在谈论的是对于超过 1.4 万件艺术品的永久收藏，其中包括乔瓦尼·贝利尼（Giovanni Bellini）、阿尔布雷希特·丢勒（Albrecht Dürer）、乔瓦尼·巴蒂斯塔·提埃波洛（Giovanni Battista Tiepolo）、安东尼—路易斯·巴雷（Antoine-Louis Barye）、克劳德·莫奈（Claude Monet）、卡米尔·皮萨罗（Camille Pissarro）等人的作品。这个博物馆是美国参观人数最多的博物馆之一。

2006 年是与巴黎卢浮宫合作举办一系列展览的第一年，这些展览用于展示法国博物馆的作品，而我们也为此设计了展览。这座城市与卢浮宫的渊源可以追溯到半个多世纪前的 1962 年，当时亚特兰大的许多艺术赞助人在一次欧洲文化之旅结束后死于飞机失事。在他们访问巴黎期间，他们在卢浮宫欣赏了这幅名为《惠斯勒的母亲》的画。事故发生后，法国博物馆将这幅画送到亚特兰大艺术协会展出。

让我们回到建筑：除了增加空间的数量，还应对博物馆综合体进行重

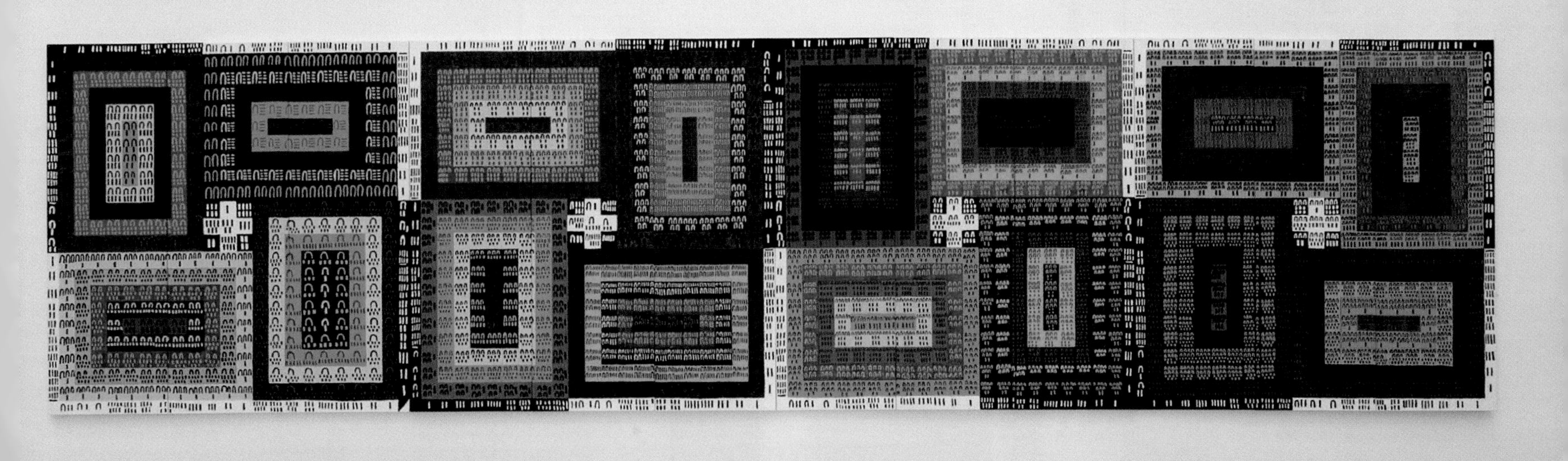

现场与负责该项目的合作伙伴伦佐·皮亚诺建筑工作室的马克·卡罗尔和伊丽莎白·特雷扎尼（Elisabetta Trezzani）在一起

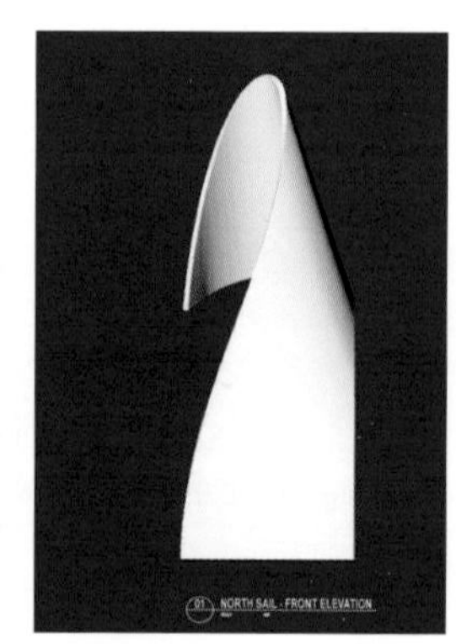

新配置，在现有建筑和新增建筑之间建立联系。然而，主要的挑战是在一个典型的美国城市中心创造一个欧式的城市空间。亚特兰大是可口可乐和美国有线电视新闻网的总部，也是马丁·路德·金的出生地。

考虑到现有博物馆的规模，扩建部分由三个不同的结构组成：威兰馆（Wieland Pavilion）、安妮·考克斯·钱伯斯厅（Anne Cox Chambers Wing）和行政中心。在前两个展厅中，我们再次提出了从顶上采光的理念：通过设置 1000 个天窗采集北方向的自然光，只允许强度安全的光线进入展厅。立面模块的标准尺寸约为 1.2 米，覆盖了一层的玻璃和两层的铝“丝带”，继续向上包裹着屋顶的天窗。抛光的白色铝板与迈耶设计的建筑有着明显的视觉联系。维兰德展馆是最大的建筑，包含用于永久收藏的展厅和一个用于临时展览的灵活空间。它通过一组玻璃幕墙的桥梁与现有的侧翼相连，并有一个露天平台，其特色是克拉斯·奥尔登

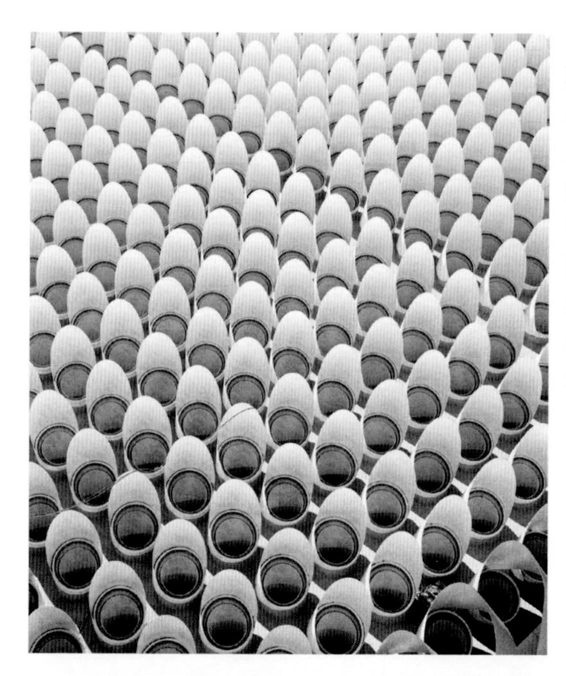

吊顶由玻璃纤维增强石膏（Glass Fibre Reinforced Gypsum，GFRG） 模块组成，低层封闭，顶层穿孔，通过约 1000 个天窗引入自然光，照亮下方的画廊。漏斗形状的覆盖层覆盖着天窗，天窗朝向北方，调节着进入建筑的光量

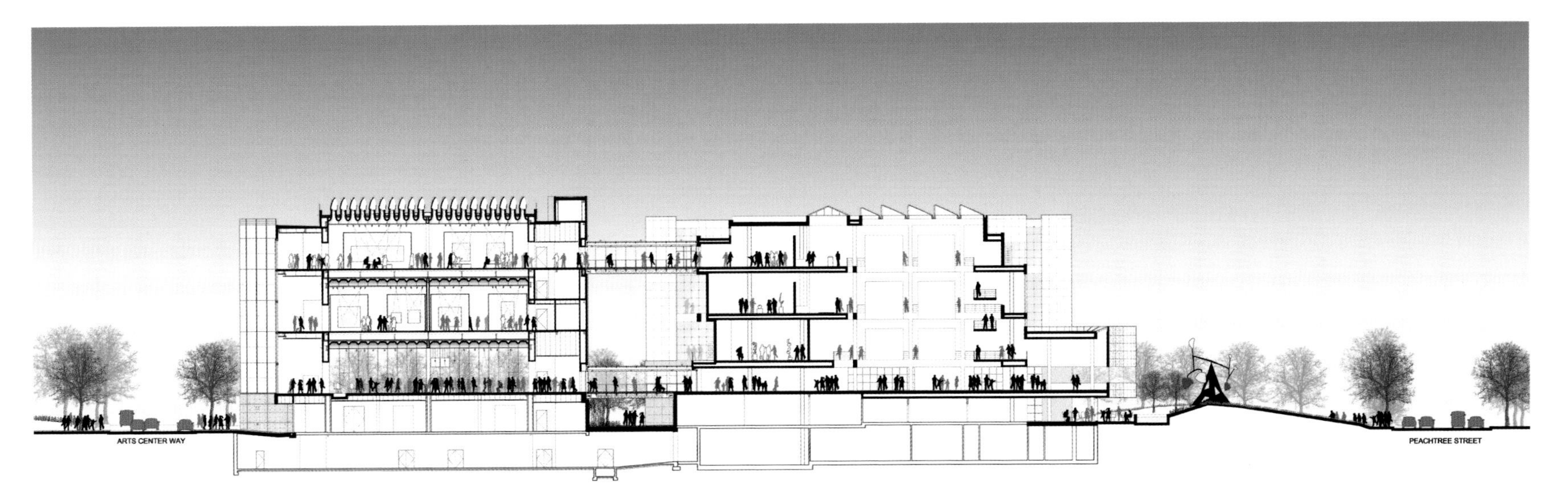

屋面模块的标准尺寸为1.2 米。同样的模块垂直地使用在建筑的立面上，立面上覆盖着一层玻璃和两层铝的“丝带”

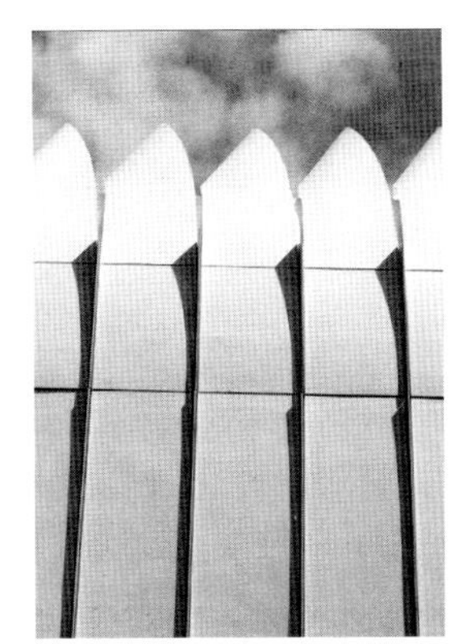

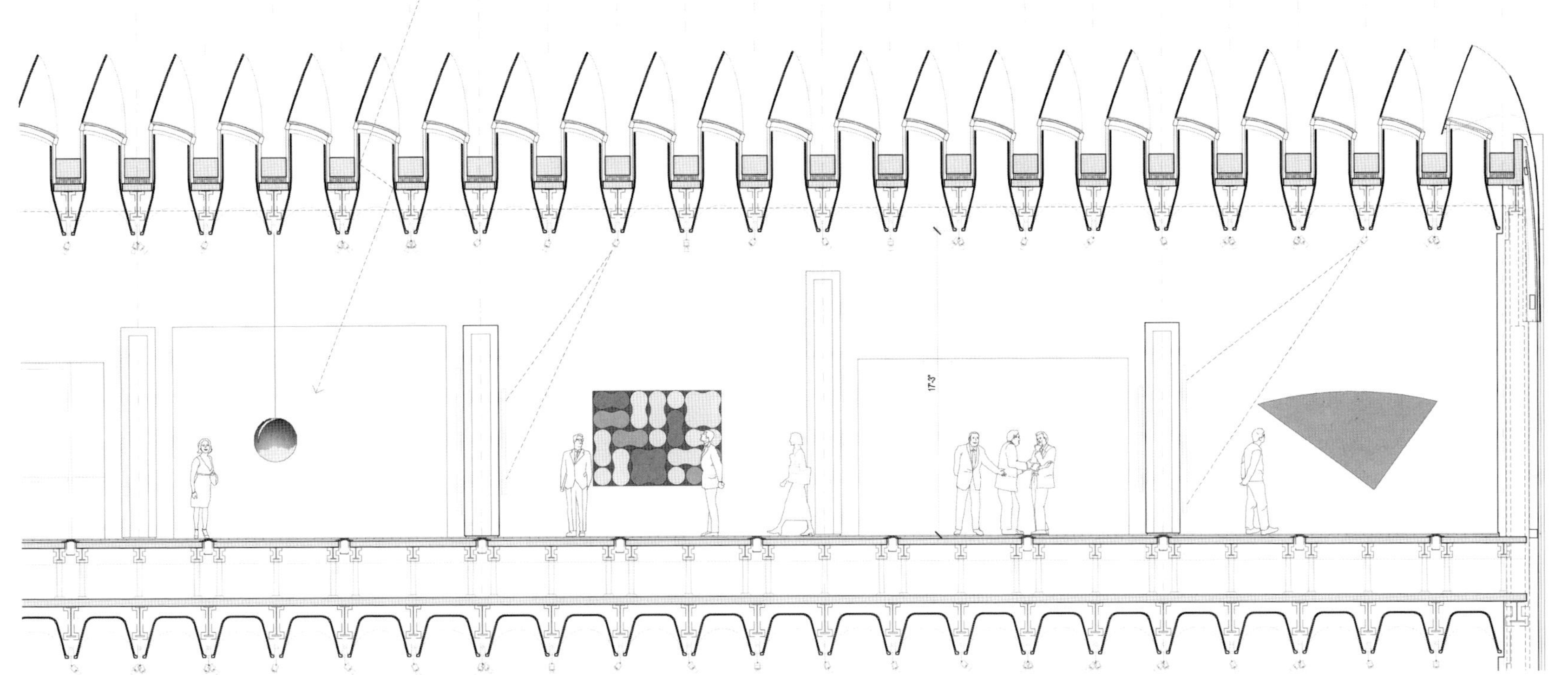

HIGH MUSEUM OF ART

Stent Wing

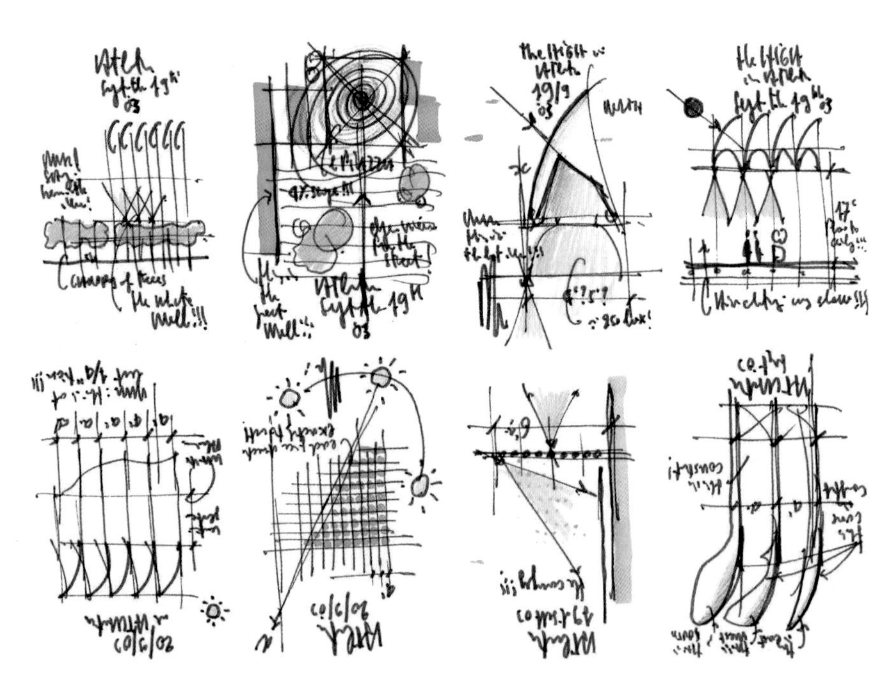

堡（Claes Oldenburg）的雕塑。安妮・考克斯・钱伯斯侧厅用于特殊展览，两侧是行政中心。

然而，该项目最吸引我的是其他东西。我们发明了一个公共广场。我之所以用“发明”（Invented）这个词，是因为在亚特兰大有街道、摩天大楼、停车场和绿地，但没有公共广场。现在这里有了一个广场，它就是校园的中心。广场步行街在伍德拉夫艺术中心（Woodruff Arts Center）、迈尔高等博物馆（Meier's High Museum）和我们的三座建筑之间，它不仅建立了建筑与建筑之间的联系，还建立了人与人之间的关系。艺术成了连接开放空间与建筑、游客与机构、学生与城市的一条主线。可以说，这个空间是城市的一部分，已经被博物馆所吸收，软化了它的机构作用，使其与社区的联系更加容易，建筑更有吸引力。在这里，艺术创造了一个吸引你的空间。我们希望看到世界上其他博物馆都能采用这种方法。

永久性收藏和临时展览的新画廊、办公室、餐厅、咖啡馆和书店都面向广场，并通过玻璃顶棚在视觉上连接在一起。我们试图将博物馆的神圣性与广场和餐厅的城市仪式结合起来。虽然我不想让未来的博物馆成为购物中心，但也不想让我们回到过去死板的、让游客们望而却步的建筑。

1999年 瑞士伯尔尼 保罗·克利中心

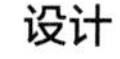

在这里，我们不是要设计一个博物馆，而是要创造一个景观——让地球的表面升高，让它更像一个地形学家，而不是建筑师。建筑的光线、轻盈感和几乎有机的生长都受到了克利（Klee）诗歌训练的启发。

设计
1999—2001年
施工
2002—2005年
用地面积
83000平方米
总建筑面积
16000平方米
长期展览
1650平方米
临时展览
800平方米
开放的区域
60000平方米
建筑高度
16.32米
建筑层数
北馆：地上5层
中部和南部
展馆：地上2层
礼堂
300个座位

这个项目的故事可以追溯到1997年，当时我接到了老朋友毛里齐奥（Maurizio）和玛丽丽莎·波丽尼（Marilisa Pollini）的电话，他们告诉我："你必须设计伯尔尼的保罗·克利（Paul Klee）博物馆。"我耽误了一些时间，因为和往常一样，我们在办公室有太多的事情要做。

保罗·克利，水上游戏，1935年
© 保罗·克利基金会

莫里斯·穆勒（Maurice Müller）教授是这座博物馆的主要资金支持者，同时也是这座城市和该州的主要资金支持者。需要一个空间展出克利全部作品的50%，即6000多件作品。这是世界上单个艺术家作品最大的收藏之一：1997—1998年间，克利家族捐赠了他们继承的大部分藏品，条件是运营艺术博物馆和伯尔尼州的人要建立一个博物馆。保罗·克利基金会同意再制作2600多件作品。1998年7月，穆勒和妻子玛莎（Martha）决定在该市东郊的一块土地上修建这个建筑并提供资金。

与客户伯纳德·普拉特纳、恩斯特·拜勒（Ernst Beyeler）和莫里斯·穆勒在一起

我在消磨时间，但我想了很多，在我和波利尼人（Pollinis）交谈了几个月后，我和伯纳德·普拉特纳（Bernard Plattner）一起去了那个地方。我们刚刚在巴塞尔完成了一项工作，离这里还有一个小时的路程，我建议去看看。到达伯尔尼时，我们发现麦田呈半圆形，四周只有草。这个地方似乎包含了克利的整个世界。他在包豪斯学院教授四门课程：绘画、平面设计、文学和音乐。我不知道克利认为自己像他的父母那样是一个音乐家，还是一个画家。他的作品一直让我很感兴趣，因为它跨越了抽象、自然、音乐和平面艺术之间的界限。作为一个不断从一个领域转向另一个领域的艺术家，他让我着迷。我们的目的是建立一个文化中心，以反映他复杂的性质和跨学科的方法。

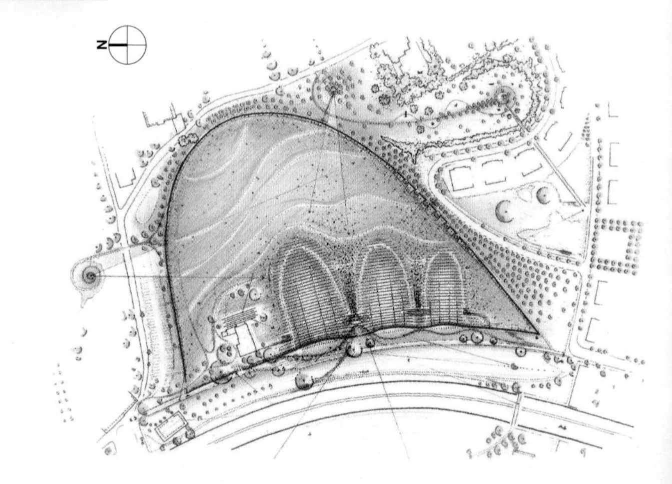

当然，地球也呈现在克利的作品之中。在这里，我们创造了一个景观（而不仅仅是一座建筑）来提升地球表面，让他更像一个地形设计师而不

是建筑师。基地由舍恩伦（Schöngrün）地区约 8 公顷的美丽的丘陵农田组成。建筑被想象成地面上的一个“褶皱”（fold），由三个波浪状的结构组成（看上去像是由三座山组成的）。土地和自然之间的关系是视觉的核心：建筑起伏的线条反映了周围麦田的起伏，使它们看起来像是一个整体。不是说这些地方不会说话，你只需要知道如何倾听它们，就能理解它们在说什么。在这片麦田旁边是克利的墓地。这是一个小细节，但很重要，就像他画的美丽的树一样。这个想法是由一系列的因素产生的。

周边地区的设计也从一开始就开始成形，并计划了一条通向大楼的外部人行道。三个波浪状的亭子组成了这座建筑，占地 4000 多平方米，见

证了这位艺术家发展的关键阶段。展览室在地下一层。这里有临时展览、戏剧表演、音乐会、会议和儿童工作坊。最后一点我很自豪，因为孩子们的创造力是如此的非凡，不需要太多的指导。

从一开始，我们的主要关注点之一就是创造一个明亮的氛围，尽管我们无法使用自然光。克利的许多作品容易损坏，不适合暴露在难以控制的自然光下。他经常在纸上画水彩，甚至在纸上涂油，早晨，如果没有画布，他就在报纸上作画。当你进入这个展览空间时，你会看到更容易控制的人造光。

1999年 德国科隆
皮克与克洛彭堡百货公司

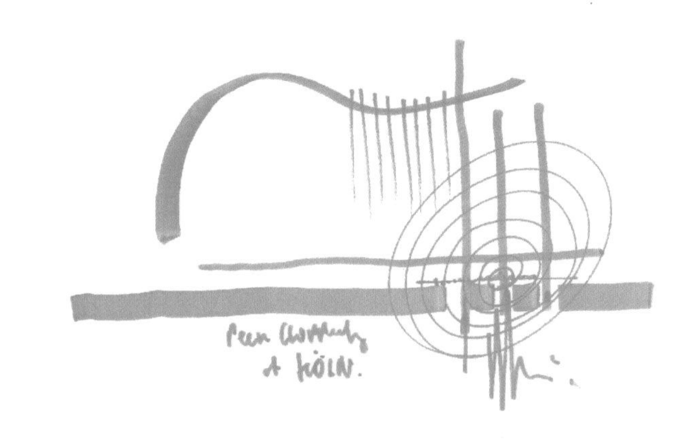

这座类似温室的建筑有5层楼高，悬在大中庭之上，内外不断相互呼应。在安东尼特基什（Antoniterkirche）教堂前的广场是一个重要的元素，因为创建广场的本质是意味着将人们聚集在一起。

场地复杂的原因有很多：地块形状不规则、坐落在离科隆大教堂（Cologne Cathedral）不远的席尔德加塞街（Schildergasse），这条街道交通拥挤，是这个城市主要的商业街，有一条城市地下高速公路穿过。除了晚期的哥特式安东尼特基什教堂，周围的建筑似乎没有什么特别的建筑价值。人们应该记住的是，在第二次世界大战期间，90%的市中心遭炸弹摧毁。

考虑到安东尼特基什教堂，我们决定设计一个主要是水平的建筑，令人联想到一个温室。周围的建筑物，尤其是老教堂，都可以透过巨大的透明玻璃看到。这座大型建筑容纳了皮克与克洛彭堡（Peek & Cloppenburg）的旗舰店，建筑面积约2.3万平方米，其中三分之二以上是供客户和其他人使用的公共空间。但在通往教堂的入口前，有一个广场：人们可以在这里见面、共度时光、分享价值观。

这座建筑虽然明显是现代的，但它通过使用木头和玻璃制成的拱门回到了传统。玻璃部分长130米，高达34米，让人想起19世纪的桔园。这个类似温室的建筑，5层楼高悬在大中庭之上，在光线和反射的作用下，使室内与室外之间不断地产生呼应。构成建筑框架的66个拱门是由叠合木制成的，这种材料可以创造大跨度和大尺寸的灵活空间。这些拱门间隔2.5米，高度达到30米，然后逐渐减小，形成轻盈、流畅和柔软的样式。

这些曲线结合在一起形成一个透明的圆顶，可以俯瞰附近大教堂的哥特式尖顶。玻璃结构的屋顶位于建筑中心较低的位置，以确保它不会遮挡安东尼特基什教堂。建筑的曲线也使它有可能找到足够的空间创建教堂前面的公共广场。

设计
1999—2002年
施工
2003—2005年
用地面积
4400平方米
总建筑面积
23000平方米
商业区域
14400平方米
玻璃面
4900平方米，6800个面板
天然石材立面
4400平方米
立面木拱
66个拱，逐渐降低，最高点30米
建筑高度
最高34米
建筑层数
地上6层+地下1层

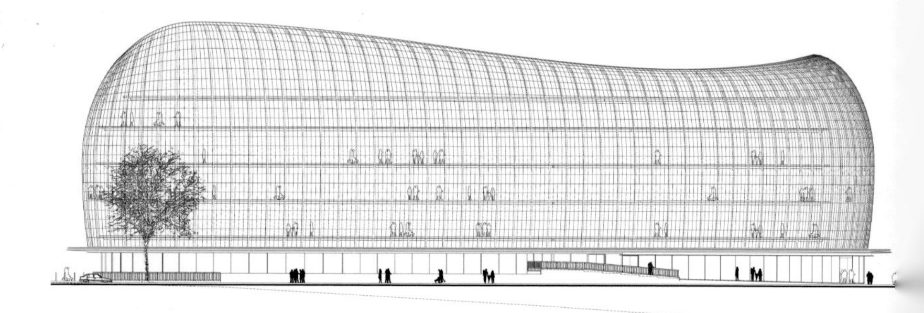

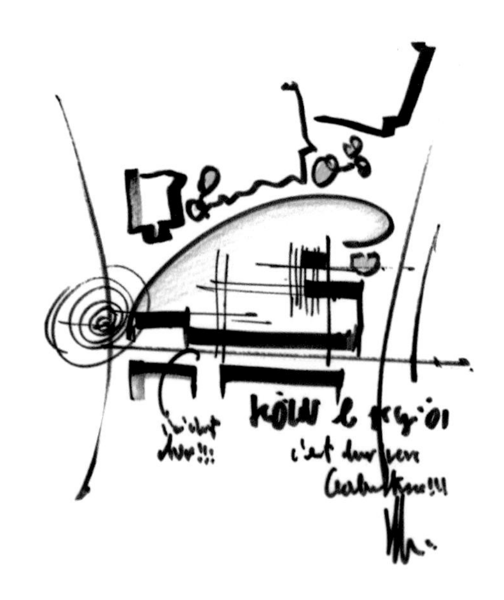

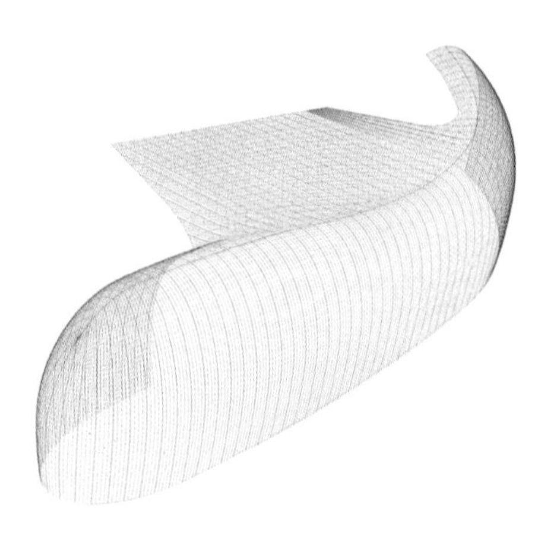

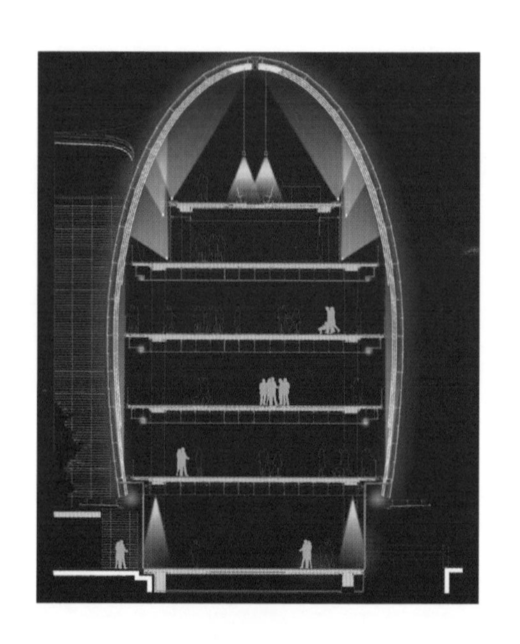

2000 年　美国纽约
摩根图书馆的翻新和扩建

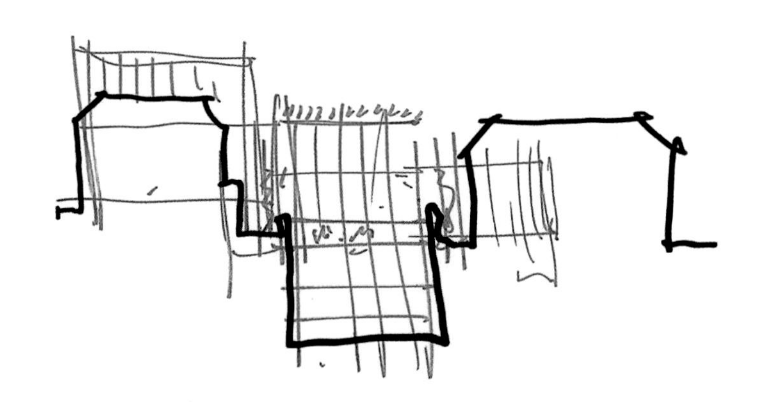

我喜欢在曼哈顿中心设计一个建筑作品的想法，它能在感受城市喧嚣的同时唤起图书馆那种宁静、沉思的氛围。我们没有太多空间可以使用，所以我们深入到岩石深达 17 米处，以便为图书馆收藏的珍贵书籍创造一个新的家园。

当纽约摩根图书馆（Morgan Library）首次向我提出扩建计划时，我打电话给翁贝托·艾柯（Umberto Eco），他曾跟我谈起过曼哈顿中心的这个惊人的机构。作为一个学者，他被它迷住了。他告诉我，我应该接受这项工作，但我们必须确保我们不会损害现有建筑物的建筑完整性。我们的谈话转向了探索的想法，比如去地下寻找书籍，比如豪尔赫·路易斯·博尔赫斯的“巴别塔图书馆”（Library of Babel）。从那一刻起，关于地下宝藏的幻想开始成形。这个新空间将容纳银行家摩根的文化遗产。摩根一生中收集了 35 万件作品，其中包括手工手稿、版画、素描、乐谱和书籍。摩根几乎什么都有：《古登堡圣经》（*Gutenberg Bible*）、查尔斯·狄更斯在几张纸上写的一首圣诞颂歌、莫扎特小时候创作的原创乐曲、鲍勃·迪伦（Bob Dylan）亲手创作的《飘在风中》歌词，以及米开朗琪罗、伦勃朗（Rembrandt）、鲁本斯（Rubens）的作品……

我们面临的主要挑战是找到保护图书馆财富的最佳途径，同时让学者们能够使用它们。图书馆需要新的公共空间、安全和组织良好的存储设施、一个有 299 个座位的室内音乐礼堂和一个新的阅览室。此外，被列为历史遗迹的原始建筑必须得到保护：1906 年由麦克吉姆（McKim）、米德和怀特（Mead & White）事务所设计的新古典风格的建筑、1928 年公开征集时建造的附属建筑物，还有摩根家族的住宅，是一座建于 1852 年的褐石房子，也是纽约第一家使用电力的住宅。只有一个解决办法：挖掘和寻找地下空间。曼哈顿建在片岩上，片岩是一种非常坚硬的岩石，打个比方说，可以像用刀片一样垂直切割。地下是存储和保护这类文化宝藏的最佳地点，保护它免受时间和天气的破坏。所以我们挖了一个 17 米深的洞，在里面存放珍贵的书籍、礼堂和额外的工作空间。可以把这个综合体比作一座冰山：其中一些位于地表之上，其余的——也许是最

设计
2000—2003 年
施工
2003—2006 年
用地面积
1548 平方米
总面积
15000 平方米
（包括已有的 / 历史建筑）
建筑高度
23.8 米
建筑层数
地上 2 层 + 1 个夹层 + 地下 4 层
挖土深度
深度 17 米（距离现有楼宇只有 30 厘米）
礼堂
299 个座位

重要的部分——仍然隐藏着。在地下创造一个拱形的空间储存书籍，这种想法不仅合乎逻辑，而且具有哲学意义：博物馆和图书馆是耐力的象征，它们将作品置于时间之外的维度，让它们几乎不受过去几个世纪的影响。大约有 46500 吨片岩被挖掘出来，卡车运送了 1300 次。

这个“地下宝藏”上方的新展馆有不同的功能：最大的展馆位于摩根大厦和附属建筑之间，面朝麦迪逊大道，入口在一层，一层为展览空间，二层为阅览室。第二，在附属建筑和 1906 年的原始建筑之间有一个用于展览的立方体的小展馆，第三个也是最后一个，紧邻摩根大厦，包含办公室和服务区。这三座新建筑像拼图一样插入现有结构之间，但没有触及它们。在新的和现有的建筑之间，我们留下了 2.5 米宽的空隙，在比例上类似于小巷：热那亚的卡鲁吉奥（Caruggio）或者威尼斯的卡利（Calle）。

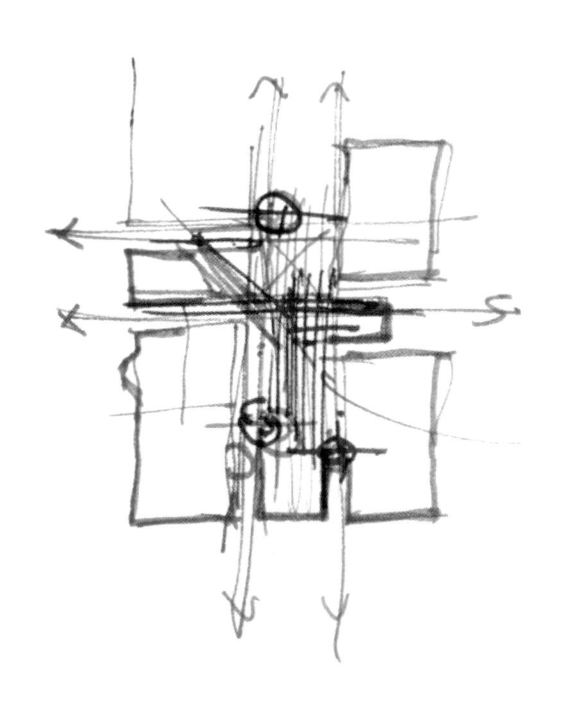

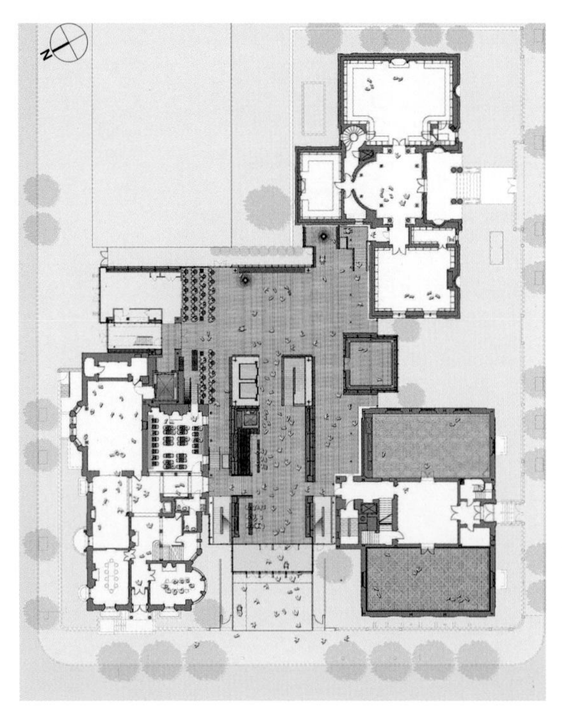

挖掘工程：挖了一个 17 米深的洞，距离周围的建筑只有 30 厘米

与负责该项目的伦佐・皮亚诺建筑工作室合作伙伴乔治・比安奇（Giorgio Bianchi），以及当时摩根图书馆的馆长小查尔斯・E・皮尔斯（Charles E.Pierce Jr）在一起

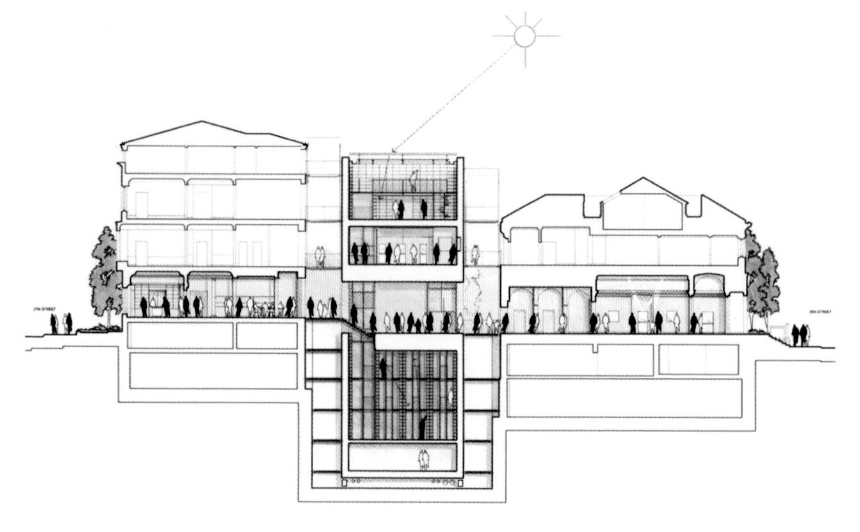

用于收藏的储藏室被设计成一种掩体。它们分为三个层次，相互之间相互沟通，并维持保存工程所需的（温度和湿度）条件

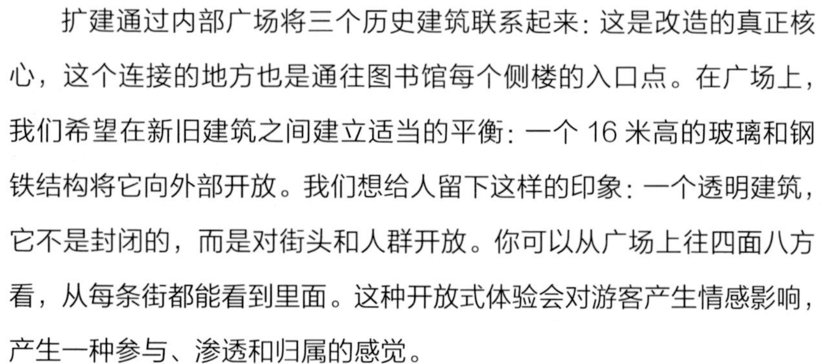

扩建通过内部广场将三个历史建筑联系起来：这是改造的真正核心，这个连接的地方也是通往图书馆每个侧楼的入口点。在广场上，我们希望在新旧建筑之间建立适当的平衡：一个 16 米高的玻璃和钢铁结构将它向外部开放。我们想给人留下这样的印象：一个透明建筑，它不是封闭的，而是对街头和人群开放。你可以从广场上往四面八方看，从每条街都能看到里面。这种开放式体验会对游客产生情感影响，产生一种参与、渗透和归属的感觉。

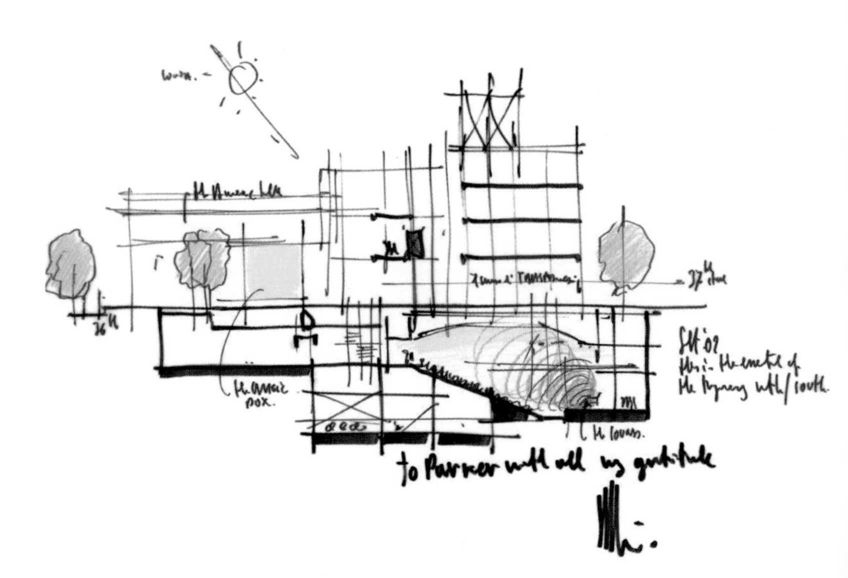

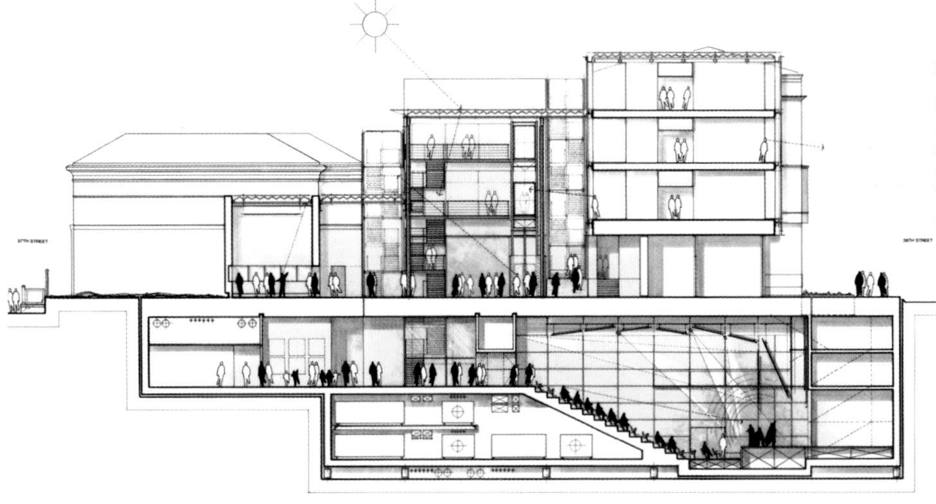

礼堂可容纳 299 人，呈矩形，有连续倾斜的拼花地板。它的声学设计适合室内音乐会，但其模块化的特点意味着它可以用作演讲厅或放映

2000 年　美国纽约
《纽约时报》大楼

这个项目诠释了我热爱的纽约：不仅是一个石化的森林，更是一个变形的城市、一个光与影不断变化的地方。其结果是一个对城市开放的透明摩天大楼——一个敢于在“9·11”事件后挑战“安全建筑”的结构。

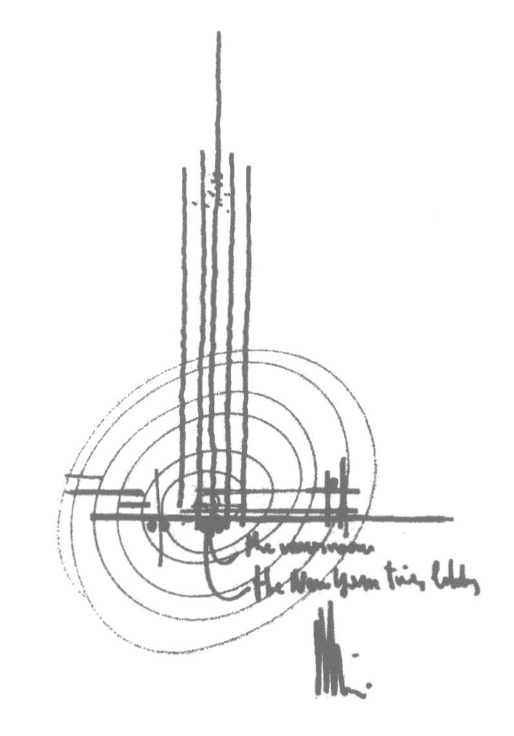

摩天大楼有时候只是纯粹的几何，特别是在纽约，它们可以是非常美丽的物体。在另一些时候，它们被视为孤立和傲慢的表现，努力将自己从扎根的城市中分离出来。所以我问我自己：你能用人脸建造一座摩天大楼吗？如果建筑高几百米，重达数千吨，是否有可能制造出轻而透明的结构呢？

很少有人拿报纸名字给广场命名，而《纽约时报》（*New York Times*）就是这样的，时代广场就是以它命名的，而不是说报纸是以广场命名的。但是摩天大楼对空间的需求比传统建筑更为强烈，所以在 2000 年，在将近 150 年后，《纽约时报》决定搬到位于第八大道，西 40 街和西 41 街之间的百老汇区新总部。

《纽约时报》的大楼必须提供一个垂直的规则空间（52 层楼，228 米高，加上天线，可再延伸 91 米）。它必须适应城市的网格，适应其棋盘式的布局。它必须有抽象的概念，以此反映曼哈顿所特有的品质。所有这些都暗示了一种线性规划，它之所以吸引人，是因为它是对一个地方风气和特色的一种自然的敬意。但是我们要避免简单的形式变成缺少了创新，或者更糟——试图通过众多宏大的入口使自己变得高贵。我们希望创造一个光明和充满活力的空间，能随着天气的变化而变化，随着风的变化而变化，但同时身体牢牢扎根在地面上，成为城市的一部分。

《纽约时报》大楼的设计是对我所热爱的纽约的一种诠释：它不仅是一座钢筋水泥的丛林，也是一座千变万化的大都市、一个光线和反射不断变化的地方。纽约是一个非常有气氛的城市，雨后是蓝色的，太阳下山时，它就变红了。摩天大楼有落地玻璃窗和由 17.5 万根白色陶瓷棒组成的第二层表面，全都一模一样。这些陶瓷棒悬挂在离表面半米的地方，由细长的钢结构固定，把久负盛名、朴素的《纽约时报》裹在一件不断更换的白色斗篷里，双层表

设计
2000—2003 年
施工
2003—2007 年
用地面积
7432 平方米
总建筑面积
143000 平方米
建筑高度
228 米
260 米（陶瓷外墙）
319 米（连天线）
建筑层数
地上 52 层 + 地下 1 层
礼堂
378 个座位

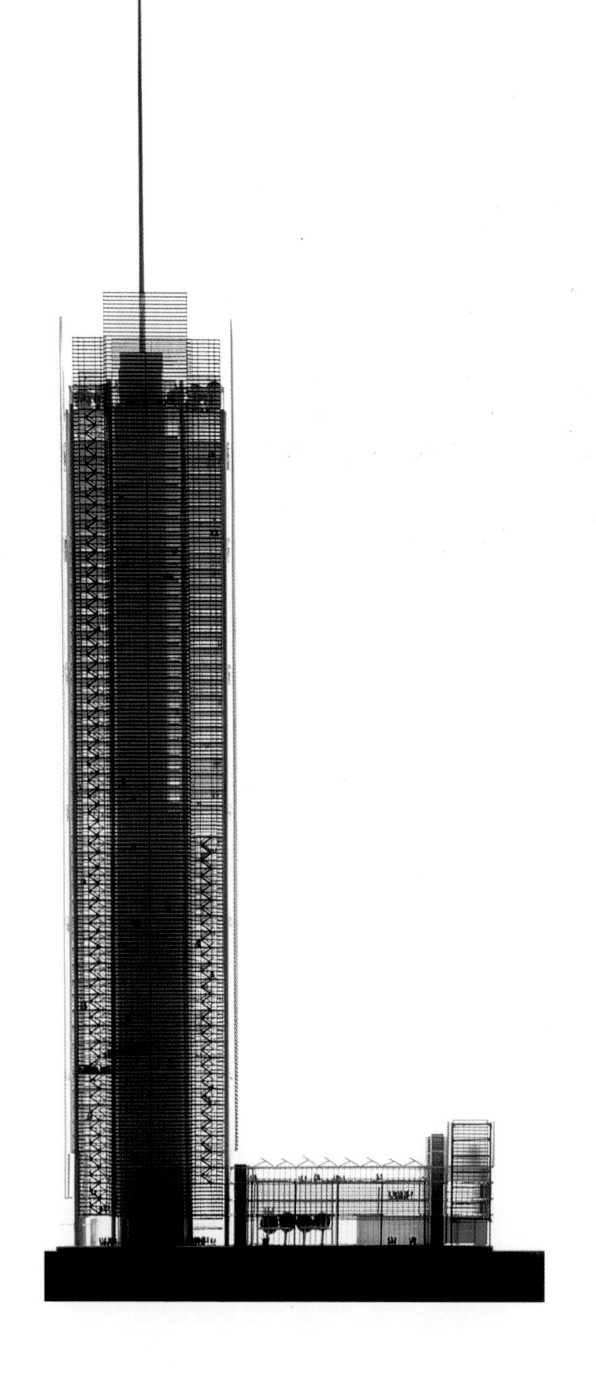

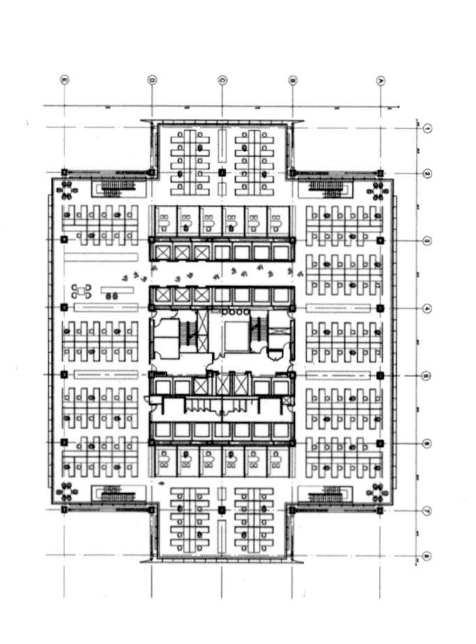

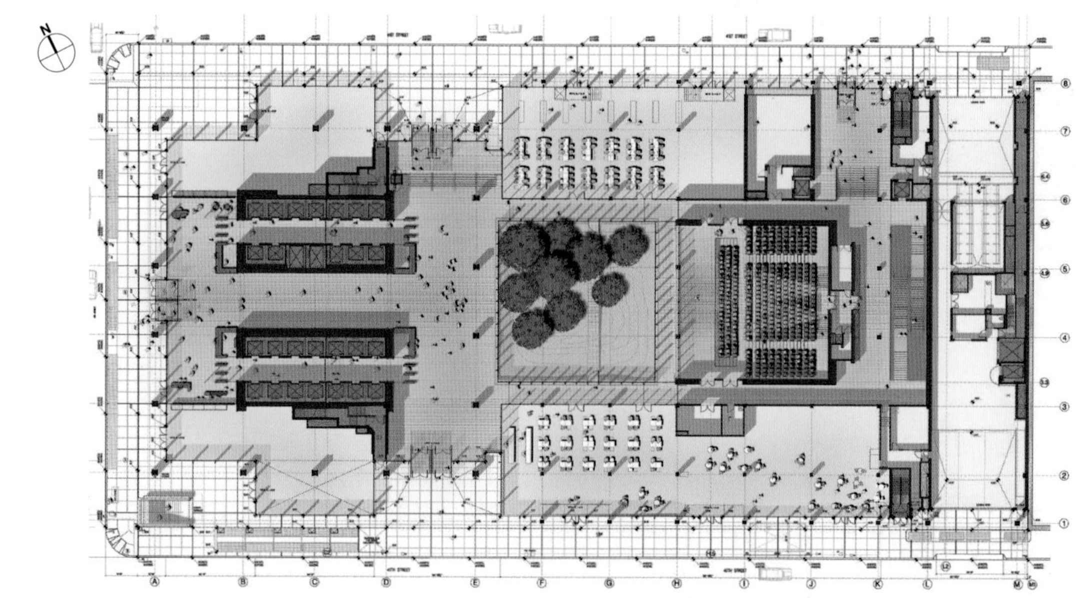

面具有重要的功能，它通过减少太阳热的获得降低能源消耗。

然而，色彩作为一个概念元素，也是设计精神的一部分。纽约到处都是深色的摩天大楼——用来保护自己免受阳光的照射，就像我们会戴墨镜一样，但我们不想表现出那样的侵略性。“9・11”事件之后，对安全的担忧改变了人们对摩天大楼的看法。但小阿瑟・苏兹贝格（Arthur Sulzberger Jr）和公司的董事长兼副董事长迈克尔・戈尔登（Michael Golden）决定坚持自己的想法。事实上，这是在世贸中心悲剧发生之后在曼哈顿建造的第一座大厦。我们详细地讨论了所发生的事情以及它对项目的影响。我们对继续保留透明化的理念表示赞同，因为这是使这座建筑富有诗意和更具表现力的关键所在。最终他们同意了我的观点：在安全性方面，透明比不透明更可靠。当人们都以为你会建造一个更隐蔽的建筑空间时，这个建筑在这一关键时刻诞生了。事实上，恐怖主义是很难得到有效解决的，除非我们去洞穴里生活。恐怖分子排斥和攻击城市，这是文明的最高表现，你不能欺骗别人。《纽约时报》在这里做

负责这项工程的伦佐·皮亚诺建筑工作室合伙人伯纳德·特纳（右）在现场。屋顶顶部的天线底部直径为 2.4 米，逐渐变细到只有 20 厘米

出的选择不是颂扬权力或力量，而是颂扬透明度性和可识别性。

为了延续透明化的理念，在建筑的各个角落都有几层楼梯供人观赏（尽管建筑也有 28 部电梯供人使用）。功能和表达是相辅相成的：安全要求在设计的这一方面发挥了作用，同时也突出了这座非典型摩天大楼的外向型特征。但我认为最大的创新是在底层，它向城市开放。这一层有多种功能，包括会议中心和餐厅。从西 40 街到西 41 街，每个人都可以看到 500 平方米的内部花园。建筑与街道相互呼应，也是城市人文理念的体现。

《纽约时报》是一个工厂（虽然是新闻工厂，但仍然是一个工厂），因此，在大楼的一、二、三层，也就是我们说的建筑的“平台”上，有报社的新闻编辑室或编辑部，这是一个不断运转的引擎，不断地从世界各地传来最新的新闻。在创造这个空间的时候，我们也考虑到了工作环境。在制作报纸的区域，顶棚高达 3.3 米，而且空间是开放式的，给人一种更加强烈的社区感。

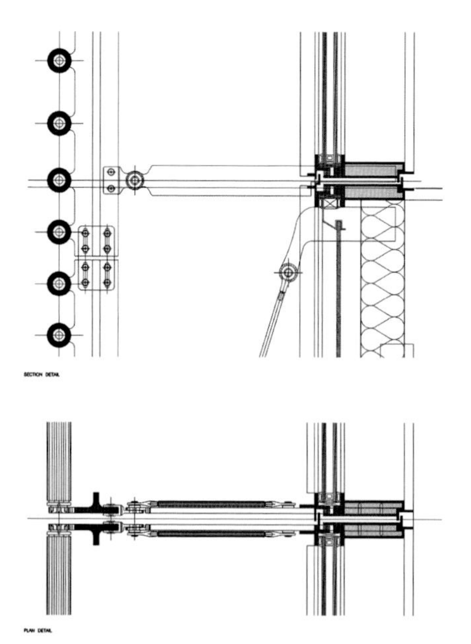
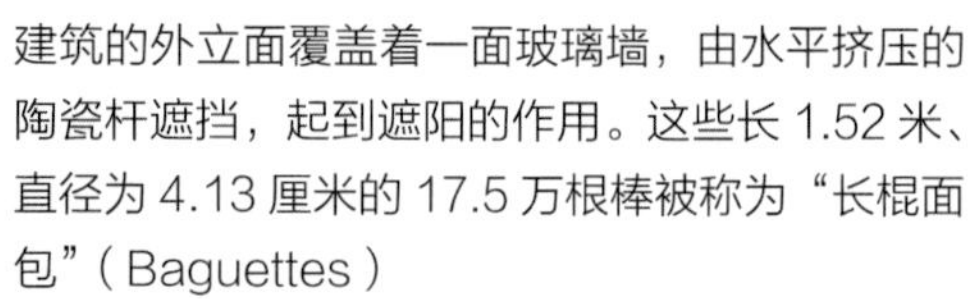

建筑的外立面覆盖着一面玻璃墙，由水平挤压的陶瓷杆遮挡，起到遮阳的作用。这些长 1.52 米、直径为 4.13 厘米的 17.5 万根棒被称为“长棍面包”（Baguettes）

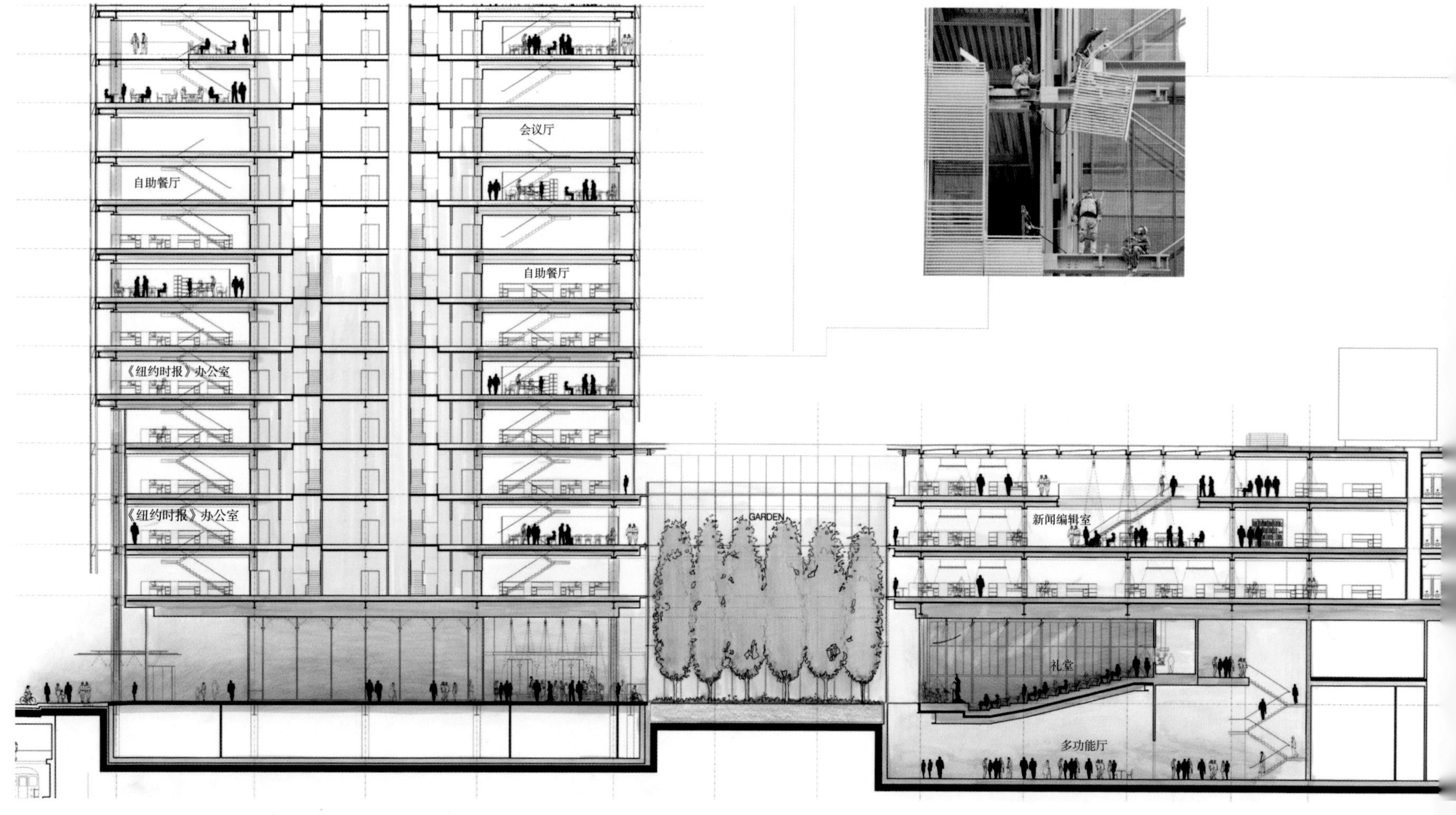

The New York Times

2000 年　美国加利福尼亚州旧金山
加州科学院

这个可以呼吸的绿色屋顶不需要灌溉，是一个利用海风工作的空调系统。这座位于金门公园中心的科学博物馆是一个探索建筑与自然之间关系的精密机器，因为地球是脆弱的，这也是未来几年建筑所面临的挑战。

当我第一次与加州科学院董事会见面时，那时还没有为这个项目选择建筑师，我发现自己在一个非常大的房间里，很多建筑公司受邀参与进来，只有一家将会得到这个项目，桌子摆成一个圆圈，我坐在中间接受询问，我问他们是否可以把桌子放在一起，坐下来谈谈这个项目。我们进行了长时间的讨论，大部分问题都是我提的，而不是询问我。董事会主席不是一位商人，而是一位科学家，这给我留下了深刻的印象。帕特里克·科西奥克（Patrick Kociolek）教授是硅藻（微小的单细胞藻类）方面的专家，也是研究和教学一体化的积极倡导者。这是该项目的一个关键方面，因为它植根于该机构的历史。直到 19 世纪末，科学家们还常常在一艘名为“学院”的纵帆船上度过夏季，前往加拉帕戈斯群岛（Galapagos）和马达加斯加岛（Madagascar ）等地采集动植物新品种。到了冬天，这艘船停泊在旧金山的码头，变成了一座博物馆。夏天当过探险家的人在冬天成了普及自然科学的人，这让我很震惊。

该博物馆位于金门公园的中心，由 11 座建于 1916 年至 1976 年间的建筑组成，这些建筑在 1989 年的洛玛普雷塔（Loma Prieta）地震中受损。从一开始我就记得我说过记忆的主题很重要——尽可能多地保留一些建筑。直到我绕着场地走一圈，测量了尺寸，对这个地方有了感觉，才画出了第一副草图，它成了项目的一个示意图。在这个早期的版本中，我将屋顶设计成与现有建筑一样高，大约高出地面 10 米。当然，如果屋顶还是平的，那么它就无法容纳直径为 20 米的天文馆，以及拥有 30 米高雨林的生物圈。因此，屋顶看起来就像一块沿着下面建筑物的轮廓覆盖在建筑物上面的手帕。它在必要的地方上升，形成小山，并下沉到消失在广场中央空间的点。这就是我们所说的“广场”: 这是所有展馆连接在一

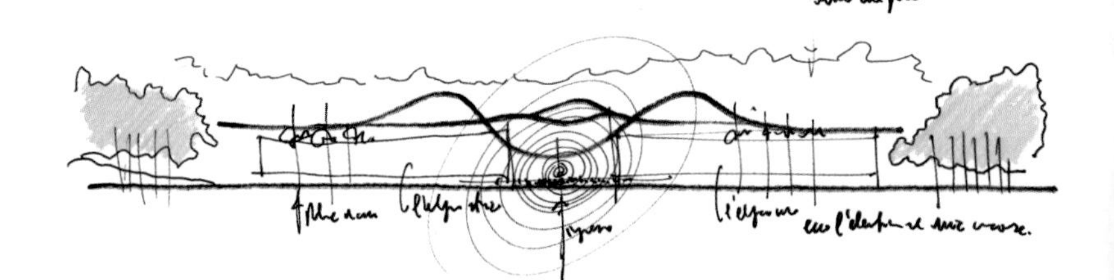

2005 年

2007 年

2008 年

设计
2000—2005 年
施工
2005—2008 年
用地面积
43000 平方米
总建筑面积
41000 平方米
建筑高度
19.3 米（最高）
11.3 米（顶篷）
屋顶
18302 平方米，包括太阳能电池板，60000 个光伏电池，供应约 213000 千瓦时（约占学院需求的 5%）

建筑层数
地上 3 层 + 地下 2 层
荣誉
能源与环境设计先锋白金奖
改造
地上 1 层 + 地下 2 层

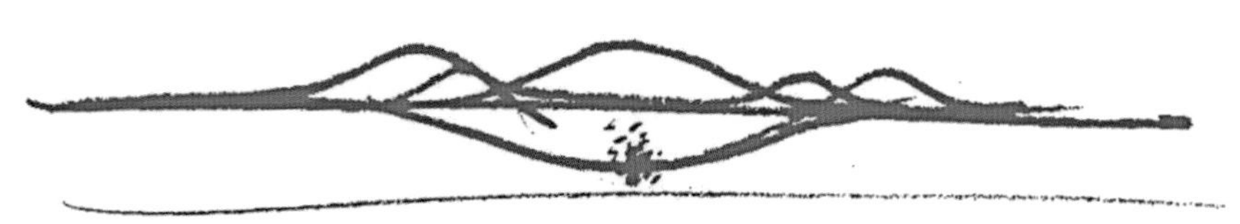

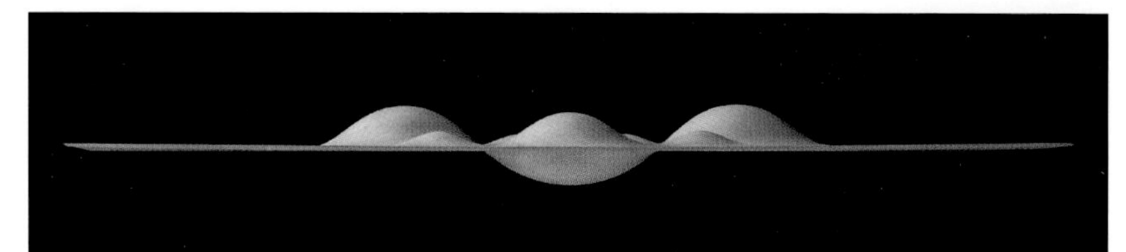

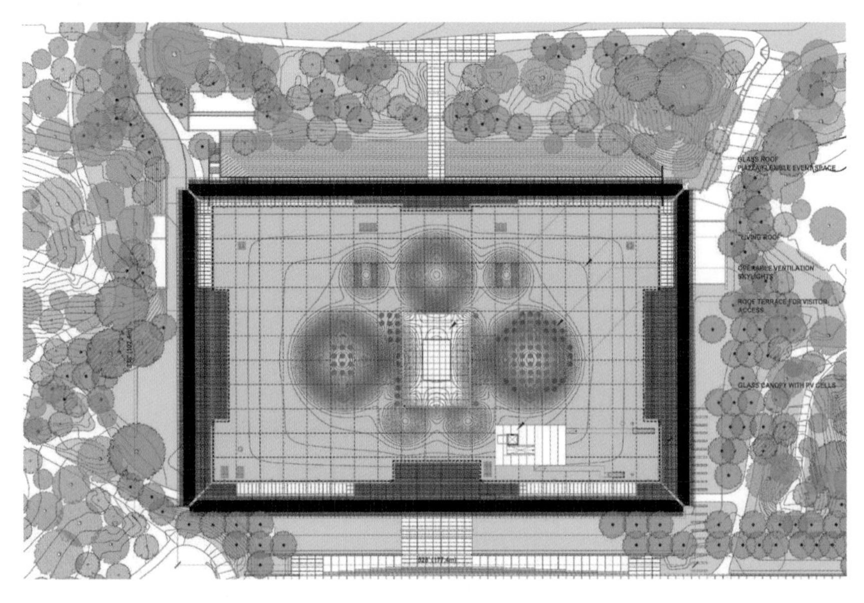

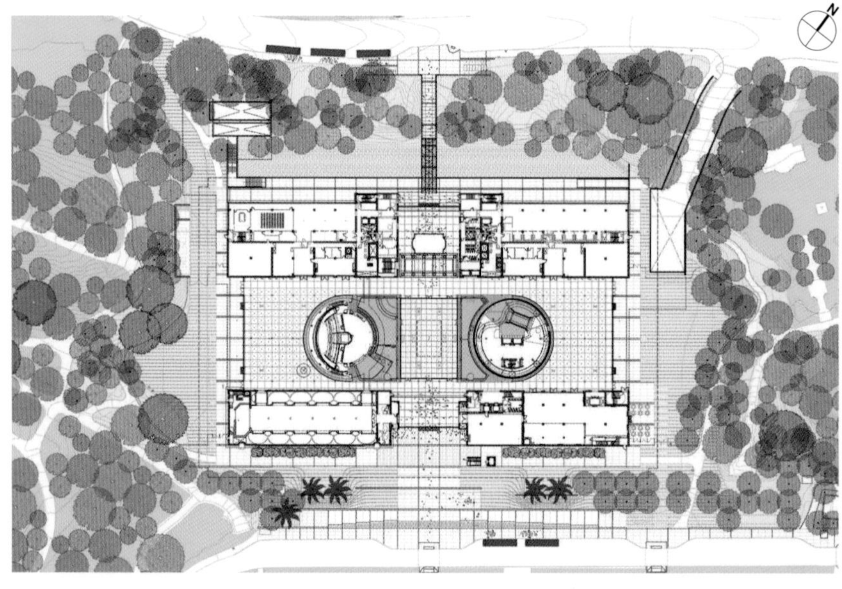

起的地方，有一个地方用来举行会议和音乐会，露天广场由玻璃屋顶保护，由精细的钢网支撑，白天让光线和空气进入，晚上气温下降时，由于有一个可伸缩的织物屏障系统，屋顶可以关闭。当我爬上屋顶时，我有两个重要的发现。我觉得博物馆应该“飞”过公园。金门公园的树都很高，所以即使站在屋顶上，我也沉浸在植物之中，也能看到远处旧金山的群山。

参观储藏室是我的另一个重大发现，给我留下了深刻的印象。在这些房间里，在一个迷宫般的似乎无边无际的走廊里，保存着 4600 万个科学标本，这对我来说是一个巨大的数字，但帕特里克・科西奥克看到我的惊讶后解释说，这些标本只是地球上物种的一小部分，仍然有很多工作要做。

在这个项目中，我遇到了许多科学家和研究人员，他们都有着坚定不移的热情探索地球的秘密，并不惜牺牲自己的生命。几个月后，我遇到的一位研究人员被一种至今仍不为人知的眼镜蛇咬伤致死。我想说的是，他们是值得倾听的人，是他们引导我们设计了学院。这就是 18000 平方米绿色屋顶的由来——大片植物组成的活地毯，悬挂在金门公园郁郁葱葱的植被中间的草地。植物学家向我们解释说，这种繁茂的自然与当地的植物种类无关。加利福尼亚的公园已经被诸如桉树和棕榈树之类的外来植物入侵，这些植物只能通过从地下抽水来维持生命。

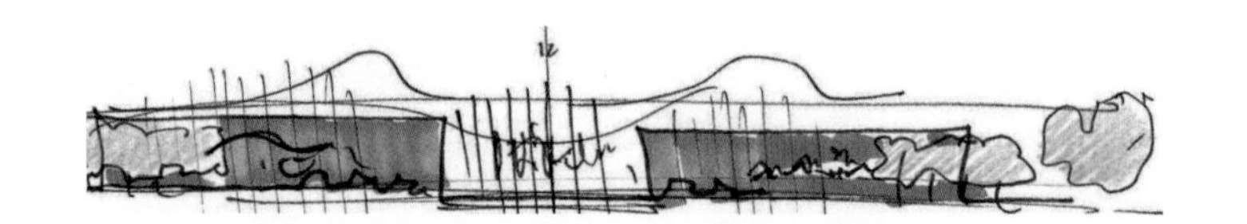

三座建筑物已进行了翻修、部分修复和同体积重建：非洲厅、北美大厅和斯坦哈特水族馆（Steinhart Aquarium）。新建筑保持了原有书院的位置和方向：所有设施都围绕中心广场布置。天文馆的圆顶和透明的雨林生物圈与广场相邻

“广场”是博物馆所有街区的交汇处，由玻璃“天篷”覆盖。建筑的中心是开放式的

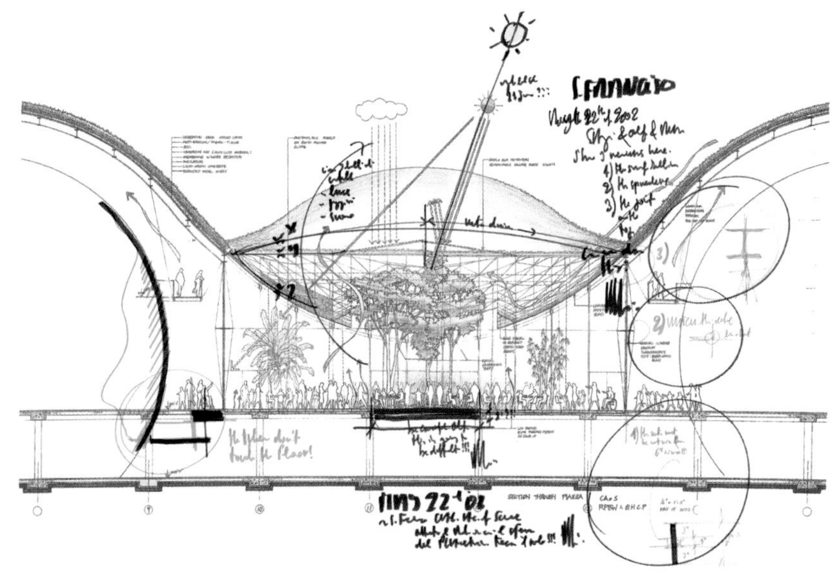

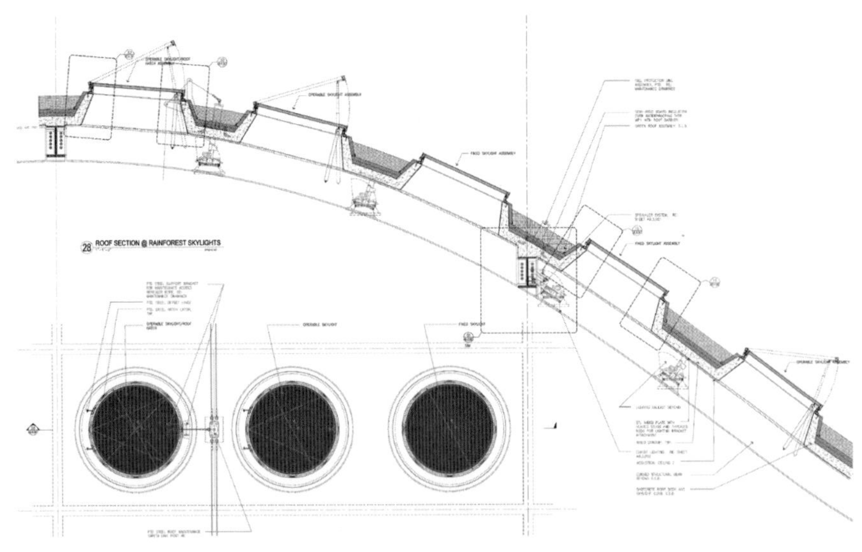

但是，地球是脆弱的，为了保护它我们不能排干地下水，以此创造一个自然中没有的花园。我们需要使用加利福尼亚州本土的植物，在没有人工干预的情况下，由于微气候的湿度，也能够在屋顶上生存。他们的想法是，设计应该由其内容的性质决定：目的是建造一个科学博物馆，它本身将成为自然学家研究的主题。有了这个绿色屋顶，我们想让这个公园恢复它的真实面貌，因为200年前，加利福尼亚植物群和今天是不一样的。此外，绿色屋顶使建筑在不使用空调系统的情况下可以自然通风，1000平方米的太阳能电池板安装在建筑周边的植被边缘。这些小型太阳能电池板采用最新技术，提供了5%以上的能源需求。

加州科学院是第一个获得能源与环境设计先锋组织（Leadership in

68%的绝缘材料由回收的牛仔裤组成

屋顶覆盖一层薄薄的土壤，在5万盘可生物降解的椰壳中种植了170万株特制的幼苗

拆除所产生的瓦砾90%已回收利用，挖掘出的32公吨沙子被用于修复旧金山的沙丘。95%的钢材来自可回收资源，50%的木材来自可持续发展的森林。90%的办公室都有自然采光和通风，这座大楼的能源消耗比联邦法规要求的低30%

NATURAL HISTORY
PLANETARIUM

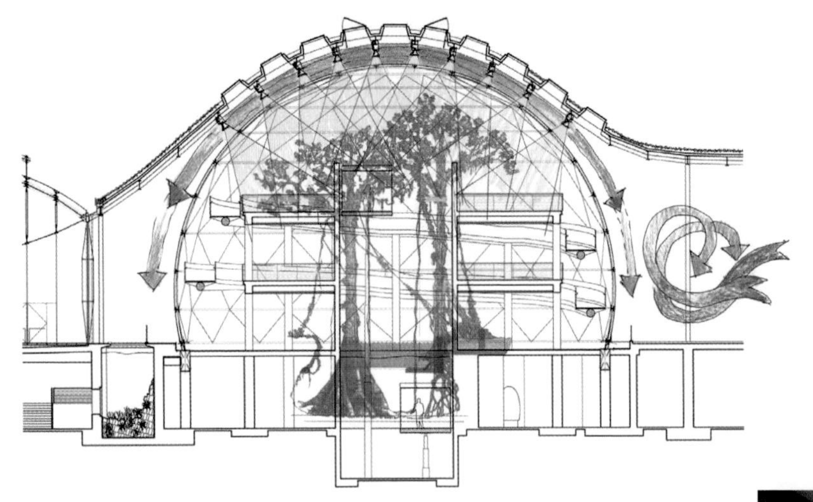

在该中心，诺耶奥拉夫（Olaf de Nooyer）与伦佐·皮亚诺建筑工作室负责该项目的合作伙伴马克·卡罗尔合影

Energy and Environmental Design，LEED）认证的主要机构，该认证基于大约 40 项可持续发展标准。如果这座博物馆不是坐落在旧金山——这个一直试图与自然和谐相处的城市，它可能永远不会建成。最复杂的挑战是要找到合适的物种建造一个能生存和呼吸的绿色屋顶。为了挑选最适合的植物，学院的植物学家们花了五年的时间。我们先从大约 30 种草开始种植。我们在离金门公园大约 20 英里的地方发现了一个地方，那里有同样的暴露点和相同的微气候，并在那里进行了测试。科学家们每周都会检查并最终确定出九种不浇水就能存活的草。我们在屋顶上种了 170 万棵树苗，放在 5 万个椰壳托盘里。椰壳是一种从椰子壳中提取的有机材料，经过一年的时间就会变成土壤。在博物馆的建设过程中，我们使用了从旧书院拆除中回收的 120 吨材料，同时 95% 的钢铁被回收，90% 的房间是自然照明的，绿色屋顶允许回收雨水，每年节省大约 1300 万升。保护自然资源是一场全球性的挑战，而在我看来，作为这样一个自然科学机构肩负着成为这一挑战的任务，更重要的是能够起到一个示范作用。

2000 年　美国伊利诺伊州芝加哥 芝加哥艺术学院 现代之翼

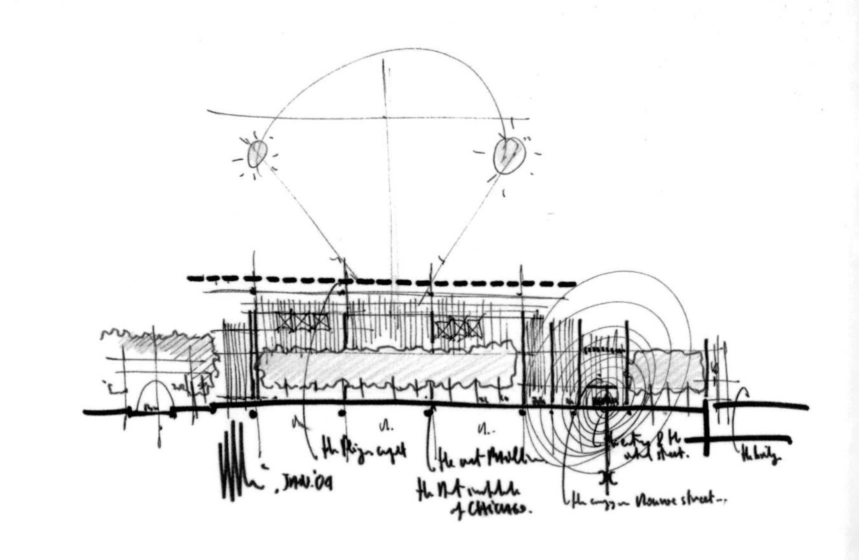

这个由玻璃、石材和钢材构成的建筑将艺术学院（Art Institute）的文化氛围和城市校园环境统一起来并进行优化。这座城市是在 1871 年芝加哥大火后重建的，深深吸引我们的是颂扬它所特有的轻盈感和透明感的理念，这个理念激发了现代之翼（Modern Wing）“飞毯”的设计灵感。这个“飞毯”是一个翱翔在展馆上方并过滤自然光的顶篷。

1871 年，一场大火烧毁了芝加哥的大部分地区。在头天夜里，一阵强烈的西南风煽起了火焰，但风向在一天半后发生了变化，紧接着发生第三次转变。这种情形下已经无法控制火势了，当时住有 30 万居民的城市就这样连续烧了三天三夜。据芝加哥大火（Great Chicago Fire）的史册记载，有超过 17000 座楼房被烧毁。

芝加哥从这场灾难的灰烬中崛起，表现在两个方面。一方面是建筑结构改用钢铁框架和大面积玻璃。工程师威廉・勒巴隆・詹尼（William Le Baron Jenney）率先在建筑中使用钢材，这意味着楼房的高度可以越建越高。詹尼和其他建筑师的作品标志着这座城市在短时间内得以重建并直插云霄，进入了一个“轻盈”的新纪元。另一方面是由石材定义的，诸如修建于 1892 年的密歇根湖畔艺术馆之类的著名建筑都使用了石材，这一背景对于理解我们“现代之翼”的设计宗旨非常重要。“现代之翼”如今收藏着的当代作品——从阿尔贝托・贾科梅蒂（Alberto Giacometti）的青铜器到弗兰克・斯特拉（Frank Stella）的几何抽象。1999 年，继纽约大都会（Metropolitan in New York）之后，芝加哥艺术馆，即全美第二大艺术博物馆决定进行扩建。其目标是增加 30% 的展览空间和 100% 的教育设施。

“现代之翼”与艺术馆的沉重感相矛盾，但它并非是完全否定，因为它是用石材建造的，以此歌颂这段历史。但我喜欢芝加哥的另一面：深深吸引我的是提升轻盈感和透明感的理念，最重要的一点是这种轻盈感同时也强调了新式建筑与这座城市传统的密切关系。事实上，由玻璃和金属元

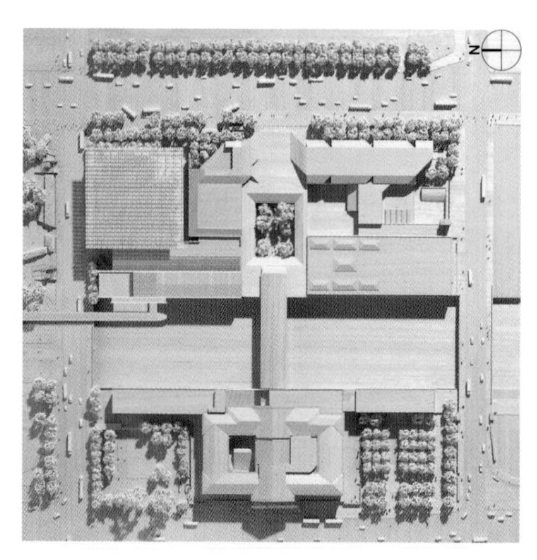

设计
2000—2005 年
施工
2005—2009 年
用地面积
13904 平方米
总建筑面积
264000 平方米
“现代之翼”：24500 平方米
展厅 + 教育中心：1850 平方米
建筑高度
28 米
建筑层数
地上 2 层 + 地下 3 层
尼科尔斯人行天桥
长度：190 米
最高点：18 米

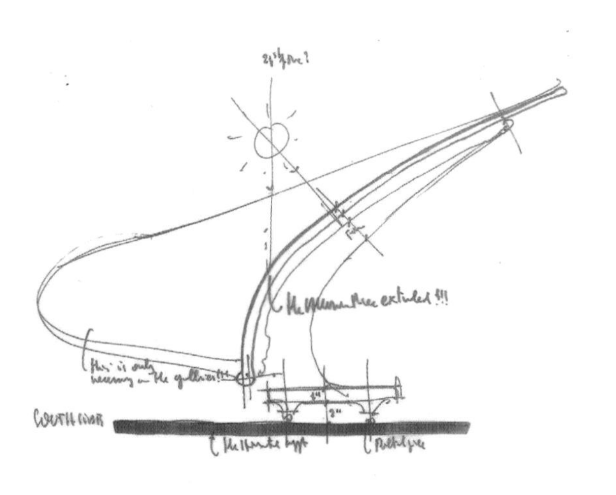

与 2004 年 至 2011 年间担任芝加哥艺术学院院长的吉姆·库诺（Jim Cuno）在一起

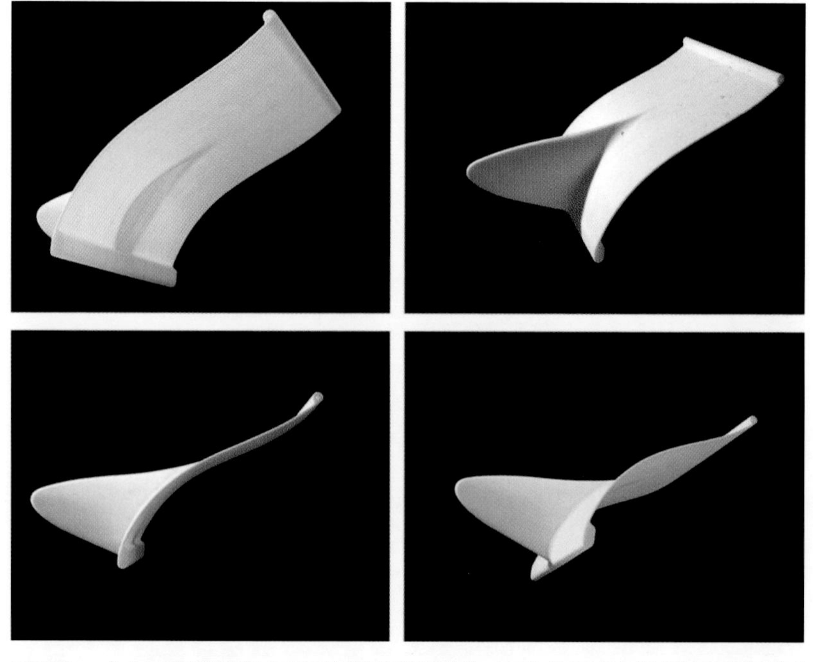

屋顶由一个大而平的天窗（下面安装着透明度为 66% 的柔光布以保护顶层画廊）和一个漂浮于天窗上方约2.6米、被称作“飞毯”的巨大金属格栅遮阳板组成。“飞毯”由 2656 个弧状铝制叶片组成，这些叶片用于采集自然光并将光线过滤到下面的画廊中

素构成的轻盈、透明、醒目的垂直外立面让人不禁想到芝加哥的天际线，而使用印第安纳石灰石的实心墙则是向最初的学院派建筑致敬。

这座建筑坐落于密歇根湖的南侧，毗邻于 19 世纪末修建的连接美国东西方的巨脊——横贯大陆铁路。通往洛杉矶的 66 号公路从这里开始，并且离博物馆仅一箭之遥。那时正值隆冬，我们想方设法寻找突破口以便着手项目。地面上的积雪足有 3 米厚，我们与乔斯特·穆尔胡伊（Joost Moolhuijzen）一同参观了原有的博物馆，并考察了场地。在南北向和东西向轴线的芝加哥电力系统的帮助下，我们决定把大楼安置在千禧公园（Millennium Park）对面的东北角。

“现代之翼”围绕着门罗街（Monroe Street）的新入口处，由两座 3 层的展馆组成，分别位于光线充足的格里芬庭院（Griffin Court）入口处的两端。东侧的建筑占地 1850 平方米，包括展厅和新教育中心，设有对学生和公众开放的演讲厅和工作室。西侧的建筑设有更多的展厅和卫生间设施，以及一家餐厅和一个大型露台。连同对游客开放的花园，这些空间将艺术馆与城市生活联系起来。

一层和二层都是艺术空间，二层的照明则采用的是来自上方的自然光。一旦步入其中，你就进入一个静谧和冥想的世界、一个可以放松并沉浸在艺术中的空间。街道下方的两层地下空间用于储备机械系统、艺术品存储和用于支持整座建筑的辅助设备。

这个艺术展厅就如同和光线嬉戏一般，白天捕捉到的外部阳光，到

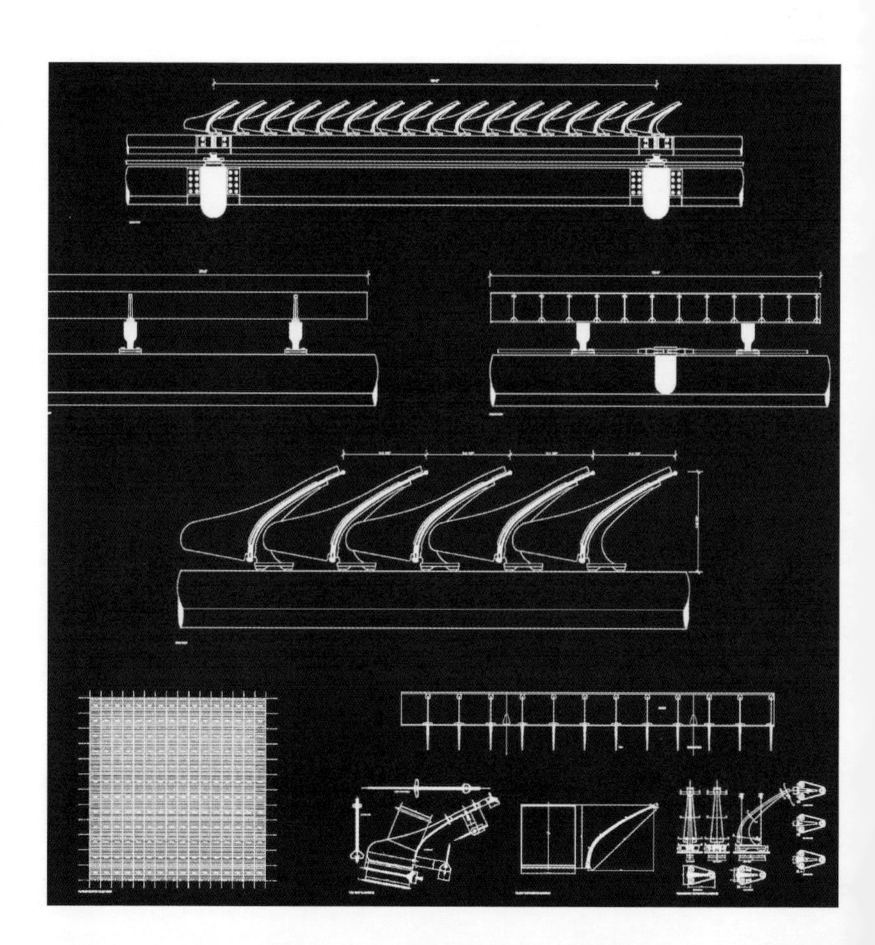

了晚上再像个魔术灯一样将它释放。我喜欢用“光”作为建筑材料，这就是在漂浮在展馆上方的顶棚“飞毯”背后的设计灵感。“飞毯”的实际作用类似一个巨大的照相机快门，用恰好的光线展示出作品最佳的状态。弧状的铝制叶片融入“飞毯”中，用于捕捉来自北方的光线并将其过滤、投射到下方的画廊中，同时也可减

少阳光照射湖面产生的眩光。这些铝制叶片的工作原理与周边公园里的树木异曲同工，即形成了一个抵御阳光的天然屏障。同时，这台“光线机器”还解决了可持续性问题：在照明和空调系统方面，屋顶和其他设计元素使展览空间的能耗在原有建筑的基础上减少了 50%。

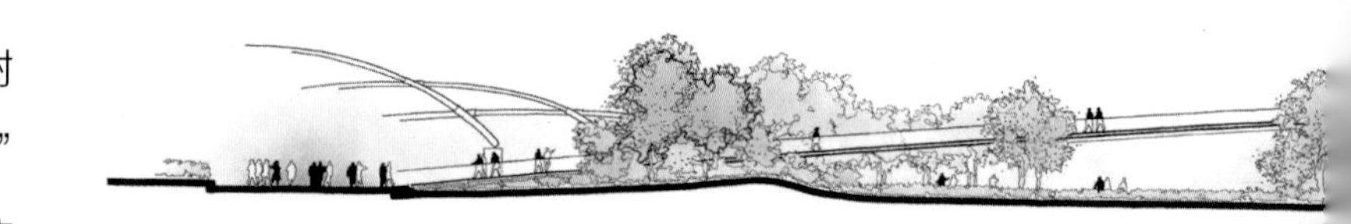

“现代之翼”本质上是为了歌颂可达性、可对话性和与城市的亲密性的价值观，而这种开放的人文主义价值观强调城市文脉。芝加哥市是滋生人民自豪感的摇篮，它促进了百年前从公共建筑开始的城市重建。尼科尔斯人行天桥（Nichols Bridgeway）横跨门罗街，通向博物馆顶层的露台，将“现代之翼”与千禧公园相连。这座 190 米长的天桥设计类似刀片，还带有 1 ∶ 20 的缓坡。当你漫步上桥时，可以欣赏到南边的景色，而当你沿桥走下时，城市的摩天大楼随即映入眼帘。这块空间对所有人都免费开放，无需买票。诸如天下所有普通桥梁的作用一样，它连结并共享着两个世界的体验。我一直偏爱结构联结而非分离的建筑理念，这种结构是对街

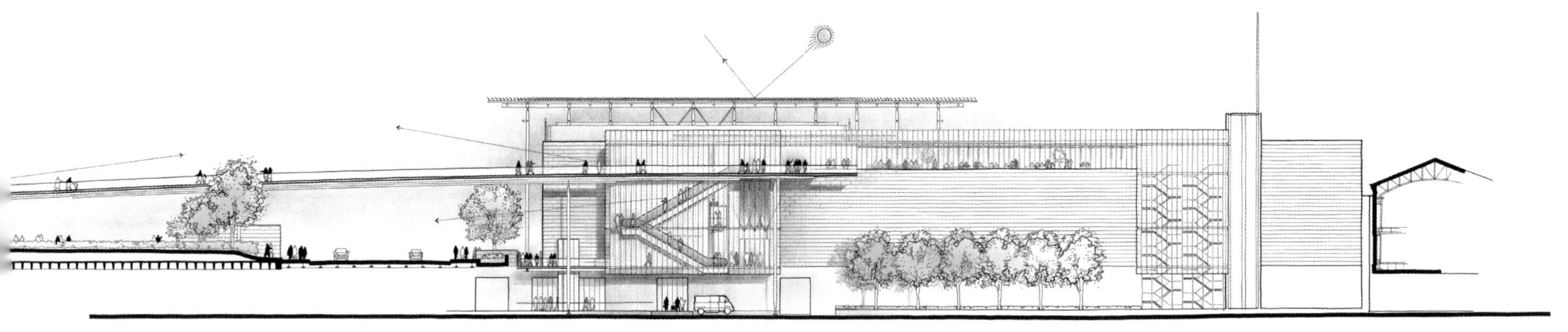

尼科尔斯人行天桥从千禧公园通向“现代之翼”的顶层，用白钢材料制成，长 190 米，宽 3.6 米，以 1 ：20 的坡度降至公园

布鲁姆家庭露台（Bluhm Family Terrace）是一个面积为 3400 平方米的开放性空间，为临时性装置提供场地

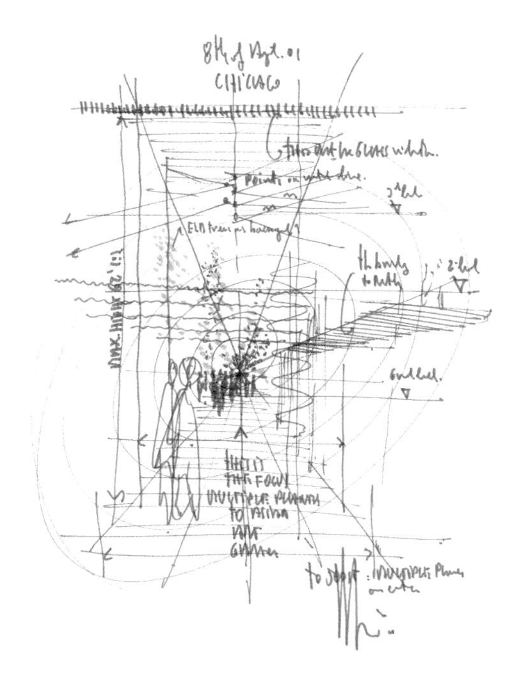

道开放而非封闭的，并与外界进行交流。建筑朝北的一侧全天都不会受到阳光直射，可供游客在室外活动。

能同时欣赏到康斯坦丁·布朗库西（Constantin Brancusi）的雕塑和这座城市的美景，这不由使人兴奋。透过落地窗的框架，呈现出的是公园美景和城市的天际线，完美地衬托了这些雕塑作品。透过北面墙的矩形大窗，还可以看到由弗兰克·盖里设计的位于千禧公园中央的杰·普利兹克（Jay Pritzker Pavilion）露天音乐厅。由于都有着轻盈的设计元素，这两部建筑作品之间建立了对话。这就像是一场乒乓球游戏：盖里创造了音乐的声学条件，而我们创造了艺术的视觉条件。

2000 年 英国伦敦 碎片大厦和新闻大厦

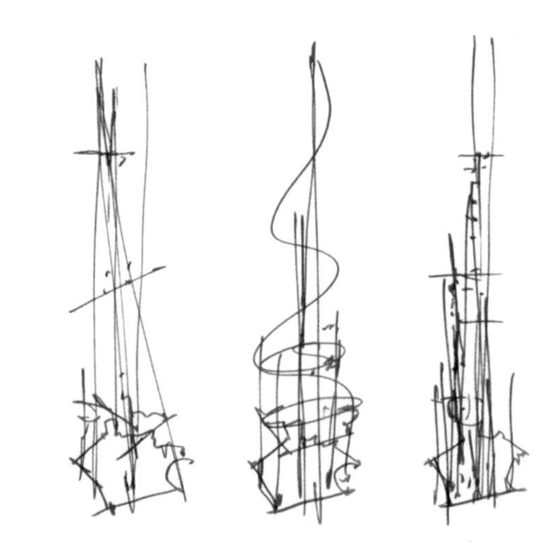

有将近 8000 人在这座高耸入云端的摩天大楼里工作和生活。它体现了“垂直城市”的理念，是对前伦敦市长肯·利文斯通（Ken Livingstone）提出的城市愿景作出的回应。我们希望避免城市里其他建筑在非办公时间被闲置的情况。得益于高效的交通运输系统，使我们能够限制停车位的数量。

“当卡纳比街（Carnaby Street）的开发商欧文·塞勒（Irvine Sellar）向我提议，要在伦敦 SE1 区的南沃克（Southwark）修建欧洲最高的摩天大楼时，我从未想过会卷入这场冒险，但我答应了，换句话说是我不得不答应。我被传唤到班克赛德公寓（Bankside House）的法庭，为奇怪的‘玻璃碎片大厦案’作证……”如果让我来写侦探小说的话，这就是我的开篇语。但这不是杜撰，句句属实——除了这并非法庭，只是一个公开调查罢了。

当我在 2000 年 5 月与欧文见面时，他已经从铁路公司（Railtrack plc）买下了南沃克区位于伦敦桥附近的一块地皮。这个地区为了驱动在伦敦南岸创建文化中心，曾重建了莎士比亚环球剧院，将班克赛德发电站改造成泰特现代美术馆（Tate Modern），从而引发过骚乱。欧文决定赌一赌这个雄心勃勃的项目——一座将主宰伦敦天际线的摩天大楼。南沃克区对此也很感兴趣，因为除了能创造 1000 个新的就业岗位外，这座大厦还将加速该地区的复兴。当时该地区仍遍布着废弃的工厂和仓库，我们已经对这种在后工业时代典型的再城市化案例的过程习以为常了。我们与当时的伦敦市长肯·利文斯通进行了交流，他后来成了我们的重要盟友。他喜欢这个计划，并赞成其带来的社会附加值，但他强加了三个条件：一，这应当是一个多用途建筑（不仅为办公所用）；二，应当与城市建立积极的联系；三，不应设停车设施。针对第三点，利文斯通对进入市区的大多数车辆征收拥堵费，有效地缓解了市区内交通拥堵的状况，这是大伦敦政府（Greater London Authority）提出的最明智的要求之一。

伦敦桥地区有两条地铁线路、几条不同的公交线路以及东南铁路网为其提供交通运输服务。伦敦桥站是世界上最古老的车站之一，也是伦敦第

设计
2000—2008 年
施工
2009—2012 年
总建筑面积
126712 平方米
建筑高度
309.6 米
建筑层数
地上 87 层，其中有 72 层对外开放
电梯数量
44 部升降梯 + 8 部自动扶梯
停车位数量
48 个

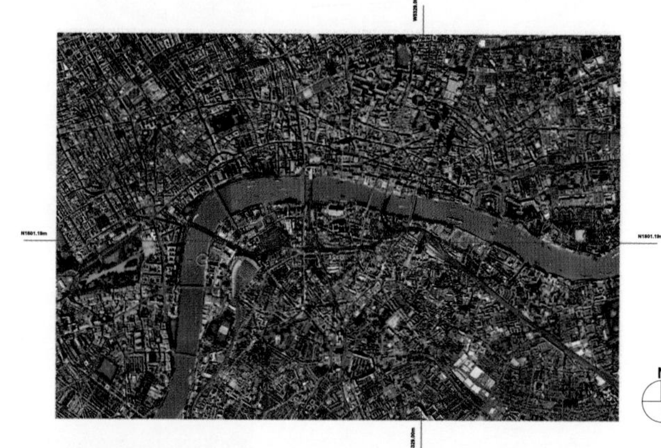

四大客流量的车站。市长实质上是希望所有去伦敦塔的游客都能乘坐公共交通工具。最终，这座大厦停车位的数量保持在低水平——每天 8000 人使用的建筑仅有 48 个停车位。

无可厚非的是，我们面临着激烈的反对，尤其是以英国文化遗产保护机构（English Heritage）为首的城市景观保护组织。他们提出两点异议：伦敦桥塔（London Bridge Tower）——现在被称为碎片大厦（the Shard）——竟然要建得比圣保罗教堂的穹顶还要高？而且耸立并高出大教堂和附近的伦敦塔（Tower of London），显现在城市的天际线上？”这些反对意见阻碍了项目的进展。2002 年 7 月 24 日，负责环境、交通和地区事务的国务卿兼副首相约翰·普雷斯科特（John Prescott）表示将对这一决议负责，并下令组织了一个计划“调查庭”。我不会一一向你复述这项持续了一年多的“调查庭”的繁琐细节。“法官阁下，我以伦敦桥塔的建筑师的身份出席这场调查庭……”我想说的是，在 2003 年 11 月 19 日的那天，普雷斯科特接受了“调查庭”给出的结论，批准了这个项目。我记得当时作出判决的“法官”说的话，大致是：“我的判决可能带有偏见，因为我真的很喜欢这个项目。”这是一个文明且具实用主义的优秀典范！

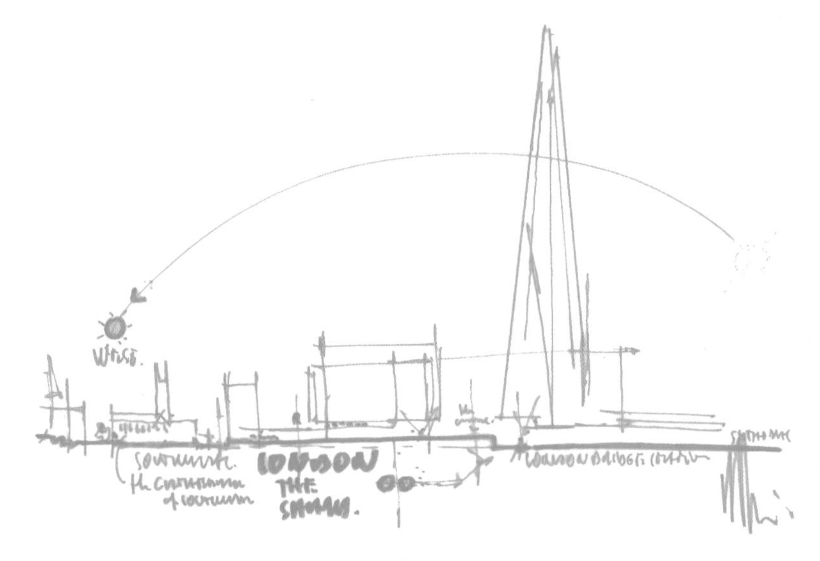

与以往一样，该项目结合了科学的、历史的、正式的、艺术的和富于表现力等诸多不同方法，聚焦的是对城市和未来的愿景。这个规划过程至少持续了三年，紧接着遇上了另一个棘手的节点——欧文的合伙人的退出，他不得不去寻找一个新的赞助人。2008 年，卡塔尔埃米尔（Emir of Qatar）加入了这个项目，因为他认为“碎片大厦”不仅是一个商业投机，还是支

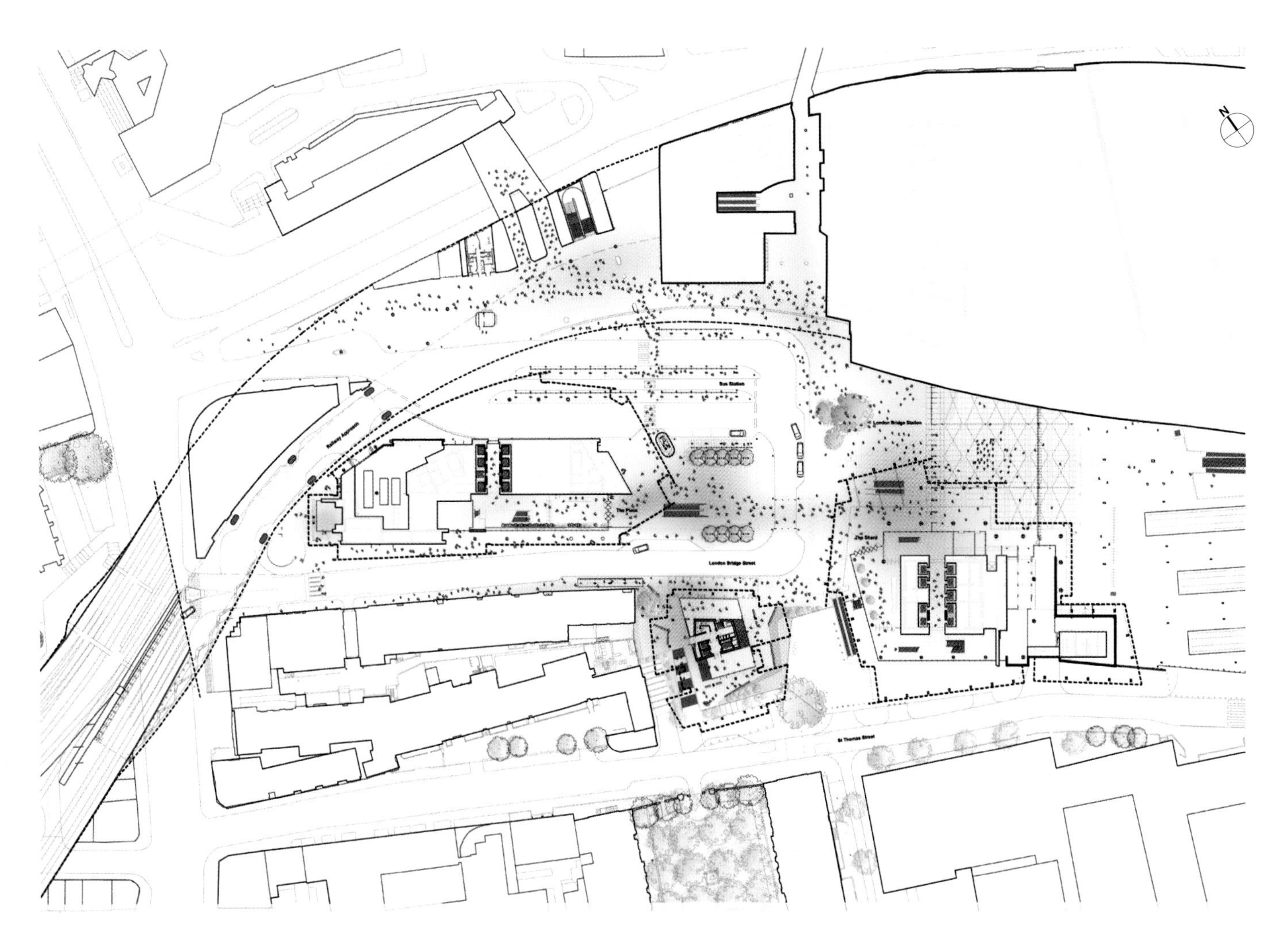

与乙方欧文·塞勒（Irvine Sellar）、负责该项目的伦佐·皮亚诺建筑工作室合伙人乔斯特·穆尔胡伊和威廉·马修斯（William Matthews）在一起

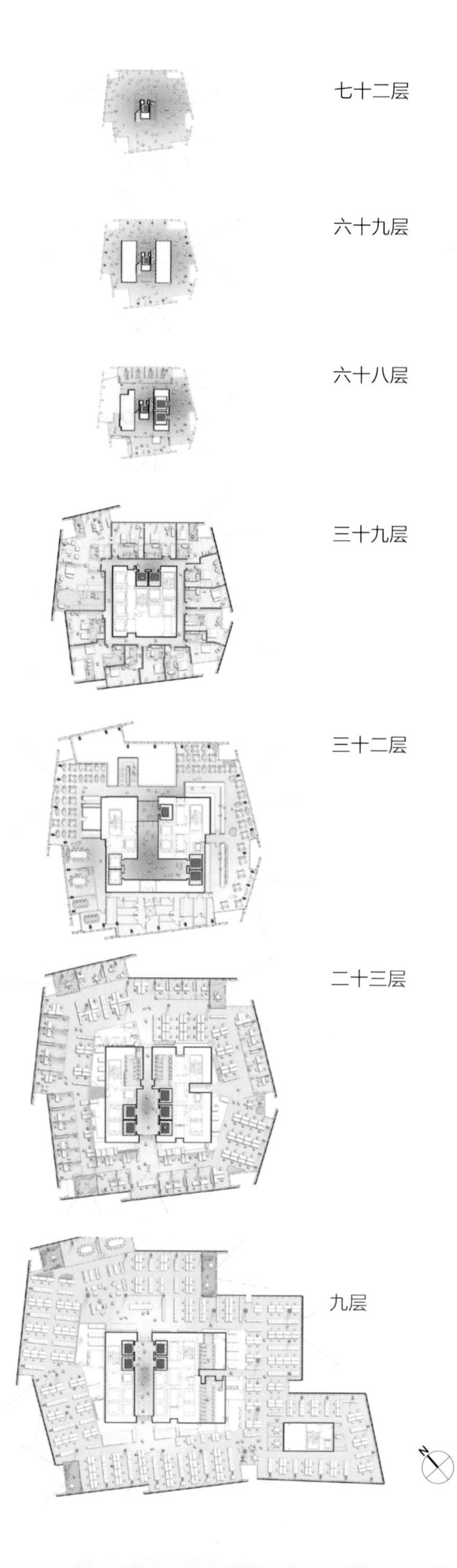

“潜力股”。这个项目一直停留在大胆前卫的设计阶段，直到 2009 年，我们终于可以开始正式工作了。正如人们常说的，“天时地利人和”才能创造出这样巧妙的建筑。

“碎片大厦”是一座 309.6 米高的摩天大楼，像是一个拉长的金字塔，逐渐变细成一个点，最后像船的桅杆一样渐渐消失在天空中。这就是为什么我们当初在办公室时称它为“碎片大厦”：有人用“碎片”这个词形容附在建筑表面的“鳞片”，这是文学里的提喻手法（Synecdoche），即用部分指代整体。这个想法其实在我们将它命名为“碎片大厦”之前就已经存在了，而且很快就被认定为解释我们想要的建筑效果的正确方式，因为在建筑顶部的碎片互不接触，而是保持开启状，为整座建筑提供一个可以“呼吸”的开口。在某种程度上，这些碎片又渴望汇聚为一点，但永远都不会实现。理论上说，如果建筑的高度继续延伸至约 360 米时，这些碎片就会闭合在一起。即便如今也会有人抬头问：“它们何时能汇聚在一起呢？”

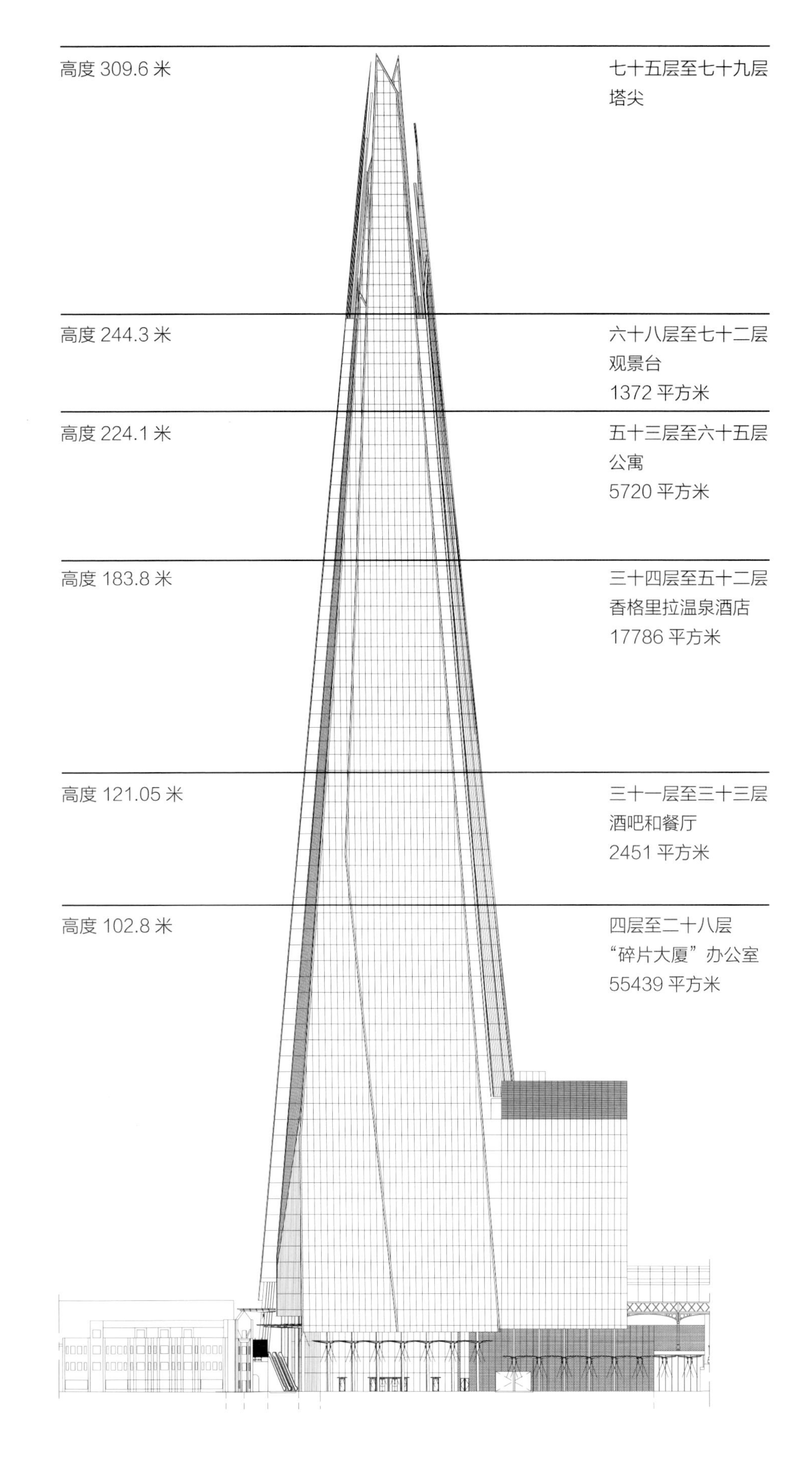
高度 309.6 米
七十五层至七十九层
塔尖
高度 244.3 米
六十八层至七十二层
观景台
1372 平方米
高度 224.1 米
五十三层至六十五层
公寓
5720 平方米
高度 183.8 米
三十四层至五十二层
香格里拉温泉酒店
17786 平方米
高度 121.05 米
三十一层至三十三层
酒吧和餐厅
2451 平方米
高度 102.8 米
四层至二十八层
“碎片大厦”办公室
55439 平方米

这项重大工程在高峰时期有 1500 名来自 60 个不同国家的人一起工作，与其说是建筑工地，不如说这是一座“巴别通天塔”（Tower of Babel）。这是一个非常复杂的建筑，尽管我们已经运用“上下开攻”的技术（同时对上部结构和下部结构进行建造）对它进行了简化——这是我们第一次在如此规模的建筑上尝试这种方法。它的工作原理就如同你在地面上铺设一块由地桩支撑的钢筋混凝土板，然后在向下挖掘的同时向上建造。这样的施工方式类似于树木的生长，随着树根的生长，树干也会延伸。这就节省了我们很多时间。在这个 300 米高的塔楼中，地下室在地下 20 米，地基深度达到 53 米。这个建造体系可使一队建筑工人在另一队建筑工人向上施工的同时向下挖掘。塔尖的阵风有时可高达每小时 80 公里，在上面工作的施工队是由专业登山者组成的。我们曾屡次看到他们绑着攀岩设备被风吹得荡来荡去。为了锻炼身体，他们会徒手爬上 70 层楼，是工地上唯一不使用电梯的人。

这期间发生了很多事情，最特别的一件事是我们曾在七十二层发现了一只狐狸，工人们给它取名为“罗密欧”。据推测它已经靠着工人们的残羹剩饭在离地面 280 米的地方生活了数周之久。在它被放生回郊区前就成了工地上的吉祥物，即便是现在，“碎片大厦”的入口处仍售卖着以罗密欧为原型的毛绒玩具。

新闻大厦，于 2013 年
10 月对外开放

新闻大厦

设计

2004—2009 年

施工

2010—2013 年

用地面积

4674 平方米

总建筑面积

楼板净面积 40654 平方米

楼板毛面积 56064 平方米

建筑宽度

102 米

建筑长度

71.4 米

建筑层数

地上 17 层 + 屋顶 + 地下室

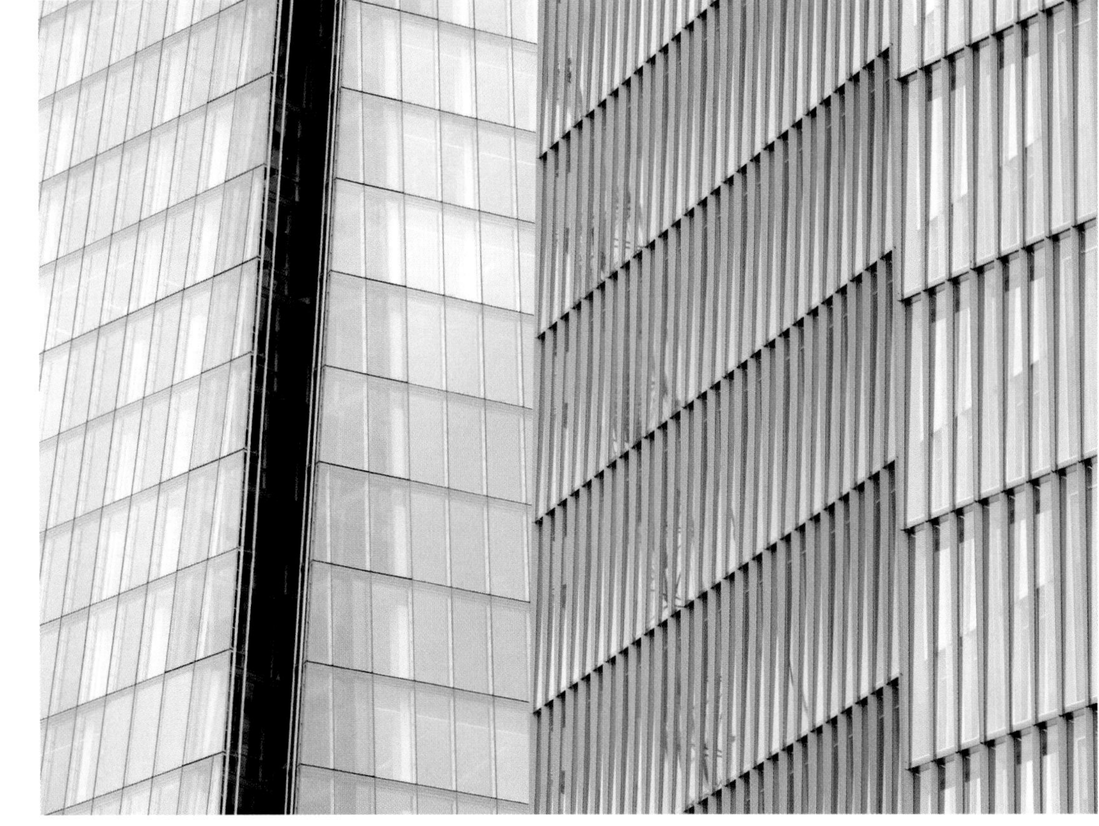

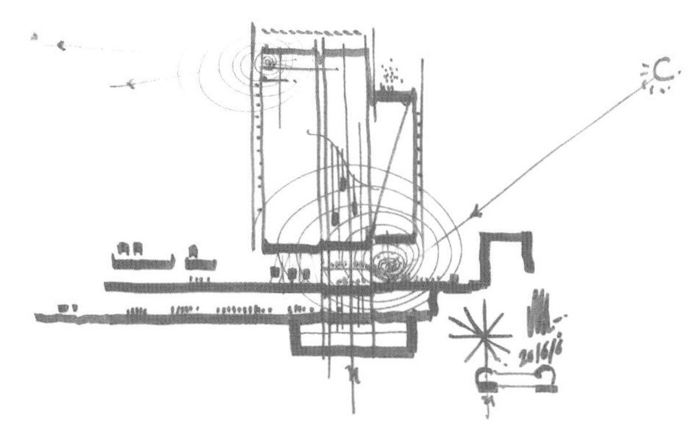

我们还采用了最高效的节能技术，例如从绝缘材料的使用到可回收利用技术，从自然通风的双层幕墙到余热换热器。与相同规模的传统摩天大楼相比，“碎片大厦”的能耗要低 30%。成千上万的人在这座 72 层的建筑里工作和生活，使它成为一个真正意义上的“垂直城市”。肯·利文斯通想要一座多功能的建筑，我们也一样。我不想让它遭受与周边城市的许多建筑相同的命运——在非办公时间被孤零零地闲置。商店、画廊、办公室、餐馆、酒店甚至私人公寓意味着能让“碎片大厦”24 小时运转。“冬季花园”（Winter gardens）为所有办公楼层提供空气和阳光。大厦一层为商业活动所用，以直接、友好的方式向城市开放。在大厦中部是可乘电梯直达的公共楼层，包括酒吧、餐厅和其他设施。这都是为了诠释欧文·塞勒和我从一开始就达成一致的概念，它是一个有广度、有规模、雄心勃勃的想法——让“碎片大厦”不仅成为一项投资，还要成为一个私人融资的大型公共项目。

事实上，当“碎片大厦”在建的时候，曾提出修建位于伦敦桥广场一侧的另一栋更小办公楼的想法，如今命名为“新闻大厦”（News Building）。它面朝铁路并顺应铁轨的曲线变化，从“碎片大厦”上眺望这座建筑的另一侧，它看上去也是“碎片大厦”，但只有 40 米高。而现在正加建第三栋“碎片楼”，之后这三栋楼会成一组组合——“碎片大厦”、“新闻大厦”，以及我们正在修建的费尔登大厦（Fielden House）。该项目的目标之一是塑造地面空间，包括重建伦敦桥车站。

LIBRARY

TURN
RIGHT

2002年 英国伦敦 圣吉尔斯核心区 商住混合开发项目

这里曾经矗立着一座朴素的国防部大楼，而如今却变成了一组色彩丰富的商住混合建筑群。这组建筑群有14个正面朝外，还有一个任何人都能自由进出的内部庭院。伦敦并非一座“灰色城市”，它也渴望拥有如同波特贝罗路（Portobello Road）和卡纳比街（Carnaby Street）那样闪耀的色彩。

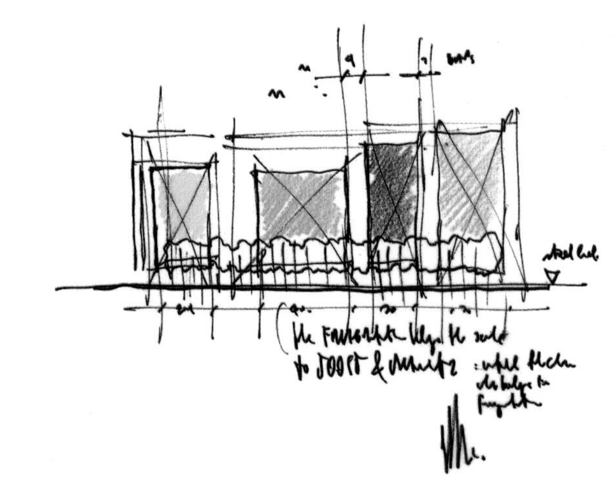

设计
2002—2006年
施工
2006—2010年
用地面积
7082平方米
总建筑面积
办公区：39000平方米（地上10层）
住宅区：8800平方米（地上14层，109间公寓）
一层餐饮及商用空间：2137平方米
公共广场：2044平方米

有一种涂料的颜色叫“伦敦雾”（London Fog），但在我看来，我们需要改变的是“伦敦就是灰色的”这一错误的认知。伦敦是一个幽默感很强的大都市，所以我们想在圣吉尔斯的市中心（Central Saint Giles）建造一些能够体现它的幽默感和一直渴望改变的建筑。这块地曾经是一座隶属国防部的巨大且结构单一的砖砌堡垒。相比之下，我们的建筑有22个色彩鲜明的外墙，并且都排列在不同的轴线上：黄色、绿色、红色和橙色的鲜明色调与你在牛津街（Oxford Street）后方这样人口稠密的闹市区所看见的色调相呼应。这个想法就是为了制造一个惊喜。我认为城市之所以美丽，正是因为它们充满了意想不到的东西。通往圣吉尔斯市中心的街道各自有着不同的颜色，我们需要的是反抗那些乏味的协调，而非一味地适应。

这些充满活力的外墙是由12.1万块釉面陶板组成的，这种天然材料从大地中来又将重归于大地。我们说的不是它所用的颜色或涂料，而是这种材料本身的颜色。釉面陶板所带来的光泽还可以增加反射维度，这个反射维度是指当天空晴朗或阴沉时，颜色的变化能力。从节能的角度来看，我们选择用陶瓷、玻璃和钢板作为建筑覆层，它的作用就像雨衣，像双层幕墙，让建筑能够“呼吸”。

这组建筑群的设计原型出自原建筑拆除后的空地。我们发现这里原先的建筑围合成了一个有着22个面的不规则多面体，而圣吉尔斯核心区的设计与这些面相呼应。当你在一座历史城市的中心区工作时，总会受到一些约束，但为缺乏自由而烦恼是没有意义的。相反，我们应当感激强加给

我们的约束。我们必须处理这块场地由于拆迁留下的“伤口”，然而由于城市结构的几何形态，处理起来很复杂。经处理后的结果是带有变化的建筑群外立面，每个立面的高度（10—14 层不等）、朝向、颜色以及与采光因素各不相同。每个外立面都与其面前的建筑相对应，在不影响周边建筑采光的前提下尽可能地往上建。圣吉尔斯核心区奇特的建筑形态映射了 1000 个居住空间，是一个与周边居住区不断进行处境化的过程。这些覆层明亮且各自独立，由许多不同颜色的陶板拼贴而成。仅黄色立面就有 2000 块陶板，每块陶板都有特定的尺寸，是我们一块一块地安装上去的。我们在设计这座建筑之初，灵感来自 19 世纪末企图在日益增长的工业化时代复兴手工艺的“工艺美术运动”，也可能是来自彼得・莱斯所提出的观点：“恢复手的痕迹”（ the trace de la main ）。

我们想把这个项目原本是障碍的一面转变成协调的一面。这座建筑群坐落在一个玻璃基座上，如同“漂浮”在地面上方。人们步行就可以穿过这座位于伦敦市中心的建筑群。我喜欢“建筑不是独占土地，而是与街道进行对话”的想法，所以这个地方具有无障碍性和透明性。建筑外墙悬空于地面 4—6 米不

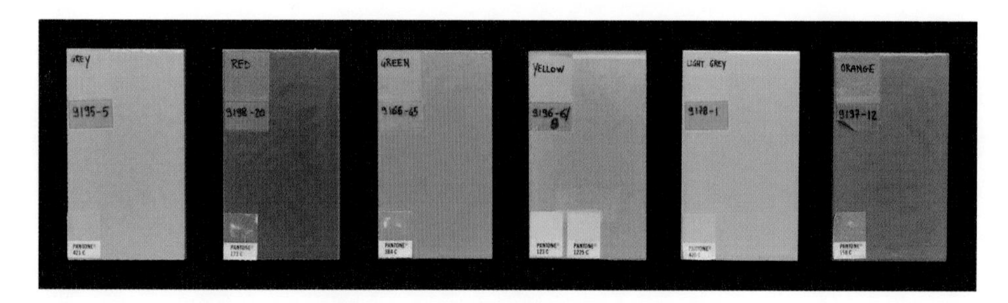

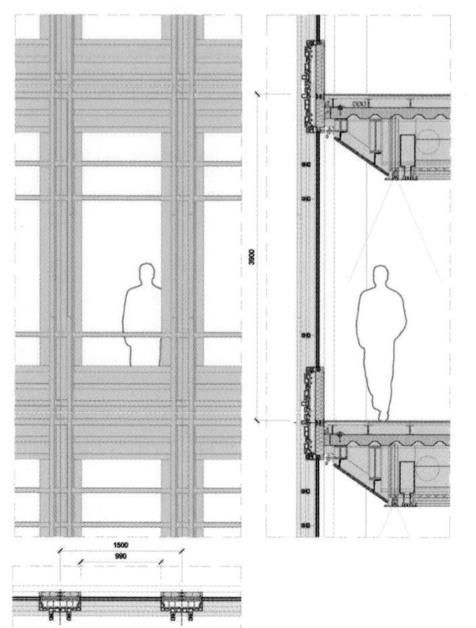

陶制覆层由 18 种压制陶板组成，有 6 种不同的颜色、700 种不同长度的规格。这些陶板是为该项目特制的

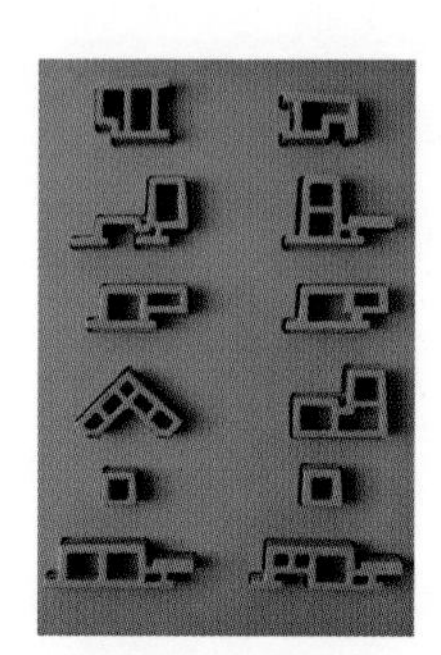

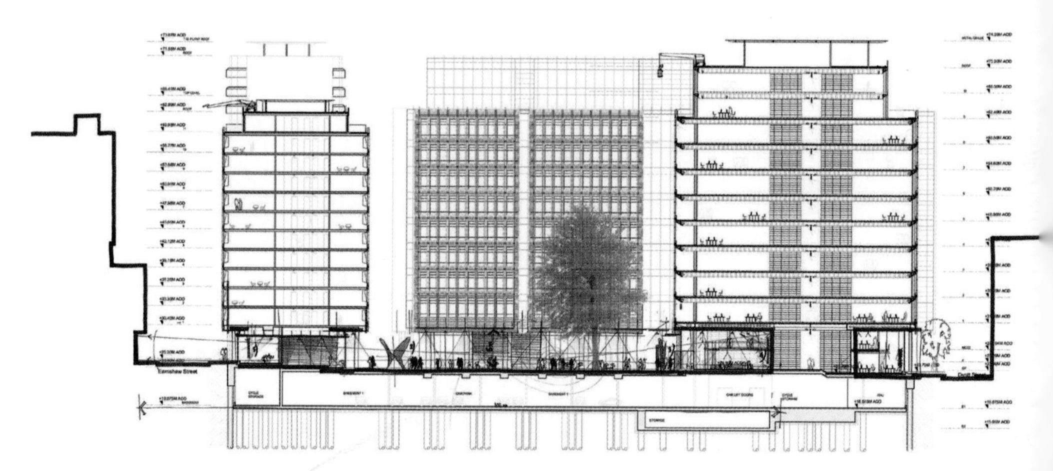

等的高度上，下方的广场散布着餐厅和咖啡馆，汇聚了川流不息的人群。广场中央的一棵橡树让人们流连忘返，这棵 20 多米的橡树是从比利时运来的，为了让它适应这里的土壤和气候，先在伦敦养护了两年后才被移植到这里。这座建筑群拥有着多种功能，包括 39000 平方米的写字楼、8800 平方米的公寓、4200 平方米的商铺和公共广场，这也是体现一个项目的城市价值不可或缺的因素。这样的模式这有助于使建筑在晚上和周末都有人气，不至于在工作日结束时就被遗弃。

这些陶板安装在铝制模块化外墙面。该建筑群总共有 3306 个陶板覆层单元。每个单元至少包含 32 块陶板，总计为 121000 块，相当于 110 公里长

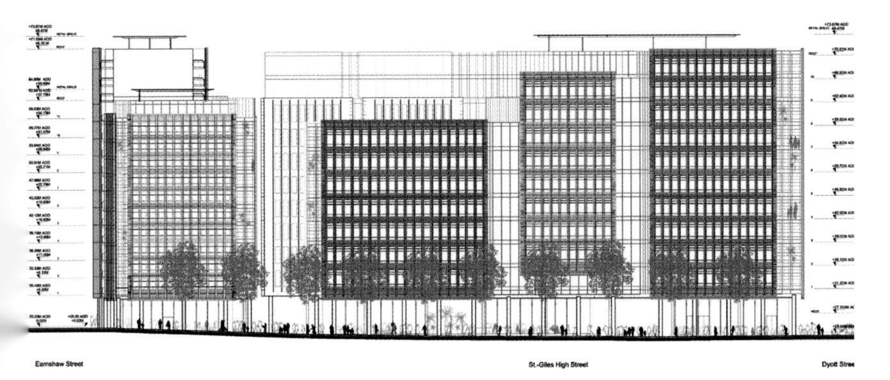

2002年　意大利特伦托
勒·阿尔贝社区、科学博物馆和大学图书馆

曾经这里的废弃工厂，如今变成了一个连接特伦托市（Trento）和阿迪格河（Adige river）的大公园。在勒·阿尔贝社区（Le Albere）还有两个公共建筑——南部的大学图书馆（University Library）和北部的特伦托科学博物馆（Science Museum）。在这里，人们可以体验自然法则，理解可持续发展的意义。

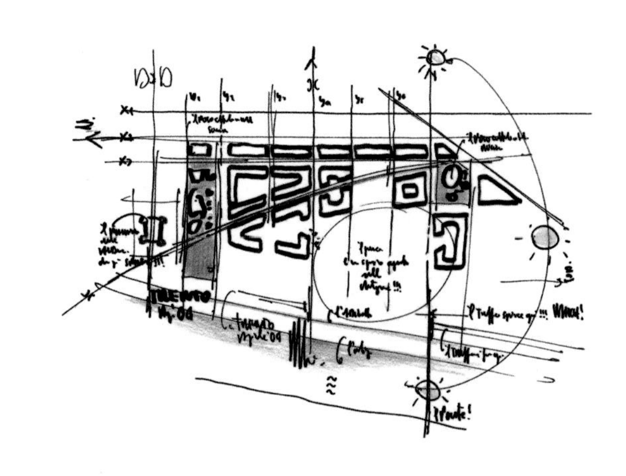

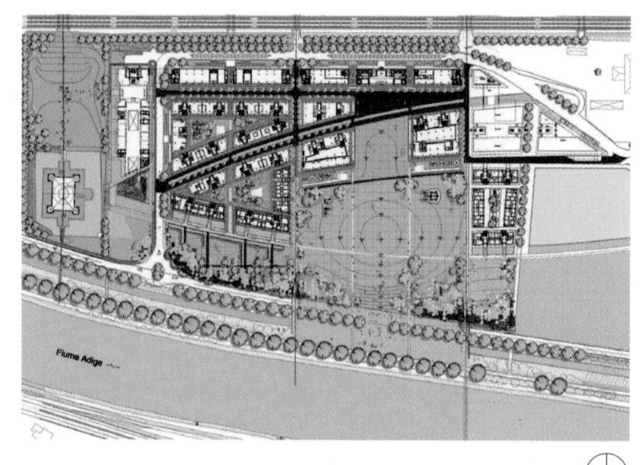

设计
2002—2014年
施工
2008—2013年
特伦托科学博物馆（MuSe）：2008—2013年
其余区域：2008年至建设中
用地面积
116331平方米
总建筑面积
97640平方米
特伦托科学博物馆：11710平方米
住宅区：43900平方米
商用区：10500平方米
酒店：4700平方米
大学图书馆：5650平方米
公园：5公顷
建筑高度
最高15.5米（住宅）
最高23.6米（博物馆）
24.8米（大学图书馆）
建筑层数
地上5层（最多）+地下2层
荣誉
绿色环保建筑金奖（LEED Gold）

勒·阿尔贝社区面向阿迪格河，曾是米其林轮胎工厂（Michelin factory）的厂址。与城市中多年来的做法截然相反，这片区域在很大程度上已转变为公共绿地。这是将“棕色地带”，即废弃的工业用地，转变为绿色开发区的一个完美案例。

它设定了两个引力中心，分别位于两端，各有一个5公顷的园区，中间是住宅区。北端的是科学博物馆，南端的大学图书馆还尚处于施工中——这是一座空间富足、光线充沛、交通便利的建筑，是一个可以共享知识的地方。它由两个从上方照亮的立方体组成，在那里可以查阅48万卷书，与世界接轨。第三个设施是位于科学博物馆和图书馆之间的一个大型开放式公园，它将河流与特伦托的中心重新连接在一起。

当我们应邀设计勒·阿尔贝社区和科学博物馆时，出于习惯做的第一件事就是尝试理解我们即将“操刀”的建筑文脉。于是我们了解了关于环境、河流、山脉、城市历史的所有信息，以及博物馆如今的选址曾是一家工厂的事实。

1927年，这里曾为轮胎生产搭建了工业厂棚，现如今已草长莺飞，而且还会这么继续保持下去。河岸边有一座公园，我们在这里创造了一片将特伦托与阿迪格河重新连接的新城。在120年前，奥地利工程师为了防止洪水泛滥，曾将特伦托与阿迪格河隔开，改变了河道，并将河水从城市中流放出去。现在这里已经没有了隔阂，与其说铁路线向旧中心的开放已成事实，不如说是我们打开了心结。

勒·阿尔贝社区占地11公顷，约有300间公寓和3万平方米的办

公室，以及商店、广场、街道、人行道和自行车道、水渠网和公园。在我们对该社区的规划中，我和负责该项目的合伙人苏珊娜·斯卡拉比奇（Susanna Scarabicchi）关心的首要问题是纳入足够的公共场所，例如博物馆、图书馆、公园。

任何城市扩建项目都需要具备涵盖面很广的功能，若不把公共利益这一主要驱动因素考虑在内，就自然行不通。一个公共场所有着表达自己的潜力，用创造性的方式对城市进行宣讲，这就是它在城市文明过程中扮演的角色。在这个比方下，科学博物馆就是一块磁铁，也是一个提醒人们地球是多么脆弱和复杂的地方。它是一个可以直接体验自然法则的博物馆，不是规定人们保持一定距离，而是可以参与其中。许多空间都用于实验室，模拟的内容包括从高山冰川到热带森林，从非洲草原到地中海的马奎斯（Mediterranean maquis）。

科学博物馆引导我们的两个关键词是“开放”和“透明”。你的设计必须小心谨慎，不能让容器变得比内容物更重要。如果要展出的是动物标本，理想的办法是将其单独摆放，不加任何繁琐的结构；但如果把它们悬

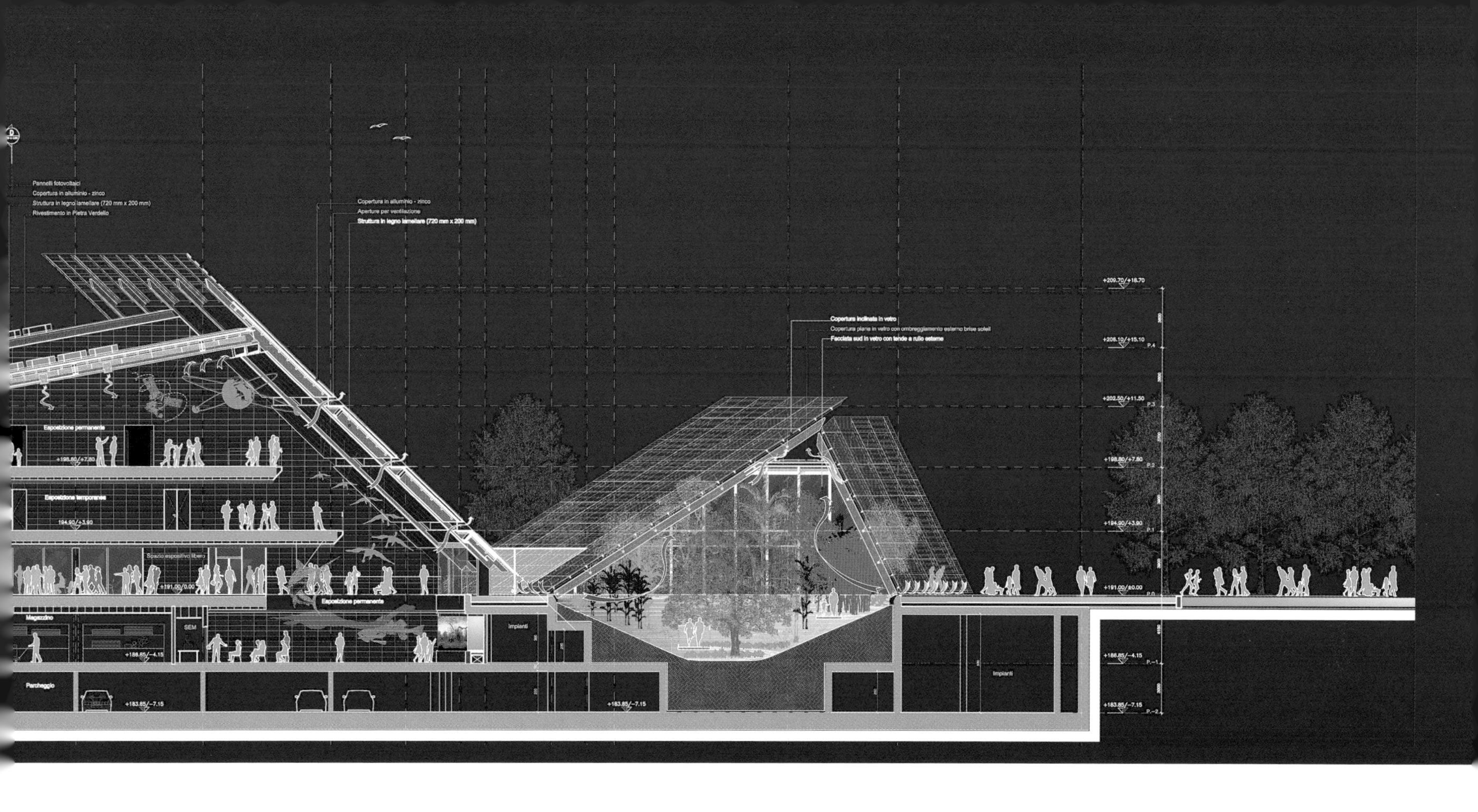

与负责此项目的伦佐·皮亚诺建筑工作室合伙人苏珊娜·斯卡拉比奇以及斯蒂法诺·鲁索（ Stefano Russo ）在一起

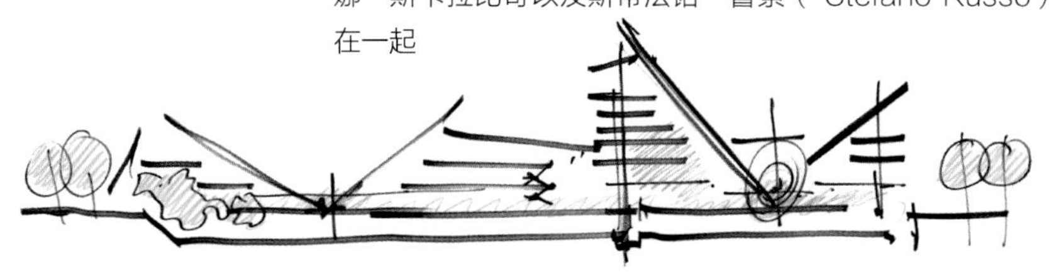

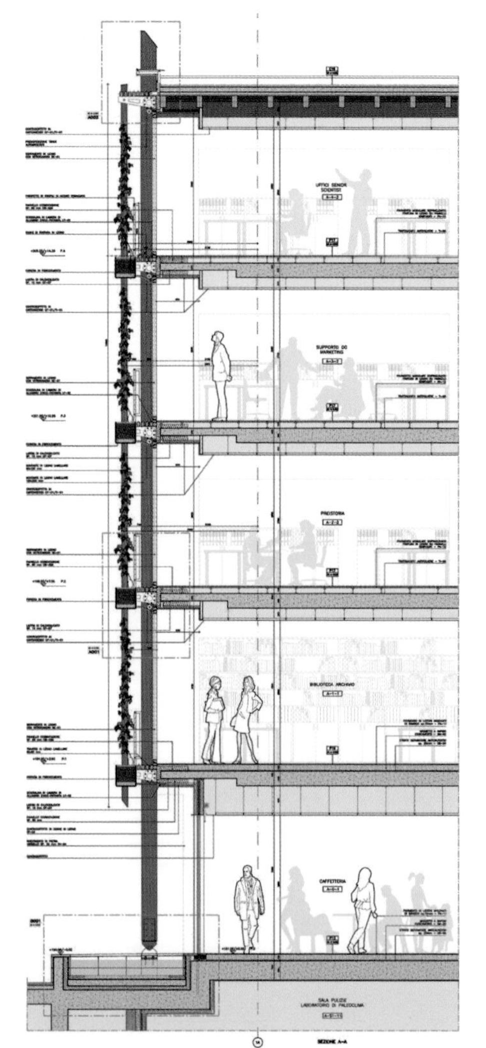

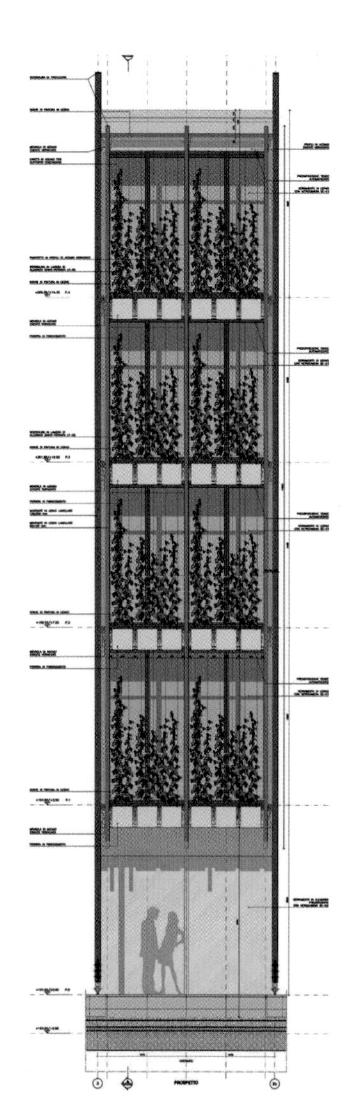

挂在空中，效果会更好。因此，我们围绕建筑创造了一个巨大并且空旷的空间，所有的东西都像失重般悬挂着。

游客们所看到的是一种处在悬浮状态的自然科学奇观。他们可以观看实验，也可以参观热带温室和一系列充满光线的大型空间。所有的一切都围绕着悬挂着的包括从恐龙到鸟类的动物标本所填满的空旷空间，它们将世界历史的进化周期联系在一起并协调起来。

可持续发展也是最重要的，尤其在见证大自然重要性的项目中是一个不容小觑的关键价值。在修建科学博物馆（包括整片社区）时，我们尽可能地关注了能源消耗：例如使用木材和石材等天然材料，取得建筑节能认证，集中热电厂，集约使用太阳能板，大量地利用植被和水。旧厂房于规划阶段拆除后，我们很快就意识到邦多内（Mount Bondone）山坡上的日出会成为新社区奇美的自然背景。这个立场也促使我们充分利用水的元素，把公园延伸至阿迪格河岸边。

我们在这些房屋的顶部安装了 3000 平方米的光伏板，使用可节能 50% 的热、冷、电三联产一体化系统。我们还利用了来自地表深处熔岩的地热能，这也是另一种可再生能源。雨水被用来灌溉温室，为水族馆、游泳池和浴室供水。在使用材料方面，为防止运输造成的污染，我们优先考虑当地的材料。就比方说，我们选择意大利产的竹料作为展区的地板。竹子长成材大概需要四年，而树木则至少需要 40 年。博物馆内还有一处是在向游客讲解怎样使建筑更具可持续性。这座建筑能获得绿色环保建筑金奖并非偶然，因为这里的一切都是可再生的。

勒・阿尔贝社区：建筑覆层由层压木板组成，它们被细分为 3.75 米宽的单元。正面的格栅安插了适用于各种功能的阳台和窗户系统

2002 年　美国纽约
哥伦比亚大学曼哈顿维尔新校区

这个项目吸引我的是科学家和艺术家之间紧密连接的关系。它不是一个偶然，而是我们所信奉的人性化设计的一面。那么问题来了，把大学建在位于市郊的哈莱姆西区（West Harlem）这样一个充满生机的地方，是否比建一个配备有运动场的美丽校园好呢？

我们为自己设定的挑战是在城市里建一所现代大学校园。它的全名并非巧合——纽约市哥伦比亚大学（Columbia University in the City of New York）。比起其他著名大学，哥伦比亚大学自 150 年前成立以来一直集中在城市。它如今位于晨边高地区（Morningside Heights）附近，修建于 19 世纪，建筑风格模仿古希腊和古罗马。它坐落于百老汇与 116 街的交叉口，是一个与市区一墙之隔的城市校园，这些建筑历史性和纪念性的特征营造出了信任感。

这类校园背后蕴含的逻辑可以理解为，最重要的是传递给人们一种可靠的感觉。但现在，该大学决定在向北 10 个街区外的第 125 街——马丁·路德·金大道上修建一个新校区。这里是伦纳德·伯恩斯坦（Leonard Bernstein）的音乐剧《西区故事》（*West Side Story*）的拍摄地，在附近依然能发现以前的工业痕迹：建筑工地上有一个用来存放马车的大型仓库、一家市营乳品厂，最著名的是为传奇的斯蒂庞克汽车公司（Studebaker automobile company）建造的一个精整车间。

这个项目的挑战性是在哈莱姆区的边缘修建一所现代校园。哥伦比亚大学校长李·伯林格（Lee Bollinger）认为，在一个极具市井气息的生活区修建一所现代校园，好过那些配备足球场和游泳池的美丽校园。我不得不说的是，在 20 世纪 60 年代“黑豹党”（Black Panthers）总部所在的广场上修建一座图书馆是一种很奇妙的感觉。

与以往的封闭式校园不同，我们设计的校园是向哈莱姆区和城市开放的。位于马丁·路德·金大道北侧的哈莱姆区是说唱、霹雳舞和街头文化的发源地。从各方面来说，这将是一个城市大学校园，不仅是因为它所处

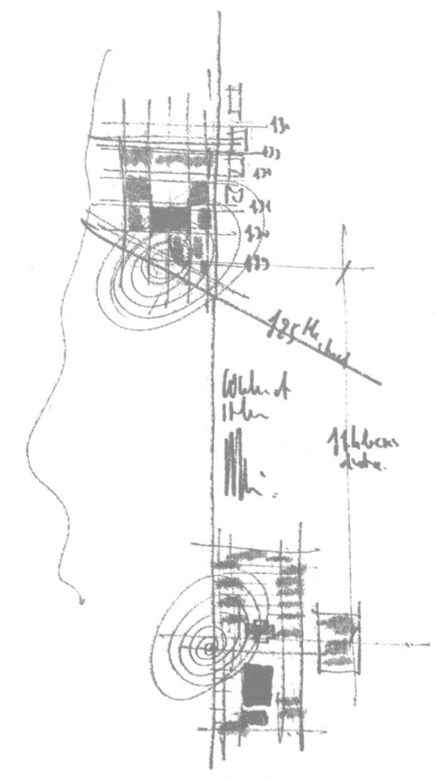

设计

曼哈顿维尔校区总体规划：2002—2007 年

杰罗姆·L. 格林科学中心：2007—2012 年

伦费斯特艺术中心：2007—2013 年

大学论坛：2012—2015 年

环球中心：2016—建设中

施工

杰罗姆·L. 格林科学中心：2013—2016 年

伦费斯特艺术中心：2014—2016 年

大学论坛：2016—建设中

环球中心：待定

面积

建筑占地面积：631740 平方米

用地面积：68796.6 平方米

杰罗姆·L. 格林科学中心：41800 平方米

伦费斯特艺术中心：5580 平方米

大学论坛：5200 平方米

环球中心：待定

建筑高度

杰罗姆·L. 格林科学中心：屋顶标高 51.3 米；最高点 80.34 米

伦费斯特艺术中心：屋顶标高 35.89 米

大学论坛：屋顶标高 21.03 米

环球中心：待定

建筑层数

杰罗姆·L. 格林科学中心：地上 10 层 + 地下 4 层

费斯特艺术中心：9 层 + 地下 1 层

大学论坛：地上 3 层 + 地下 1 层

环球中心：待定

的地理位置，也因这里是纽约最具种族多元化的融合地区：30% 的非裔美国人，30% 的西班牙裔，20% 的白人，以及亚洲人等。与欧洲相比，美国的政界人士在大多数情况下都会决定走开放城市周边地区，为该地区未来投资的道路。

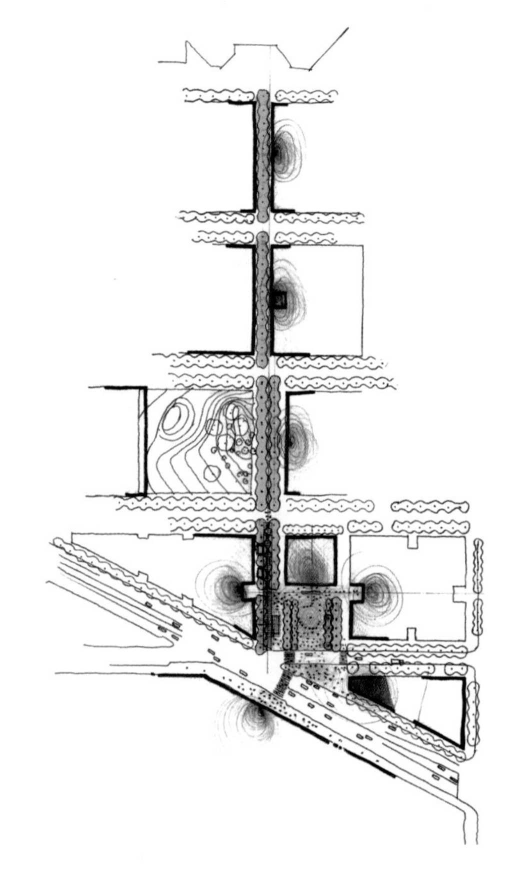

该项目的设计理念是街道应该贯穿校园的地面，使车辆（虽然是仅限校园内部车辆）和行人都可以通行。校园内所有建筑的底层都将向公众开放。商店、餐厅、画廊、表演场馆、医疗实践、会议场馆和学生协会活动室将逐渐填满这些混合又相互渗透的空间。与早期新古典主义校园令人生畏的外观形成鲜明对比的是，曼哈顿维尔（Manhattanville）校区的设计是为了共享和亲近。例如杰罗姆·L. 格林心脑行为科学中心（Jerome L. Greene Science Center for Mind Brain Behavior，MBB）的一层将开设一个对所有人开放的教育和推广中心。这样一来，这些建筑就把它们所占的空间归还给了城市。

哥伦比亚大学成立之初的代名词“经典”和“安心”，已不再是其建筑语言的主题了。几个世纪过去了，如今的美国已有自己的传统。在哈莱姆区这个分校区，我们使用了一种更符合美国历史的建筑语言：即它在第一次工业革命时期的建筑语言。我们前面提到过这里曾经有一家汽车厂和市营乳品厂，我们想用建筑唤起场所记忆。

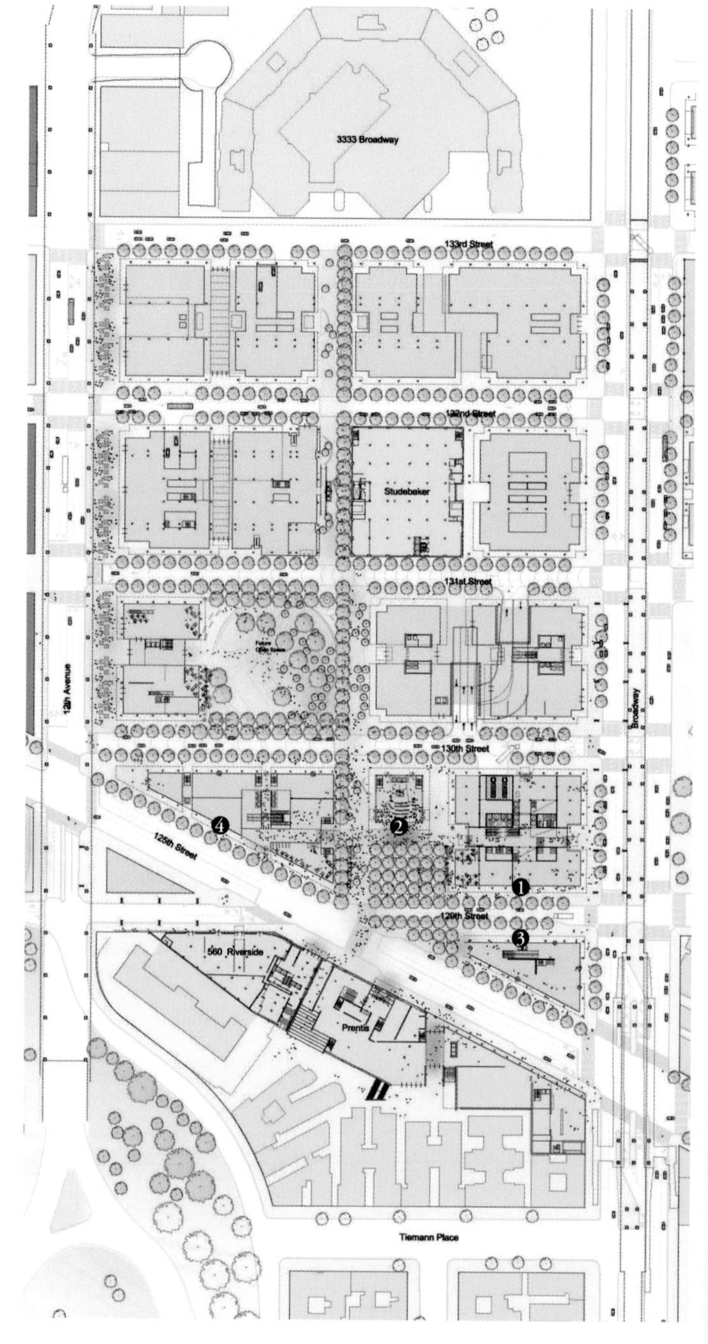

我们承建的建筑有四座。第一座的心脑行为科学中心是致力于研究人类大脑奥秘的地方，由两位诺贝尔医学奖得主埃里克·R. 坎德尔（Eric R. Kandel）和理查德·阿克塞尔（Richard Axel）主持，并由汤姆·杰西尔（Tom Jessell）协调，有 900 名科学家在这里做全职工作。第二座建筑是伦费斯特艺术中心，是电影和戏剧活动的场馆。第三座是“论坛会馆”（the Forum），它是一个有着 450 个座位的会议中心。第四座建筑即将投入设计阶段，它将是地缘政治和国际研究中心，其中包括一个探索地球生态系统脆弱性的地球研究所（Earth Institute）。

这是一个世上其他地方无可比拟的项目，一部分是因为校园内将共存类型丰富的部门。我会将这个理念形容为新人文主义的“理想三角”，它在人脑科学、艺术创造力、地球治理这三个领域之间建立一个持续交流的关系。

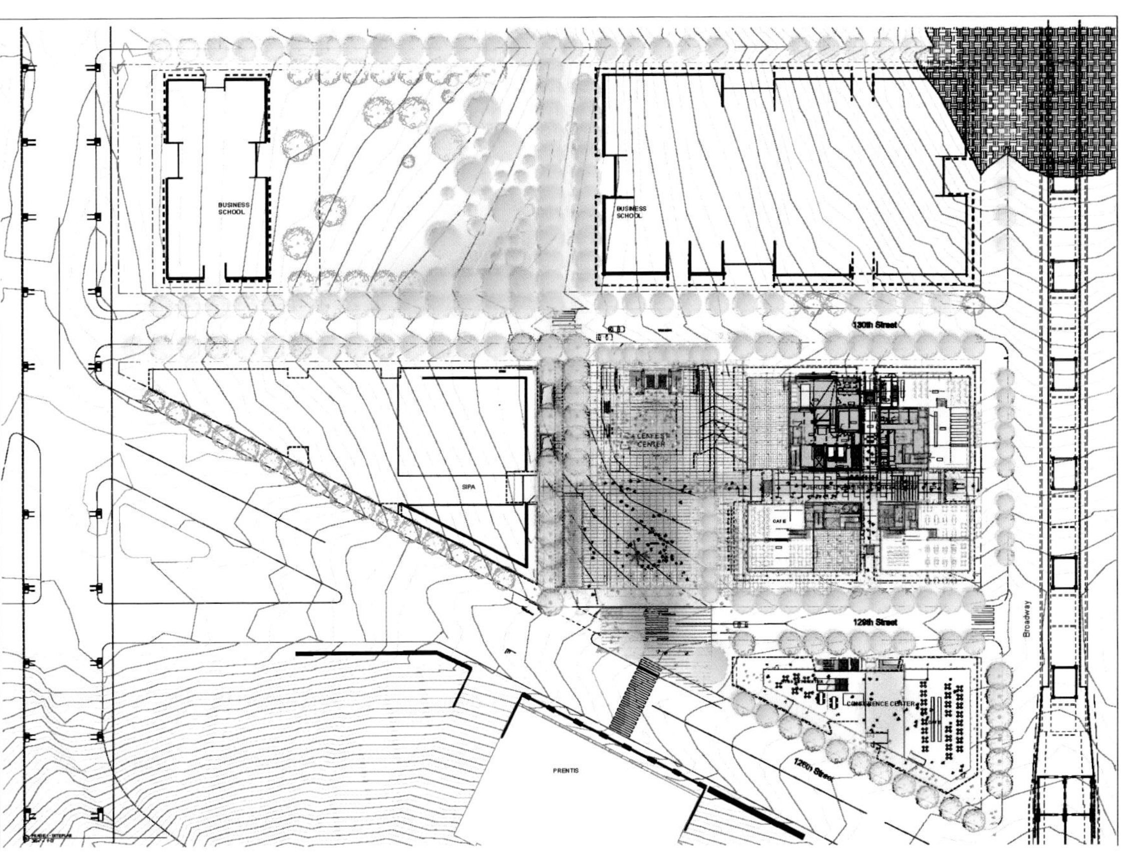

所有建筑的一层都向公众开放，设计尽可能透明化——是对城市步行空间的一种延伸

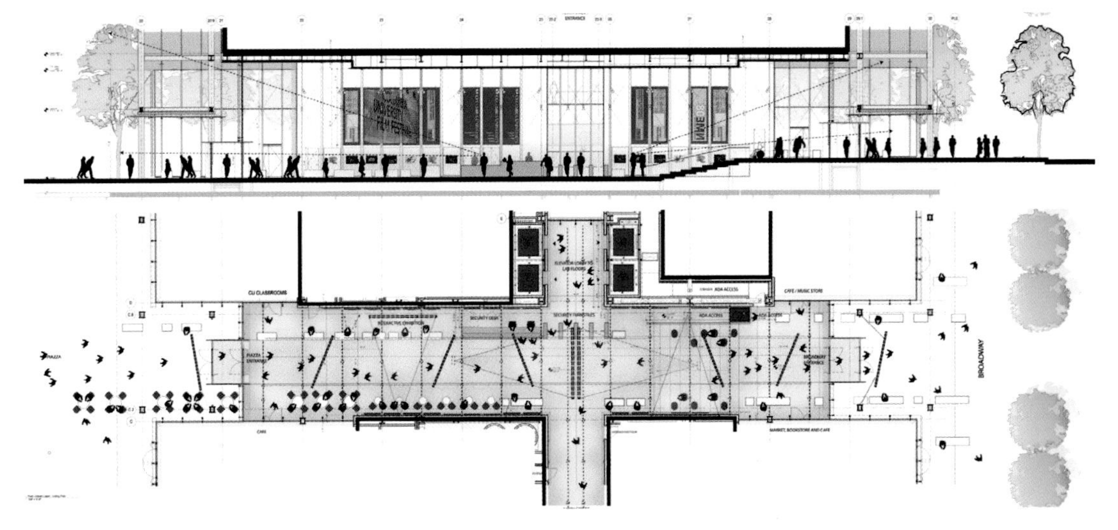

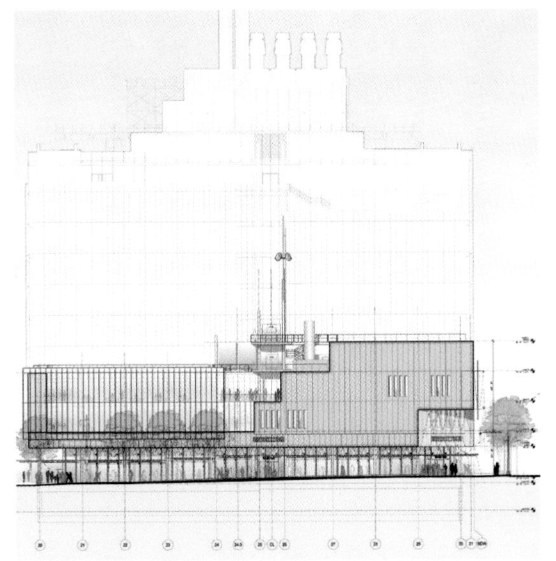

伦佐·皮亚诺建筑工作室承建的四座建筑中，前三座处于施工阶段，第四座还处在设计阶段：

1 杰罗姆·L. 格林科学中心
2 伦费斯特艺术中心
3 大学论坛
4 环球中心

与负责该项目的伦佐·皮亚诺建筑工作室合伙人安托尼·查亚（Antoine Chaaya）和谢尔盖·杜林（Serge Drouin）的合影

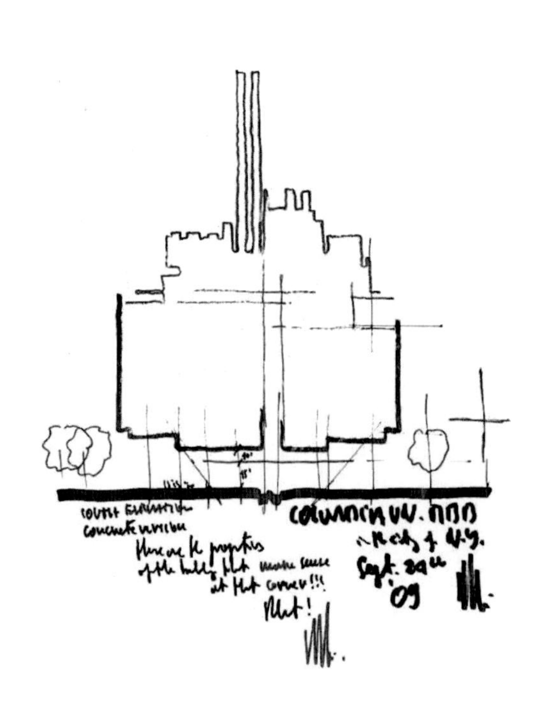

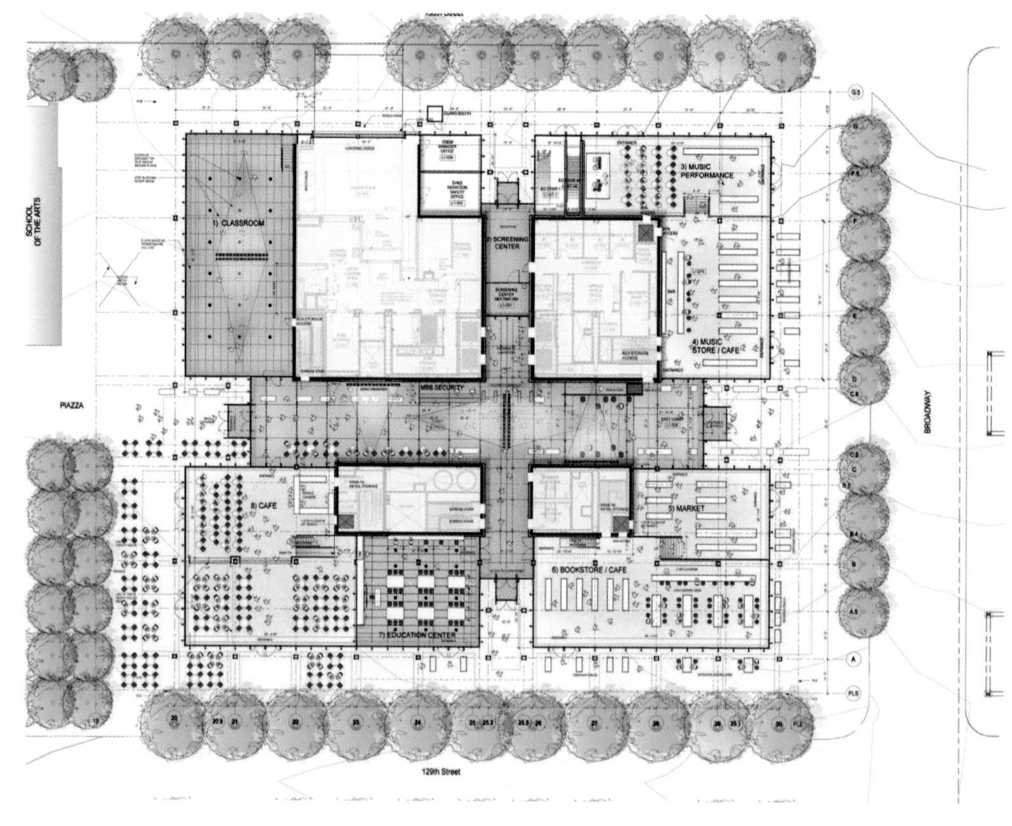

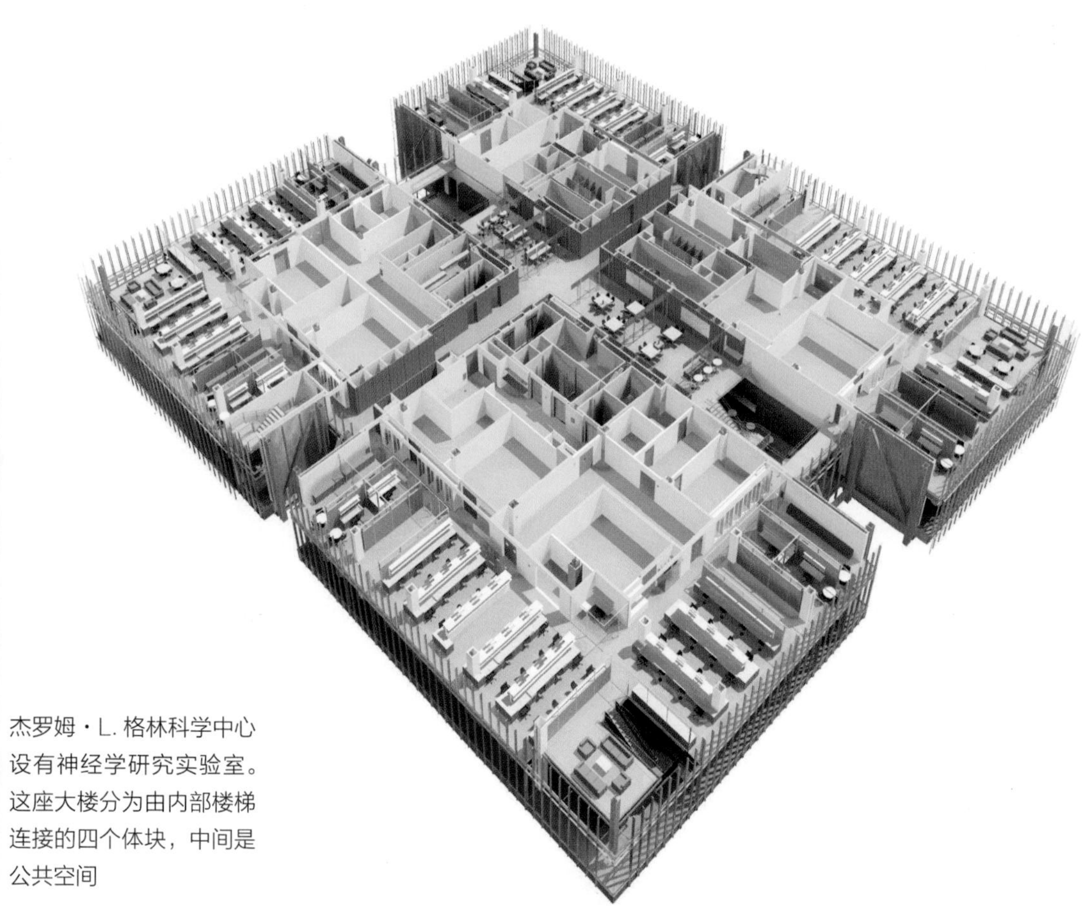

杰罗姆・L. 格林科学中心设有神经学研究实验室。这座大楼分为由内部楼梯连接的四个体块，中间是公共空间

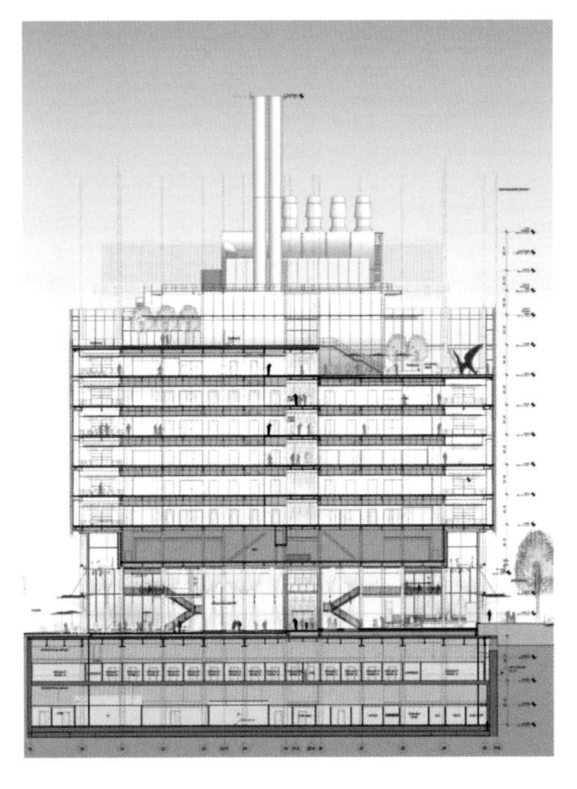

McDonald's
DRIVE-THRU

JEROME L
GREENE

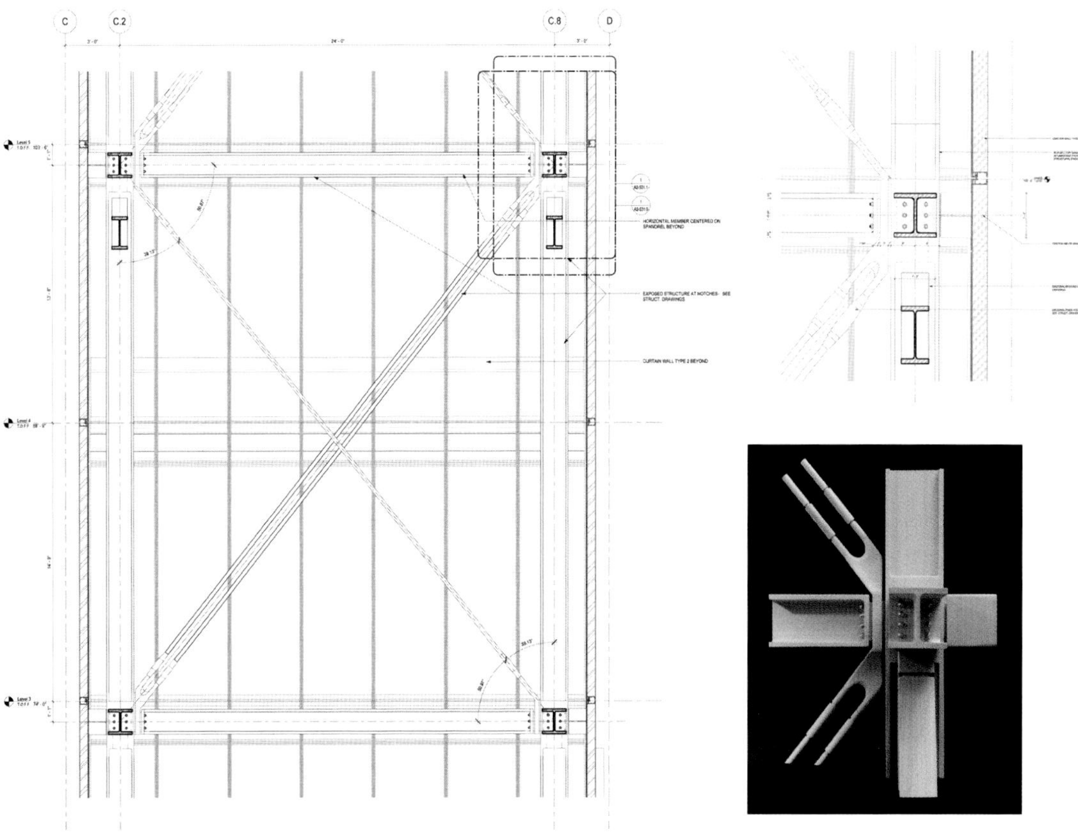
C
C.2
C.8
D
HORIZONTAL MEMBER CENTERED ON SPANDREL BEYOND
EXPOSED STRUCTURE AT NOTCHES - SEE STRUCT. DRAWINGS
CURTAIN WALL TYPE 2 BEYOND

伦费斯特艺术中心（Lenfest Center）是艺术学院的新址，是一个占地约 30 米 ×27 米，高 35 米的平行六面体建筑。这栋 4 层双层层高（层高约 7 米）的房子，设有一个教育放映室、一个可重构的剧院礼堂 / 演播室、一个供临时展览的艺术画廊和一个带顶灯的灵活空间

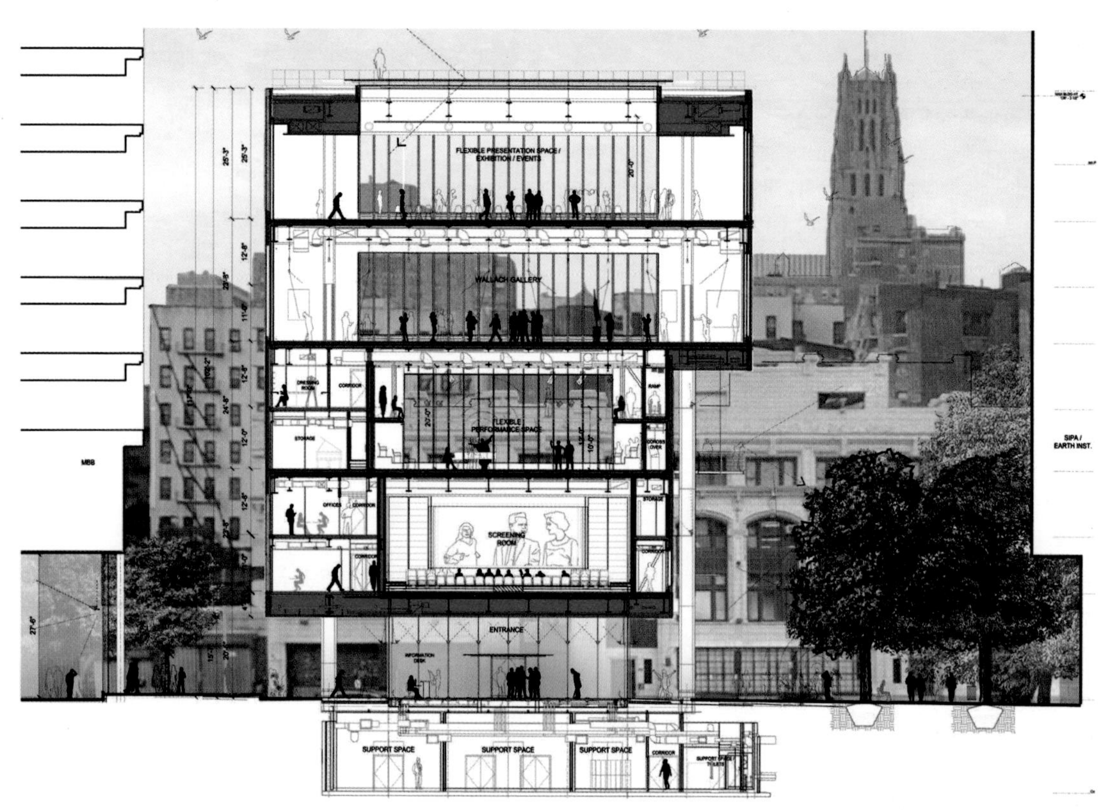

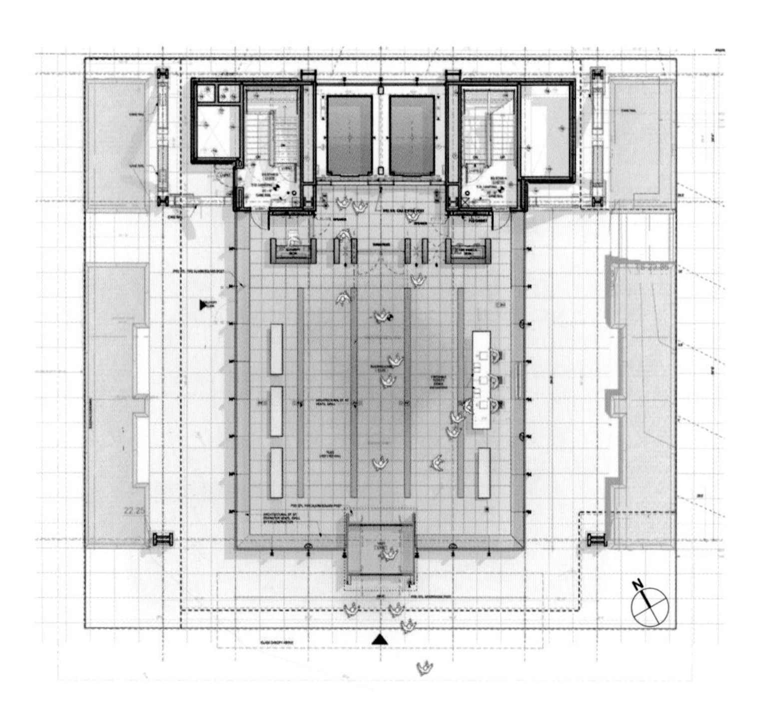

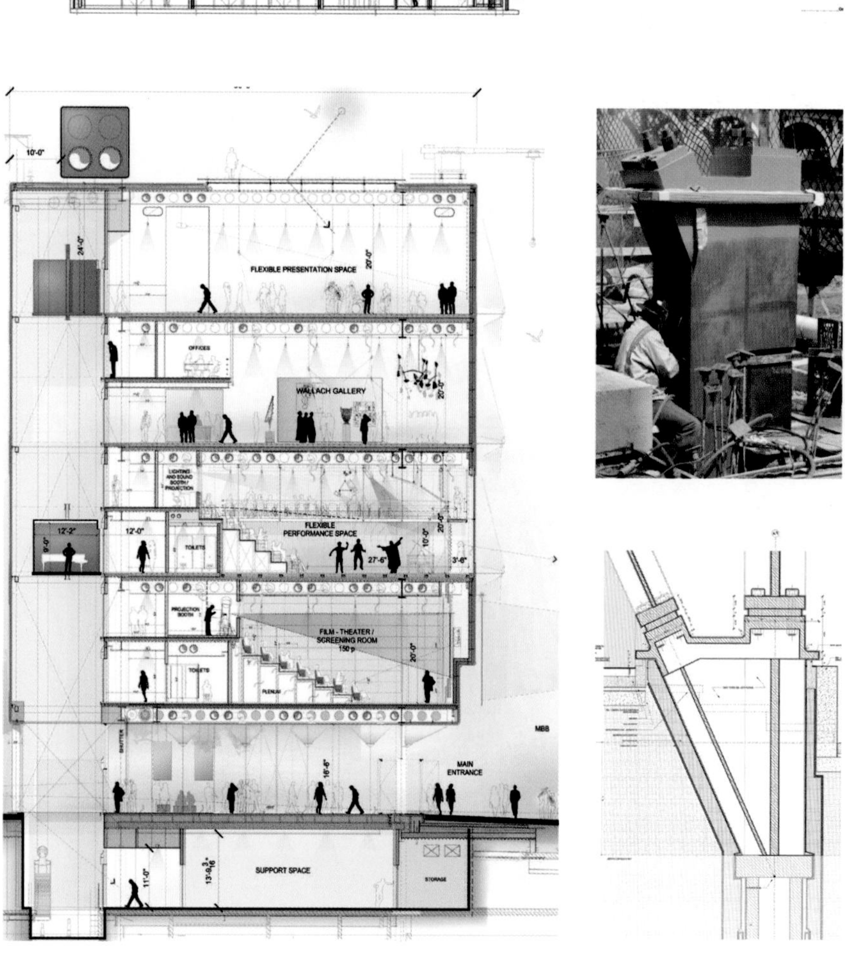

荣誉

总体规划：美国绿色建筑协会能源与环境设计先锋（Leadership in Energy and Environmental Design，LEED）白金奖（2012 年）

哥伦比亚大学曼哈顿维尔校区：纽约建筑基金会宜居城市建设认证（2012 年）

杰罗姆 · L. 格林科学中心：美国工程公司理事会（ACEC）工程卓越奖（2013 年）

伦德里斯（Lend Lease）建筑有限责任公司（美国分部）等：参与修建哥伦比亚大学曼哈顿维尔校区——建筑业雇主协会（BTEA）建筑安全创新奖（2014 年）

杰罗姆 · L. 格林科学中心：双面幕墙，《建筑师报》（2015 年 1 月 14 日）最优秀的建筑外墙——东侧

伦德里思建筑有限责任公司（美国分部）等：参与建造哥伦比亚大学曼哈顿维尔校区——建筑业雇主协会（BTEA）建筑安全文化奖（2015 年）

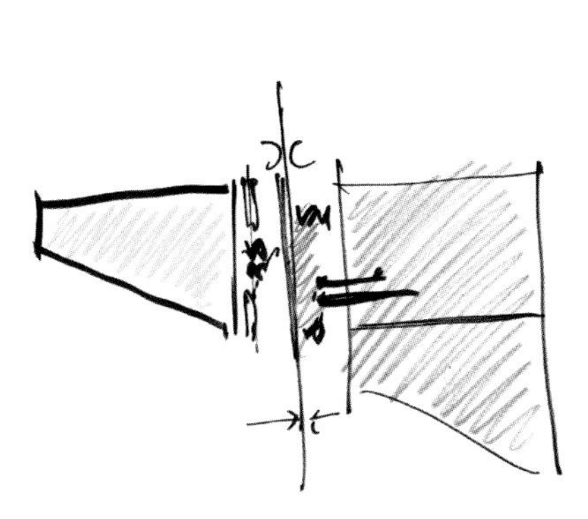

哥伦比亚大学论坛会馆（Forum）设有一个 450 座的会议厅

2003 年　美国加利福尼亚州洛杉矶 洛杉矶艺术博物馆扩建项目：布罗德当代艺术博物馆和雷斯尼克展览馆

该项目旨在扩建洛杉矶艺术博物馆（Los Angeles County Museum of Art, LACMA），并将其所有设施整合在一个园区内。我们在原本是一个 3 层停车场的位置上修建了一个文化园，人们可以在那里漫步并参观博物馆中不同的展馆。这个文化园在这座汽车独占鳌头的城市里是一个近乎奇迹的存在。

我必须承认的是，把一个停车场变成一座树木丛生的博物馆是有一丝成就感的。在汽车一直独占鳌头的洛杉矶能这样做似乎是很不可思议的，但也许这就是情况改观的信号，甚至洛杉矶自身也意识到需要将城市从交通和停车场中拯救出来。

我们坚持了欧洲的城市建设观念，即丰富新建筑，完善而非否定旧建筑。既然什么都没有破坏，那么一切都可以改变。我们欧洲的城市也都是通过几个世纪以来的叠加才形成它们现在的样子。这座聚集了卓越的城市建筑、并不断扩张的洛杉矶市也发出了共鸣。它自身的强度应该受到尊重。虽然“最古老的”洛杉矶艺术博物馆在那里只有 40 年的历史，但很明显的是洛杉矶也正在开始逐层扩张，并且未必会拆除重建。

洛杉矶艺术博物馆是美国西部最大的艺术博物馆。它所处的园区是由鲍勃・厄尔文（Bob Irwin）设计的，是一个能让人安静沉思的棕榈园。鲍勃是一个充满孩子般热情的艺术家，他使这些棕榈树免遭砍伐，将它们收集起来变成了博物馆里的艺术装置品。洛杉矶艺术博物馆包含了当代馆、亚洲馆、美洲馆和欧洲艺术馆，其规模就如同一个小镇。我们利用街道、广场、桥梁和树木为它增添活力，不是出于对过去浪漫的向往，而是为了重现公共场所特有的活跃气氛。另一个重要之处是通过修建文化场所，我们得以将这座城市从“野蛮”中解救出来。

重要的是要记住，就在几年前，现今博物馆入口处的位置还被一条路和一个停车场占据着。我们设计了一个地下停车场取代这个多层停车场，

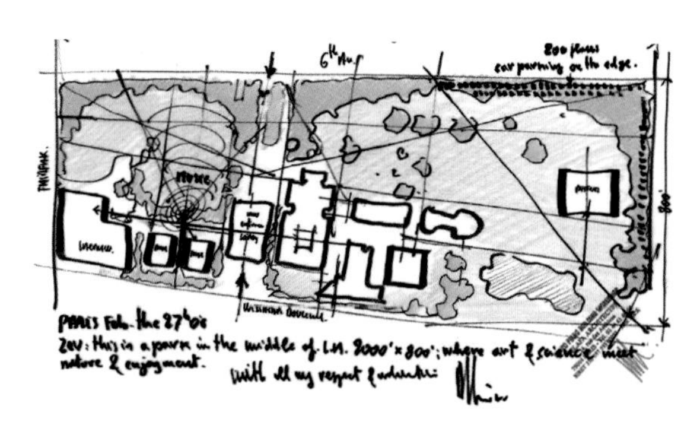

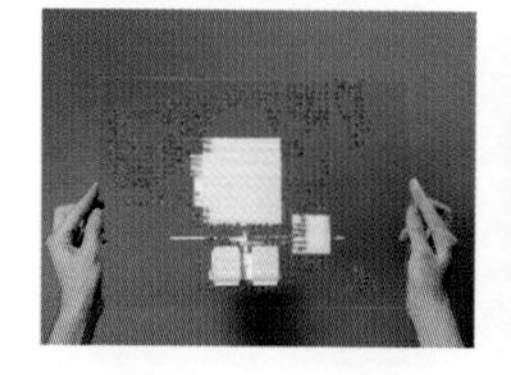

与洛杉矶艺术博物馆（LACMA）当时的总裁梅洛迪・坎沙特（Melody Kanschat）和负责该项目的伦佐・皮亚诺建筑工作室合伙人安托尼・查亚一起合影

设计
布罗德当代艺术博物馆：2003—2005 年
雷斯尼克展览馆：2006—2007 年

施工
布罗德当代艺术博物馆：2006—2007 年
雷斯尼克展览馆：2009—2010 年

用地面积
布罗德当代艺术博物馆：4043076 平方米
雷斯尼克展览馆：33291 平方米

总建筑面积
布罗德当代艺术博物馆：6754 平方米
雷斯尼克展览馆：3900 平方米

建筑高度
布罗德当代艺术博物馆：最高 27.38 米
雷斯尼克展览馆：最高 13.8 米

建筑层数
布罗德当代艺术博物馆：地上 3 层
雷斯尼克展览馆：地上 1 层 + 地下 1 层

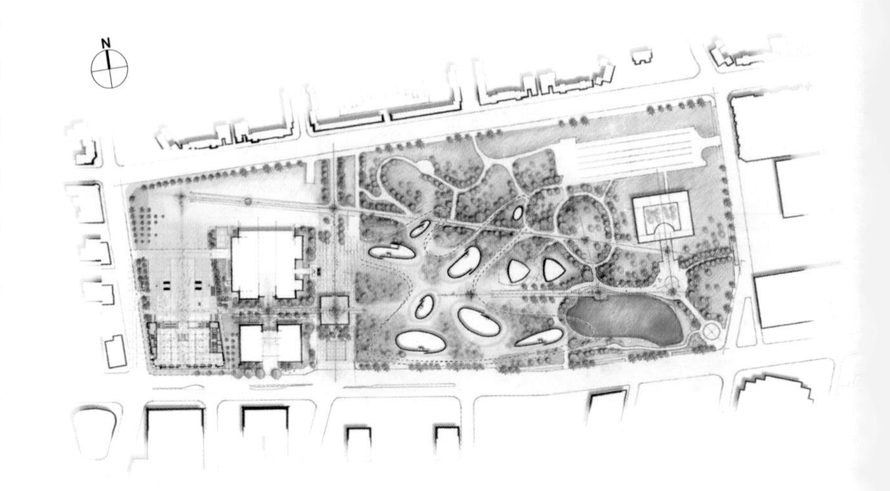

简和马克·纳森森画廊

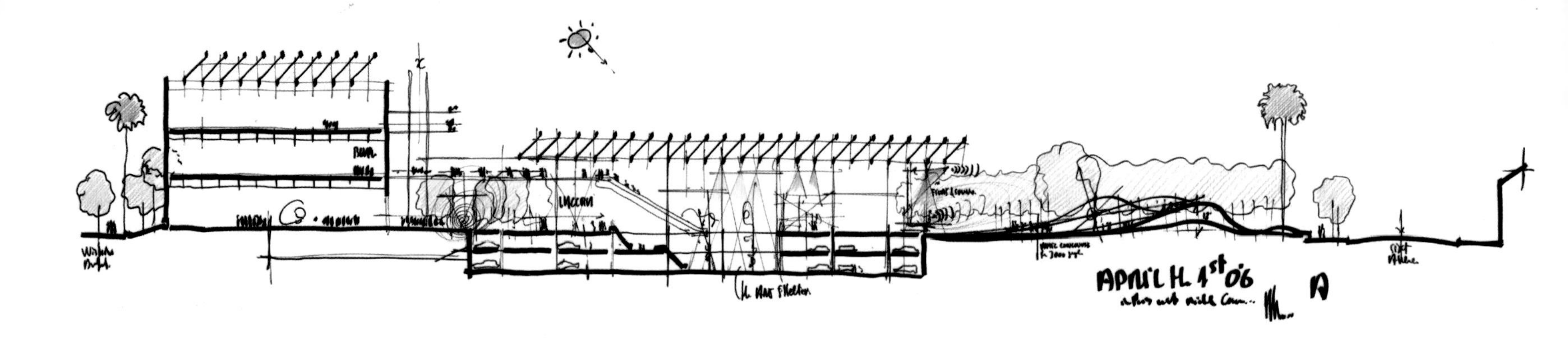

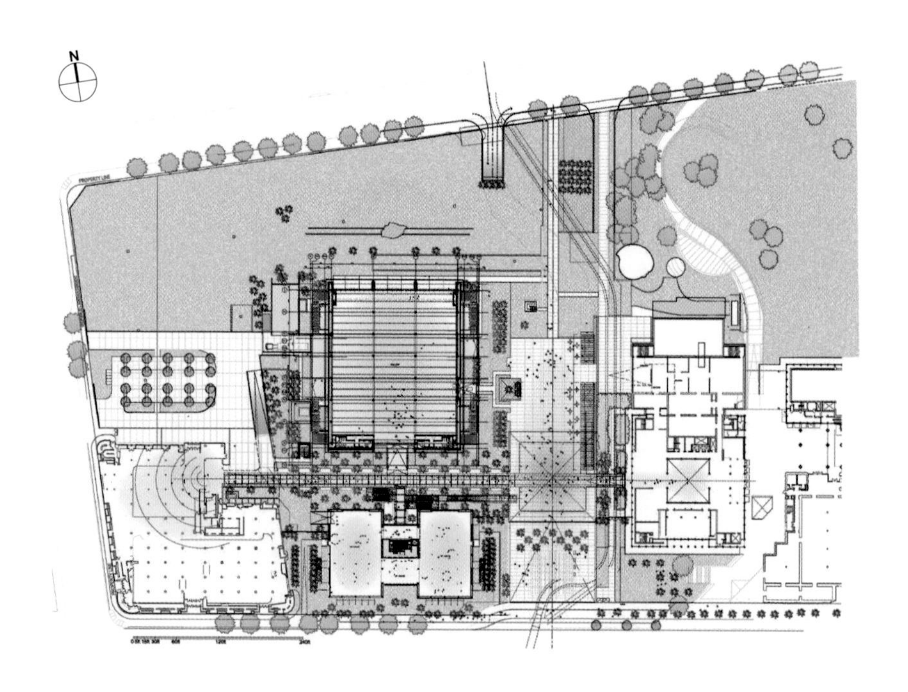

并在其上方修建了一个公园。游客在进入博物馆的路上会穿过这片绿地，是一种欢迎游客的新方式。这个方案与加利福尼亚州的一致。与人们的普遍印象相反，洛杉矶本身就是一个植被茂盛的花园城市。

世界上每个地方都有一段历史。在意大利，你可能会发现挖掘到罗马别墅的遗迹；在柏林，你则可能会发现第二次世界大战遗留下的物品。而当我们在挖掘这片场地时，发现了一只毛茸茸的猛犸象和一只老虎的遗骸，它们的年代可以追溯到冰河时代。

该项旨在将博物馆分散的建筑整合到一个带有新公共空间和展览空间的具有凝聚力的园区中。第一阶段的重心是布罗德当代艺术博物馆（BCAM）和穿越园区的步行通道。第二阶段是对雷斯尼克展览馆（Resnick Pavilion）的建设，该馆是一个临时展览馆。在同一个园区里

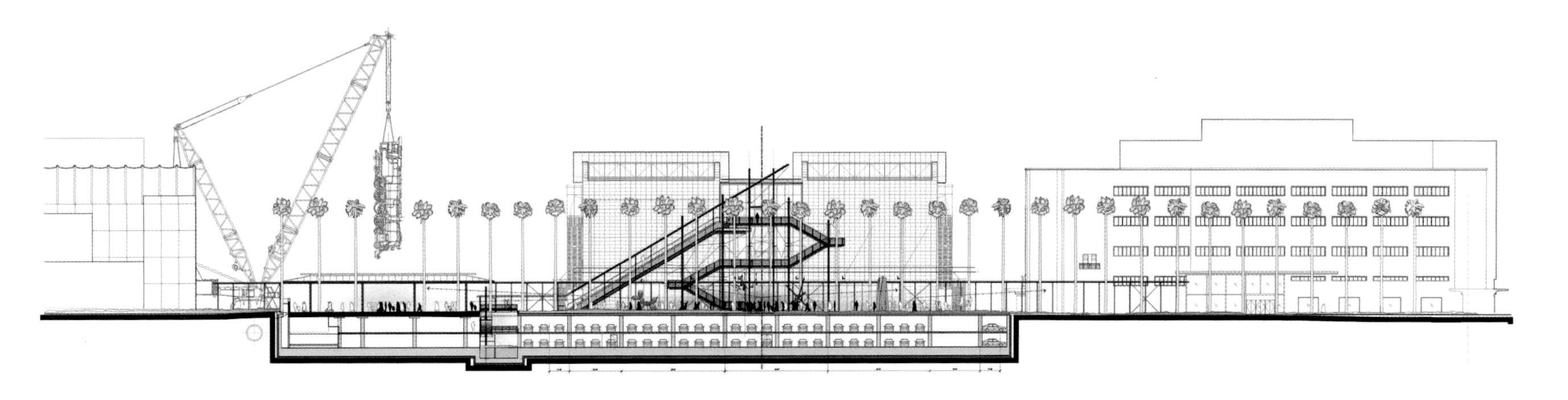

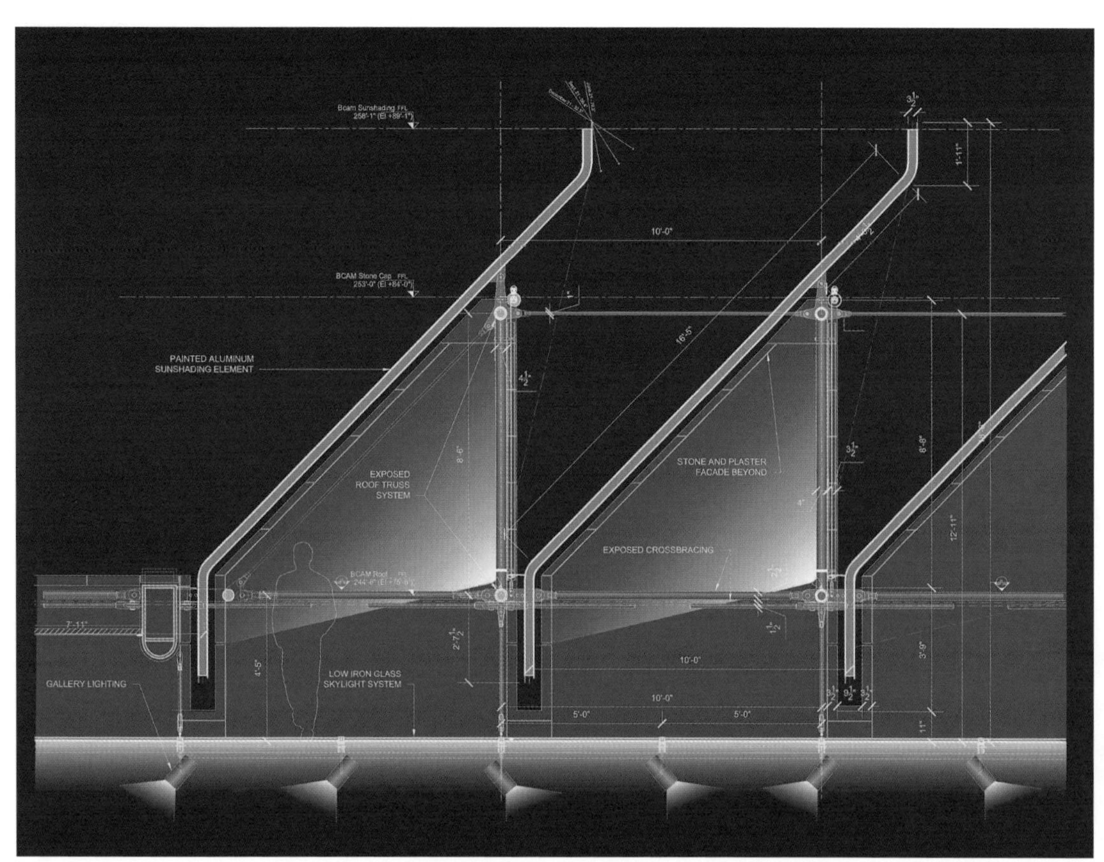

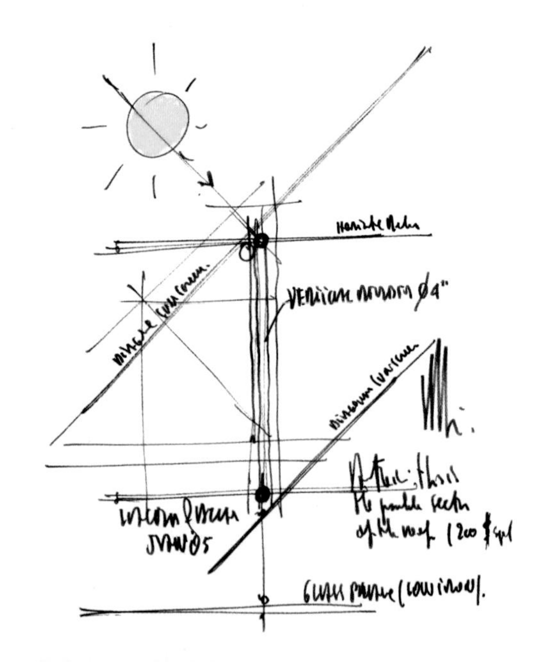

屋顶的顶棚由90毫米的铝板和聚乙烯板制成。在布罗德当代艺术博物馆的建筑中，双层玻璃天窗是通过钢系梁支撑水平悬在建筑上。雷斯尼克展览馆的顶棚设计原理相同，但双层玻璃天窗是垂直的

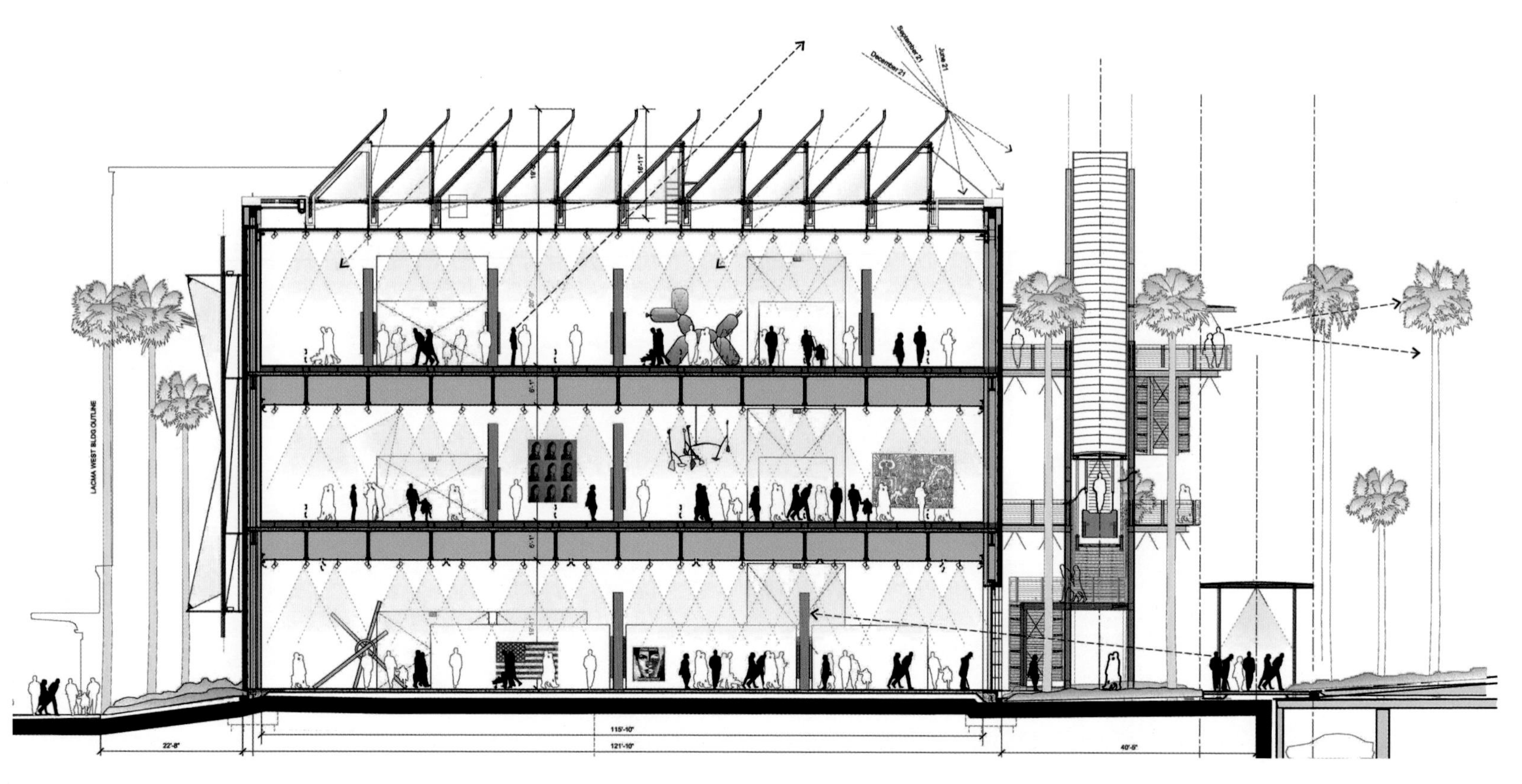

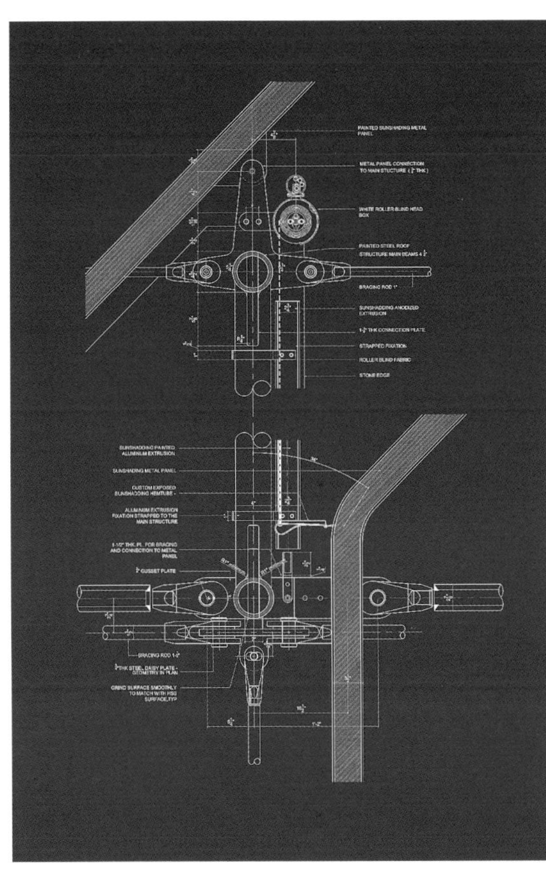
PAINTED SUNSHADING METAL
PANEL
METAL PANEL CONNECTION
TO MAIN STUCTURE (THK)
WHITE ROLLER BLIND HEAD
BOX
PAINTED STEEL ROOF
STRUCTURE MAIN BEAMS
BRACING ROD 1"
SUNSHADDING ANODIZED
EXTRUSION
THK CONNECTION PLATE
STRAPPED FIXATION
ROLLER BLIND FABRIC
STONE EDGE
SUNSHADDING PAINTED
ALUMINUM EXTRUSION
SUNSHADING METAL PANEL
CUSTOM EXPOSED
SUNSHADDING HEMTUBE -
ALUMINIM EXTRUSION
FIXATION STRAPPED TO THE
MAIN STRUCTURE
1-1/2" THK. PL. FOR BRACING
AND CONNECTION TO METAL
PANEL
GUSSET PLATE
BRACING ROD 1-
THK STEEL DAISY PLATE -
GEOMETRY IN PLAN
GRIND SURFACE SMOOTHLY
TO MATCH WITH HSS
SURFACE,TYP

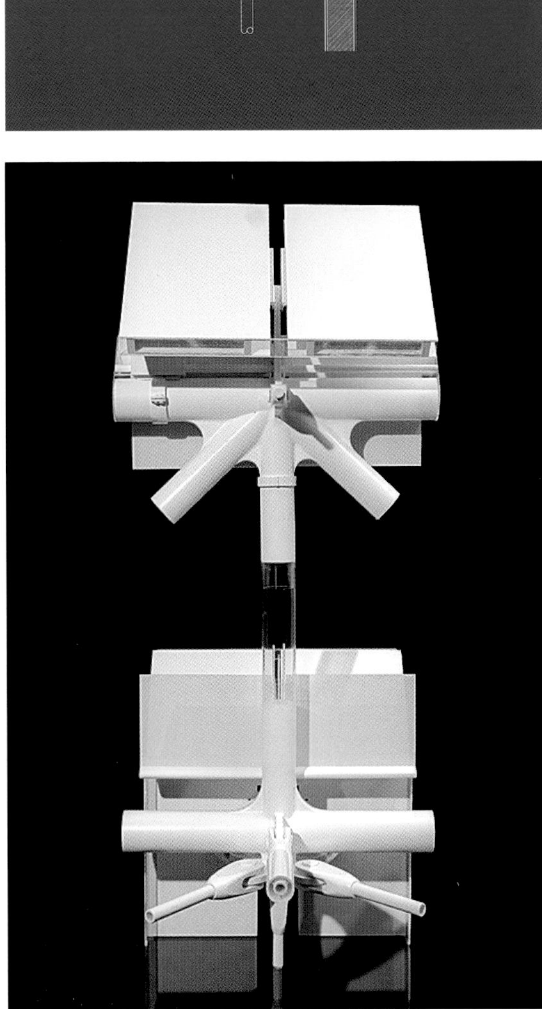

雷斯尼克展览馆：一座单层建筑，其钢柱跨度为18.28米，使它可以成为一个灵活的展览空间。屋顶的顶棚和来自蒂沃利（Tivoli）的浅灰色钙华石灰岩覆层与布罗德当代艺术博物馆相呼应

还有我们正在设计的美国新电影艺术与科学学院，计划于2017年开放。

言归正传到布罗德当代艺术博物馆和雷斯尼克展览馆。在主入口的西侧有一部红色的室外扶梯和一部观光电梯，可将游客送往布罗德当代艺术博物馆。它锯齿形的屋顶和石灰外墙会让人想到工业建筑。藏品占据的六个展厅分布在这栋楼的三个楼层。从博物馆的底层可以望到公园，并能通向附近的雷斯尼克展览馆。雷斯尼克展览馆是一个平面图很简单的单层建筑，它锯齿状的屋顶和石灰外墙在某种程度上与布罗德当代艺术博物馆的建筑语言相呼应。所有的设计都让我们重回工厂的概念——一个为当代艺术服务的工厂。在这里，艺术流派层出不穷并相互交融，最后找到与自然重新建立联系的方法。

2005 年　西班牙瓦伦西亚 第 32 届美洲杯月亮神号球队基地

我很高兴我们为一个靠风生活的项目设计了一个临时性的空间。这个想法是使用储藏室的旧碳纤维帆——一种可移动、充满活力并且透明的材料在这里重复使用。没有什么比这更能表达月亮神号（Luna Rossa）球队基地的性质了。

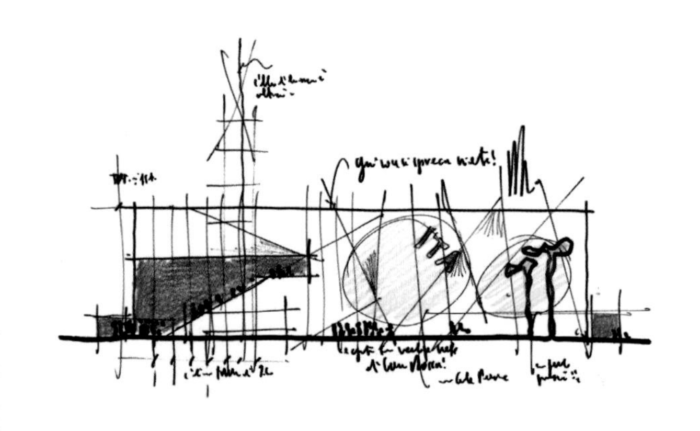

设计
2005 年
施工
2006 年
用地面积
4270 平方米
总建筑面积
2302 平方米
建筑高度
15.32 米
建筑层数
地上 3 层 + 露台
用于立面的船帆面积
3100 平方米

2007 年，瓦伦西亚美洲杯月亮神号球队基地的设计灵感来自对旧帆的再利用。这个理念让我想起了我的出生地热那亚，以及热那亚人民的一条不成文的法律：“这里没有任何东西被丢弃”（*Chi nu se straggia ninte*），意思是没有什么东西被浪费。事实上，我问月亮神号的负责人帕特里齐奥·贝尔泰利（Patrizo Bertelli）的第一个问题是，他们有多少旧帆的库存。我 20 岁就开始航海了，所以知道这些事情。我们这些水手一直想不出如何处理旧帆，看到它们堆在角落，心里总会有一种内疚感，但又不忍心把它们处理掉。

几天后，贝尔泰利告诉我，他大约有 100 张旧帆。“完美”，我想：我们的工作是建造一个临时的建筑，没有什么比船帆更灵活和充满活力了。退役的月亮神号船上的 50 张船帆已经改造成闪光的大型面板，形成了空间的外墙。这个结构看上去一点也不坚固，像云一样轻，好像一阵海风就可以把它吹走。每个面板都由三角帆和主帆拼接而成，它们在矩形框架上切割并重组。这些框架固定在一个支撑的下部结构上，构成了建筑外立面系统。

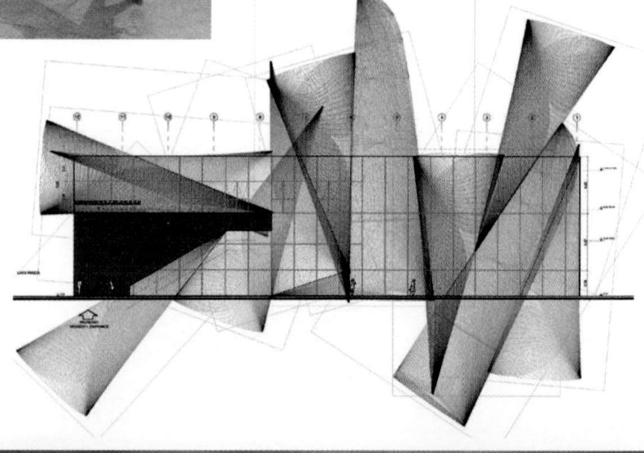

这是略带一丝讽刺意味的升级改造，当在水上航行时，你将一直记住船帆上光映射所呈现出的非常令人震撼的景象。事实上，帆几乎是人类最美丽的航行物——一种看似脆弱但实际上非常坚固的奇妙物品。这些赛帆由碳纤维制成，力线由纤维本身绘制，就像树叶的纹理或手的肌腱，是对大自然的绝妙模仿。

这种材料（船帆）也极具表现力，其是由碳纤维或凯夫拉（Kevlar）纤维织成的透明薄膜，白天可以吸收太阳光，晚上则像一盏具有魔力的灯笼散发光芒。

建筑外立面由 50 张退役船的船帆组成（12 张主帆和 38 张三角帆），船帆被切割并重新组装成 485 块面板，安装在起支撑作用的铝框架和钢底座上，建筑外立面的表面积为 3100 平方米

2005年 美国马萨诸塞州波士顿 伊莎贝拉·斯图尔特·加德纳博物馆的翻新和扩建

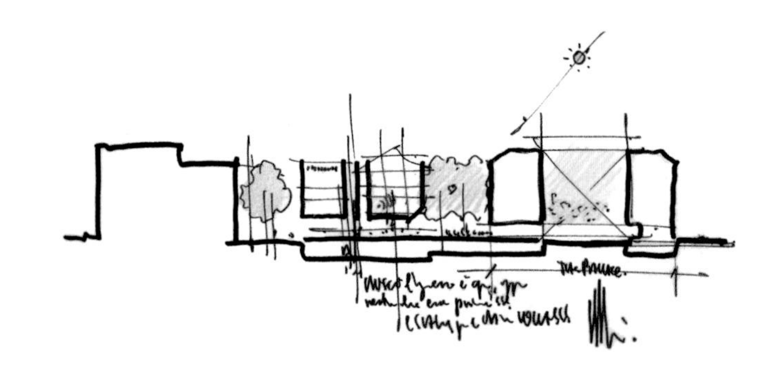

我们对传统应当怀有真诚的感激和自由的向往。该项目是扩建一座20世纪初的博物馆，该博物馆每年有20万人参观。

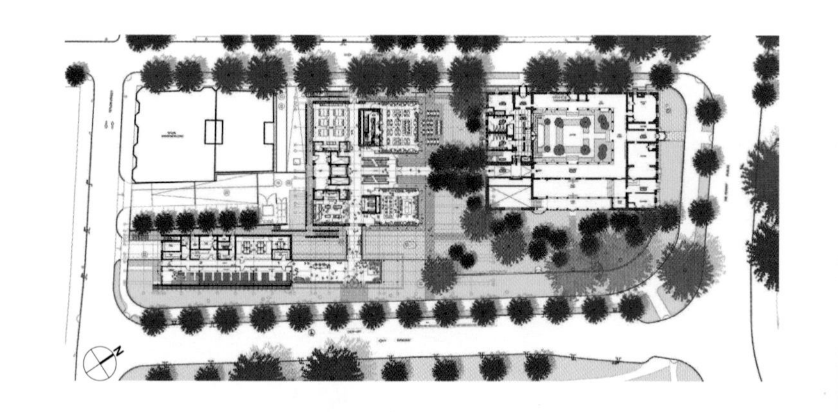

在开始设计之前，我们必须先了解博物馆的负责人。伊莎贝拉·斯图尔特·加德纳（Isabella Stewart Gardner）是一位具有独创性和远见卓识的艺术收藏家，是作家亨利·詹姆斯（Henry James）的朋友，也是20世纪初波士顿文化的领军人物。她嫁给商人约翰·洛威尔·加德纳（John Lowell Gardner）后，便从纽约搬到了波士顿。1903年，她聘请威廉·T、西尔斯（William T. Sears）建造了芬威庭院（Fenway Court），这是一座非常规的威尼斯风格建筑，其内有一个带屋顶的庭院。在伯纳德·贝伦森（Bernard Berenson）的指导下，她装饰了这座建筑，在里面逐渐摆满了价值连城的艺术品。以大花园庭院为中心，展厅布置在四围。之所以能够避免落入俗套，是因为她处理这件事的历史准确性以及组成这个系列的卓越收藏：拉斐尔（Raphael）、提香（Titian）、保罗·乌切罗（Paolo Uccello）、皮耶罗·德拉·弗朗切斯卡（Piero della Francesca）、乔尔乔内（Giorgione）和波提切利（Botticelli）等人的作品——更不用说在1900年著名的抢劫案中被盗的维米尔、伦勃朗、德加和马奈的作品。墙上陈列高达2500多件艺术品里，其中就包括曾被美国收藏家买下的马蒂斯的早期绘画作品。她相信圣劳伦斯和圣彼德会保护它们免遭盗窃和火灾，所以拒绝为其杰作投保，因此我们也就可以明白伊莎贝拉是什么样的人了。

设计
2005—2009年
施工
2010—2012年
用地面积
7014平方米
扩建区域面积
6503平方米
建筑高度
最高17米
建筑层数
地上5层+地下2层
报告厅
296个坐席
荣誉
绿色环保建筑金奖（LEED Gold）

多年来，游客数量激增至每年20万，因此博物馆的扩建变得至关重要，不仅为音乐会和展览提供了新的空间，也旨在修复和保护部分历史建筑。但有一个重要问题是，伊莎贝拉·斯图尔特·加德纳离开博物馆前往波士顿市时，规定博物馆的任何东西都不能改建并且馆内的作品永远不得挪动。她的遗嘱中明确表达了这一点，在实践中，如果不违背她的意愿，任何东西都是不能碰的。为了找到解决方案克服法律约束，这个项目的合伙人穆西·巴格利托（Musci Baglietto）和我使用巧妙的方法：我们决定将扩建部分与原博物馆用一条透明的走廊连接起来，我们称为脐带，以便在不离开芬威庭院的情况下将作品在新的展览空间中

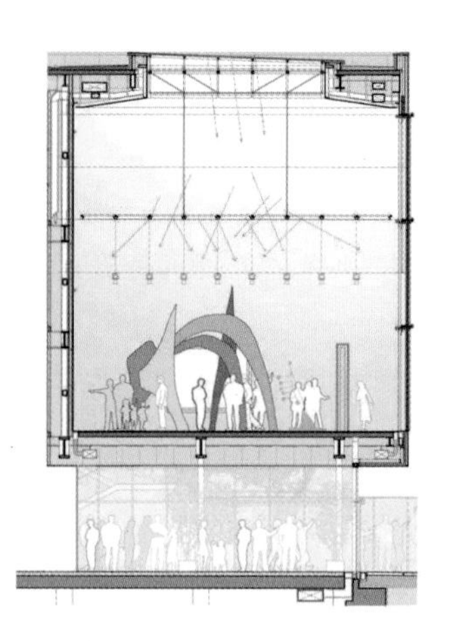

展示。一个大型玻璃中庭为两座建筑提供服务，构成了埃文斯路公园博物馆的新入口。对我们来说，最困难的问题是对现有建筑的根深蒂固的热爱，近乎奉承——就像你对一个地区的基础机构进行改革时经常遇到的情况。

当开始加德纳博物馆（The Gardner Museum）的工作时，我们立刻被原建筑的采光氛围所震撼，它给人一种近乎意大利式的感觉。鉴于此，我们让新建筑的入口充满阳光，这是一个可以一览无余芬威庭院和历史园林的友好而开放的空间。博物馆的设计需经受得住时间考验，具有长远的眼光。在这些空间里，作品似乎与世隔绝，在时间之外停滞不前。

扩建主楼有 4 层楼高，并且有一个方形平台，中央楼梯用三层台阶将其分为两个不对称的部分，使得音乐室与展览馆分离的同时又连接在一起。这座中央楼梯由细长的钢索悬挂在屋顶上，通向旧建筑和公园。

这个项目的另一个指导因素是声音。新翼中心是一个有 296 个座位的新礼堂。观众坐在中央舞台周围的观众席上，每位观众都靠近表演者，并能感受到管乐器和弦乐器的振动。这里有三层阳台，每一层有一排座位，营造出空间与音乐之间的紧密关系，这与当代莎士比亚戏剧并无不同。该项目由第二座 2 层建筑完成，其倾斜的玻璃屋顶一直延伸到地面，其中包括一间温室、两套供常驻艺术家居住的公寓和整修工作室。预制的铜板被用来覆盖结构，给人一种轻松感和绿色的格调——波士顿特有的颜色。随着时间的推移，预制铜板和它所呈现的颜色装饰并改变建筑外观。

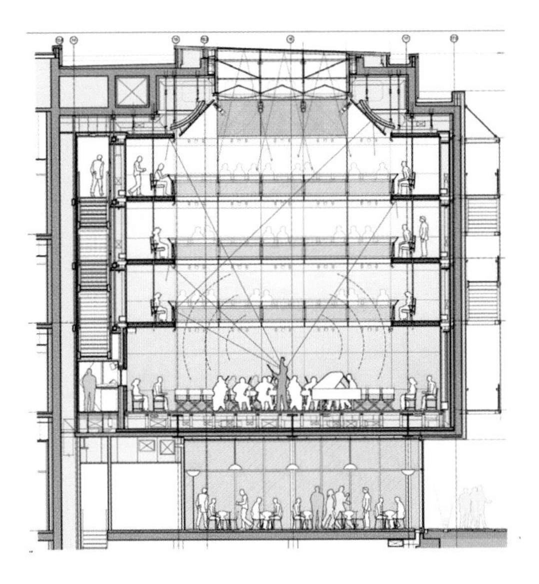

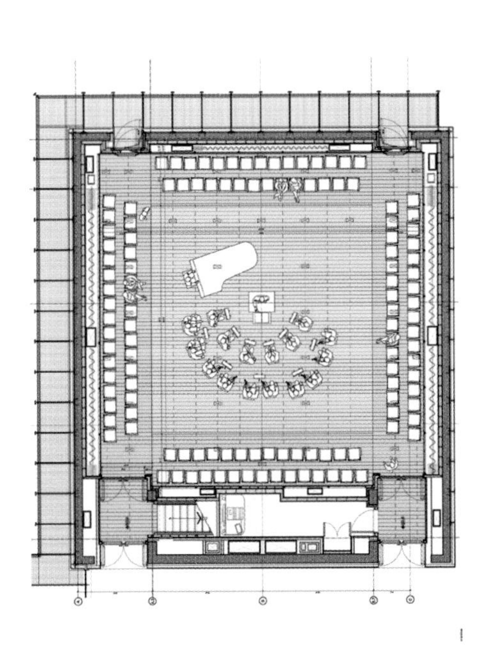

卡尔德伍德大厅位于广场上的音乐会和议场所，其特点是在中心空间的周围布置了三层阳台。关于声学共振的技术方面，我们咨询了永田音响的丰田泰久（Yasuhisa Toyota）

2006 年 美国科罗拉多州阿斯彭私人住宅

建造私人住宅并不容易。我以前从没有来过这里，但是这里的风景让我着迷。这座房子位于科罗拉多州中心一片白杨和云杉的森林里。向外望去，其细长的钢柱与垂直的树干融为一体，创建了一个透明的空间，形成了由多个平面组成的景观。

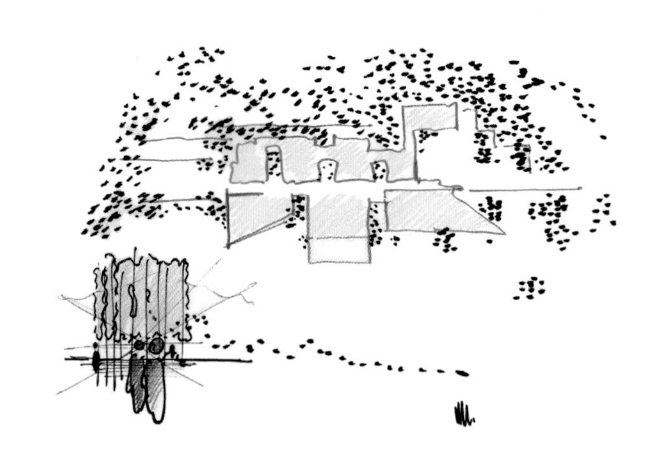

设计
2006—2007 年
施工
2007—2010 年
用地面积
748668 平方米
总建筑面积
1282 平方米
建筑高度
最高 28 米
建筑层数
地上 3 层

2005 年，我接到一位客户的电话，他想让我在科罗拉多州落基山脉的阿斯彭为他和他的妻子建一座房子。我又一次推诿，因为我们以前从未建造过私人住宅，这也不是我一开始想做的事情。起初我想这样回复——像我往常一样——我没有时间，还有非常多的事情等着我去做。

但这位客户和他的妻子，这对极其坚决的夫妇坚持让我设计。他们给了我房子的坐标——从谷底的河流一直延伸到山峰的整个山腰——并让我在谷歌地图上找到它。我甚至不知道谷歌地图是什么——它刚刚被开发出来——但办公室的同事帮我找到了坐标，我不得不说这让我眼前一亮。这里的风景非常美丽——是一片巨大的草地北侧的一个天然空地。从这里看出去，从大峡谷向西延伸至雄伟峰顶的景色一览无余。

阿斯彭得名于该地区丰富的白杨树。尽管类似桦树，但实际上它们属于杨树科，生长在许多平行树干的群落中，所有树干都来自一株幼苗。但是，这里除了大片的白杨树林，还有云杉林，松树是制造帆船的最轻原料。当到达目的地，我立刻有了房子的设计构想，将房子依次轻轻坐落在地上，适应地形但几乎不改变它——就像一组空间船，在山杨和云杉之间降落但随时可以起飞。

与往常一样，我和项目合伙人乔治·比安奇也私下去看了这个场地。但是我最初的想法已经扎根——一座由许多元素组成的房子，一条内部街道将房子的各个部分连接在一起，这样的建筑令人肃然起敬。

当然，准确地说，我们选择道格拉斯冷杉作为我们的材料。在海拔近 3000 米的阿斯彭等地，木材是最好的材料。在使用这种材料的同时，我们赞美美国的建筑传统，即使用木材建造宏伟的建筑。但我最后要补充的一点是：即使是我设计的房子，它也不是建筑师的镜像，而是居住在那里的人的肖像。这个项目的真谛：房子是家庭的镜像。

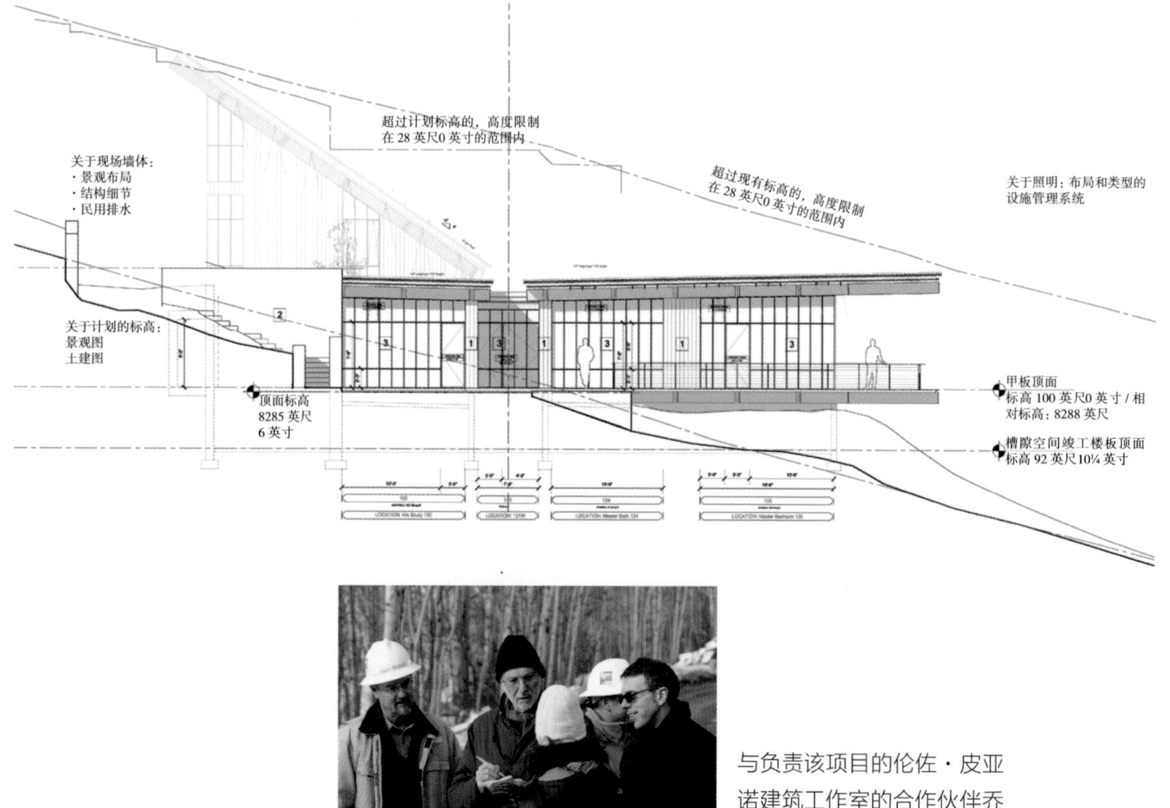

与负责该项目的伦佐・皮亚诺建筑工作室的合作伙伴乔治・比安奇在一起

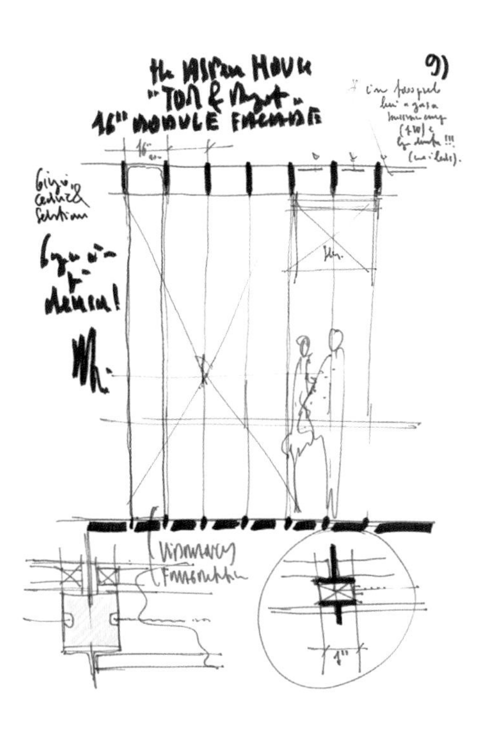
9)
16" MODULE

2006 年　法国朗香教堂
圣克莱尔修道院和游客中心

这是为 12 个克莱尔（Clare）苦行修女建造的一所修道院：我们决定让她们住在寂静的树林里，以此来阐释她们冥想的需要。勒·柯布西耶的小教堂挑战着这片风景；我们在不干扰风景的情况下，在下面的山腰上修建了修道院。

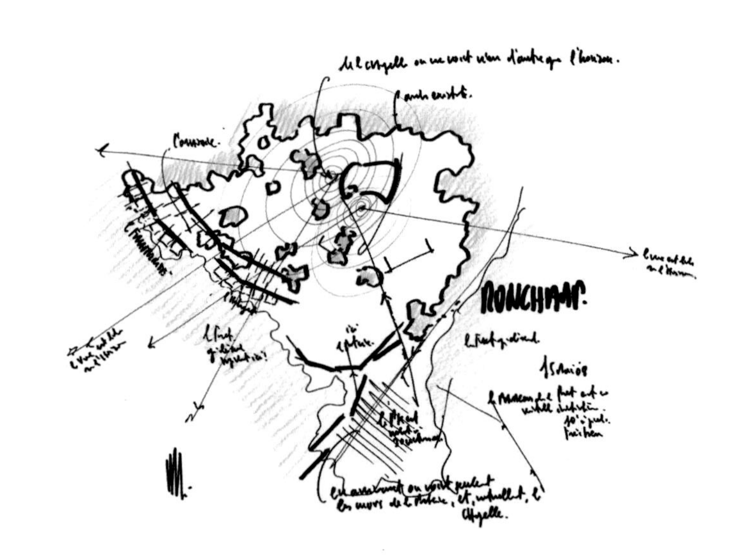

我很了解朗香的教堂，而且一直很喜欢它。它耸立在山顶，是一个意想不到的建筑作品，很明显也富有张力，是一个冥想的好地方。勒·柯布西耶是一个无宗教主义者，他采用这种方式建造一个让人沉思的教堂，这让我感到震惊。与如此伟大的建筑师共存的关键不是竞争，也不是消失。我们必须找到一种足够强烈的情感成为这个项目要讲述的故事。我一直把勒·柯布西耶当作一个向导：当我还是一名大学生的时候，我到他在马赛的联合住宅做朝圣。我经常回去参观小教堂和圣玛丽·德·拉·图雷特（Sainte Marie de La Tourette）修道院。你不必与大师们竞争，而是要谦虚工作，但要寻求自己的维度。

我们想要营造出与勒·柯布西耶的建筑一样的冥想氛围，在其周围方圆 100 米之内没有干扰。我们必须为 12 个克拉雷尔苦行修女建造一个修道院。她们的想法是住在这个地方，而不是让这座山遗弃。这座山逐渐变成了一个建筑朝圣之地，失去了勒·柯布西耶赋予其令人钦佩的宗教功能，毕竟，建筑一直是人类的艺术。

克拉雷尔苦行修女们都是行动派，女修道院院长布丽吉特（Sister Brigitte de Singly）日复一日地来视察工地，总是穿着棕色的衣服，头上戴着黄色的安全帽。修女们喜欢安静——她们的座右铭是“寂静、喜悦和祈祷”——所以我们认为可以通过让她们生活在森林的欢乐和静谧中阐释对冥想的需要。

巴黎圣母院小教堂是一个景观建筑，在山顶上有很强的存在感。我们在山坡上设置了修道院，有 12 个房间供修女们使用，12 个房间供客人使用，另外还有一个演讲室、缝纫车间和公共空间。房间规模是类似的，并且面朝森林，而非上面的教堂。设计从一个基本的修女单人小屋开始，尺

设计
2006—2008 年
施工
2008—2011 年
女修道院的总建筑面积
1825 平方米（12 个房间）
访客中心的总建筑面积
457 平方米
建筑高度
4 米
建筑层数
1 层分 2 层

与团队以及负责该项目的伦佐·皮亚诺建筑工作室合伙人保罗·文森特（Paul Vincent）在一起

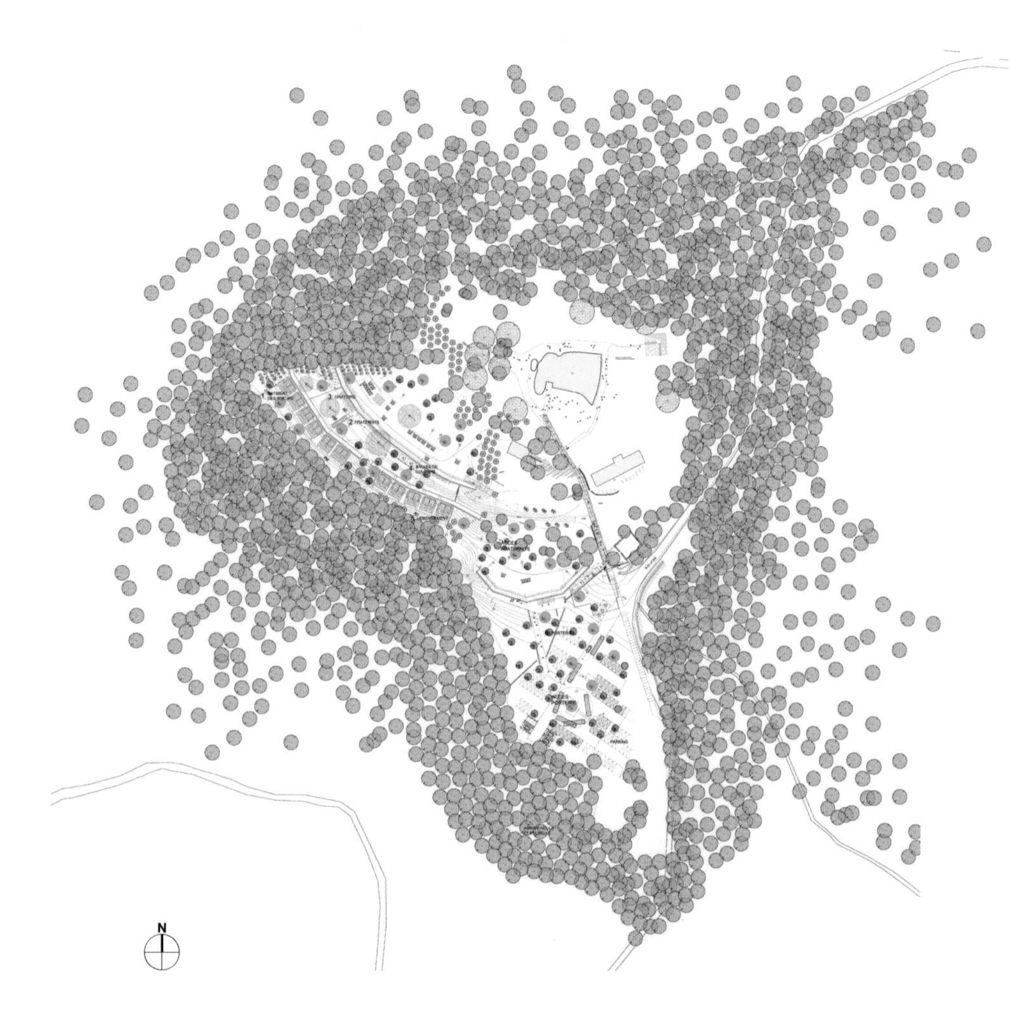

与团队和保罗・文森特在一起

与圣克莱尔修道院院长布丽吉特在一起

寸为 2.7 米 ×2.7 米 ×2.7 米。每个立方体一侧都有一个 90 厘米深的小温室，在它后面还有一个 1 米大小的空间，里面有一个洗漱台和一个壁橱。每个修女都居住在其中的一个单独的小屋里，当她进入小屋时，室内和室外之间有一个服务区和温室。按照方济各会（Franciscan）修士的传统，浴室在走廊。最小规模的理念在经济层面（因为经济因素是科学和身体活动的基础）和精神层面都很重要。这些房间大多在地下：从房间可以看到森林，可以在走廊和室外活动，使得藏身山中与享受阳光得到均衡。

除此之外，我们知道光线水平穿过一片朝南的树林时所产生的美，所有切割的山坡面朝南。光如诗一般在树的枝叶中穿行。在这种情况下，构建的情感在于静谧、冥想和内心的喜悦。这些都与修道院的传统观念无关。我们所做的就是开放一座修道院，让它和森林融为一体。从这里，你可以透过夏天浓密的树叶看到世界的其他地方，而在冬天，你可以透过光

秃秃的树枝间的缝隙瞥见阳光。

这个建筑的原料是清水混凝土。因为它被山丘遮蔽，所以消耗很少的能量。朝南的锋面是唯一一个无遮蔽的锋面；其他的锋面则嵌入地下，起隔热作用。我们在地下安装了 50 米地热探头，冬天提供热量，夏天提供冷气。这种简单的系统十分符合克莱尔的斯巴达式节俭哲学。

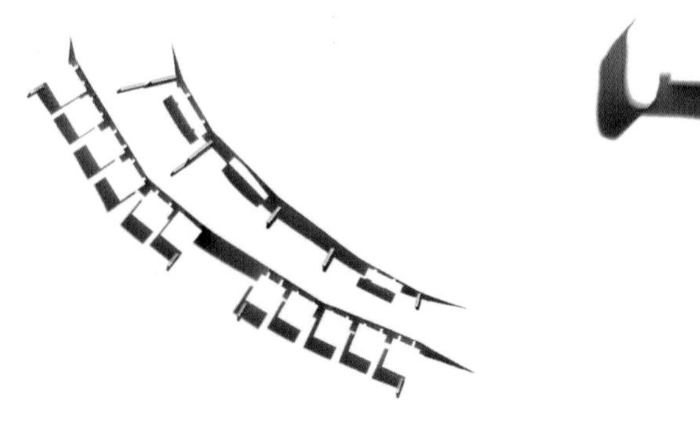

所有的设施都建在距离修道院 120 米的地方。从（大教堂）前厅看不见与周围景观融为一体且顺坡而下延伸到山脚的建筑。主建筑由两个嵌在山坡上并且严格遵循地形的建筑构成，通过由铝柱点缀的大片玻璃延伸到森林的绿化带

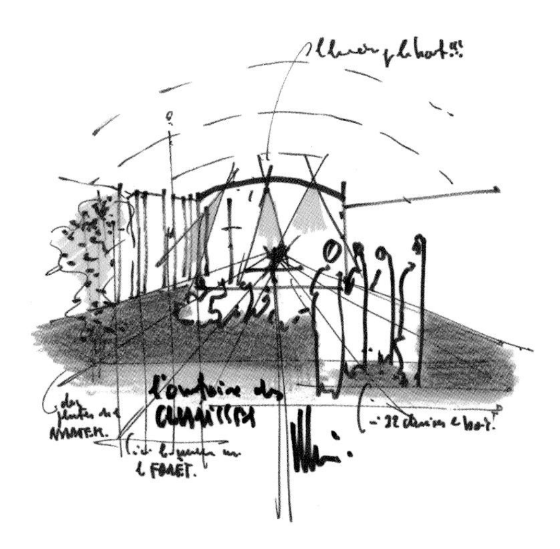

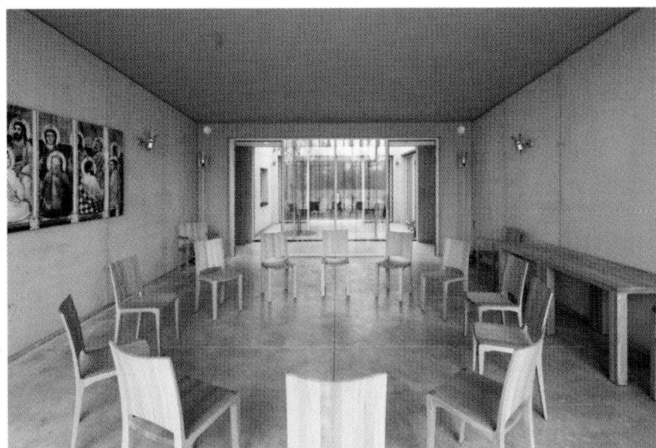

2006 年 挪威奥斯陆 阿斯特普·弗恩利现代艺术博物馆

一座玻璃屋顶博物馆、一个雕塑公园和一个可以俯瞰峡湾的小海滩：这是一个将蒂尤弗霍尔曼综合大厦（Tjuvholmen）地区变成一个集艺术和休闲为一体的文化综合体，在那里你可以欣赏沃霍尔、卡普尔和昆斯的作品，并且沿着水边漫步。

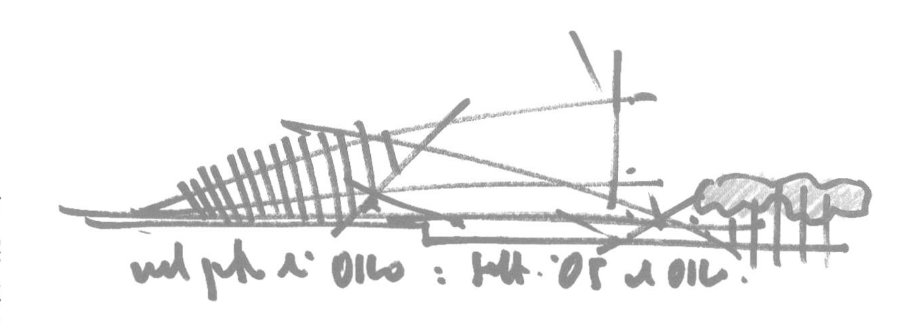

对我来说，阿斯特普·弗恩利博物馆（The Astrup Fearnley Museum）完成了一个周期，几乎把我带回到 40 年前职业生涯的起点。博堡则是一只反叛之狮：反对建造纪念性博物馆，反对令人生畏的精英文化。当时，我和理查德·罗杰斯想为人们建造一个大广场，而非建造艺术的墓地，在奥斯陆，一个艺术和社区相融合的地方，我又回到这个最初的想法。在我看来，博物馆应该是人们见面和交流的社交场所，而这个综合体正是如此。游客可以很容易地进出房间，望着过往的船只和树木。从某种意义上说，博物馆和公园一样，包括运河、桥梁、草坪和雕塑。

我们接受了这个挑战，主要任务是一个废弃地区的重建，这里曾经是城市造船厂的厂址，一个位于峡湾深处的棕地。蒂尤弗霍尔曼地区，其字面意思是“盗贼岛”，最近几十年这里进行了大规模的重建，需要与奥斯陆市中心相连。开垦郊区和工业历史留下的黑洞，在已有的基础上进行建设，赋予被遗忘的空间新功能，这些理念对我们城市的生存至关重要。当然，还有一个主题是“水”—— 这是我从小就一直在培育的一种向海的牵引力。

该建筑最显著的设计特点是玻璃屋顶，这是一种由层叠的木材支撑的巨大透明帆，在建筑上铺展开来，将它们连接在一起，在海滨上呈现出来。在某种程度上，它迎接来访者，即使其来自遥远的地方。在这座俯冲的玻璃屋顶下，三座由栎木覆盖的建筑向下延伸，几乎与新公园的地面接触。这种玻璃中有一种白色的陶瓷玻璃料，使它的透明度降低了 40%。然而，在建筑物的正面，尽可能使用低铁玻璃窗格来提高透明度，并尽量减少展

设计
2006—2009 年
施工
2009—2010 年
用地面积
13737 平方米
总建筑面积
15600 平方米
现代艺术博物馆：8700 平方米
办公室：6900 平方米
（自然采光的展览空间：780 平方米）
建筑高度
25 米
公园
6400 平方米
建筑层数
地上 5 层 + 地下 2 层
海滨长廊
800 米

览空间中的光变色。

这种保护性的“帆”将三座建筑物之间的空间变成了一个议会场所。其中一座建筑收藏了阿斯特普·弗恩利的当代艺术作品集，其中包括安迪·沃霍尔（Andy Warhol）、达米恩·赫斯特（Damien Hirst）、杰夫·昆斯（Jeff Koons）和查尔斯·雷（Charles Ray）的作品；另一座用于临时展览。该建筑包括办公室、餐厅和其他设施，以及一个小型雕塑公园，其中包括路易丝·布尔乔亚（Louise Bourgeois）、安妮斯·卡普尔（Anish Kapoor）、彼得·菲舍利（Peter Fischli）和大卫·韦斯（David Weiss）的作品。我认为这是一个场所，而非建筑——一个由同一屋檐下的建筑作品组成的组合体。横梁由缆索加固的纤细钢柱支撑，暗示停泊在港口的帆船的桅杆。景观是设计的一个组成部分。我们开辟了一条运河并在小岛上建了一个公园。蒂尤弗霍尔曼（Tjuvholmen）和市中心由一条水边长廊连接，咖啡馆、餐厅、海滩和雕塑公园吸

引着各种类型的游客，使这个公共空间日夜活跃。这个建筑群提供了一条从自然到艺术的道路，这使它变成了一个备受喜爱的地方——一种直接清晰的感觉。仅仅几年时间，博物馆就变成了一个冥想和社交的场所。

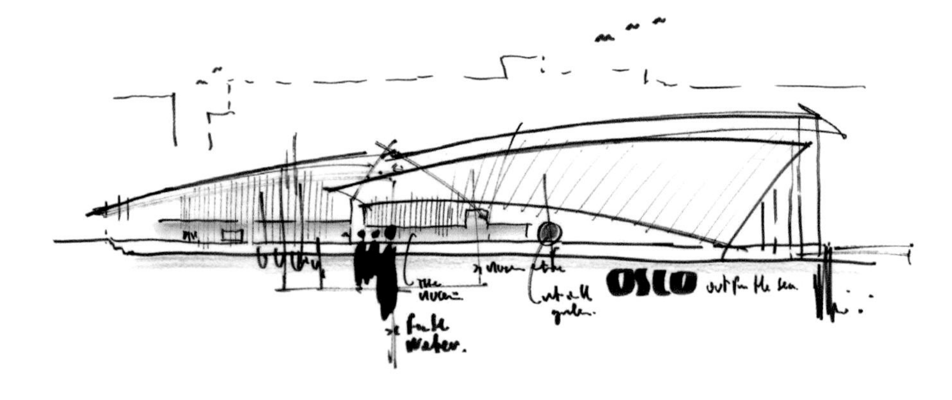

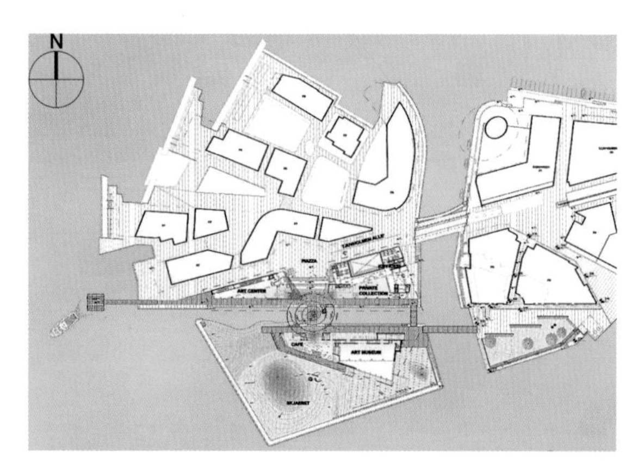

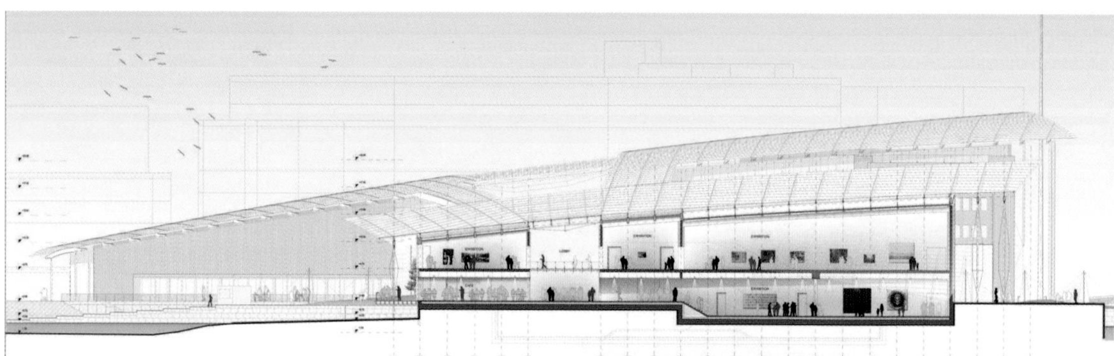

与负责该项目的伦佐·皮亚诺建筑工作室的建筑师穆西·巴格利托在一起

与该项目的客户奥拉夫·塞尔瓦格（Olav Selvaag）一起

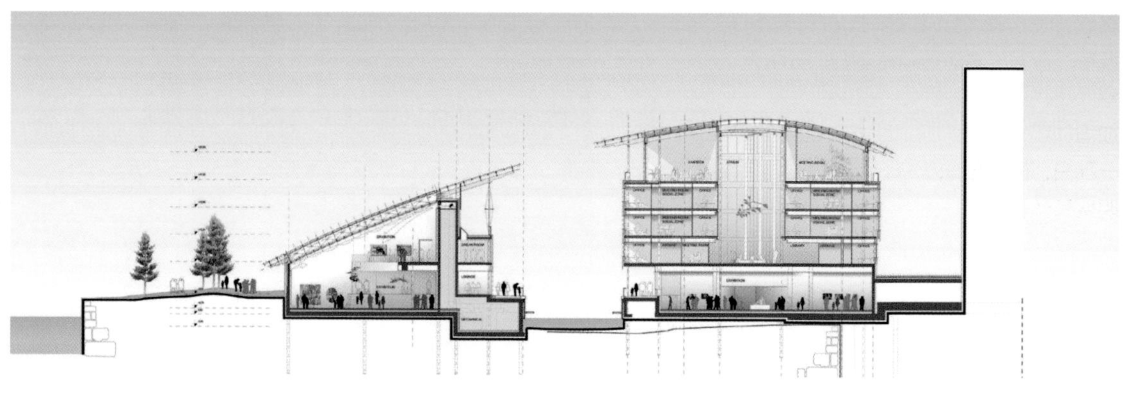

这三座建筑通过三维玻璃屋顶连接在一起，其由层压木材的弯曲梁支撑。横梁靠在由撑条加固的细长钢柱上。玻璃中有一种白色陶瓷玻璃成分，其透明度降低了40%

2006 年　法国巴黎 帕斯基金会

在历史街区建造一座新建筑意味着要与周围建筑有着非常密切的对话。在设计巴黎公寓大楼这一意料不到的有机建筑时，有三个原则指引着我们：尊重历史、表达自由和对光线的追求。

在如巴黎这种有许多历史沉淀的城市兴建一座建筑，还需要能与现存的建筑对话，是一个复杂的挑战。这里的可用空间非常有限，这个奇怪的建筑是迫不得已：物理限制是巨大的。但是其中也有人类局限的原因，当你工作的时候，有数百只眼睛在注视着你，总想知道他们的窗户下面发生了什么，建造者必须永远知道怎样把实用方面和文化方面结合起来。

杰罗姆·塞多克斯—帕斯（Jérôme Seydoux-Pathé）基金会的成立是为了保护帕斯电影制作公司的历史遗产，该公司在 20 世纪初成为第一家控制电影完整制作的公司，从摄影机和电影库存到电影院放映。因此，建筑必须适应随着时间推移生存的理念。它从历史的教训中撷取经验，为它们提供一个安全区并保护它们的未来。

基金会新总部位于戈壁林大道（Avenue des Gobelins）13 号，19 世纪末被戈壁林剧院（Théâtre des Gobelins）占领，1934 年改建为罗丹电影院（Cinéma Rodin）。大楼内有档案馆、展览空间（有 66 个座位的放映室）和办公室。其理念是设计一个具有流动性的有机体，可以在大都市内创造一种隐私。它被比作犰狳、鲸鱼，甚至在巴黎降落的热气球。我把它看作诺亚方舟（Noah's Ark），准备携带珍贵的货物起航。

它是一个位于城市中心意想不到的绿色岛屿，弯曲的木材和玻璃体积，固定在几个点上的庭院温室，院子里有一个桦树花园。建筑物外表面由数千块穿孔的铝板构成。前两层有光敏材料，不需要设置开口。上面两层是办公室，有双层的铝和玻璃，可以让它们充分利用自然光。

设计
2006—2010 年
施工
2011—2014 年
用地面积
827 平方米
总建筑面积
2200 平方米
建筑长度
32 米
建筑宽度
16 米
建筑高度
25 米
建筑层数
地上 6 层 + 地下 2 层
放映室
66 个座位

我们决定恢复和保护现存建筑物的立面，这一选择不仅受奥古斯特·罗丁（Auguste Rodin）雕塑的影响，更重要的是，它是当地人们认可的地标性建筑。白天，只能从街上看到新建筑，其在社区生活中并不显眼，但到了晚上，它就变成一种发出柔和光芒的幻影般的建筑。这是一座稍微隐藏了自己的建筑，但不是出于胆怯：而是出于保守和尊重。它在城市中寻找自己的空间，不是炫耀自己，但也不是隐形的。

基础档案室于1896成立，共2层，总面积 600 平方米

第一层：150 部电影器材永久展

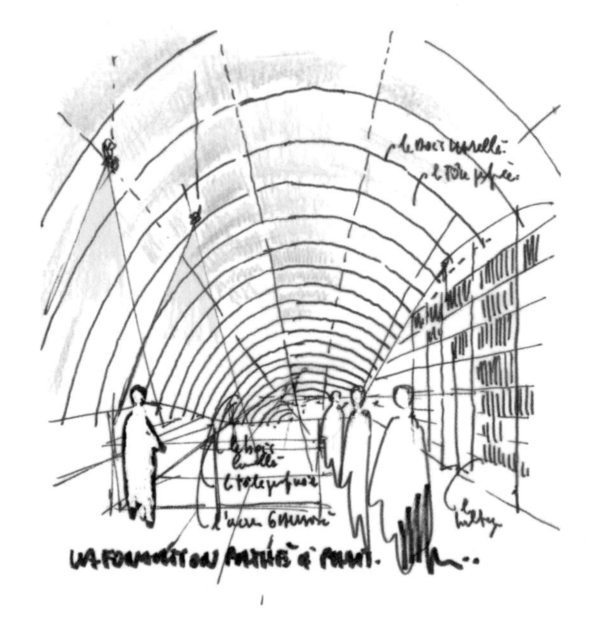

建筑物外表面包括 7000 个由穿孔铝制成的弯曲遮阳帘，孔占表面所需自然光的 30%—60%

与伦佐·皮亚诺建筑工作室合伙人托尔斯滕·萨尔曼（Thorsten Sahlmann）以及客户索菲（Sophie）和杰罗姆·塞多克斯在一起

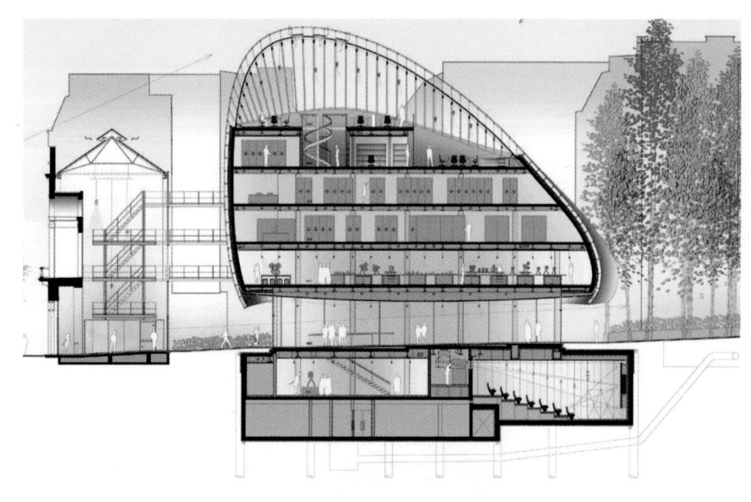

萨莱·查尔斯·帕斯（The Salle Charles Pathé）大厅位于地下室，可以容纳 66 名观众。设计查尔斯大厅是为了在钢琴伴奏下，放映无声电影

KYRIAD

2006 年　美国马萨诸塞州剑桥 哈佛艺术博物馆的翻新和扩建

在哈佛与剑桥之间一直存在着复杂的关系。随着这个项目的实施，该大学正在努力实现城市和校园的重大一体化。我们把三个独立的建筑联合起来，使得博物馆向所有人开放，它不仅对学生和游客开放，而且也对路人开放。

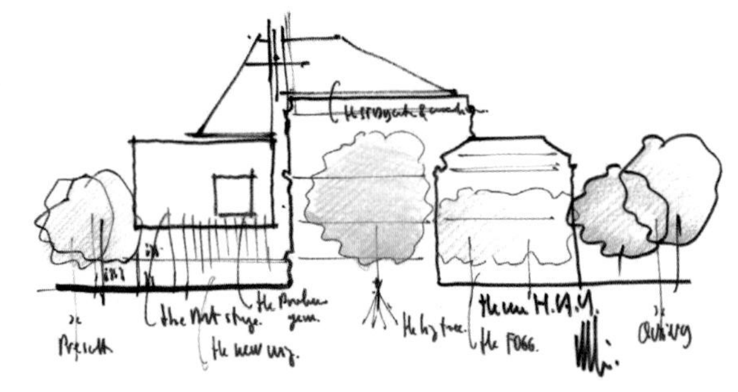

设计
2006—2009 年
施工
2010—2014 年
用地面积
9718 平方米
总建筑面积
18952 平方米
建筑高度
最高 35.29 米
建筑层数
地上 6 层 + 地下 2 层
报告厅
294 个座位
荣誉
绿色环保建筑金奖（LEED Gold）

首先要说的是哈佛的三个博物馆：福格艺术博物馆（Fogg Art Museum），布希・雷辛格博物馆（Busch-Reisinger Museum）和亚瑟・M. 萨克勒博物馆（Arthur M. Sackler Museum），它们彼此独立，但与城市有着密切的联系，我甚至会说有点保守。它们没有邀请访客进入。博物馆藏品由哈佛大学在一个多世纪中收到的不同捐赠形成，并且每一个捐赠者都要求其具有可识别性和独立性。福格艺术博物馆是校园里最古老的艺术博物馆，以收藏西方艺术而闻名，收藏了意大利文艺复兴时期、拉斐尔前运动时期和法国印象派的大师作品。布希・雷辛格拥有德国表现主义者和包豪斯成员的作品，而萨克勒则拥有中国翡翠和日本印刷版画（Surimono）的杰作。

整合后的哈佛艺术博物馆收藏的作品令人十分震惊：包括 25 万多件艺术作品，在大学博物馆的范围中是独一无二的。哈佛大学与美国的历史是同步的，它的博物馆一直是一个具有保护性的实验室和学习的地方，也是一个展览作品的地方 [汤姆・朗茨（Tom Lentz）创造了一个自己的概念，并且发展得非常出色]。这里有从印度到埃及的古老艺术。有很多如弗拉・安吉利科（Fra Angelico）和贝尔尼尼（Bernini）等代表意大利的艺术家作品，还有 17 世纪的荷兰绘画、法国印象派、20 世纪 20 年代的抽象艺术等。但这些作品的存放是零散的，在某些情况下，仅有一半作品存档。

很明显，从教育甚至文化的角度来看，将这三个博物馆分开已经不再有意义。它们需要联系在一起。历史就是历史：有时候我们必须一起前进。一件艺术品不能被一些人或人类事务所控制，包括得意的捐赠者。作品进入了一个不同的维度，即博物馆的维度。

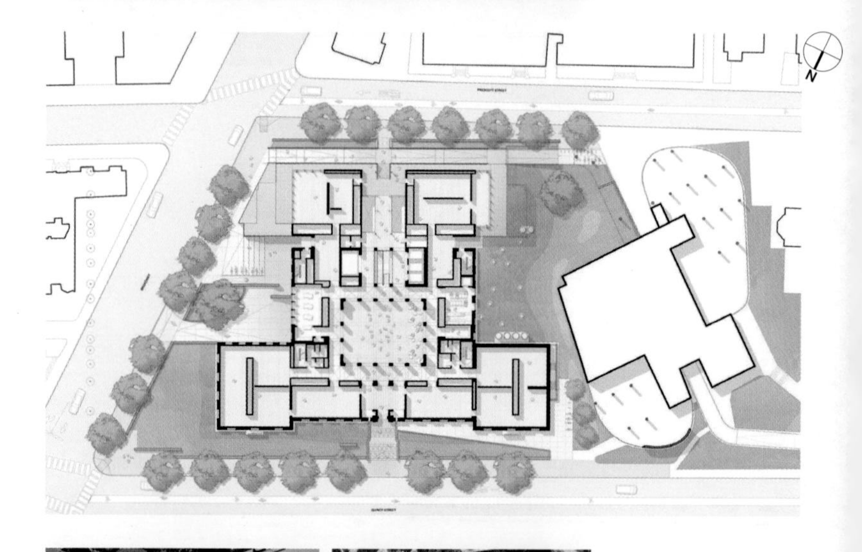

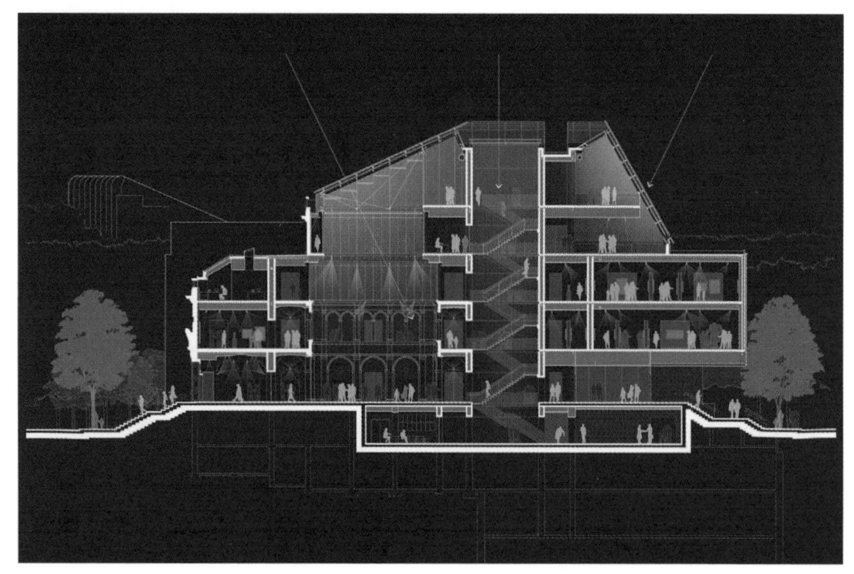

这三个博物馆现在合并成一个由大玻璃屋顶覆盖的建筑。最重要的是，为了开展这项工作，我们不采用封闭式博物馆建筑的概念。1896年向公众开放的福格博物馆（The Fogg Museum）因为是一座历史建筑而被保留下来，但我们已经在两侧开放了。今天你可以完全进入。一楼是一个渗透空间；你不必买门票就可以进入，并且可以穿过一楼从博物馆的一边走到另一边。这一层是专门为当地社区服务的，允许社区人员进入并参观。一个有文化气息的地方绝对不具有排他性；相反，它欢迎任何人。这是一个会议场所，从概念上来讲其是一个广场。出于这个原因，我们保留甚至加强了（有些荒谬的）“广场”，就像20世纪初美国经常做的那样，它是从意大利历史建筑中复制的。建筑物外立面的重建是严格的，即使在所用的材料上：选用蒂沃利采石场的石灰华。我们选择追随美国建筑师的脚步，他在20世纪初爱上了位于蒙特普尔恰诺大广场（Montepulciano's Piazza Grande）的文艺复兴宫殿：将其立面设计复制四次，在博物馆内形成一个独具特色的意大利广场。我们把它清理干净，点亮，举起来，让其在自然光下沐浴。这座广场现在已成为新博物馆的中心：一个自然光的焦点透过玻璃顶棚倾泻而下，形成一个十字路口，成为所有活动的心脏。

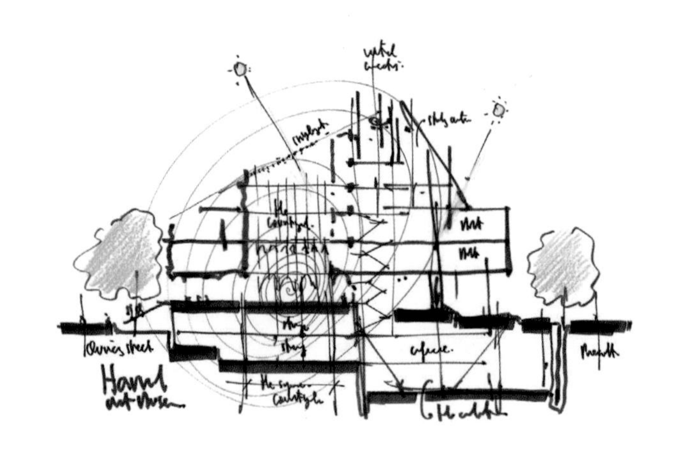

如果建筑的基础代表着透明性和与城市的联系，那么第一层和第二层是用来展示收藏品的。这是人们学会热爱和宣传艺术的地方，所以第

建筑物外立面由阿拉斯加黄雪松覆盖，这是一种浅色并且非常轻的木材。木条的截面各不相同，像扇叶一样逐渐交错

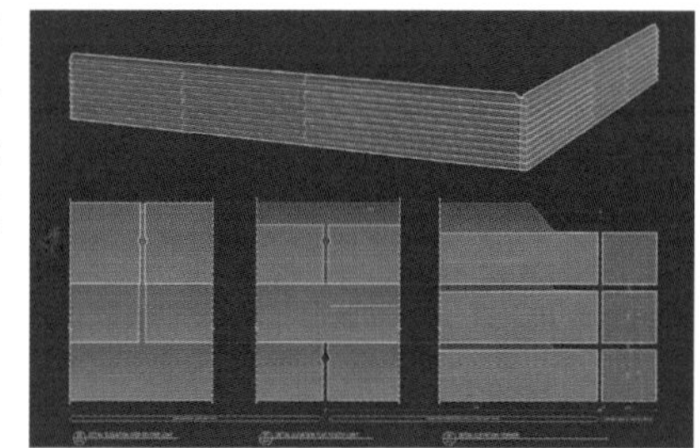

三层用于学习。不应忘记的是：这是一个大学博物馆，展览与学习密不可分。

四楼是修复实验室，公众可以清楚地看到用于修复旧建筑的技术。这可能是透过玻璃和钢的“天窗”进入自然光最多的区域，这里被认为是博物馆获取能量的重要来源地。对于那些经常在黑暗和隐蔽空间工作的修复者来说，这是对他们工作的重要认可，更重要的是，实验室几乎对公众和学生都是完全开放的，因而为他们提供了观察室。

哈佛艺术博物馆的扩建不仅是为了建造一个新的空间存放和展示这些艺术收藏品。保护和尊重它们作为教育手段、学习和研究工具的作用也是必要的。

在某种程度上，这个向城市开放的想法也解决了一个问题。剑桥和波士顿之间一直有着非常密切的关系，但同时哈佛的政权也造成了许多紧张。世界上最著名的一个大学在录取精英学生时，与其他学校的关系总是紧张的。我相信，大学选择我们建造这个博物馆是因为它认为设计师需要承载人文文化，以便与城市和谐相处。我们试图通过开放博物馆适应城市环境达到这个目的。

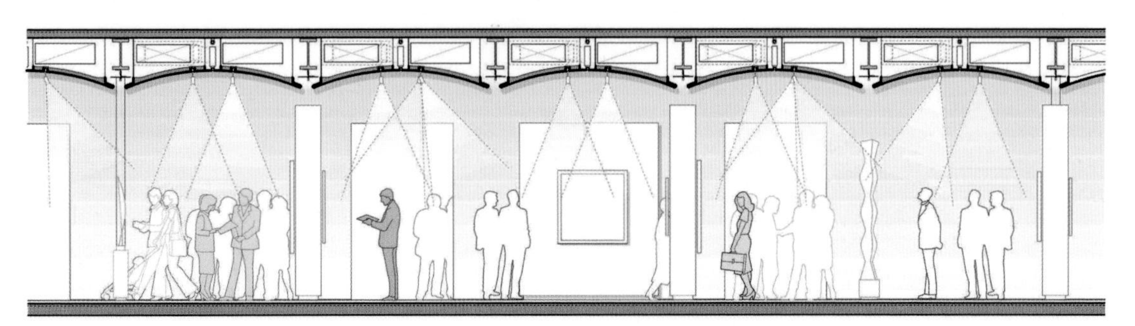

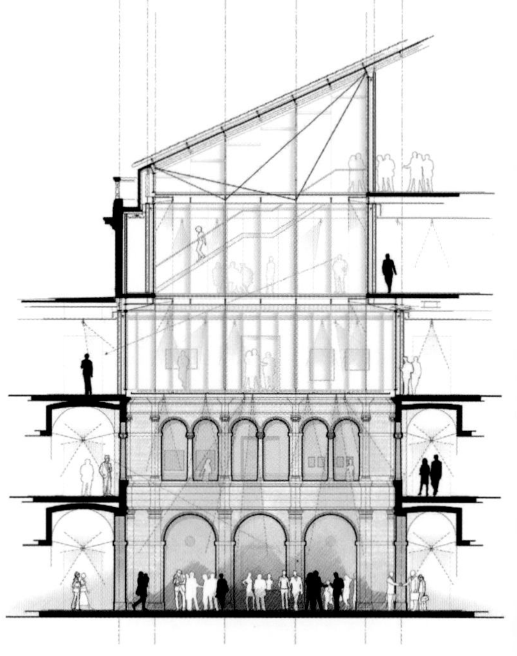

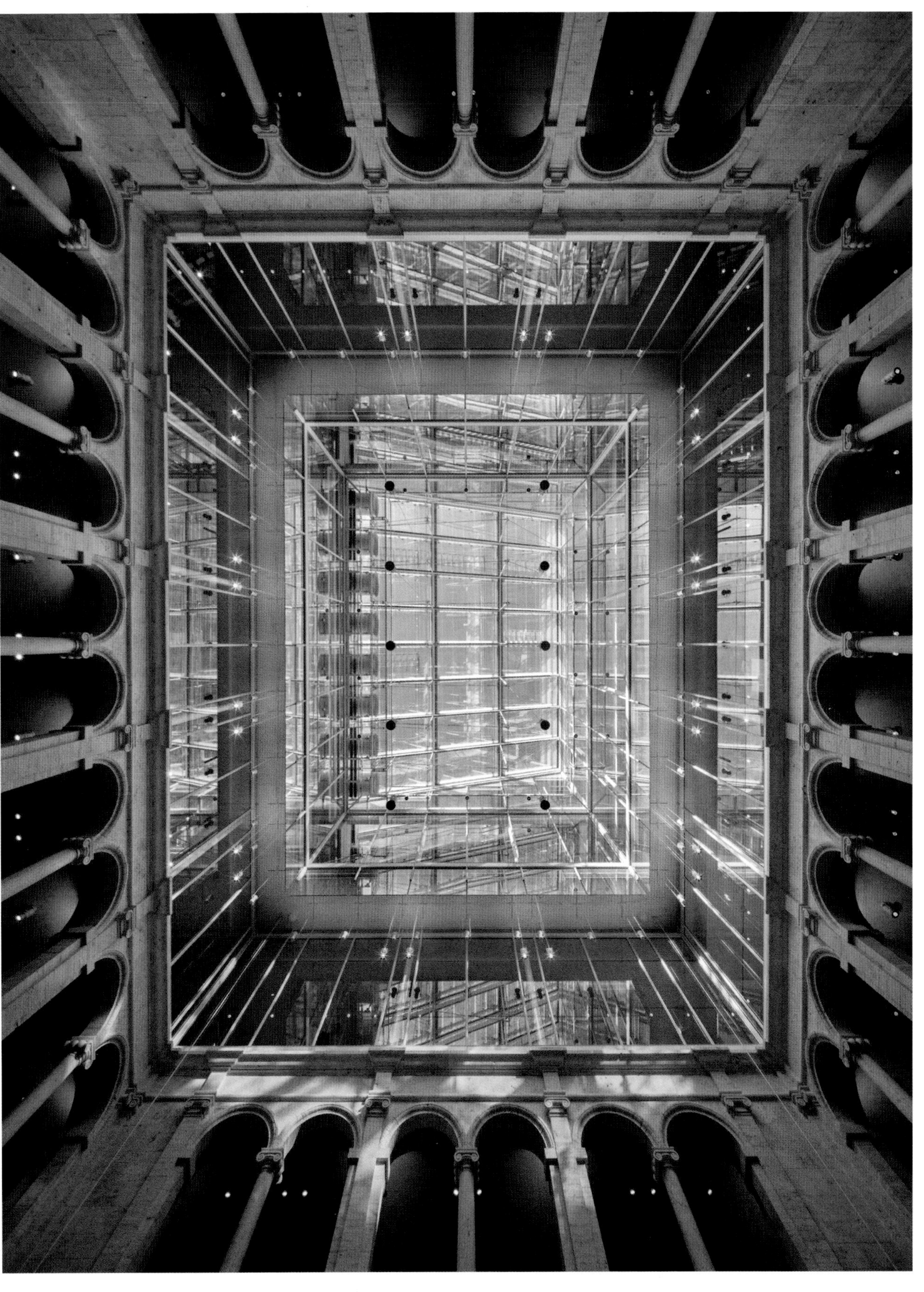

大型天窗起照明作用，照亮所有的楼层：保护车间、走廊、研究中心和一楼的庭院

2006 年　意大利都灵 圣保罗联合银行办公楼

> 我们的目的是建设一座十分具有公共价值的建筑。因此，三分之一的塔楼是开放的：前三层具有渗透性，被一个礼堂占据，礼堂是市民活动的场所，而顶部三层被设计成一个大的城市空间，悬挂在空中。这是一个明亮的温室，包括一个餐厅、文化空间和一个饱览整个城市全景的露台。

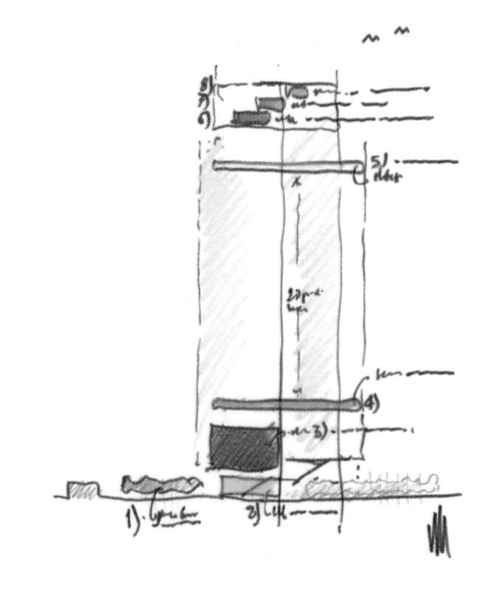

设计
2006—2009 年
施工
2009—2015 年
用地面积
6800 平方米
总建筑面积
110000 平方米
建筑高度
166.26 米
建筑层数
地上 38 层 + 地下 6 层
温室体积
15000 立方米
报告厅
364 个座位
荣誉
能源与环境设计先锋白金奖

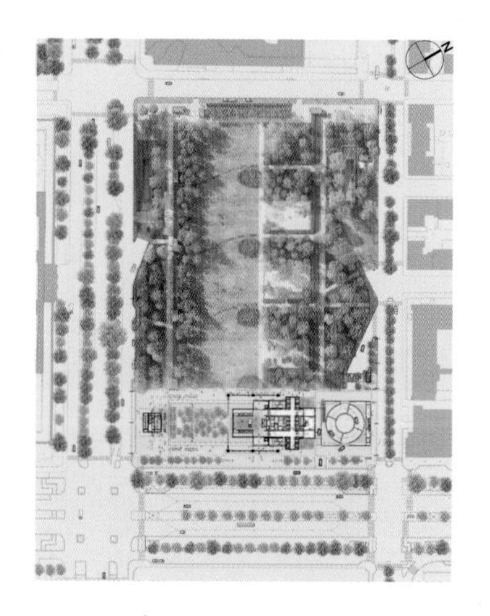

圣保罗联合银行塔楼最不寻常的一点是，它没有像通常情况那样加冕于公司董事的办公室，给它们一个壮丽但独特的视角。这里最重要的一点是社交方面：在塔顶有一个公共空间，它是一种可以通过独立电梯进入的温室或城市房间。160 米高的全景露台向所有人开放，确保该建筑是当地生活的一部分，属于这个城市的人们。

中央楼层是银行，正如我所说，顶层通常会被客户用于享有盛誉的功能或更具技术性的功能，例如为建筑物提供供暖和冷却系统。但在这里，除了温室外，他们还拥有一个对游客开放的餐厅和露台。从露台上，我们可以拥抱都灵，从阿尔卑斯山一直延伸到波和苏必加山（Superga）。我称之为拥抱，因为它是一种感情的表达。我喜欢这样一个想法：一栋建筑对城市的回馈大于索取。

如同我们在建筑底部所做的那样：这座塔是从地面拔地而起的，不多占土地。我们设计的是一个具有渗透性而非封闭的建筑。人们可以通过一楼到达附近的帕科格罗萨公园（Parco Grosa），一个我们已经升级改造的公园。中庭的自动扶梯通向更多的开放空间，例如礼堂，既可以用于银行会议，还可以用于文化和公民活动。

由于摩天大楼被视为权力的象征，所以其名声不好。但与现实情况不同：我们谈论的是一家与都灵的历史交织了几个世纪的银行，因此，它与都灵人民有着非常密切的关系。这座塔代表着与城市的联系，其三分之一的空间是与城市共享的。

另一个重要的方面是可持续性，今天的可持续性应该更像一种激励，而不是强迫。相比同等大小的建筑，这座摩天大楼消耗的能量要少得多，建造它是为了获得能源与环境设计先锋组织（LEED）最高级别的认证，

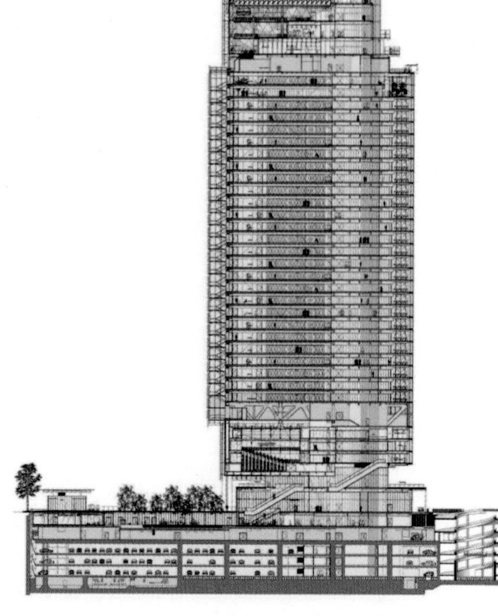

这座塔有 44 层，其中 38 层在地上。生物气候温室位于顶层 3 层

在两个玻璃墙之间形成了一个空气空间，起热缓冲的作用。电动百叶窗系统调节通风，减少热量散失

衡量建筑物的可持续性。例如，从能源消耗的角度来看，它对自然光的光线强度很敏感；人工照明只有在需要时才打开，并且随着太阳升起而逐渐关闭。空腔系统让空气进入地板的中空空间以利用自然通风，允许在打开空调之前延迟数小时。

这里有地热井，收集雨水的水箱，还有太阳能电池板：都灵有充足的阳光可以开发利用。我们在所有侧面都放置了一个双层立面，带有可移动的玻璃面板，可以打开和关闭以防止过热。建筑物的表皮对天气和光线的变化作出反应。这是一部活跃的建筑作品，令人叹为观止。从这个意义上说，它属于当代世界。

由于墙壁和地板的机械运动，礼堂有三种不同的用途。地板由伸缩式液压活塞系统升起。墙壁由可移动的面板组成，这两个面板具有不同的声学特性：刚性反射面和吸收面。礼堂包括 364 个会议室、336 个音乐会和 392 个展览室

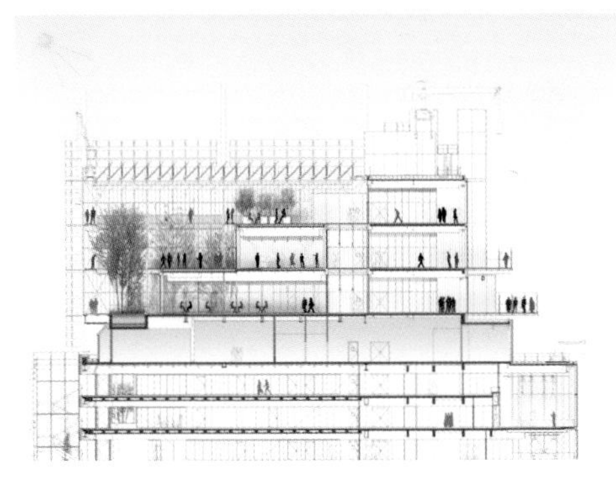

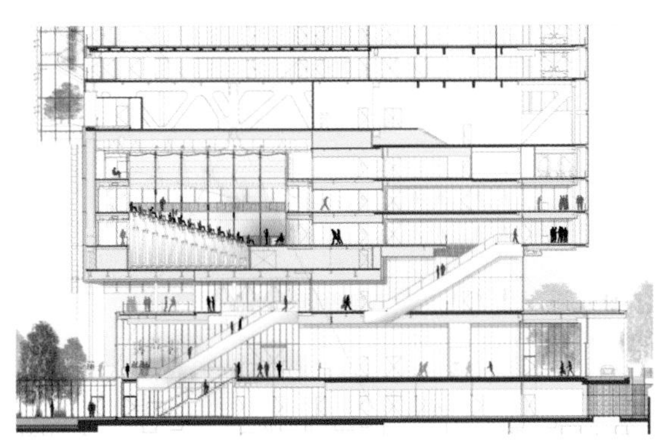

2007 年　美国得克萨斯州沃思堡金贝尔艺术博物馆扩建

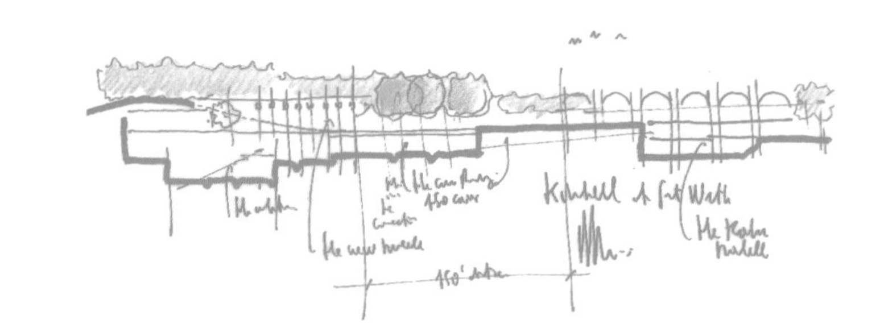

这部作品的真正主题是与路易斯·康博物馆（The Louis Kahn's museum）的对话。如何与现代建筑杰作建立关系？只有一种方法：谨慎行事并保持一定距离，但不要害怕比较。

当凯特（Kate）和本·福特森（Ben Fortson）要求我们设计沃思堡金贝尔艺术博物馆（Kimbell Art Museum in Fort Worth）的扩建部分时，我几乎立刻接受了。我觉得在得克萨斯州更像家，这听起来可能很奇怪。我们的故事开始于 30 年前，在一个边界地带，我从约翰·韦恩（John Wayne）的电影时代起就熟悉这个边界地带，一个无边的大草原。头顶舒展宽广的天空，一切都沐浴在美丽的光线中，建筑可以用它来演奏。在这里，我遇到了奥克塔维奥·帕兹（Octavio Paz）——一位杰出的作家，以及来休斯敦莱斯大学任教的罗伯托·罗塞里尼（Roberto Rossellini），经常去多米尼克·德梅尼尔（Dominique de Menil）的家，她以文化的名义聚集了一群艺术家、诗人、电影制片人、建筑师和哲学家。我与得克萨斯州艺术机构的关系也可以追溯到很久之前：从 1987 年在休斯敦的梅尼尔收藏馆开始，延续到 8 年后的赛托姆布雷馆展馆（Cy Twombly Pavilion），然后到 2003 年的达拉斯纳舍尔雕塑中心（Nasher Sculpture Center in Dallas）。

但是我接受这个项目还有另一个原因和挑战。这座新的展馆是由我们委托建造的，作为对美国最受欢迎的博物馆之一的扩建，它是由路易斯·康大师亲手操刀。画廊展出了杜西奥·迪·布昂尼塞纳（Duccio di Buoninsegna）、卡拉瓦乔（Caravaggio）、卡拉奇（Carracci）、雷姆布兰特（Rembrandt）、鲁本斯（Rubens）、丁托雷托（Tintoretto）和埃尔·格雷科（El Greco）的作品，只提到了几个名字。与大师们的对话就像是与作品背景的对话。这不是难题，而是机会。卢西亚诺·贝里奥（Luciano Berio）喜欢说我们意大利人有两种相反的冲动：对过去的尊重和反叛的冲动。在靠近康的地方建造这座新建筑需要一定的勇气，但如果把它建在遥远的地方，就会使故事失去趣味：对话是这部作

设计
2007—2010 年
施工
2010—2013 年
用地面积
42685 平方米（包括康博物馆在内的总面积）
总建筑面积
7600 平方米（康的建筑面积约 11150 平方米）
新增廊道总建筑面积
1500 平方米
建筑高度
7 米
建筑层数
地上 1 层 + 地下一层
报告厅
298 个席位

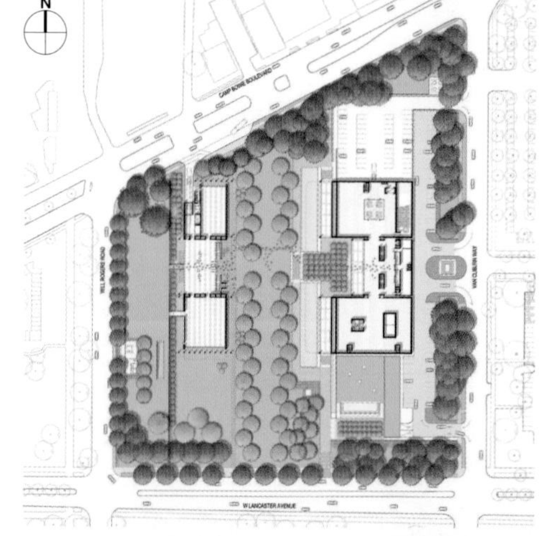

在市中心西面的文化区，矗立着路易斯·康的金贝尔艺术博物馆。扩建工程距离康大楼 60 米

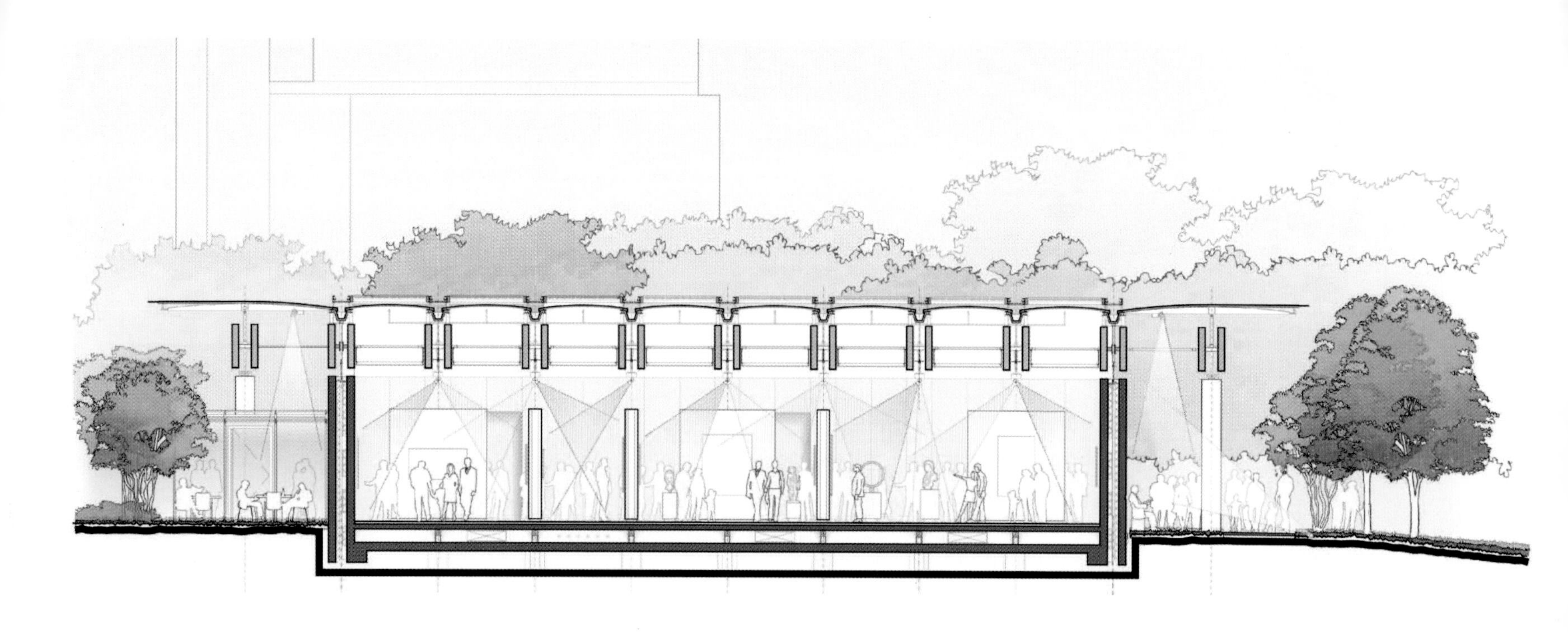

品的真正主题。

既不太近也不太远，使展馆足以产生对话。我们与康在高度、规模、平面图和自然光的作用上保持着微妙的关系，后者是最基本的。新展馆的主要材料同样也是玻璃、混凝土和木头。但这就是全部的相似之处。

在由马克·卡罗尔和其助手奥纳尔·泰克（Onur Teke）监督下设计的新建筑中，本质的关注点是可持续性：它消耗很少的能源，屋顶是一个复杂的分层结构，不仅包括木梁、织物网纹和玻璃，还包括一个可调节的铝制百叶窗和光伏电池，确保对各种内部照明强度的精确控制。除此之外，还有 36 口深达 42 米的地热井。室内只有三分之一的空间在地面上，因此供暖和制冷成本大大降低。

这个 2 层的建筑由两个玻璃通道相连。朝向康大楼西立面的街区分为三个部分：中间有一个玻璃墙部分，用作博物馆的入口大厅。而两侧各有一个用淡混凝土墙隔开的临时展览室。一系列横截面为方形的混凝土柱，沿着展馆的侧面排布，支撑着成对的层压木梁，以及朝南和朝北突出的部分玻璃屋顶。展馆的另一部分在西面，由公园的一层泥土覆盖着，用于对光敏感的工作。它还包括礼堂和教育设施。建造新展馆的原因之一是允许再次使用康的画廊，正如最初的意图一样，作为博物馆藏品的永久性场所。因此，展馆拥有轮流展出作品的画廊，以及教育和培训活动的空间。

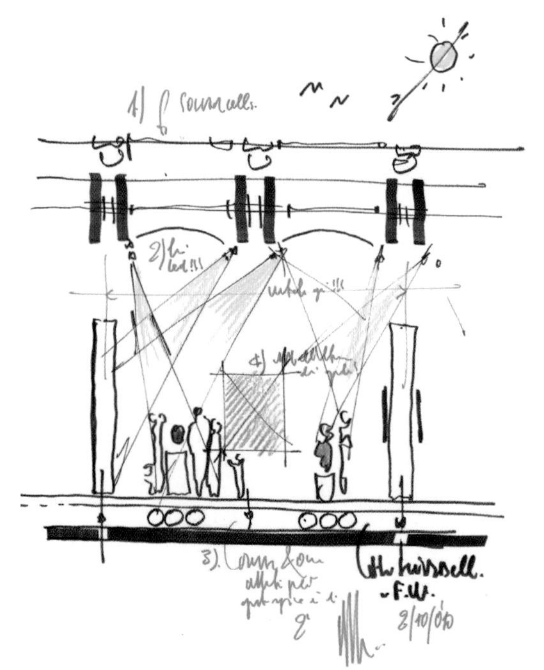

内部空间在很大程度上是连续的和可调整的，由 29 组 30 米长的道格拉斯冷杉叠层梁勾勒出其轮廓，这些叠层梁向外伸出成为一个悬篷

马克·卡罗尔和本·福特森测量了两座建筑物之间的距离：墙之间距离为 60 米；柱之间距离为 45 米

与负责该项目的伦佐·皮亚诺建筑工作室合伙人马克·卡罗尔和石田顺治合作

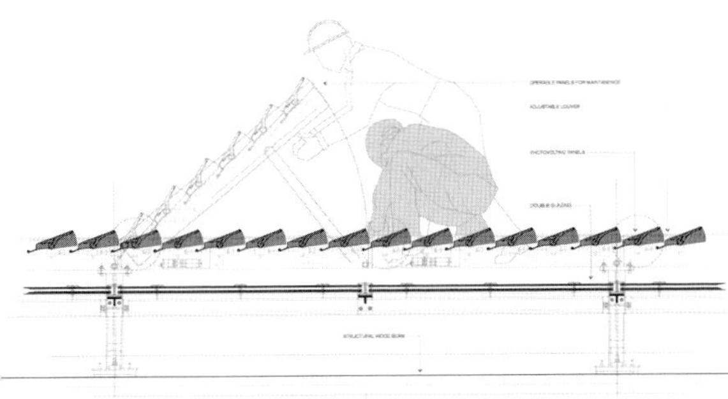

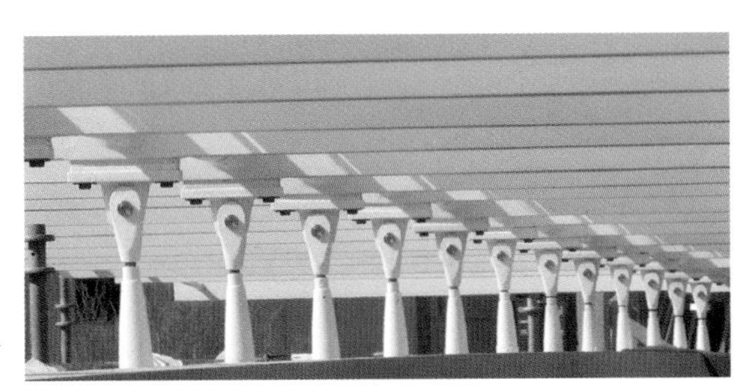

屋顶系统将叠层梁与朝向北方的铝叶片系统以及安装在烧结玻璃和遮阳篷上的太阳能板集成在一起

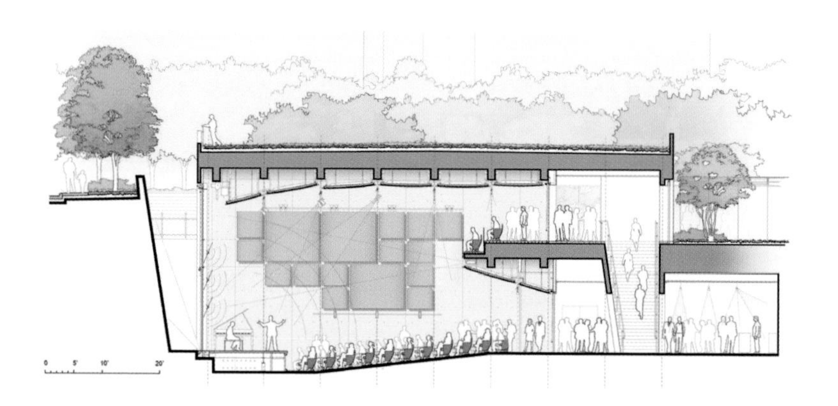

礼堂位于较低的楼层，可容纳 298 人，墙壁全部由玻璃制成

开幕当天的团队

游客从地下停车场出来可以欣赏到康的建筑

卡拉瓦乔，《卡德沙普斯》，约 1595 年

我非常重视儿童、学生和教育：定位和教育是两个重要的概念，访问这样的地方有助于孩子的各自成长。在这些研讨会上的经历将永远伴随着他们。艺术和美丽改变了人，一次一个，但它们确实改变了人。

混凝土值得特别提及，因为我们在客户和导演埃里克·李（Eric Lee）身上发现，要把卡拉瓦乔的画挂在混凝土墙上需要勇气。

这就是我们在这里所做的杰作《卡德沙普》（*The Cardsharps*）。对我来说，这不仅是一块旧混凝土，而是一块光滑富有光泽的石头，像丝绸一样柔软。要获得如此高质量的清水混凝土并不容易，为此，我们组织了一个美国承包商和能做大事的小型威尼斯企业之间的合作。

2007年　美国纽约
惠特尼美国艺术博物馆

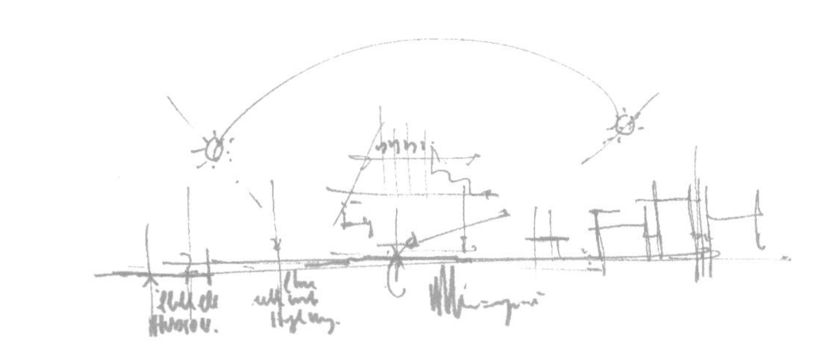

一间工厂耸立在那里，一边与纽约保持对话，一边面向新泽西。其设计思路仍然相同：博物馆应该吸引人们，而非恐吓他们。惠特尼的设计有点类似美国文化：它在寻求自己的自由。

新惠特尼的诞生是为了建造一个广场，它是被马塞尔·布鲁尔（Marcel Breuer）在设计上东区麦迪逊大道上的博物馆时遗漏的。这座旧建筑前面没有外部空间，它被一条沟与道路隔开——实际上，与道路相距甚远。你必须穿过一座小桥才可以进去。

现在我们在西切尔西的肉类加工区、纽约最适合步行的地区之一。出于部分原因，我们有了建造这样一座大楼的想法：大楼下面是广场而非大厅，因为一个文化场所应该是开放的，而不是令人生畏的，在这里，作为城市一部分的街道和建筑之间是没有界限的。这有点像我们试图在博堡应用的概念。如果我必须找到一个形象来概括惠特尼，我会说，这是一个伟大的工厂，耸立在地面，一面对水，一面对着城市。如果这座城市无意中进入了这座建筑，也许它会停下来，发现艺术之美。我一直很喜欢布鲁尔的建筑，但它对惠特尼来说是个错误的地方，在某种程度上，这是作品本质的回归。1931年，它的第一个建筑在离这里不远的格林威治村修建，这绝非偶然。

在这一点上，用地形学的手法解释是必要的。新惠特尼在1966年不再使用布鲁尔设计的建筑，因为它需要空间：3000名不同的美国艺术家将最初500件收藏品增长到21000件。该博物馆还拥有50000册藏书。

搬入市中心的事实变成了回归本源、一次回家之旅。因此，我们选择了高架线、纽约中央铁路废弃支线上建造的城市公园（近年来已成为纽约最大的旅游景点）以及沿着哈得孙河高速公路之间的空间。周围充满了活力，非常适合惠特尼。在第一次实地考察时，我看到在华盛顿街马路的另一边有一个“出租”的标志。我们非常喜欢这个地区，所以在这里开设了纽约办事处，它是我们在这个城市的基地。热那亚的工作室负责这个项目：首先是我的长期合作伙伴石田顺治，然后是项目负责人马克·卡罗尔

美国雕塑家格特鲁德·范德比尔特·惠特尼（Gertrude Vanderbilt Whitney）于1914年创立了惠特尼工作室俱乐部，旨在促进美国知名和新兴艺术家的发展

设计
2007—2011年
施工
2012—2015年
用地面积
3925平方米
总建筑面积
20438平方米
内部展览空间
4600平方米
外部展览空间
1200平方米
建筑高度
84米
建筑层数
地上9层
剧场：170个观众席
荣誉
绿色环保建筑金奖（LEED Gold）

1931年西八街的第一家博物馆

1954年54街的第二家博物馆

1966年，由马塞尔·布鲁尔设计的位于麦迪逊大街和第75街拐角处的第三家博物馆

ONE WAY
STOP

和伊莉莎贝塔·特雷扎尼（Elisabetta Trezzani）。

还有一个与2012年10月29日袭击纽约的飓风桑迪有关的故事，洪水淹没了街道和地铁隧道。河水冲垮了堤岸，风把水吹向我们正在施工的大楼。这使我们改进了它的安全系统，以保护它不受类似极端事件的影响：现在能够于几小时之内在一楼设置一系列障碍物，将建筑密封起来防住洪水。当建造博物馆时，你必须考虑一个久远的时间跨度，展望未来几个世纪。

幸运的是，纽约市市长迈克尔·布隆伯格（Michael Bloomberg）给了我们这个极好的地基。一方面，它植根于切尔西朝气蓬勃的地区；另一方面，它面朝西边开阔的地方，朝向哈得孙河与新泽西州上空的日落。从那里，我们可以想象整个美国一直延伸到加利福尼亚州。我们想设计一栋拔地而起的建筑，一块20500平方米、重达28000吨的巨石向上直立并且悬空，使甘塞沃特街伸展开来并进入建筑。这正是我们的想法：不

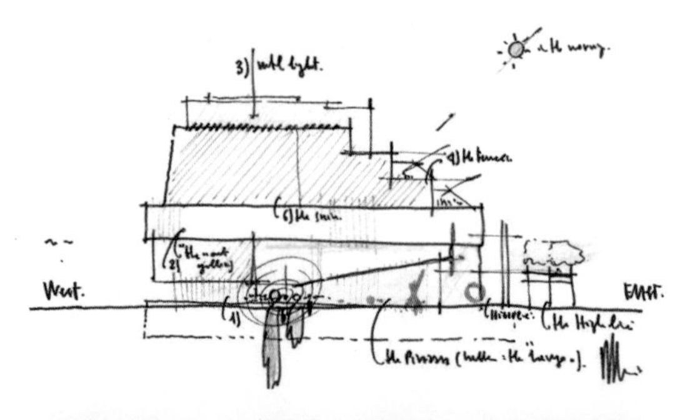

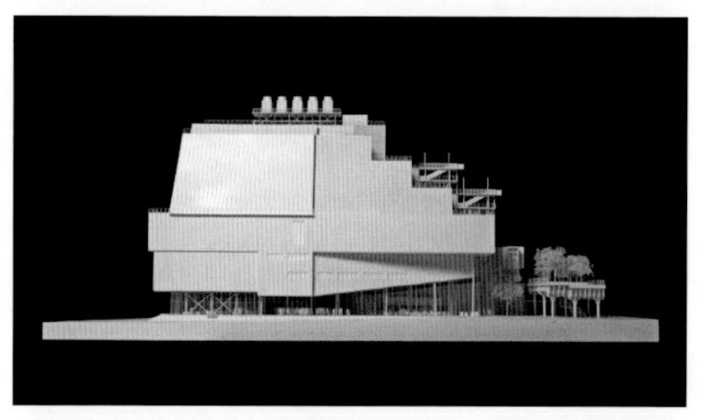

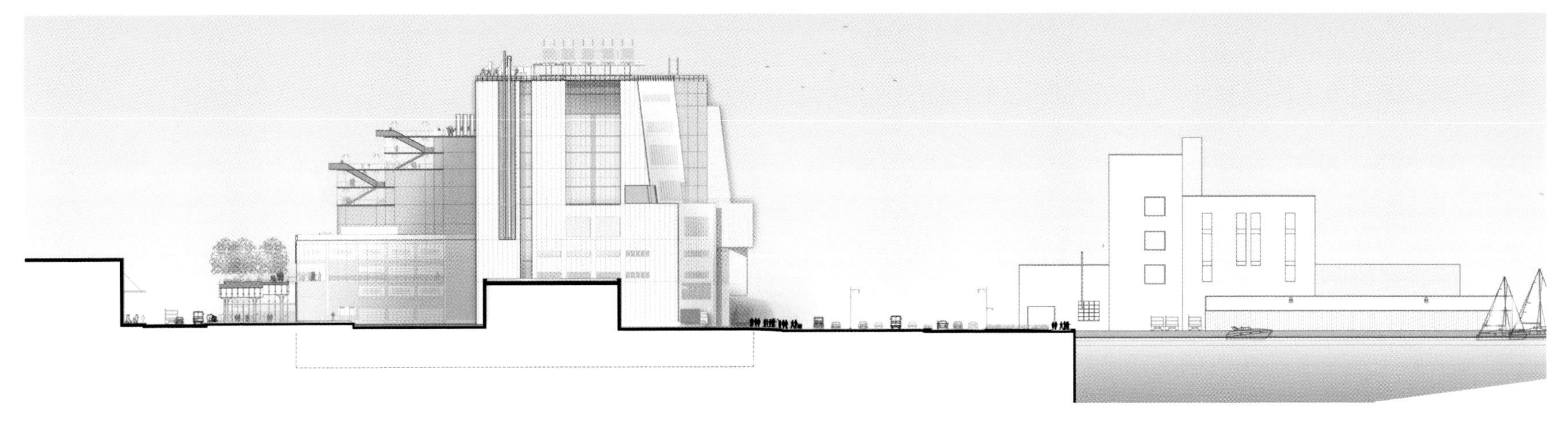

团队与董事会成员在一起：站在中心的是负责该项目的伦佐·皮亚诺建筑工作室合伙人伊丽莎贝塔·特雷扎尼

与惠特尼美国艺术博物馆馆长亚当·D. 温伯格在一起

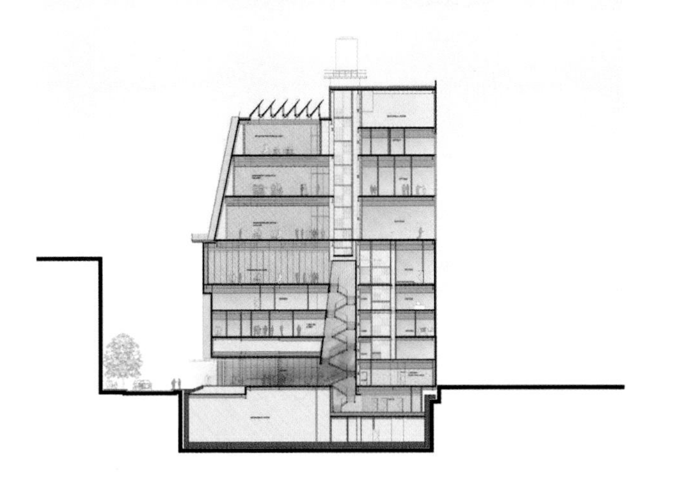

要占用地面上的空间，而是把它留给城市，让建筑物被街道占用。这意味着要认识到文化艺术场所的公民价值，使其成为一个透明和可进入的空间，而不是一个高级场所，博物馆可以像广场一样受欢迎。

博物馆随后对外开放，靠近邻里。在东面，有一系列与纽约天际线相匹配的楼梯相连的排屋：与全景相协调，一系列向高处倾斜的台阶。每个展览空间都面向一个平台。我们在每一层设有露天的房间。它们很重要，因为露台也是艺术家们创作的地方，用装置艺术入侵。它们是这家艺术工厂的室外庭院，让这些作品从惠特尼河流入城市。

当我们设计一座建筑时，经常要演绎和呈现变化。例如在设计博物馆时，艺术应该使我们更好奇，因此设计得更好。在这里，艺术家们可以使用地板材料，也可以把他们的作品挂在松木板上，这些松木板是我们从已经习惯了钉子和螺栓的废弃工厂中抢救出来的。我发现对艺术高于建筑的批判毫无意义：我们不应该忘记，建筑的基本功能是为人类活动创造庇护所。

另一方面，在西方恰恰相反。这座建筑与忙碌的城市的一部分进行了对话，八车道的西侧公路从那里经过，在往返于曼哈顿的路上总是挤满汽车和卡车。这个建筑立面面向西方——美国的边疆，因此建筑必须开放，

BUCKETS OF BLOOD

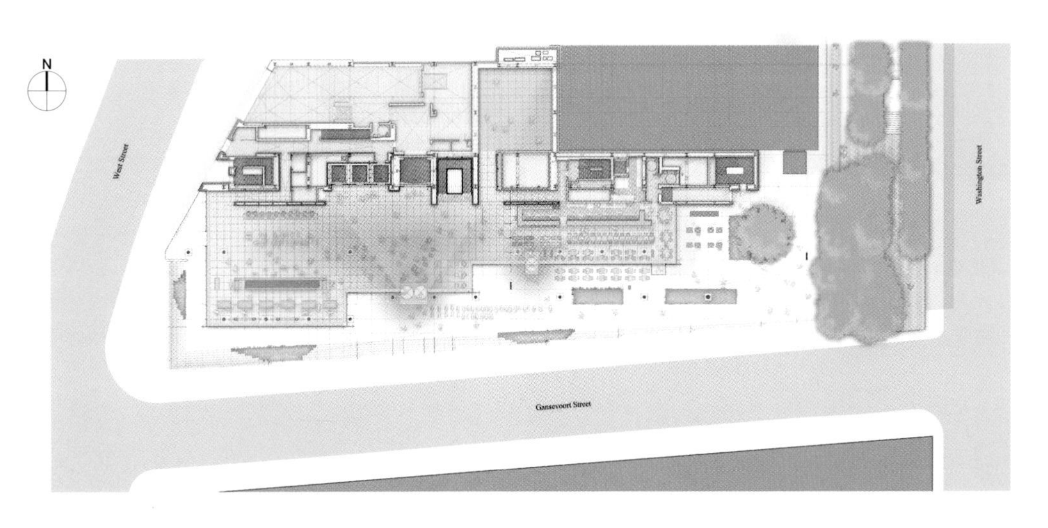
N
West Street
Washington Street
Gansevoort Street

这有点像美国文化，毕竟它是在惠特尼展览的艺术中心：自由、创新，经常不服从规则。简而言之，这里有广阔和草原的概念。

这些元素塑造了这一设计：从街道拔地而起，在下面留出空间，一边与城市对话，一边与遥远的西部对话。我认为惠特尼现在已经回家了，并且将以开放和灵活的方式使用。

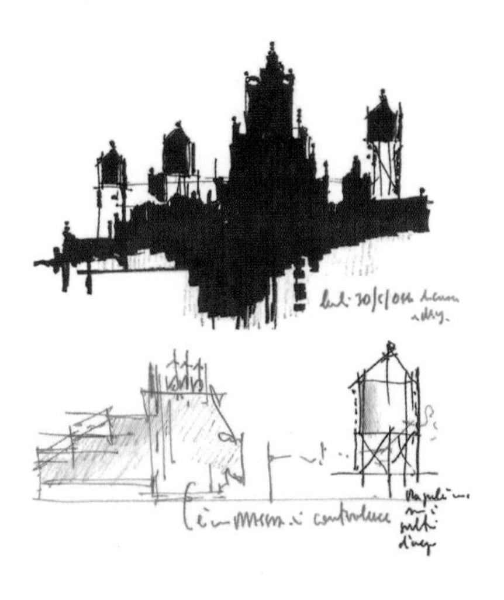

博物馆中最大的画廊是五楼一个长方形大厅，长 81 米，宽 22.5 米，面积为 1675 平方米的自由空间

2008年 希腊雅典 斯塔夫罗斯·尼阿克斯基金文化中心

如今，一座建筑不仅要智慧、消耗少，而且必须能够表达这一点：它必须把对环境和地球脆弱性的关注转化为语言。在雅典，我们建造了一个公园和一座小山，从那里可以重新发现大海，希腊国家图书馆和国家歌剧院将要建在这一高地之下。

这是一个多功能项目，有很多不同的功能使它变得生动、活跃：国家图书馆、希腊国家歌剧院和位于雅典古港口法勒隆地区的一个大型公园，旁边紧挨着2004年为奥运会修建的建筑，但是后来不幸被人们所遗忘。

这个新的国家图书馆将会替代旧图书馆，旧图书馆太小，小到无法容纳100万册的收藏。除了这个研究和保护图书馆——一个保存和传播文化的地方，还有一个借阅图书馆，这是一个学习的地方，位于地面层并且所有人都可以访问。但是图书馆只是这个新的文化中心的功能之一。另一个主题是音乐，尤其是歌剧。新歌剧院有两个礼堂：一个有1400个座位，用于芭蕾舞和古典歌剧表演；另一个有450个座位，用于实验性演出。在施工期间，我们上演了一场“起重机之舞”（Dance of the crane）：10台起重机在黄昏时随着古斯塔夫·霍尔斯特（Gustav Holst）的音乐旋转表演。这是一场与希腊国家歌剧院（Greek National Opera）导演迈伦·米凯利迪斯（Myron Michailidis）合作创作的极具感染力的表演。

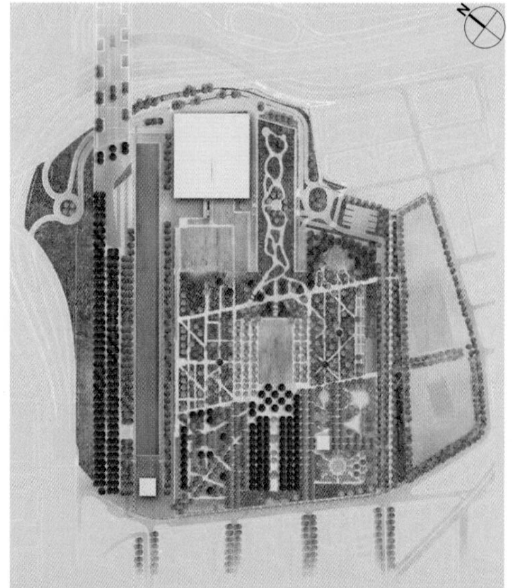

设计
2008—2011年
施工
2012—2016年
用地面积
175000平方米
总建筑面积
88000平方米
绿化屋顶
17000平方米（1440棵树，300000种其他植物）
建筑高度
35.5米（天线83米）
建筑层数
地上8层+地下2层
荣誉
LEED

除了书籍和音乐，这个中心还有第三个维度，那就是公园。雅典是一个没有太多公园和花园的城市。当然，在市中心有一个国家公园，但我们的公园占地17.5万平方米：我们谈论的是一个与巴黎卢森堡公园（Jardin du Luxembourg）规模相当的城市公园。问题是如何在不占用绿地的情况下将两座建筑插入公园，以及如何协调不同的功能。我们有一大片可以支配的土地，曾被雅典的第一个港口法勒隆（Phaleron）和战后填满这片海岸的赛马场占据，奥运会的建筑后来也在这里建设。

我们认为，即使在这么大的场地上建造两座建筑，也会占用所有可用的空间，几乎不会给公园留下任何东西，所以我们决定抬高地面，以便将

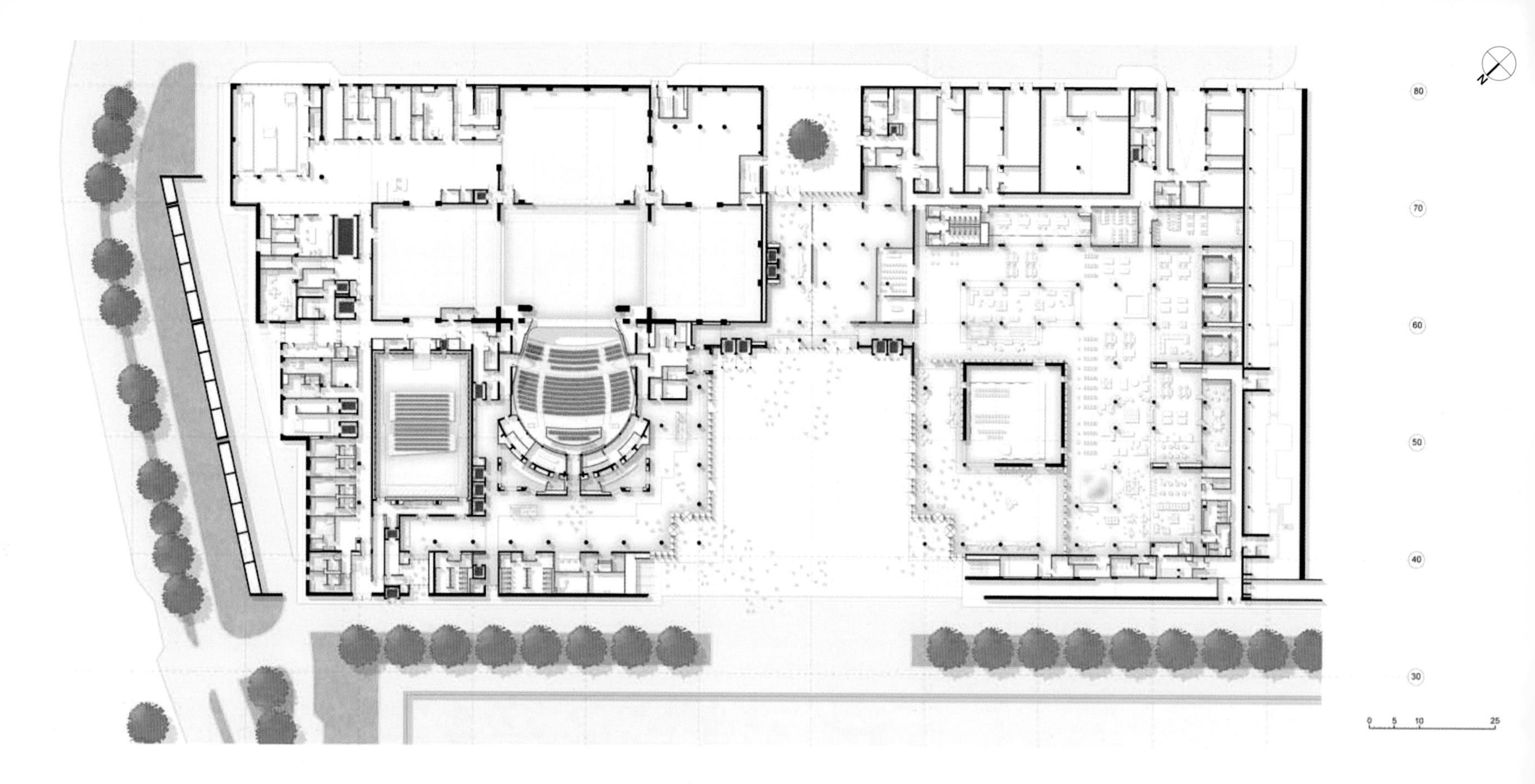

图书馆和歌剧院设置在坡度为 1 ：20，路面以上 30 米高度的地面之下。我们将这两个功能嵌入地下，自然而然就创造了一个公共空间，这个公开场所将提供两个建筑的入口并连接它们。

高度之巅是图书馆的主阅览室，这是一个光线充足的结构，并且墙壁完全可以透光。这样一来，建筑物的屋顶就变成了一个不占用地面的公园。但还有另一个方面：雅典是一个平原上的城市，在 30 米高处你可以看到一切。因此，阅览室的游客将享受一个意想不到的全景。这片区域被称为卡里地亚（Kallithea），意思是“最好的风景”，这并非偶然，尽管再也看不见大海了。我们已经将它带回到人们的视线中。当站在山的一边，你可以俯瞰公园和耸立着雅典卫城（Acropolis）的城市；另一边，你面对着大海和地平线。你甚至没有意识到是在一个海拔高度上，因为斜坡的坡度延伸了 600 米，使人无法察觉。

我认为，明智地使用土地是一个非常重要的因素。事实上，整个项目的基本理念是重建城市和海洋之间多年来失去的紧密联系。这种联系现在已经在两个方向重新建立：从城市到大海，扩展现有的城市结构；从大海到城市，通过沿着贯穿的主轴创造水道、植被区和林荫大道，沿着海滨通向大公园。

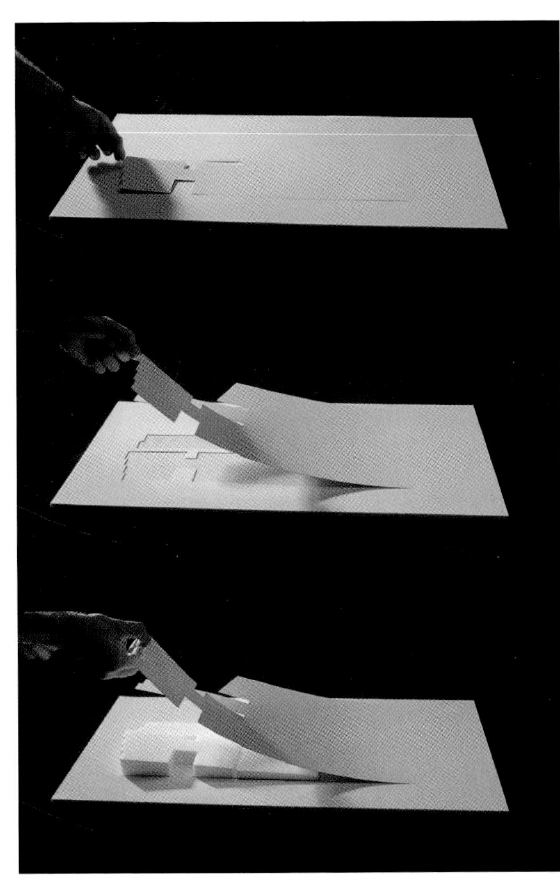

园区总面积16.6万平方米，种植树木3500棵，灌木3.5万株。歌剧院和图书馆建在山下，从公园的高度逐渐上升到33米，坡度从1：50到1：12.5不等

与团队在一起，他们是安德烈亚斯·德拉科普洛斯（Andreas Dracopoulos）[斯塔夫罗斯·尼阿克斯基金会（Stavros Niarchos Foundation）]，以及乔治·比安奇（负责该项目的伦佐·皮亚诺建筑工作室合伙人）

最好的观察点是玻璃墙的阅览室：在一个方形平面上的一个透明展示台，可以 360° 欣赏雅典和大海的景色。房间位于遮篷下方，屋顶遮挡了整个综合体的阳光。这个椭圆形的“飞毯”占地 1 公顷，长 100 米，宽 100 米，由大约 20 根柱子支撑。它位于海拔 40 米、比山高 10 米的地方。顶部有太阳能电池板，满足建筑基本的能源需求。正如我们在旧金山的加州科学院已经发现的，当你把一个公园建在一栋建筑的顶部，耗能总是很低，并且 1 公顷的太阳能电池板能够产生 2 兆瓦。所以这个巨大的太阳能场有两个功能：第一是提供阴凉，第二是收集能量。

歌剧院由两个不同规模和容量的礼堂组成：1400 个座位的主厅，用于上演歌剧和芭蕾舞；450 个座位的小厅，用于实验表演

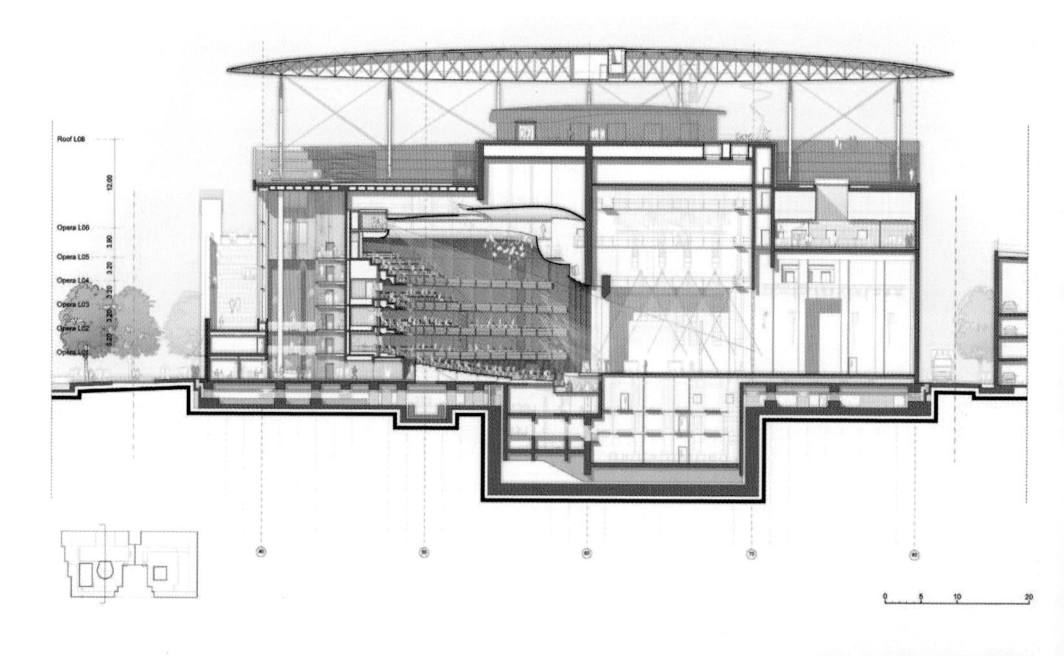

新的国家图书馆建筑面积约 3 万平方米。它将容纳 100 多万册书。一楼将全部用作公共图书馆，对所有人开放

钢筋水泥雨棚屋顶面积 10000 平方米，由 30 根钢柱支撑。上层表面覆盖着光伏电池板，可产生 1.5 兆瓦的电力，足可以为整个建筑群供电

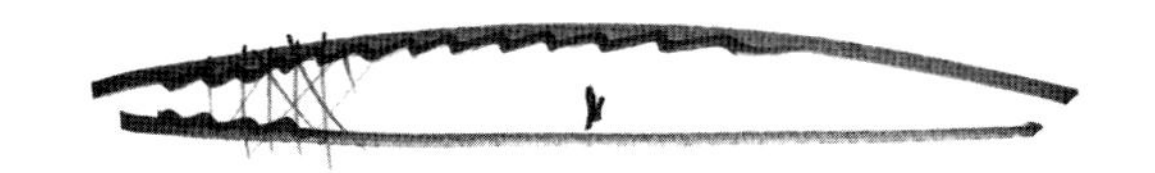

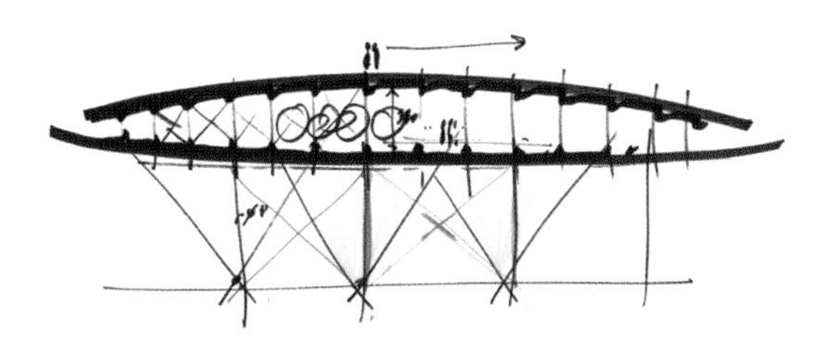

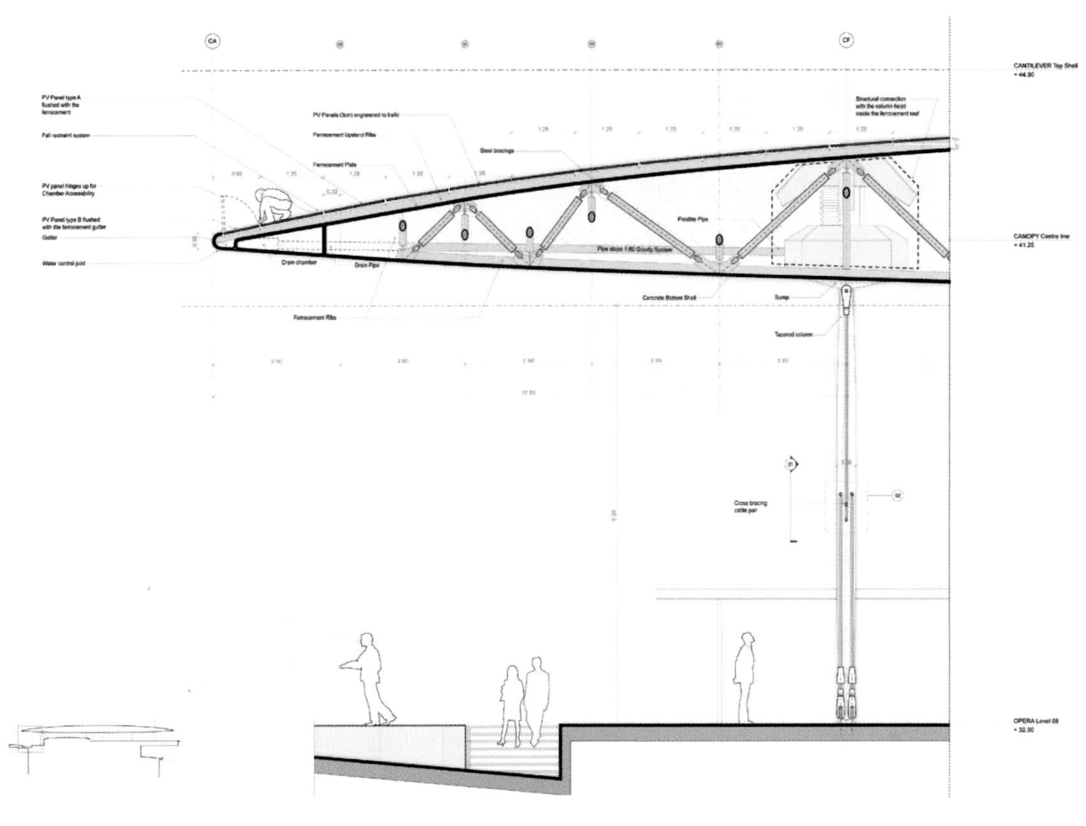

2009 年 意大利热那亚 为意大利国家电力公司所做的风力涡轮机

设计
2009—2010 年
施工
2011 年
桅杆高度
20 米
桅杆直径
35 厘米
叶片直径
16 米
输出
约 55 千瓦

通过回顾风力发电工程的历史，我们设计了一种细长的涡轮机，它有两个类似蜻蜓翅膀的叶片，不是竖立在山顶上，而是在山坡上，这样就可以利用地面的风。它隐藏在树叶之间，甚至在微风中也会转动。

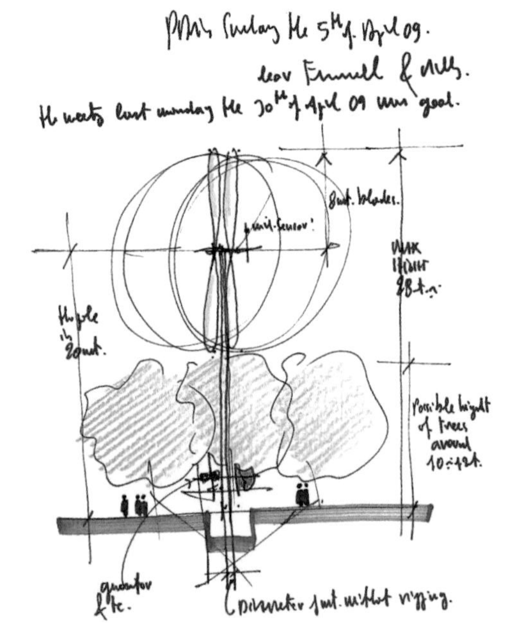

这个想法是：一个点悬浮在空中，似乎变魔术一样，有两个像蜻蜓翅膀一样的透明叶片围着它无形地旋转。风力涡轮机必须又小又轻，即使是最轻微的微风也能得到利用，并且总是安静地运转。我们设计了一个直径为 35 厘米，高 20 米的桅杆，像船一样细长，用钢索支撑以减少振动。在顶部，我们成功地把三个转子压缩进一个锥形的外壳，看起来像一架航天飞机。两侧是两个非常轻的机翼，只有 8 米长，由聚碳酸酯膜连接在一起。我们尝试抛去材料，简化并且寻求缩小和微型化一切。由于必须利用风一起进行工作，涡轮机不得不和风进行模拟。所以我们决定利用掠风（grazing winds），这些水流被引向山谷和山坡上，以便将涡轮机隐身于大自然中，而不让它在山顶上突显出来。与其把 100 米高的机器放在山顶上，还不如把 20 米高的微型风力涡轮机放在更低的地方。意大利是一个人口密集的国家，到处都是需要突出环境价值的地方，不夸张地说，只要风力涡轮机不规模过大，就不会破坏风景。为了减少对景观的影响，我们首选用两个叶片而不是三个叶片降低能见度，并且在完全没有风的情况下，只有桅杆和两个叶片垂直对齐形成的一条细垂直线。对于低海拔地区，谨慎和技术复杂的结构在许多情况下可以融入风景。意大利的风景是脆弱的。我们这里有一个非常灵敏的机器，它开始以每秒 2 米的速度转动。一个风速或多或少 3.5 节，如果你有一个好的大三角帆，完全可以把它利用在船上。我们与意大利国家绿色电力公司（ENEL Green Power）合作开发的风力发电机可连续输出高达 55 千瓦的电力，其中 10 个风力涡轮机可以满足几百个家庭的需要。这表明广泛分布的可再生能源代表着一个已经成为现实的未来，而大型发电站正开始变成过去式。

与伦佐・皮亚诺建筑工作室合伙人伊曼纽勒・多纳戴尔（Emanuele Donadel）在一起

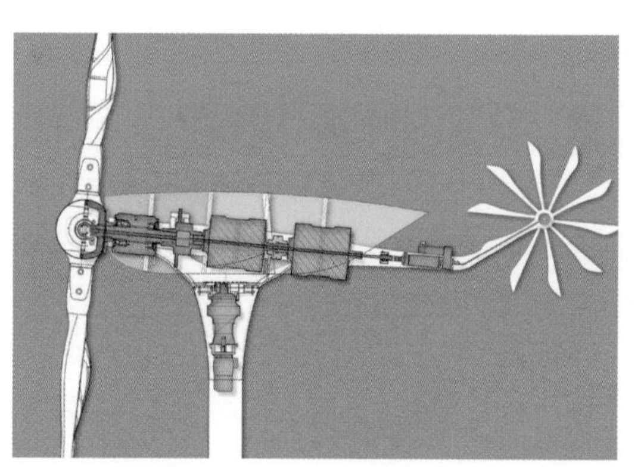

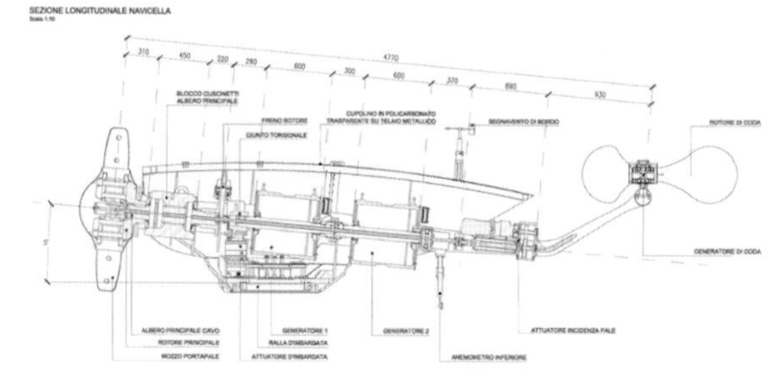

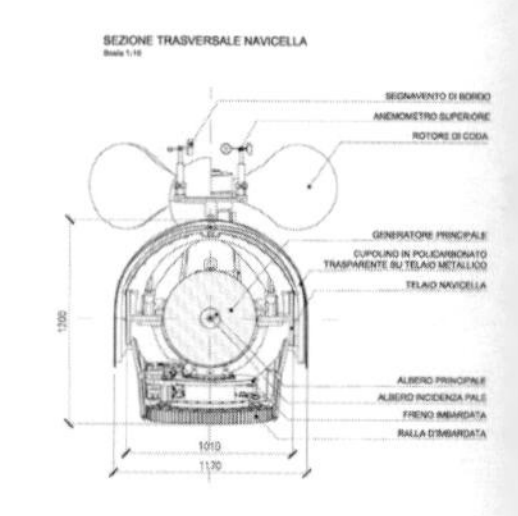

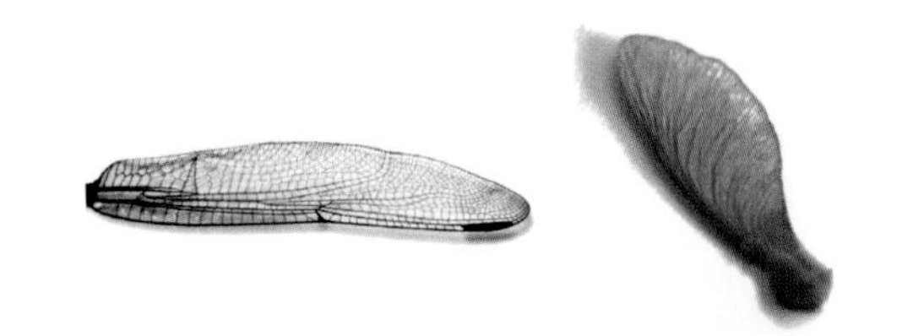

前视图显示
比例 1 ： 10

碳结构

碳肋

透明聚碳酸酯
饰面

进风板

出风板

碳肋

透明聚碳酸酯
饰面

侧视图

侧视图
比例 1 ： 50

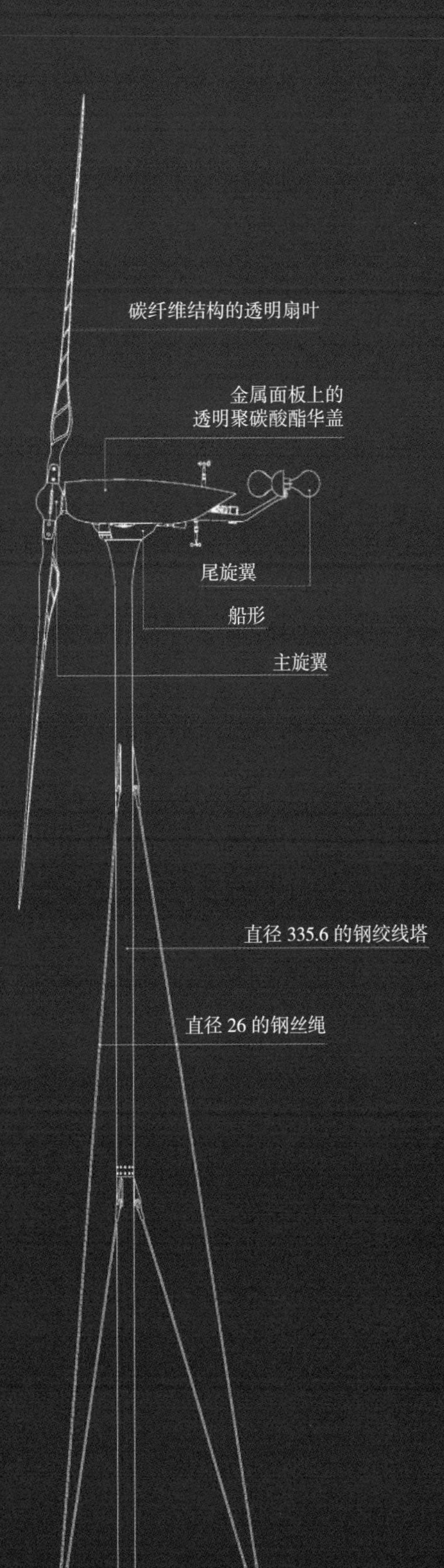

2009 年 马耳他瓦莱塔 瓦莱塔城门

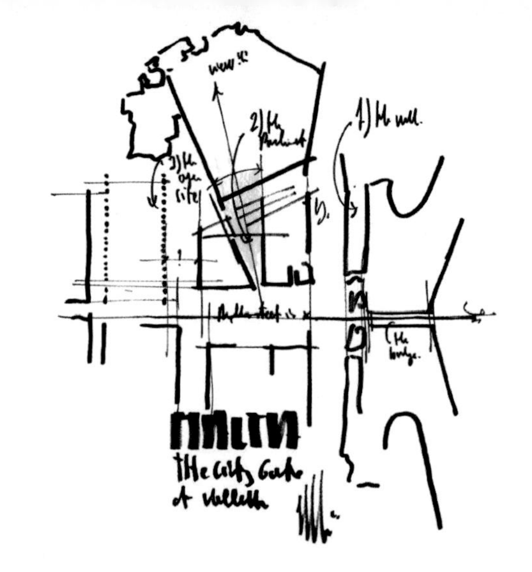

设计
2009—2010 年
施工
2010—2015 年
用地面积
40000 平方米
总建筑面积
议会大厅：7000 平方米
歌剧院：2800 平方米
（舞台：1800 平方米 + 后台 1000 平方米）
建筑高度
19.7 米
建筑层数
地上 4 层 + 地下 2 层
歌剧院：
地上 1 层 + 地下 1 层
歌剧院
918 个座位

这座重新设计的城门在瓦莱塔（Valletta）的防御工事、新国会大厦和被炸弹炸毁的皇家歌剧院废墟之间迎接游客，它保留了对这个地方的记忆，但也创造了具有新的城市特色的空间。

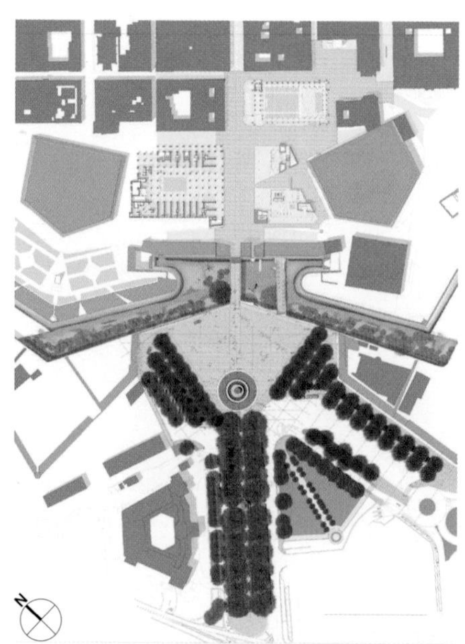

这个项目的历史可以追溯到很久以前。我们第一次被叫到瓦莱塔是在大约 30 年前，1986 年。这是联合国教科文组织 [UNESCO，由萨尔维诺・布苏蒂尔协调（Salvino Busuttil）] 和马耳他政府发起的一项城市旧港填海工程。在过去的几个世纪里，城门得以多次重建，最后一次是在 20 世纪 50 年代。然后，它由一座适合车辆通行的大桥连接到城市，面对着一个作为公共汽车终点站的交通圈。伯纳德・普拉特纳和我花了一段时间想把公路桥换成供行人通行的木制通道；一种吊桥，从上面可以欣赏护城河上的花园。不幸的是，这个计划没有实现，好像已经被遗忘了。但有时想法要经过很长一段时间才能找到实现的时机。在这种情况下，我们于 2008 年第二次被召回马耳他。于是我们又出发了，伯纳德和我，这次由安东尼奥・贝尔维德（Antonio Belvedere）陪同。三年后，在建筑施工期间，安东尼奥成为我公司的合伙人之一。

该项目重新规划了进入瓦莱塔主要入口的整个地区。自从马耳他 1964 年脱离英国独立，最终于 1974 年成为共和国以来，瓦莱塔一直遭受着混乱和仓促的城市规划的困扰。我们的首要关注点是，在这个对整个马耳他具有强大象征意义的地方，恢复对一个饱受摧残的历史和建筑遗产的重视。同时，有必要创造新的文化和城市空间。我们在三个方面进行了工作：城门以及第二次世界大战期间被炸弹炸毁的议会新大楼和皇家歌剧院的修复。

城墙和护城河是城门地区的重要组成部分。由于一系列不成比例的扩建，最初的桥变得比它原来的长度还要宽，多年来已经变成了一种方形，失去了特色。这一次我们的计划没有受到阻碍：我们已经恢复了这座桥最初的功能和尺寸，因为它是由图马斯・丁利（Tumas Dingli）在 1633

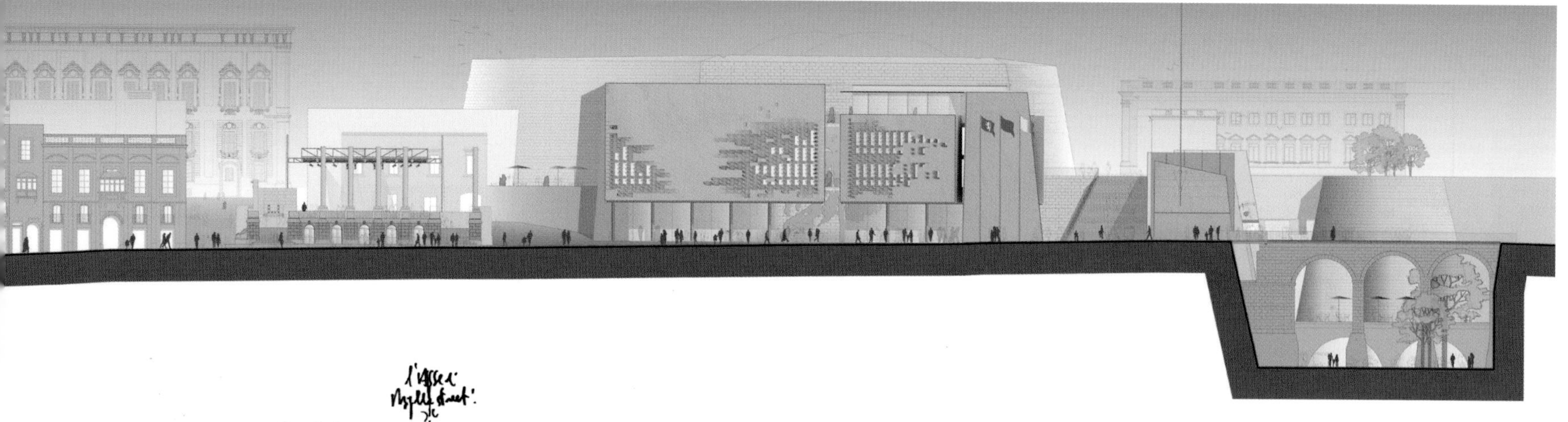

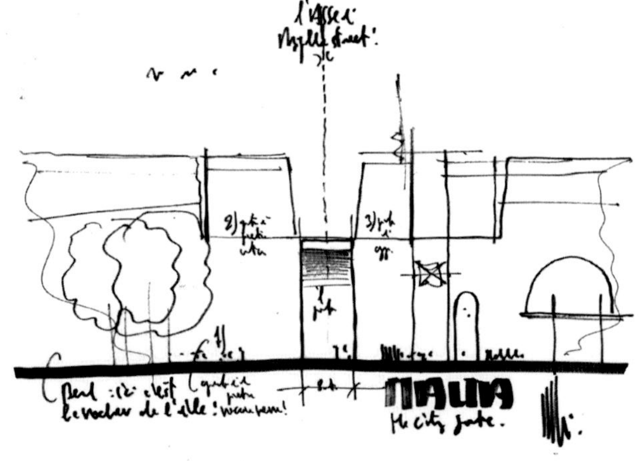

年建造的。从河的一头到另一头，“飞越”护城河，欣赏护城河的景色，这样的经历终于又恢复到了路人的生活中。

教皇庇护五世街（Pope Pius V Street）的一段与城门交叠的部分被拆毁，使得两层宽阔的台阶得以修建。这两层台阶将这座城市与堡垒连接起来，通往圣詹姆斯骑士（St James Cavalier）和圣约翰骑士学院（St John’s Cavalier），并向下延伸至共和街（Republic Street）。该项目的一个基本原理是打开通往天空的大门，全景电梯可以让人们进入护城河，在那里他们可以充分欣赏它的深度，并在下面的花园中漫步。

新大门是用大块的石头建造的，用锋利的钢刃切割侧面，明确划分了新旧之间的界限。当地的石头是整个介入行动的真正主角：附近的戈佐岛重新开放了一个采石场，为我们提供石灰石，马耳他的许多建筑都使用这种石灰石。虽然大门需要以坚固、厚重和巨大的形式被使用，但议会大厦对这项建筑技术进行了全新的和更具活力的解释。

国会大厦是你过桥后看到的第一座建筑物。自由广场的停车场已经不见了。但广场并没有消失，其 60 米 ×25 米的空间在游客通过大门后立

城门：8 米宽的人行天桥横跨护城河，通向城墙的缺口。紧靠城堡内部有两层台阶连接着城堡和共和街。两个 6 厘米厚的垂直叶片和两个 25 米高的“天线”突出了开口。护城河可以通过楼梯和全景电梯从大门进入

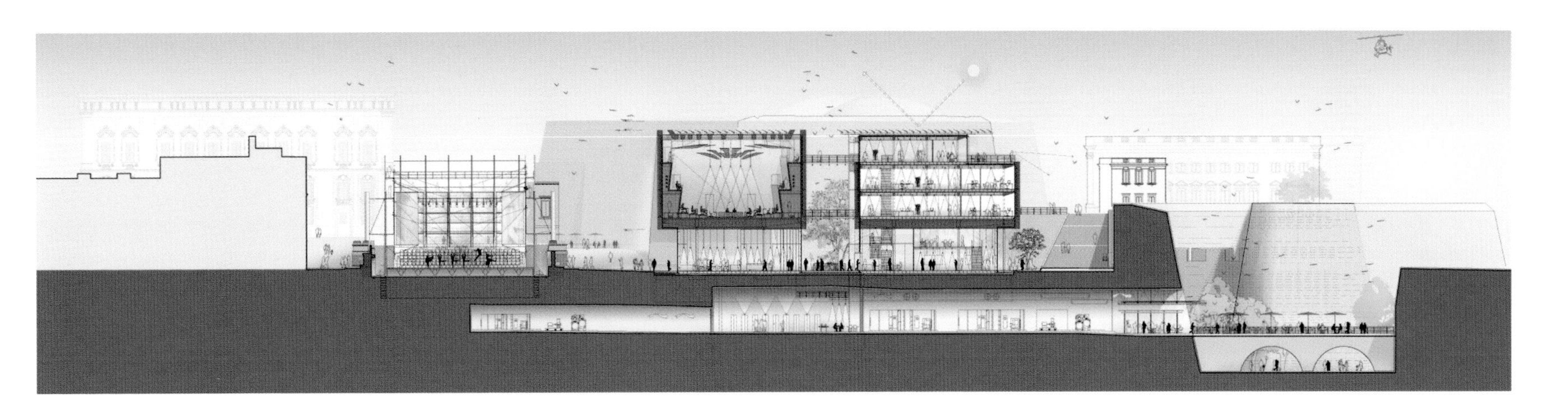

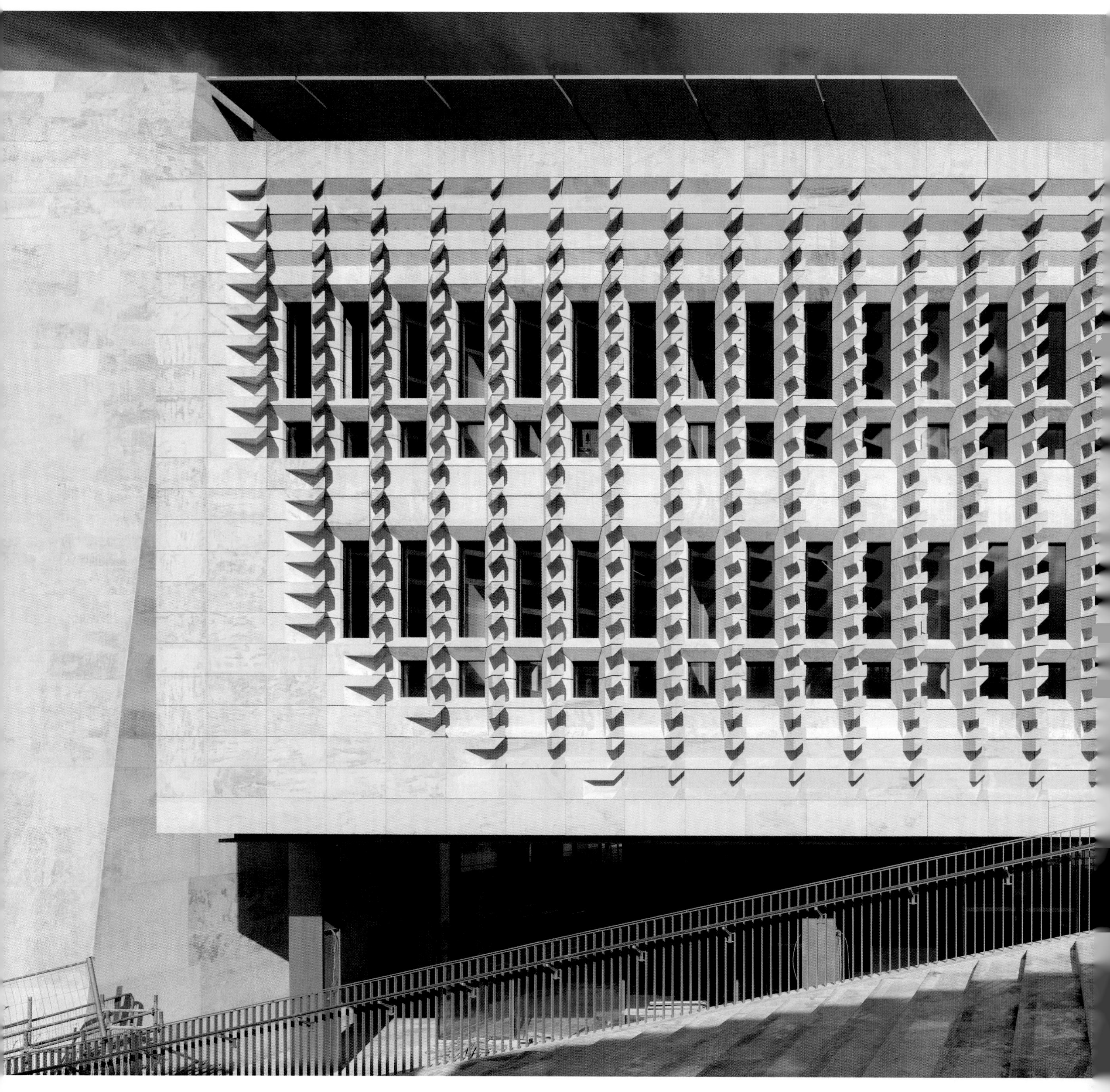

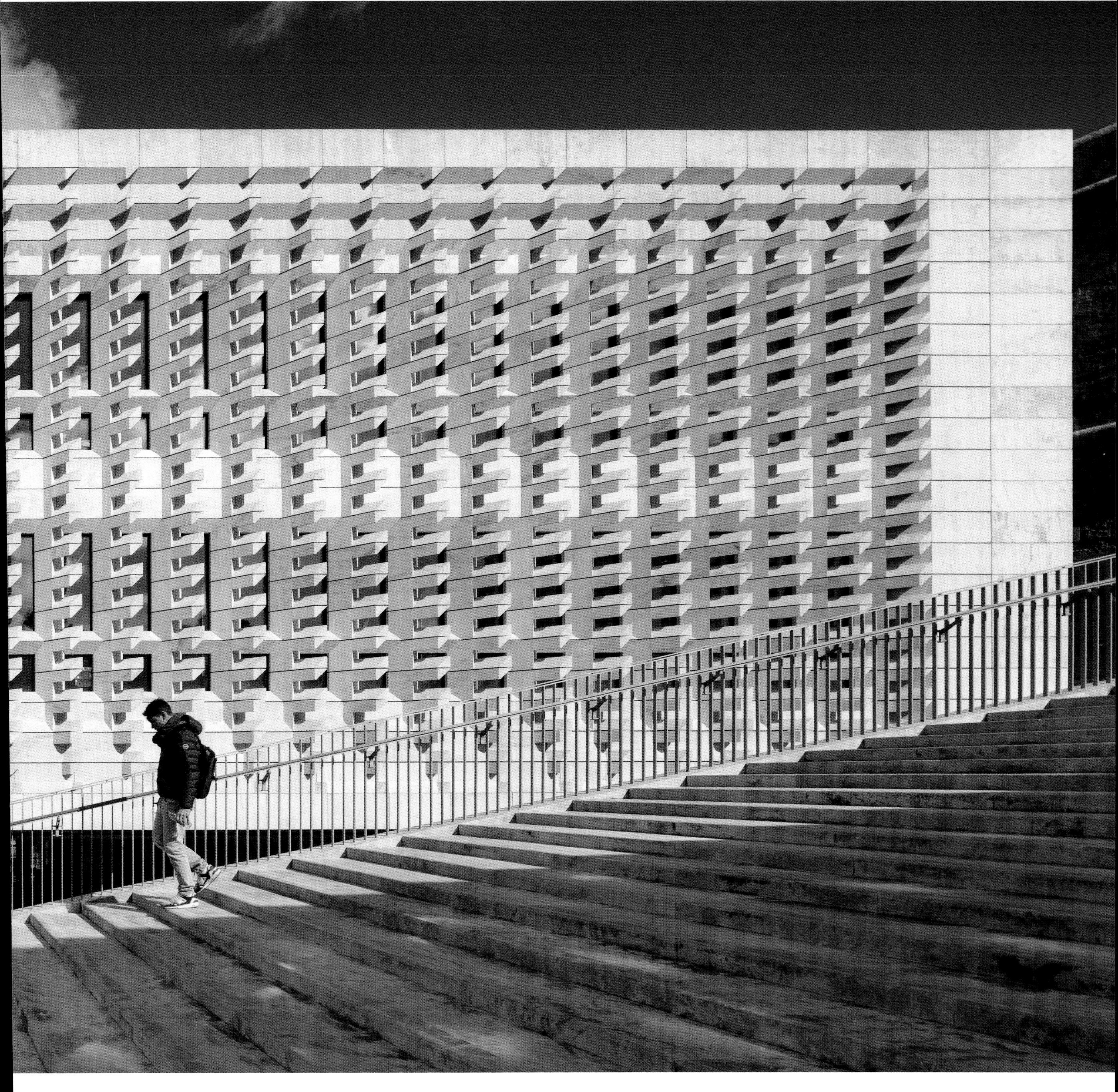

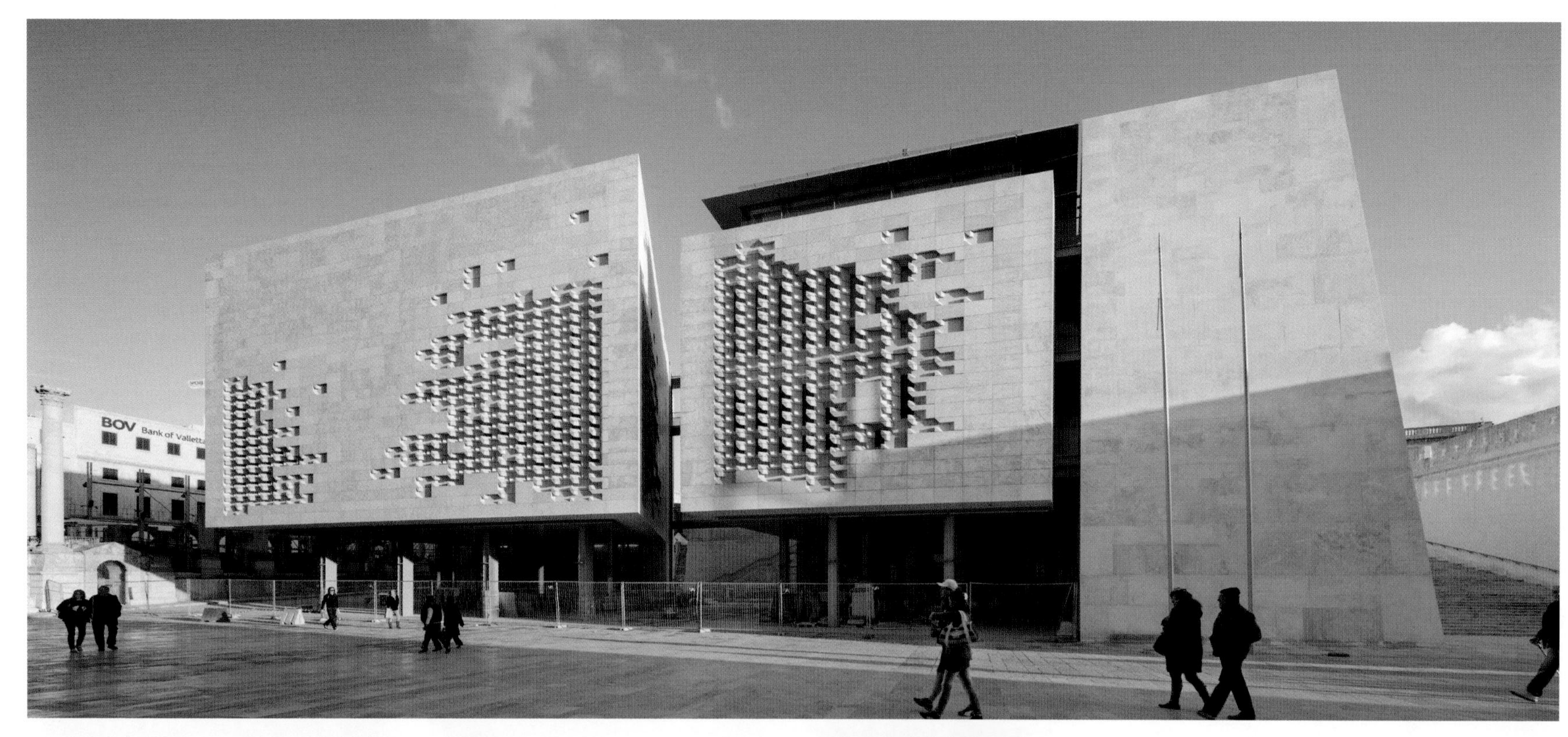

国会大厦分为两个街区，位于一个通往公共庭院的采光基地上。北楼用作议会议事厅，而南楼则用作议会团体、总理和反对派领导人的办公室，屋顶上有600平方米的光伏面板

与负责该项目的伦佐·皮亚诺建筑工作室合伙人伯纳德·普拉特纳和安东尼奥·贝尔维德等在现场

即迎接他们——这是典型的欧洲城市公共场所，为聚会和城市生活的仪式提供场所。在这个地点建造马耳他最具代表性的机构即议会，意味着在城市入口激发一种城市活力。立面经过雕刻：我们没有添加装饰元素，而是创造了一个“金银丝”，过滤阳光和提供自然照明。另一个重要的方面是，该工程对环境负责，几乎零排放：由40口地热井组成的系统所产生的能量可用于加热和冷却，地热井的深度可达海平面以下100米，屋

顶覆盖着 600 平方米的光伏板。

最后是马耳他皇家歌剧院（Royal Opera House）的重生，它于 1942 年在轰炸该岛的空袭中被毁。在这里，现存的遗迹和剧院的存在已经成为马耳他历史的一部分，深深印在人们的集体记忆中。它们必须得到保护。在新的多功能空间内，我们插入了一个钢结构的木制座椅层，配有照明和音响系统。这个露天剧院可容纳 1000 人，在不用于演出时可以作为一个公共广场使用，并提供了卡斯蒂利亚城堡（Auberge de Castille）的壮丽景色。我喜欢把过去和未来、历史和现代结合在一起，像瓦莱塔这样的地方——保护废墟，赋予它们尊严，赋予它们功能，并为当代生活增添机械元素。

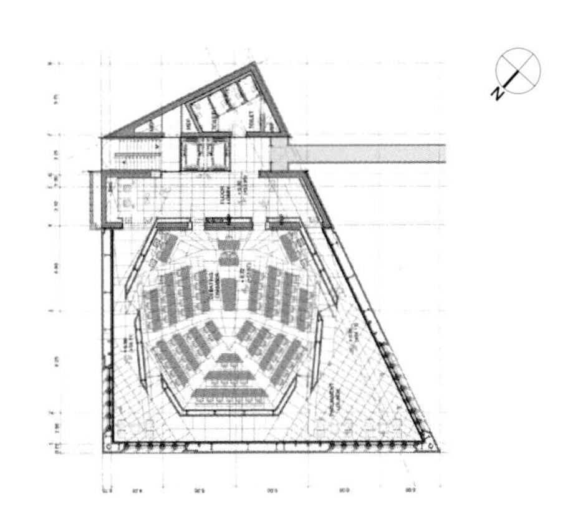

皇家歌剧院与共和国街成直角，由一个轻巧灵活的钢平台组成，该平台位于 1942 年被炸弹炸毁的早期建筑遗迹之上

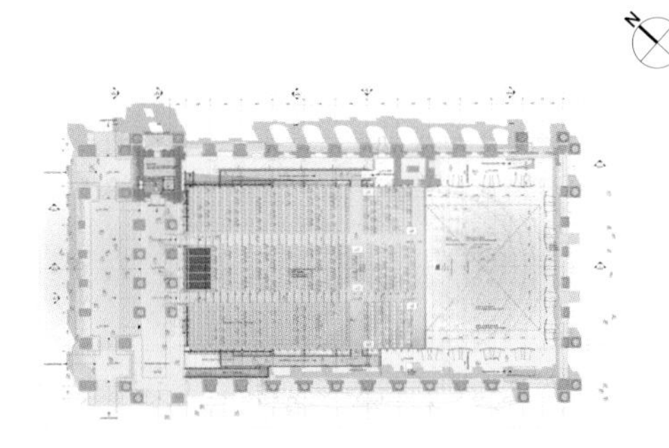

2010 年　意大利拉奎拉帕科礼堂

这个想法来自克劳迪奥·阿巴多（Claudio Abbado），他经常让我参与他在音乐领域之外的探索。拉奎拉（L'Aquila）是一座音乐之城，但在 2009 年的地震之后，再也没有地方可供人们演奏和聆听它了。于是，帕科大礼堂（Auditorium del Parco）就这样诞生了，它就像是一个从费姆山谷（Fiemme Valley）用木头建造的乐器。

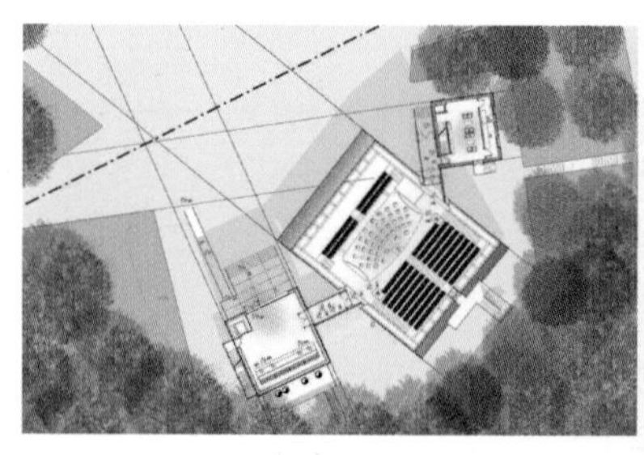

这个小项目的构思是为了使这座古城恢复生机。这是一个重建城市广场的问题，即使只是临时性的重建，一个对文化和音乐具有“磁铁”般吸引力的城市广场在拉奎拉有着悠久的历史和传统。这个空间也可以成为一个聚会的地方、一个在 2009 年地震后分散社区人口的聚集点。重要的是要努力用美和社会关系填补这种悲剧所造成的创伤。礼堂非常靠近“红区”，这个城市的历史中心至今仍处于关闭状态。它代表了一个小小的障碍，那就是艺术对抗野蛮化的障碍。

拉奎拉有一个著名的音乐学院、管弦乐队和众多音乐协会，包括第二次世界大战刚刚结束后阿奎拉娜·迪公司成立的巴拉特－泰利音乐协会（Societ à Aquilana dei Concerti Barat- telli）。创建一个音乐场所的想法来自我的朋友克劳迪奥·阿巴多（Claudio Abbado），这并非偶然。不幸的是，他已不在我们身边：他经常在这个城市举办音乐会。当他担任指挥的莫扎特管弦乐队开始筹集资金时，特伦托省（Province of Trento）立即慷慨地支持和资助了这个项目。克劳迪奥叫我，或者更确切地说是传唤我，我当然跑了过来。他是大脑，我是肌肉，还有帕洛·科罗纳（Paolo Colonna）、亚历山德罗·特拉尔迪（Alessandro Traldi）和毛里齐奥·米兰（Maurizio Milan）。在震后的条件下工作并不容易，但最终我们做到了，礼堂还作为年轻人的聚会场所，他们重新获得了历史中心的所有权。

这座建筑完全是用木材建造的，是临时的。它将一直保留到斯帕格诺城堡（Forte Spagnolo）的音乐厅被修复为止。帕科礼堂由三个形状各异、尺寸不同的木质体块组成，并列且连接在一起。更大的中央体量包括一个有 238 个座位的大厅和一个容纳 40 名音乐家组成的管弦乐队的舞台。所有三个部分——音乐厅、更衣室、酒吧和门厅——都是木制的，可以在其他地方拆除和重建。

我们的灵感来自世界上地震最频繁的国家日本的木制建筑。建筑所用的材料是来自费姆山谷（Fiemme Valley）的挪威云杉，该地区传统上为克雷莫纳（Cremona）的琴师和安东尼奥·史特拉第瓦里（Antonio Stradivari）本人提供调音木材。除了它的音乐特质外，木材是一种真正的可再生资源：你只需要种植和你砍伐的树木数量一样多的树木。

一个“教育建筑工地”也在礼堂项目中发挥了作用：来自拉奎拉大学工程与建筑系的 20 名学生被选中跟进工程，体验建筑的冒险，有点像文艺复兴时期的工作坊。

设计
2010—2011 年
施工
2012 年
用地面积
2500 平方米
总建筑面积
471 平方米
再生绿地
4491 平方米（93 棵新树）
建筑高度
18.5 米
外覆层
6000 块挪威云杉板，每块约 25 厘米宽，4 厘米厚
礼堂
238 个座位

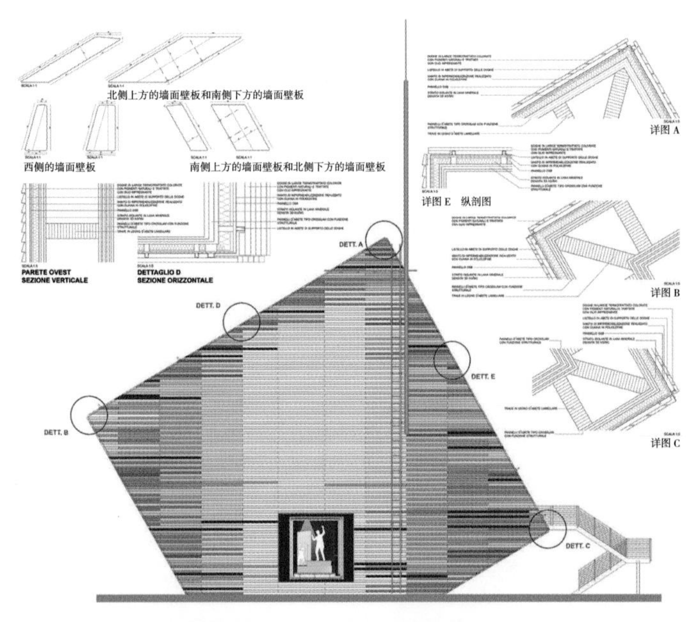

该结构是由层压木材建造的，由一个格子梁组成，板固定在内部和外部。面板是由叠加和交叉的层压板与树脂粘在一起。立方体的外表面覆盖着挪威云杉木板，每块木板约 25 厘米宽、4 厘米厚

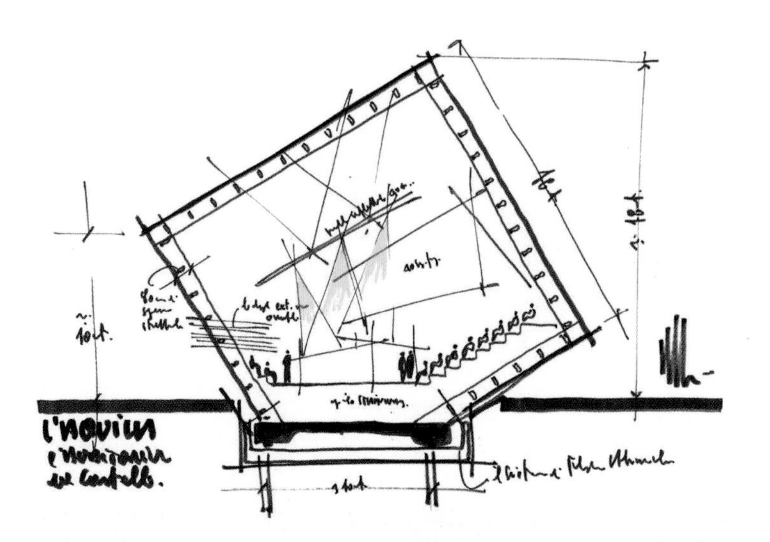

与伦佐・皮亚诺建筑工作室合伙人帕洛・科罗纳和亚历山德罗・特拉尔迪（Alessandro Traldi）在一起

一群来自拉奎拉大学工程系的学生被选中参加一个教育项目，这使他们能够跟踪项目的每个阶段

建造临时礼堂的想法来自克劳迪奥·阿巴多。2009 年 6 月，他曾前往拉奎拉指挥莫扎特乐队（Orchestra Mozart）的一场音乐会

2011 年　迪奥格内 最小住房单元

独立生活的最低限度住宅：从我上大学起的一个梦想，一个非常小的和可移动的房子可以容纳你需要的一切。它的建筑面积为 7.5 平方米，挑战在于关注“小”的概念；每样东西都可以在白天和晚上以不同的方式转换和使用。

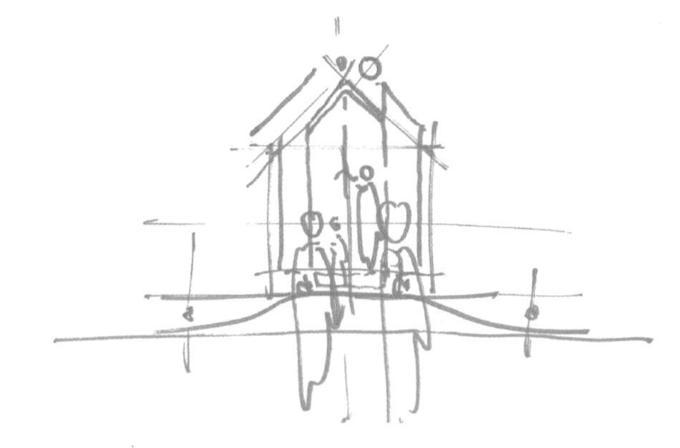

设计
2011—2012 年
施工
2013 年
尺寸
2.4 米 ×2.4 米
2.5 米 ×3 米，完全组装和安装完成的情况下
建筑高度
2.3 米
建筑重量
1.2 吨
电力供应
光伏电池和太阳能电池板

从大学时代起，我就有一个梦想：建造一个可以容纳一切的小型可移动房屋。它变成了在我脑海里的一种挥之不去的思想，我不止一次试图描绘出具体形式，例如 1978 年我和彼得・莱斯设计发展的住房单元，并且最近是在朗香可怜的普尔・克莱尔（Poor Clare）修女们简陋的房子里。每次造船时，我也会摆弄它，空间必须精确到厘米。这一切产生了迪奥格内（Diogene）——一所真正的房子，将生活所需的一切塞进面积只有 2.5 米 ×3 米的区域。

但这不是一个浪漫的想法，也不是对戏剧主题的尝试：这是一所真正的房子、一个最小的家。专注于“小”的概念对那些通常需要处理大规模项目的人来说是一种挑战和奢侈，因为它促使你在可以用手测量的维度上定义质量和美丽。当迪奥格内寻找一个诚实人的时候，他就躺在这个木桶里生活。我一直很喜欢这则轶事，讲的是亚历山大大帝去看躺在阳光下的迪奥格内，并问他是否可以为他做些什么。哲学家微微从地上站起来，看着亚历山大的眼睛，回答说：“是的，请离开我的阳光。”迪奥格内表达了对独处的需要：一种不是缺席而是有思想存在的沉默。

生活单元能源自给自足，每一个细节都是为量产而设计的，把成本降到了普通汽车的水平。这种结构外壳是用交叉层压的雪松木板制成的，表面覆盖着一层铝薄膜，这使得外壳有光泽，并且耐风化。在两个表面之间插入一层几厘米厚的空心板绝缘层：这提供了一个非常高的绝缘水平和最小的厚度。除了确保一个理想的环境氛围，木材传达了一个与世隔绝的避难所的抚慰的想法。

迪奥格内分为三个基本的空间，但是任何东西都可以修改和用于不同的目的。有一个房间可以从白天转换到晚上使用，一个设备齐全的小厨房和一个小浴室。屋顶上的光伏板提供热水和电能，这些电能储存在电池中，为 LED 灯、一个小电炉和一个小冰箱供电。雨水被收集、过滤并泵入淋浴房和厨房。迪奥格内是在莱茵河畔威尔的维特拉大学校园建造的（Vitra campus in Weil am Rhein），它不是一个临时住所：它是一个最小可居住空间的实验。

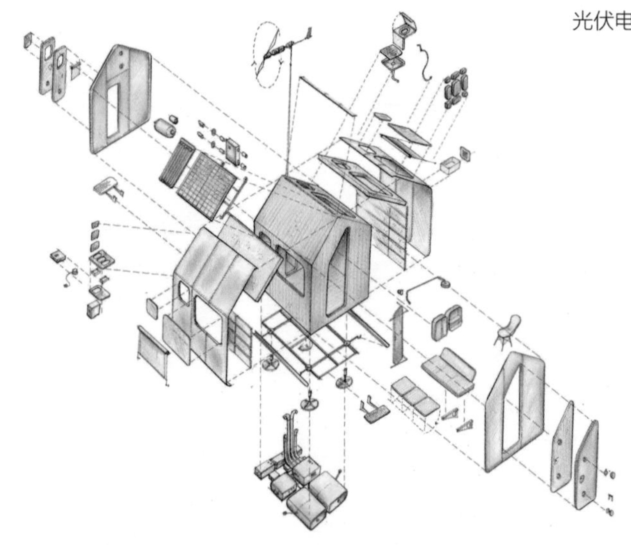

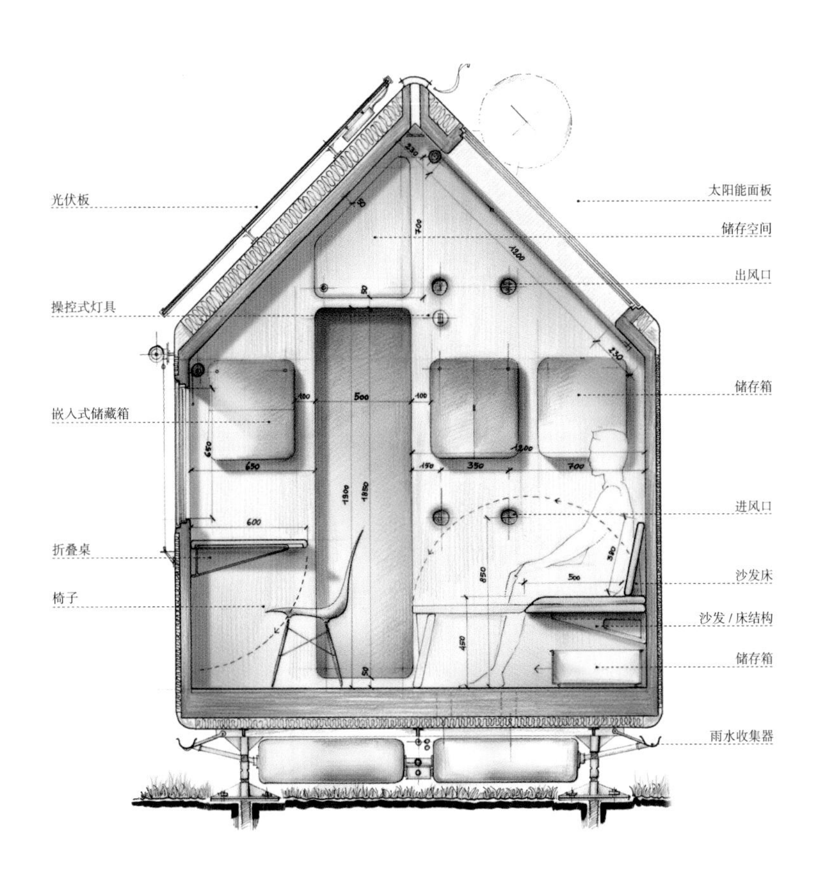
光伏板
太阳能面板
储存空间
出风口
操控式灯具
储存箱
嵌入式储藏箱
进风口
折叠桌
沙发床
椅子
沙发 / 床结构
储存箱
雨水收集器

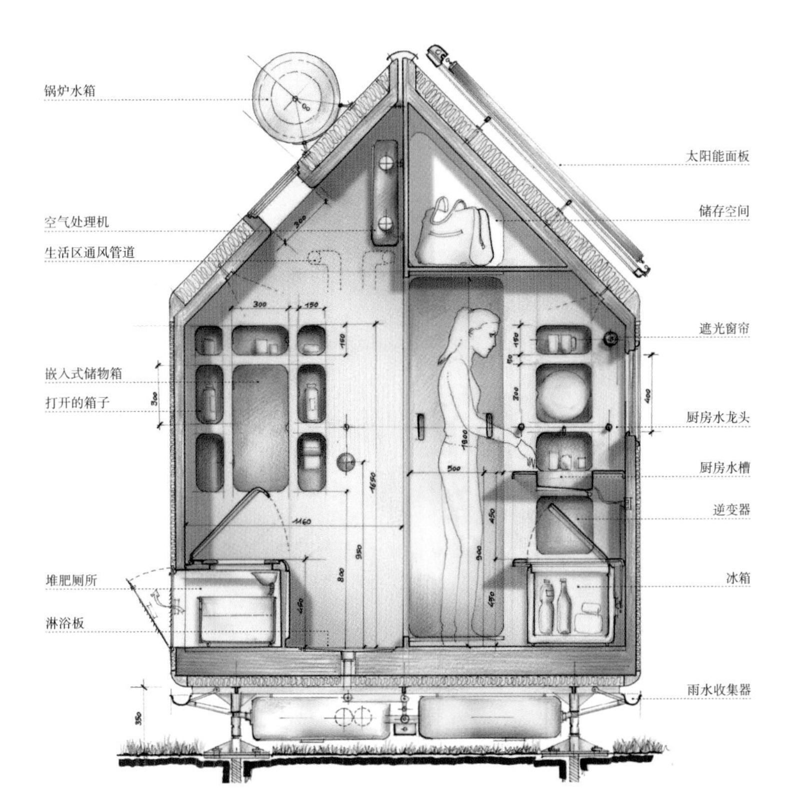
锅炉水箱
太阳能面板
空气处理机
储存空间
生活区通风管道
遮光窗帘
嵌入式储物箱
打开的箱子
厨房水龙头
厨房水槽
逆变器
堆肥厕所
冰箱
淋浴板
雨水收集器

1960—2007 年　帆船

帆船是我的私人空间，对于我来说，它丰富着我的生活。我从 20 岁开始就喜欢制作这些漂亮的东西，我经常用建筑工地搬来的材料做实验，我真的很喜欢航海。

建造一个在水上运行、悬浮的东西的想法一直令我着迷，部分原因是我来自热那亚，小船勾起了我童年对港口的记忆，那是我和父亲周日散步时最喜欢的地方。1960 年，我亲手用海洋胶合板在我家下面的车库里造出了我的第一艘船——迪顿一号（Didon I）。它很小，只有 7.2 米长，但是当我完成后，它却无法搬出房间的门（我不得不把它拆掉）。 对我来说，乘船出海意味着和我的家人或朋友一起离开港口，待在大海里，在小海湾和避风港里抛锚睡觉，远离喧嚣和混乱。

到目前为止，在我已经设计出的六艘系列船的制作过程中，有两个地方一直吸引着我：一个是建造帆船本身；另一个是我可以乘着它们去航海。在造船过程中，你可以立即享受到动手操作的乐趣，可以体验到船在院子里日渐成型的成就感，还有机会用不同材料进行各种实验。 例如，在 1965 年，制作我的第二艘船迪顿二号（Didon II）时，我使用了层压板。接下来的几十年里，我们在很多项目中都沿用了这种材料，比如支撑 IBM 展馆金字塔形窗户的拱门设计。在 1972 年制造迪顿三号（Didon III）的过程中，我使用了钢筋混凝土，而这种材料后来也重新出现在休斯敦梅尼尔收藏美术馆（Menil Collection）屋顶的“叶子”上。1982 年，我在阿瓜维瓦（Aguaviva）龙骨上测试了一种名为伊罗科木的非洲木材，这种木材具有特殊的味道和强度特性。后来亦把它作为努美阿的吉巴乌文化中心（Tjibaou Cultural Centre in Nouméa）百叶窗的建筑材料。最后是我制造的最后两艘船——基里比利一号和二号（Kirribilli I and II）两艘船都是应用了碳纤维材料。用基里比利这个名字表达了我对太平洋的敬意，也是对我作品的纪念。“基里比利”这个词来源于一个部落语言，意思是“好的渔场”，但它也是悉尼一个郊区的名字。悉尼是一个有着美丽港口的繁华城市，我们在那里工作了很多年。

迪顿一号，1960 年

迪顿二号，1965 年

迪顿三号，1973 年

建造一个几乎和房子一样古老的东西本身也是一种乐趣。古老的造船艺术让你对建造工艺的复杂性有了一个全新的认识：每种要素都有不同的

迪顿三号，1973 年

用于建造迪顿三号船的钢丝网水泥的试验

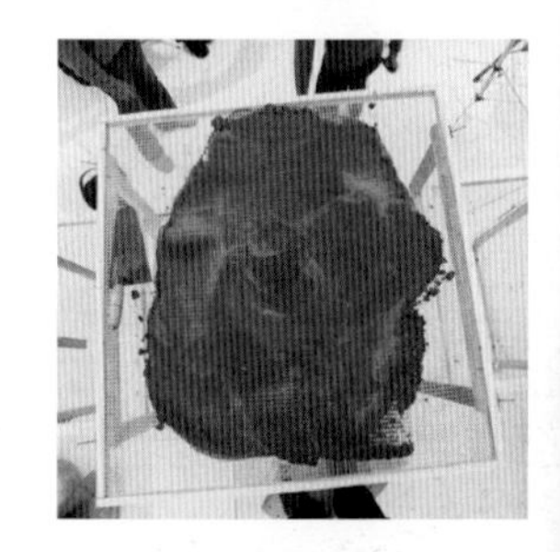

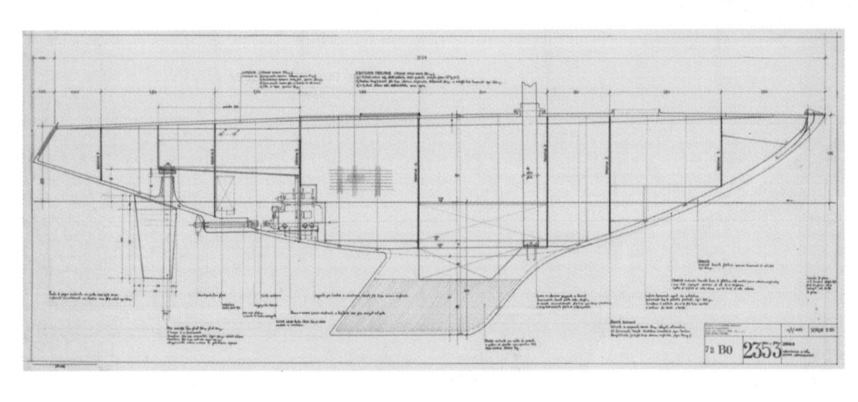

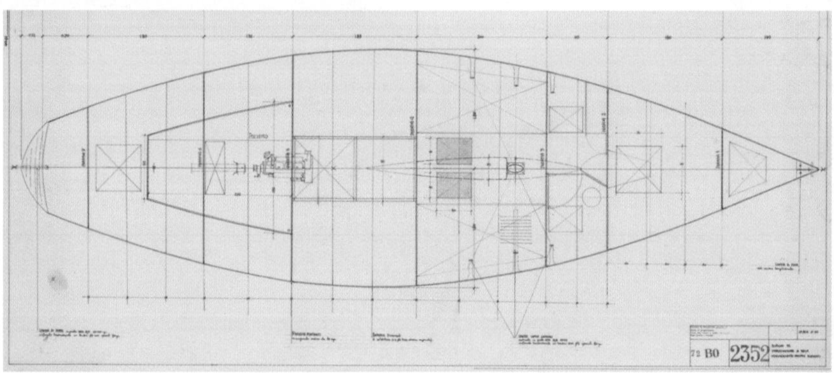

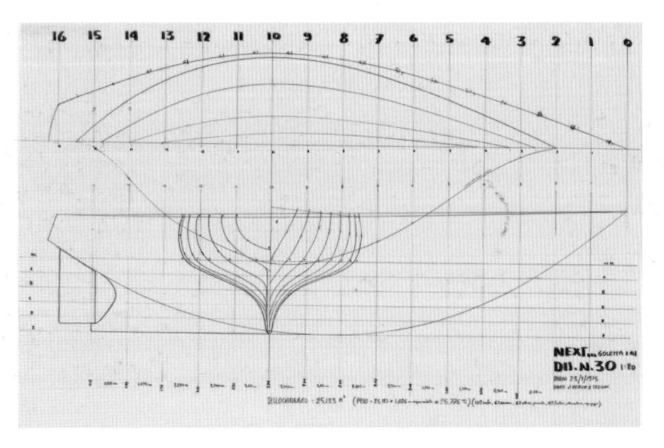

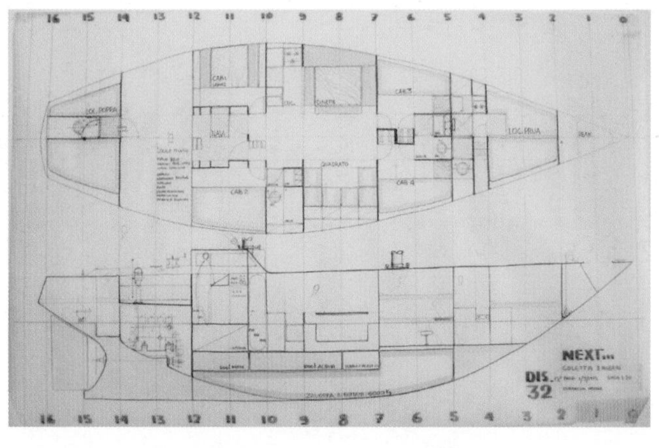

结构、动态和功能作用，甚至每种材料也有其各自的功用。如果船是木制的，那么我们将会用到金合欢木、伊罗科木或红木，以及柚木做甲板。与建筑之美交织在一起的是航海的理念，并且我们可以发现“轻盈”这一主题在我们的众多作品中都得以体现。因为我们所讨论的是风力驱动的船只，所以它是可持续性的。此外，对我而言，航海也是一种对“寂静”的追求，但帆船的“寂静”不仅是实际意义上的，而且也是隐喻的。

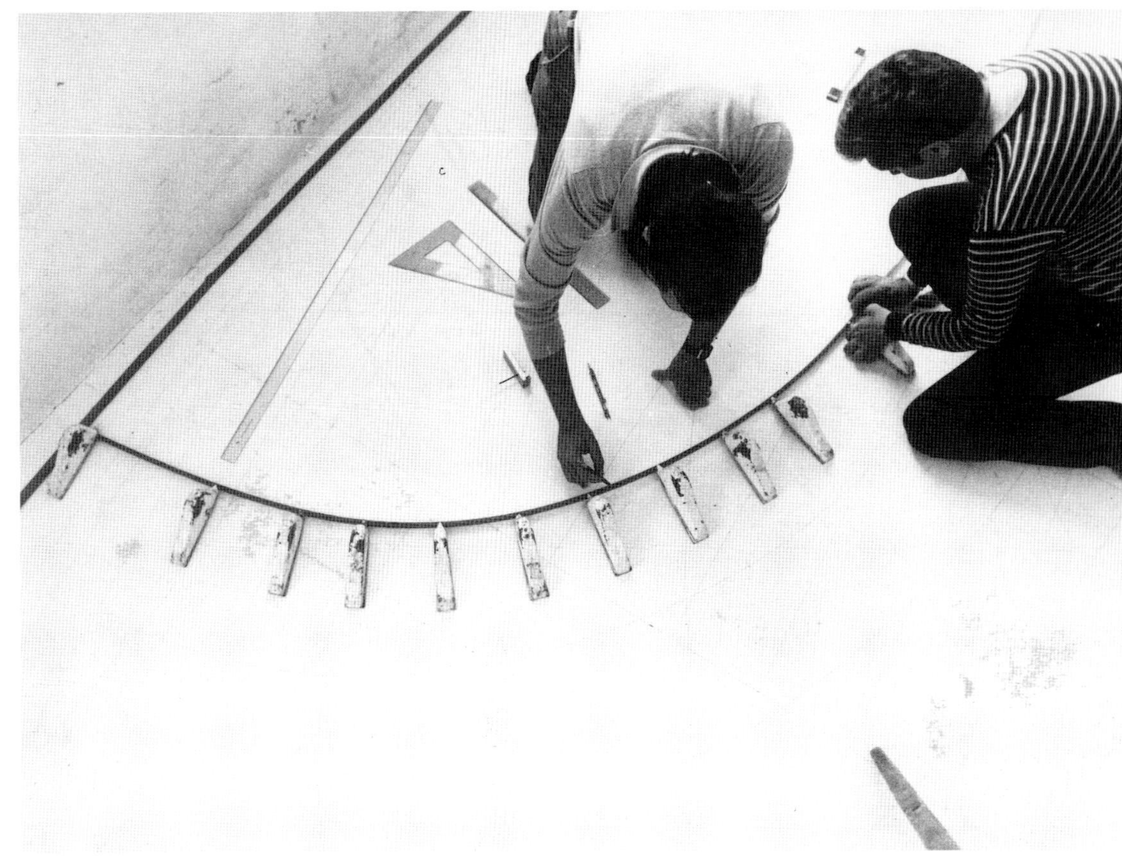

伦佐·皮亚诺在绘图 阿瓜维瓦的比例为 1 ： 1

阿瓜维瓦，1982—1984 年

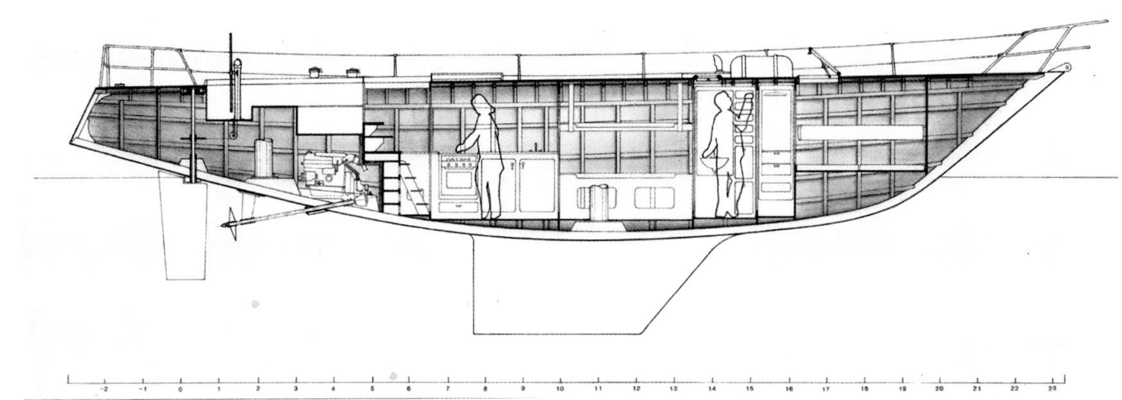

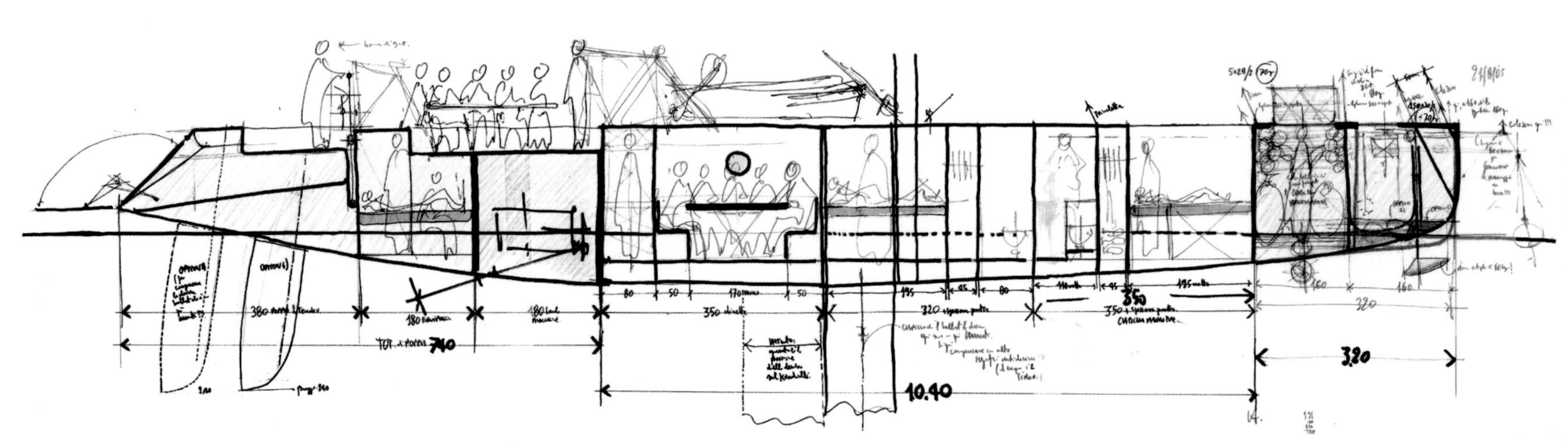

10.40
3.20

基里比利，2004—2007 年

DANTE'S
WORKSHOP
VIBRO

1:1
1: 5
1: 10
1: 20
1: 50
1: 100
1: 200
1: 500
1: 1000
1: 2000
1: 5000
RENZO
PADRE PIO PROTEGGIMI

建筑“车间”

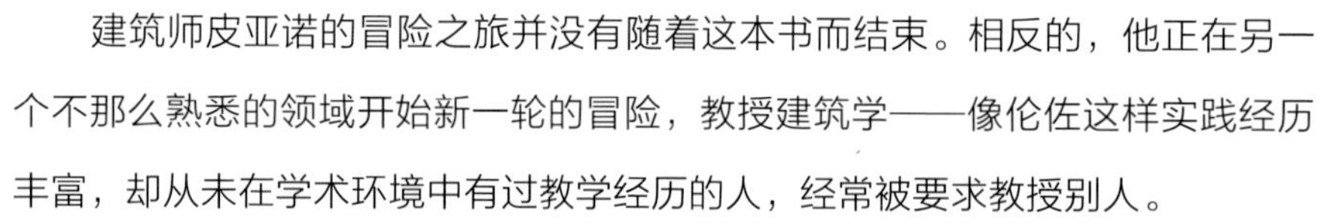

建筑师皮亚诺的冒险之旅并没有随着这本书而结束。相反的，他正在另一个不那么熟悉的领域开始新一轮的冒险，教授建筑学——像伦佐这样实践经历丰富，却从未在学术环境中有过教学经历的人，经常被要求教授别人。

皮亚诺的“工作室”已经成了一所学校，在那里他的年轻助手们日复一日地进行建筑实践。皮亚诺的两个工作室，一个在热那亚附近的维西玛（Vesima），另一个在距离博堡只有几米远的巴黎。这两间工坊是真正让人想起文艺复兴时期的博特加（Bottega）的地方，在那里建筑师仍被认为是“大师级工匠”，他能够将“实践”与“话语”“技艺”和“投机理性”联系起来。

在这里，皮亚诺似乎真正打破了古老而僵硬的自由艺术和制造艺术之间的界限，前者善于运用辞藻和映像，而后者由于依赖手和工具的使用而降至从属地位——即使从语言学的角度来看，在希腊传统中他们会将“制造”被归类为“掺假的”和“仆人使用的”。

然而，在这两个工作室里，所有参与者在每个工作的阶段都要既动手又动脑。无论是接电话，手绘，在电脑上工作，还是用木头雕刻一个模型，当他们完成工作时，在整体框架结构下都能够认识到自己的作用和完成过程中的贡献，无论大小。

操作方案并不是死板的，然而仔细观察，却揭示了一种微妙的“入会仪式”，初学者几乎不会发现这种仪式，尽管那些更有经验的人也不会发现。这个仪式见效飞快，以致所有新成员都会本能地认可并遵守工坊精心规划的适用于每位成员的规则。

对于那些在项目计划真正运用到工地试验场之前的场地——也许我们可以叫它“犯罪现场”，对于处理项目计划中的最后几处细节的人，我们该如何称呼他们呢？我们又如何定义那些在空白纸上起草新的“犯罪计划”的人呢？显然，他们每个人都是建筑师，但却是以一种特别的方式。如果在几个世纪前，我可能会给他们加上拉特莫鲁姆（lathomorum）博士或“泥瓦匠教师”这样的学术头衔，就像13世纪的皮埃尔·德·蒙特鲁伊（Pierre de Montreuil）称呼自己时一样；或者称他们为建筑师、艺术家、天才、木匠、几何学家……我可以以更接近工人词根的名词称呼他们，这样更适合那些在皮亚诺工作室里工作的人。因为在那里，石头就是石头，想法就是想法，图纸就是图纸，计算就是

计算。他们是活在石头、陶瓷、木头、钢铁与混凝土中间的人文主义者。在这里，实验永远不会结束，在这里，对“建筑师”一词的诸多定义完美结合，从语源上看亦是如此：无论是 Arkhi（意为“首席”）还是 Tekton（意为“建筑商”、“木匠”），当二者所体现的含义融为一体时，即代表着我们所说的“建筑大师”。

对于皮亚诺的两个工作室，我想增加第三个：飞机工作室。在那里，飞机就像一个减压室，话语是精炼的、浓缩的，以方便它到达“犯罪现场”即在建筑工地做准备，因为对于建筑学而言，工地才是真正的大学。只有对建筑的建造过程进行观察，我们才得以达成对建造过程的理解，并且最终学会欣赏建筑。这样的景象没有出现在传统专业杂志光鲜亮丽的图片中，图片中一切都看起来很整洁，但却没有一个人。这完全就像废弃的乔治·德奇里科（Giorgio de Chirico）广场，只有黑影才是生命的迹象。

人类正在使用的建筑才能够真正与我们进行“交谈”。或许人们在某种意义上“玷污”了它，但同时亦是在“激活”建筑，并根据它的优点和缺点评判它。建筑是一个由人们滋养的活体，必须适应它们，而不是强加于它们身上。

有时，建筑物的用途甚至会让它的建造者感到惊讶。甚至可以教给他或她一些影响其未来项目走向的东西。无论是在实践中，还是在理论上，建设的过程都是不断变化的，并且永远不会结束。

建筑学演进的不同阶段让我们深入了解当今最优秀的建筑师所珍视的价值观；他们希望摆脱繁琐的建筑，走向精简，并将其视为建筑和自然的交流。他们追求建筑的轻盈，倾向展示建筑结构和消除多余的板块，更有登峰造极者会将轻盈与透明一并结合到建筑当中。他们用细腻和爱心建造建筑，就像我们的女性祖先从洞穴中出来时所做的那样，用熟练的双手“编织”出最初的小屋，以便在男人们狩猎归来时迎接他们。

朱利奥·马奇

个人简历

到目前为止，我一直都专注于我职业生涯故事的讲述。现在，我将尝试着用同样方式勾画出我的自传，尽管我发现，谈论自身的经历是一件更困难的事情。

1937 年，我出生在热那亚的一个建筑工人家庭。我已经讲述过许多关于我父亲的事情，也正是因为他才使我对建筑充满了热情。我父亲的公司由我哥哥埃尔曼诺接管，直到他 1993 年去世后才关闭。毋庸置疑，我与他们两人一直存在着一种特殊的纽带，这种纽带来自我们对建筑的共同热爱。但我和我家庭中的女性之间的感情纽带也一直非常牢固：我的母亲罗莎（Rosa）是一个坚决保护她头脑迟钝、不守规矩的儿子的人，还有我的妹妹安娜（Anna）是我第一次尝试使用机械时的无辜受害者。

在父亲和哥哥的支持下，我一毕业就踏上了实验材料和技术的道路——这些经历在我接下来的冒险生涯中留下了深刻的“印记”。

与我们和朱利奥·马奇（Giulio Macchi）合作的电视节目《住居》的剧本有关的一个名字是玛格达·阿尔杜伊诺（Magda Arduino），她是我的第一任妻子，也是我成长过程中的伴侣。卡罗（Carlo）、马特奥（Matteo）和利亚（Lia）是我在这段婚姻中出生的孩子。

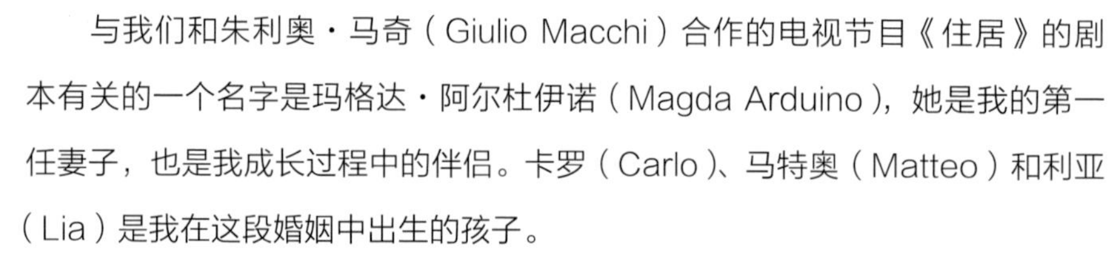

我已经详细地谈到了那些我视之为我的“老师”的人，但或许这是向让·普鲁夫（Jean Prouvé）致以诚挚敬意的恰当场合。我不仅在情感层面上与他们联系在一起，而且在对这一系列工作的解释上也是如此。

另一位值得一提的人是弗朗哥·阿尔比尼（Franco Albini），他是我真正意义上的老师，我在米兰读大学的时曾在他的工作室工作。

但我要感谢埃内斯托·罗杰斯（Ernesto Rogers）的教导，他是我在米兰理工学院的教授，同时也要感谢吉安卡洛·德卡罗（Giancarlo De Carlo），他是一位非常宝贵的向导。另外两位对我影响很大的远方老师是理查德·巴克敏斯特·富勒（Richard Buckminster Fuller）和皮埃尔·路易吉·内尔维（Pier Luigi Nervi），尽管我从未真正了解他们。

毕业后，我做了两年马可·赞努索（Marco Zanuso）的助手，这段经历让我对工业设计产生了浓厚的兴趣，当我在职业生涯中必须做出重要选择时，布鲁诺·泽维（Bruno Zevi）经常会给我一些决断性的建议。

此外，我敢于突破建筑学的边界，花时间与作家、音乐家、艺术家、诗人——任何一个对他们的作品有不同想法的人在一起交流。 我想谈谈我最好的朋友们，有些人很有名，有些人没有，并不是所有的人我都可以一一详尽提及。

建筑工地

卡罗·皮亚诺

埃尔曼诺·皮亚诺

伦佐·皮亚诺

与路易斯·康在一起

皮埃尔·奈尔维

让·普罗夫

与理查德·罗杰斯在一起

与罗伯特·博达斯和理查德·罗杰斯在一起

与朱利奥·马奇在一起

彼得・赖斯

与雷纳・班纳姆和彼得・赖斯在一起

与塔利亚和卢西亚诺・贝里奥在一起

与米莉・皮亚诺和比尔・克林顿在普利茨克奖颁奖典礼上，1998 年

与李博・林格一起获得哥伦比亚大学荣誉学位，2014 年 5 月

但我希望在这里能够做一个大概的，可以包括我所有朋友的描述：他们每个人都是我生命中不可缺少的一部分，我希望我对他们亦是如此。

我要为已经离开我们的人破例：彼得・赖斯。在这本书里你会多次读到他的名字。他是一个很好的朋友，他教会我永远不要放弃，并对所有的事情都保持着问题意识，只有这样才能找到最好的解决办法。

如果你是一个耐心阅读“人物表”的读者，你会注意到另外一个：E. 罗萨托（E. Rossato）的名字在许多项目中出现，事实上，这是我结婚 20 多年的妻子——米莉（Milly）。我很难用语言表达她在我生命中的重要性，以及我最小的儿子乔治（Giorgio）的重要性。

有几个重要的日期。1964 年我从米兰理工大学毕业，然后在佛罗伦萨大学学习了两年。1964—1970 年间，我主要在米兰工作，并且经常去伦敦出差。1970 年，我开始与理查德・罗杰斯合作，这也促使我们一同参加了蓬皮杜中心的竞赛。从那以后，我们就成了亲密的朋友。

这也是我与彼得・赖斯开始合作并取得丰富成果的时期。1980 年后，我的工作室变成了建筑工作室，在巴黎和热那亚都设有办公室。建筑工作室：这个名字不是随机选择的，而是旨在传达贯穿于我们活动中的合作意识和团队精神。

另一个重要的日期是在 2013 年，当时的意大利总统乔治・纳波利塔诺（Giorgio Napolitano）任命我为终身参议员，这让我有一个星期没合上眼睛。然后我得出了一个结论，我唯一能为这个国家做出的真正贡献就是继续我在参议院的职业生涯——于是我成立了 G124[以我当时在朱斯蒂尼亚尼宫殿（Palazzo Giustiniani）的办公室号房间号命名] 小组，这个组织的全部精力都投入“修复”城市郊区中了。我用在议会的薪水雇佣年轻的建筑师，研究如何重建我们那些以后将成为城市的郊区。每年我们都会选择一个不同的地区，最近一次是在米兰的詹贝利诺（Giambellino）。

我要感谢那些自从我开始“冒险”以来一直陪伴我的人。他们的名字列在了各个项目中。

超过 1000 多个人参加了这个建筑工作室，其中有很多我还没有提到的名字。所有人都留下了印记，我也希望在工作室的时光同样也能在他们身上留下一些痕迹。

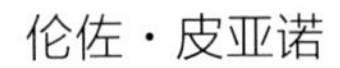

伦佐・皮亚诺

小卡洛・皮亚诺

马特奥・皮亚诺

莉亚・皮亚诺

与乔治和米莉・皮亚诺在一起

与乔治・纳波利塔诺在一起

VIENNA
ROTERDAM
AMSTERDAM
BERLIN
COLONIA DUSSELDORF
LONDRA
BASILEA
BERNA
AMIENS
PARIGI
RONCHAMP
DES MOINES
CHICAGO
SAN FRANCISCO
ASPEN
LOS ANGELES
DALLAS FORT WORTH
HOUSTON
MIAMI
SANTANDER
BOSTON
NEW YORK
ATLANTA
LIONE
AIX en PROVANCE
LISBONA
TORINO
VALENCIA
MONTE CARLO
PUNTA NAVE
GENOVA
ROCCA DI FRASSINELLO
ROMA, CORCIANO
POMPEI, NAPOLI
NOLA
0° EQUATORE
OVEST

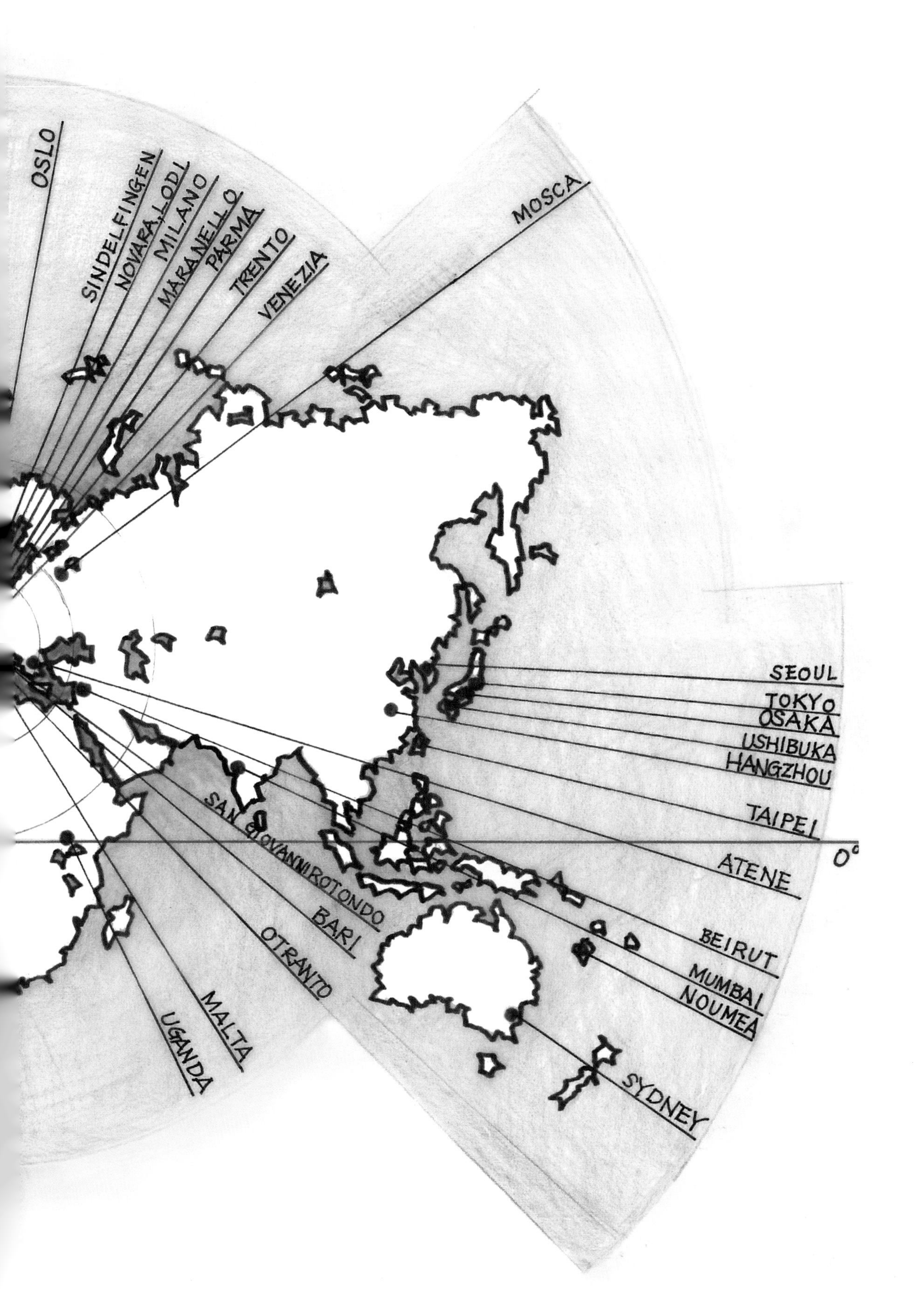
OSLO
SINDELFINGEN
NOVARA, LODI
MILANO
MARANELLO
PARMA
TRENTO
VENEZIA
MOSCA
SEOUL
TOKYO
OSAKA
USHIBUKA
HANGZHOU
TAIPEI
0°
ATENE
BEIRUT
MUMBAI
NOUMEA
SYDNEY
SAN GIOVANNI ROTONDO
BARI
OTRANTO
MALTA
UGANDA

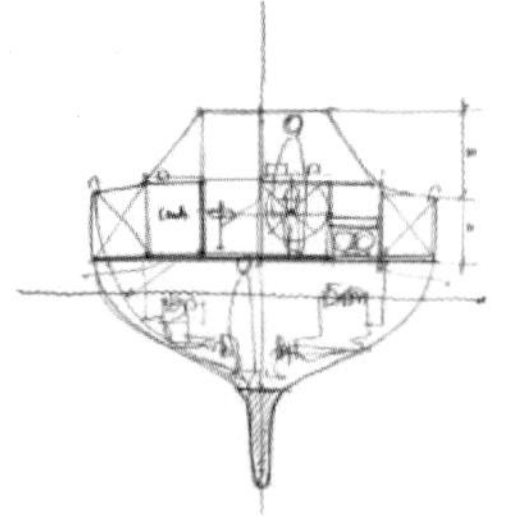

1960
Sailing Boat, *Didon I* 7 m

Renzo Piano, architect

1964—1965
Space Facility in Strengthened Polyester
Genoa, Italy

Studio Piano, architects

1965
Carpenter's Workshop
Genoa, Italy

Studio Piano, architects
with R. Foni, M. Filocca,
L. Tirelli

1966
Space Facility with Small Inflatable Units
Genoa, Italy

Studio Piano, architects

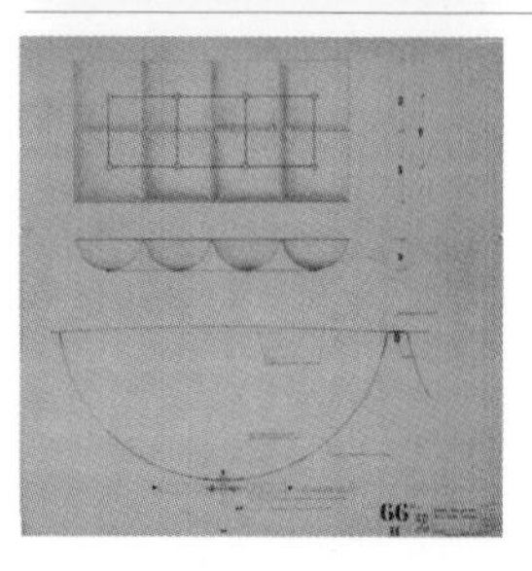

1966
Mobile Plant for Sulphur Extraction
Pomezia (Rome), Italy

Studio Piano, architects

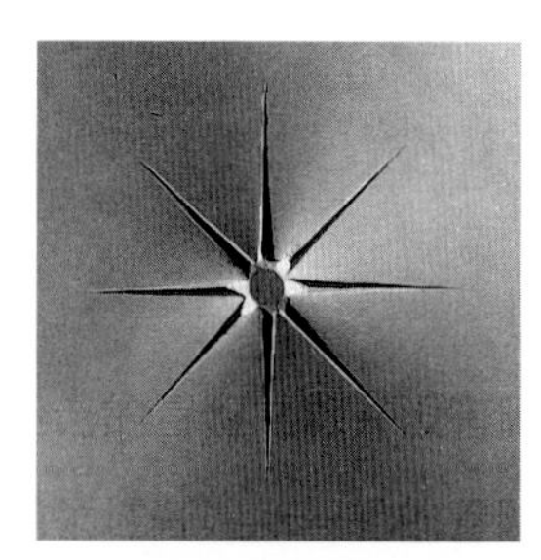

1966
Structure in Strengthened Polyester and Prestressed Steel
Genoa, Italy

Client: IPE
Studio Piano, architects
Design team: F. Marano

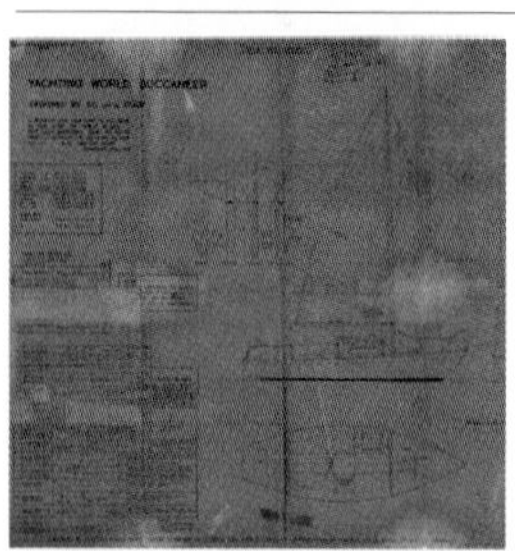

1966—1967
Arpège Sailing Boat, *Didon II*, 9 m

Renzo Piano, architect,
in collaboration with Yachting Club Buccaneer

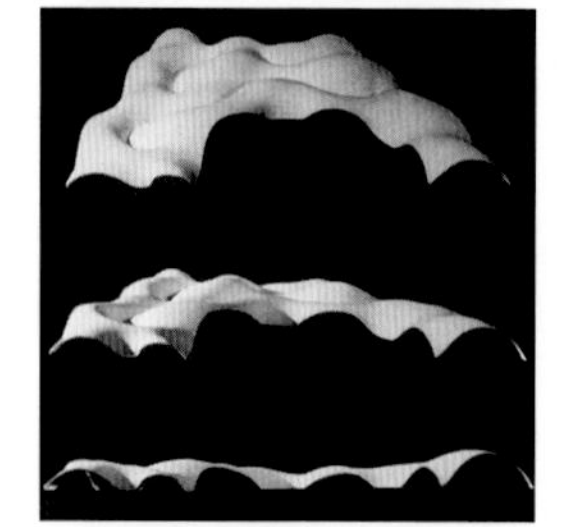

1967
Pavilion for the XIV Triennale of Milan
Milan, Italy

Client: Triennale di Milano
Studio Piano, architects
Design team: F. Marano,
O. Celadon, G. Fascioli

1968—1969
Studio Piano Office
Genoa, Italy

Client: Renzo Piano
Studio Piano, architects
Design team: F. Marano,
O. Celadon, T. Ferrari

1969
Open-plan Housing
Garonne (Genoa), Italy

Client: Olivetti S.p.A.
Studio Piano, architects
Design team: F. Marano,
G. Fascioli, T. Ferrari

1969
Pavilion of Italian Industry, Osaka World's Fair
Osaka, Japan

Client: Italpublic
Studio Piano, architects
Design team: F. Marano,
G. Fascioli, G. Queirolo,
T. Ferrari
Consultants: Sertec
(structures)

1970
ARAM Standardized Hospital Unit
Washington, DC, USA

Client: ARAM (Association for Rural Aids in Medicine)
Studio Piano & Rogers, architects
Design team:
M. Goldschmied, J. Young

1970—1974
Open-plan Housing
Cusago (Milan), Italy

Client: Luci, Giannotti, Simi, Pepe
Studio Piano & Rogers, architects
Design team: C. Brullmann,
R. Luccardini, G. Fascioli
with R. & S. Lucci
Consultant: F. Marano
(structures)

1971—1973
Offices of B&B Italia
Novedrate (Como), Italy

Client: B&B Italia
Studio Piano & Rogers
Design team: C. Brullmann,
S. Cereda, G. Fascioli
Consultants: Amman Impianti
(systems); F. Marano (structures
and supervision of works)

1971—1977
Centre Georges Pompidou
Paris, France

Client: Ministry of Cultural Affairs, Ministry of Education
Piano & Rogers, architects
Design team: R. Piano,
R. Rogers, G.F. Franchini
(competition, programme, interiors)
Substructures and mechanical systems:
W. Zbinden, H. Bysaeth,
J. Lohse, P. Merz, P. Dupont
Superstructures and mechanical systems:
L. Abbott, S. Ishida,
H. Naruse, H. Takahashi
Façade and galleries:
E. Holt
Interior and exterior interface systems, Audio-visual systems:
A. Staton, M. Dowd,
R. Verbizh
Coordination and supervision of works:
B. Plattner
Environmental study and stage space:
C. Brullmann
IRCAM: M. Davies,
N. Okabe, K. Rupard,
J. Sircus, W. Zbinden
Interior: J. Young,
F. Barat, H. Diebold,
J. Fendard, J. Huc,
H. Sohlegel
Consultants:
Structures and systems:
Ove Arup & Partners
(P. Rice, L. Grut,
R. Pierce, T. Barker)
Cost control: M. Espinoza
Builders: GTM (Jean Thaury, yard engineer) (main firm);
Krupp, Pont-à-Mousson,
Pohlig (structures);
Voyer (secondary structures);
Otis (lifts and escalators);
Industrielle de Chauffage,
Saunier Duval (heating and ventilation); CFEM (glass façades)

1972–1973
Sailing Boat, *Didon III* 12 m

Studio Piano & Rogers, architects,
in collaboration with
Carter Offshore

1971–1990
IRCAM
Paris, France

Phase 1971–1977
Client: Ministry of Culture, Ministry of Public Education
Piano & Rogers, architects
Design team: R. Piano, R. Rogers, G.F. Franchini (competition, programme, interiors) with M. Davies, N. Okabe, K. Rupard, J. Sircus, W. Zbinden
Consultants: Ove Arup & Partners (structures and systems); M. Espinoza (cost control)

Phase 2, 1988–1990
IRCAM Extension

Client: Ministry of Culture, Centre Georges Pompidou, IRCAM
Renzo Piano Building Workshop, architects
Design team: N. Okabe, P. Vincent (senior partners), J. Lelay with F. Canal, A O'Carroll, J.L. Chassais, N Prouvé and O. Doizy, J.Y. Richard (models)
Consultants: AXE IB (structures and systems); GEC Ingénierie (cost control); GEMO (project coordination)

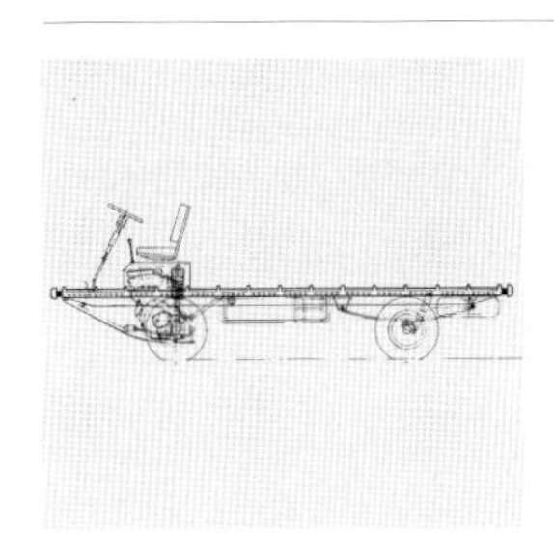

1978
Flying Carpet

Client: IDEA S.p.A.
Piano & Rice, architects
Design team: S. Ishida, N. Okabe, IDEA Institute (F. Mantegazza, W. De Silva)

1978
UNESCO Mobile Construction Unit
Dakar, Senegal

Client: UNESCO, Dakar Regional Office, M. Senghor, Breda of Dakar
Piano & Rice, architects
Design team: R. Verbizh, O. Dellicour, S. Ishida

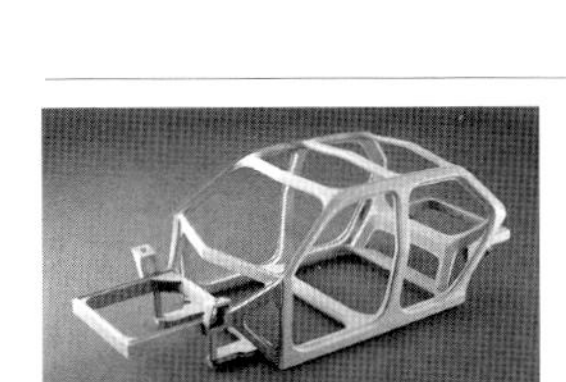

1978–1980
VSS, Experimental Vehicle

Client: Fiat Auto S.p.A., IDEA Institute
Piano & Rice, architects
Design team: N. Okabe (lead associate), S. Ishida, B. Plattner (associates), L. Abbott, A. Stanton, R. Verbizh with IDEA Institute, S. Boggio, F. Conti, O. Di Blasi, W. De Silva, M. Sibona
Consultants: Ove Arup & Partners (structures); Sandy Brown Associates (acoustics)

1978–1982
EH, Evolutive Housing
Corciano (Perugia), Italy

Client: Vibrocemento Perugia S.p.A.
Piano & Rice, architects
Design team: S. Ishida, N. Okabe (associates) with E. Donato, G. Picardi
Consultants: P. Rice, F. Marano (structures), H. Bardsley, in collaboration with Vibrocemento Perugia (structures)

1978–1982
'Il Rigo' Quarter
Corciano (Perugia), Italy

Client: Municipality of Corciano
Piano & Rice, architects
Design team: S. Ishida, N. Okabe (associates), L. Custer with E. Donato, G. Picardi, O. Di Blasi, F. Marano
Consultants: P. Rice assisted by H. Bardsley, F. Marano, in collaboration with Edilcooper, R.P.A. Associati, Vibrocemento Perugia (structures); L. Custer, F. Marano (supervision of works)

1978–1982
Holiday Homes
San Luca di Molare (Alessandria), Italy

Client: Immobiliare San Luca
Studio Piano, architects
Design team: S. Ishida, G. Picardi, E. Donato, O. Di Blasi, F. Marano, G. Fascioli
Consultants: O. Di Blasi (supervision of works)

1979
UNESCO District Workshop
Otranto, Italy

Client: UNESCO
(S. Busutill, W. Tochtermann)
Piano & Rice, architects
Design team: S. Ishida, N. Okabe (lead associates), E. Donato, G. Fascioli, R. Gaggero, R. Melai, G. Picardi, P. Rice, R. Verbizh with M. Arduino Piano, M. Fazio, G. Macchi, F. Marano, F. Marconi
Consultants: Ove Arup & Partners, IDEA Institute, G.P. Cuppini, G. Gasbarri, Editech; G.F. Dioguardi (coordination and administration)

1979
***Habitat* Television Broadcast RAI Radiotelevisione Italiana**

Client: RAI (Radiotelevisione Italiana)
Piano & Rice, architects
Design team: S. Ishida, N. Okabe (associates), G. Picardi, S. Yamada, M. Bonino, R. Biondo, G. Fascioli, R. Gaggero
Consultants: G. Macchi (editor and commentator); V. Lusvardi (director); M. Arduino Piano (scripts)

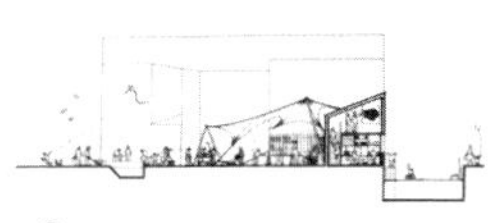

1980
Island of Burano Redevelopment Project
Burano (Venice), Italy

Client: Municipality of Venice
Piano & Rice, architects
Design team: S. Ishida with P.H. Chombart De Lauwe, University of Venice,
Coordination: Fondazione 3 Oci, G. Macchi and A. Macchi assisted by H. Bardsley, M. Calvi, L. Custer, C. Teoldi
Consultant: M. Arduino Piano (special advisor)

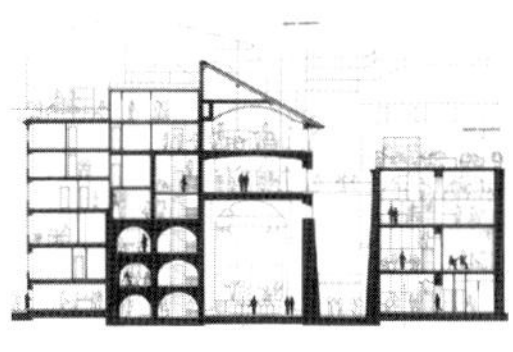

1981
Molo Vecchio Reclamation Project
Genoa, Italy

Client: Municipality of Genoa
Renzo Piano Building Workshop, architects
Design team: S. Ishida, A. Traldi, F. Marano, A. Bianchi, E. Frigerio with R. Ruocco, F. Icardi, R. Melai, E. Miola
Consultants: V. Podestà, G. Amedeo of Tekne Planning (town planning); F. Pagano (legal advice); M. Arduino Piano (special advisor)

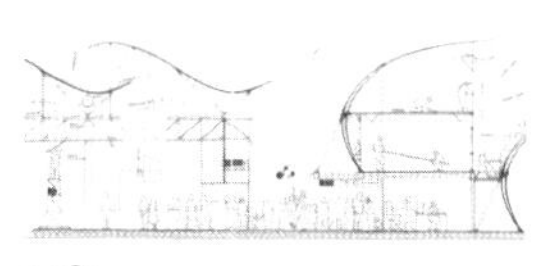

1981
Extension of the Nationalgalerie and Residence
Berlin, Germany

Client: IBA
Renzo Piano Building Workshop, architects
Design team: S. Ishida, C. Susstrunk with F. Doria, N. Okabe, A. Traldi

1981–1984
Schlumberger Renovation
Montrouge (Paris), France

Client: Compteurs Montrouge (Schlumberger Ltd)
Renzo Piano Building Workshop, architects
Design team: N. Okabe, B. Plattner (lead associates), T. Hartman, S. Ishida (associate), J. Lohse, D. Rat, G. Saintjean, J.F. Schmit, P. Vincent with M. Alluyn, A. Gillet, F. Laville, G. Petit, C. Susstrunk
Consultants: GEC Ingénierie (cost control); P. Rice (stretched flexible structures); A. Chemetoff, M. Massot, C. Pierdet (landscaping); M. Dowd, J. Huc (interiors)

1981–1987
Museum for the Menil Collection

Houston, Texas, USA

Client: The Menil Foundation
Piano & Fitzgerald, architects
Design team: S. Ishida (lead associate), M. Carroll, F. Doria, M. Downs, C. Patel, B. Plattner (associate), C. Susstrunk
Consultants: Ove Arup & Partners (P. Rice, N. Nobel, J. Thornton) (structures); Hayne & Whaley Associates + Galewsky & Johnston (systems); R. Jensen (fire prevention)

Sailing Boat, *Aguaviva*, 14 m

Renzo Piano, architect
with Renzo Piano Building Workshop
Boatyard: Mostes

1983
Alexander Calder Retrospective Exhibition
Turin, Italy

Client: Municipality of Turin (curator: G. Carandente)
Renzo Piano Building Workshop, architects
Design team: O. Di Blasi, S. Ishida (associate) with G. Fascioli, F. Marano, P. Terbuchte, A. Traldi
Consultants: Ove Arup & Partners (systems); Tensoteci (stretched flexible structures); P. Castiglioni (lighting engineering); P.L. Cerri (graphic work)

1983—1984
Musical Space for *Prometeo*
Venice and Milan, Italy

Client: Ente Autonomo Teatro alla Scala
Renzo Piano Building Workshop, architects
Design team: S. Ishida (lead associate), C. Abagliano, D. Hart, A. Traldi, M. Visconti
Consultants: Favero & Milan (structures); L. Nono (music); M. Cacciari (texts); C. Abbado (conductor) with R. Cecconi

1983—1986
IBM Travelling Pavilion

Client: IBM Europe
Renzo Piano Building Workshop, architects
Design team: S. Ishida (lead associate), O. Di Blasi, F. Doria, G. Fascioli, J.B. Lacoudre, N. Okabe (associate), P. Vincent, A. Traldi
Consultants: Ove Arup & Partners (P. Rice, T. Barker) (structural and mechanical engineering)

1983—2003
Subway Stations
Genoa, Italy

Client: Municipality of Genoa + Ansaldo Trasporti S.p.A.
Renzo Piano Building Workshop, architects
Design team: D. Hart, V. Tolu (partner and lead associate), M. Varratta (architect responsible for Brin Station) with M. Carroll, O. Di Blasi, E. Frigerio, S. Ishida (partner), R.V. Truffelli, C. Manfreddo, E. Baglietto and G. Bruzzone, K. Cussoneau, D. De Filla, G. Fascioli, P. Guerrini, M. Mallamaci, M. Mattei, B. Merello, D. Peluffo, H. Penaranda; G. Langasco (CAD); D. Cavagna (models)
Consultants: L. Mascia/ D. Mascia (structures); STED (cost control); M. Desvigne (landscaping for Brin and Di Negro stations)

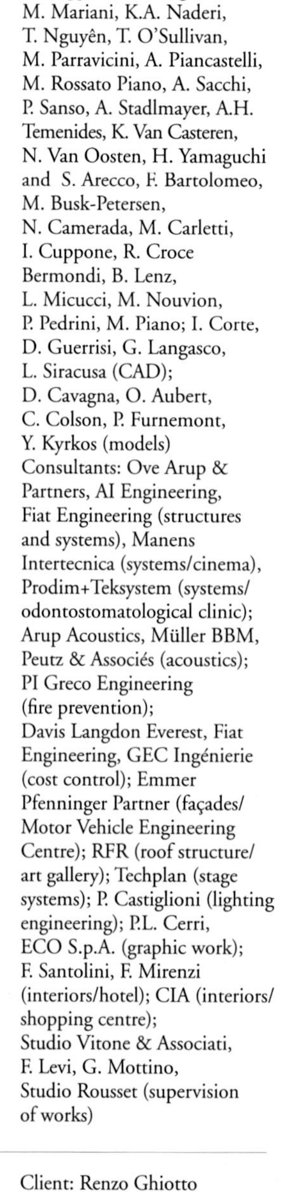

1983—2003
Lingotto Factory Conversion
Turin, Italy

Renzo Piano Building Workshop, architects

Consultation, 1983
Client: Fiat S.p.A.
Design team: S. Ishida (associate), C. Di Bartolo, O. Di Blasi, M. Carroll, F. Doria, G. Fascioli, E. Frigerio, R. Gaggero, D. Hart, P. Terbuchte, R.V. Truffelli

Final Project and Construction, 1991—2003
Clients: Lingotto S.p.A. + Pathé + Palazzo Grassi
Design team: M. Carroll, M. Cucinella, S. Ishida, B. Plattner, A. Belvedere, M. Salerno, S. Scarabicchi, R.V. Truffelli, M. van der Staay, M. Varratta, P. Vincent (partners and head architects), A. Belvedere, M. Cattaneo, D. Piano, M. Pimmel with P. Ackermann, A. Alborghetti, E. Baglietto (partner), L. Berellini, A. Calafati, A. Carisetto, G. Cohen, F. Colle, P. Costa, S. De Leo, A. De Luca, D. Dorell, S. Durr, F. Florena, K. Fraser, A. Giovannoni, C. Hays, G. Hernandez, C. Herrin, W. Kestel, P. Maggiora, D. Magnano, M. Mariani, K.A. Naderi, T. Nguyên, T. O'Sullivan, M. Parravicini, A. Piancastelli, M. Rossato Piano, A. Sacchi, P. Sanso, A. Stadlmayer, A.H. Temenides, K. Van Casteren, N. Van Oosten, H. Yamaguchi and S. Arecco, F. Bartolomeo, M. Busk-Petersen, N. Camerada, M. Carletti, I. Cuppone, R. Croce Bermondi, B. Lenz, L. Micucci, M. Nouvion, P. Pedrini, M. Piano; I. Corte, D. Guerrisi, G. Langasco, L. Siracusa (CAD); D. Cavagna, O. Aubert, C. Colson, P. Furnemont, Y. Kyrkos (models)
Consultants: Ove Arup & Partners, AI Engineering, Fiat Engineering (structures and systems), Manens Intertecnica (systems/cinema), Prodim+Teksystem (systems/ odontostomatological clinic); Arup Acoustics, Müller BBM, Peutz & Associés (acoustics); PI Greco Engineering (fire prevention); Davis Langdon Everest, Fiat Engineering, GEC Ingénierie (cost control); Emmer Pfenninger Partner (façades/ Motor Vehicle Engineering Centre); RFR (roof structure/ art gallery); Techplan (stage systems); P. Castiglioni (lighting engineering); P.L. Cerri, ECO S.p.A. (graphic work); F. Santolini, F. Mirenzi (interiors/hotel); CIA (interiors/ shopping centre); Studio Vitone & Associati, F. Levi, G. Mottino, Studio Rousset (supervision of works)

1984—1985
Lowara Offices
Montecchio Maggiore (Vicenza), Italy

Client: Renzo Ghiotto
Renzo Piano Building Workshop, architects
Design team: O. Di Blasi (head architect), S. Ishida (associate) with G. Fascioli, D. Hart, M. Mattei, M. Varratta
Consultants: Favero & Milan (structures); Studio SIRE (landscaping)

1985—1987
Institute for Research on Light Metals
Novara, Italy

Client: Aluminia S.p.A.
Renzo Piano Building Workshop, architects
Design team: B. Plattner (lead associate), R. Self, R.J. Van Santen, J. Lelay, B. Vaudeville, L. Pennisson, A. Benzeno with J. Y. Richard (models)
Consultants: M. Mimram (structures); Sodeteg (systems); Italstudio (façade); Omega (local engineering); M. Desvigne/C. Dalnoky (landscaping)

1985—1992
Credito Industriale Sardo
Cagliari, Italy

Client: Credito Industriale Sardo
Renzo Piano Building Workshop, architects

Competition, 1985
Design team: G. Bianchi, M. Carroll, O. Di Blasi, S. Ishida (associate), F. Marano, F. Santolini with: M. Calosso, M. Cuccinella, D. Hart, P. Mantero, A. Ponte, M. Varratta; S. Vignale (models)
Consultants: Aster S.p.A. (structures and systems)

Final Project and Working Plan, 1985—1992
Design team: R.V. Truffelli, E. Baglietto (head architects) with G. Bianchi, M. Carroll, O. Di Blasi, D. Hart, S. Ishida (partner), C. Manfreddo, F. Santolini, M. Varratta and M. Calosso, D. Campo, R. Costa, M. Cucinella, S. Vignale, G. Sacchi; D. Cavagna (models)
Consultants: Mageco S.r.l. (L. Mascia, D. Mascia) (structures); Manens Intertecnica S.r.l. (systems); Pecorini, G. Gatti (geological studies)

1985—2001
Reclamation of the Old Port
Genoa, Italy

Client: Municipality of Genoa + Porto Antico S.p.A.
Renzo Piano Building Workshop, architects

Phase 1 (Columbus Celebrations), 1985—1992
Design team: S. Ishida (partner), E. Baglietto, G. Bianchi, M. Carroll, O. De Nooyer, G. Grandi, D. Hart, C. Manfreddo, R.V. Truffelli (head architects) with P. Bodega, V. Tolu and A. Arancio, M. Cucinella, G. Fascioli, E.L. Hegerl, M. Mallamaci, G. McMahon, M. Michelotti, A. Pierandrei, F. Pierandrei, S. Smith, R. Venelli, L. Vercelli and F. Doria, M. Giacomelli, S. Lanzon, B. Merello, M. Nouvion, G. Robotti, A. Savioli; S. D'Atri, S. De Leo, G. Langasco, P. Persia (CAD); D. Lavagna (models)
Consultants: Ove Arup & Partners (structural engineering for the Bigo); L. Mascia/ D. Mascia, P. Costa, L. Lembo, V. Nascimbene, B. Ballerini, G. Malcangi, Sidercard, M. Testone, G.F. Visconti (other structures); Manens Intertecnica (systems); STED (cost control); D. Commins (acoustics); Scenes (stage systems); P. Castiglioni (lighting engineering); M. Semino (historic areas and buildings consultation); Cambridge Seven Associates (Aquarium consultation); Cetena (naval engineering); Origoni & Steiner (graphic work); L. Moni (supervision of works)
Special advisor for the Italian Pavilion: G. Macchi
Sculptures: S. Shingu

Phase 2, 1993—2001
Design team: D. Hart, R.V. Truffelli (senior partners), D. Piano with M. Carroll, S. Ishida (partners), G. Chimeri, F. De Cillia, D. Magnano, C. Pigionanti, V. Tolu, D. Vespier and M. Nouvion, M. Piazza, F. Santolini; G. Langasco, M. Ottonello (CAD); S. Rossi (models)
Consultants: Ove Arup & Partners (technological systems and energy matters for Bolla); Rocca-Bacci & Associati, E. Lora (other systems); Polar Glassin System (structures for Bolla); B. Ballerini (other

structures); STED, Austin Italia, Tekne (cost control); M. Gronda (naval engineering); P. Nalin (roadways and infrastructure works); Studio Galli (sewer and irrigation systems); P. Castiglioni (lighting engineering); G. Marini, C. Manfreddo (fire prevention); P. Varratta (graphic work); Techin (working plan design)

1986
UNESCO – Reclamation of the Ancient Moat
Rhodes, Greece

Client: UNESCO
Renzo Piano Building Workshop, architects
Design team: G. Bianchi, S. Ishida (associate)
Consultants: S. Sotirakis (local coordination); D. De Lucia (historical documentation); E. Sailler (photo documentation)

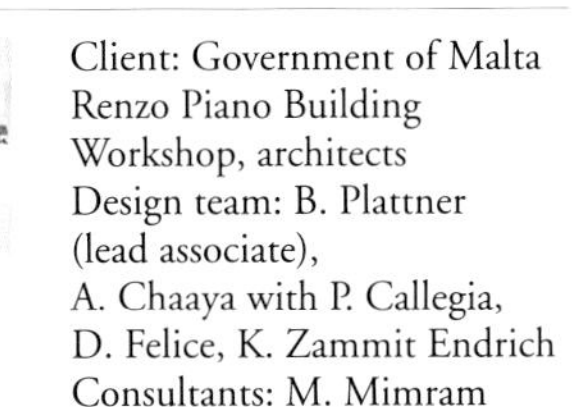

1986
Project for Reclamation of Old City Gate
Valletta, Malta

Client: Government of Malta
Renzo Piano Building Workshop, architects
Design team: B. Plattner (lead associate), A. Chaaya with P. Callegia, D. Felice, K. Zammit Endrich
Consultants: M. Mimram (structures)

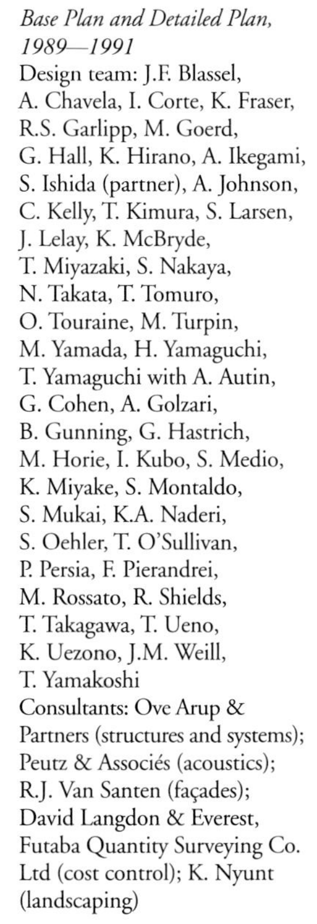

1986
Study for Lady Bird IBM Travelling Pavilion

Client: IBM Europa
Renzo Piano Building Workshop, architects
Design team: K. Dreissigacker, S. Ishida (associate), M. Visconti
Consultants: Ove Arup & Partners (structures and systems)

1986
Glass Table and Bookcase
Milan, Italy

Client: Fontanarte
Renzo Piano Building Workshop, architects
Design team: S. Ishida (associate), O. Di Blasi

1987
Reclamation of the Sassi
Matera, Italy

Client: Chamber of Commerce
Renzo Piano Building Workshop, architects
Design team: G. Bianchi, D. Campo, M. Cattaneo, S. Ishida (associate), F. Marano
Consultants: Ove Arup & Partners (structures and systems)

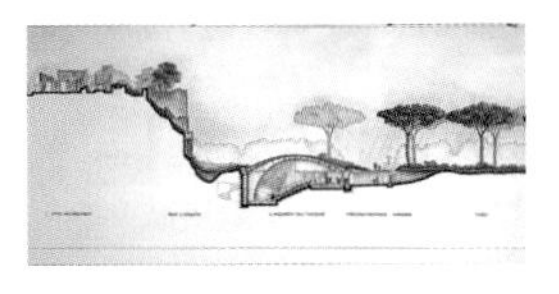

1987
Intervention in the Archaeological City
Pompeii (Naples), Italy

Client: IBM
Renzo Piano Building Workshop, architects
Design team: G. Bianchi, N. Freedman, G. Grandi, S. Ishida (associate), F. Marano, E. Piazza, A. Pierandrei, S. Smith

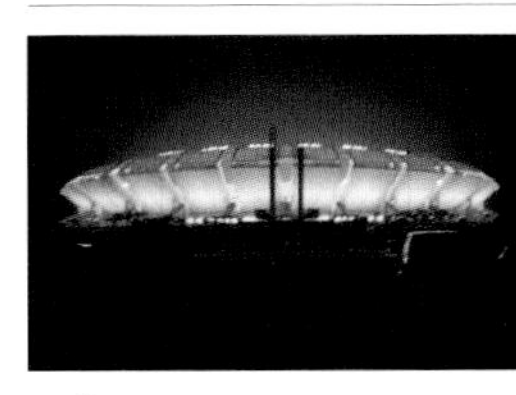

1987—1990
San Nicola Stadium
Bari, Italy

Client: Municipality of Bari
Renzo Piano Building Workshop, architects
Design team: O. Di Blasi (head architect), S. Ishida, F. Marano (associates), L. Pellini with D. Cavagna and G. Sacchi (models)
Consultants: M. Desvigne (landscaping); Ove Arup & Partners, M. Milan (structures and systems); Studio Vitone & Associati (reinforced concrete); N. Andidero (supervision of prefabricated components); J. Zucker, M. Belviso (supervision of works)

1987—1990
Bercy 2 Shopping Centre
Charenton le Pont (Paris), France

Client: GRC
Renzo Piano Building Workshop, architects
Design team: N. Okabe, B. Plattner (lead associates) with J.F. Blassel, S. Dunne, M. Henry, K. McBryde, A. O'Carroll, R. Rolland, M. Salerno, N. Westphal and M. Bojovic, D. Illoul, P. Senne; Y. Chapelain, O. Doizy, J.Y. Richard (models)
Consultants: Ove Arup & Partners, Otra, J.L. Sarf, OTH S.I. (structures and systems); Veritas (fire prevention); Copibat (yard coordination); M. Desvigne, C. Dalnoky (landscaping); Crighton Design Management (interiors)

1987—1991
***Crown Princess* Cruise Ship**
Monfalcone (Gorizia), Italy

Client: P&O + Fincantieri
Renzo Piano Building Workshop, architects
Design team: S. Ishida, N. Okabe (partners) with K. McBryde, M. Carroll, R. Costa, M. Cucinella, R.J. Van Santen, F. Santolini, R. Self, S. Smith, O. Touraine and G. Bianchi, N. Freedman, G. Grandi, D. Hart, F.R. Ludewig, P. Maggiora, C. Manfreddo; D. Cavagna (models)
Consultants: Studio Pauletto/ Furlan/Galli (local architects); Danish Maritime Institute, Lyngby, Denmark (wind tunnel testing)

1987—1991
Rue de Meaux Housing
Paris, France

Client: Régie Immobilière de la Ville de Paris + Les Mutuelles du Mans
Renzo Piano Building Workshop, architects
Design team: B. Plattner (senior partner) with F. Canal, C. Clarisse, T. Hartman, U. Hautch, J. Lohse, R.J. Van Santen, J.F. Schmit
Consultants: GEC Ingénierie (structures and services); M. Desvigne, C. Dalnoky, P. Conversey (landscaping)

1988—1991
Thomson Optronics Plant
Saint Quentin-en-Yvelines (Paris), France

Client: Thomson CSF
Renzo Piano Building Workshop, architects
Design team: P. Vincent (senior partner), A. Gallissian, D. Rat with M. Henry, A. El Jerari, L. LeVoyer, A. O'Carroll, A.H. Temenides and C. Ardilley, C. Bartz, M. Bojovic, F. Canal, G. Fourel, A. Guez, B. Kurtz; O. Doizy, C. d'Ovidio (models)
Consultants: GEC Ingénierie (systems and cost control); Ove Arup & Partners (structures); A. Vincent (project coordination); M. Desvigne/C. Dalnoky (landscaping); Copitec, Planitec (yard coordination); Peutz & Associés (acoustics)

1988—1994
Terminal of Kansai International Airport
Osaka, Japan

Client: Kansai International Airport Co. Ltd
Renzo Piano Building Workshop, architects, N. Okabe, senior partner, in collaboration with Nikken Sekkei Ltd, Aéroports de Paris, Japan Airport Consultants Inc.

Competition, 1988
Design team: J.F. Blassel, R. Brennan, A. Chaaya, L. Couton, R. Keiser, L. Koenig, K. McBryde, S. Planchez, R. Rolland, G. Torre, O. Touraine with G. le Breton, M. Henry, J. Lelay, A. O'Carroll, M. Salerno, A.H. Temenides, N. Westphal
Consultants: Ove Arup & Partners (structures and systems); M. Desvigne (landscaping)

Base Plan and Detailed Plan, 1989—1991
Design team: J.F. Blassel, A. Chavela, I. Corte, K. Fraser, R.S. Garlipp, M. Goerd, G. Hall, K. Hirano, A. Ikegami, S. Ishida (partner), A. Johnson, C. Kelly, T. Kimura, S. Larsen, J. Lelay, K. McBryde, T. Miyazaki, S. Nakaya, N. Takata, T. Tomuro, O. Touraine, M. Turpin, M. Yamada, H. Yamaguchi, T. Yamaguchi with A. Autin, G. Cohen, A. Golzari, B. Gunning, G. Hastrich, M. Horie, I. Kubo, S. Medio, K. Miyake, S. Montaldo, S. Mukai, K.A. Naderi, S. Oehler, T. O'Sullivan, P. Persia, F. Pierandrei, M. Rossato, R. Shields, T. Takagawa, T. Ueno, K. Uezono, J.M. Weill, T. Yamakoshi
Consultants: Ove Arup & Partners (structures and systems); Peutz & Associés (acoustics); R.J. Van Santen (façades); David Langdon & Everest, Futaba Quantity Surveying Co. Ltd (cost control); K. Nyunt (landscaping)

Building Phase, 1991—1994
Design team: A. Ikegami, T. Kimura, T. Tomuro, Y. Ueno with S. Kano, A. Shimizu
Consultants: RFR (façades); Toshi Keikan Sekkei Inc. (canyon)

1988—2006
Cité Internationale
Lyon, France

Renzo Piano Building Workshop, architects, in collaboration with Michel Corajoud, landscape architect (Paris) and CRB Architectes (Lyon)

Preliminary Study, 1988—1990
Client: Ville de Lyon
Design team: P. Vincent (senior partner),

F. Canal, G. Fourel,
A. O'Carroll, E. Tisseur,
A.H. Temenides, C. Ardiley,
B. Kurtz; O. Doizy, C. d'Ovidio,
A. Schultz (models)

Preliminary Project, 1990—1991
Client: SARI
Design team: P. Vincent (senior partner), B. Tonfoni,
M. Wollensak, A. El Jerari,
J.B. Mothes, J. Moolhuijzen,
P. Charles, A.H. Temenides,
D. Nock and P. Darmer (models)
Consultants: Ove Arup & Partners (structures and environmental impact);
SARI Ingénierie (structures and systems);
P. Castiglioni (lighting engineering);
Peutz & Associés (acoustics);
A. Vincent (project coordination)

Final Project and Construction, 1992—2006
Client: Ville de Lyon/ Communauté Urbaine de Lyon/ SEM Cité Internationale
with SARI Nexity, UGC, Groupe Partouche, George V, Alliade, SACVL, GL Events
and SCSP/Louvre Hôtels
Design team:
RPBW: P. Vincent (senior partner),
J.B. Mothes, A.H. Temenides,
P. Hendier, M. Henry, N. Meyer,
T. Nguyên, E. Novel, M. Pimmel,
M. Salerno (associate and head architects) with A. Chaaya,
A. El Jerari, C. Jackman,
A. Gallissian, S. Giorgio-Marrano,
M. Howard, R. Self, B. Tonfoni,
W. Vassal and J. Allard,
K. Bergmann, M. Boudry,
S. Briceño, C. Calafell,
M. Cavelier, M. Courtay,
L. Couton, S. Eisenberg,
L. Gestin, Ch. Guillas,
K. McLone, J. Miething,
G. Modolo, N. Monge, D. Rat,
L. Reggiardo, B. Schneider,
Y. Surti, S. Uhr, E. Vestrepen,
C. von Däniken, A. Chaouni,
L. De Menezes, K. Demirkan,
F. Durbano, U. Nakano;
J.P. Allain, O. Aubert,
C. Colson, P. Furnemont,
Y. Kyrkos (models)
CRB: J.Ph. Ricard, A. Bedin,
Ch. Valentinuzzi,
N. de Fleurian, I. Ceccherini,
H. Cocagne, F. Dumas
Corajoud: B. Scribe,
J. Taborda Barrientos
Consultants: Agibat Ingénierie, Séchaud & Bossuyt, BEB, SLETEC Ingénierie (structures); Barbanel SA,
C. Courtois, HGM,
Inex Ingénierie, C. Fusée (systems); CSTB, GEC Ingénierie (façade); Peutz & Associés (acoustics); R. Jeol,
G. Foucault (lighting engineering); Qualiconsult (fire prevention); GEC Ingénierie, GEC Rhône-Alpes, SLETEC Ingénierie (cost control);
R. Labeyrie (stage and audio/ video systems); Trois C (kitchen equipment/Congress Centre); A. Cattani (interiors/cinema); R. Houben,
R. Boulard (interiors/hotel);
A. Deverini (interiors/casino);
P.L. Copat (interiors/residence and hotel); Intégral Ruedi Baur (signage); Séchaud & Bossuyt (civil engineering); Végétude, Sol-Paysage (vegetation); Hydralp (water fountains); V. Bosch, Y. Bernard (professional advice for theatre scheduling);
J.D. Secondi (artistic advice);
Abac Ingénierie (design coordination/ Congress Centre); Syllabus (project and coordination/ Cinema); Global (yard coordination/ Congress Centre);
Debray Ingénierie (yard inspections/Congress Centre)

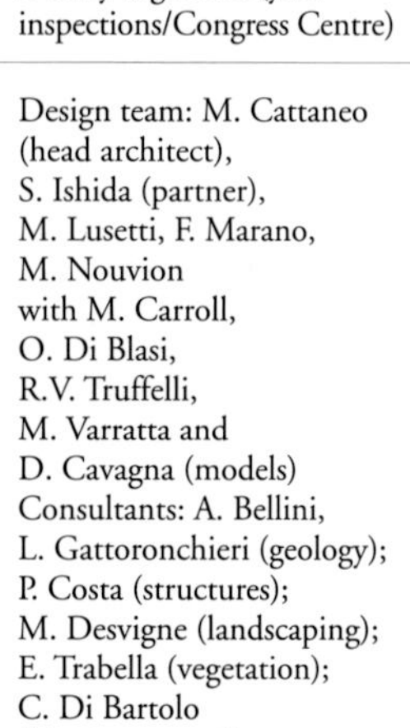

1989—1991
Renzo Piano Building Workshop
Punta Nave (Genoa), Italy

Client: Renzo Piano Building Workshop
Renzo Piano Building Workshop, architects
Design team: M. Cattaneo (head architect),
S. Ishida (partner),
M. Lusetti, F. Marano,
M. Nouvion
with M. Carroll,
O. Di Blasi,
R.V. Truffelli,
M. Varratta and
D. Cavagna (models)
Consultants: A. Bellini,
L. Gattoronchieri (geology);
P. Costa (structures);
M. Desvigne (landscaping);
E. Trabella (vegetation);
C. Di Bartolo (bionics research)

1989
'Russian and Soviet Art 1870–1930' Show at the Lingotto
Turin, Italy

Client: Fiat Lingotto
Renzo Piano Building Workshop, architects
Design team: M. Varratta (head architect)
with M. Cattaneo,
S. Ishida (associate),
M. Rossato
Consultants: P. Castiglioni (lighting engineering);
P.L. Cerri (graphic work);
G. Carandente (curator)

1989—1996
Ushibuka Bridge
Kumamoto, Japan

Client: Prefecture of Kumamoto
Renzo Piano Building Workshop, architects,
N. Okabe, senior partner, in collaboration with Maeda Engineering Co.
Design team: M. Yamada (head architect),
S. Ishida (partner);
with J. Lelay, T. Ueno and
D. Cavagna (models)
Consultants:
Ove Arup & Partners (structures)

1989—1998
Jean-Marie Tjibaou Cultural Centre
Nouméa, New Caledonia

Client: L'Agence de Développement de la Culture Kanak
Renzo Piano Building Workshop, architects

Competition, 1991
Design team: P. Vincent (senior partner),
A. Chaaya (head architect)
with F. Pagliani, J. Moolhuijzen,
W. Vassal and O. Doizy,
A. Schultz (models)
Consultants: A. Bensa (ethnology); Desvigne & Dalnoky (landscaping);
Ove Arup & Partners (structures and ventilation);
GEC Ingénierie (cost control),
Peutz & Associés (acoustics),
Scène (stage systems)

Preliminary Project, 1992
Design team: P. Vincent (senior partner),
A. Chaaya, D. Rat (head architects) with J.B. Mothes,
A.H. Temenides and
R. Phelan, C. Catino,
A. Gallissian, R. Baumgarten;
P. Darmer (models)
Consultants: A. Bensa (ethnology); GEC Ingénierie (cost control); Ove Arup & Partners (preliminary design of structures and systems); CSTB (energy matters); Agibat MTI (structures); Scène (stage systems); Peutz & Associés (acoustics); Qualiconsult (safety/security); Végétude (vegetation)

Final Project and Construction, 1993—1998
Design team: P. Vincent (senior partner), D. Rat,
W. Vassal (head architects),
with A. El Jerari, A. Gallissian,
M. Henry, C. Jackman,
P. Keyser, D. Mirallie,
G. Modolo, J.B. Mothes,
M. Pimmel, S. Purnama,
A.H. Temenides and
J.P. Allain (models)
Consultants: A. Bensa (ethnology); Agibat MTI (structures); GEC Ingénierie (systems and cost control);
CSTB (energy matters);
Philippe Délis (mounting/ staging plan);
Scène (stage systems);
Peutz & Associés (acoustics);
Qualiconsult (safety/security);
Végétude (vegetation);
Intégral R. Baur (signage)

1991—2000
Museum for the Beyeler Foundation
Basel, Switzerland

Client: Beyeler Foundation
Renzo Piano Building Workshop, architects,
in collaboration with Burckhardt + Partner AG, Basel

Preliminary Project, 1992
Design team: B. Plattner (senior partner), L. Couton (architect), with J. Berger,
E. Belik, W. Vassal and
A. Schultz, P. Darmer (models)
Consultants:
Ove Arup & Partners (structures and systems)

Phase 1, 1993—1997
Design team: B. Plattner (senior partner),
L. Couton (head architect), with P. Hendier, W. Matthews,
R. Self and L. Epprecht;
J.P. Allain (models)
Consultants: Ove Arup & Partners, C. Burger + Partner AG (structures);
Bogenschütz AG (sanitary fixtures);
J. Forrer AG (heating and conditioning);
Elektrizitäts AG (electrical systems);
J. Wiede, Schönholzer + Stauffer (landscaping)

Phase 2, 1999—2000
Design team: B. Plattner,
E. Volz (senior partner and associate)
Consultants: C. Burger + Partner AG (structures);
Bogenschütz AG (sanitary fixtures);
J. Forrer AG (heating and conditioning systems);
Elektrizitäts AG (electrical systems);
Schönholzer + Stauffer (landscaping)

1991—2001
Banca Popolare di Lodi
Lodi, Italy

Client: Banca Popolare di Lodi
Renzo Piano Building Workshop, architects

Preliminary Project, 1991—1992
Design team: G. Grandi (senior partner), A. Alborghetti,
V. Di Turi, G. Fascioli,
E. Fitzgerald, C. Hayes,
P. Maggiora, C. Manfreddo,
V. Tolu, A. Sacchi, S. Schäfer
with S. D'Atri, G. Langasco (CAD)

Final Project and Construction, 1992—2001
G. Grandi (senior partner),
D. Hart (partner), V. Di Turi
with A. Alborghetti,
J. Breshears, C. Brizzolara,
S. Giorgio-Marrano,
M. Howard, H. Peñaranda and
S. D'Atri, G. Langasco (CAD);
S. Rossi (models)
Consultants: M.S.C. (structures);
Manens Intertecnica (systems); Müller BBM (acoustics); Gierrevideo (audio/video equipment for auditorium); P. Castiglioni (lighting engineering);
P.L. Cerri (graphic work);
F. Santolini (interiors)

1991—2004
Padre Pio Pilgrimage Church
San Giovanni Rotondo (Foggia), Italy

Client: Provincia dei Frati Minori Cappuccini di Foggia
Renzo Piano Building Workshop, architects

Phase 1, 1991—1996
Design team: G. Grandi (senior partner),
K. Fraser, V. Di Turi,
M. Palmore, C. Manfreddo,
M. Rossato, S. Ishida (partner),
L. Lin, D. Magnano, P. Bodega,
E. Fitzgerald, with M. Byrne,
B. Ditchbum, H. Hirsch,
A. Saheba, G. Stirk;
and I. Corte, S. D'Atri (CAD);

D. Cavagna, S. Rossi (models)
Consultants: Ove Arup & Partners + Co.Re. Ingegneria (structures); Ove Arup & Partners/Manens Intertecnica (systems);
Müller BBM (acoustics); STED, Austin Italia (cost control); Tecnocons (fire prevention); E. Trabella (vegetation); Studio Ambiente (town planning); G. Grasso (liturgical advice)

Phase 2, 1997—2004
Design team: G. Grandi (senior partner), V. Grassi (associate), with V. Di Turi, D. Magnano, M. Rossato Piano, S. Scarabicchi and M. Belviso, E. Mijic, C. Pafumi, M. Piazza, G. Robotti, W. Vassal, D. Vespier; I. Corte, S. D'Atri (CAD); D. Cavagna, F. Cappellini, S. Rossi (models)
Consultants: Favero & Milan (structures); Manens Intertecnica (systems); Müller BBM (acoustics); HR Wallingford (rainwater disposal); Tecnocons + C. Manfreddo (fire prevention); P. Castiglioni (lighting engineering); F. Origoni (graphic work); D. Lagazzi (advice on stone); N. Albertani (advice on wood); Mons. C. Valenziano (liturgical advice); M. Codognato (artistic advice); G. Muciaccia (supervision of works)

1992—1995
Cy Twombly Pavilion
Houston, Texas, USA

Client: The Menil Foundation
Renzo Piano Building Workshop, architects
Design team: M. Carroll (senior partner), S. Ishida (partner) with M. Palmore and S. Comer, A. Ewing, S. Lopez
Consultants: R. Fitzgerald & Associates (local architect); Ove Arup & Partners, Haynes Whaley Associates Inc. (structures); Ove Arup & Partners (systems); Lockwood Andrews & Newman (infrastructure works)

1992—1997
Atelier Brancusi
Paris, France

Client: Georges Pompidou Centre
Renzo Piano Building Workshop, architects
Design team: B. Plattner (senior partner), R. Self (head architect), R. Phelan with J.L. Dupanloup, A. Gallissian and C. Aasgaard, Z. Berrio, C. Catino, P. Chappell, J. Darling, P. Satchell
Consultants: GEC Ingéniérie (structures, electrical system and cost control); INEX (heating and conditioning system); Isis (car parks)

1992—1997
NEMO
Science Museum
Amsterdam, Netherlands

Client: NINT
Renzo Piano Building Workshop, architects

Preliminary Project, 1992
Design team: O. de Nooyer (senior partner), S. Ishida (partner) with H. Yamaguchi, J. Fujita, A. Gallo, M. Alvisi and Y. Yamaoka, E. Piazze, A. Recagno, K. Shannon, F. Wenz, I. Corte, D. Guerrisi (CAD); D. Cavagna (models)
Consultants: Ove Arup & Partners, D3BN (structures); Ove Arup & Partners, Huisman en Van Muijen, B.V. (systems); Peutz (acoustics); Bureau voor Bouwkunde (local architect)

Final Project and Construction, 1994—1997
Design team: O. de Nooyer (senior partner), S. Ishida (partner) with J. Backus, A. Hayes, H. Penaranda, H. Van Der Meys, J. Woltjer
Consultants: D3BN (structures); Huisman en Van Muijen B.V. (systems); Peutz (acoustics); Bureau voor Bouwkunde (local architect)

1992—2000
Reconstruction of Potsdamer Platz
Berlin, Germany

Client: Daimler-Chrysler AG
Renzo Piano Building Workshop, architects, in collaboration with Christoph Kohlbecker (Gaggenau, Germany)

Competition, 1992
Design team: B. Plattner (senior partner), R. Baumgarten, A. Chaaya, P. Charles, J. Moolhuijzen with E. Belik, J. Berger, M. Kohlbecker, A. Schmid, U. Knapp, P. Helppi and P. Darmer (models)

Master plan, 1993
Design team: B. Plattner (senior partner), R. Baumgarten, G. Bianchi, P. Charles, J. Moolhuijzen with E. Belik, J. Berger, A. Chaaya, W. Grasmug, C. Hight, N. Miegeville, G. Carreira, E. del Moral, H. Nagel, F. Pagliani, L. Penisson, R. Phelan, J. Ruoff, B. Tonfoni and P. Darmer (models)
Kohlbecker: M. Kohlbecker, K. Franke, A. Schmid with L. Ambra, C. Lehmann, B. Siggemann, O. Skjerve, W. Marsching, M. Weiss

Final Project and Construction, 1993—2000
Design team: B. Plattner (senior partner), J. Moolhuijzen, A. Chaaya, R. Baumgarten, M.v. der Staay, P. Charles, G. Bianchi, C. Brammen, G. Ducci, M. Hartmann, O. Hempel, M. Howard, S. Ishida (partner), M. Kramer, Ph.v. Matt, W. Matthews, N. Mecattaf, D. Miccolis, M. Busk-Petersen, M. Pimmel, J. Ruoff, M. Veltcheva, E. Volz with E. Audoye, S. Baggs, E. Baglietto, M. Bartylla, S. Camenzind, M. Carroll (partner), L. Couton, R. Coy, A. Degn, B. Eistert, J. Florin, J. Fujita, A. Gallissian, C. Maxwell-Mahon, G.M. Maurizio, J. Moser, J.B. Mothes, O. de Nooyer, F. Pagliani, L. Penisson, M. Piano, D. Putz, P. Reignier, R. Sala, M. Salerno, C. Sapper, S. Schaefer, D. Seibold, K . Shannon, K. Siepmann, S. Stacher, R.V. Truffelli (partner), L. Viti, T. Volz, F. Wenz, H. Yamaguchi and S. Abbado, F. Albini, G. Borden, B. Bowin, T. Chee, S. Drouin, D. Drouin, J. Evans, T. Fischer, C. Hight, J. Krolicki, C. Lee, K. Meyer, G. Ong, R. Panduro, E. Stotts; I. Corte, D. Guerrisi, G. Langasco (CAD); J.P. Allain, D. Cavagna, C. Colson, O. Doizy, P. Furnemont (models)
Kohlbecker: M. Kohlbecker, J. Barnbrook, K.H. Etzel, H. Falk, T. Fikuart, H. Gruber, A. Hocher, R. Jatzke, M. Lindner, J. Müller, N. Nocke, A. Rahm, B. Roth, M. Strauss, A. Schmid, W. Spreng
Consultants: P.L. Copat (Debis tower and casino interiors); Boll & Partners/Ove Arup & Partner, IBF Dr Falkner GmbH/Weiske & Partner (structures); IGH/Ove Arup & Partners, Schmidt-Reuter & Partner (heating and conditioning systems); Müller BBM (acoustics); Hundt & Partner (transport); IBB Burrer, Ove Arup & Partners (electrical systems); ITF Intertraffic (transport planning); Atelier Dreiseitl (landscaping and stretches of water); Krüger & Möhrle (vegetation); Drees & Sommer/Kohlbecker (supervision of works)

1993—1995
Cité Internationale Museum of Contemporary Art
Lyon, France

Client: Ville de Lyon
Renzo Piano Building Workshop, architects, in collaboration with Michel Corajoud, landscape architect (Paris), and CRB Architectes (Lyon)
Design team: P. Vincent (senior partner), M. Henry, E. Novel, A.H. Temenides, W. Vassal with M. Howard, C. Jackman, D. Rat, M. Salerno and J.P. Allain (models)
Consultants: Agibat Ingénierie (structures); C. Courtois (HVAC); HGM (electrical engineering); Peutz & Associés (acoustics); R. Jeol (lighting engineering); Intégral Ruedi Baur (signage); GEC Ingénierie (cost control); Syllabus (project coordination)

1993—1998
Mercedes-Benz Design Centre
Sindelfingen (Stuttgart), Germany

Client: Mercedes-Benz AG
Renzo Piano Building Workshop, architects, in collaboration with Christoph Kohlbecker (Gaggenau)
Design team: E. Baglietto (senior partner), S. Ishida (partner) with G. Cohen, J. Florin, A. Hahne, D. Hart and C. Leoncini, S. Nobis, C. Sapper, L. Viti; D. Guerrisi, M. Ottonello (CAD)
Consultants: Ove Arup & Partners, IFB Dr Braschel & Partner GmbH (structures); Ove Arup & Partners, FWT Project und Bauleitung Mercedes-Benz AG (systems); Müller BBM (acoustics); F. Santolini (interiors)

1994—2002
Parco della Musica Auditorium
Rome, Italy

Client: Municipality of Rome
Renzo Piano Building Workshop, architects

Competition, 1994
Design team: K. Fraser (head architect), S. Ishida (partner) with C. Hussey, J. Fujita and G. Bianchi, L. Lin, M. Palmore, E. Piazze, A. Recagno, R. Sala, C. Sapper, R.V. Truffelli (partner), L. Viti; G. Langasco (CAD)
Consultants: Ove Arup & Partners (structures and systems); Müller Bbm (acoustics); Davis Langdon & Everest (cost control); F. Zagari, E. Trabella (landscaping); Tecnocamere (fire prevention)

Final Project, 1994—1998
Design team: S. Scarabicchi (senior partner), D. Hart (partner), M. Varratta with S. Ishida, M. Carroll (partners) and M. Alvisi, W. Boley, C. Brizzolara, F. Caccavale, A. Calafati, G. Cohen, I. Cuppone, A. De Luca, M. Howard, G. Giordano, E. Suarez-Lugo, S. Tagliacarne, A. Valente, H. Yamaguchi; S. D'Atri, D. Guerrisi, L. Massone, M. Ottonello, D. Simonetti (CAD); D. Cavagna, S. Rossi (models)
Consultants: Studio Vitone & Associati (structures); Manens Intertecnica (systems); Müller Bbm (acoustics); T. Gatehouse, Austin Italia (cost control); F. Zagari, E. Trabella (landscaping); Tecnocons (fire prevention); P.L. Cerri (graphic work)

Working Plan, 1997—2002
Design team: S. Scarabicchi (senior partner) with M. Alvisi, D. Hart (partner) and P. Colonna, E. Guazzone, A. Spiezia
Consultants: Studio Vitone & Associati (structures); Manens Intertecnica (systems); Müller Bbm (acoustics); Techint/Drees & Sommer (supervision of works)

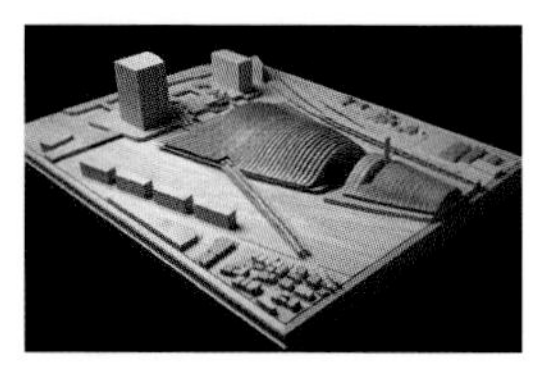

1995
Multi-purpose Arena Competition
Saitama (Tokyo), Japan

Client: Prefecture of Saitama
Renzo Piano Building Workshop, architects
Design team: S. Ishida (senior partner), C. Sapper, L. Viti, A. Zoppini with M. Carroll (partner), M. Palmore, R.V. Truffelli (partner), M. Carletti, L. Imberti and S. Rossi (models)
Consultants: T. Kimura, M. Sasaki (structures); Manens Intertecnica (systems); Müller Bbm (acoustics); P. Castiglioni (lighting engineering); Hitachi Zosen Ltd (event space and mobile mechanisms); Dentsu Ltd + Isaia Communications (cultural events and entertainment)

1995—2007
'Il Vulcano Buono' Service Centre
Nola (Naples), Italy

Client: Interporto Campano S.p.A.
Renzo Piano Building Workshop, architects

Phase 1, 1995—2000
Design team: R.V. Truffelli (senior partner) with D. Magnano, P. Brescia, G. Bruzzone, M. Carroll (partner), C. Friedrichs, S. Ishida (partner), D. Piano, M. Palmore, H. Peñaranda, C.F. Schmitz-Morkramer, G. Senofonte, E. Spicuglia and E. Baglietto (partner), M. Byrne, J. Breshears, L. Massone, N. Grasdepot; I. Corte, S. D'Atri, D. Guerrisi, G. Langasco (CAD); D. Cavagna, S. Rossi (models)
Consultants: Favero & Milan (structures); Manens Intertecnica (systems); Austin Italia (cost control); G. Amaro (fire prevention); E. Trabella (vegetation)

Phase 2, 2001—2007
Design team: G. Grandi, D. Magnano (senior partner and associate), V. Tolu with C. Domenici, D. Hart (partner), O. de Nooyer (partner) and A. Bouton, Ph. Grigoriadis; G. Langasco (CAD); F. Cappellini, S. Rossi (models)
Consultants: Favero & Milan (structural and civil engineering, advice on working plan); Maire Engineering (systems); Studio Archemi (cost control); G. Amaro (fire prevention); P. Castiglioni (lighting engineering); E. Skabar, H. Coumoul (landscaping and vegetation)

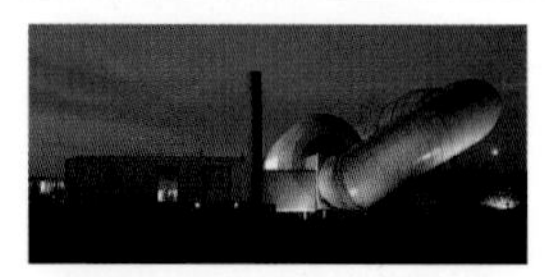

1996—1998
Ferrari Wind Tunnel
Maranello (Modena), Italy

Client: Ferrari S.p.A.
Renzo Piano Building Workshop, architects
Design team: P. Vincent (senior partner), M. Salerno (head architect) with J.B. Mothes, N. Pacini, M. Pimmel, D. Rat, M. Rossato Piano, S. Lee, G. Modolo and S. Abbado, T. Damisch, J.C. M'Fouara; J.P. Allain (models)
Consultants: CSTB (wind tunnel testing); Agibat MTI (structures); Végétude (vegetation); Austin Italia (cost control); Peutz & Associés (acoustics); F. Santolini (interiors)

1996—2000
Aurora Place – Office and Residential Buildings
Sydney, New South Wales, Australia

Client: Lend Lease Development
Renzo Piano Building Workshop, architects

Preliminary Project, 1996
Design team: M. Carroll, O. de Nooyer (senior partners), S. Ishida (partner) with M. Amosso, J. McNeal and D. Magnano, H. Peñaranda, M. Palmore, C. Tiberti, M. Frezza, J. Kirimoto; I. Corte (CAD); S. Rossi (models), in collaboration with Lend Lease Design Group (Sydney)
Consultants: Ove Arup & Partners (systems and façades); Lend Lease Design Group (structures)

Final Project and Construction, 1997—2000
Design team: M. Carroll, O. de Nooyer (senior partners), S. Ishida (partner), K. McBryde, C. Kelly with M. Amosso, D. Grieco, M. Kininmonth, M. Lam, A. Laspina, E. Mastrangelo, J. McNeal, M. Palmore, D. Pratt, S. Smith, J. Silvester, B. Terpeluk, E. Trezzani, L. Trullols, M.C. Turco, T. Uleman and S. D'Atri, L. Bartolomei, M. Ottonello, D. Simonetti (CAD); S. Rossi, C. Palleschi (models), in collaboration with Lend Lease Design Group and GSA Pty Ltd (Sydney)
Consultants: Lend Lease Design Group Ltd (structures and systems); Ove Arup & Partners (systems and façades); Taylor Thomson Whitting (structures for residential tower)

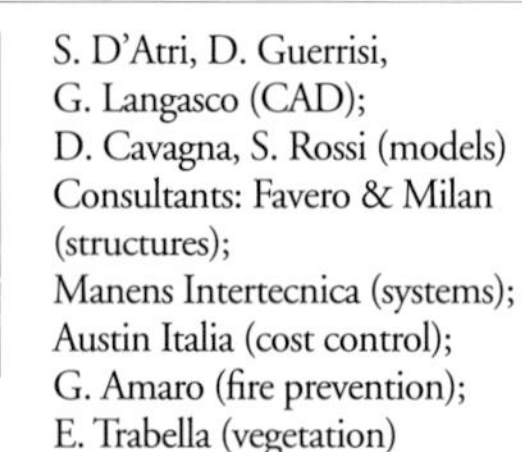

1996—2000
Renovation of the Centre Georges Pompidou
Paris, France

Client: Centre Georges Pompidou
Renzo Piano Building Workshop, architects
Design team: P. Vincent, G. Bianchi (senior partners), A. Gallissian (head architect), N. Pacini with L. Berellini, C. Jackman, W. Matthews, G. Modolo, J. Ruoff, A.H. Temenides and J.C. M'Fouara, B. Piechaczyk, C. Raber, R. Valverde; C. Colson, P. Furnemont (models)
Consultants: Gec Ingéniérie (cost control and secondary structures); INEX (heating and conditioning systems); Setec (primary structure and electrical system); Peutz & Associés (acoustics); R. Labeyrie (audio/video system); Integral R. Baur (signage); R. Jeol, P. Castiglioni (lighting engineering); Diluvial/AMCO (stretches of water); N. Green & A. Hunt Associés (canopy); ODM (yard coordination)

1996—2001
Niccolò Paganini Auditorium
Parma, Italy

Client: Municipality of Parma
Renzo Piano Building Workshop, architects
Design team: D. Hart (senior partner), M. Alvisi, G. Anzani, G. Chimeri, D. De Macina, E. Guazzone, G. Guerrieri; D. Cavagna, S. Rossi (models)
Consultants: Müller BBM (acoustics); P. Costa (structures); Manens Intertecnica (systems); Paghera (landscaping); Studio Galli (infrastructure works); Gierrevideo (audio/video systems); Amitaf (fire prevention); Austin Italia (cost control); F. Santolini (interiors)

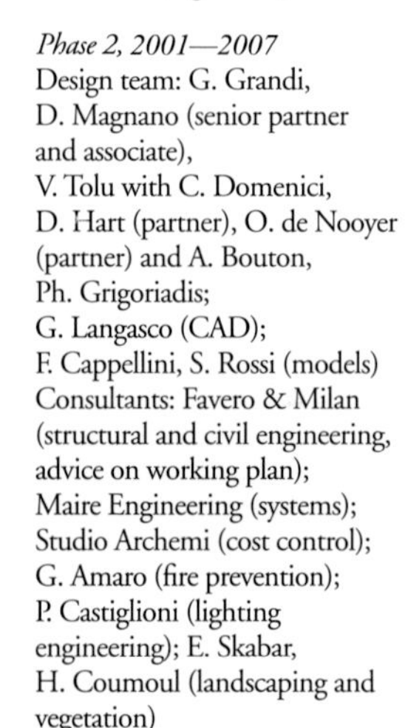

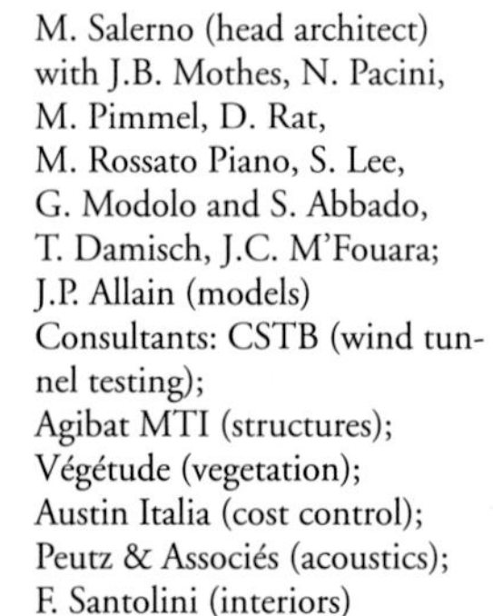

1997—2000
Tower for the Offices of KPN Telecom
Rotterdam, Netherlands

Client: William Properties, KPN Telecom
Renzo Piano Building Workshop, architects

Preliminary Project, 1997
Design team: O. de Nooyer (senior partner), S. Ishida (partner) with H. van der Meijs, M. Uber, C. Grant, C. Tiberti and L. Massone (CAD); S. Rossi, D. Cavagna (models)

Final Project and Construction, 1997—2000
Design team: J. Moolhuijzen (senior partner), D. Rat with N. Mecattaf, K. van Casteren, B. Akkerhuis and C. Brammen, A. Johnson, C. Lee; C. Colson, P. Furnemont (models)
Consultants: Brink Groep Tiel (cost control and specifications); Corsmit Consulting Engineering (structures); H. Hoogendoorn Raadgevend Ing. Buro (systems); Studio Dumbar (graphic work for luminous panels); Advies buro Peutz en Associés Bv (acoustics); Advies buro van Hooft (fire prevention); Architekten cooperatie Balans (interiors)

1998—2005
***Il Sole 24 Ore* Headquarters**
Milan, Italy

Client: Il Sole 24 Ore SpA + Pioneer Investment Management
Renzo Piano Building Workshop, architects
Design team: A. Chaaya (senior partner), N. Pacini with M. Cardenas, J. Carter, G. Costa, D. Magliulo, N. Mecattaf, D. Miccolis, and J. Boon, E. Caumont, R. Valverde; C. Colson, P. Furnemont, Y. Kyrkos (models)
Consultants: Ove Arup & Partners + Milano Progetti (structures and systems); Progess (fire prevention); Peutz & Associés (acoustics); R. Labeyrie (stage systems); P. Castiglioni (lighting engineering); E. Trabella (vegetation); Origoni & Steiner (graphic work); RED (cost control and local architects); G. Ceruti (supervision of works); M. Masnaghetti (project coordination)

1998—2006
Maison Hermès
Tokyo, Japan

Client: Hermès Japon
Renzo Piano Building Workshop, architects, in collaboration with Rena Dumas Architecture Intérieure (Paris)

Phase 1, 1998—2001
Design team: P. Vincent (senior partner), L. Couton with G. Ducci, P. Hendier, S. Ishida (partner), F. La Rivière and C. Kuntz; C. Colson, Y. Kyrkos (models)
Consultant for Working Plan: Takenaka Corporation Design Department
Consultants: Ove Arup & Partners (structures and systems); Syllabus (cost control); Delphi (acoustics); Ph. Almon (lighting engineering); R. Labeyrie (audio/video systems); K. Tanaka (landscaping); Atelier 10/N. Takata (local regulations analysis); ArchiNova Associates (supervision of works)
Sculptures: S. Shingu

Phase 2, 2002—2006
Design team: P. Vincent (senior partner), F. La Rivière; with O. Aubert, C. Colson, Y. Kyrkos (models)
Consultants: GDLC Architectes/L. Couton (architecture consultant); Ove Arup & Partners (structures and systems); Delphi (acoustics); Ph. Almon (lighting engineering); K. Tanaka (landscaping); M. Gonzalez (specifications); ArchiNova Associates (supervision of works); Takenaka Corporation Design Department (consulting service for working plan)

1999
'Living in the City' Competition
London, United Kingdom

Client: The Architecture Foundation
Renzo Piano Building Workshop, architects
Design team: J. Moolhuijzen (senior partner), B. Akkerhuis, A. Meier with J. Carter, K. van Casteren, O. Hempel, B. Payson, M. Prini, B. Vapné; Y. Kyrkos, F. de Saint-Jouan (models)
Consultants: Ove Arup & Partners (structures and environmental aspects)

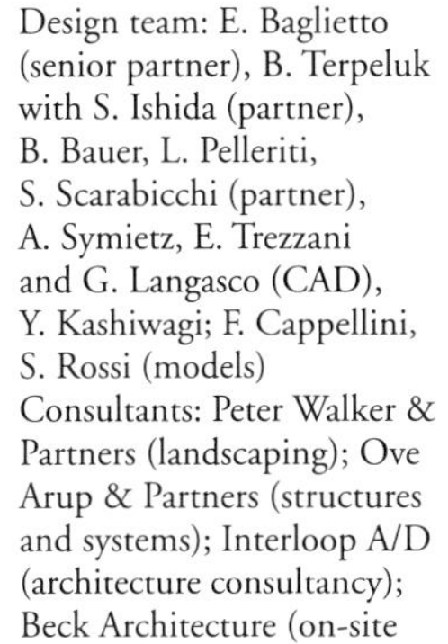

1999–2003
Nasher Sculpture Center
Dallas, Texas, USA

Client: The Nasher Foundation
Renzo Piano Building Workshop, architects
Design team: E. Baglietto (senior partner), B. Terpeluk with S. Ishida (partner), B. Bauer, L. Pelleriti, S. Scarabicchi (partner), A. Symietz, E. Trezzani and G. Langasco (CAD), Y. Kashiwagi; F. Cappellini, S. Rossi (models)
Consultants: Peter Walker & Partners (landscaping); Ove Arup & Partners (structures and systems); Interloop A/D (architecture consultancy); Beck Architecture (on-site architecture consultancy)

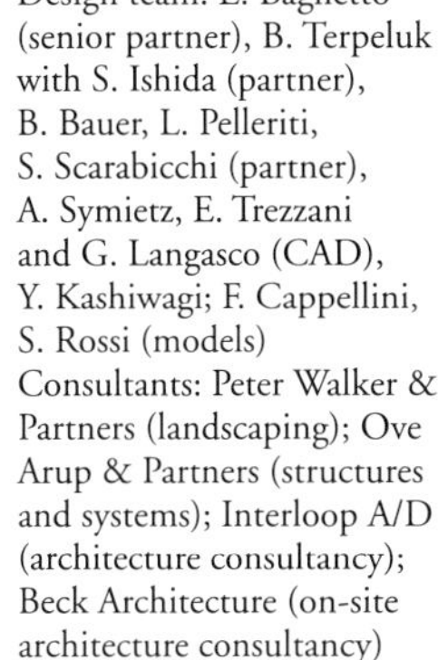

1999–2005
High Museum of Art Extension
Atlanta, Georgia, USA

Client: High Museum of Art + Woodruff Arts Center
Renzo Piano Building Workshop, architects, in collaboration with Lord, Aeck & Sargent Inc., architects (Atlanta)
Design team: M. Carroll (senior partner), E. Trezzani (lead associate), S. Ishida (partner), S. Colon, D. Patterson, A. Symietz with F. Elmalipinar, G. Longoni, M. Maggi, A. Parigi, R. Sproull, E. Suarez and J. Boon, J. Silvester, S. Tagliacarne, B. Waechter, M. Agnoletto, S. Chavez, D. Hlavacek, R. Supiciche, A.Vrana; M. Ottonello, G. Langasco (CAD); D. Cavagna, F. Cappellini, S. Rossi (models)
Consultants: Ove Arup & Partners + Uzun & Case + Jordan & Skala (structures and services); Arup Acoustics (acoustics); Arup Lighting (lighting engineering); HDR/WLJorden (infrastructure works); Jordan Jones & Goulding (landscaping); Bergmeyer Associates (interiors/restaurants); Brand+Allen Architects (interiors/shops)

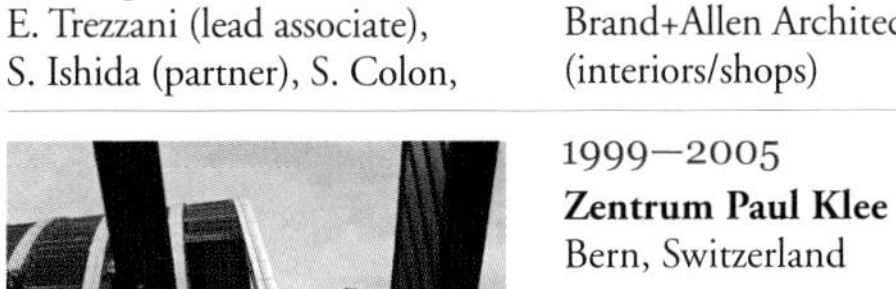

1999–2005
Zentrum Paul Klee
Bern, Switzerland

Client: Maurice E. and Martha Müller Foundation
Renzo Piano Building Workshop, architects, in collaboration with ARB, architects (Bern)
Design team: B. Plattner (senior partner), M. Busk-Petersen, O. Hempel (head architects) with L. Battaglia, A. Eris, J. Moolhuijzen (partner), M. Prini and F. Carriba, L. Couton, S. Drouin, O. Foucher, H. Gsottbauer, F. Kohlbecker, J. Paik, D. Rat, A. Wollbrink; and R. Aebi, O. Aubert, C. Colson, F. de Saint-Jouan, P. Furnemont, Y. Kyrkos (models)
Consultants: Ove Arup & Partners, B+S Ingenieure AG (structures); Ove Arup & Partners, Luco AG, Enerconom AG, Bering AG (systems); Emmer Pfenninger Partner AG (façades); A. Walz (geometric studies); Ludwig & Weiler (special structural elements); Grolimund+Partner AG (structural surveys); Müller-BBM (acoustics); Institut de sécurité (fire prevention); Hügli AG (safety/security); M. Volkart (catering services); Schweizerische Hochschule für Landwirtschaft, F. Vogel (vegetation); Coande (signage)

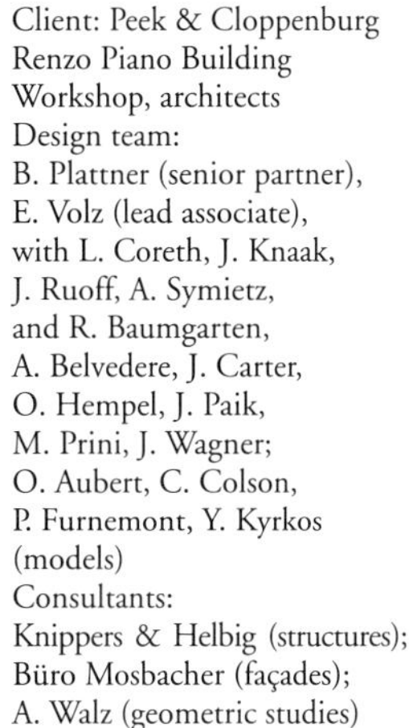

1999–2005
Peek & Cloppenburg Department Store
Cologne, Germany

Client: Peek & Cloppenburg
Renzo Piano Building Workshop, architects
Design team: B. Plattner (senior partner), E. Volz (lead associate), with L. Coreth, J. Knaak, J. Ruoff, A. Symietz, and R. Baumgarten, A. Belvedere, J. Carter, O. Hempel, J. Paik, M. Prini, J. Wagner; O. Aubert, C. Colson, P. Furnemont, Y. Kyrkos (models)
Consultants: Knippers & Helbig (structures); Büro Mosbacher (façades); A. Walz (geometric studies)

1999–2006
Cité Internationale Extension: 'Salle 3000'
Lyon, France

Client: Communauté Urbaine de Lyon + SEM Cité Internationale
Renzo Piano Building Workshop, architects, in collaboration with Michel Corajoud, landscape architect (Paris) and CRB Architectes (Lyon)
Design team:
RPBW: P. Vincent (senior partner), A.H. Temenides (lead associate), S. Giorgio-Marrano, P. Hendier, J.B. Mothes, M. Pimmel, with J. Allard, K. Bergmann, L. Gestin, Ch. Guillas, N. Meyer, J. Miething, N. Monge, T. Nguyên, L. Reggiardo, C. von Däniken and K. Demirkan, F. Durbano, L. de Menezes, E. Marchesi, U. Nakano; O. Aubert, C. Colson, Y. Kyrkos (models)
CRB: J.Ph. Ricard, N. de Fleurian with I. Ceccherini, C. Valentinuzzi, M. Cadic, F. Dumas and J. Bernard, J.F. Fayette
Corajoud: B. Scribe, J. Taborda Barrientos
Consultants: Debray Ingénierie (yard inspections); Global (yard coordination); Abac Ingénierie (design coordination); Agibat Ingénierie (structures); Barbanel SA (systems) GEC Ingénierie/SLETEC (cost control); Peutz & Associés (acoustics); R. Labeyrie (stage systems and audio/video); V. Bosch, Y. Bernard (theatre scheduling); Trois C (kitchens); Intégral R. Baur (signage); G. Foucault (lighting engineering); Qualiconsult (fire prevention); Séchaud & Bossuyt Rhône-Alpes (infrastructure works); Sol-Paysage (vegetation); J.D. Secondi (artistic consultant)

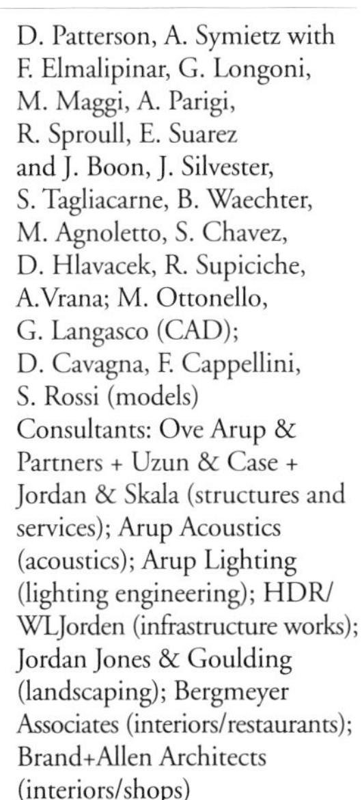

2000
'Renzo Piano: Un regard Construit' Travelling Exhibition
Centre Georges Pompidou, Paris, France

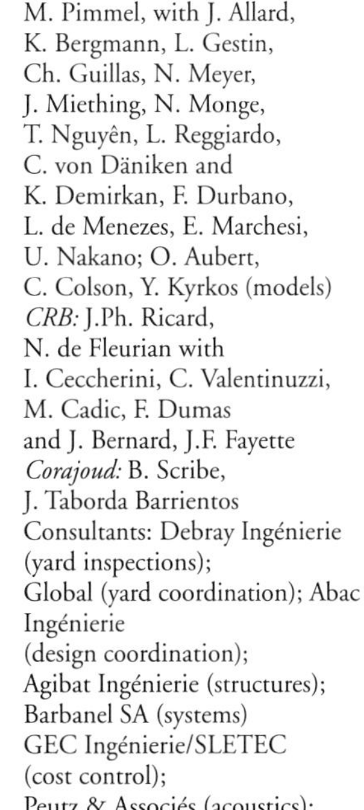

'Renzo Piano: Architekturen des Lebens'
Neue Nationalgalerie, Berlin, Germany

A show sponsored by Daimler Chrysler
Curator: O. Cinqualbre (Georges Pompidou Centre), in collaboration with W.-D. Dube, A. Lepik, P.-K. Schuster (Neue Nationalgalerie)
Mounting project: Renzo Piano Building Workshop, architects, in collaboration with Franco Origoni (Milan)
Project team: G. Bianchi (senior partner), S. Canta with C. Casazza, O. Ferrero, A. Lorente and M. Bruzzone, D. Grieco
Consultants: Nicholas Green & Anthony Hunt Associés (structures); Studio Origoni & Steiner (graphic work); P. Castiglioni (lighting engineering); S. Lampredi (image digitization); L. Bolgeri (film director and video production); Centro Ricerche Multimediali (CAD)
Models: Renzo Piano Building Workshop (R. Aebi, F. Cappellini, D. Cavagna, C. Colson, S. Rossi) with O. Doizy, Y. Chaplain, OCALP, DB Model and S. Hamnell

2000–2003
Giovanni and Marella Agnelli Art Gallery at the Lingotto
Turin, Italy

Client: Lingotto S.p.A. + Palazzo Grassi
Renzo Piano Building Workshop, architects
Design team: M. van der Staay (lead associate) with A. Belvedere, K. van Casteren, D. Dorell, F. Florena, B. Plattner (partner) and A. Alborghetti, M. Parravicini, A.H. Temenides; C. Colson, Y. Kyrkos, O. Aubert (models)
Consultants: RFR (roofing structure); Fiat Engineering (primary structure and systems); PI Greco Engineering (fire prevention); P. Castiglioni (lighting engineering); Studio Inarco (architecture consultancy)

2000–2005
'EMI Music France' Facility
Paris, France

Client: EMI Music France
Renzo Piano Building Workshop, architects
Design team: P. Vincent, A. Gallissian (senior partner and associate), with T. Nguyên and J. Carter, J.Ch. Denise, G. Ducci, S. Giorgio-Marrano, P. Hendier; O. Aubert, C. Colson, Y. Kyrkos (models)
Consultants: Ove Arup & Partners, GEC Ingénierie (structures and systems); GEC Ingénierie (cost control); Peutz & Associés (acoustics); R. Labeyrie (audio/video

systems); C. Guinaudeau (vegetation); P.L. Copat (interiors); GEMO (yard coordination)

2000—2001
'La Bolla'
Genoa, Italy

Client: Porto Antico di Genova S.p.A.
Renzo Piano Building Workshop, architects
Design team: D. Hart (senior partner), D. Piano with M. Carroll, S. Ishida (partners), G. Chimeri, F. De Cillia, D. Magnano, D. Vespier and M. Ottonello (CAD); S. Rossi (models)
Consultants: Ove Arup & Partners (systems and environmental studies); Polar Glassin System (structures); Tekne (cost control); Studio Galli (infrastructure works); P. Castiglioni (lighting engineering); C. Manfreddo (fire prevention); Techint (consulting with regard to working plan for architecture); P. Nalin (professional advice on working plan for infrastructures)

2000—2006
Renovation and Expansion of the Morgan Library
New York City, New York, USA

Client: The Morgan Library
Renzo Piano Building Workshop, architects, in collaboration with Beyer Blinder Belle LLP (New York)
Design team: G. Bianchi (senior partner), K. Doerr, T. Sahlmann with A. Knapp, Y. Pages, M. Reale and P. Bruzzone, M. Cook, S. Abe, M. Aloisini, L. Bouwman, J. Hart, H. Kybicova, M. Leon; Y. Kyrkos, C. Colson, O. Aubert (models)
Consultants: Robert Silman Associates (structures); Cosentini Associates (systems); Ove Arup & Partners (thermal testing and lighting engineering); Front (façade); Kahle Acoustics (acoustics); Harvey Marshall Associates (audio/video systems); IROS (lift design); HM White (landscaping); Stuart-Lynn Company (cost control)

2000—2007
The New York Times Building
New York City, New York, USA

Client: The New York Times/ Forest City Ratner Companies
Renzo Piano Building Workshop, architects, in collaboration with FXFowle Architects, P.C. (New York)

Competition, 2000
Design team: B. Plattner (senior partner), E. Volz with G. Bianchi, J. Moolhuijzen (partners), S. Ishida, P. Vincent (partners), A. Eris, J. Knaak, T. Mikdashi, M. Pimmel, M. Prini, A. Symietz
Consultants: Ove Arup & Partners (structures and systems)

Final Project, 2000—2007
Design team: B. Plattner (senior partner), E. Volz (lead associate) with J. Carter, S. Drouin, B. Lenz, B. Nichol, R. Salceda, M. Seibold, J. Wagner and C. Orsega, J. Stanteford, R. Stubbs, G. Tran, J. Zambrano; O. Aubert, C. Colson, Y. Kyrkos (models)
Consultants: Thornton Tomasetti (structures); Flack & Kurtz (utilities); Jenkins & Huntington (vertical transport); Heitman & Associates (façade); Ludwig & Weiler (front offices); Office for Visual Interaction (lighting engineering); Gensler Associates (interiors); H.M. White (landscaping); AMEC (construction manager)

2000—2008
California Academy of Sciences
San Francisco, California, USA

Client: California Academy of Sciences
Renzo Piano Building Workshop, architects, in collaboration with Stantec Architecture (San Francisco)
Design team: M. Carroll and O. de Nooyer (senior partners) with S. Ishida (partner), B. Terpeluk, J. McNeal, A. De Flora, F. Elmalipinar, A. Guernier, D. Hart, T. Kjaer, J. Lee, A. Meine-Jansen, A. Ng, D. Piano, W. Piotraschke, J. Sylvester; and C. Bruce, L. Burow, C. Cooper, A. Knapp, Y. Pages, Z. Rockett, V. Tolu, A. Walsh; I. Corte, S. D'Atri, G. Langasco, M. Ottonello (CAD); F. Cappellini, S. Rossi, A. Malgeri, A. Marazzi (models)
Consultants: Ove Arup & Partners (engineering and sustainability); Rutherford & Chekene (infrastructure work); SWA Group (landscaping); Rana Creek (roof garden); PBS&J (vital aquarium support systems); Thinc Design, Cinnabar, Visual-Acuity (mounting of exhibitions)

2000—2009
Chicago Art Institute The Modern Wing
Chicago, Illinois, USA

Client: The Art Institute of Chicago
Renzo Piano Building Workshop, architects, in collaboration with Interactive Design Inc., architects (Chicago)
Design team: J. Moolhuijzen (senior partner), D. Rat, C. Maxwell-Mahon, with A. Belvedere, D. Colas, P. Colonna, O. Foucher, A. Gallissian, S. Giorgio-Marrano, H. Lee, W. Matthews, T. Mikdashi, J.B. Mothes, Y. Pagès, B. Payson, M. Reale, J. Rousseau, A. Stern, A. Vachette, C. von Däniken and K. Doerr, M. Gomes, J. Nakagawa; Y. Kyrkos, C. Colson, O. Aubert (models)
Consultants: Ove Arup & Partners (structures); Ove Arup & Partners + Sebesta Blomberg (systems); Patrick Engineering (infrastructure works); Wiss, Janey, Elstner Associates Inc. (Millennium Park Bridge structures); The Talaske Group (audio/video systems); Gustafson Guthrie Nichol Ltd (landscaping); Morgan Construction Consultants (cost control); Carter Burgess (LEED)

2000—2009
Vedova Foundation
Venice, Italy

Client: Fondazione Emilio e Annabianca Vedova
Renzo Piano, architect, in collaboration with Alessandro Traldi, Milan
Consultants: Favero & Milan (structures); G. Celant (artistic consultant); Metalsystem (systems); Studio Camuffo (graphic work); Immedia (video production)

2000—2012
The Shard
London, United Kingdom

Client: Sellar Property Group
Renzo Piano Building Workshop, architects, in collaboration with Adamson Associates (Toronto, London)

Phase 1, 2000—2003
Design team: J. Moolhuijzen (senior partner), N. Mecattaf, W. Matthews with D. Drouin, A. Eris, S. Fowler, H. Lee, J. Rousseau, R. Stampton, M. van der Staay and K. Doerr, M. Gomes, J. Nakagawa, K. Rottova, C. Shortle; O. Aubert, C. Colson, Y. Kyrkos (models)
Consultants: Arup (structures and systems); Lerch, Bates & Associates (vertical transport); Broadway Malyan (architecture consultancy)

Phase 2, 2004—2012
Design team: J. Moolhuijzen, W. Matthews (senior partner and associate), B. Akkerhuis, G. Bannatyne, E. Chen, G. Reid, with O. Barthe, J. Carter, V. Delfaud, M. Durand, E. Fitzpatrick, S. Joly, G. Longoni, C. Maxwell-Mahon, J.B. Mothes, M. Paré, J. Rousseau, I. Tristrant, A. Vachette, J. Winrow, and O. Doule, J. Leroy, L. Petermann; O. Aubert, C. Colson, Y. Kyrkos (models)
Consultants: WSP Cantor Seinuk (structures); Arup (systems); Lerch, Bates & Associates (vertical transport); Davis Langdon (cost control); Townshend Architects (landscaping); Pascall+Watson (consultancy on working plan for station)

2001—2007
'La Rocca' Cellar
Gavorrano (Grosseto), Italy

Client: La Rocca di Frassinello s.r.l.
Renzo Piano Building Workshop, architects
Design team: L. Couton (lead associate), B. Plattner (partner), with L. Dal Cerro, G. Ducci G. Pasquini, P. Hendier and K. Demirkan; Y. Kyrkos, C. Colson, O. Aubert (models)
Consultants: Favero & Milan (structures and cost control); Enoconsult, Manens Intertecnica (systems); Alvisi Kirimoto & Partners (architecture consulting services and yard inspections); G. Crespi (landscaping); A. Poli, M. Alessi with L. Ferri (supervision of works)

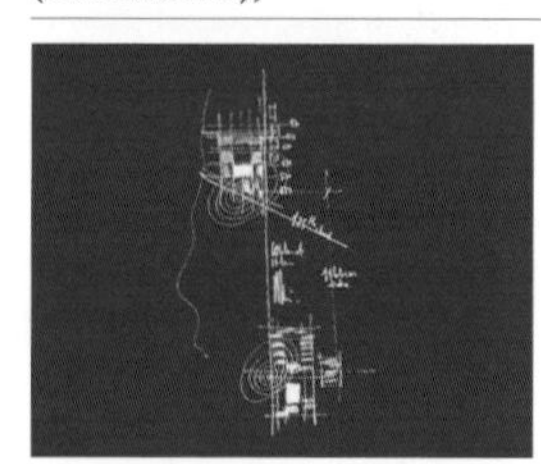

2002—2007
Manhattanville Campus of Columbia University (Master plan)
New York City, New York, USA

Client: Columbia University
Renzo Piano Building Workshop, architects, in collaboration with Skidmore, Owings & Merrill, urban designers (New York)
Design team: J. Moolhuijzen (senior partner), A. Belvedere, D. Colas, S. Drouin with M. Busk Petersen, E. Chen, K. Doerr, S. Ishida (partner), S. Joly, G. Mezzanotte, B. Payson, B. Plattner (partner), D. Prasilova, C. Trentesaux, E. Volz and M. Aloisini, K. Demirkan, J. Pejkovic, S. Sano, H. Sargent, A. Zimmerman; O. Aubert, C. Colson, Y. Kyrkos (models)
Consultant: Vanderweil Engineers (systems); Buro Happold (structures); BDSP(environmental impact); F. La Cecla (social and cultural facets); Field Operations (landscaping); Mitchell Giurgola (architecture consulting services)

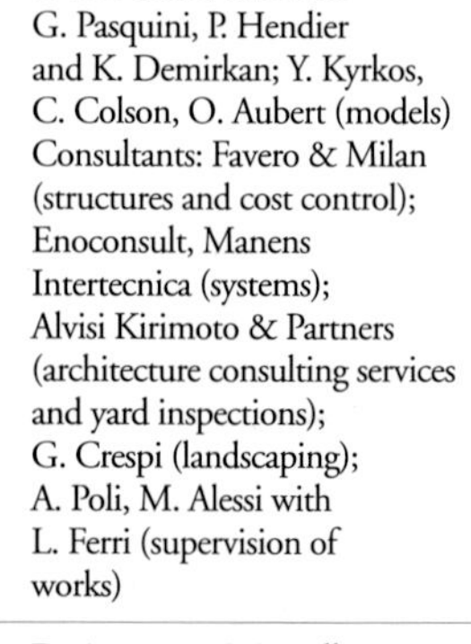

2002—2010
Central Saint Giles Court Mixed-Use Development
London, United Kingdom

Client: Legal & General with Mitsubishi Estate Corporation, Stanhope PLC
Renzo Piano Building

Workshop, architects,
in collaboration with Fletcher Priest Architects (London)
Design team: J. Moolhuijzen, M. van der Staay (senior partner and associate), N. Mecattaf (associate), with L. Battaglia, S. Becchi, A. Belvedere, G. Carravieri, E. Chen, D. Colas, P. Colonna, W. Matthews, G. Mezzanotte, S. Mikou, Ph. Molter, Y. Pagès, M. Pare, L. Piazza, M. Reale, J. Rousseau, S. Singer Bayrle, R. Stampton and M. Aloisini, R. Biavati, M. Pierce, L. Voiland; O. Auber, C. Colson, Y. Kyrkos (models)
Consultants: Arup (structures and systems); Davis Langdon (cost control); Bovis Lend Lease (pre-construction surveys); Emmer Pfenninger & Partners (façades); P. Castiglioni/ G. Bianchi (lighting engineering); PRP (subsidized housing interiors); Charles Funke Associates (landscaping)

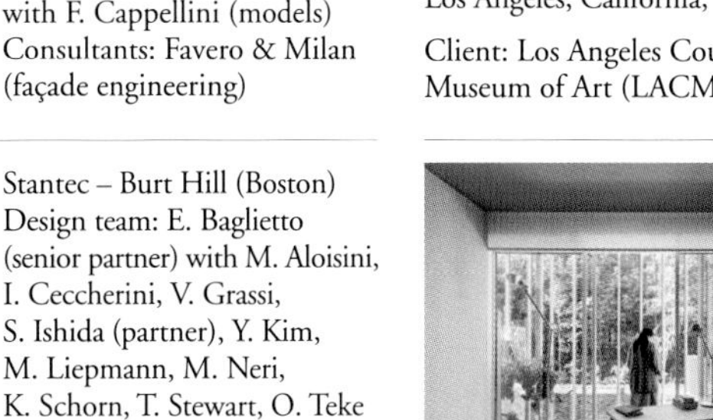

2002—in progress
Le Albere, MuSe and University Library
Trento, Italy

Client: Castello Sgr S.p.A.
Renzo Piano Building Workshop, architects
Design team: S. Scarabicchi, D. Vespier (senior partner and associate), E. Donadel (associate), with A. Bonenberg, T. Degryse, V. Grassi, F. Kaufmann, G. Longoni, M. Menardo, M. Orlandi, P. Pelanda, D. Piano, S. Polotti, S. Russo, L. Soprani, G. Traverso, D. Trovato, C. Zaccaria and C. Araya, O. Gonzales Martinez, Y. Kabasawa, S. Picariello, S. Rota, H. Tanabe; S. D'Atri (CAD); F. Cappellini, A. Malgeri, A. Marazzi, S. Rossi, F. Terranova (models)
Consultants: Favero & Milan (structures); Manens Intertecnica (systems); Associazione PAEA (power); Müller BBM (acoustics); Dia Servizi (cost control); M. Vuillermin (hydrogeological studies); A.I.A. Engineering (roads and infrastructure works); Ingegneri Consulenti Associati (sewer system); GAE Engineering (fire prevention and cost control); Atelier Corajoud-Salliot-Taborda, E. Skabar (landscaping); Tekne (cost control and specifications); Twice/Iure (project coordination)

2003—2008
LACMA Expansion: Broad Contemporary Art Museum
Los Angeles, California, USA

Client: Los Angeles County Museum of Art (LACMA)
Renzo Piano Building Workshop, architects,
in collaboration with Gensler Associates (Santa Monica, CA)
Design team: A. Chaaya (senior partner) with J. Boon, D. Graignic-Ramiro, A. Knapp, S. Joly, B. Malbaux, G. Perez, M. Pimmel, D. Prasilova, M. Reale and A. Jankovic, A. King, K. Ramirez, E. Vélez, M. Watabe; O. Aubert, C. Colson, Y. Kyrkos (models)
Consultants: Arup (structures and systems); Advanced Structures Incorporated (façade); Davis Langdon (cost control); KPFF (infrastructure works)

2004—2007
Sailing Boat, *Kirribilli MAS60*, 22 m

Client: Renzo Piano, architect, in collaboration with Studio Nauta and Rachel & Pugh
Boatyard: MAS

2004—2013
The News Building
London, United Kingdom

Client: Sellar Property Group
Renzo Piano Building Workshop, architects,
in collaboration with Adamson Associates (Toronto, London)
Design team: J. Moolhuijzen (senior partner), J. Carter (associate) with G. Bianchi (partner), F. Bolle, L. Coreth, V. Delfaud, C. Lakeman, C. Maxwell-Mahon, W. Matthews, N. Meyer, M. Paré, J. Rousseau, A. Stern, A. Vachette, N. Gardes, G. Reid, E. Fitzpatrick; e S. Andreulli, J.P. Azares, M.E. Marini; O. Aubert, C. Colson, Y. Kyrkos (models)
Consultants: WSP Cantor Seinuk (structures and systems); Buro Happold (façade); Davis Langdon (cost control); Townshend (landscaping)

2005—2006
Luna Rossa Team Base for the 32nd America's Cup
Valencia, Spain

Client: Prada S.p.A.
Renzo Piano Building Workshop, architects
Design team: E. Baglietto (senior partner), O. Teke; with F. Cappellini (models)
Consultants: Favero & Milan (façade engineering)

2005—2012
Renovation and Expansion of the Isabella Stewart Gardner Museum
Boston, Massachusetts, USA

Client: Isabella Stewart Gardner Museum
Renzo Piano Building Workshop, architects,
in collaboration with Stantec – Burt Hill (Boston)
Design team: E. Baglietto (senior partner) with M. Aloisini, I. Ceccherini, V. Grassi, S. Ishida (partner), Y. Kim, M. Liepmann, M. Neri, K. Schorn, T. Stewart, O. Teke and E. Moore; G. Langasco (CAD); F. Cappellini, A. Marazzi, F. Terranova (models)
Consultants: Buro Happold (structures and systems); Front (façade); Arup (lighting engineering); Nagata Acoustics (acoustics); Stuart-Lynn Company (cost control); Paratus Group (project manager) CBT/Childs Bertman Tseckares (architecture consultancy for preliminary and final planning)

2006—2008
Concept design for the Pontus Hultén Collection at the Moderna Museet
Stockholm, Sweden

Client: Moderna Museet
Renzo Piano Building Workshop, architects
Design team: M. Busk Petersen
Working plan: White Architects (Stockholm)

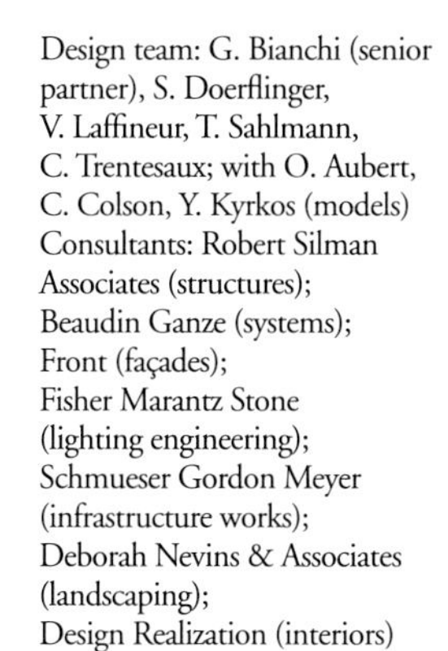

2006—2010
Private House
Aspen, Colorado, USA

Renzo Piano Building Workshop, architects,
in collaboration with Harry Teague Architects, Inc. (Basalt, Colorado)
Design team: G. Bianchi (senior partner), S. Doerflinger, V. Laffineur, T. Sahlmann, C. Trentesaux; with O. Aubert, C. Colson, Y. Kyrkos (models)
Consultants: Robert Silman Associates (structures); Beaudin Ganze (systems); Front (façades); Fisher Marantz Stone (lighting engineering); Schmueser Gordon Meyer (infrastructure works); Deborah Nevins & Associates (landscaping); Design Realization (interiors)

2006—2010
LACMA Expansion: Resnick Pavilion
Los Angeles, California, USA

Client: Los Angeles County Museum of Art (LACMA)
Renzo Piano Building Workshop, architects,
in collaboration with Gensler Associates (Santa Monica)
Design team: A. Chaaya (senior partner), A. Gallissian (associate), with J. Loman, A. McClure, J.B. Mothes, M. Pimmel and N. Delevaux, T. Gantner, D. Graignic-Ramiro, A. Knapp, B. Malbaux; O. Aubert, C. Colson, Y. Kyrkos (models)
Consultants: Arup (structures and systems); Davis Langdon (cost control); R. Irwin (landscaping)

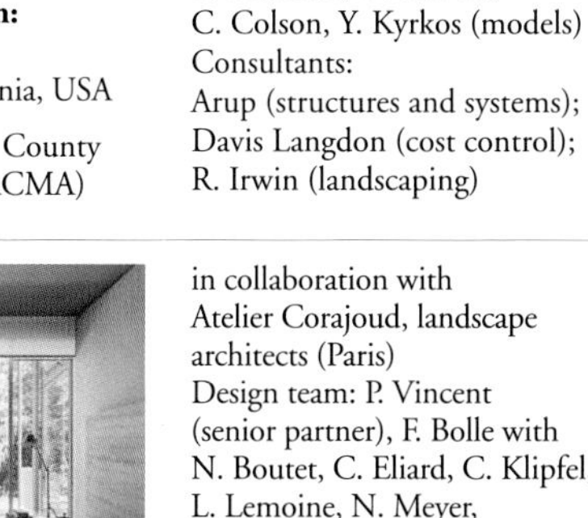

2006—2011
Convent of Saint Clare and Visitors' Centre
Ronchamp, France

Client: Association Œuvre Notre-Dame du Haut, Association des amis de Sainte Colette
Renzo Piano Building Workshop, architects,
in collaboration with Atelier Corajoud, landscape architects (Paris)
Design team: P. Vincent (senior partner), F. Bolle with N. Boutet, C. Eliard, C. Klipfel, L. Lemoine, N. Meyer, J. Moolhuijzen (partner), J. Pattinson, D. Phillips, M. Prini, D. Rat, M. Rossato Piano, V. Serafini, and A. Olivier, M. Milanese, L. Leroy; O. Aubert, C. Colson, Y. Kyrkos (models)
Consultants: SLETEC (structures, systems and cost control); M. Harlé (graphic work and signage); C. Guinaudeau (vegetation); Nunc/L. Piccon (project coordination); P. Gillmann (construction management)

2006—2012
Astrup Fearnley Museum of Modern Art
Oslo, Norway

Client: Selvaag Gruppen/ Aspelin Ramm Gruppen
Renzo Piano Building Workshop, architects,
in collaboration with Narud-Stokke-Wiig (Oslo)
Design team: E. Baglietto, O. de Nooyer (senior

partners), C. Sovani,
with M. Aloisini,
E. Filippetti, T. Førre,
D. Hart, N. Herland,
A. Hoogeboom, S. Ishida
(partner), A.K. Karlsen,
A. McClure, E. Moore,
M. Neri, M. Orlandi,
A. Scarpa, and A. Gonzalez,
M. Busk-Petersen,
A. Leite Flores, E. Santiago,
Y. Waterhouse; F. Cappellini,
F. Terranova (models)
Consultants: AAS-Jacobsen,
Seim & Hultgren (structures);
Norconsult (mechanical
engineering and cost control);
Per Rasmussen AS
(electrical engineering);
Gullik Gulliksen, Bjørbekk &
Lindheim (landscaping);
Arup (lighting and façade
engineering);
Eliassen og Lambertz-Nilssen
Arkitekter AS (architecture
consulting service for
preliminary project);
Skandinaviska Glassystem
(design and building
assistance for roofing)

2006—2014
Pathé Foundation
Paris, France

Client: Fondation Jérôme
Seydoux-Pathé
Renzo Piano Building
Workshop, architects
Design team: B. Plattner and
T. Sahlmann (senior partner
and associate) with G. Bianchi
(partner), A. Pachiaudi,
S. Becchi, T. Kamp;
and S. Moreau, E. Ntourlias,
O. Aubert, C. Colson,
Y. Kyrkos (models)
Consultants: VP Green
(structures);
Arnold Walz (3D models);
Sletec (cost control);
Inex (systems); Tribu
(sustainability study); Peutz
(acoustics); Cosil (lighting
engineering); Leo Berellini
Architecte (interiors)

2006—2014
Harvard Art Museums Renovation and Expansion
Cambridge, Massachusetts,
USA

Client: Harvard Art Museums
Renzo Piano Building
Workshop, architects,
in collaboration with
Payette (Boston)
Design team: M. Carroll and
E. Trezzani (senior partners)
with J. Lee, E. Baglietto
(partner), S. Ishida (partner),
R. Aeck, F. Becchi,
B. Cook, M. Orlandi,
J. Pejkovic, A. Stern and
J. Cook, M. Fleming,
J.M. Palacio, S. Joubert;
M. Ottonello (CAD);
F. Cappellini, F. Terranova,
I. Corsaro (models)
Consultants: Robert Silman
Associates (structures);
Arup (systems, lighting
and façade engineering,
regulations, LEED);
Nitsch Engineering
(infrastructure works);
Anthony Associates
(consulting on wood);
Davis Langdon (cost control);
Sandy Brown Associates
(acoustics);
Carl Cathcart (arboriculture);
Building Conservation
Associates (restaurant)

2006—2015
Intesa Sanpaolo Office Building
Turin, Italy

Client: Intesa Sanpaolo
Renzo Piano Building
Workshop, architects

Competition, 2006
Design team: P. Vincent
(senior partner), W. Matthews,
C. Pilara with J. Carter,
T. Nguyên, T. Sahlmann
and V. Delfaud, A. Amakasu;
O. & A. Doizy (models)

Final Project, 2006—2015
Design team: P. Vincent and
A.H. Temenides (senior partner
and lead associate), C. Pilara,
V. Serafini, with A. Alborghetti,
M. Arlunno, J. Carter,
C. Devizzi, V. Delfaud,
G. Marot, J. Pattinson,
D. Phillips, L. Raimondi,
D. Rat, M. Sirvin and
M. Milanese, A. Olivier,
J. Vargas; S. Moreau
(environmental aspects);
O. Aubert, C. Colson,
Y. Kyrkos, A. Pacé (models)
Consultants: Inarco
(architecture); Expedition
Engineering/Studio Ossola/
M. Majowiecki (structures);
Manens-Tifs (building services);
RFR (façade engineering);
Eléments Ingénieries/CSTB/
RWDI (environmental studies);
Golder Associates
(hydrogeological study);
GAE Engineering
(fire prevention);
Peutz & Associés/Onleco
(acoustics); Lerch, Bates &
Associates (vertical transport);
SecurComp (safety/security);
Cosil (lighting engineering);
Labeyrie & Associés (audio/
video systems); Spooms/Barberis
(kitchens); Atelier Corajoud/
Studio Giorgetta (landscaping);
Tekne (cost control);
Michele De Lucchi/
Pierluigi Copat Architecture
(interiors); Jacobs Italia
(supervision of works)

2007
'Renzo Piano Building Workshop: Visible Cities'
Triennale di Milano,
Milan, Italy

Curator: Fulvio Irace
with the collaboration of
Carla Morogallo, Triennale
Initiatives Division
Mounting scheme:
Renzo Piano Building
Workshop, architects,
in collaboration with
Franco Origoni (Milan)
Project team: G. Bianchi
(senior partner), S. Canta,
E. Trezzani (lead associate),
with C. Casazza, M. Profumo
and F. Bianchi, G. Giusto,
P. Guyot, Franco Origoni
and Anna Steiner
Architetti Associati
with Annalisa Treccani, Maria
Minerva and Lorenza Perego,
Lavinia Moretti, Andrea
Donato, Miranda Vucasovic,
Cristina Salvi, Laura Alberti,
Elisa Cominato
Texts: Renzo Piano Building
Workshop – Aymeric Lorenté
Models: Renzo Piano Building
Workshop (F. Cappellini,
D. Cavagna, C. Colson,
A. Malgeri and M. Piano), with
O. Doizy, Y. Chaplain, OCALP,
E. Miola, DB Model,
M. Gaudin and S. Rossi
Consultants: Alberto Palumbo
(artistic lighting direction);
Eurologos – Genova
(translating service); WAY S.p.A.
(mounting of exhibition);
Seri Cart (graphic work);
Marzoratimpianti snc
(lighting system); Laura Bolgeri
(film conception and direction);
Show-biz srl (post-production)
Sound installation between
architecture, music and work

2006—2012
Extension of Pirelli Tyre Factory
Settimo Torinese (Turin), Italy

Client: Pirelli Tyre
Renzo Piano Building
Workshop, architects
Design team: G. Grandi,
D. Hart (senior partners), with
P. Carrera, E. Donadel,
S. Ishida (partner),
G. Carravieri, I. Ceccherini,
S. Polotti; F. Cappellini,
F. Terranova (models)
Consultants: Ove Arup &
Partners (environmental study);
Favero & Milan (structures);
SCIDI (engineering and
construction management)

2007—2013
New Cetaceans Pavilion
Genoa, Italy

Client: Costa Edutainment
S.p.A.
Renzo Piano Building
Workshop, architects
Design team: S. Scarabicchi,
D. Magnano (senior partner
and lead associates), with
V. Tolu, S. D'Atri (CAD)
Consultants:
Officina Architetti
(working plan architect);
Studio Boero (structures);
Planex (systems);
A. Severati (water treatment)

2007—2013
Kimbell Art Museum Expansion
Fort Worth, Texas, USA

Client: Kimbell Art Foundation
Renzo Piano Building
Workshop, architects,
in collaboration with
Kendall/Heaton Associates, Inc.
(Houston)
Design team: M. Carroll
(senior partner),
O. Teke with S. Ishida
(partner), M. Orlandi,
S. Polotti, D. Hammerman,
F. Spadini, E. Moore,
A. Morselli, D. Piano,
D. Reimers, E. Santiago;
and F. Cappellini,
F. Terranova (models)
Consultants: Guy Nordenson
& Associates with Brockette,
Davis, Drake Inc. (structures);
Arup with Summit Consultants
(systems)
Arup (lighting engineering);
Front (façades);
Pond & Company
(landscaping);
Harvey Marshall Berling
Associates Inc. (acoustics and
audio/video systems);
Dottor Group (cement);
Stuart-Lynn Company
(cost control)
Project manager:
Paratus Group

2007—2015
The Whitney Museum of American Art
New York City, New York,
USA

Client: Whitney Museum
of American Art
Renzo Piano Building
Workshop, architects,
in collaboration with
Cooper Robertson (New York)
Design team: M. Carroll and
E. Trezzani (senior partners),
with K. Schorn,
T. Stewart, S. Ishida (partner),
A. Garritano, F. Giacobello,
I. Guzman, G. Melinotov,
L. Priano, L. Stuart
and C. Chabaud, J. Jones,
G. Fanara, M. Fleming,
D. Piano, J. Pejkovic;
M. Ottonello (CAD);
F. Cappellini, F. Terranova,
I. Corsaro (models)
Consultants:
Robert Silman
Associates (structures);
Jaros, Baum & Bolles
(systems, fire prevention);
Arup (lighting engineering);
Heintges & Associates
(façade engineering);
Phillip Habib & Associates
(infrastructure works);
Theatre Projects (stage
systems); Cerami & Associates
(acoustics and audio/video
systems);
Piet Oudolf with Mathews
Nielson (landscaping);
Viridian Energy
Environmental (LEED)
Construction Manager:
Turner Construction

2007–2016

Jerome L. Greene Science Center for Mind and Brain Behavior
New York City, New York, USA

Client: Columbia University
Renzo Piano Building Workshop, architects, in collaboration with Davis Brody Bond LLP (New York)
Design team: A. Chaaya (senior partner), S. Drouin with W. Antozzi, F. Becchi, A. Belvedere (partner), M. Busk-Petersen, E. Chassang, P. Colonna, L. Coreth, N. Delevaux, K. Doerr, A. Fritzlar, E. Garnaoui, C. Issanchou, B. Malbaux, M. Paré, B. Plattner (partner), C. Ruiz, A. Saoud, R. Tse, T. Zamfirescu and J. Lim, K. Songkittipakdee, R. Subramanian; O. Aubert, C. Colson, Y. Kyrkos (models)
Consultants: WSP Cantor Seinuk (structures); Jaros, Baum & Bolles (systems); Atelier Ten (sustainability); Jacobs Consultancy (laboratory consulting services); VDA (vertical transport); Mueser Rutledge (geotechnical engineering); Field Operations (landscaping); Davis Langdon (cost control); Body-Lawson Associates (architecture consulting services)

2008–2016

Stavros Niarchos Foundation Cultural Center
Athens, Greece

Client: The Stavros Niarchos Foundation
Renzo Piano Building Workshop, architects, in collaboration with Betaplan (Athens)
Design team: G. Bianchi, V. Laffineur (senior partner and lead associate) with A. Bercier, A. Boldrini, S. Doerflinger, G. Dubreux, C. Grispello, H. Houplain, M.A. Maillard, S. Giorgio-Marrano, E. Ntourlias, S. Pauletto, L. Piazza, M. Pimmel, L. Puech and B. Brady, C. Cavo, A. Kellyie, C. Menas Porras, C. Owens, R. Richardson; S. Moreau; and O. Aubert, C. Colson and Y. Kyrkos (models)
Consultants: Arup (systems, sustainability, acoustics, lighting engineering); Expedition Engineering (structures); Theater Project Consultants (stage systems); Deborah Nevins & Associates/ H. Pangalou (landscaping); Front (façade engineering); F&G (cost control)

2009–2011

An Eolian Machine Wind Turbine for ENEL
Genoa, Italy

Client: ENEL Green Power S.p.A.
Renzo Piano Building Workshop, architects
Design team: S. Scarabicchi, E. Donadel (senior partner and associate), E. Rossato-Piano,
Consultants: Favero & Milan (structures, working plan consultancy); Metalsystem (systems and construction of first prototype)

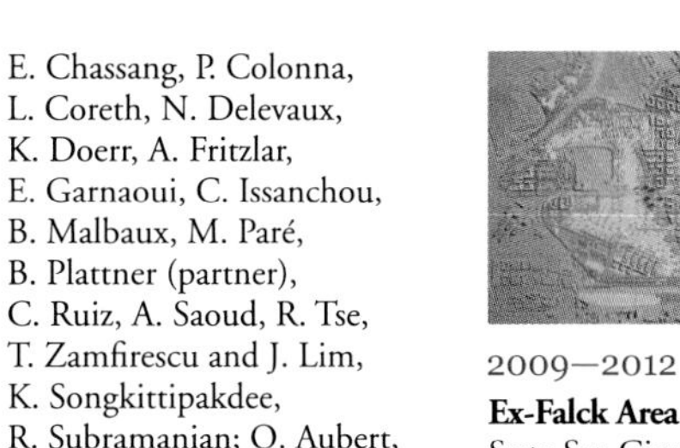

2009–2012

Ex-Falck Area Master Plan
Sesto San Giovanni (Milan), Italy

Client: Sesto Immobiliare S.p.A.
Renzo Piano Building Workshop, architects, in collaboration with Caputo Partnership (Milan)
Design team: G. Grandi, S. Scarabicchi (senior partners), D. Magnano with G. Carravieri, P. Carrera, S. Ishida (partner), M. Ottonello, P. Pelanda, D. Piano, D. Reimers, L. Soprani; and F. Cappellini, I. Corsaro, F. Terranova (models)
Consultants: Hilson Moran (systems and sustainability); Systematica, TRM Engineering, Centro Studi Traffico (traffic); SPIT Engineering (infrastructure works); Studio Tedesi (contamination study and land reclamation); Montana (environmental impact); Atelier Corajoud-Salliot-Taborda, Studio Franco Giorgetta (landscaping); S.T.F. (cost control)

2009–2015

Valletta City Gate
Valletta, Malta

Client: Grand Harbour Regeneration Corporation
Renzo Piano Building Workshop, architects, in collaboration with Architecture Project (Valletta)
Design team: A. Belvedere, B. Plattner (senior partners) with D. Franceschin, P. Colonna, P. Pires da Fonte, S. Giorgio-Marrano, N. Baniahmad, A. Boucsein, J. Da Nova, T. Gantner, N. Delevaux, N. Byrelid, R. Tse and B. Alves de Campos, J. LaBoskey, A. Panchasara, A. Thompson; S. Moreau; O. Aubert, C. Colson, Y. Kyrkos (models)
Consultants: Arup (acoustics, infrastructure works, structures, plant engineering); Kevin Ramsey (stone), Daniele Abbado (theatre), Müller BBM (acoustics), Franck Franjou (lighting engineering), Studio Giorgetta (landscaping), Silvano Cova (stage systems)

2010–2012

Auditorium del Parco
L'Aquila, Italy

Client: Provincia Autonoma di Trento
Renzo Piano Building Workshop, architects, in collaboration with Atelier Traldi, Milan
Design Team: P. Colonna (lead associate); with C. Colson, Y. Kyrkos (models)
Consultants: Favero & Milan (structures and systems); Müller BBM (acoustics); Studio Giorgetta (landscaping); GAE Engineering (fire prevention); New Engineering (safety/security); I.T.E.A. (supervision of works)

2010–2013

High Line Maintenance and Service Operations
New York City, New York, USA

Client: City of New York Parks & Recreation + Friends of the High Line
Renzo Piano Building Workshop, architects, in collaboration with Beyer Blinder Belle (New York)
Design team: M. Carroll, E. Trezzani (senior partners) with I. Guzman, G. Melitonov-Kahn; F. Giacobello, K. Schorn; and F. Cappellini, I. Corsaro, F. Terranova (models)
Consultants: Gedeon GRC Consulting (structures); CSA Group (systems); Iros Elevator Design Services, LLC (vertical transport); Langan Engineering & Environmental Services (infrastructure works)

2010–2013

MuSe Exhibition Staging Project
Trento, Italy

Client: Museo Tridentino di Scienze Naturali
Renzo Piano Building Workshop, architects
Design team: S. Scarabicchi, E. Donadel (senior partner and lead associate) with M. Menardo, M. Orlandi, G. Traverso, D. Vespier and P. Carrera, L. Soprani, M. Pineda; I. Corsaro (models)
Consultants: Iure (project coordination); Riccardo Giovannelli (structures); Manens Intertecnica (systems); Dia Servizi (cost control); GAE Engineering (fire prevention); Müller BBM (acoustics); Origoni & Steiner (graphic work); Piero Castiglioni (lighting engineering)

2010–2015

Korean Telecom Office
Seoul, South Korea

Client: KT Corporation
Renzo Piano Building Workshop, architects, in collaboration with Samoo Architects and Engineers (Seoul)
Design team: B. Plattner and Erik Volz (senior partner and lead associate), T. Sahlmann with T. Gantner, C. Kimmerle, A. Lerpinière, C. Portelette, H.J. Sim, J. Sung and E. Marin, T. McKeogh; and O. Aubert, C. Colson, Y. Kyrkos (models)
Consultants: Bollinger + Grohmann, Chunglym Structural Consultants (structures and façade); Arup, Samoo Mechanical + Samoo Electrical Consultants (systems and vertical transport); Arup (sustainability, lighting engineering), Fontana (landscaping), Hanmi Global (construction manager), GS (construction), Dawin (interiors)

2010–2016

Lenfest Center for the Arts
New York City, New York, USA

Client: Columbia University
Renzo Piano Building Workshop, architects, in collaboration with Davis Brody Bond LLP (New York)
Design team: A. Chaaya (senior partner) with C. Ruiz, E. Garnaoui, K. Doerr, S. Drouin, A. Saoud, T. Zamfirescu, G. Glorialanza, C. Sun; O. Aubert, C. Colson, Y. Kyrkos (models)
Consultants: WSP Cantor Seinuk (structures); Jaros Baum & Bolles (systems); Field Operations (landscaping); Davis Langdon (cost control)

2011–in progress
The University Forum
New York City, New York, USA

Client: Columbia University
Renzo Piano Building Workshop, architects, in collaboration with Dattner Architects (New York)

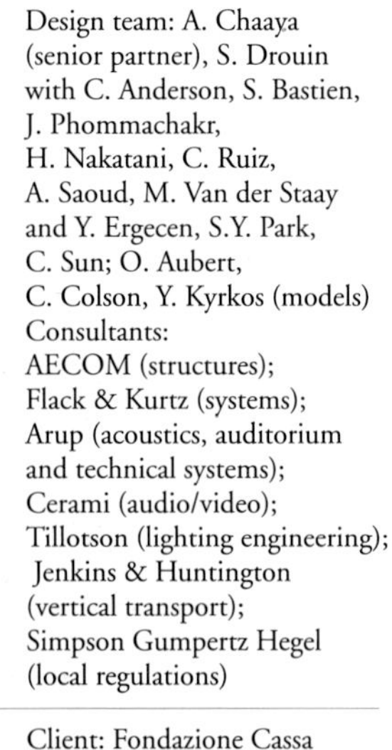

Design team: A. Chaaya (senior partner), S. Drouin with C. Anderson, S. Bastien, J. Phommachakr, H. Nakatani, C. Ruiz, A. Saoud, M. Van der Staay and Y. Ergecen, S.Y. Park, C. Sun; O. Aubert, C. Colson, Y. Kyrkos (models)
Consultants: AECOM (structures); Flack & Kurtz (systems); Arup (acoustics, auditorium and technical systems); Cerami (audio/video); Tillotson (lighting engineering); Jenkins & Huntington (vertical transport); Simpson Gumpertz Hegel (local regulations)

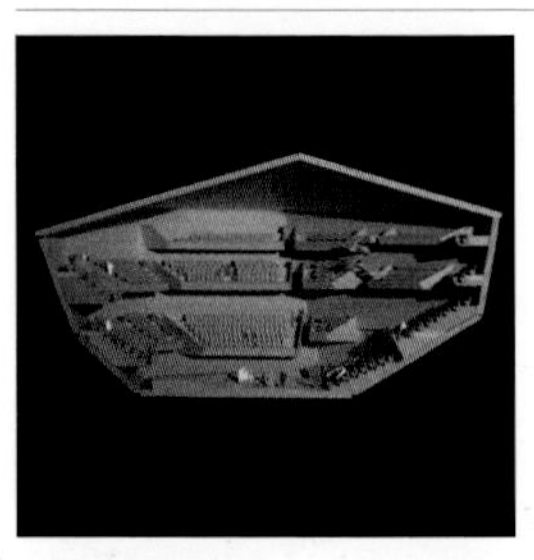

2011
Concept Study for a New Auditorium
Bologna, Italy

Client: Fondazione Cassa di Risparmio di Bologna
Renzo Piano Building Workshop, architects, in collaboration with Alessandro Traldi (Milan)
Design team: P. Colonna (lead associate), A. Thompson
Consultants: Favero & Milan (structures, geotechnics and systems); Nagata Acoustics (acoustics)

2011–2013
Diogene Minimal Housing Unit

Client: Vitra
Renzo Piano Building Workshop, architects
Design team: S. Scarabicchi, E. Donadel (senior partner and lead associate), E. Rossato-Piano, M. Menardo, P. Colonna
Consultants: Favero & Milan Ingegneria (structures); Transsolar Energietechnik (systems); Vitra AG (project management, cost control)

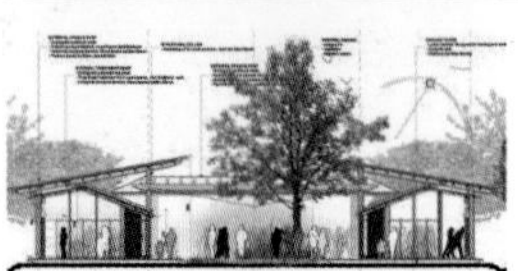

2012–2013
'El Rodeo' School
Mora, Costa Rica

Client: Junta de Educación de la Escuela El Rodeo de Mora
Renzo Piano Building Workshop, architects, in collaboration with Fournier Rojas Arquitectos (Ciudad Colón) and students of the Universidad Veritas, Diseño de Moda (San José)
Design team: P. Colonna (lead associate), E. Rossato-Piano, O. Teke; O. Aubert, Ch. Colson, Y. Kyrkos (models)
Consultants: Arup, Guidi Estructurales S.A. (structures); Juan Tuk & Associados (wooden structure), Technoconsult S.A. (systems)
General Contractor: Gonzalo Gálvez Corporación
With the support of the Renzo Piano Foundation and the Fundación Botin

2014
Renzo Piano Building Workshop, 'Pezzo per Pezzo' (Piece by Piece)
Palazzo della Ragione, Padua, Italy

Outfitting plan: Renzo Piano Building Workshop, architects, in collaboration with Fondazione Renzo Piano
Project team: G. Bianchi (senior partner), M. Rossato Piano, R. Piano, S. Canta with C. Casazza, L. Ciccarelli, C. Colson, A. Malgeri, A. Porcile, E. Trezzani (partner), and C. Bennati, A.C. Guthmann, E. Spadavecchia
Models: Renzo Piano Building Workshop (F. Cappellini, D. Cavagna, C. Colson, Y. Kyrkos, F. Terranova) with DB Model, O. Doizy, Y. Chaplain, M. Gaudin, A. Malgeri, E. Miola, OCALP, S. Rossi
Consultants: Milan Ingegneria and C. Modena (structures);

Renzo Piano Building Workshop/Anna Foppiano, Lorenzo Ciccarelli (texts); Verto Group Srl, Annabel Gray-Miranda Westwood (translating service)
With the patronage of the Presidency of the Council of Ministers: Ministry for Cultural Properties and Activities; Ministry of Foreign Affairs; Ministry of Economic Development; European Parliament; Region of Veneto; Municipality of Padua; Consiglio Nazionale degli Architetti P.P. e C; UIA; University of Padua; IUAV; Federazione Ordine Architetti del Veneto; Confindustria (Padua); INARCH; Legambiente; Padua Chamber of Commerce; Italian Cultural Institute of Tokyo; ANCE Padua
Institutional partners: Region of Veneto; Municipality of Padua; Consiglio Nazionale Architetti di Padova; Fondazione Cassa di Risparmio di Padova e Rovigo
Key sponsors: Stavros Niarchos Foundation; IVM; Laborario Morselletto per l'architettura; iGuzzini; Casalgrande Padana; Permasteelisa Group; Carron; Bonollo; Costruzioni Lovato
Technical sponsors: NT New Technologies; Bonetti; MicroGeo; Milan Ingegneria

2014–2015
Concept Design for New Port of Genoa Control Tower
Genoa, Italy

Client: Port Authority of Genoa
Renzo Piano Building Workshop, architects
Design team: S. Scarabicchi (senior partner), P. Pelanda, S. Russo with E. Donadel, L. Priano; F. Cappellini, D. Lange, F. Terranova (models)
Consultants: Milan Ingegneria (structures); Manens-Tifs (systems); GAE Engineering (fire prevention)

2014–2015
Blueprint
Genoa, Italy

Client: Municipality of Genoa + Region of Liguria + Port Authority of Genoa
Renzo Piano Building Workshop, architects
Design team: S. Scarabicchi (senior partner), S. Russo; with F. Cappellini, D. Lange, F. Terranova (models); C. Zaccaria, S. D'Atri (3D pictures)
Consultants: OBR (architecture)

在建项目

以下是正在建设中，并将在未来几年内完成的项目。有些项目已经与设计之初相比发生了巨大的改动，另一些项目以后可能会收录在其他书中。因此，我们没有将这些项目收录在本书中，本书追溯了伦佐·皮亚诺在过去 50 年中在建筑领域的成就。与其他乌托邦不同的是，建筑师的乌托邦注定要以物质作为依托。建筑师对这个世界的看法常常会“成为”世界的一部分。实践建筑学意味着建筑师的乌托邦成为“世界”的一部分：因为建筑师的工作从某事开始着手进行设计和建造，所以我们的工作始终是一个未完成的目标。但未来是什么样子我们还是未可知的。

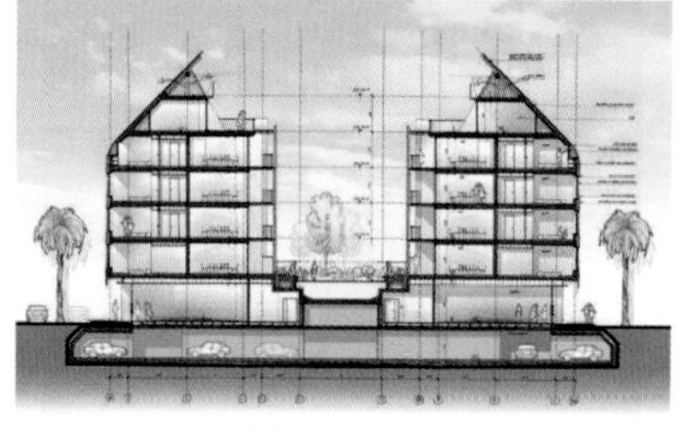

1999 年
“银臂”综合住宅体
葡萄牙里斯本

2008 年
苏德巴赫霍夫地区的重建
奥地利维也纳

2008 年
浮动，办公楼
德国杜塞尔多夫

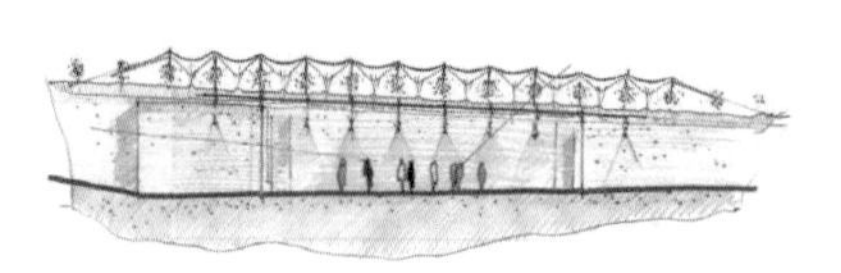

2009 年
拉科斯特庄园艺术馆
法国普罗旺斯地区艾克斯

2010 年
Citadel 大学
法国亚眠

2010 年
Botín 艺术与文化中心
西班牙桑坦德

2010 年
巴黎法院
法国巴黎

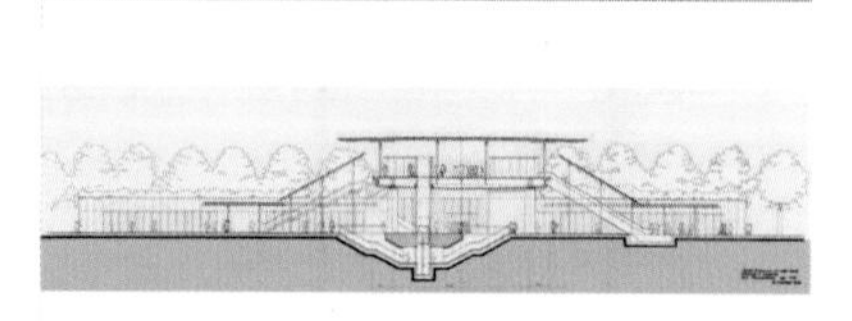

2011 年
火车站
意大利圣乔瓦尼（米兰）

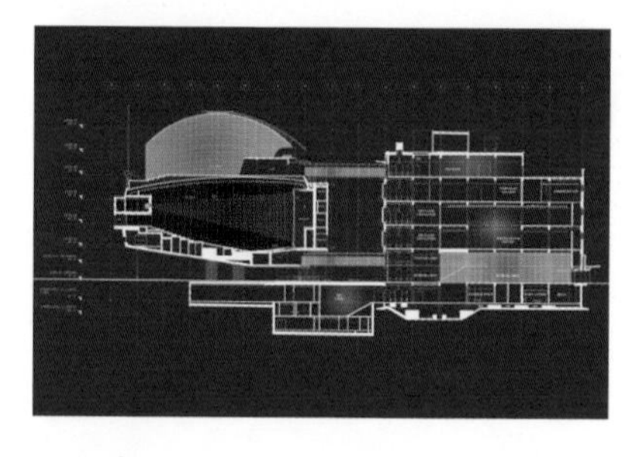

2012 年
拉克马西部电影学院博物馆
美国加利福尼亚州洛杉矶

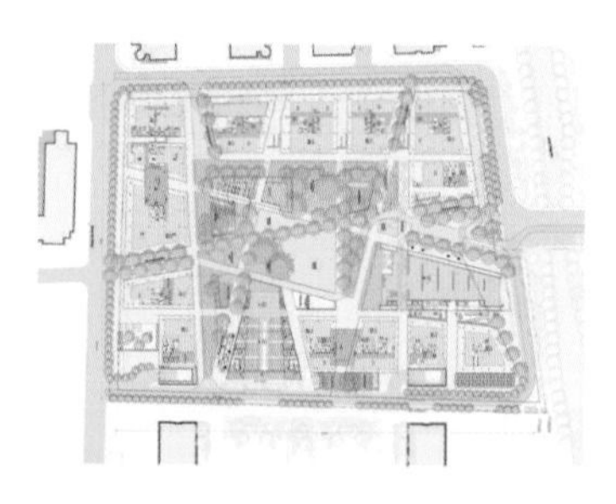

2013 年
江南布衣办公楼
中国杭州

2013 年
儿童外科手术中心
乌干达恩德培

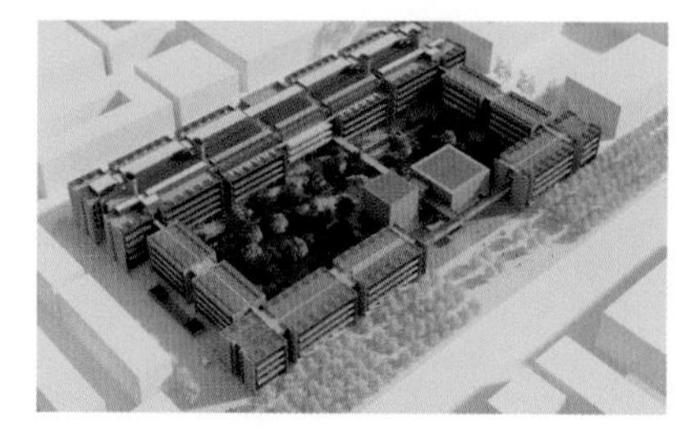

2013 年
萨克莱国家高等学校
法国萨克莱

2013 年
菲尔登之家
英国伦敦

2013 年
律师之家
法国巴黎

2013 年
市中心主教牧场
美国加利福尼亚州圣拉蒙

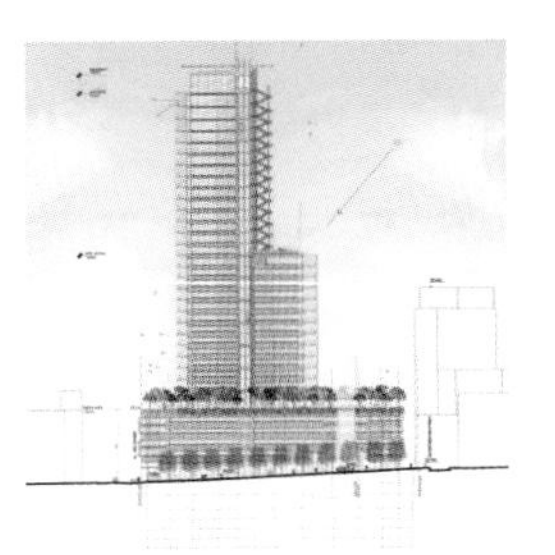

2014 年
赛菲办公室和住宅设计
黎巴嫩贝鲁特

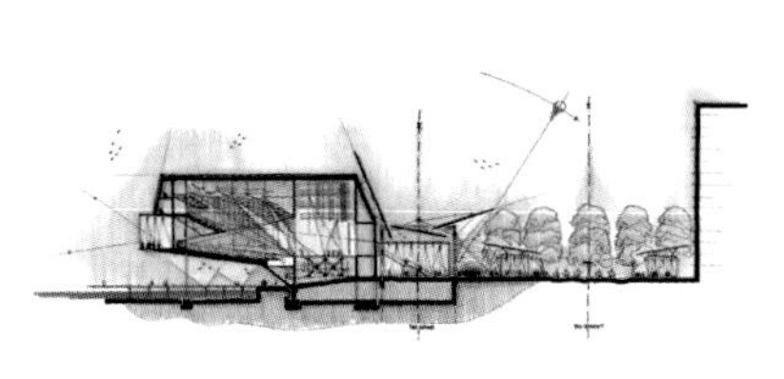

2014 年
文化中心
印度帕拉瓦（孟买）

2014 年
南巴朗加鲁住宅楼
澳大利亚新南威尔士州悉尼

2014 年
富邦大厦
中国台北

2014 年
苏荷大厦
美国纽约

2014 年
柯林斯大道 8701 号
美国佛罗里达州迈阿密海滩

2014 年
波特尔海湾
摩纳哥公国蒙特卡洛

2014 年
儿童收容所
意大利博洛尼亚

2015 年
VAC 基金会文化中心
俄罗斯莫斯科

2015 年
克劳斯门户中心
美国爱荷华州得梅因

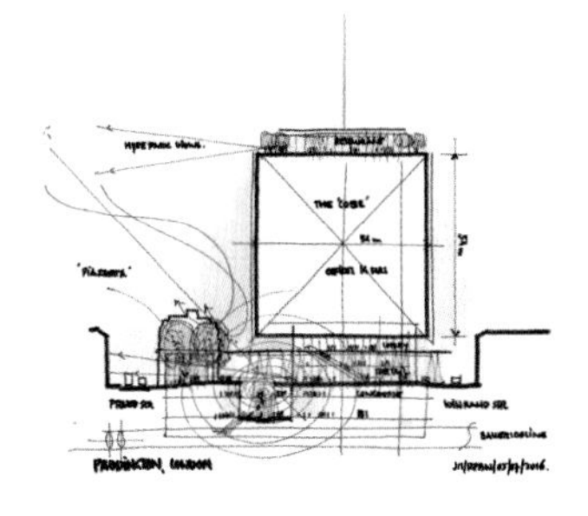

2015 年
帕丁顿办事处
英国伦敦

2015 年
贝鲁特市历史博物馆
黎巴嫩贝鲁特

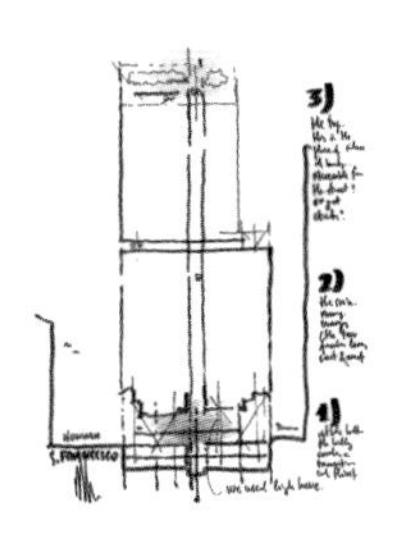

2015 年
霍华德街 555 号
美国加利福尼亚州旧金山

2015 年
惠特尔学校的概念设计

2013 年
作为一名终身参议员，伦佐・皮亚诺负责协调 G124 组织“修复”意大利贫困社区的活动

伦佐·皮亚诺建筑工作室

巴黎、热那亚、纽约

合伙人

Renzo Piano
Bernard Plattner
Mark Carroll
Antoine Chaaya
Philippe Goubet
Joost Moolhuijzen
Elisabetta Trezzani
Antonio Belvedere
Giorgio Bianchi
Giorgio Grandi
Emanuela Baglietto

联合伙伴

Francesca Becchi
Paolo Colonna
Christophe Colson
Ivan Corte
Olaf de Nooyer
Kendall Doerr
Emanuele Donadel
Serge Drouin
Catherine Fleury
Daniele Franceschin
Elies Garnaoui
Alain Gallissian
Stefano Giorgio-Marrano
Vassily Laffineur
Domenico Magnano
Nayla Mecattaf
Jean-Bernard Mothes
Daniele Piano
Paolo Pelanda
Antonio Porcile
Luigi Priano
Dominique Rat
Thorsten Sahlmann
Kevin Schorn
Toby Stewart
Anne-Hélène Temenides
Erik Volz

咨询顾问

Shunji Ishida
Flavio Marano
Maria Salerno
Alain Vincent

建筑师

Collin Anderson
Claudio Antonini
William Antozzi
Noémie Aureau
Juan-Pablo Azares
Simon Bastien
Carla Baumann
Francesca Becchi
Giulia Boller
Tiago Borges
David Bricard
Hubert Brouta
Paolo Carignano
Paola Carrera
Silvia Casarotto
Tamara Catalayud
Velmourougane
Chandrasegar
Jean Chaussavoine
Francesca Chezzi
Gounaud Chung
Stefano Cimino
Laure Cipel
Sebastien Cloarec
Kattalin Del Valle
Matthew Daubach
Sebastian Doerflinger
Guillaume Dumont
Ronan Dunphy
Paolo Fang
Ana Garcia
David Gautrand
Francesco Giacobello
Albert Giralt
Sara Goiria
Blanche Granet
Nicolas Grawitz
Amaury Greig
Bernardo Grilli
Charles Guézet
Daniel Hammerman
Ivo Henriques
Alicia Hernanz
Hugo Houplain
Jonathan Jones
Kerry Joyce
Louis Jin
Eleni Kalamakidou
Dafni Karaiskaki
Abigail Karcher
Simone Lafranconi
Maxime Laurent
Valentino Lucchiari
Audrey McKee
Darius Maïkoff
Carolyn Maxwell-
Mahon
Madeeha Merchant
Emily Murphy
Hiroko Nakatani
Shaheen Namvary
Thomas Niederkorn
Patrycja Ogonowska
Elena Ona Martinez
Mara Ottonello
Raffaella Parodi
Jean Pattinson
Jeffrey Pauling
Alvaro Paya
Lorenzo Piazza
Marie Pimmel
Sara Polotti
Alisa Rinderspacher
Paul Rizzoti
Milly Rossato-Piano
Stefano Russo
Patricia Salvador
Vladimir Shabelnik
Valerio Sibona
Luciano Simonelli
Manuel Sismondini
Emmanuel Thireau
Teddy Touma
Robert Tse
Sunyoung Park
Rouwan Wong
Alessandro Zanguio
Jiali Zhou

IT

Hocine Bendjama
Pierre Roscelli

BIM 管理

Daniel Hurtubise
Giuseppe Semprini

模型制造与三维图像

Olivier Aubert
Fausto Cappellini
Dimitri Lange
Yiorgos Kyrkos
Alessandro Pizzolato
Francesco Terranova
Dionysios Tsagkaropoulos

文件与档案

Stefania Canta
Chiara Casazza
Giovanna Langasco
Elena Spadavecchia

财务与行政

Cristina Calvi
Evelyne Quach
Antonin Teil
Linda Zunino

秘书部

Francesca Bianchi
Daniela Cappuzzo
Julien Gourrand
Francesca Manfredi
Vivian Morosi
Quentin Renaux
Sylvie Romet-Milanesi

Bernard Plattner

Mark Carroll

Antoine Chaaya

Philippe Goubet

Joost Moolhuijzen

Elisabetta Trezzani

Antonio Belvedere

Giorgio Bianchi

Giorgio Grandi

Emanuela Baglietto

伯纳德·普拉特纳（Bernard Plattner）

合伙人，董事

伯纳德·普拉特纳1946年生于瑞士伯尔尼。他毕业于苏黎世联邦理工学院建筑系，并与蓬皮杜中心的皮亚诺及罗杰斯工作室有过合作。从那以后，他一直在巴黎与伦佐·皮亚诺合作。伯纳德·普拉特纳于1989年成为合伙人。他最重要的项目包括巴黎梅奥街的住宅综合体（the housing complex on Rue de Meaux）、巴塞尔的贝耶勒基金会博物馆（museum of the Beyeler Foundation）、柏林的波茨坦广场重建（the reconstruction of Potsdamer Platz）、伯尔尼的保罗·克利中心（Zentrum Paul Klee）和纽约时报大厦（Times Building）。他还监督了巴黎帕泰基金会的建设（the Fondation Pathé）。目前，他负责欧洲的众多重大项目，包括新的巴黎法院、维也纳的多功能中心和杜塞尔多夫的"浮动"办公楼（Float office building）。

马克·卡罗尔（Mark Carroll）

合伙人，董事

马克·卡罗尔于1956年出生于康涅狄格州哈特福德，他在南卡罗来纳州克莱姆森大学获得建筑学学士学位和建筑学硕士学位。1983年，他在热那亚大学又获得另一个建筑学学位。1981年，他在休斯敦的梅尼尔收藏馆工作时正式加入热那亚的伦佐·皮亚诺建筑工作室 。加入皮亚诺工作室后他监督了许多项目，包括热那亚水族馆（Genoa Aquarium）和都灵的菲亚特·林格托工厂的改建（conversion of Fiat' s Lingotto factory in Turin）。

自1992年成为合伙人以来，他负责的项目类型就更为广泛，包括休斯敦的塞·托姆布雷展示馆（Cy Twombly Pavilion）、悉尼的奥罗拉广场（Aurora Place）、亚特兰大的高级博物馆的扩建（the extension of the High Museum）、旧金山的新加州科学院（the new California Academy of Sciences）、剑桥的哈佛艺术博物馆（the Harvard Art Museums）、沃斯堡金贝尔艺术博物馆的扩建（the expansion of the Kimbell Art Museum）以及纽约新的惠特尼美国艺术博物馆（the new Whitney Museum of American Art）。马克·卡罗尔还参与了许多重要项目的总体规划工作，如亚特兰大的伍德拉夫艺术中心（the Woodruff Arts Center）和米兰 falck 钢厂区（the ex-Falck area）的设计规划。他目前正在进行的工程建设项目有中国杭州的江南布衣（JNBY）新总部、桑坦德的中心战利品（the Centro Botín）和洛杉矶电影学院博物馆。

马克·卡罗尔曾在意大利、瑞士和美国的许多大学担任客座教授，并广泛演讲。2013年，他获得了母校颁发的建筑校友成就奖。

安托尼·查亚（Antoine Chaaya）

合伙人，董事

安托尼·查亚1960年出生于黎巴嫩，他毕业于黎巴嫩卡斯利克圣灵大学（USEK）建筑系，1987年正式加入巴黎的伦佐·皮亚诺建筑工作室。他曾担任许多项目的首席建筑师，包括新喀里多尼亚的卡纳克文化中心（Kanak Cultural Centre）和柏林波茨坦广场的重建（Kanak Cultural Centre）。

自安托尼·查亚1997年成为皮亚诺工作室合作伙伴以来就一直监管许多项目，包括米兰金融集团 Sole 24 Ore 总部（new Sole 24 Ore headquarters）和洛杉矶市艺术博物馆的扩建（the expansion of the Los Angeles County Museum of Art），目前他正在进行的工作有哥伦比亚大学的三栋大楼、迈阿密的一个住宅项目，以及贝鲁特的一个综合开发项目。

他不仅在黎巴嫩和美国广泛进行演讲，而且还在哥伦比亚大学建筑研究生院举办了讲座。安托尼·查亚最近受邀参加了由贝鲁特苏索克博物馆组织的"如同博物馆"国际研讨会。

菲利普·古贝特（Philippe Goubet）

合伙人，董事

菲利普·古贝特1964年生于法国，他毕业于巴黎高等商学院工商管理专业，于1989年在热那亚的伦佐·皮亚诺建筑工作室担任财务总监。1988~1992年他在日本监督大阪办事处的日常业务，1995年回到巴黎办事处并成为皮亚诺工作室的合伙人，目前是伦佐·皮亚诺建筑工作室在三个国家的董事总经理。

乔斯特·穆尔胡伊（Joost Moolhuijzen）

合伙人，董事

乔斯特·穆尔胡伊于1960年出生于荷兰的阿姆斯特尔芬。他曾在代尔夫特理工大学学习建筑，并于1987年至1990年在伦敦与迈克尔·斯奎尔一起工作。他于1990年正式加入巴黎伦佐·皮亚诺建筑工作室并参与了许多重要项目，如里昂的国际城项目。在那之后他担任柏林波茨坦广场（Potsdamer Platz）项目的首席建筑师。

乔斯特·穆尔胡伊自1997年成为合伙人以来已经监管了工作室的许多项目，包括芝加哥艺术学院的现代之翼（the Modern Wing of the Art Institute of Chicago）和哥伦比亚大学曼哈顿维尔校区的总体规划。乔斯特负责2012年在伦敦开业的"碎片大厦"（the Shard）的整个设计与建造过程，是项目监督负责人。他目前负责中国台北的富邦大厦（the Fubon Tower）和伦敦的综合开发的两个项目。

伊丽莎贝塔·特雷扎尼（Elisabetta Trezzani）

合伙人，董事

伊丽莎贝塔·特雷扎尼1968年出生，1994年毕业于米兰理工大学建筑系。她于1998年正式加入热那亚的伦佐·皮亚诺建筑工作室，最初负责悉尼奥罗拉广场（Aurora Place）的建筑项目。后来她一直参与和监督亚特兰大高级博物馆扩建（the extension of the High Museum in Atlanta）的设计和建设，直到2005年完工。伊丽莎贝塔·特雷扎尼在2011返回热那亚的伦佐·皮亚诺建筑工作室并成为合伙人。她与马克·卡罗尔一起负责新纽约惠特尼美国艺术博物馆（the new Whitney Museum of American Art）和剑桥哈佛艺术博物馆（the Harvard Art Museums）的项目。还参与了几个在罗马、亚特兰大、米兰和纽约的伦佐·皮亚诺展览。目前，她正在负责纽约的苏荷住宅楼和洛杉矶的奥斯卡电影院工程。

安东尼奥·贝尔维德（Antonio Belvedere）

合伙人，董事

安东尼奥·贝尔维德出生于1969年，毕业于佛罗伦萨大学建筑系。他在1999年正式加入巴黎的伦佐·皮亚诺建筑工作室，并负责菲亚特都灵林托工厂改造项目（he conversion of Fiat' s Lingotto factory）的第二阶段，特别是理工学院和皮纳科塔阿涅利工厂的设计。后来，他成为纽约市哥伦比亚大学曼哈顿维尔校区总体规划发展的项目负责人。安东尼奥在2004年参与了米兰 falck 钢厂区（the ex-Falck area）的总体规划后晋升为助理并于2011年成为合伙人。安东尼奥·贝尔维德最近参与的项目是马耳他的瓦莱塔城门（Valletta City Gate）设计。他目前负责进行的项目是位于加利福尼亚州的印度文化中心主教牧场（Bishop Ranch），此外还有位于俄罗斯的一座文化建筑。除了本职工作之外，安东尼奥·贝尔维德还曾在法国和意大利举办过许多讲座。

乔治·比安奇（Giorgio Bianchi）

乔治·比安奇出生于1957年，毕业于热那亚大学建筑系。他于1985到1994年一直在热那亚的伦佐·皮亚诺建筑工作室任职，在此期间从事许多设计项目，如1992年为哥伦布百年纪念国际博览会改造旧的热那亚港（the International Exposition held for the Columbus Centennial）。1995年乔治·比安奇移居巴黎，并参与柏林波茨坦广场剧院（the theatre for Potsdamer Platz）的设计工作。

自1997年成为伦佐·皮亚诺建筑工作室合伙人以来，乔治一直负责多个项目，包括巴黎蓬皮杜中心的翻新（the renovation of the Centre Pompidou）、纽约摩根图书馆的扩建（the expansion of the Morgan Library in New York ）以及科罗拉多州的一个重要私人住宅项目。他参与了2000以后所有关于伦佐·皮亚诺建筑工作室展览的构思工作。目前，他领导着在雅典的斯塔夫罗斯·尼尔乔斯基金会文化中心（the Stavros Niarchos Foundation Cultural Center）和在得梅因的 Kum & Go 总部的项目团队。他还受邀到米兰理工大学和哥伦比亚大学建筑研究生院等高等学府进行讲座活动。

乔治·格兰迪（Giorgio Grandi）

合伙人

乔治·格兰迪出生于1957年，毕业于热那亚大学建筑系，1984年加入伦佐·皮亚诺建筑工作室。他曾担任过多个项目的首席建筑师，如1992年国际博览会热那亚旧港的改建（the conversion of the Old Port of Genoa ）项目。

乔治·格兰迪于1992年成为伦佐·皮亚诺建筑工作室的合伙人并负责意大利的一些重要项目，包括位于福贾的神父朝圣教堂（the Padre Pio Pilgrimage Church）、Banca Popolare di Lodi 银行的总部，以及位于塞蒂莫托里内塞的倍耐力工厂（the Pirelli factory）。他目前正在监管的项目包括米兰 falck 钢厂区的总体规划、博洛尼亚的儿童医院和里斯本的一些住宅建筑设计。

伊曼纽拉·巴格里托（Emanuela Baglietto）

合伙人

伊曼纽拉·巴格里托出生于1960年，毕业于热那亚大学建筑系，1988年正式加入热那亚的伦佐·皮亚诺建筑工作室。她曾在许多设计项目和竞赛中担任首席建筑师，如位于卡利亚里的意大利工业信贷公司总部（Credito Industriale Sardo）的设计建设。

她于1997年成为伦佐·皮亚诺建筑工作室的合伙人，并一直负责欧洲和美国的许多项目工程，包括斯图加特的梅赛德斯－奔驰设计中心（the Mercedes Benz Design Centre）、达拉斯的纳赛尔雕塑中心（Nasher Sculpture Center）、波士顿伊莎贝拉·斯图尔特·加德纳博物馆的扩建（the expansion of the Isabella Stewart Gardner Museum）以及奥斯陆的现代艺术博物馆（Astrup Fearnley Museum）。伊曼纽拉·巴格里托最近的项目包括桑坦德的 Centro Botin 艺术文化中心和位于悉尼的一个大型住宅项目。

伦佐·皮亚诺建筑工作室员工（巴黎、热那亚、纽约公司）于2012年9月4日拍摄于伦敦

参考文献

Renzo Piano, Magda Arduino and Mario Fazio
Antico è bello: il recupero della città
Editori Laterza, Bari, 1980

Gianpiero Donin
Renzo Piano: Pezzo per pezzo / Piece by Piece
Casa del libro, Bari, 1982

Massimo Dini (ed.)
Renzo Piano: Projects and Buildings 1964–1983
Architectural Press, London, 1983 (English ed.);
Renzo Piano: Progetti e architetture 1964–1983,
Electa, Milan, 1983 (Italian ed.);
Electa Moniteur, Paris, 1983 (French ed.)

Renzo Piano
Chantier ouvert au public
Arthaud, Paris, 1985

Renzo Piano
Dialoghi di cantiere
Laterza, Bari, 1986

Renzo Piano
Progetti e Architetture 1984–1986
Electa, Milan, 1986

Renzo Piano
Renzo Piano
Editions du Centre Pompidou, Paris, 1987

Renzo Piano and Richard Rogers
Du Plateau Beaubourg au Centre G. Pompidou
Editions du Centre Pompidou, Paris, 1987

Umberto Eco, Federico Zeri,
Renzo Piano and Augusto Graziani
Le Isole del tesoro
Electa, Milan, 1989

Renzo Piano
Renzo Piano Building Workshop 1964–1988
A+U extra edition, Tokyo, 1989

Renzo Piano
Renzo Piano: Buildings and Projects 1971–1989
Rizzoli, New York, 1989 (English ed.);
Gustavo Gili, Madrid, 1990 (Spanish ed.)

Barbara Nerozzi
'La Nave Crown Princess'
GB Progetti, Milan, no. 3/4, October/November 1990

Barbara Nerozzi
'Il Porto di Genova 1992'
GB Progetti, Milan, no. 7, May 1991

Renzo Piano
'In Search of a Balance: Renzo Piano Building Workshop 1964–1991'
Process Architecture, Tokyo, no. 100, 1992

Carla Garbato and Mario Mastropietro (eds)
Renzo Piano Building Workshop: Exhibit & Design
Lybra Edizioni, Milan, 1992

Peter Buchanan
Renzo Piano Building Workshop: Complete Works, Vol. 1
Phaidon Press, London, 1993 (English ed.);
Allemandi, Turin, 1994 (Italian ed.);
Flammarion, Paris, 1994 (French ed.);
Hatje Cantz, Stuttgart, 1994 (German ed.)

Vittorio Magnago Lampugnani
Renzo Piano 1987–1994
Birkhäuser, Berlin, 1994 (English ed.);
Electa, Milan, 1994 (Italian ed.);
D. Verlags-Anstalt, Stuttgart, 1994 (German ed.)

Renzo Piano
The Making of Kansai International Airport Terminal, Osaka, Japan
Kodansha, Tokyo, 1994

Process Architecture, no. 122
'Kansai International Airport Passenger Terminal Building', 1994

JA, no. 15
'Kansai International Airport Passenger Terminal Building', 1994

KIAC
'Construction of the Kansai International Airport Terminal', 1995

Peter Buchanan
Renzo Piano Building Workshop: Complete Works, Vol. 2
Phaidon Press, London, 1995 (English ed.);
Allemandi, Turin, 1996 (Italian ed.);
Hatje Cantz, Stuttgart, 1996 (German ed.)

Gianni Berengo Gardin
Foto Piano
Peliti Associati, Rome, 1996

Robert Ingersoll
Korean Architects, no. 158
Architecture & Environment Publications,
Seoul, South Korea, October 1997

Renzo Piano
The Renzo Piano Logbook
Thames & Hudson, London, and Monacelli Press,
New York, 1997 (UK and US eds); *Giornale di bordo*,
Passigli Editori, Florence, 1997 (Italian ed.); *Logbuch*,
Hatje Cantz Verlag, 1997 (German ed.); *Carnet de travail*,
Le Seuil, Paris, 1997 (French ed.); Toto, Tokyo, 1998
(Japanese ed.)

Kenneth Frampton
'Renzo Piano Building Workshop'
GA Architect, no. 14,
A.D.A. Edita Tokyo, Tokyo, 1997

Peter Buchanan
Renzo Piano Building Workshop: Complete Works, Vol. 3
Phaidon Press, London, 1997 (English ed.);
Allemandi, Turin, 1998 (Italian ed.);
Hatje Cantz, Stuttgart, 1998 (German ed.)

Ernst Beyeler et al
Renzo Piano – Fondation Beyeler: A Home for Art
Birkhäuser, Basel, 1998
(English/French/German eds)

Werner Blaser
Renzo Piano Building Workshop – Museum Beyeler
Benteli Verlag, Bern, 1998
(English/French/German ed.)

Mario Paternostro
Lezioni di Piano
De Ferrari, Genoa, 1999

Olivier Cinqualbre, Françoise Fromonot,
Thierry Paquot and Marc Bédarida
Renzo Piano: un regard construit (exhib. cat.)
Editions du Centre Pompidou, Paris, 2000

Renzo Piano
Architekturen des Lebens (exhib. cat.)
Hatje Cantz Verlag, Ostfildern-Ruit, Germany, 2000

Renzo Piano
La responsabilità dell'architetto: Conversazione con Renzo Cassigoli
Passigli Editori, Florence, 2000 (Italian ed.);
edit BEI, São Paulo, 2011 (Portuguese ed.)

Peter Buchanan
Renzo Piano Building Workshop: Complete Works, Vol. 4
Phaidon Press, London, 2000 (English ed.);
Allemandi, Turin, 2000 (Italian ed.)

Renzo Piano
Renzo Piano: Spirit of Nature – Wood Architecture Award
Rakennustieto Publishing, Helsinki,
on the occasion of the prize awarded
to Renzo Piano, September 2000

Alban Bensa
Ethnologie & Architecture: Le centre culturel Tjibaou – une réalisation de Renzo Piano
Adam Birò, Paris, 2000

Werner Blaser
Kulturzentrum der Kanak/ Cultural Center of the Kanak People
Birkhäuser, Basel, 2001 (German/English ed.)

Andrew Metcalf and Martin Van der Wal
Aurora Place: Renzo Piano Sydney
Watermark Press, Sydney, 2001

Giovanni Di Lorenzo, Mark Münzing and Karl Schlögel
Potsdamer Platz: Project 1989 to 2000
Daimler Chrysler Immobilien (DCI) GmbH,
Berlin, 2001 (English/German eds)

Fulvio Irace and Gabriele Basilico
La fabbrica della musica: L'Auditorium Paganini nella Città di Parma / The Music Factory: The City of Parma's Auditorium Paganini
Abitare Segesta, Milan, 2002 (Italian/English ed.)

Renzo Piano Building Workshop
Architettura & Musica: Sette cantieri per la musica dall'Ircam di Parigi all'Auditorium di Roma / Architecture & Music: Seven Sites for Music from the Ircam in Paris to the Auditorium in Rome
Edizioni Lybra Immagine, Milan, 2002 (exhib. cat.,
in Italian/English, on the opening of the Auditorium)

Aurora Cuito
Renzo Piano
LOFT Publications, Barcelona, 2002
(English/French/German/Italian ed.)

Emilio Pizzi
Renzo Piano
Zanichelli, Bologna, 2002 (Italian ed.);
Birkhäuser, Basel, 2003 (English/German ed.)

Maria Alessandra Segantini
Auditorium Parco della Musica
Federico Motta Editore, Milan, 2004

Gigliola Ausiello and Francesco Polverino
Renzo Piano: Architettura e tecnica
Clean Edizioni, Naples, 2004

Renzo Piano & Building Workshop
Renzo Piano & Building Workshop: Progetti in mostra (exhib. cat. for the show
at Porta Siberia in the Old Port of Genoa)
Tormena Editore, Genoa, 2004

Renzo Piano Building Workshop
Genova: Città & Porto, istruzioni per l'uso
Tormena Editore, Genoa, 2004

Renzo Piano
On Tour with Renzo Piano
Phaidon Press, London, 2004 (English ed.);
Phaidon Press, 2005 (Italian, French & German eds);
Phaidon Press, 2006 (Spanish ed.)

Renzo Piano Building Workshop
Nuova Sede per Il Sole 24 Ore
Editore Il Sole 24 Ore S.p.A., Milan, 2004

Fulvio Irace
Trasparenze e prospettiva: Renzo Piano a Lodi
Bolis Edizioni, Bergamo, 2004

Philip Jodidio
PIANO Renzo Piano Building Workshop 1966–2004
Taschen, Cologne, 2005
(English/French/German ed.;
Italian/Spanish/Portuguese ed.)

Maurizio Oddo
La Chiesa di Padre Pio a San Giovanni Rotondo
Motta Editore, Milan, 2005

Renzo Piano
Giornale di bordo
Passigli Editori, Florence, 2005
New edition

Matteo Agnoletto
Renzo Piano
Motta Architettura, Milan, 2006

Renzo Piano
'Renzo Piano Building Workshop 1990–2006'
AV Monografías (Arquitectura Viva), no. 119,
May–June 2006 (English/Spanish ed.)

Renzo Cassigoli
Renzo Piano: La responsabilità dell'architetto
New revised and enlarged edition,
Passigli Editori, Florence, 2007

Claudia Conforti and Francesco Dal Co
Renzo Piano: Gli schizzi
Electa, Milan, 2007

Beatrice Panerai
Rocca di Frassinello: una cantina in Maremma secondo Renzo Piano / A winery in Maremma by Renzo Piano
Fattoria Editrice, Milan, 2007 (Italian/English ed.)

Fulvio Irace
Renzo Piano: Le città visibili
(exhib. cat. published to coincide with the show 'Renzo Piano
and Building Workshop: Le città visibili' at the Palazzo della
Triennale, Milan, 22 May–16 September 2007)
Triennale di Milano, Electa, Milan, 2007

Victoria Newhouse
Renzo Piano Museums
Monacelli Press, New York, 2007

Renzo Piano
Che cos'è l'architettura?
Featuring an interview with
Renzo Piano by Piergiorgio Odifreddi
Luca Sossella editore, Milan, 2007
(CD and booklet)

Renzo Piano
Menil: The Menil Collection
(Renzo Piano Monographs)
Fondazione Renzo Piano, 2007
(English/Italian ed.)

Renzo Piano
Beyeler: Fondation Beyeler
(Renzo Piano Monographs)
Fondazione Renzo Piano, 2008
(English/Italian ed.)

Philip Jodidio
PIANO: Renzo Piano Building Workshop 1966 to Today
Taschen, Cologne, 2008
(English/French/German ed.)

Peter Buchanan
Renzo Piano Building Workshop: Complete Works, Vol. 5
Phaidon Press, London, 2008

Renzo Piano
La désobéissance de l'architecte
Arléa, Paris, 2009

James Cuno, Paul Goldberger and Joseph Rosa
The Modern Wing: Renzo Piano and the Art Institute of Chicago
The Art Institute of Chicago and
Yale University Press, Chicago, 2009

Germano Celant
Vedova – Piano / Piano – Vedova (exhib. cat.)
Edizioni Fondazione Emilio e Annabianca Vedova,
Venice, 2009

Renzo Piano
Nouméa: Centre Culturel Jean-Marie Tjibaou
(Renzo Piano Monographs)
Fondazione Renzo Piano, 2009
(English/Italian ed.)

Stefano Boeri, Anna Foppiano and Giovanna Silva
'Being Renzo Piano: 6 mesi in diretta con il mestiere dell'architettura'
Special issue of *Abitare*, no. 497,
4 November 2009 (Italian/English ed.)

Daniele Mariconti
'I Maestri dell'architettura': Renzo Piano
Hachette, Milan, 2009 (Italian/English ed.)

Massimo Zanella and Matteo Agnoletto
Renzo Piano
New and revised edition
Motta Architettura, Milan, 2009

A+U
Renzo Piano Building Workshop 1989–2010
Japan, 2010

Renzo Piano
San Francisco California Academy of Sciences
(Renzo Piano Monographs)
Fondazione Renzo Piano, 2010
(English/Italian ed.)

Mauro Marcantoni and Maria Liana Dinacci
Le Albere: Il quartiere green di Renzo Piano. Trento, Area Ex Michelin
IASA Edizioni, Trento, 2011

Philip Jodidio
Piano
Taschen, 2012
(Italian/English ed.)

Renzo Piano
The Shard: London Bridge Tower
(Renzo Piano Monographs)
Fondazione Renzo Piano, 2013

Ila Bêka & Louise Lemoine
Inside Piano
'Living Architectures' series, 2013 (English/French ed.)

Renzo Piano Building Workshop
Pezzo per Pezzo
Exhibition guide, 2014 (Italian/English ed.)

Francesco Dal Co
Renzo Piano
(exhib. cat. to coincide with the show
'Pezzo per Pezzo' in Padua, 15 March–15 July 2014)
Mondadori Electa, Milan, Italy, 2014

Philip Jodidio
PIANO: Complete Works 1966–2014
Taschen, Cologne, 2014
(English/French/German ed.;
Italian/Spanish/Portuguese ed.)

Renzo Piano
Ronchamp: Ronchamp Monastery
(Renzo Piano Monographs)
Fondazione Renzo Piano, 2014
(French/English, Italian/English eds)

Carlo Piano
Periferie: Diario del rammendo delle nostre città n. 1
Insert in *Il Sole 24 Ore*, 27 November 2014, Milan

Renzo Piano Building Workshop
Piece by Piece
(exhib. cat. to coincide with the Shanghai show, 2015)
(Chinese/English ed.)

Renzo Piano
Whitney: Whitney Museum of American Art
(Renzo Piano Monographs)
Fondazione Renzo Piano, 2015

Philip Jodidio
Piano
New and revised edition
Taschen, 2016
(Italian/English/Spanish/German/French ed.)

G124
Renzo Piano: Diario dalle periferie / 1 – Giambellino, Milano 2015
G124, 2016 (Italian/English ed.)

Renzo Piano Building Workshop
Renzo Piano Building Workshop: La méthode Piano
Exhib. cat., Paris, 2016 (English/French ed.)

Studio Dispari, Alessandra Coppa & Anna Mainoli
Renzo Piano Building Workshop: Ricuciture urbane e periferie
'Lezioni di architettura e design' series
*Corriere della sera/Abitare/*Milan Polytechnic, 2016

Renzo Piano
Stavros Niarchos Foundation Cultural Center
(Renzo Piano Monographs)
Fondazione Renzo Piano, 2016

下页图：
2014 年 3 月 15 日至 7 月 15 日，伦佐 · 皮亚诺建筑工作室的作品一件一件地在意大利帕多瓦的理性宫展览

图片来源

感谢伦佐・皮亚诺建筑工作室和
伦佐・皮亚诺基金会为出版物提供插图

感谢 ADCK—吉巴乌文化中心允许我们
使用让 - 马里・吉巴乌文化中心的插图

a= 上（above）, c= 中（centre）,
b= 下（below）, l= 左（left）,
r= 右（right）

照片

© Aerial by Lesvants.com: p. 332 (bl)
© AP – Architecture Project 2014: p. 370 (b)
© ARCAID ph. Richard Einzig: p. 34 (b)
© Archivio Fotografico, Senato della Repubblica: p. 411 (br)
© A+U Publishing Co., Ltd – ph. Shinkenchiku-sha Co., Ltd: p. 145 (r, bl & c)
Ph. Francesca Avanzinelli: p. 38 (c)
© Iwan Baan: p. 318 (c)
© Jean Christophe Ballot: p. 118 (l)
Ph. Sciaké Bonadeo: p. 387 (bc)
Ph. Roger Boulay: p. 148 (a)
Ph. Richard Cadan: p. 242 (ar)
Ph. Enrico Cano: pp. 186 (br), 187, 192 (b), 193 (l 3rd from top), 194 (a), 203, 204, 205, 286/287, 287 (c), 289 (al & c), 306, 307, 339, 340, 341, 420/421
© Mathew Carasella/Whitney Museum of American Art: p. 353 (cl)
Ph. Paul Carter: pp. 276 (al), 277 (b 2nd from left)
© Mario Carrieri: p. 375 (cl)
© Marco Caselli_Nirmal: pp. 377, 378 (a, c & b), 379 (a, cl & b)
© Casabella: p. 368 (b)
© Centre Georges Pompidou: p. 173 (l 2nd from top)
© Courtesy of Columbia University: pp. 291, 295 (ar & bl)
© Courtesy of Kimbell Art Museum, ph. Robert Laprelle: p. 345 (c)
Ph. David Croossley: p. 66 (lc)
© Michel Denancé: pp. 31, 38 (a), 39, 41, 57, 58, 84 (a), 86 (al), 87, 96 (a), 97 (a), 108, 110(b&c), 111, 112 (b), 113, 114, 115, 117 (r), 118(r), 119, 121, 130, 131, 132, 133, 135, 144 (b), 150 (bl), 151 (ar), 152 (c lst from left & b), 157, 158 (c), 158/159 (a), 159 (br), 160(a & br), 161, 165, 166 (b), 168 (al), 168/169, 172 (b), 173 (r &1 lst, 3rd and 4th from top), 174, 176, 177, 185 (bl), 186 (bl), 207, 209, 210, 211, 212 (a),217,218,219, 220(a & cl), 220/221, 221 (br), 222, 223, 224 (b), 225(r), 226, 227, 228/229, 231, 232, 233, 234, 235, 236, 237, 238, 239 (r &1 lst and 3rd from top), 240 (b), 241, 242 (c & bl), 243, 244, 245, 248 (ar), 249 (r), 250 (ar), 251 (a & b lst and 2nd from left), 252 (I & r lst and 2nd from top), 253, 264 (a), 275 (1st & 6th from top), 272/273 (a), 277 (a & b lst and 3rd from left), 281, 283 (br & cl), 299, 300 (cr), 304 (l 2rd from top),319, 320(c lst and 2nd from top),322 (r lst, 2nd, 3rd and 4th from top), 323, 328, 330, 331, 335 (br & I), 336 (r), 346 (br), 347 (bl), 363 (c), 364 (c), 365, 369, 370 (c), 371, 372/373, 374 (a & br), 375 (ar, bl & br), 415
Ph. Richard Einzig: pp. 24 25
Ph. Georges Engel: pp. 320/321
© Ferrari: p. 197 (br)
© FIAT: p. 44 (a)
© Peter Fischli: p. 379 (c)
8, 24, 25, 32 (a), 33, 34, 35, 36 (b),
Ph. Fregoso & Basalto: pp. 137, 138 (bl & ar), 139 (b), 388/389
© Gianni Berengo Gardin: pp. 10, 26, 27, 34(a), 35, 36, 37, 38 (b)40, 47(c), 50, 51, 52, 53, 55 (br), 59, 66 (c), 71 (r,al & cl), 72 (b,c&a), 73, 74, 75, 76 (ar & l), 77, 79, 80 (b), 83, 84 (cb), 85, 86 (ar), 88, 93 (a & b), 97 (cr, br & I), 100, 102, 103 (al), 106, 109 (a&b), 120, 126, 127(a,cl &b), 159 (bc), 166 (ca), 168 (bl), 181 (r), 186 (al), 191 b/st and 2nd from left&al, 193 (br), 213. 214, 215, 384 (ar)Ph. John Gollings: pp. 151 (b), 152 (c 2nd from left & ar), 153, 199, 200 (b)
Photo by Herbert Gehr/The LIFE Images Collection/Getty Images) Credits: Herbert Gehr/contributor: p. 350 (c)
© Googlc: pp. 198 (c), 270 (b), 324 (o), 332 (c), 350 (a). 376 (a)
Ph. Hickey & Robertson: pp. 62 (bl), 64 (br), 66/67, 68 (bc), 171 (a & br)
© Hufton & Crow – Courtesy L&G and MEC: pp: 280, 282 (r)
© Hufton & Crow: pp. 284 (b), 285
Ph. Paul Hester: pp. 63, 65, 69 (a)
Ph. Alistair Hunter: p. 68 (a)
Ph. Matthew Hranek: p. 81
Ph. Aldo Ippolito: p. 188 (bl)
© KIAC © Kanji Hiwatashi: p. 124 (c & a)
© KIAC © Kawatetsu: p. 125 (ar)
© Landesbildstelle Berlin: p. 178
© Vincent Laforet: p. 247
© Ed Lederman: p. 350 (br)
Ph. Nic Lehoux: pp. 252 (br), 260 (b), 261, 263, 267, 268, 269, 291, 295(ar), 301, 304(c 2nd from top), 304/305, 308, 309, 310, 311, 312, 313, 314 (c), 315, 316(a & cr), 317, 324(b), 325(r), 326(cr), 327, 333, 334, 335(a) 337, 342(b), 343, 345 (a&b),346 (r 1st and 3rd from top &1), 347 (a & bc), 348(l), 349(r), 351, 353(r), 354 355, 357 358 359
© Annie Leibovitz: p. 249 (l)
Ph. F.S. Lincoln: p. 350 (bl)
© Lingotto S.p.A.: p. 80 (c)
© Anthony Lycett: p. 275 (2nd from top)
© Maeda Engineering Co.: p. 145 (ca)
© Chris Martin: p. 271
Ph. Vincent Mosch: pp. 183, 184, 185 (r & al), 186 (ar)
Ph. Moreno Maggi: pp. 189, 191 (ar & b), 193 (ar & l 1st, 2nd and 4th from top), 194 (br), 195
© Menil Foundation: p. 69 (br)
© Morgan Library: p. 240 (c)
© Museum Associates, dba LACMA: pp. 302 (r), 303 (r), 304 (c 1st from top)
© 2010 Museum Associates, dba LACMA, ph. Alexander Vertikoff: p0304 (al)
© 2010 Museum Associates, dba LACMA, ph. Yosi R. Pozeilov: p. 304 (bl)
© Nasher Sculpture Center, ph. Timothy Hursley: pp. 216, 221 (cr), 221 (bl)
Ph. Noriaki Okabe: pp. 55 (al), 125 (bl), 384 (cr)
© Pantazis: p. 360 (b)
Ph. Pierre Alain Pantz: pp. 147, 151 (al), 152 (c 4th from left), 154/155
Ph. Stefano Percivale: p. 91
Ph. F. Poiesi: p. 387 (br)
Ph. Publifoto: pp. 92 (b), 190
Ph. Stefano Goldberg – Publifoto: pp. 98, 99 (b), 101,117 (l), 136, 141 (cl), 142 (b, ar & l), 150 (r), 156 (b), 192 (a), 193 (r & c), 194 (bl), 196, 197 (a & bl), 225 (c), 256 (ar), 258 (bl & c) 298 (cr), 325 (l), 352 (b), 367, 383, 386, 387 (a & bl), 409
© Paul Raftery: p. 329
Renzo Piano Building Workshop © Fondazione Renzo Piano: pp. 103(cl), 112(a), 122(c), 142(r 2nd from top), 148(b), 384(ac)

© Renzo Piano Building Workshop: pp. 82, 156 (c), 178, 179, 181 (l), 198 (ar), 212 (c), 230 (r), 246 (c), 258 (br), 262 (c), 283 (ar), 287 (br), 290, 293 (br), 295 (br), 298 (bl), 316 (bl), 318 (b), 322 (bl), 326 (cl), 335 (cr, both images), 356 (l), 363 (al), 374 (c & l), 378 (cr)
© RPBW, ph. Grant Bannatyne: p. 275 (4th from top)
© RPBW, ph. Giorgio Bianchi: pp. 314 (b), 316 (br)
© RPBW, ph. Florian Bolle: p. 320 (cb)
© RPBW, ph. Mark Carroll: p. 71 (bl)
© RPBW, ph. Antoine Chaaya: p. 296
© RPBW, ph. Loïc Couton: p. 208
© RPBW, ph. Serge Drouin: pp. 248 (br), 249 (c), 250 (c & a 2nd from left), 251 (br)
© RPBW, ph. Vittorio Grassi: p. 166 (a)
© RPBW, ph. Donald Hart: pp. 92 (cb), 202, 275 (3rd & 5th from top)
© RPBW, ph. Shunji Ishida: pp. 44 (c), 48, 49, 55 (cl), 61 (l), 62 (a & cl), 64 (a & cl), 68 (bl), 72 (ar), 78, 93 (c), 96 (b), 107, 109 (c), 138 (br & c), 140, 141 (r & bl), 142 (r 3rd from top), 160 (bl), 166 (r 3rd from top), 168 (lc), 171 (bc), 172 (c), 188 (br), 224 (l), 259, 260 (cr), 266, 288, 289 (bl), 336 (l), 342 (c), 344 (c), 346 (r 2nd from top), 347 (br), 364 (br), 385, 395/396
© RPBW, ph. Alexander Knapp: p. 303 (bl)
© RPBW, ph. Justin Lee: p. 258 (cl)
© RPBW, ph. Philip Molter: p. 283 (al)
© RPBW, ph. Joost Moolhuijzen: p. 264 (cl)
© RPBW, ph. Paolo Pelanda: p. 287 (cr)
© RPBW, ph. Caterina Sovani: p. 326 (bl)
© RPBW, ph. Onur Teke: pp. 345 (cr), 348 (r)
© RPBW, ph. Brett Terpeluk: p. 254 (b)
© RPBW, ph. Elisabetta Trezzani: p. 225 (l)
© RPBW, ph. Frank La Riviere: p. 206 (c)
© RPBW, ph. Maurits Van der Staay: pp. 282 (l), 283 (cr)
© RPBW, ph. William Vassal: pp. 148 (c), 151 (cr), 152 (c 3rd from left & al)
© RPBW, ph. Paul Vincent: p. 76 (b)
© Marc Riboud: p. 61 (r)
Ph. Christian Richters: pp. 161/163, 175, 186 (bc)
© Sam Roberts: pp. 278/279
© Rogers Stirk Harbour + Partners: p. 32 (al)
© Paolo Rosselli: p. 235 (cl)
© Ruby on Thursday: pp. 362 (b), 363 (ar)
© Salini Impregilo/Terna S.A., ph. Christomotos Fountis: pp. 362 (c)
© Renée Smith: p. 273 (b)
© Timothy Schenck/Whitney Museum of American Art: pp. 352 (c), 353 (al), 356 (r)
© Schlumberger: p. 56 (a)
© Shinkenchiku-sha Co., Ltd: pp. 128/129
© Sky Front's: p. 122 (b)
© Giovanna Silva for *Abitare*: pp. 344 (b), 366 (r)
© Ben Smusz: p. 62 (ac)
© Stavros Niarchos Foundation Cultural Center: p. 364 (bc)
© Stavros Niarchos Foundation Cultural Center, ph. George Dimitrakopoulous: p. 364 (al)
© Stavros Niarchos Foundation Cultural Center, ph. Yiorgis Yerolymbos: pp. 361, 363 (ar), 364 (bl & ar)
Ph. by Ezra Stoller © Ezra Stoller, ESTO: p. 350 (bc)
Ph. Studio Fotografico Merlo: pp. 80 (a), 143
Studio Piano © Fondazione Renzo Piano: pp. 14, 15, 16, 17, 18, 19, 20, 21
Studio Piano & Rogers, architects © Fondazione Renzo Piano: pp. 22, 28, 29, 30 (ar & b)
Ph. Rob Telford: p. 274
© The Art Institute of Chicago, ph. James Iska: p. 262 (b)
© The Art Institute of Chicago, ph. Andrew Campbell: p. 265 (r)
Ph. Tim Fox – SWA Group: p. 254 (c)
© Tim Griffith: pp. 255 256 (b), 257 258 (ar), 260 (a & c)
© Tjuvholmen Finn Stale Felberg: p. 326 (c)
Ph. Peter Vanderwarker: p. 332 (br)
Ph. Martin Van der Wal: pp. 200 (a), 201
Ph. Bernard Vincent: pp. 32, 33
Ph. Deidi Von Schaewen: p. 56 (b)
© View Picture – Ph. Dennis Gilbert: p. 123
© Warren Air Video & Photography Inc.: pp. 298 (a), 300 (b)
Ph. Charles Young: p. 265 (al)
© Nikolas Ventourakis: p. 276 (r)
© Vitra AG – ph. Ariel Huber/Edit Images: p. 381 (a)
© Vitra AG – Julien Lanoo: p. 381 (b)

草图

Renzo Piano © Fondazione Renzo Piano: pp. 12, 13, 14, 22, 26 28, 36, 44, 48, 50, 54, 56, 60, 62, 70, 74, 88, 106, 110, 114, 117, 121, 124, 136, 144, 146, 170, 172, 174, 178, 196, 382 (a & c), 384, 385
Renzo Piano © Renzo Piano Building Workshop: pp. 12, 13, 78, 80, 87, 90, 96, 100, 130, 156, 158, 159, 164, 180, 183, 184, 188, 192, 194, 198, 202, 206, 212, 216, 220, 222, 228, 230, 236, 237, 238, 240, 241, 244, 245, 246, 254, 256, 257, 262, 264, 269, 270, 272, 277, 280, 284, 287, 290, 294, 296, 297, 298, 300, 302, 306, 308, 314, 317, 318, 322, 323, 324, 326, 328, 330, 332, 334, 338, 342, 344, 349, 350, 352, 356, 358, 360, 365, 366, 368, 370, 376, 378, 380, 382

图纸

© ARUP: pp. 32, 33
© Atelier Traldi: p. 378
© Luigi Nono: p. 72 (bl)
© Jaros Baum & Bolles: p. 294 (bl)
© Favero & Milan: pp. 366, 367
Renzo Piano Building Workshop © Fondazione Renzo Piano: pp. 47, 56, 58, 59, 70, 70/71, 72, 88, 89, 102, 103, 104, 105, 106, 109, 110, 112, 113, 114, 116, 117, 120, 121, 125, 136, 138, 139 140, 141, 146, 148, 149, 150, 151, 170, 174, 176/177, 196, 197
© Renzo Piano Building Workshop: pp. 42, 78, 79, 82/83, 84, 86, 92, 93, 94, 95, 98, 99, 100, 101, 130, 132, 133, 134, 135, 134, 164 163, 182, 188, 190, 191, 194, 198, 202, 204, 205, 206, 208, 209 212, 214, 215, 216, 118, 218/219, 220, 222, 224, 225, 230, 236 238, 242, 246, 248, 250, 256, 258, 259, 260, 265, 266/267, 270 272, 273, 274, 275, 276, 280, 282, 283, 284, 286/287, 288, 292 293, 294, 295, 296, 297, 298, 300, 301, 302, 303, 306, 308, 310 311, 312, 313, 316, 320, 320/321, 326, 328, 330, 332, 334, 335 336, 338, 341, 342, 344, 345, 346, 352, 353, 356, 360, 362, 363 364, 365, 368, 370, 371, 375, 376, 380, 381, 386
© RPBW, Shunji Ishida: pp. 395/396
Studio Piano © Fondazione Renzo Piano: pp. 16, 17, 18, 19, 20
Studio Piano & Rogers, architects © Fondazione Renzo Piano: pp. 22, 23, 24, 25, 26, 28, 30, 31, 36, 382 (b), 384
Studio Piano & Rice, associates: pp. 44, 45, 46, 46/47, 48, 50, 52, 53, 54
Piano & Fitzgerald, architects © Fondazione Renzo Piano: pp. 60, 62, 63, 66

渲染

© L'Autre Image: pp. 293 (al), 295 (cl), 297 (r 1st, 2nd and 3rd from top)

译后记

本书的引进翻译可谓一波三折，困难重重，最终得以成功引进，实属不易。

所以在此，我要感谢中国建筑出版传媒有限公司的各位领导，特别要感谢本书的责任编辑戚琳琳女士和率琦先生，感谢他们的付出和关心，没有他们的倾情投入，本书是不可能出版的！

在本书的翻译过程中，我在亚马逊美国的网站上看到了一本类似的书，书名是《Piano：Complete Works，1966-Today》，由德国科隆的出版商 TASCHEN 于 2014 年出版。而我们翻译的这本书全称为《Renzo Piano：The Complete Logbook，1966—2016》，是由世界上最著名的艺术出版社、英国的 Thames & Hudson 在 2017 年出版的。为此，我特别对这两本书作了细致的对比与分析。

我们翻译的这本书，具体讲有什么优势呢?

前一本书主要是图片欣赏，以建成作品的照片为主，平立剖等专业图片较少，是旁观者收集并进行评论的，整体上讲，文字理论很少，很单薄。而我们翻译的这本书是皮亚诺亲自口述并主持编写的，文字非常丰富，理论很有深度，思想很有高度。除了大量的建成作品的照片、大量的专业平立剖面图以外，还有很多皮亚诺的手绘，以及部分设计分析图，可以说是“图文并茂”，内容让人震撼，专业性要强得多，学术价值要高得多！

整体上讲，本书中文版有如下五个亮点：

1. 伦佐 · 皮亚诺亲自为本书中文版“手写赠言”。

2. 由世界级建筑评论家，美国哥伦比亚大学建筑规划研究生院教授肯尼思 · 弗兰姆普敦为本书作序。

3. 本书作者是 1998 年的普利兹克建筑大师。

4. 本书有很多皮亚诺口述的鲜为人知的轶闻趣事，主要围绕作品建成过程中的一些人物、事件、思想、技术等，以及他本人的心路历程进行展示，其中不乏戏剧冲突，读来颇为生动，深受启发，时常冒出一些名言警句，让建筑师终生难忘。

举个例子，伦佐 · 皮亚诺说：“一个年轻的建筑师总是试图从风格开始。相反，我是从“做”一些东西的角度出发：从建筑场地，从材料研究，从学习具体的施工模式开始。我从技术的直接性开始我的旅行，然后转向建筑的复杂性，比如空间、表现和形态。”这一句话，就让我印象极为深刻。

5. 本书中文版的装帧，比英文版还要大气精致。

在翻译过程中，我们遇到了哪些难题呢？主要有以下五个方面：

1. 建筑评论家弗兰姆普敦为本书撰写的序大气磅礴，高屋建瓴，视野极为开阔，但是部分句子太长，理解起来有些晦涩难懂，甚而至于，我个人认为有些“指向不明”。然而翻译完他的这篇序，我终于明白了当时阅读他的代表作《现代建筑：一部批判的历史》，读得云里雾里的原因了。

2. 本书的第一语言是意大利语，伦佐 · 皮亚诺建筑工作室在编撰英文版的时候，部分“建筑节点构造图”的文字标注依然用的是意大利语，这就给译者带来了困难。我们翻译团队没有学意大利文的，找不到翻译的感觉，机器翻译肯定靠不住，最后还是找到一位准备去意大利留学的好友进行校稿才完成的，好在这样的图片不多。

3. 伦佐 · 皮亚诺工作室使用的 CAD 图解方式还与中国不太一样，有时候让人费解，比如第 312 页的 CAD 分析图，文字标注用到了 GRADE 这个词，到底是“标高”还是“坡度”，让译者颇为费解，从上下文找不到它的含义，从 CAD 分析图本身也找不到线索，因为这张分析图和“中国方式”不太一样，比较陌生，GRADE 第一感觉就是“等级”的含义，但是 GRADE 在数学里面确实是有“斜度”的意思，相当于 SLOPE，但是该图的数值单位不是“度”的单位，而是“英尺、英寸”，于是我们认定该图中的 GRADE 为“标高”的含义，相当于英文的 Elevation、Level。

4. 本书有大量的法文、意大利文、西班牙文的人名、地名，非常庞杂，要做到符合出版标准，也给译者带来了困难，只用机器翻译是做不到的，还需要对每个名词查阅各种资料，理解其背景，才能做出最佳选择。

5. 皮亚诺口述的与作品相关的文化背景、历史文脉、建成环境的一些知识，在翻译的时候也得随时查询了解，否则翻译的内容是不到位的，这也给译者带来了一些学术挑战。

最后，介绍一下本书的翻译团队，本书是由北京交通大学建筑与艺术学院的教师和研究生组成的翻译团队集体完成的。

具体分工如下：

页码	翻译	修改	审定
001-053	袁承志	马欣媛	袁承志
054-103	胡锦培	陈新如	袁承志
104-155	马欣媛	李丛笑	袁承志
156-205	张咏梅	杜雨婷	袁承志
206-261	杜雨婷	张咏梅	袁承志
262-305	马欣媛	李秦豫	袁承志
306-359	张晓摞	李秦豫	袁承志
360-381	邢宝峰	张晓摞	袁承志
382-402	赵博明阳	邵瑞	袁承志
403-423	陈新如	邢宝峰	袁承志

本团队在翻译的时候，尽力做到“信、达、雅”，但是难免会有疏漏之处，读者若有意见和建议，请发邮件到 1696748625@qq.com，以后再版的时候一定加以修正，谢谢！

袁承志

于北京交通大学

2021 年 6 月 8 日

著作权合同登记图字：01-2020-6986号
图书在版编目（CIP）数据

伦佐·皮亚诺全集 : 1966-2016 年 / 意大利伦佐·皮亚诺建筑工作室著 ; 袁承志等译 . -- 北京 : 中国建筑工业出版社 , 2020.10
书名原文 : RENZO PIANO The Complete Logbook 1966—2016
ISBN 978-7-112-25438-5

Ⅰ . ①伦… Ⅱ . ①意… ②袁… Ⅲ . ①建筑设计—作品集—意大利— 1966-2016 Ⅳ . ① TU206

中国版本图书馆 CIP 数据核字 (2020) 第 170981 号

Title page:Sketch by Renzo Piano

责任编辑：戚琳琳　率　琦
责任校对：芦欣甜

伦佐·皮亚诺全集（1966—2016年）
[意]伦佐·皮亚诺建筑工作室　著
袁承志　等译
*
中国建筑工业出版社出版、发行（北京海淀三里河路9号）
各地新华书店、建筑书店经销
北京光大印艺文化发展有限公司制版
临西县阅读时光印刷有限公司印刷
*
开本：787毫米×1092毫米 1/12　印张：35⅔　字数：859千字
2021年7月第一版　2021年7月第一次印刷
定价：438.00元
ISBN 978-7-112-25438-5
（36430）